"十三五"国家重点出版物出版规划项目 | "十三五"移动学习型教材

世界名校名家基础教育系列
Textbooks of Base Disciplines from World's Top Universities and Experts

大学物理

上册

主　编　李元成　张　静　钟寿仙
副主编　展凯云　谢　丽　冷文秀
参　编　田艳杰　徐大海　张　晶

机械工业出版社

本书为“十三五”国家重点出版物出版规划项目，是以教育部高等学校物理学与天文学教学指导委员会物理基础课程教学指导分委会于2010年颁布的《理工科类大学物理课程教学基本要求》的基本精神为依据而编写的，其中不仅吸收了国内外同类教材的优点，而且还融入了作者在多年教学经历中所积累的成功经验。全套书分上、下两册，上册包括力学、电磁学两篇；下册包括波动和光学、热学、近代物理三篇。

本书适合于普通高等学校理工科各专业学生学习使用，也可作为教师或相关人员的参考用书。

图书在版编目（CIP）数据

大学物理．上册/李元成，张静，钟寿仙主编．—北京：机械工业出版社，2016.10（2024.7重印）

“十三五”国家重点出版物出版规划项目“十三五”移动学习型教材

ISBN 978-7-111-54269-8

Ⅰ.①大…　Ⅱ.①李…②张…③钟…　Ⅲ.①物理学-高等学校-教材　Ⅳ.①O4

中国版本图书馆CIP数据核字（2016）第158124号

机械工业出版社（北京市百万庄大街22号　邮政编码100037）

策划编辑：张金奎　责任编辑：张金奎　陈崇昱　任飞一

责任校对：刘秀芝　责任印制：李　昂

北京捷迅佳彩印刷有限公司印刷

2024年7月第1版第7次印刷

184mm×260mm・19.75印张・482千字

标准书号：ISBN 978-7-111-54269-8

定价：39.80元

电话服务　　网络服务

客服电话：010-88361066　　机工官网：www.cmpbook.com

010-88379833　　机工官博：weibo.com/cmp1952

010-68326294　　金书网：www.golden-book.com

封底无防伪标均为盗版　　机工教育服务网：www.cmpedu.com

前言

本书是根据教育部高等学校物理学与天文学教学指导委员会物理基础课程教学指导分委会于2010年颁布的《理工科类大学物理课程教学基本要求》的基本精神，在总结多年来教学实践、教学改革和精品课程建设经验的基础上，吸收国内外同类教材的优点编写而成的。本书确保了新教学基本要求中的全部核心内容，选择了一定数量的扩展内容。全套书分为上、下两册。上册包括力学、电磁学两篇，下册包括波动和光学、热学、近代物理三篇。

大学物理是高等学校理工科类各专业的一门重要基础理论课程，学生通过学习该课程能够对物理学的基本概念、基本理论和基本方法有比较系统的认识和正确的理解，并为进一步学习打下必要而坚实的基础。大学物理课程在培养学生树立科学世界观、探索精神和创新意识方面具有其他课程不可替代的作用，同时可增强学生分析问题和解决问题的能力，实现知识、能力和素质的协调发展。为了尽可能编写出一套可读性强、易学、易教、好用的大学物理教材，我们在吸收同类教材优点和总结多年教学改革实践经验的基础上，重新调整了课程体系，加强了重点、难点和理论联系实际的内容，注意处理好大学物理与中学物理的衔接，强化了近代物理的教学内容并将最新的教学研究引入教材中。

本书为了与石油工业实际相联系，在每章的前言部分增加了该章内容与石油行业有关的应用实例，对提高学生的学习兴趣和对他们今后专业基础课及专业课的学习都有一定的帮助。同时，本书在每章的练习题后增加了综合能力与知识拓展和阅读材料，这些内容都侧重于物理学原理在石油行业和工程实际中的应用，以加强学生将所学的物理知识与专业背景相结合的能力，使学生明确物理学在石油工业中的重要性，提高他们学习大学物理课程的积极性。这些教学资料也能为教师更好地把大学物理课程与专业基础课及专业课相结合提供一些帮助。但愿这些尝试能够切实提高大学物理课程的教学质量、促进学生更好地学习专业知识和培养学生应用知识的能力、创新意识和创新能力。

全书由李元成教授［中国石油大学（华东）］、张静副教授（长江大学）和钟寿仙教授［中国石油大学（北京）］担任主编，钟寿仙策划并完成编写大纲，李元成承担了全书修改和统稿工作，张静承担了综合能力与知识拓展和阅读材料的最后统稿工作。参加编写人员的具体分工：第 1 章由谢丽（长江大学）编写，第 2 章由李元成、钟寿仙编写，第 3 章由李元成、田艳杰［中国石油大学（华东）］编写，第 4 章由李元成、展凯云［中国石油大学（华东）］编写，第 5 章由谢丽编写，第 6 章由张静编写，第 7 章由冷文秀［中国石油大学（北京）］编写，第 8 章由张静编写，第 9 章由李红［中国石油大学（华东）］编写，第 10 章由董梅峰［中国石油大学（华东）］编写，第 11 章由刘冰［中国石油大学（华东）］、李元成、周广刚［中国石油大学（北京）］编写，第 12 章由李元成、董梅峰编写，第 13 章由李元成、陈华东［中国石油大学（华东）］编写，第 14 章由鄢嫣（长江大学）编写，第 15 章由袁顺东［中国石油大学（华东）］编写，第 16 章由鄢嫣编写，第 17 章由李元成、朱化凤［中国石油大学（华东）］编写，专题选讲（流体力学、几何光学）和附录由李元成编写，长江大学徐大海教授承担了第 6、8 章的审校及部分习题编写工作，张晶参加了第 2 章部分内容的编写工作。

本书在编写过程中，参考了大量兄弟院校的教材和互联网上的资料，这里不能一一列出作者的姓名，谨向相关作者致以衷心的感谢！同时，对参与编写的三所学校的大学物理课程组的全体教师所给予的帮助和支持深表感谢，正是他们的辛勤工作，才使本书得以不断完善。三所学校的院系领导也对本书的编写给予了大力支持，在此表示由衷的感谢！

本书出版过程中，得到了机械工业出版社的大力支持，尤其是责任编辑张金奎做了大量细致的协调和组织工作，并对每一章的稿件做了细致的校对和编辑，付出了大量的精力和心血，编者在此表示诚挚的谢意！

限于时间紧迫，加之编者水平有限，虽经多次审校，书中的疏漏及不当之处在所难免，恳请专家、同行和读者批评指正。

编　者

目录

第一篇
力 学

力学，是研究物体机械运动及其规律的一门学科。力学分为运动学、动力学和静力学。运动学的任务是描述物体的运动状态随时间变化的规律，动力学讨论物体运动和所受力的关系，静力学则研究力的平衡或物体的静止问题。

人类对力学的研究历史悠久，战国时期，我们的祖先在《墨经》中就有关于运动和时间先后的描述，古希腊学者亚里士多德（Aristotle，前384—前332）也在其《物理学》一书中提出了两条物体的运动原理。然而，力学作为一门独立的学科却始于17世纪伽利略（Galileo Galilei，1564—1642）对惯性运动的论述。之后，英国科学家牛顿（Isaac Newton，1642—1727）在总结前人实验和理论的基础上提出了力学的三条基本定律和万有引力定律，实现了天上力学和地上力学的综合，形成了统一的力学体系——牛顿力学。牛顿力学又称经典力学，它有着严谨的理论体系和完备的研究方法，并在实践中得到了广泛应用。19世纪末以来，随着科学技术的发展，产生了研究物体高速运动规律的相对论力学和研究微观物体运动规律的量子力学，揭示了经典力学只在宏观低速领域中适用。但是在包括高速和微观领域在内的整个物理学中，经典力学的一些重要概念和定律，如动量、角动量、能量及其守恒定律也是同样适用的。经典力学不仅没有失去其原有的光辉和存在的价值，而且仍然是现代物理学和自然科学的基础。

本篇在广泛采用矢量、微积分等高等数学知识的基础上，首先介绍经典力学中有关质点运动的一些基本概念和规律，然后介绍牛顿运动定律，接着介绍功和能，动量和角动量，最后讨论刚体力学基础。

第 1 章　质点运动学

引　言

世界是物质的，物质是永恒运动着的。从宇宙天体到微观粒子，从无机界到有机界，从自然界到人类社会，一切领域中的一切形态的物质客体无一例外地处在永恒的、不停息的运动之中。世界上的事物千姿百态，有同有异，人们认识物质，就是认识物质的运动形式。在物质的各种运动形态中，最简单、最普遍的一种运动是机械运动，它是指一个物体相对于其他物体的位置发生改变或物体内部各部分之间的相对位置发生变化，例如，地球的转动、火车的运动、弹簧的伸长和压缩等都是机械运动。

运动学的任务就是描述做机械运动的物体在空间的位置随时间变化的关系，它只描述物体的运动，不涉及引起运动和改变运动的原因。本章主要研究质点的运动，在引入质点、参考系、坐标系等概念的基础上，介绍确定质点位置的方法及描述质点运动的重要物理量，如位置矢量、位移、速度和加速度，继而讨论曲线运动和相对运动。

下图是国产时速 300 $km \cdot h^{-1}$ 的“和谐号”动车组列车，它的成功下线是我国铁路全面实施自主创新战略取得的重大成果，标志着我国铁路客运装备的技术水平达到了世界先进水平。如果动车组列车的运动可以被看成质点运动，请你用本章所学内容对它的运动状态进行定性的描述。

1.1　质点　参考系　坐标系

1.1.1　质点

实际物体都有大小和形状，当物体在做机械运动时，其运动状况十分复杂。例如，地球在绕太阳公转的同时还绕自身的轴线自转；踢出去的足球，它在空中向前飞行的同时还在旋转。通常情况下，物体的大小和形状的变化，对物体的运动是有影响的。但在有些问题中，如果物体的形状和大小对所研究的问题影响不大而可以忽略，或者物体上各部分具有相同的运动规律，那么就可以把该物体看作一个有质量的点，称为**质点**。

在物理学中，经常引入一些理想化的模型来替代实际的物体，“质点”就是一个理想化的模型。但是，值得注意的是，在实际问题中，一个物体是否能被抽象为质点是有条件的、相对的，而不是无条件的、绝对的。例如，在地球绕太阳的公转中，地球的半径为 6 370 km，显然是个庞然大物，但是地球到太阳的平均距离约为地球半径的 10^4 倍，所以在研究地球公转时可以把地球当作质点。然而，在研究地球自转时，就不能再把地球当作质点处理了。

质点是经过科学抽象的理想模型，这种模型突出了问题的主要矛盾，把握住了事物的主要方面，从而容易求出与实际情况接近的结果。应当指出的是，即使有时我们所研究的物体不能视为质点，但可把物体无限分割为极小的质量元（简称质元），每个质元都可视为质点，物体的运动就成为无限个质点的运动总和，即质点系的运动。所以，研究质点的运动是研究物体运动的基础。

1.1.2　参考系和坐标系

在宇宙中，绝对静止的物体是找不到的，大到星系，小到原子、电子，无一不在运动。无论从机械运动来说，还是从其他运动来说，运动和物质是不可分割的，物质的运动存在于人们的意识之外，这便是运动本身的绝对性。运动虽然具有绝对性，但是对一个物体运动的描述却具有相对性。因此要描述一个物体的机械运动，可以根据不同的运动关系，选择另一个物体或几个彼此之间相对静止的物体作为**参考系**。同一物体的运动，由于我们所选取的参考系不同，反映的运动关系就不同，对它的运动描述也会不同。例如，一个人站在匀速航行中的船上，并且手里拿着一个物体。在同船的人看来物体是不动的，但岸上的人却看到物体和船是一起运动的。如果船上的人把手松开，同船的人看到物体沿直线自由下落，而岸上的人却看到物体做平抛运动。早在战国后期，我国的名家公孙龙就已意识到这点，他提出了“飞鸟之影，未尝动也”的辩论。飞鸟的影子对地面其他物体来说是运动着的，但对飞鸟本身来说，如影随形，这个影子就是不动的了。研究和描述物体运动，只有在选定参考系后才能进行。如何选择参考系，必须从具体情况来考虑。例如，一个星际火箭在刚发射时，主要研究它相对于地面的运动，所以把地球选作参考系。但是，当火箭进入绕太阳运行的轨道时，为了研究方便，便选取太阳作为参考系。

参考系选定以后，为了把物体在各个时刻相对于参考系的位置定量地表示出来，还需要在参考系上建立一个适当的**坐标系**。在参考系中，为确定空间一点的位置，按规定方法选取的一组有次序的数据，就叫作“坐标”。坐标系的种类很多，常用的坐标系有：直角坐标系、自然坐标系、极坐标系、柱坐标系和球坐标系等。在具体问题中，如果指明了坐标系，就意味着已经选定了参考系，或者说，坐标系是参考系做定量描述时的替身。我们可以根据具体问题的需要，选定合适的坐标系。

1.2 描述质点运动的物理量

1.2.1 位置矢量和运动方程

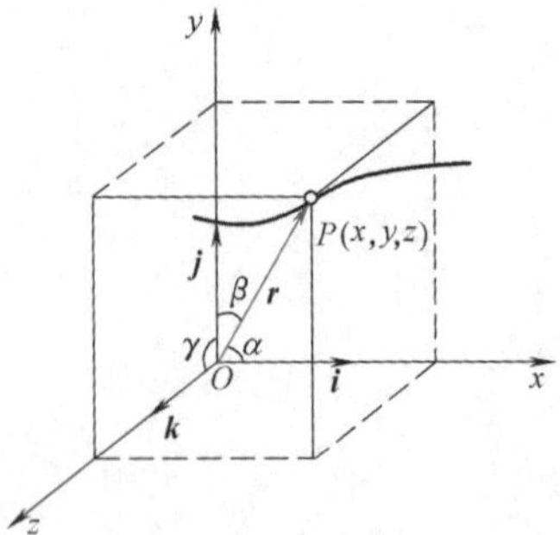

图 1-1 位置矢量

如图 1-1 所示的直角坐标系中，在时刻 t 某质点在点 P 的位置可用直角坐标系原点 O 指向点 P 的有向线段 $\boldsymbol{r}$ 表示，矢量 $\boldsymbol{r}$ 称为**位置矢量**，简称**位矢**。从图 1-1 可以看出，位置矢量在 x 轴、y 轴、z 轴上的投影（即点 P 的坐标）为 x、y、z。因此位置矢量 $\boldsymbol{r}$ 可表示为

$$\boldsymbol{r}=x\boldsymbol{i}+y\boldsymbol{j}+z\boldsymbol{k} \tag{1-1}$$

式中，$\boldsymbol{i}$、$\boldsymbol{j}$、$\boldsymbol{k}$ 分别为 x、y、z 轴正方向的单位矢量，$x\boldsymbol{i}$、$y\boldsymbol{j}$、$z\boldsymbol{k}$ 分别是位矢 $\boldsymbol{r}$ 在三个坐标轴的分矢量。位矢 $\boldsymbol{r}$ 的大小为

$$r=|\boldsymbol{r}|=\sqrt{x^2+y^2+z^2} \tag{1-2}$$

位矢的方向余弦为

$$\cos\alpha = \frac{x}{r},\quad \cos\beta = \frac{y}{r},\quad \cos\gamma = \frac{z}{r} \tag{1-3}$$

式中，α、β、γ 分别是位矢 $\boldsymbol{r}$ 与 x 轴、y 轴、z 轴之间的夹角。

质点运动时，位置矢量 $\boldsymbol{r}$ 将随时间而变化，因此，质点的坐标 x、y、z 和位置矢量 $\boldsymbol{r}$ 都是时间 t 的函数。表示运动过程的函数式可以写为

$$\boldsymbol{r}=\boldsymbol{r}(t)=x(t)\boldsymbol{i}+y(t)\boldsymbol{j}+z(t)\boldsymbol{k} \tag{1-4}$$

或

$$x=x(t),\quad y=y(t),\quad z=z(t) \tag{1-5}$$

式（1-4）和式（1-5）都称为**运动方程**，它们是等效的，即式（1-4）所描述的运动可以看作是由式（1-5）所描述的三个相互垂直的分运动的叠加。知道了运动方程，就能确定质点在任意时刻的位置，从而确定质点的运动。

质点在空间的运动路径称为**轨迹**，质点的运动轨迹为直线时，称为直线运动，质点的运动轨迹为曲线时，称为曲线运动。从式（1-5）中消去 t 即可得**轨迹方程**。轨迹方程和运动方程最明显的区别就在于轨迹方程不是时间 t 的显函数。

1.2.2　位移与路程

机械运动意味着物体的位置随着时间而变化。对于质点，我们用位移的概念来描述质点在运动过程中的位置变化。

如图 1-2 所示，设质点在时刻 t 处于点 A，其位矢为 $\boldsymbol{r}_A$；在时刻 $t+\Delta t$，质点运动到点 B，其位矢为 $\boldsymbol{r}_B$。在 Δt 时间内，质点的位置变化由点 A 指向点 B 的矢量 $\Delta\boldsymbol{r}$ 来表示，$\Delta\boldsymbol{r}$ 称为质点的**位移矢量**，简称**位移**。从图 1-2 可以看出

$$\Delta\boldsymbol{r}=\boldsymbol{r}_B-\boldsymbol{r}_A \tag{1-6}$$

在直角坐标系中，位移的表达式为

$$\Delta\boldsymbol{r}=(x_2-x_1)\boldsymbol{i}+(y_2-y_1)\boldsymbol{j}+(z_2-z_1)\boldsymbol{k}=\Delta x\boldsymbol{i}+\Delta y\boldsymbol{j}+\Delta z\boldsymbol{k} \tag{1-7}$$

式中，$\Delta x=x_2-x_1$，$\Delta y=y_2-y_1$，$\Delta z=z_2-z_1$。位移大小的表达式为

$$|\Delta\boldsymbol{r}| = \sqrt{\Delta x^2+\Delta y^2+\Delta z^2} \tag{1-8}$$

质点在 Δt 时间内运动的实际路径是曲线段 $\overset{\frown}{AB}$，其长度称为**路程**，记作 Δs。必须注意，位移和路程是两个不同的概念，位移是矢量，它的大小是 $|\Delta\boldsymbol{r}|$ 为点 A 和点 B 之间的直线距离。路程则是标量，是点 A 和点 B 之间的弧长。一般来说 $|\Delta\boldsymbol{r}|\leqslant \Delta s$。只有在 Δt 趋近于零时，才有 $|\mathrm{d}\boldsymbol{r}|=\mathrm{d}s$。

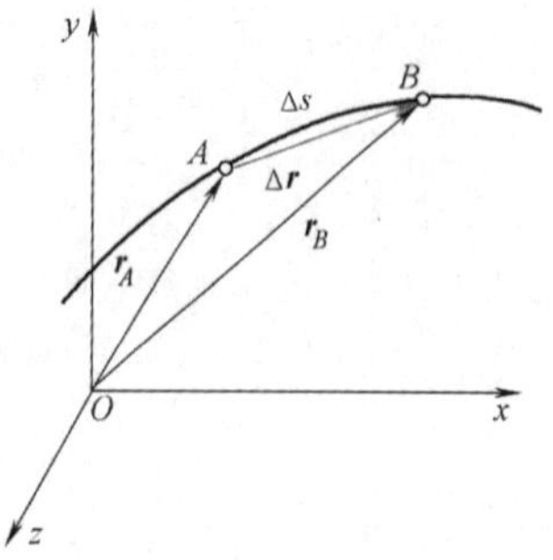

图 1-2　位移矢量

1.2.3　速度

在研究质点的运动时，不但要知道质点在任意时刻的位置，还要知道质点的运动方向和运动的快慢，也就是要知道它的速度。只有当质点的位矢和速度同时被确定时，其运动状态才能被确定。在我们的日常生活用语中，速度和速率这两个词是可以互换的，然而在物理学中，这两者是有区别的：**速率**是标量，只有大小，而**速度**是矢量，既有大小又有方向。

1. 平均速度

当质点在 Δt 时间内从点 A 运动到点 B，质点的位移为 $\Delta \boldsymbol{r}$，如图 1-3 所示。为了表示在这段时间内质点运动的快慢程度，我们把质点的位移 $\Delta \boldsymbol{r}$ 与所经历的时间 Δt 之比，定义为质点在这段时间的**平均速度** $\bar{\boldsymbol{v}}$，即

$$\bar{\boldsymbol{v}}=\frac{\Delta \boldsymbol{r}}{\Delta t} \tag{1-9}$$

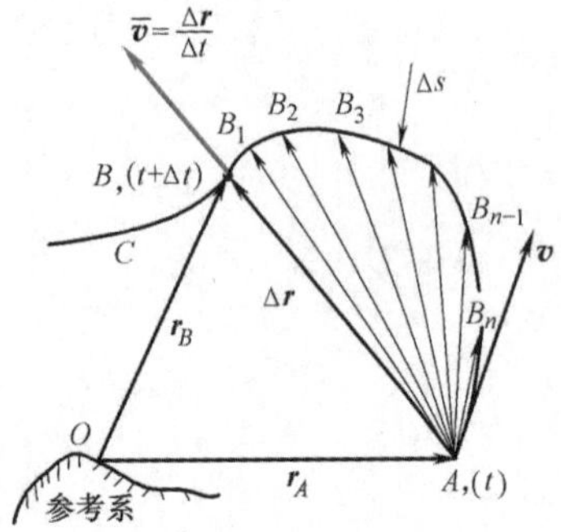

图 1-3　质点的运动路径

平均速度是一个矢量，其方向与位移方向 $\Delta \boldsymbol{r}$ 相同。平均速度的大小等于质点在 Δt 时间内位置矢量的平均变化率。

平均速度的大小与平均速率是不同的，平均速率等于质点经历的路程 Δs 与经历这段路程所用的时间 Δt 之比，即

$$\bar{v}=\frac{\Delta s}{\Delta t} \tag{1-10}$$

2. 瞬时速度

平均速度只能对 Δt 时间内质点位置随时间变化的情况做粗略的描述。因为在 Δt 时间内，质点在各个时刻的运动情况不一定相同，质点的运动可以时快时慢，方向也可以不断地改变，所以平均速度不能反映质点运动的真实细节。如果我们要精确地知道质点在某一时刻或某一位置的实际运动情况，应尽量使 Δt 减小。当 Δt 趋近于零时，质点平均速度的极限称为**瞬时速度**，简称**速度**，用 $\boldsymbol{v}$ 表示，也可以写作

$$\boldsymbol{v}=\lim_{\Delta t \to 0}\frac{\Delta \boldsymbol{r}}{\Delta t}=\frac{\mathrm{d}\boldsymbol{r}}{\mathrm{d}t} \tag{1-11}$$

上式表明，质点在 t 时刻的瞬时速度等于其位置矢量 $\boldsymbol{r}$ 对时间 t 的一阶导数，它仍然是一个矢量。从速度的定义式（1-11）可知 t 时刻质点速度 $\boldsymbol{v}$ 的方向就是当 Δt 趋近于零时，平均速度 $\bar{\boldsymbol{v}}$ 或位移 $\Delta \boldsymbol{r}$ 的极限方向。由图 1-3 可以看出，当 Δt 趋近于零时，点 B 无限趋近于点 A，$\bar{\boldsymbol{v}}$ 将变得与曲线上点 A 处的切线重合并指向运动方向。所以质点在做曲线运动时，质点在某一

点的速度方向就是沿该点曲线的切线方向。这在日常生活中经常可见，如转动雨伞时，水滴将沿着切线方向离开雨伞。

在 $\Delta t \to 0$ 的极限条件下，曲线 $\widehat{AB}$ 的长度 Δs 和直线 AB 的长度相等，即 $\mathrm{d}s=|\mathrm{d}\boldsymbol{r}|$，所以瞬时速率

$$v=\lim_{\Delta t\to 0}\frac{\Delta s}{\Delta t}=\frac{\mathrm{d}s}{\mathrm{d}t}=\frac{|\mathrm{d}\boldsymbol{r}|}{\mathrm{d}t}=|\boldsymbol{v}| \tag{1-12}$$

这表明速率等于速度的大小，它反映了质点运动的快慢程度。

在直角坐标系中，速度可以表示成

$$\boldsymbol{v}=\frac{\mathrm{d}\boldsymbol{r}}{\mathrm{d}t}=\frac{\mathrm{d}x}{\mathrm{d}t}\boldsymbol{i}+\frac{\mathrm{d}y}{\mathrm{d}t}\boldsymbol{j}+\frac{\mathrm{d}z}{\mathrm{d}t}\boldsymbol{k}=v_x\boldsymbol{i}+v_y\boldsymbol{j}+v_z\boldsymbol{k} \tag{1-13}$$

速度的大小

$$v=|\boldsymbol{v}|=\sqrt{(v_x)^2+(v_y)^2+(v_z)^2} \tag{1-14}$$

速度和速率在量值上都是长度与时间的比，在国际制单位中，它们的单位为 $\mathrm{m\cdot s^{-1}}$。

1.2.4　加速度

速度是一个矢量，这就是说，不论速度的大小或方向中任一个有改变或者二者均变，都意味着速度发生了变化。**加速度**就是描述质点运动速度随时间变化的物理量。

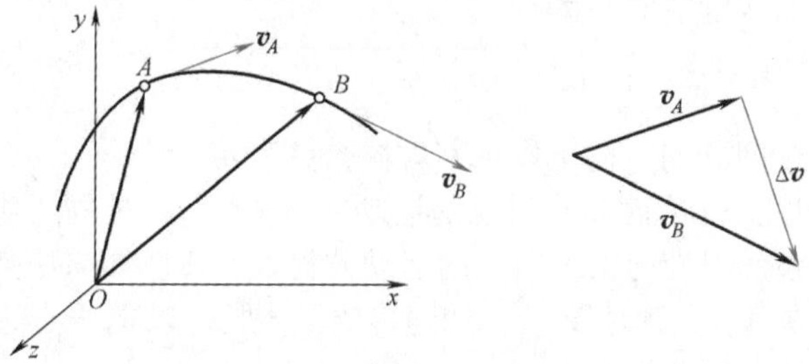

图 1-4　速度的增量

如图 1-4 所示，质点的运动轨迹为一曲线。设在时刻 t，质点位于点 A，其速度为 $\boldsymbol{v}_A$。在时刻 $t+\Delta t$，质点位于点 B，其速度为 $\boldsymbol{v}_B$。由速度矢量图可以看出，在时间间隔 Δt 内，质点速度的增量为

$$\Delta\boldsymbol{v}=\boldsymbol{v}_B-\boldsymbol{v}_A$$

与平均速度的定义相类似，比值 $\dfrac{\Delta\boldsymbol{v}}{\Delta t}$ 称为时间 Δt 内的**平均加速度**，即

$$\overline{\boldsymbol{a}}=\frac{\boldsymbol{v}_B-\boldsymbol{v}_A}{\Delta t}=\frac{\Delta \boldsymbol{v}}{\Delta t} \tag{1-15}$$

平均加速度只能粗略地反映 Δt 时间内质点速度的变化情况。与讨论速度时的情况相似，当我们把时间间隔取得足够小时（$\Delta t \to 0$），取平均加速度的极限，即为**瞬时加速度**，简称**加速度**，即

$$\boldsymbol{a}=\lim_{\Delta t\to 0}\frac{\Delta \boldsymbol{v}}{\Delta t}=\frac{\mathrm{d}\boldsymbol{v}}{\mathrm{d}t}=\frac{\mathrm{d}^2\boldsymbol{r}}{\mathrm{d}t^2} \tag{1-16}$$

加速度仍是一个矢量，它等于速度 $\boldsymbol{v}$ 对时间 t 的一阶导数，或位置矢量 $\boldsymbol{r}$ 对时间 t 的二阶导数。加速度的方向为 $\Delta t \to 0$ 时速度的增量 $\Delta \boldsymbol{v}$ 的极限方向。质点在做曲线运动时，$\Delta \boldsymbol{v}$ 的方向与速度 $\boldsymbol{v}$ 的方向不在同一直线上，即 $\boldsymbol{a}$ 的方向不沿曲线的切线方向。如图 1-5 所示，弹丸在飞行过程中各时刻的加速度 $\boldsymbol{g}$ 的方向竖直向下。随着弹丸上升，速率减小，$\boldsymbol{g}$ 与 $\boldsymbol{v}$ 成钝角；随着弹丸下降，速率增大，$\boldsymbol{g}$ 与 $\boldsymbol{v}$ 成锐角。然而，无论弹丸处于上升还是下降过程，其加速度的方向总是指向曲线的凹侧。这一结论对任何曲线运动都是适用的，只有在直线运动中，加速度与速度在同一直线上，加速运动时，二者同向；减速运动时，二者反向。

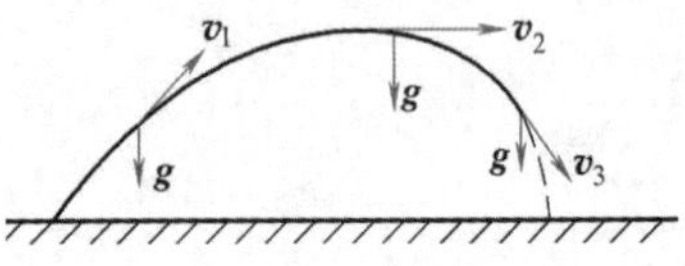

图 1-5　弹丸的速度和加速度随时间的变化

在直角坐标系中，加速度的表达式为

$$\boldsymbol{a}=\frac{\mathrm{d}^2\boldsymbol{r}}{\mathrm{d}t^2}=\frac{\mathrm{d}^2x}{\mathrm{d}t^2}\boldsymbol{i}+\frac{\mathrm{d}^2y}{\mathrm{d}t^2}\boldsymbol{j}+\frac{\mathrm{d}^2z}{\mathrm{d}t^2}\boldsymbol{k}=a_x\boldsymbol{i}+a_y\boldsymbol{j}+a_z\boldsymbol{k} \tag{1-17}$$

则加速度的大小为

$$a=|\boldsymbol{a}|=\sqrt{(a_x)^2+(a_y)^2+(a_z)^2} \tag{1-18}$$

加速度 $\boldsymbol{a}$ 的方向可以用其方向余弦表示。

由以上讨论可知，质点的运动方程 $\boldsymbol{r}=\boldsymbol{r}(t)$ 是描述质点运动的核心，因为给出了质点的运动方程，就可以知道质点所在的位置矢量 $\boldsymbol{r}$、速度 $\boldsymbol{v}$ 以及加速度 $\boldsymbol{a}$。一般可以把质点运动学所研究的问题分为两类：

（1）已知质点运动方程，求质点在任意时刻的速度和加速度。求解这一类问题的基本方法是，将运动方程 $\boldsymbol{r}=\boldsymbol{r}(t)$ 对时间 t 求一阶和二阶导数。

（2）已知质点运动的加速度或速度与时间的函数关系以及初始条件（t=0 时刻质点的位置和速度），求质点在任意时刻的速度和运动方程。求解这一类问题的基本方法是将式 $\boldsymbol{a}=\frac{\mathrm{d}\boldsymbol{v}}{\mathrm{d}t}$ 和 $\boldsymbol{v}=\frac{\mathrm{d}\boldsymbol{r}}{\mathrm{d}t}$ 对时间 t 求积分。

例题 1-1　一质点在 xOy 平面内运动，运动方程为 $\boldsymbol{r}=A\cos\omega t\boldsymbol{i}+A\sin\omega t\boldsymbol{j}$，其中，$A$、$\omega$ 为正的常量，求质点的轨迹方程以及质点在任意时刻 t 的位矢、速度和加速度的大小和方向。

解　质点运动方程的分量形式为

$$x=A\cos\omega t，y=A\sin\omega t$$

联立消去 t 可得轨迹方程

$$x^2+y^2=A^2$$

这是一个圆的方程，圆心在原点 O，半径为 A，如图 1-6 所示，可见质点在做圆周运动。

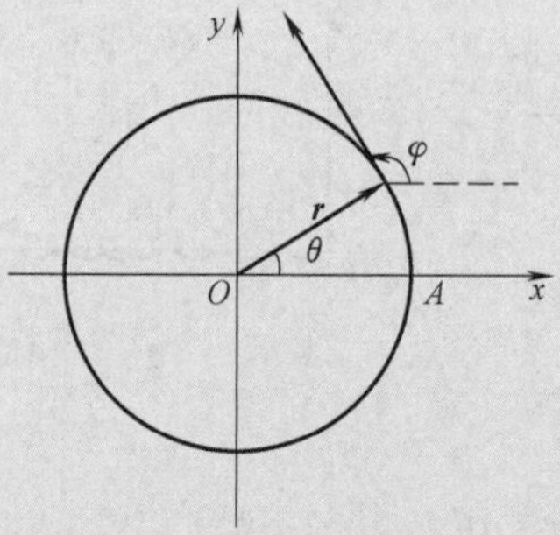

图 1-6　例题 1-1 图

位矢的大小为

$$r=\sqrt{x^2+y^2}=A$$

其方向可用位矢的斜率表示

$$\tan\theta=\frac{y}{x}=\tan\omega t \tag{1}$$

质点的速度为

$$\boldsymbol{v}=\frac{\mathrm{d}\boldsymbol{r}}{\mathrm{d}t}=-\omega A\sin\omega t\boldsymbol{i}+\omega A\cos\omega t\boldsymbol{j}$$

速度的分量为

$$v_x=-\omega A\sin\omega t，v_y=\omega A\cos\omega t$$

所以速度的大小为

$$v=\sqrt{v_x^2+v_y^2}=\omega A$$

质点的速度大小为常量，即质点做匀速率圆周运动，质点的速度方向角的斜率为

$$\tan\varphi=\frac{v_y}{v_x}=-\cot\omega t \tag{2}$$

比较式（1）和式（2），可知速度的斜率和位矢的斜率的乘积为 -1，即速度和位矢垂直。速度沿圆周的切线方向。

质点的加速度为

$$\boldsymbol{a}=\frac{\mathrm{d}\boldsymbol{v}}{\mathrm{d}t}=-\omega^2A\cos\omega t\boldsymbol{i}-\omega^2A\sin\omega t\boldsymbol{j}=-\omega^2\boldsymbol{r}$$

可见加速度的方向与位矢的方向相反，指向圆心，且加速度的大小为

$$a=|-\omega^2\boldsymbol{r}|=\omega^2A$$

即加速的大小也是一个常量。

例题 1-2　质点以加速度 a（a 为常量）沿 Ox 轴运动。开始时，速度为 v_0，处于 x_0 的位置，求质点在任意时刻的速度和位置。

解　质点沿 Ox 轴做一维运动，所以各个运动量都可以作为标量处理。由 $a=\dfrac{\mathrm{d}v}{\mathrm{d}t}$ 得 $\mathrm{d}v=a\mathrm{d}t$，等式两边同时积分，有

$$\int_{v_0}^{v_t}\mathrm{d}v=\int_0^t a\mathrm{d}t$$

式中积分上限 v_t 为质点在某一时刻 t 的速度。由上式可得

$$v_t=v_0+at$$

同理，由 $v=\dfrac{\mathrm{d}x}{\mathrm{d}t}$，得 $\mathrm{d}x=v\mathrm{d}t$，等式两边同时积分，有

$$\int_{x_0}^{x}\mathrm{d}x=\int_0^t v\mathrm{d}t$$

式中积分上限 x 为质点在某一时刻 t 的位置坐标。由上式可得

$$x-x_0=\int_0^t (v_0+at)\mathrm{d}t$$

$$x=x_0+v_0t+\frac{1}{2}at^2$$

这就是质点的直线运动方程。当 $a>0$ 时，质点所做的运动为匀加速直线运动；当 $a<0$ 时，质点所做的运动为匀减速直线运动。

例题 1-3　如图 1-7 所示，河岸上有人在高 h 处通过定滑轮以速度 v_0 收绳拉船靠岸。求船在距离岸边为 x 处时的速度和加速度。

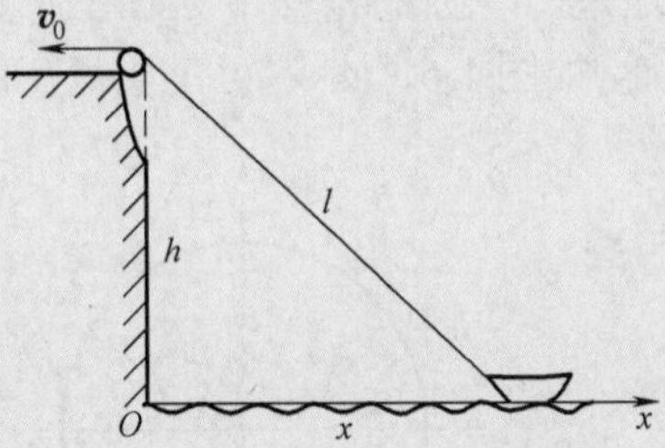

图 1-7　例题 1-3 图

解　如图 1-7 所示，建立坐标系，小船到岸边的距离为 x，绳子的长度为 l，则有

$$l^2=h^2+x^2 \tag{1}$$

可得

$$x=\sqrt{l^2-h^2}$$

此式可以看作小船的运动方程，其中 l 是 t 的函数，小船的速度大小为

$$v=\frac{\mathrm{d}x}{\mathrm{d}t}=\frac{\mathrm{d}x}{\mathrm{d}l}\cdot\frac{\mathrm{d}l}{\mathrm{d}t}=\frac{l}{x}\cdot(-v_0)=-\frac{\sqrt{x^2+h^2}}{x}v_0$$

在上式推导中用到了 $\frac{\mathrm{d}l}{\mathrm{d}t}=-v_0$，负号表示绳子的长度在缩短。

小船的加速度的大小为

$$a=\frac{\mathrm{d}v}{\mathrm{d}t}=\frac{\mathrm{d}\left(-\frac{l}{x}\cdot v_0\right)}{\mathrm{d}t}=-v_0\frac{x^2-l^2}{lx^2}\cdot v=-\frac{h^2v_0{}^2}{x^3}$$

上面的求解过程比较烦琐，如果把式（1）看作运动方程的隐式，用隐函数求导的方法求速度和加速度会简便一些。将式（1）两边同时对时间 t 求导可得

$$2l\frac{\mathrm{d}l}{\mathrm{d}t}=2x\frac{\mathrm{d}x}{\mathrm{d}t}$$

注意上式中 $\frac{\mathrm{d}l}{\mathrm{d}t}=-v_0$，$\frac{\mathrm{d}x}{\mathrm{d}t}=v$，故有

$$-lv_0=xv \tag{2}$$

解得

$$v=-\frac{lv_0}{x}=-\frac{\sqrt{x^2+h^2}}{x}v_0$$

再将式（2）对时间求导可得

$$-\frac{\mathrm{d}l}{\mathrm{d}t}v_0=\frac{\mathrm{d}x}{\mathrm{d}t}v+x\frac{\mathrm{d}v}{\mathrm{d}t}$$

其中 $\frac{\mathrm{d}v}{\mathrm{d}t}=a$ 为船的加速度，故有

$$v_0^2=v^2+xa$$

解得

$$a=\frac{v_0^2-v^2}{\mathrm{d}t}=-\frac{h^2v_0^2}{x^3}$$

例题 1-4 有一个球体在某液体中竖直下落，球体的初速度为 $\boldsymbol{v}_0=10\boldsymbol{j}$，式中 v_0 的单位为 $\mathrm{m\cdot s^{-1}}$。它在液体中的加速度为 $\boldsymbol{a}=-1.0v\boldsymbol{j}$。问：

（1）经过多少时间以后可以认为小球已停止；

（2）此球体停止前经历的路程有多长？

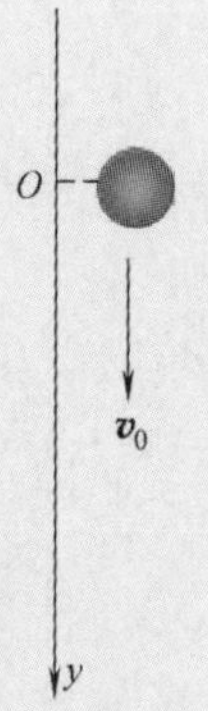

图 1-8 例题 1-4 图

解 由题意可知，球体做变加速直线运动，加速度的方向与球体的速度的方向相反。由加速度的定义，有

$$a=\frac{\mathrm{d}v}{\mathrm{d}t}=-1.0v$$

等式两边同时积分，得

$$\int_{v_0}^{v}\frac{\mathrm{d}v}{v}=-1.0\int_0^t\mathrm{d}t$$

所以速度的表达式为

$$v=\frac{\mathrm{d}y}{\mathrm{d}t}=v_0\mathrm{e}^{-1.0t} \qquad (1)$$

上式表明，球体的速率 v 随时间 t 的增长而减小。

又由速度的定义，将式（1）进行积分

$$\int_0^y\mathrm{d}y=v_0\int_0^t\mathrm{e}^{-1.0t}\mathrm{d}t$$

得到

$$y=10(1-\mathrm{e}^{-1.0t}) \qquad (2)$$

由题意可知，质点停下来时其速度应当为零，而从式（1）可以看出，要使质点的速度为零，即 $v=0$，时间 t 需要无限长。从式（2）可知当 $t=\infty$ 时，$y=10$ m。下面做一些近似计算和分析。我们不妨利用式（1），先求质点的速率 v 分别达到 $\frac{1}{10}v_0$、$\frac{1}{100}v_0$、$\frac{1}{1\,000}v_0$ 时所经历的时间，然后再利用式（2）求出质点所经历的路程。我们把依照这个想法所得的计算结果列表如下（见表 1-1）。

表 1-1 球下落过程中速度和路程与时间的关系

v	$\frac{1}{10}v_0$	$\frac{1}{100}v_0$	$\frac{1}{1\,000}v_0$	$\frac{1}{10\,000}v_0$
t/s	2.3	4.6	6.9	9.2
y/m	8.997 4	9.899 5	9.899 9	9.999 0

从上表可以看出，事实上，在 $t=6.9$ s 时或 $t=9.2$ s 时，球体已几乎不再运动，而所经历的路程已显示出其值极限为 10 m 了。故本题的答案完全可以写成：小球运动了 9.2 s，几乎接近停止，所经历的路程 $y\approx 10$ m。这种近似处理的方法是很重要的，也是足够准确的。

1.3　曲线运动

本节通过前两节所介绍的基本概念和基本关系来简要地讨论曲线运动，通过对抛体运动、圆周运动和一般平面曲线运动的分析，进一步了解和熟悉运动学问题的处理方法。

1.3.1　抛体运动

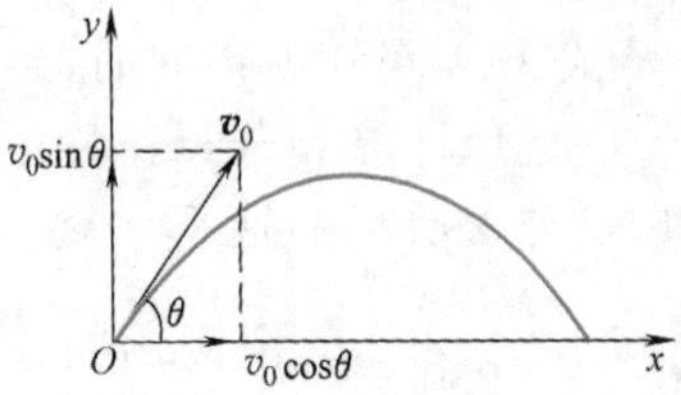

图 1-9　抛体运动

从地面上某点以一定的初速度向空中抛出一物体，它在空中的运动为**抛体运动**。抛体运动是一种典型的平面曲线运动。在地球表面附近不太大的范围，重力加速度 $\boldsymbol{g}$ 可以看成常量。如果再忽略空气阻力的话，则抛体运动的水平分量和垂直分量将相互独立，使问题大为简化。如图 1-9 所示，取直角坐标系，x 轴和 y 轴分别沿水平方向和竖直方向。抛体运动沿 x 轴方向是匀速直线运动；沿 y 轴方向以加速度 $-g$ 做匀加速度运动。设抛体的初速度为 $\boldsymbol{v}_0$，它与 x 轴成 θ 角，则它的两分量为 $v_{0x}=v_0\cos\theta$，$v_{0y}=v_0\sin\theta$，在任何时刻 t 抛体运动的速度分量为

$$\left.\begin{aligned}\frac{\mathrm{d}x}{\mathrm{d}t}&=v_x=v_0\cos\theta\\ \frac{\mathrm{d}y}{\mathrm{d}t}&=v_y=v_0\sin\theta-gt\end{aligned}\right\}\tag{1-19}$$

积分后，得抛体运动在 t 时刻的坐标为

$$\left.\begin{aligned}x&=(v_0\cos\theta)t\\ y&=(v_0\sin\theta)t-\frac{1}{2}gt^2\end{aligned}\right\}\tag{1-20}$$

所以抛体的运动方程为

$$\boldsymbol{r}=(v_0t\cos\theta)\boldsymbol{i}+\left(v_0t\sin\theta-\frac{1}{2}gt^2\right)\boldsymbol{j}\tag{1-21}$$

消去方程（1-20）中的 t，有

$$y=x\tan\theta-\frac{g}{2v_0^2\cos^2\theta}x^2\tag{1-22}$$

这是斜抛物体的轨迹方程。它表明在忽略空气阻力的情况下，抛体在空间所经历的路径为一抛物线。

将抛体的运动方程（1-21）重新改写如下：

$$\boldsymbol{r}=(v_0t\cos\theta\boldsymbol{i}+v_0t\sin\theta\boldsymbol{j})+\left(-\frac{1}{2}gt^2\right)\boldsymbol{j}=\boldsymbol{v}_0t+\frac{1}{2}\boldsymbol{g}t^2$$

从上式可以看出，抛体运动还可以看成是沿初速度方向的匀速直线运动和沿竖直方向的自由落体运动的合成。这一特点可以用猎人与猴子的演示来说明。猎人直接瞄准树上的猴子（见图 1-10），这里猎人犯了一个错误，他没考虑到子弹将沿抛物线前进。当猴子看到枪口直接瞄准它时，也犯了错误，一见火光就立即向下跳离树枝。因为子弹和猴子在垂直方向由重力加速度引起的向下位移都是$\frac{1}{2}gt^2$，所以两个错误抵消了。只要枪口到猴子的水平距离不太远，以及子弹的初速度不太小，猴子在落地之前就难逃被子弹打中的悲惨命运。

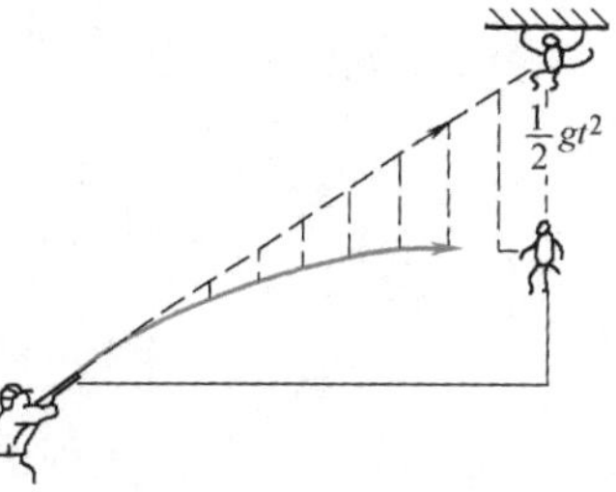

图 1-10　猎人和猴子

运动过程中，抛体所能达到的最大高度称为射高，用 y_m 表示。在最高处，$v_y=0$ 可以求得$t=\frac{v_0\sin\theta}{g}$，从而

$$y_m=\frac{v_0^2\sin^2\theta}{2g} \tag{1-23}$$

可见，当 $\theta=90°$ 时，有最大的射高。

抛体沿水平方向运动的最远距离称为射程，用 x_m 表示，则由其特征 $y=0$ 可求得$t=\frac{2v_0\sin\theta}{g}$，从而

$$x_m=\frac{2v_0^2\sin\theta\cos\theta}{g}=\frac{v_0^2\sin2\theta}{g} \tag{1-24}$$

可见，当 $\theta=45°$ 时，有最大的射程$\frac{v_0^2}{g}$。

例题 1-5　如图 1-11 所示，有一艘海盗船距离港口为 560 m，在港口处安置有加农炮一门，且炮身处于海平面上。如果发射一枚初速度为 82 $\text{m}\cdot\text{s}^{-1}$ 的炮弹，则：

（1）当炮弹的发射角为多大时可以击中海盗船；

（2）炮弹的最大射程为多少？

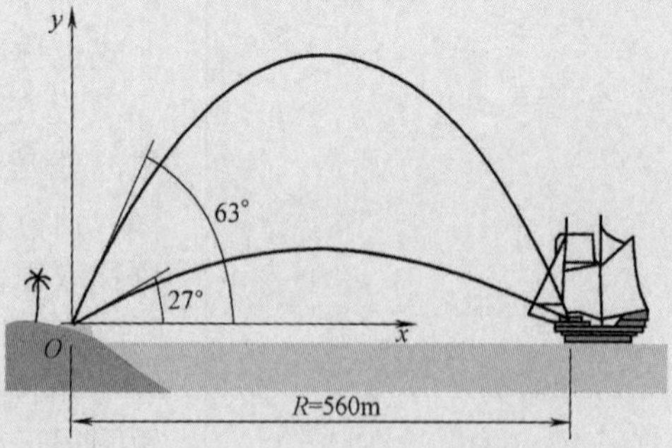

图 1-11　例题 1-5 图

解　（1）如不考虑空气阻力，加农炮发射的炮弹的轨迹为抛物线。且由题意可知加农炮和海盗船都在海平面上，所以它

们之间的距离即为射程。由式（1-24）可得射程和发射角之间的关系为

$$x_m = R = \frac{v_0^2 \sin 2\theta}{g}$$

所以可得发射角为

$$\theta = \frac{1}{2}\arcsin\left(\frac{gR}{v_0^2}\right)$$

$$= \frac{1}{2}\arcsin\left(\frac{(9.8\,\mathrm{m\cdot s^{-2}})\times(560\,\mathrm{m})}{(82\,\mathrm{m\cdot s^{-1}})^2}\right)$$

$$= \frac{1}{2}\arcsin 0.816$$

通过计算可得

$$\theta=27^\circ \quad 或 \quad \theta=63^\circ$$

（2）由式（1-24）可知，当 $\theta=45^\circ$ 时有最大的射程 $\frac{v_0^2}{g}$，所以

$$R = \frac{v_0^2}{g} = \frac{(82\,\mathrm{m\cdot s^{-1}})^2}{9.8\,\mathrm{m\cdot s^{-2}}} = 686\,\mathrm{m}$$

即当海盗船只有在距离港口 686 m 以外时才是安全的。

1.3.2　圆周运动

在质点做平面曲线运动的过程中，若其曲率中心和曲率半径始终保持不变，则其运动轨迹是一个平面圆，我们称质点做**圆周运动**。圆周运动是曲线运动中的另一个重要特例。

1. 圆周运动的角量描述

如图 1-12 所示，一质点在 xOy 平面上，绕原点 O 做半径为 r 的圆周运动。由于质点到圆心的距离保持不变，所以用质点所在的半径与坐标轴 Ox 的夹角就可以确定质点在圆周上的位置。假设在时刻 t，质点在点 A，半径 OA 与 Ox 轴正方向的夹角称为**角位置**，记作 θ。角位置随时间 t 变化的函数关系可以表示为

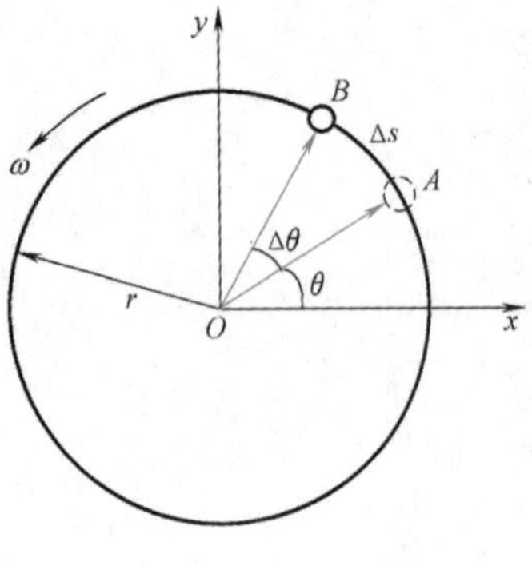

图 1-12　圆周运动的角量描述

$$\theta=\theta(t) \tag{1-25}$$

上式也称质点的圆周运动方程。

设在时刻 $t+\Delta t$，质点到达点 B，半径 OB 与 Ox 成 $\theta+\Delta\theta$ 角。就是说在 Δt 时间内，质点转过 $\Delta\theta$ 角度，此角叫作**角位移**。角位移不但有大小还有转向，一般规定沿逆时针转向的角位移取正值，沿顺时针转向的角位移为负值。角位移的单位为弧度（rad）。

角位移 $\Delta\theta$ 与时间 Δt 的比值，称为在 Δt 这段时间内质点做圆周运动的平均角速度，用符号 $\overline{\omega}$ 表示，即

$$\overline{\omega} = \frac{\Delta\theta}{\Delta t}$$

当时间 Δt 趋于零时，平均角速度的极限值将趋近于一个确定的极限值 ω，即

$$\omega=\lim_{\Delta t\to 0}\frac{\Delta\theta}{\Delta t}=\frac{\mathrm{d}\theta}{\mathrm{d}t} \tag{1-26}$$

ω 称为质点在 t 时刻的瞬时角速度，简称角速度。角速度的方向由右手螺旋法则确定，即右手的四指沿着质点的转动方向弯曲，大拇指的指向就是角速度的方向。在国际单位制中，角速度的单位为 $\mathrm{rad\cdot s^{-1}}$。

设在时刻 t，质点的角速度为 ω，在时刻 $t+\Delta t$ 质点的角速度为 ω'，则角速度增量 $\Delta\omega=\omega'-\omega$ 与发生在这一增量所经历的时间 Δt 的比值，称为在这段时间内质点的平均角加速度，用符号 $\bar{\beta}$ 表示，即

$$\bar{\beta}=\frac{\Delta\omega}{\Delta t}$$

当时间 Δt 趋近于零时，$\bar{\beta}$ 将趋近于极限值 β，从而有

$$\beta=\lim_{\Delta t\to 0}\frac{\Delta\omega}{\Delta t}=\frac{\mathrm{d}\omega}{\mathrm{d}t}=\frac{\mathrm{d}^2\theta}{\mathrm{d}t^2} \tag{1-27}$$

β 称为质点在时刻 t 的瞬时角加速度，简称角加速度，当质点做匀加速圆周运动时，β 与 ω 方向相同；若做匀减速圆周运动，则 β 与 ω 方向相反。在国际单位制中，角加速度的单位为 $\mathrm{rad\cdot s^{-2}}$。

当质点以角加速度做匀速圆周运动和匀变速圆周运动时，用角量表示的运动学方程与匀速直线运动和匀变速直线运动方程完全相似。匀速圆周运动的运动学方程为

$$\theta=\theta_0+\omega t \tag{1-28}$$

匀变速圆周运动的运动学方程为

$$\left.\begin{aligned}&\theta=\theta_0+\omega_0 t+\frac{1}{2}\beta t^2\\&\omega=\omega_0+\beta t\\&\omega^2=\omega_0^2+2\beta(\theta-\theta_0)\end{aligned}\right\} \tag{1-29}$$

式中，θ_0、ω_0 为在 $t=0$ 时，质点的角位置和角速度；θ、ω 则为时刻 t 质点的角位置和角速度。

2. 圆周运动的切向加速度和法向加速度

对于一般平面曲线运动的描述，除了采用直角坐标系外，还可以采用自然坐标系。这一特定坐标系的运用使得对质点圆周运动的描述更加直观和方便。如图 1-13 所示，以质点运动的轨迹为“坐标轴”，选取轨迹上任一点 O 为坐标原点。设质

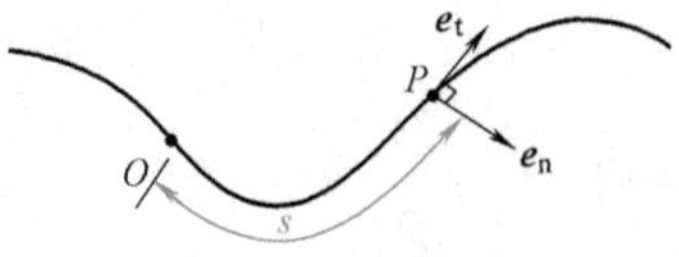

图 1-13　自然坐标系

点运动到点 P 时，距离原点 O 的轨迹长度为 s，称为质点的位置坐标。任取原点一边为坐标轴正向，位置坐标 s 可以为正也可以为负，只要给出了质点所在位置的弧长，就能知道质点的空间位置。这样的坐标系称为**自然坐标系**。

在自然坐标系中，质点的运动方程可写为

$$s=s(t) \tag{1-30}$$

质点运动到点 P 时，可以沿轨迹的切线方向和法线方向建立两个相互垂直的坐标轴。切向坐标轴的方向指向质点的运动方向，其单位矢量用 $\boldsymbol{e}_\mathrm{t}$ 表示；法向坐标轴的方向指向曲线的凹侧，其单位矢量用 $\boldsymbol{e}_\mathrm{n}$ 表示。需要注意的是，单位矢量 $\boldsymbol{e}_\mathrm{t}$ 和 $\boldsymbol{e}_\mathrm{n}$ 的方向随着质点的运动而改变。

因为质点运动的速度总是沿轨迹的切向方向，所以自然坐标系中的速度矢量可以表示为

$$\boldsymbol{v}=v\boldsymbol{e}_\mathrm{t} \tag{1-31}$$

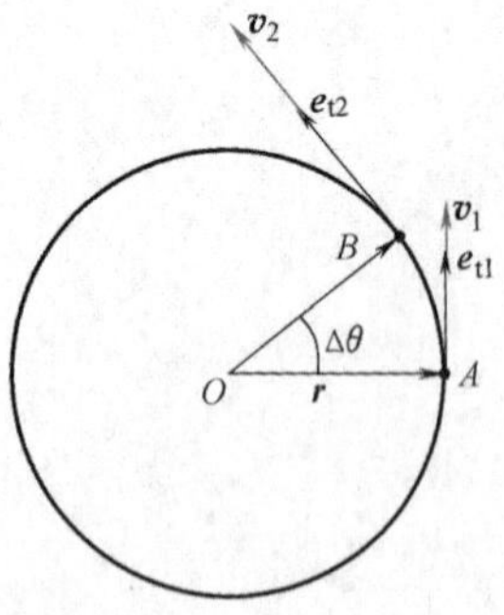

图 1-14　圆周运动的线速度

如图 1-14 所示，对一个以半径为 r，角速度为 ω，做圆周运动的质点来说，设在时间 Δt 内质点由点 A 运动到点 B，所经过的圆弧长度为

$$s=r\Delta\theta=r\omega\Delta t \tag{1-32}$$

上式为自然坐标系下质点的圆周运动方程。将式（1-32）对时间 t 求导数可得质点的速率为

$$v=\frac{\mathrm{d}s}{\mathrm{d}t}=r\omega \tag{1-33}$$

质点做圆周运动时，其速度在自然坐标系中的表达式可由式（1-31）表示。值得注意的是，不仅质点的速率 v 是变量，其单位矢量 $\boldsymbol{e}_\mathrm{t}$ 也是个变量。将式（1-31）对时间 t 求导数可得质点的加速度为

$$\boldsymbol{a}=\frac{\mathrm{d}\boldsymbol{v}}{\mathrm{d}t}=\frac{\mathrm{d}(v\boldsymbol{e}_\mathrm{t})}{\mathrm{d}t}=\frac{\mathrm{d}v}{\mathrm{d}t}\boldsymbol{e}_\mathrm{t}+v\frac{\mathrm{d}\boldsymbol{e}_\mathrm{t}}{\mathrm{d}t} \tag{1-34}$$

从上式可以看出，加速度有两个分矢量，式中的第一项是由于速度大小的变化而引起的，其方向为 $\boldsymbol{e}_\mathrm{t}$ 的方向，即与 $\boldsymbol{v}$ 的方向相同。此项加速度分矢量称为**切向加速度**，用 $\boldsymbol{a}_\mathrm{t}$ 表示，即

$$\boldsymbol{a}_\mathrm{t}=\frac{\mathrm{d}v}{\mathrm{d}t}\boldsymbol{e}_\mathrm{t} \tag{1-35}$$

将式（1-33）代入上式可得质点做圆周运动时的切向加速度与角加速度之间的瞬时关系为

$$\boldsymbol{a}_\mathrm{t}=r\frac{\mathrm{d}\omega}{\mathrm{d}t}=r\beta\boldsymbol{e}_\mathrm{t} \tag{1-36}$$

下面讨论式（1-34）中的第二项$v\frac{\mathrm{d}\boldsymbol{e}_t}{\mathrm{d}t}$，其中$\frac{\mathrm{d}\boldsymbol{e}_t}{\mathrm{d}t}$表示切向单位矢量 $\boldsymbol{e}_t$ 随时间的变化。如图 1-15 所示，在 Δt 时间内，切向单位矢量的增量 $\Delta\boldsymbol{e}_t=\boldsymbol{e}_{t2}-\boldsymbol{e}_{t1}$。由于切向单位矢量的大小为 1，当 $\Delta t\to 0$ 时，$\Delta\theta\to 0$，所以有$|\Delta\boldsymbol{e}_t|=|\boldsymbol{e}_t|\cdot\Delta\theta$，此时 $\Delta\boldsymbol{e}_t$ 的方向趋向于 $\boldsymbol{e}_t$ 的垂直方向，即指向法向单位矢量 $\boldsymbol{e}_n$。圆周运动中，法向单位矢量 $\boldsymbol{e}_n$ 沿径矢指向圆心。以上的分析用数学式可以表示为

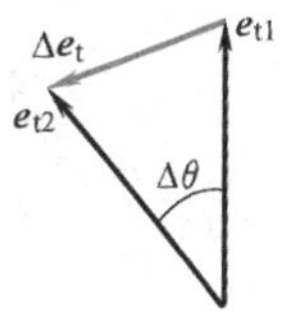

图 1-15　切向单位矢量 $\boldsymbol{e}_t$ 的变化

$$\frac{\mathrm{d}\boldsymbol{e}_t}{\mathrm{d}t}=\lim_{\Delta t\to 0}\frac{\Delta\boldsymbol{e}_t}{\Delta t}=\lim_{\Delta t\to 0}\frac{\Delta\theta}{\Delta t}\boldsymbol{e}_n=\frac{\mathrm{d}\theta}{\mathrm{d}t}\boldsymbol{e}_n$$

故式（1-34）中第二项可表示为

$$v\frac{\mathrm{d}\boldsymbol{e}_t}{\mathrm{d}t}=v\frac{\mathrm{d}\theta}{\mathrm{d}t}\boldsymbol{e}_n=v\omega\boldsymbol{e}_n=\frac{v^2}{r}\boldsymbol{e}_n$$

称为**法向加速度**，用 $\boldsymbol{a}_n$ 表示，有

$$\boldsymbol{a}_n=\frac{v^2}{r}\boldsymbol{e}_n=r\omega^2\boldsymbol{e}_n \tag{1-37}$$

综上所述，质点做圆周运动的加速度 $\boldsymbol{a}$ 可表示为

$$\boldsymbol{a}=\boldsymbol{a}_t+\boldsymbol{a}_n=\frac{\mathrm{d}v}{\mathrm{d}t}\boldsymbol{e}_t+\frac{v^2}{r}\boldsymbol{e}_n=r\beta\boldsymbol{e}_t+r\omega^2\boldsymbol{e}_n \tag{1-38}$$

即质点在圆周运动中的加速度等于切向加速度与法向加速度的矢量和，加速度的大小为

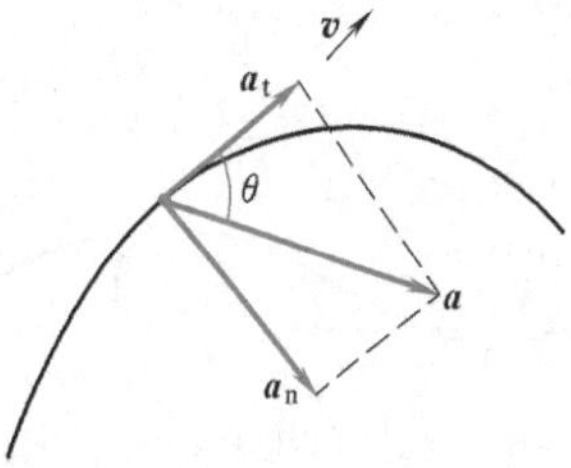

图 1-16　圆周运动的加速度

$$a=\sqrt{a_t^2+a_n^2}=\sqrt{\left(\frac{\mathrm{d}v}{\mathrm{d}t}\right)^2+\left(\frac{v^2}{r}\right)^2} \tag{1-39}$$

加速度方向与切线方向的夹角为 θ，如图 1-16 所示。

$$\theta=\arctan\frac{a_n}{a_t} \tag{1-40}$$

例题 1-6　如图 1-17 所示，一架超音速歼击机在高空点 A 时的水平速率为 1 940 km · h^{-1}，沿近似于圆弧的曲线俯冲到点 B，其速率为 2 192 km · h^{-1}，所经历的时间为 3 s。设圆弧$\overset{\frown}{AB}$的半径约为 3.5 km，且飞机从点 A 到点 B 的俯冲过程可视为匀变速率圆周运动。若不计重力加速度的影响，求：

（1）飞机在点 B 的加速度；

（2）飞机由点 A 到点 B 所经历的路程。

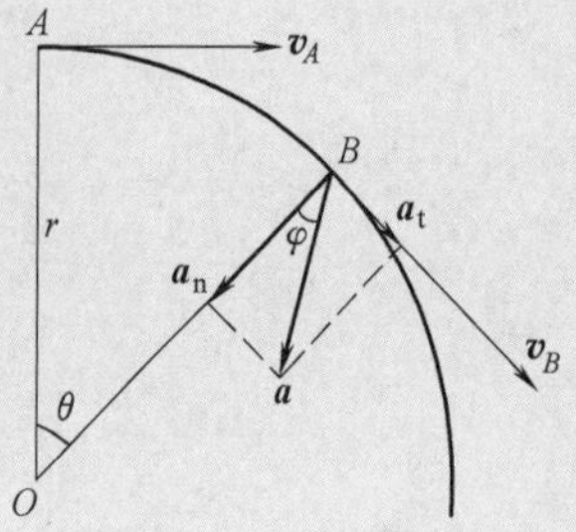

图 1-17　例题 1-6 图

解　(1) 由于飞机在 AB 之间做匀变速率圆周运动，所以切向加速度 $\boldsymbol{a}_t$ 的值为常量，有

$$a_t = \frac{v_B - v_A}{t}$$

而在点 B 时的法向加速度为

$$a_n = \frac{v_B^2}{r}$$

由题意知，v_A=1 940 km·h^{-1}=539 m·s^{-1}，v_B=2 192 km·h^{-1}=609 m·s^{-1}，t =3 s，r =3.5×10^3 m。将它们代入上述两式，可得飞机在点 B 的切向和法向加速度分别为

$$a_t = 23.3\ \text{m} \cdot \text{s}^{-2},\quad a_n = 106\ \text{m} \cdot \text{s}^{-2}$$

所以飞机在点 B 的加速度的大小为

$$a = \sqrt{a_t^2 + a_n^2} = 109\ \text{m} \cdot \text{s}^{-2}$$

$\boldsymbol{a}_t$ 与 $\boldsymbol{a}_n$ 的夹角 φ 为

$$\varphi = \arctan\frac{a_t}{a_n} = 12.4°$$

(2) 由式(1-29)可得，在时间 t 内，半径 r 所转过的角度 θ 为

$$\theta = \omega_A t + \frac{1}{2}\beta t^2$$

其中 ω_A 是飞机在点 A 的角速度，因此在此时间内，飞机经过的路程为

$$\begin{aligned} s &= r\theta = r\omega_A t + \frac{1}{2} r\beta t^2 \\ &= \left(539 \times 3 + \frac{1}{2} \times 23.3 \times 3^2\right)\text{m} \\ &= 1\,722\ \text{m} \end{aligned}$$

1.3.3　一般平面曲线运动

如果质点运动的轨迹是一条平面曲线，可在曲线上任取三点 A'、A、A''，这三点可以决定一个圆。若点 A 两侧的点 A' 和 A'' 无限靠近点 A，则由它们决定的圆将无限接近一个极限圆。这个极限圆称为曲线在点 A 的曲率圆，曲率圆的半径为 ρ，如图 1-18 所示。质点在点 A 的加速度就是质点做半径为 ρ 的圆周运动的加速度，即

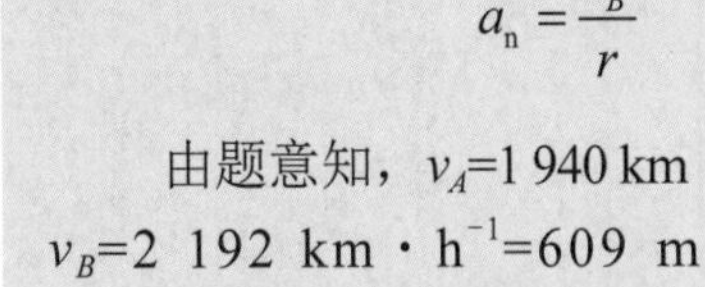

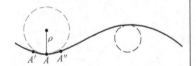

图 1-18　曲线上的曲率圆

$$\boldsymbol{a} = \frac{\mathrm{d}v}{\mathrm{d}t}\boldsymbol{e}_t + \frac{v^2}{\rho}\boldsymbol{e}_n \tag{1-41}$$

因此，质点所做的曲线运动可以看成是无数个连绵相继的圆心不同、半径不同的圆运动所组成。只要把半径 r 换成曲率半径 ρ，描述圆周运动的有关公式就可以用来描述一般平面曲线运动。

1.4　相对运动

物体的运动总是相对于某个参考系而言的，由于所选取的

参考系不同，在描述同一物体的运动时将得出不同的结果，这就是运动描述的**相对性**。例如，对于匀速运动的船，船上的人竖直向上抛出小球，选船为参考系时，船上的人会看到小球的运动轨迹为直线，而选地面为参考系的人会看到小球的运动轨迹为抛物线。

以下我们来讨论在相互运动的不同参考系中，同一运动质点的位移、速度和加速度之间的关系。在此，只研究一个参考系相对于另一个参考系做平动的情况。如图 1-19 所示，设有两个参考系 S 和 S′，其中 S′ 相对于 S系以速度 $\boldsymbol{u}$ 平动。在两参考系中各建立空间直角坐标系 $Oxyz$ 和 $O'x'y'z'$，并使 y 轴和 y' 轴方向与 $\boldsymbol{u}$ 方向相同。质点 P 在系 S 和系 S′ 中的位矢分别为 $\boldsymbol{r}$ 和 $\boldsymbol{r}'$，S′ 系中的原点 O' 相对于 S 系中的原点 O 位置矢量为 $\boldsymbol{r}_0$。由矢量加法可得

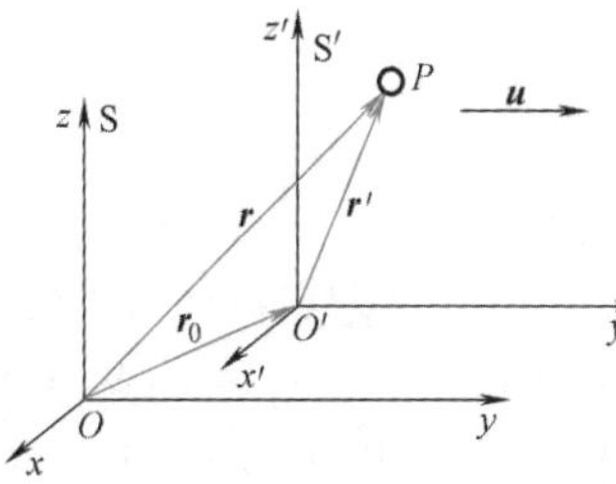

图 1-19　质点相对于两个不同参考系的运动

$$\boldsymbol{r}=\boldsymbol{r}'+\boldsymbol{r}_0 \tag{1-42}$$

将式（1-42）两边对时间 t 求导，可得

$$\frac{\mathrm{d}\boldsymbol{r}}{\mathrm{d}t}=\frac{\mathrm{d}\boldsymbol{r}'}{\mathrm{d}t}+\frac{\mathrm{d}\boldsymbol{r}_0}{\mathrm{d}t}$$

上式中$\frac{\mathrm{d}\boldsymbol{r}}{\mathrm{d}t}$是质点相对于 S 系的运动速度，用 $\boldsymbol{v}$ 表示，称为**绝度速度**；$\frac{\mathrm{d}\boldsymbol{r}'}{\mathrm{d}t}$是质点相对于 S′ 系的运动速度，用 $\boldsymbol{v}'$ 表示，称为**相对速度**；$\frac{\mathrm{d}\boldsymbol{r}_0}{\mathrm{d}t}$是 S′ 系相对于 S 系的运动速度 $\boldsymbol{u}$，称为**牵连速度**。因此有

$$\boldsymbol{v}=\boldsymbol{v}'+\boldsymbol{u} \tag{1-43}$$

上式给出了运动质点在两个做相对运动的参考系中的速度关系，称为速度变换式。进一步将式（1-43）两边同时对时间求导可得

$$\frac{\mathrm{d}\boldsymbol{v}}{\mathrm{d}t}=\frac{\mathrm{d}\boldsymbol{v}'}{\mathrm{d}t}+\frac{\mathrm{d}\boldsymbol{u}}{\mathrm{d}t}$$

式中，$\frac{\mathrm{d}\boldsymbol{v}}{\mathrm{d}t}$是运动质点相对于 S 系的加速度，用 $\boldsymbol{a}$ 表示；$\frac{\mathrm{d}\boldsymbol{v}'}{\mathrm{d}t}$是质点相对于 S′ 系的加速度，用 $\boldsymbol{a}'$ 表示；$\frac{\mathrm{d}\boldsymbol{u}}{\mathrm{d}t}$是 S′ 系相对于 S 系的加速度，用 $\boldsymbol{a}_0$ 表示。由此可得加速度的变换式为

$$\boldsymbol{a}=\boldsymbol{a}'+\boldsymbol{a}_0 \tag{1-44}$$

当 S′ 系相对于 S 系做匀速直线运动（$\boldsymbol{a}_0=0$）时，则有

$$\boldsymbol{a}=\boldsymbol{a}'$$

上式表明，在相对做匀速直线运动的不同参考系中观察同一质点的运动，所测得的加速度相同。

例题 1-7　如图 1-20 所示一辆带篷的货车，篷高 h=2 m。当它停在公路上时，雨点可落入车内 d=1 m 处。现在货车以 15 km·h^{-1} 的速度沿平直公路匀速行驶，雨滴恰好不能落入车内，求雨滴相对于地面的速度和雨滴相对于货车的速度。

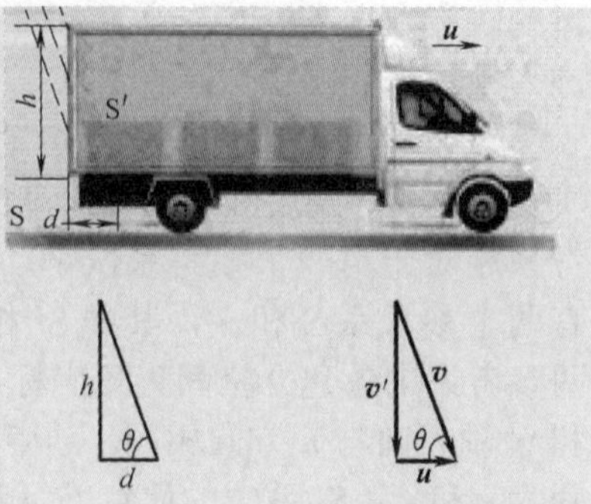

图 1-20　例题 1-7 图

解　取公路的路面为 S 系，货车为 S′ 系，已知 S′ 系相对于 S 系的运动速率为 15 km·h^{-1}。设雨滴相对于货车的速度为 $\boldsymbol{v}'$，相对于地面的速度为 $\boldsymbol{v}$。由速度变换公式（1-43）可得

$$\boldsymbol{v}=\boldsymbol{v}'+\boldsymbol{u}$$

根据已知条件，$\boldsymbol{v}$ 的方向与地面的夹角为

$$\theta=\arctan\frac{h}{d}=63.4°$$

$\boldsymbol{v}$ 的大小为

$$v=\frac{u}{\cos\theta}=\frac{15\ \text{km}\cdot\text{h}^{-1}}{\cos 63.4°}=33.5\ \text{km}\cdot\text{h}^{-1}$$

$\boldsymbol{v}'$ 与 $\boldsymbol{u}$ 的方向垂直，$\boldsymbol{v}'$ 大小为

$$v'=v\sin\theta=33.5\ \text{km}\cdot\text{h}^{-1}\times\sin 63.4°=29.95\ \text{km}\cdot\text{h}^{-1}$$

例题 1-8　如图 1-21 所示，倾角为 30° 的斜面放置在光滑的水平面上。当斜面上的木块沿斜面下滑时，斜面以加速度 a_0=2 m·s^{-2} 向右运动，已知木块相对于斜面的加速度为 a'=6 m·s^{-2}。试求木块相对于水平面的加速度。

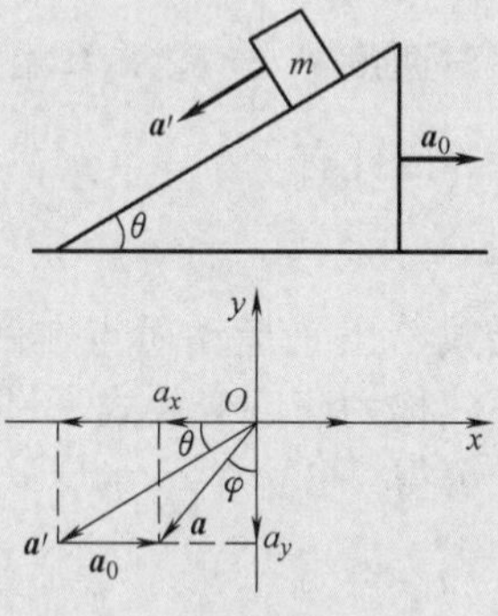

图 1-21　例题 1-8 图

解　选取水平面为 S 系，斜面为 S′ 系。则斜面的加速度是牵连加速度，木块相对于斜面的加速度是相对加速度，由加速度的变换式（1-44）可得木块相对于水平面的绝对加速度为

$$\boldsymbol{a}=\boldsymbol{a}'+\boldsymbol{a}_0$$

将木块的牵连加速度和相对加速度沿 x 轴和 y 轴进行分解，可得木块绝对加速度的分量为

$$a_x=a_0-a'\cos\theta,\quad a_y=-a'\sin\theta$$

所以，木块绝对加速度的大小为

$$a=\sqrt{a_x^2+a_y^2}=\sqrt{(a_0-a'\cos\theta)^2+(-a'\sin\theta)^2}$$
$$=4.4\ \text{m}\cdot\text{s}^{-2}$$

方向为

$$\cos\varphi=\frac{a_y}{a}=-0.682,\quad |\varphi|=47°$$

即绝对加速度 $\boldsymbol{a}$ 与 y 轴负方向的夹角为 47°。

本章提要

1. 描述质点运动的物理量

位置矢量：$\boldsymbol{r}=x\boldsymbol{i}+y\boldsymbol{j}+z\boldsymbol{k}$

位移：$\Delta\boldsymbol{r}=\boldsymbol{r}_B-\boldsymbol{r}_A$

速度：$\boldsymbol{v}=\dfrac{\mathrm{d}\boldsymbol{r}}{\mathrm{d}t}$

加速度：$\boldsymbol{a}=\dfrac{\mathrm{d}\boldsymbol{v}}{\mathrm{d}t}=\dfrac{\mathrm{d}^2\boldsymbol{r}}{\mathrm{d}t^2}$

2. 抛体运动

抛体的轨迹运动方程：$y=x\tan\theta-\dfrac{g}{2v_0^2\cos^2\theta}x^2$

抛体的射高：$y_{\mathrm{m}}=\dfrac{v_0^2\sin^2\theta}{2g}$

抛体的射程：$x_{\mathrm{m}}=\dfrac{2v_0^2\sin\theta\cos\theta}{g}=\dfrac{v_0^2\sin2\theta}{g}$

3. 圆周运动

角位置：θ

角速度：$\omega=\dfrac{\mathrm{d}\theta}{\mathrm{d}t}$

角加速度：$\beta=\dfrac{\mathrm{d}^2\theta}{\mathrm{d}t^2}$

切向加速度：$\boldsymbol{a}_{\mathrm{t}}=r\beta\boldsymbol{e}_{\mathrm{t}}$

法向加速度：$\boldsymbol{a}_{\mathrm{n}}=r\omega^2\boldsymbol{e}_{\mathrm{n}}$

一般平面曲线运动加速度：$\boldsymbol{a}=\dfrac{\mathrm{d}v}{\mathrm{d}t}\boldsymbol{e}_{\mathrm{t}}+\dfrac{v^2}{\rho}\boldsymbol{e}_{\mathrm{n}}$

4. 相对运动

位矢的相对性：$\boldsymbol{r}=\boldsymbol{r}'+\boldsymbol{r}_0$

速度的相对性：$\boldsymbol{v}=\boldsymbol{v}'+\boldsymbol{u}$

加速度的相对性：$\boldsymbol{a}=\boldsymbol{a}'+\boldsymbol{a}_0$

思考题 1

S1-1. 如果有人问你，地球与一粒米哪个可以看作质点，你将怎样回答？

S1-2. 在一艘轮船中，两位旅客有这样一段对话。

甲：我静静地坐在这里好半天，我一点也没有运动。

乙：不对，你看窗外，河岸上的物体都飞快地向后掠去，船在飞快前进，你也在很快地运动。

试把他们讲话的含义阐述得确切一些，究竟旅客甲是运动还是静止？你如何理解运动和静止这两个概念？

S1-3. 你能通过作图说明质点在做曲线运动时，加速度的方向总是指向轨迹曲线凹的一侧么？

S1-4. 同一物体从同一水平面上以相同的初速度（大小、方向均相同）发射出去，而落地的情况却不同，如思考题 1-4 图所示。试就这三种情况，按落地时的瞬时速率从大到小排序。

S1-5. 在《关于两门新科学的对话》一书中，伽利略写道：“仰角（即抛射角）比 45° 增大或者减小一个相等角度的抛体，其射程是相等的。”你能证明吗？

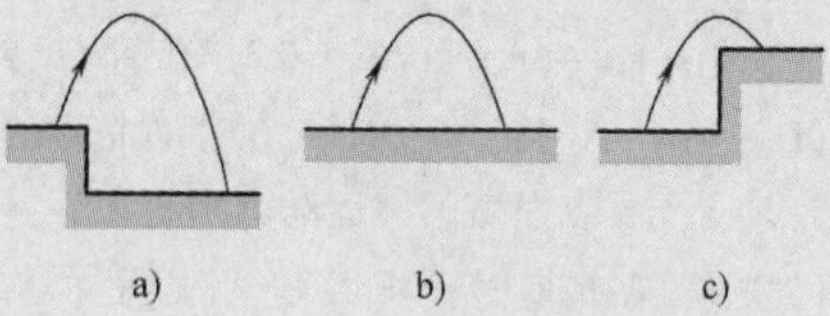

思考题 1-4 图

S1-6. 一人站在地面上用枪瞄准悬挂在树上的木偶。当扣动扳机，子弹从枪口射出时，木偶正好从树上静止自由下落。试说明为什么子弹总可以射中木偶。

S1-7. 一列匀速率运动的火车有四种运动轨迹，如思考题 1-7 图所示。按火车在转弯处加速度

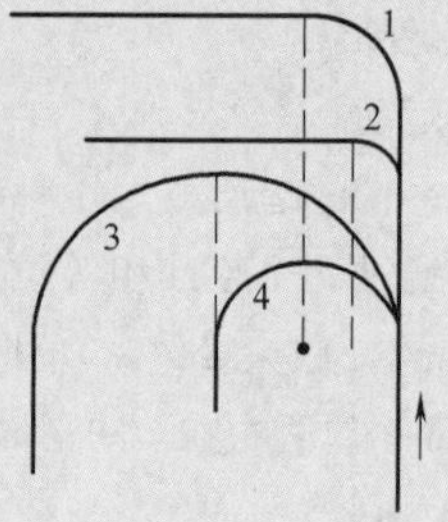

思考题 1-7 图

的大小，将这些轨迹进行排序。

S1-8. 质点做匀加速圆周运动，试问质点的法向加速度、切向加速度和总加速度三者的大小是否都随时间的改变而改变？总加速度和速度之间的夹角随时间如何改变？

S1-9. 下雨时，有人在汽车内观察雨点的运动。设雨点相对于地面匀速竖直下落，试说明下列各情况中，他观察到的结果。

（1）汽车是静止的；

（2）汽车做匀速直线运动；

（3）汽车做匀加速直线运动。

S1-10. 船相对于河水以 14 $km \cdot h^{-1}$ 的速度逆流而上，河水相对于地面的速度为 9 $km \cdot h^{-1}$。一个孩子在船上以 6 $km \cdot h^{-1}$ 速度从船头向船尾走去，问孩子相对于地面的速度为多少？

基础训练习题 1

1. 选择题

1-1. 质点做曲线运动，在 t 时刻质点的位矢为 $\boldsymbol{r}$，速度为 $\boldsymbol{v}$，速率为 v，Δt 时间内质点的位移为 $\Delta\boldsymbol{r}$，路程为 Δs，位矢大小的变化量为 Δr（或称 $\Delta|\boldsymbol{r}|$）。根据上述情况，则必有

（A）$|\Delta\boldsymbol{r}|=\Delta s=\Delta r$。

（B）$|\Delta\boldsymbol{r}|\neq\Delta s\neq\Delta r$，当 $\Delta r\to 0$ 时有 $|d\boldsymbol{r}|\neq dr\neq ds$。

（C）$|\Delta\boldsymbol{r}|=\Delta s=\Delta r$，当 $\Delta t\to 0$ 时有 $|d\boldsymbol{r}|=dr\neq ds$。

（D）$|\Delta\boldsymbol{r}|=\Delta s=\Delta r$，当 $\Delta t\to 0$ 时有 $|d\boldsymbol{r}|=dr=ds$。

1-2. 一个质点在做圆周运动，则有

（A）切向加速度一定改变，法向加速度也改变。

（B）切向加速度可能不变，法向加速度一定改变。

（C）切向加速度可能不变，法向加速度不变。

（D）切向加速度一定改变，法向加速度不变。

1-3. 以下四种运动，加速度保持不变的运动是

（A）单摆的运动。

（B）圆周运动。

（C）抛体运动。

（D）匀速率曲线运动。

1-4. 物体通过两个连续相等位移的平均速度分别为 $\overline{v_1}=10\ m\cdot s^{-1}$，$\overline{v_2}=15\ m\cdot s^{-1}$，若物体做直线运动，则在整个过程中物体的平均速度为

（A）12 $m\cdot s^{-1}$。

（B）11.75 $m\cdot s^{-1}$。

（C）12.5 $m\cdot s^{-1}$。

（D）13.75 $m\cdot s^{-1}$。

1-5. 一细直杆 AB，竖直靠在墙壁上，B 端沿水平方向以速度 $\boldsymbol{v}$ 滑离墙壁，则当细杆运动到习题 1-5 图所示位置时，细杆中点 C 的速度为

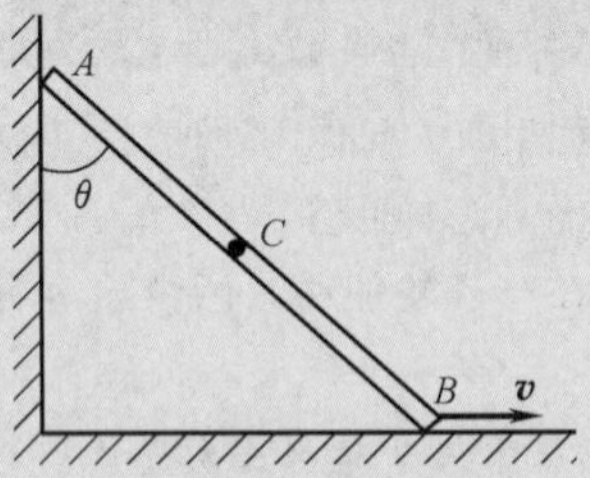

习题 1-5 图

（A）大小为 $\frac{v}{2}$，方向与 B 端运动方向相同。

（B）大小为 $\frac{v}{2}$，方向与 A 端运动方向相同。

（C）大小为 $\frac{v}{2}$，方向沿杆身方向。

（D）大小为 $\frac{v}{2\cos\theta}$，方向与水平方向成 θ 角。

1-6. 质点沿 xOy 平面做曲线运动，其运动方程为 $x=2t$，$y=19-2t^2$，则质点位置矢量与速度矢量恰好垂直的时刻为

（A）0 s 和 3.16 s。

（B）1.78 s。

（C）1.78 s 和 3.00 s。

（D）0 s 和 3.00 s。

1-7. 下面表述正确的是

（A）质点做圆周运动，加速度一定与速度垂直。

（B）物体做直线运动，法向加速度必为零。

（C）轨道最弯处法向加速度最大。

（D）某时刻的速率为零，切向加速度必为零。

1-8. 下列情况不可能存在的是

（A）速率增加，加速度大小减少。

（B）速率减少，加速度大小增加。

（C）速率不变而有加速度。

（D）速率增加而无加速度。

（E）速率增加而法向加速度大小不变。

1-9. 一抛射体的初速度为 v_0，抛射角为 θ，抛射点的法向加速度、最高点的切向加速度以及最高点的曲率半径分别为

（A）$g\cos\theta$，0，$\dfrac{v_0^2\cos^2\theta}{g}$。

（B）$g\cos\theta$，$g\sin\theta$，0。

（C）$g\sin\theta$，0，$\dfrac{v_0^2}{g}$。

（D）$g\sin\theta$，g，$\dfrac{v_0^2\sin^2\theta}{g}$。

1-10. 如习题 1-10 图所示，湖中有一条小船，有人用绳绕过岸上一定高度处的定滑轮拉湖中的船向岸边运动。设该人以 v_0 匀速率收绳，绳不伸长且湖水静止，小船的速率为 v，则小船做

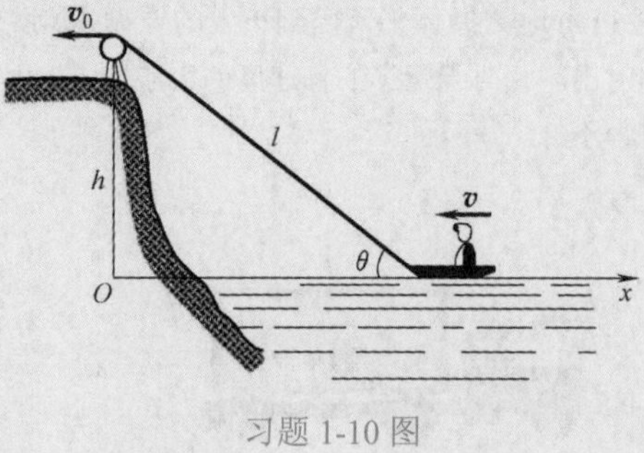

习题 1-10 图

（A）匀加速运动，$v=\dfrac{v_0}{\cos\theta}$。

（B）匀减速运动，$v=v_0\cos\theta$。

（C）变加速运动，$v=\dfrac{v_0}{\cos\theta}$。

（D）变减速运动，$v=v_0\cos\theta$。

（E）匀速直线运动，$v=v_0$

1-11. 一飞机相对空气的速度大小为 200 km·h^{-1}，风速为 56 km · h^{-1}，方向从西向东。地面雷达站测得飞机速度大小为 192 km · h^{-1}，方向是

（A）南偏西 16.3°。

（B）北偏东 16.3°。

（C）向正南或向正北。

（D）西偏北 16.3°。

2. 填空题

1-12. 一小球沿斜面向上运动，其运动方程为 $s=5+4t-t^2$（m），则小球在 t=________（s）时刻，运动到最高点。

1-13. 一质点沿 x 轴运动，$v=1+3t^2$（m · s^{-1}），若 t=0 时，质点位于原点，则质点的加速度 a=____（m · s^{-2}）；质点的运动方程为 x=________（m）。

1-14. 一质点的运动方程为 $\boldsymbol{r}=A\cos\omega t\boldsymbol{i}+B\sin\omega t\boldsymbol{j}$，其中 A、B、ω 为常量，则质点的加速度矢量为 $\boldsymbol{a}$=________，轨迹方程为________。

1-15. 一人骑摩托车跳越一条大沟，他能以与水平成 30° 角，大小为 30 m · s^{-1} 的初速度从一边起跳，刚好到达另一边，则可知此沟的宽度为______。

1-16. 任意时刻 a_t=0 的运动是________运动；任意时刻 a_n=0 的运动是________运动；任意时刻 a=0 的运动是________运动；任意时刻 a_t=0，a_n=常量的运动是________运动。

1-17. 已知一质点的运动方程为 $\boldsymbol{r}=2t^2\boldsymbol{i}+\cos\pi t\boldsymbol{j}$，则其速度 $\boldsymbol{v}$=________；加速度 $\boldsymbol{a}$=________；当 t=1 s 时，其切向加速度 a_t=____________；法向加速度 a_n=________。

1-18. 一物体做如习题 1-18 图所示的斜抛运动，测得在轨迹点 A 处速度的大小为 v，其方向

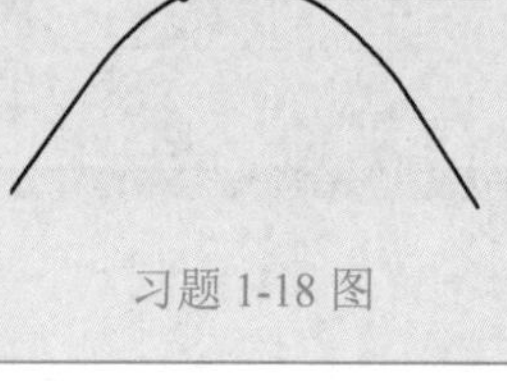

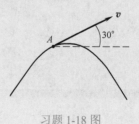

习题 1-18 图

与水平方向夹角成30°，则物体在点A的切向加速度a_t=________，轨道的曲率半径ρ=________。

1-19. 小船从岸边点A出发渡河，如果它保持与河岸垂直向前划，则经过时间t_1到达对岸下游点C；如果小船以同样速率划行，但垂直河岸横渡到正对岸点B，则需与A、B两点连成的直线成α角逆流划行，经过时间t_2到达点B。若B、C两点间的距离为s，则（1）此河宽度l=____________；（2）α=____________。

3. 计算题

1-20. 路灯距地面高度为H，身高为h的人以速度v_0在路上匀速行走，如习题1-20图所示。求人影中头顶的移动速度，并求影长增长的速率。

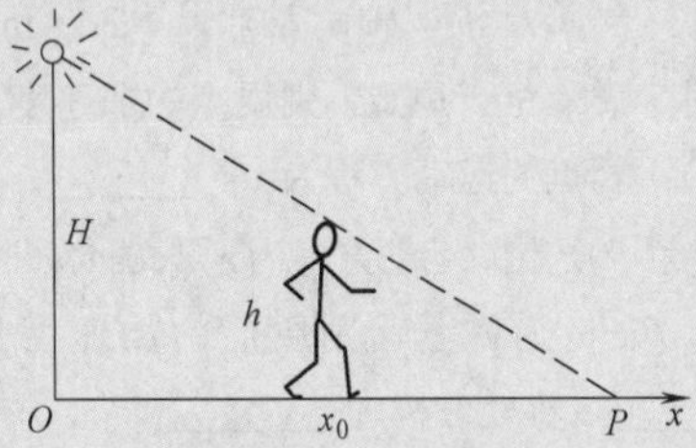

习题1-20图

1-21. 一台升降机以加速度1.22 m · s^{-2}上升，当上升速度为2.44 m · s^{-1}时，有一螺母自升降机的天花板上脱落，天花板与升降机的底面相距2.74 m。

（1）试分别以地球和升降机为参考系计算螺母从天花板落到升降机底面所需时间；

（2）计算螺母相对于地面参考系下降的距离。

1-22. 如习题1-22图所示，一个雷达站探测到一架从正东方飞来的飞机。第一次观测到的飞机的方位是360 m，仰角40°。其后飞机又在竖直的东-西平面内被跟踪了123°，最后距离为790 m。求飞机在此观测期间内的位移。

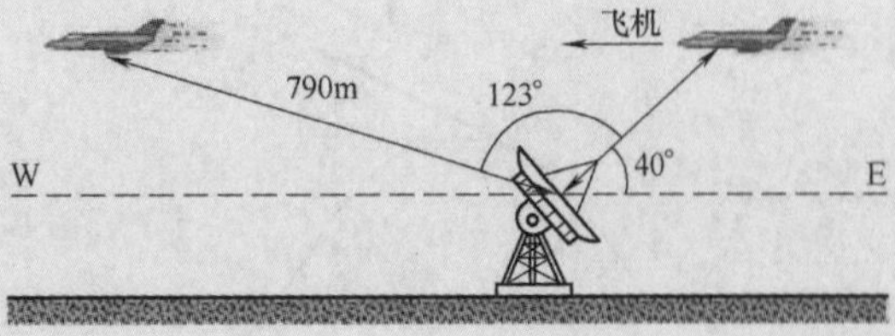

习题1-22图

1-23. 在同一竖直面内的同一水平线上A、B两点分别以30°和60°为发射角，同时抛出两个小球，欲使两球在各自轨道的最高点相遇，求两点之间的距离。已知小球的初速度为v_{A0}=9.8 m · s^{-1}。

1-24. 一人乘摩托车跳跃一个大矿坑，他以与水平方向成22.5°角的初速度65 m·s^{-1}从西边起跳，准确地落在坑的左边。已知东边比西边低75 m，忽略空气阻力。问：

（1）矿坑有多宽？他飞跃的时间多长？

（2）他在东边落地时的速度多大？速度与水平面的夹角多大？

1-25. 如习题1-25图所示，一足球运动员在正对球门前250 m处以20 m · s^{-1}的初速率罚任意球，已知球门高为3.44 m，若要在垂直于球门平面的竖直平面内将球直接踢进球门，问他应与地面成什么角度范围内踢出足球？（可将足球可视为质点）

习题1-25图

1-26. 一辆货车在平直路面上以恒定速率30 m · s^{-2}行驶，在此车上射出一抛体，要求在车前进60 m时，抛体仍落回到车上的原抛出点，问抛体射出时相对于货车的初速度的大小和方向，空气阻力不计。

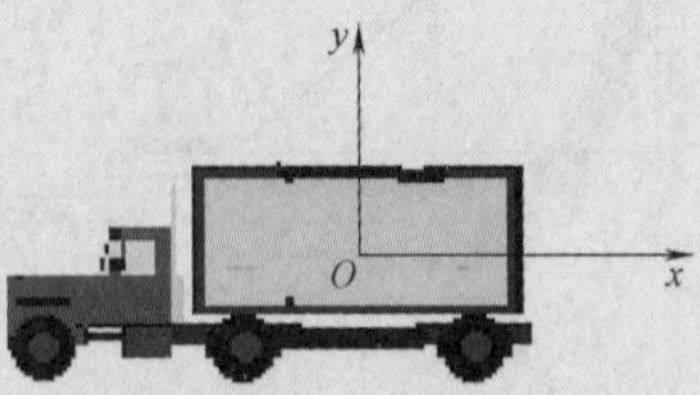

习题1-26图

1-27. 跳伞运动员从1 200 m高空跳下，起初不打开降落伞做加速运动。由于空气阻力的作用，会加速到一“终极速度”200 km · h^{-1}而开始匀速下降，下降到离地面50 m处时打开降落伞，很快速率变为 18 km·h^{-1} 而开始匀速下降着地。若起初加速运动阶段的平均加速度按 $g/2$ 计，此跳伞运动员在空中一共经历了多长时间？

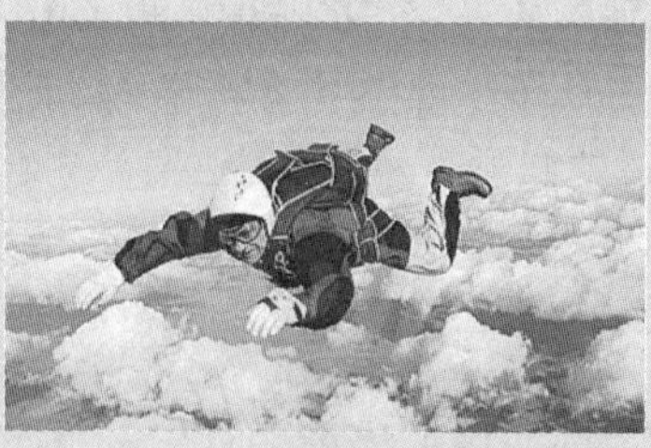

习题 1-27 图

1-28. 一张光盘（Compact Disk，CD）音轨区域的内半径 R_1=2.2 cm，外半径 R_2=5.6 cm，径向音轨密度 N=650 条 /mm。在 CD 唱机内，光盘每转一圈，激光头沿径向向外移动一条音轨，激光束相对光盘是 v = 1.3 m·s^{-1} 的恒定线速度运动。问：

（1）这张光盘的全部放音时间是多少？

（2）激光束到达离盘心 r = 5.0 cm 处时，光盘转动的角速度和角加速度各是多少？

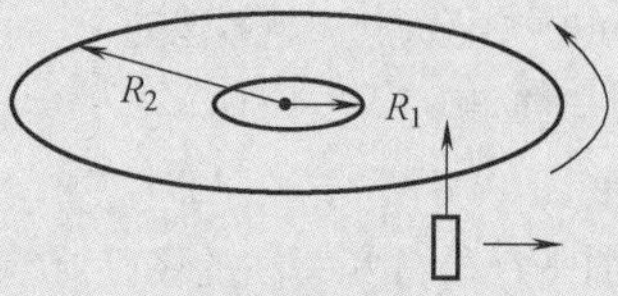

习题 1-28 图

1-29.　质点 P 在水平面内沿一半径为 R=1 m 的圆轨道转动，转动的角速度 ω 与时间 t 的函数关系为 $\omega=kt^2$，已知 t=2 s 时，质点 P 的速率为 16 m·s^{-1}，试求 t=1 s 时，质点 P 的速率与加速度的大小。

1-30. 一人能在静水中以 1.10 m·s^{-1} 的速度划船前进。今欲横渡一宽为 1.00×10^3 m，水流速度为 0.55 m·s^{-1} 的大河：

（1）他若要从出发点横渡该河而到达对岸的一点，那么应如何确定划行方向？到达正对岸需要多少时间？

（2）如果希望用最短的时间过河，应如何确定划行方向？船划到对岸时，在什么位置？

综合能力和知识拓展与应用训练题

1. 射弹飞人

1922 年，美国很有声望的 Emanuel 家庭马戏表演团，首开先例，将一个演员作为人体炮弹，从炮膛射出，飞过竞技场舞台落入网中。为了加强特技效果，马戏团逐渐增加飞跃的高度和距离。在 1939 年和 1940 年，Emanuel Zacchini 被作为人体炮弹（见训练题图 1-1a），从炮膛射出越过了三个摩天轮，水平跨度达到 69 m。他是怎样确定网应放置的位置的？又是如何确保被发射者一定会飞跃过摩天轮的？

如训练题图 1-1b 所示，如果 Emanuel Zacchini 被射出时的初速率为 v_0=26.5 m·s^{-1}，水平向上 θ_0=53°，发射点距地面高度为 3.0 m（与接他落地的网在同一高度）。（1）他能越过第一个摩天轮么？（2）假如他飞过中间的摩天轮正好在轨道的最高点，问他超过该轮顶部多高？（3）网的中心应距离炮多远？

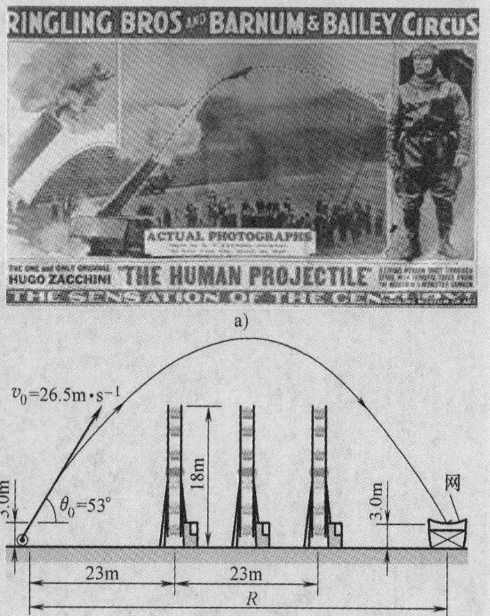

训练题图 1-1

本题内容：日常应用。

考查知识点：质点、抛体运动。

题型：计算题。

2. 超重

老练的飞行员常常关注的飞行难点就是转弯太急。当飞行员的身体经历向心加速度使头朝向曲线中心时，大脑的血压会降低，并导致大脑功能的丧失。所以有几个警示信号提醒飞行员要注意：当向心加速度为 $2g$ 或 $3g$ 时，飞行员会感觉增重。在约 $4g$ 时，飞行员会产生黑视，且视野变小，出现“管视”。如果加速度继续保持或者增大，视觉就会丧失，随后意识也会丧失，即出现所谓的“超重昏厥（g-induced loss of consciousness）”。

试问：如果当 F-22 战斗机飞行员以 v=2 500 km·h^{-1}（694 m·s^{-1}）的速率飞过曲率半径为 r=5.80 km 的圆弧时，向心加速度（以 g 为单位）应为多大？

本题内容：工程技术。

考查知识点：圆周运动。

题型：计算题。

阅读材料——北斗卫星导航系统和质点运动学

1. 北斗导航系统介绍

北斗卫星导航系统（英文简称“COMPASS”，中文音译名称“BD”或“Beidou”）是我国自主建设、独立运行，并与世界其他卫星导航系统兼容共用的全球卫星导航系统，可在全球范围内全天候、全天时为各类用户提供高精度、高可靠的定位、导航、授时服务，并兼具短报文通信能力。与美国的全球定位系统（Global Positioning System，GPS）、俄罗斯的格洛纳斯导航卫星系统（Global Navigation Satellite System，GLONASS）、欧洲的伽利略卫星导航系统并称为全球四大卫星定位系统。2011 年 12 月 27 日，北斗卫星导航系统开始试运行服务。2020 年左右，北斗卫星导航系统将形成全球覆盖能力。

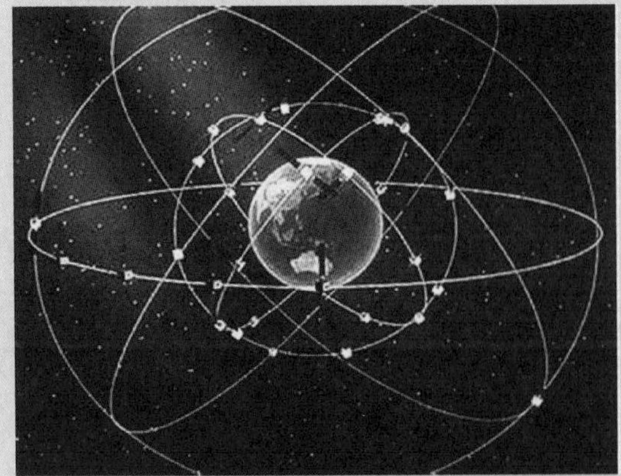

北斗卫星导航系统由空间端、地面端和用户端三部分组成。其中空间端计划由 35 颗卫星组成，包括 5 颗静止轨道卫星、27 颗中地球轨道卫星、3 颗倾斜同步轨道卫星。5 颗静止轨道卫星定点位置分别为东经 58.75°、80°、110.5°、140°、160°，中地球轨道卫星运行在 3 个轨道面上，轨道面之间为相隔 120°均匀分布。至 2012 年底，北斗亚太区域导航正式开通时，已为正式系统在西昌卫星发射中心发射了 16 颗卫星。其中 14 颗组网并提供服务，分别为 5 颗静止轨道卫星、5 颗倾斜地球同步轨道卫星（均在倾角 55°的轨道面上），4 颗中地球轨道卫星（均在倾角 55°的轨道面上）。

2. 北斗导航系统的物理基础

当卫星导航系统使用无源时间测距技术时，用户接收至少 4 颗导航卫星发出的信号，根据时间信息可获得距离信息，根据三球交汇的原理，用户终端可以自行计算其空间位置。此即为 GPS 所使用的技术，北斗卫星导航系统也使用了此技术来实现全球的卫星定位。

由于卫星导航系统能同时保证全球任何地点或近地空间的用户最低限度连续看到 4 颗卫星，每颗卫星都能连续不断地向用户接收机发射导航信号，用户到卫星的距离等于电磁波的传播速度乘以时间。

假设用户同时接收到 4 颗卫星信号，4 颗卫星在发射信号时的精确位置和时间分别为（x_1，y_1，z_1，t_1），（x_2，y_2，z_2，t_2），（x_3，y_3，z_3，t_3），（x_4，y_4，z_4，t_4），电磁波的传播速度为 u，用户此时所在的位置和时间为（x，y，z，t），则有

$$\begin{cases}\sqrt{(x-x_1)^2+(y-y_1)^2+(z-z_1)^2}=u(t-t_1)\\\sqrt{(x-x_2)^2+(y-y_2)^2+(z-z_2)^2}=u(t-t_2)\\\sqrt{(x-x_3)^2+(y-y_3)^2+(z-z_3)^2}=u(t-t_3)\\\sqrt{(x-x_4)^2+(y-y_4)^2+(z-z_4)^2}=u(t-t_4)\end{cases}$$

解方程组可求得 x，y，z，t 的值，即得用户此时的位置和时间。

如果连续不断定位，则可求出三维速度（v_x，v_y，v_z）。设 t 时刻用户的位置为（x，y，z），t' 时刻用户的位置为（x'，y'，z'），则用户此时的速度为

$$v_x=\frac{x-x'}{t-t'},\quad v_y=\frac{y-y'}{t-t'}\quad v_z=\frac{z-z'}{t-t'}$$

若空中有足够的卫星，用户终端可以接收多于 4 颗卫星的信息时，可以将卫星每组 4 颗分为多个组，列出多组方程，然后通过一定的算法挑选误差最小的那组结果，从而提高精度。

第 2 章　牛顿运动定律

引　言

牛顿力学建立于 17 世纪，开辟了一个科学发展的新天地。经典力学的广泛传播和应用对人们的思想和生活都产生了重大的影响，在一定程度上推动了人类社会的进步。但是经典力学存在的固有缺点和局限性方面也在一定程度上产生了消极的作用。虽然如此，但是却丝毫没有影响牛顿力学的重要地位。至今它不但能说明许多物理现象，而且在石油工程、土木建筑、交通运输以及航海航天等领域起着不可或缺的理论基础地位。

根据牛顿力学的理论，以旋转体系为参考系，质点的直线运动偏离原有方向的倾向被归结为一个外加力的作用，这就是科里奥利（Coriolis）力。从物理学的角度考虑，科里奥利力与离心力一样，都不是在惯性系中真实存在的力，而是惯性作用在非惯性系内的体现，同时也是在惯性参考系中引入的惯性力。

压缩天然气汽车在压缩天然气（CNG）加气站加气的计量准确性是非常重要的。由于 CNG 加气站对 CNG 汽车的加气具有变压、变流量的特点，因此通常的流量测量方法难以达到要求的准确性。目前 CNG 的计量主要采用高压型科里奥利质量流量计。由于此质量流量计是利用科里奥利效应来直接测量流体的质量流量，而不受流体温度、压力、黏度、导电性以及流体状态的影响，所以可以对压缩天然气进行高精度在线测量，使用非常方便。下图分别为 CNG 加气站、CNG 加气机和天然气计量设备。

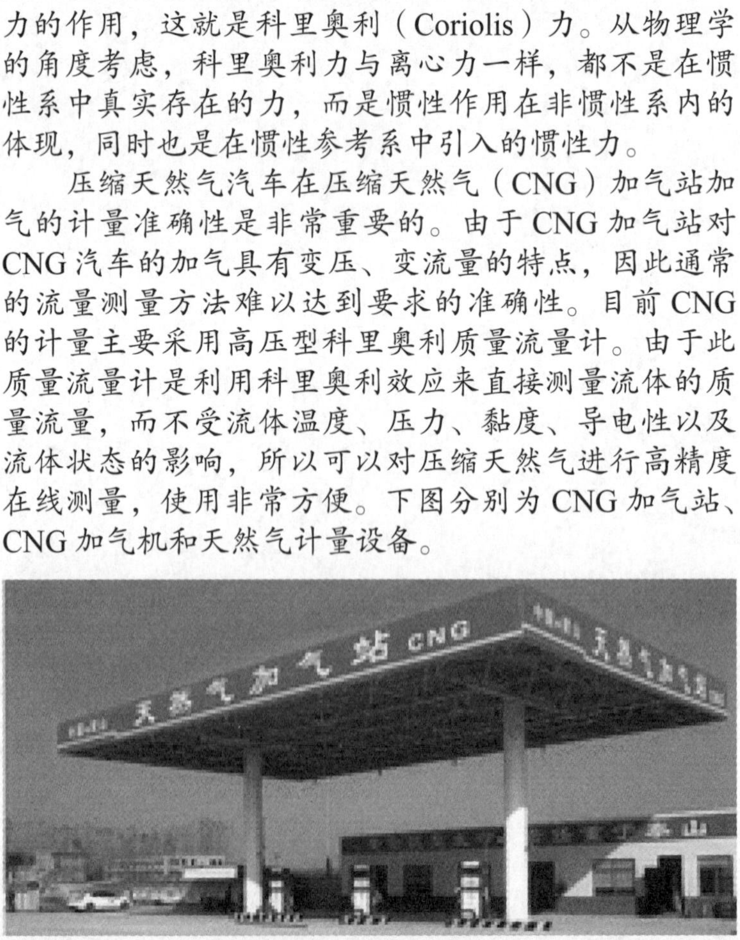

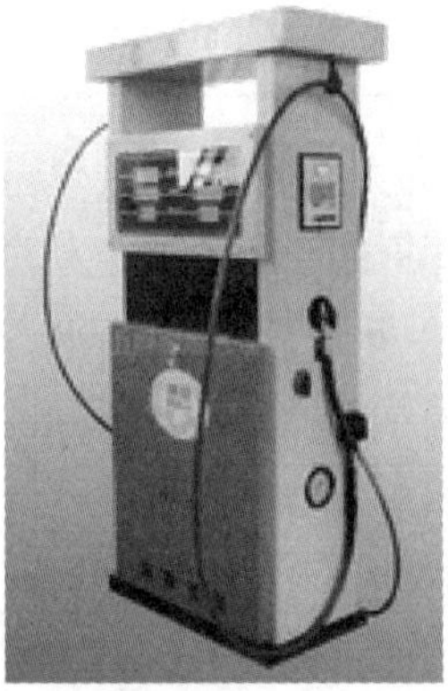

2.1　牛顿运动定律

牛顿首次在 1687 年出版的著作《自然哲学的数学原理》中，提出了三条运动定律，这三条定律称为牛顿运动定律。

2.1.1　牛顿第一定律

任何物体都要保持静止或匀速直线运动状态，直到其他物体的作用力迫使它改变运动状态为止，这就是**牛顿第一定律**，牛顿第一定律的数学形式为

$$\boldsymbol{F}=0\text{ 时，}\boldsymbol{v}=\text{恒矢量} \tag{2-1}$$

第一定律和两个基本概念相联系。一个是物体的惯性。它指出任何物体都具有保持其运动状态不变的特性，这个性质叫作惯性。惯性是物体的固有属性，与物体是否运动，是否受力无关。当有外界作用时，惯性表现为对外界迫使物体改变其运动状态的抵抗力。另一个重要的概念是力。第一定律指出，改变物体的运动状态，必有其他物体对它作用，这种物体和物体之间的相互作用被称之为力。牛顿第一定律的意义就在于指出了物体具有惯性，明确了力的含义。此外，由于运动只有相对一定参考系才有意义，所以牛顿第一定律也定义了一种参考系，在这个参考系中观察，一个不受合力作用的物体将保持静止或匀速直线运动状态不变，这样的参考系称为惯性参考系，简称为惯性系。并非任何参考系都是惯性系。实验表明，对于一般的力学现象，地面参考系是一个足够精确的惯性系，本章 2.4 节将专门讨论惯性参考系的问题。牛顿第一定律有时也称为惯性定律。

2.1.2　牛顿第二定律

物体受到力的作用时，它所获得的加速度的大小与合力的大小成正比，与物体的质量成反比，加速度的方向与合力的方向相同。在国际单位制中，力 $\boldsymbol{F}$、质量 m 和加速度 $\boldsymbol{a}$ 的关系为

$$\boldsymbol{F}=m\boldsymbol{a} \tag{2-2}$$

或

$$\boldsymbol{F}=m\frac{\mathrm{d}\boldsymbol{v}}{\mathrm{d}t}=\frac{\mathrm{d}(m\boldsymbol{v})}{\mathrm{d}t} \tag{2-3}$$

式（2-2）就是牛顿第二定律的数学表达式。它是质点动力学的基本方程。如果知道物体所受的合力以及物体的初位置和初速度，则受力物体在任何时刻的位置和速度就可以确定。

在国际单位制中，力的单位是 $\mathrm{kg\cdot m\cdot s^{-2}}$，称为牛顿（N）。

牛顿第二定律的数学表达式是矢量式。在实际应用时，常把式中各矢量沿选定的坐标轴进行分解。在质量 m 被视为恒量时，在直角坐标系中，牛顿第二定律的分量式为

$$\begin{aligned} F_x &= ma_x = m\frac{\mathrm{d}^2x}{\mathrm{d}t^2} \\ F_y &= ma_y = m\frac{\mathrm{d}^2y}{\mathrm{d}t^2} \\ F_z &= ma_z = m\frac{\mathrm{d}^2z}{\mathrm{d}t^2} \end{aligned} \tag{2-4}$$

在自然坐标系中为

$$F_{\mathrm{t}}=ma_{\mathrm{t}}=m\frac{\mathrm{d}v}{\mathrm{d}t},\quad F_{\mathrm{n}}=ma_{\mathrm{n}}=m\frac{v^2}{R} \tag{2-5}$$

牛顿第二定律只适用于惯性系。

牛顿第二定律是牛顿力学的核心，应用它解决问题时必须注意以下几点。

（1）牛顿第二定律只适用于质点的运动，当物体在做平动时，物体上各质点的运动情况完全相同，所以物体的运动可看作是质点的运动，此时这个质点的质量就是整个物体的质量。

（2）牛顿第二定律所表示的合力与加速度之间的关系是瞬时关系，也就是说，加速度只在力有作用时才产生，力改变了，加速度也随之改变。

（3）力的叠加原理。当几个力同时作用于物体时，其合力所产生的加速度 $\boldsymbol{a}$，与每个力 $\boldsymbol{F}_i$ 所产生加速度 $\boldsymbol{a}_i$ 的矢量和是一样的，这就是力的叠加原理。

2.1.3　牛顿第三定律

当物体 A 以力 $\boldsymbol{F}_1$ 作用在物体 B 上时，物体 B 也必定同时以力 $\boldsymbol{F}_2$ 作用在物体 A 上，$\boldsymbol{F}_1$ 和 $\boldsymbol{F}_2$ 在同一直线上，大小相等，方向相反，这就是牛顿第三定律。其数学表达式为

$$\boldsymbol{F}_1=-\boldsymbol{F}_2 \tag{2-6}$$

牛顿第三定律进一步阐明了力的意义，即力是物体之间的一种相互作用。物体受到任何一个力，必然来自另一个物体对它的作用。定律还指出，作用力与反作用力总是成对出现，它们同时存在，同时消失，分别作用在两个互相作用的物体上。并且作用力和反作用力是性质相同的力，如果作用力是万有引力，那么反作用力也一定是万有引力。所以在分析力时需要明确一个力的施力者和受力者。

2.1.4　牛顿运动定律的适用范围

牛顿运动定律是从大量实验事实总结概括出来的。从它所推论出的大量结论，在广大的范围中得到了验证。尤其是在天体运动的研究方面取得了许多重大的成就之后，牛顿运动定律的可靠性已经得到了充分的肯定。然而，所有的物理学规律都有自己的适用条件和适用范围。牛顿运动定律也不例外，牛顿运动定律的适用条件是

（1）牛顿运动定律只适用于惯性系。

（2）牛顿运动定律只适用于质点的运动速度远小于光速的情况。当质点的速度接近光速时，必须应用相对论力学来处理。

（3）牛顿运动定律一般仅适用于宏观物体的宏观运动。对于微观粒子的微观运动，则要用量子力学来处理。

2.2　相互作用力

2.2.1　基本的自然力

1. 引力

按牛顿的万有引力定律，质量分别为 m_1 和 m_2 的两个质

点，相距为 r 时，它们之间的引力为

$$F = G_0 \frac{m_1 m_2}{r^2} \tag{2-7}$$

式中，$G_0=6.67\times10^{-11}\ \mathrm{N\cdot m^2\cdot kg^{-2}}$ 称为**万有引力常数**。

这种力存在于宇宙万物之间。一切宏观物体之间，分子、原子、基本粒子之间都有这种引力。通常一般物体之间的万有引力极为微小，但对天体来说，这种引力是支配它们运动的主要动力。

地球表面附近的物体所受到的重力，在一定精确程度上来说（不考虑地球自转的影响），就是地球对物体的引力。由于地球表面附近，物体离地面的高度 h 远小于地球（近似看作球体）的半径 R，如分别用 m 和 M 表示物体和地球的质量，则物体受到的重力为

$$P = G_0 \frac{mM}{(R+h)^2} \approx m\frac{G_0 M}{R^2} = mg$$

式中，$g=G_0M/R^2=9.81\ \mathrm{m\cdot s^{-2}}$，称为重力加速度。

惯性质量和引力质量

万有引力定律中的质量是产生引力且量度引力大小的量，称引力质量；牛顿第二定律中的质量是产生惯性且量度惯性大小的量，称为惯性质量。可见，物体的惯性质量和引力质量是从完全不同的物理现象中分别独立定义的。然而，惯性质量与引力质量两者又是密切联系的，可以证明，选择适当的单位，这两个质量的数值完全相等，并已被实验所证实，所以我们以后将不再区别惯性质量和引力质量。

在经典力学看来，惯性质量和引力质量的相合似乎是偶然的巧合，但两者相合的事实在广义相对论的发展中却起了很重要的作用，在广义相对论发展起来之后，从广义相对论来看，这种相合并非偶然，而是反映了动力学定律与引力现象之间的深刻联系。

2. 电磁力

静止的电荷之间存在着电力（库仑力），运动的电荷之间不仅有电力，而且有磁力。这两种力有其本质上的联系，总称为电磁力。电磁力在宏观现象中普遍存在。摩擦力、弹性力（包括张力、正压力）等，都是物体分子间或原子间电磁力的宏观表现。电磁力和万有引力不同，它不仅可以表现为引力，也可以表现为斥力。分子间的电磁相互作用构成了分子力，当两个分子相距较远时（$10^{-10}\sim10^{-8}$ m）表现为引力，再远一些

时引力趋近于零，更靠近些时则表现为斥力。

电磁力、万有引力的作用距离可以很大，所以称为长程力。

3. 强力

作用于质子、中子、介子等强子之间的力称为强力。强力是一种短程力。当强子之间的距离超过约 10^{-15} m 时，强力就变得可以忽略不计，强子之间的距离小于 10^{-15} m 时，强力占主要支配地位。直到距离减小到大约 0.4×10^{-15} m 时，它都表现为引力，距离再减小时，强力就表现为斥力。

4. 弱力

弱力是存在于各种粒子之间的另一种相互作用，但仅在粒子间的某些反应（如 β 衰变）中才显示出它的重要性。弱力是一种短程力，比强力的力程更短，约为 10^{-17} m。弱力的强度比强力小得多。这种相互作用并不局限于某些确定种类的粒子之间。正如电磁相互作用导致光子的发射和吸收一样，弱相互作用则导致 β 衰变，放出电子和中微子。因此，β 衰变是说明存在弱相互作用的根据。

2.2.2　力学中常见的几种力

1. 重力

前面讨论过重力，其大小等于质点质量乘以重力加速度，方向与重力加速度的方向相同（竖直向下指向地心），即 $\boldsymbol{P}=m\boldsymbol{g}$。

2. 弹性力

产生形变的物体由于要恢复原状而对与它接触的物体产生力的作用称为弹性力。如弹簧的回复力、绳中的张力、作用于相互接触物体间垂直于接触面的正压力等。

一些弹性体（如弹簧）在形变不超过一定的限度时，其弹性力遵从**胡克定律**：

$$F=-kx \tag{2-8}$$

式中，k 称为弹性体的劲度系数；x 为偏离平衡位置的位移，负号表示力与位移的方向相反。由此可见，弹性力的大小与位移的大小成正比，方向总是指向平衡位置。

绳子在受到拉伸时，其内部会出现所谓的弹性**张力**。如图 2-1 所示，绳子受到外力 $\boldsymbol{F}_1$ 和 $\boldsymbol{F}_2$ 的作用，绳中 A 点处的张力为 $\boldsymbol{T}_1$、$\boldsymbol{T}_1'$，它们是一对作用力和反作用力。绳中 B 点处的张力为 $\boldsymbol{T}_2$、$\boldsymbol{T}_2'$，它们也是一对作用力和反作用力。设绳子不可伸长，绳子 CA 段的质量为 Δm_1，AB 段的质量为 Δm_2，…，绳子的加速度为 $\boldsymbol{a}$，方向向右，应用牛顿第二定律，得

$$F_1-T_1=(\Delta m_1)a,\ T_1'-T_2=(\Delta m_2)a,\ \cdots$$

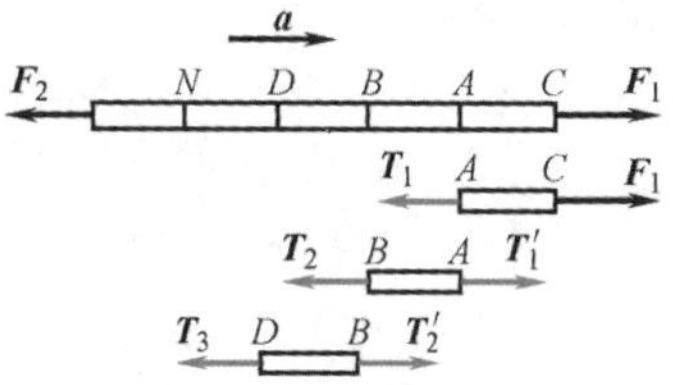

图 2-1　张力

所以

$$T_1 = F_1 - (\Delta m_1)a, \quad T_2 = T_1' - (\Delta m_2)a = F_1 - (\Delta m_1)a - (\Delta m_2)a, \quad \cdots$$

说明绳中不同点处张力不相等，张力的大小与加速度 $\boldsymbol{a}$ 有关。当 $\boldsymbol{a}=0$ 时，即绳子静止或做匀速直线运动，则 $T_1=T_2=\cdots$，绳内各点处张力相等；若 $\boldsymbol{a}\neq 0$，但绳子的质量可以忽略不计时，仍有 $T_1=T_2=\cdots$，绳中各点的张力都相等。而且等于绳索两端受到的外力 $T_1=T_2=\cdots F_1=F_2$。

理想光滑桌面对置于其上物体的支撑力 N，从本质上看也是弹性力。物体和桌面接触后都可能发生了十分微小的弹性形变，物体施加给桌面一个压力 N'，桌面施加给物体一个支撑力 N，它们是一对作用力和反作用力。需要注意的是，作用力和反作用力总是分别作用在两个物体上。

3. 摩擦力

当两个相互接触的物体沿接触面有相对运动或有相对运动的趋势时，在接触面上产生的一对阻碍相对运动的力称为摩擦力。摩擦力又分为滑动摩擦力和静摩擦力。

当两个相互接触的物体沿接触面有相对运动时，在接触面间产生的摩擦力为滑动摩擦力，它的方向总是与相对滑动的方向相反。当相对滑动的速度不是太大或太小时，滑动摩擦力 f 与接触面上的正压力 N 成正比，即

$$f=\mu N \tag{2-9}$$

式中，μ 为滑动摩擦系数，它与接触面的材料和表面状态（如粗糙程度、干湿程度等）有关；μ 的数值可查有关手册。

当两个相互接触的物体虽未发生相对运动，但沿接触面有相对运动的趋势时，在接触面间产生的摩擦力为静摩擦力。静摩擦力的大小可以发生变化，如图 2-2 所示，用一水平力 $\boldsymbol{F}$ 推一放置在粗糙水平面上的木箱，在没有推动之前木箱受地面给予的静摩擦力 $\boldsymbol{f}_{\mathrm{s}}$ 一定与推力 $\boldsymbol{F}$ 等大且反向，$\boldsymbol{f}_{\mathrm{s}}$ 随 $\boldsymbol{F}$ 的增大而增大。但静摩擦力大小有一限度，当推力大到木箱就要推动时，静摩擦力达到最大值，称为最大静摩擦力。实验证明，最大静摩擦力 $f_{\mathrm{s\,max}}$ 与两物体之间的正压力 N 成正比，即

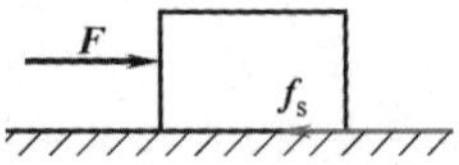

图 2-2　静摩擦力

$$f_{\mathrm{s\,max}}=\mu_{\mathrm{s}}N \tag{2-10}$$

式中，μ_{s} 为静摩擦系数，它与接触面的材料和表面状态有关，同样的接触面 $\mu_{\mathrm{s}} > \mu$，μ_{s} 的数值可查有关手册。

可见，静摩擦力为变力，它在 0 和最大值 $f_{\mathrm{s\,max}}$ 之间变化。只有当物体处于即将滑动的临界状态时，物体才受最大静摩擦力 $f_{\mathrm{s\,max}}$ 的作用。除此状态外，静摩擦力 f_{s} 的大小由运动方程求解。

静摩擦力的方向与相对运动的趋势相反，所谓相对运动的趋势是指如果没有摩擦力物体将要运动的方向。如图 2-2 所示，若没有 f_s，木箱将向右运动。

4. 流体阻力（也称流体内摩擦力）

当物体在流体内运动时会受到流体的阻力，流体包含气体和液体。质点所受阻力与质点运动方向相反，当运动速率很小时阻力的大小与速率成正比，当运动速率一般或较大时阻力与速率的平方成正比，即

$$\boldsymbol{F}=-k\boldsymbol{v} \quad 或 \quad \boldsymbol{F}=-\alpha v\boldsymbol{v} \tag{2-11}$$

式中，k、α 为比例系数，与物体的形状、大小和流体性质等因素有关，可由实验测定。要更精确地反映流体阻力的性质，需要使用较复杂的经验公式。

2.3　牛顿运动定律的应用

应用牛顿运动定律求解的动力学问题一般有两类：一类是已知作用力求运动；另一类是已知运动情况求力。应用牛顿运动定律求解质点动力学问题的一般步骤如下：

（1）确定研究对象。如果问题涉及几个物体，就把各个物体独自地分离出来加以分析，这种分析方法称为“隔离体法”。

（2）分析受力情况画出受力图。对各隔离体进行正确的受力分析，并画出简单的示意图表示各隔离体的受力情况。

（3）选取坐标系。选取适当的坐标系，分析物体的运动情况，在各物体上标出它相对于参考系的加速度。

（4）列方程求解。根据选取的坐标系，写出研究对象的运动微分方程（通常取分量式）和其他必要的辅助性方程。解方程时，先进行符号运算，然后代入数据，统一用国际单位制进行数据运算并求得结果。

（5）讨论。讨论结果的物理意义，判断其是否合理和正确。

例题 2-1　光滑的桌面上放置一固定的圆环带，半径为 R。一物体贴着环带内侧运动，如图 2-3 所示。物体与环带间的滑动摩擦系数为 μ。设 t=0 时，物体经点 A，其速率为 v_0。求 t 时刻物体的速率及从点 A 开始所经过的路程。

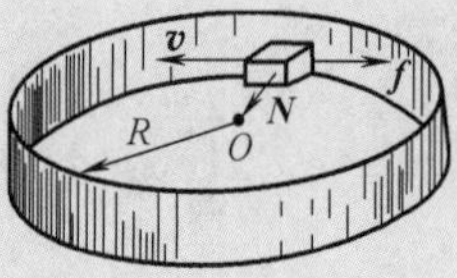

图 2-3　例题 2-1 图

解 物体的受力：环带对它的弹力 **N**，方向指向圆心；摩擦力 ***f***，方向与物体的运动方向相反，大小为

$$f=\mu N \quad (1)$$

另外，在竖直方向受重力和水平桌面施加给物体的支撑力，二者互相平衡，与运动无关。

设物体的质量为 m，由牛顿第二定律可得物体运动的切向和法向方程分别为

$$-f=ma_t \quad (2)$$

$$N=mv^2/R \quad (3)$$

联立式（1）～式（3），解得

$$a_t=-\mu v^2/R$$

即

$$\frac{dv}{dt}=-\frac{\mu v^2}{R}$$

分离变量求定积分，并考虑到初始条件：$t=0$ 时 $v=v_0$，则有

$$\int_{v_0}^{v}-\frac{dv}{v^2}=\int_0^t\frac{\mu}{R}dt$$

即

$$v=\frac{v_0}{1+\frac{\mu v_0 t}{R}}$$

将上式对时间积分，并利用初始条件 $t=0$ 时，$s=0$ 得

$$s=\frac{R}{\mu}\ln\left(1+\frac{\mu}{R}v_0 t\right)$$

例题 2-2 一条长为 l 质量均匀分布的细链条 AB，挂在半径可忽略的光滑钉子上，开始时处于静止状态。已知 BC 段长为 L（$l/2 < L < 2l/3$），释放后链条做加速运动，如图 2-4 所示。试求 $BC=2l/3$ 时，链条的加速度和速度。

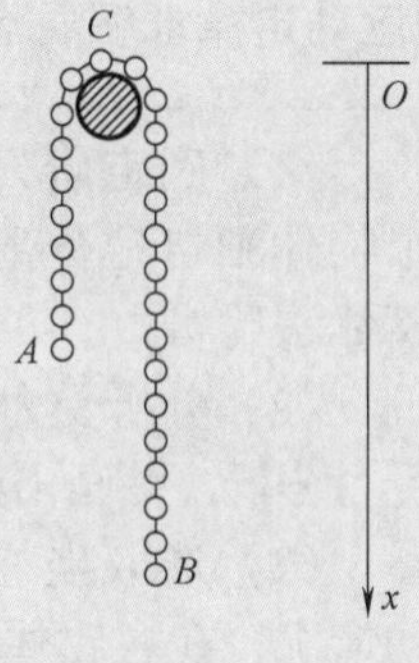

图 2-4 例题 2-2 图

解 建立如图 2-4 所示坐标系，设任意时刻 BC 长度为 x，则有

$$\frac{m}{l}xg-\frac{m}{l}(l-x)g=ma$$

得

$$a=\frac{2x}{l}g-g$$

又

$$a=\frac{dv}{dt}=\frac{dv}{dx}\frac{dx}{dt}=v\frac{dv}{dx}$$

故

$$\int_0^v v dv=\int_L^{\frac{2}{3}l}\left(\frac{2x}{l}-1\right)g dx$$

积分得

$$v=\sqrt{2\left(L-\frac{L^2}{l}-\frac{2}{9}l\right)g}$$

由 $a=2xg/l-g$，当 $BC=x=2l/3$ 时，$a=g/3$。

例题 2-3　一个小球在黏性液体中下沉，已知小球的质量为 m，液体对小球的浮力为 F，阻力为 $f=-kv$。若 $t=0$ 时，小球的速率为 v_0，试求小球在黏性液体中下沉的速率随时间 t 的变化规律。

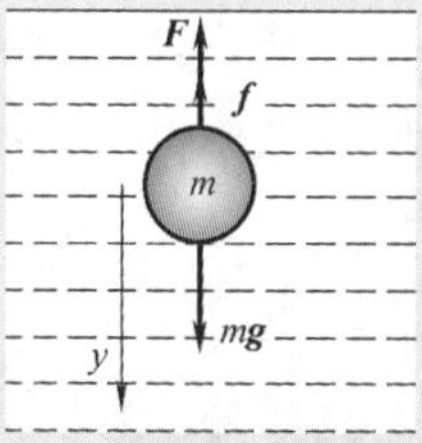

图 2-5　例题 2-3 图

解　小球受三个力作用：重力 $\boldsymbol{mg}$，浮力 $\boldsymbol{F}$，摩擦阻力 $\boldsymbol{f}$，其方向如图 2-5 所示。取地面为参考系，y 轴正方向向下。根据牛顿第二定律，小球的动力学方程为

$$mg-F-kv=m\frac{\mathrm{d}v}{\mathrm{d}t}$$

分离变量，得

$$\frac{m\mathrm{d}v}{mg-F-kv}=\mathrm{d}t$$

求定积分，并考虑初始条件：$t=0$ 时 $v=v_0$，则有

$$\int_{v_0}^{v}\frac{m\mathrm{d}v}{mg-F-kv}=\int_0^t\mathrm{d}t$$

可得

$$\ln\frac{mg-F-kv}{mg-F-kv_0}=-\frac{k}{m}t$$

故有

$$v=\frac{mg-F}{k}-\frac{1}{k}(mg-F-kv_0)\mathrm{e}^{-\frac{k}{m}t}$$

由上式可知，小球的沉降速率随 t 按指数规律递增，当 $t\to\infty$ 时，速率变为

$$v_\infty=\frac{mg-F}{k}=\text{常量}$$

v_∞ 称为极限速率，也是小球沉降的最大速率。

如果取 $t=0$ 时小球的位置为 $y=0$，再对速度方程积分，可得小球的运动方程

$$y=\frac{mg-F}{k}t+\frac{m}{k^2}(mg-F-kv_0)\left(\mathrm{e}^{-\frac{k}{m}t}-1\right)$$

例题 2-4　设雨滴下落过程中受到空气黏滞阻力作用，且阻力的大小为 $f=kv$，试求雨滴下落时的运动规律。

图 2-6　例题 2-4 图

解　雨滴受两个力作用：重力 $\boldsymbol{mg}$，空气阻力 $\boldsymbol{f}$，且阻力与雨滴的运动方向相反，$f=-kv$。建立如图 2-6 所示的坐标系，x 轴正方向向下。且设雨滴初始时刻（$t=0$）静止于原点，即 $v_0=0$。根据牛顿第二定律，雨滴的动力学方程为

$$mg-kv=m\frac{\mathrm{d}v}{\mathrm{d}t}$$

分离变量，得

$$\frac{\mathrm{d}v}{g-\frac{k}{m}v}=\mathrm{d}t$$

求定积分，则有

$$\int_0^v\frac{\mathrm{d}v}{g-\frac{k}{m}v}=\int_0^t\mathrm{d}t$$

可得

$$\ln\frac{g-\frac{k}{m}v}{g}=-\frac{k}{m}t$$

故有

$$v=\frac{mg}{k}\left(1-\mathrm{e}^{-\frac{k}{m}t}\right)$$

从上式出发，也可以得到任意时刻雨滴的位置坐标，按照速度的定义有

$$v=\frac{\mathrm{d}x}{\mathrm{d}t}=\frac{mg}{k}\left(1-\mathrm{e}^{-\frac{k}{m}t}\right)$$

分离变量，得

$$\mathrm{d}x=\frac{mg}{k}\left(1-\mathrm{e}^{-\frac{k}{m}t}\right)\mathrm{d}t$$

求定积分，并考虑初始条件：$t=0$ 时 $x=0$，则有

$$\int_0^x \mathrm{d}x=\int_0^t \frac{mg}{k}\left(1-\mathrm{e}^{-\frac{k}{m}t}\right)\mathrm{d}t$$

即

$$x=\frac{mg}{k}\left[t-\frac{m}{k}\left(1-\mathrm{e}^{-\frac{k}{m}t}\right)\right]$$

讨论：

（1）当 $t\to\infty$ 时，雨滴下落的速度趋于 $v_\infty=\frac{mg}{k}=$常量，v_∞ 称为极限速率，也是雨滴下落的最大速率。

（2）关于雨滴下落的极限速度，可以从另外一个角度很方便地求得，雨滴达到极限速度的条件是雨滴的加速度为零，由牛顿第二定律，此时雨滴所受的合力应该为零，即 $mg-kv_\infty=0$。由此可得雨滴的极限速度为$v_\infty=\frac{mg}{k}$。

例题 2-5　不计空气阻力和其他作用力，竖直上抛物体的初速 v_0 最小应取多大，才不再返回地球？

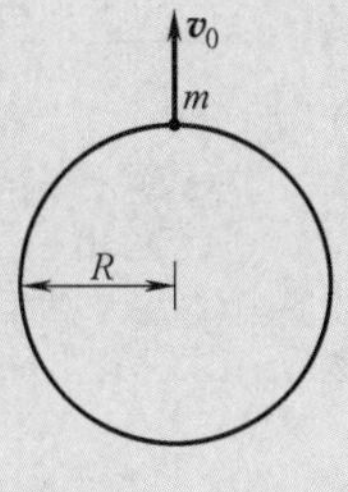

图 2-7　例题 2-5 图

解　取被抛物体为研究对象，物体运动过程中只受万有引力作用。取地球为参考系，垂直地面向上作为正方向。物体运动的初始条件是：$t=0$ 时，$r_0=R$，速度是 v_0，如图 2-7 所示。略去地球的公转与自转的影响，则物体在离地心 r 处的万有引力与地面处的重力 $P=mg$ 之间的关系为

$$\frac{F}{P}=\frac{-G_0\frac{Mm}{r^2}}{-G_0\frac{Mm}{R^2}}=\frac{R^2}{r^2}$$

由牛顿第二定律

$$F=ma=-mg\frac{R^2}{r^2}$$

所以，物体运动的加速度

$$a=\frac{\mathrm{d}v}{\mathrm{d}t}=v\frac{\mathrm{d}v}{\mathrm{d}r}=-g\frac{R^2}{r^2}$$

分离变量后进行积分，并考虑到初始条件，则有

$$\int_{v_0}^{v} v\mathrm{d}v=\int_R^r -g\frac{R^2}{r^2}\mathrm{d}r$$

即

$$\frac{1}{2}v^2-\frac{1}{2}v_0^2=g\frac{R^2}{r}-gR$$

解得

$$v=\sqrt{v_0^2-2Rg+\frac{2gR^2}{r}}$$

由上式可知，上抛物体的速度随 r 的增大而减小。若使物体不返回地面，则 r 不管取多大的值，v 都不能小于零。而当 $t\to\infty$ 时，v 不为零的条件是

$$v_0^2>2Rg$$

所以，使上抛物不返回地面的最小初速度为

$$v_0=\sqrt{2Rg}=\sqrt{2\times6.4\times10^6\times9.8}\ \text{m}\cdot\text{s}^{-1}$$
$$=11.2\times10^3\ \text{m}\cdot\text{s}^{-1}$$

这个临界速度叫作**第二宇宙速度**，或**逃逸速度**。只要发射速度等于或大于此值，物体就会脱离地球而进入太阳系。还应指出的是，在导出此式时没考虑空气阻力。若以如此之大的速度发射，由于空气阻力的作用会将物体烧毁。所以实际上都是采用多级火箭发射宇宙飞船，先使它以较低的速度在大气层中上升，并在上升过程中不断加速，到空气稀薄的外层空间后，再将飞船加速到第二宇宙速度。

2.4　惯性系和非惯性系

2.4.1　惯性系与非惯性系

在运动学中，研究质点的运动时，按研究问题的方便程度，参考系可以任意选择。在动力学中，应用牛顿运动定律研究问题时，参考系是否也可以任意选择呢？下面通过一个例子来说明这个问题。

在相对地面以加速度 $\boldsymbol{a}$ 运动着的车厢里，有一静止的物体。对静止在车厢中的观察者来说，物体的加速度为零；对地球上的观察者来说，物体的加速度是 $\boldsymbol{a}$。如果牛顿运动定律在以地球为参考系时是适用的，则由此得出质点受到不为零的合力 $\boldsymbol{F}=m\boldsymbol{a}$ 作用的结论；如果牛顿运动定律在以车厢为参考系时亦适用，则由此得出质点受到的合力为零，即 $\boldsymbol{F}=0$ 的结论。两种结论显然矛盾，这说明牛顿运动定律不能同时使用于上述两种参考系。也就是说，应用牛顿运动定律研究动力学问题时，参考系是不能任意选择的。

我们把凡是牛顿运动定律成立的参考系称为**惯性参考系**，简称**惯性系**。相对于惯性系做匀速直线运动的一切参考系都是惯性系。一个参考系是不是惯性系只能根据观察和实验的结果来判断。天文学的研究结果表明，太阳参考系（以太阳为原点，以从太阳指向恒星的直线为坐标轴）为惯性系。凡是牛顿运动定律不成立的参考系或相对惯性系做变速运动的参考系称为**非惯性参考系**，简称**非惯性系**。

地球有公转和自转，所以并不是一个真正的惯性系，自然界中严格的惯性系是不存在的。但计算表明，地球自转时在赤道处向心加速度约为 $3.4\times10^{-2}\ \text{m}\cdot\text{s}^{-2}$，公转的加速度约为 $6\times10^{-3}\ \text{m}\cdot\text{s}^{-2}$，太阳绕银河系中心转动的加速度约为 $3\times10^{-10}\ \text{m}\cdot\text{s}^{-2}$，可见太阳是一个很好的惯性系。在一般精确度范围内，地球也可以近似看作惯性系。地面上静止的物体和相对地面做匀速直线运动的物体都可以看作惯性系。在一般工程技术问题中，以地面为参考系描述物体的运动和应用牛顿运动定律，得出的结论都足够精确地符合实际。而在地面上做变速运动的物体就不是惯性系。

2.4.2　非惯性系中的力学规律

牛顿定律只对惯性系成立，对非惯性系不成立。但在实际问题中常常需要在非惯性系中观察和处理力学问题。现在讨论非惯性系中的一些力学现象所遵循的规律。

1. 做直线运动的加速参考系

首先，讨论一种非惯性系，即做直线运动的加速参考系。如图 2-8 所示，在以恒定加速度 $\boldsymbol{a}_0$ 沿直线前进的车厢中，用绳子悬挂一物体。在地面上的惯性参考系中观察，绳中张力 $\boldsymbol{T}$ 的竖直分力与物体所受的重力 $m\boldsymbol{g}$ 平衡，张力 $\boldsymbol{T}$ 的水平分力使物体产生加速度 $\boldsymbol{a}_0$，因而牛顿运动定律成立。

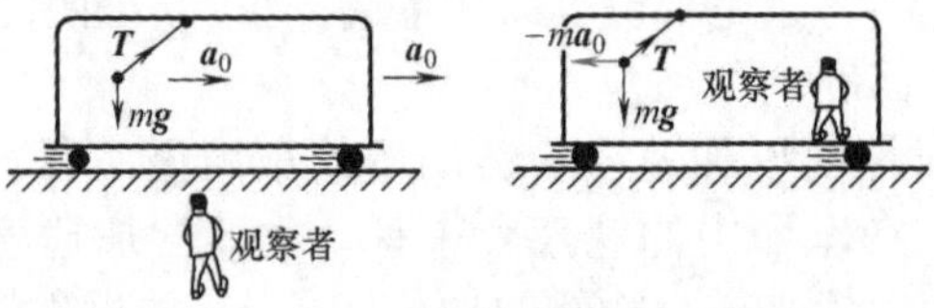

图 2-8　加速运动车厢中悬挂的物体

若在车厢中的参考系（非惯性系）内观察，虽然物体所受张力和重力的合力不为零，但它却静止不动，且无加速度，显然牛顿运动定律不成立。这时如果在物体上加上一个由该参考系的加速度所决定的虚拟的力 $\boldsymbol{F}=-m\boldsymbol{a}_0$，它正好与绳中张力 $\boldsymbol{T}$ 的水平分量相平衡，这样车厢参考系内物体在运动形式上又“符合”牛顿运动定律了。

再来观察在加速运动的车厢中，放在光滑桌面上的小球（见图 2-9）。开始时，车厢与小球均静止。若使车厢以加速度 $\boldsymbol{a}_0$ 做直线运动，在地面惯性参考系内的观察者看到，小球在水平方向上不受任何力，车厢运动后，小球仍保持原来的位置静止不动。而在车厢参考系中的观察者看来，小球在水平方向上虽不受力，却以加速度 $-\boldsymbol{a}_0$ 向后运动，所以牛顿运动定律在车厢参考系内不成立。若在小球上加上一个虚拟力 $\boldsymbol{F}_0=-m\boldsymbol{a}_0$，则车厢中小球在运动形式上又“符合”牛顿运动定律了。

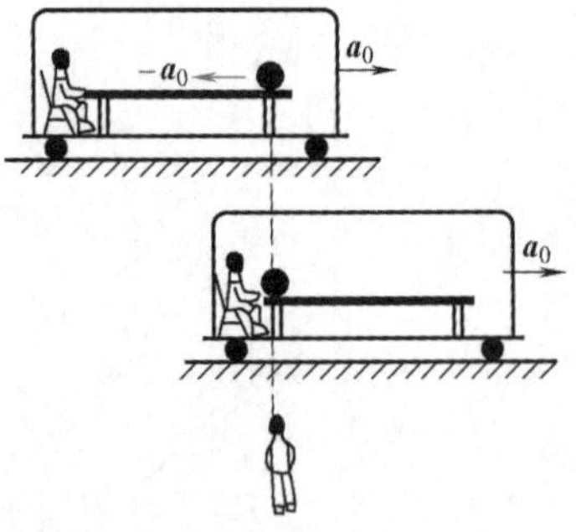

图 2-9　加速运动车厢中的小球

由以上讨论可知，在相对于惯性系以加速度 $\boldsymbol{a}_0$ 运动的非惯性系中，牛顿运动定律不成立。若仍要用牛顿运动定律来解决非惯性系中的力学问题，必须在所研究的物体上附加一个由非惯性系的加速度 $\boldsymbol{a}_0$ 所决定的虚拟力 $\boldsymbol{F}_0=-m\boldsymbol{a}_0$，其中 m 是所研究的物体的质量。这个虚拟力 $\boldsymbol{F}_0=-m\boldsymbol{a}_0$ 称为**惯性力**。

惯性力与物体间相互作用而产生的那种真实力不同，惯性力没有施力物体，也不存在反作用力，而仅仅是为了在非惯性系中形式上应用牛顿运动定律讨论力学问题而虚设的一种力。在非惯性系中，惯性力的作用与其他力一样。

在非惯性系中，若物体所受的合力为 $\boldsymbol{F}$，惯性力为 $\boldsymbol{F}_0=-m\boldsymbol{a}_0$，物体相对于该非惯性系的加速度为 $\boldsymbol{a}'$，则其动力学方程为

$$\boldsymbol{F}+\boldsymbol{F}_0=m\boldsymbol{a}' \tag{2-12}$$

物体相对于惯性系的加速度

$$\boldsymbol{a}=\boldsymbol{a}_0+\boldsymbol{a}' \tag{2-13}$$

如果物体在非惯性系中静止或做匀速直线运动，则 $\boldsymbol{a}'=0$，于是有

$$\boldsymbol{F}+\boldsymbol{F}_0=0$$

此时，真实力与惯性力平衡。

2. 转动参考系

相对于惯性系转动的参考系，称为转动参考系。如图 2-10 所示的以匀角速度 ω 转动的平台就是一个转动参考系。转动参考系是非惯性系。

由于固定于转动参考系上的坐标轴的方向是随时间改变的，而且转动参考系中的不同点具有不同的速度和加速度，所以在转动参考系中引入惯性力比较复杂。故在这里只考虑匀角速度转动的参考系，且只讨论物体相对于该转动参考系静止的情况。

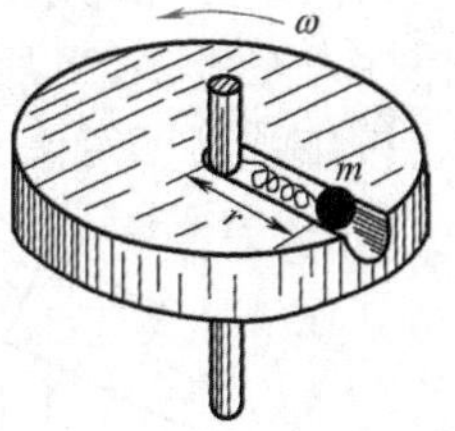

图 2-10　转动平台

如图 2-10 所示，当平台以角速度 ω 转动时，弹簧被拉长了。在地面上参考系（惯性系）中观察，小球随平台一起做圆周运动，其向心加速度为 $a=\omega^2 r$，弹簧对小球施加的拉力 $F=m\omega^2 r$ 作为向心力，牛顿第二定律成立。若在转动参考系中观察，小球是静止的，小球所受的合力是弹簧施加的拉力 F，牛顿运动定律在转动参考系中不成立。为了在转动参考系中应用牛顿第二定律解释这一现象，可以引入惯性力。小球除受指向转轴的弹簧拉力外，给小球一个附加的、由转轴向外的惯性力 $\boldsymbol{F}_0=-m\boldsymbol{a}_0$，结果使小球静止。这样，牛顿运动定律在转动参考系中形式上成立。由于这个虚拟力 $\boldsymbol{F}_0$ 是为了在转动参考系中形式上应用牛顿运动定律所附加的，其方向与向心加速度的方向相反，因此常称它为**惯性离心力**。

例题 2-6　如图 2-11 所示，升降机内的物体 m_1=1 kg，m_2=2 kg，用滑轮联系起来，升降机以加速度 a_0=g/2=4.9 m · s^{-2} 上升，忽略滑轮质量和一切摩擦力，求：

（1）升降机内观察者看到这两物体的加速度是多少？

（2）升降机外地面上的观察者看到两物体的加速度又是多少？

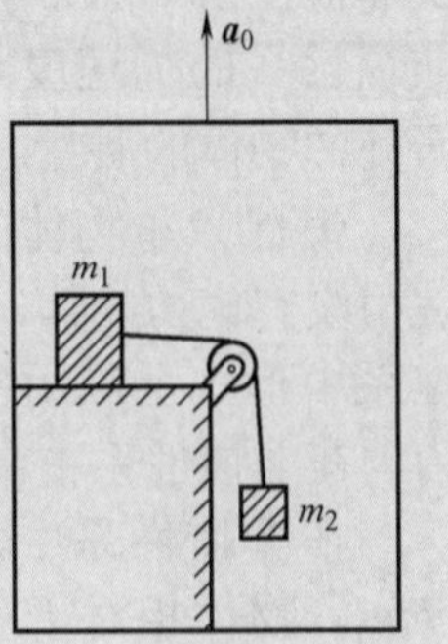

图 2-11　例题 2-6 图

解　(1) 若取升降机为参考系，则它属于做直线加速运动的非惯性系。在此参考系中利用牛顿运动定律讨论问题，必须考虑惯性力。设绳中的张力为 **T**，对 m_1 和 m_2 可得方程

$$T=m_1a'$$

$$m_2g+F_0-T=m_2a'$$

$$F_0=m_2a_0$$

式中，a' 为物体 m_1 和 m_2 相对升降机的加速度的大小。由以上三式解得

$$a'=\frac{m_2}{m_1+m_2}(g+a_0)=g$$

(2) 在升降机外的地面参考系中观察，物体 m_1 加速度的大小为

$$a_1=\sqrt{g^2+\left(\frac{g}{2}\right)^2}=\frac{\sqrt{5}}{2}g$$

物体 m_2 加速度的大小为

$$a_2=g-\frac{g}{2}=\frac{g}{2}$$

例题 2-7　质量为 M 倾角为 θ 的三角形木块，放在光滑的水平面上，另一质量为 m 的小物体在三角形木块的光滑斜面上自由下滑，如图 2-12a 所示。求三角形木块的加速度和物体对斜面的下滑加速度。

解　设三角形木块对地面的加速度为 $\boldsymbol{a}_0$，物体 m 对斜面的加速度为 $\boldsymbol{a}'$。现以三角形木块为参考系，显然它是非惯性系。三角形木块 M 和物体 m 受到的相互作用力和惯性力如图 2-12b 所示。

按牛顿第二定律及图中所选的坐标系，它们的分量方程分别为

M：$Ma_0-N_2\sin\theta=0$

m：x 向　$N_2'\sin\theta+ma_0=ma'\cos\theta$

y 向　$N_2'\cos\theta-mg=-ma'\sin\theta$

$$N_2=N_2'$$

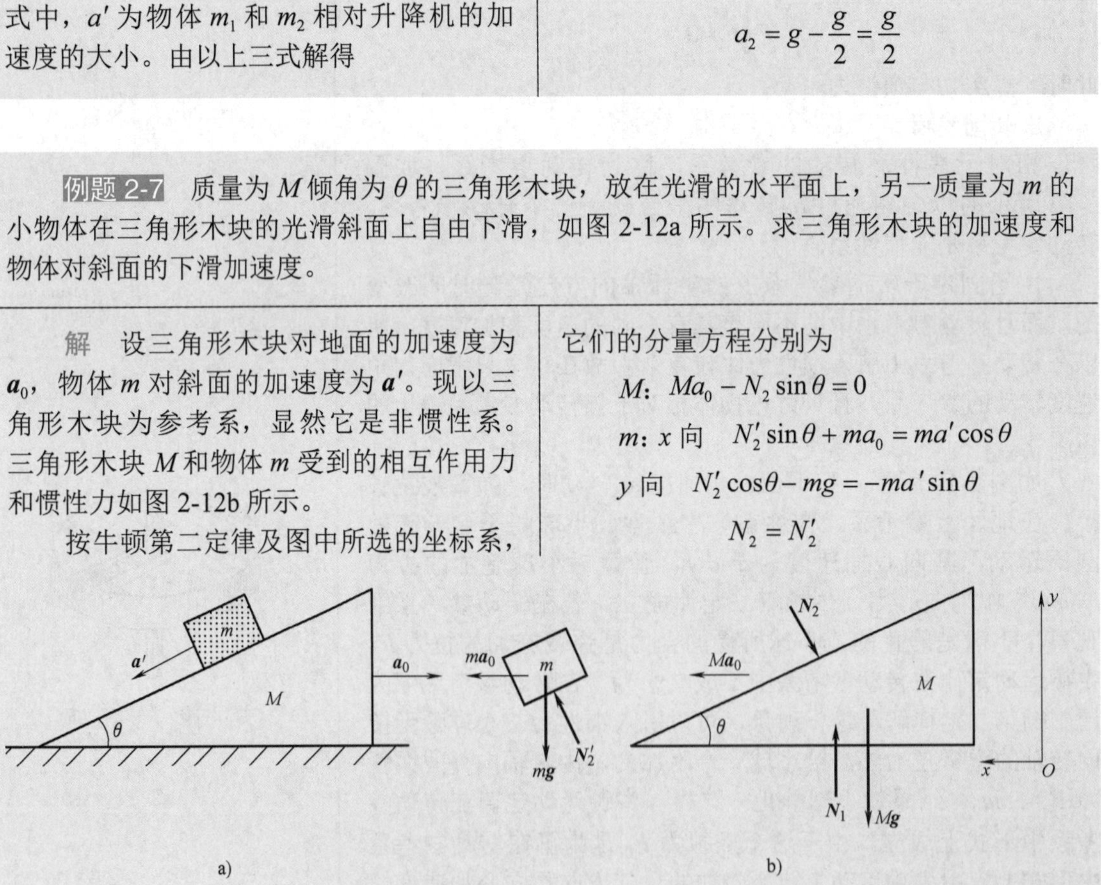

图 2-12　例题 2-7 图

联立解得

$$a_0 = \frac{m\cos\theta\sin\theta}{M + m\sin^2\theta}g$$

$$a' = \frac{(M+m)\sin\theta}{M + m\sin^2\theta}g$$

根据 $\boldsymbol{a}=\boldsymbol{a}_0+\boldsymbol{a}'$，还可以求得物体对地面的加速度

$$a_x = a'_x + a_{0x} = a'\cos\theta - a_0 = \frac{M\sin\theta\cos\theta}{M + m\sin^2\theta}g$$

$$a_y = a'\sin\theta = \frac{(M+m)\sin^2\theta}{M + m\sin^2\theta}g$$

例题 2-8　如图 2-13 所示，地球的半径 $R\approx 6.378\times 10^6$ m，质量为 $M=5.792\times 10^{24}$ kg。若考虑地球自转，其自转角速度 $\omega=7.292\times 10^{-5}$ rad · s^{-1}。有一质量为 m 的物体静止在纬度为 φ 处的地面上，求物体所受到的重力。

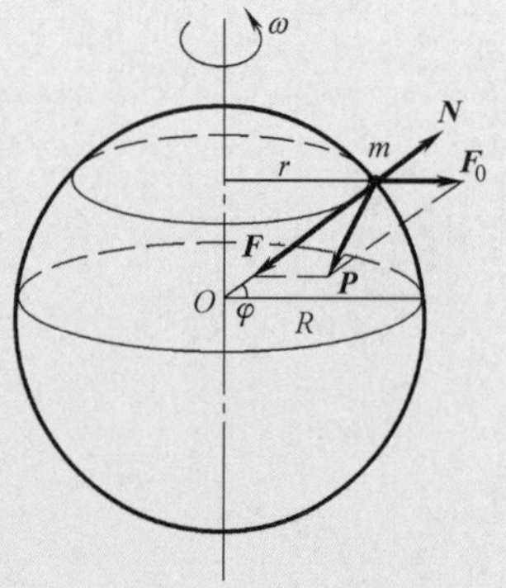

图 2-13　例题 2-8 图

解　若以地球为参考系，由于地球的自转，所以它是个非惯性系，物体除了受到地心引力 $F=G_0Mm/R^2$ 和地面支撑力外，还要加上一个惯性离心力，即 $F_0=mr\omega^2=m\omega^2R\cos\varphi$，其方向与物体绕地轴转动的向心加速度方向相反。

重力 $\boldsymbol{P}$ 为地心引力 $\boldsymbol{F}$ 与惯性离心力 $\boldsymbol{F}_0$ 的矢量和，即

$$\boldsymbol{P}=\boldsymbol{F}+\boldsymbol{F}_0$$

由于 $\boldsymbol{P}$ 与 $\boldsymbol{F}$ 的夹角很小（约 10^{-3} rad），近似地有

$$P \approx F - F_0\cos\varphi = G_0\frac{Mm}{R^2} - mR\omega^2\cos^2\varphi$$

$$= G_0\frac{Mm}{R^2}\left(1 - \frac{R^3\omega^2}{G_0M}\cos^2\varphi\right)$$

$$= G_0\frac{Mm}{R^2}(1 - 0.003\,5\cos^2\varphi)$$

可见，重力随着物体所在处的纬度的增大而增大。当物体位于南北两极时，$\varphi=\pi/2$，$\cos\varphi=0$，重力最大；在赤道上，$\varphi=0$，$\cos\varphi=1$，重力最小。而在地球的其他位置，重力介于上述两值之间。

2.5　伽利略变换　力学的相对性原理

2.5.1　伽利略变换

1. 伽利略坐标变换

设有两个惯性参考系 S 系（即 $Oxyz$ 系）和 S′ 系（即 $O'x'y'z'$ 系），各对应轴互相平行，其中 x 轴与 x' 轴重合，当 $t=t'=$

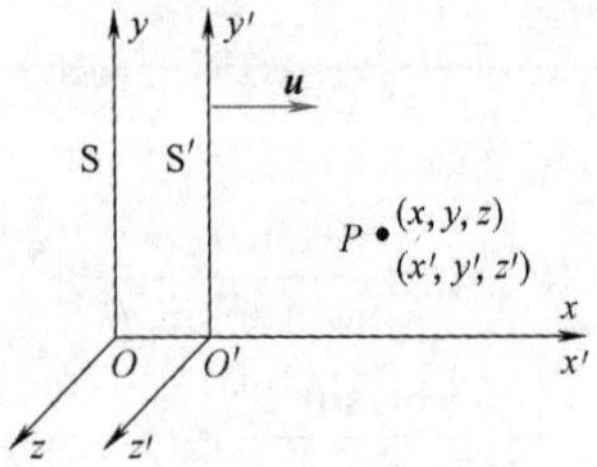

图 2-14　伽俐略坐标变换

0 时刻，坐标原点 O 与 O' 重合，且 S′ 系相对 S 系沿 x 轴的正方向做匀速直线运动，相对速度为 u，如图 2-14 所示。如有一个事件在点 P 发生，在 S 和 S′ 系中看，事件发生的时空坐标分别为（x，y，z，t）和（x'，y'，z'，t'），则这两组时空坐标之间的变换关系为：时间是相同的，y、z 方向的坐标也是相同的，x 方向的坐标相差 ut。因此，这两组坐标和时间之间的变换关系为

$$\left.\begin{aligned} x' &= x - ut \\ y' &= y \\ z' &= z \\ t' &= t \end{aligned}\right\} \qquad \left.\begin{aligned} x &= x' + ut' \\ y &= y' \\ z &= z' \\ t &= t' \end{aligned}\right\} \tag{2-14}$$

上式称为**伽利略坐标变换**。

2. 伽利略速度变换

从伽利略坐标变换式出发，可求出经典力学中的速度和加速度变换式，将式（2-14）对时间求导，可得

$$\left.\begin{aligned} \frac{\mathrm{d}x'}{\mathrm{d}t'} &= \frac{\mathrm{d}x}{\mathrm{d}t} - u \\ \frac{\mathrm{d}y'}{\mathrm{d}t'} &= \frac{\mathrm{d}y}{\mathrm{d}t} \\ \frac{\mathrm{d}z'}{\mathrm{d}t'} &= \frac{\mathrm{d}z}{\mathrm{d}t} \end{aligned}\right\} \quad 即 \quad \left.\begin{aligned} v'_x &= v_x - u \\ v'_y &= v_y \\ v'_z &= v_z \end{aligned}\right\} \tag{2-15}$$

以上速度各分量之间的变换关系称为**伽利略速度变换**。其矢量式为

$$\boldsymbol{v}' = \boldsymbol{v} - \boldsymbol{u} \tag{2-16}$$

将式（2-15）对时间求导，可得

$$\left.\begin{aligned} \frac{\mathrm{d}^2x'}{\mathrm{d}t'^2} &= \frac{\mathrm{d}^2x}{\mathrm{d}t^2} \\ \frac{\mathrm{d}^2y'}{\mathrm{d}t'^2} &= \frac{\mathrm{d}^2y}{\mathrm{d}t^2} \\ \frac{\mathrm{d}^2z'}{\mathrm{d}t'^2} &= \frac{\mathrm{d}^2z}{\mathrm{d}t^2} \end{aligned}\right\} \quad 即 \quad \left.\begin{aligned} a'_x &= a_x \\ a'_y &= a_y \\ a'_z &= a_z \end{aligned}\right\} \tag{2-17}$$

用矢量式表示为

$$\boldsymbol{a}' = \boldsymbol{a} \tag{2-18}$$

它表示在不同惯性系中，观察同一物体的加速度都是相同的，即物体的加速度对伽利略变换是不变的。

2.5.2　力学的相对性原理

设在惯性系 S 中，质量为 m 的质点受力 $\boldsymbol{F}$，加速度为 $\boldsymbol{a}$，

根据牛顿第二定律有

$$\boldsymbol{F}=m\boldsymbol{a}$$

设质点在惯性系 S′ 中，质量、受力和加速度分别为 m'、$\boldsymbol{F}'$ 和 $\boldsymbol{a}'$。由式（2-18）有 $\boldsymbol{a}'=\boldsymbol{a}$。在经典力学中惯性质量是一个不随速度变化的物理量，即在不同惯性系中，同一物体的惯性质量相等，则有 $m'=m$。由于力 $\boldsymbol{F}$ 只和施力物体与质点的相对位置有关，根据空间测量的绝对性，相对位置与参考系的选取无关，则有 $\boldsymbol{F}'=\boldsymbol{F}$。所以，在惯性系 S′ 中牛顿第二定律的数学形式为

$$\boldsymbol{F}'=m'\boldsymbol{a}'$$

可见，牛顿第二定律具有伽利略变换的形式不变性。可以证明，经典力学中的所有规律都具有这种不变性。由此可知，在所有惯性系中，运动物体所遵循的力学规律都是完全相同的，称为**力学的相对性原理**。

2.5.3　经典力学的时空观

经典力学的时空观集中体现在伽利略坐标变换中，其核心就是空间和时间的绝对性，也称为绝对时空观。

1. 时间的绝对性

在隐含的基本假定 $t=t'$ 或者 $\mathrm{d}t=\mathrm{d}t'$ 中已明确表明，无论在哪个参考系里测量时间，所得的结果是一样的。用相同的时间标准在两个惯性系 S 和 S′ 上测量同一事件所经历的时间是相同的。

2. 空间的绝对性和长度不变性

在惯性系 S 和 S′ 中测量空间两点的距离分别为

$$\Delta r=\sqrt{(\Delta x)^2+(\Delta y)^2+(\Delta z)^2},\quad \Delta r'=\sqrt{(\Delta x')^2+(\Delta y')^2+(\Delta z')^2}$$

由伽利略变换，得

$$\Delta r=\Delta r'$$

在各个参考系中用同一测量长度的标准，对空间任意两点间的距离进行测量，所得的结果是一致的，说明长度的测量与参考系的选择或观察者的相对运动无关。

3. 牛顿的绝对时空观

牛顿在 1687 年出版的著作《自然哲学的数学原理》中曾这样描述时空：“绝对的真正的和数学的时间自己流逝着，并由于它的本性而均匀地与任何外界对象无关地流逝着。”“绝对空间，就其本质而言，与外界任何事物无关，而永远是相同的和不动的。”这就是牛顿的绝对时空观。

绝对时空观认为，时间和空间是彼此独立，互不相关，并且是独立于物质和运动之外的某种东西：他把空间比作盛有宇宙万物的一个无形的永不运动的框架，而把时间比作独立的不断流逝着的流水。

本章提要

1. 牛顿运动定律

牛顿第一定律：$\boldsymbol{F}=0$ 时，$\boldsymbol{v}=$ 恒矢量；牛顿第二定律：$\boldsymbol{F}=m\boldsymbol{a}$；牛顿第三定律：$\boldsymbol{F}_1=-\boldsymbol{F}_2$。

2. 力学中常见的几种力

重力 $\boldsymbol{P}=m\boldsymbol{g}$，弹簧的弹性力 $F=-kx$，张力 $\boldsymbol{T}$，正压力 N，滑动摩擦力 $f=\mu N$，最大静摩擦力 $f_{smax}=\mu_s N$，流体阻力 $\boldsymbol{F}=-k\boldsymbol{v}$ 或 $\boldsymbol{F}=-\alpha v\boldsymbol{v}$。

3. 牛顿运动定律的应用

确定研究对象；分析受力情况画出受力图；选取坐标系；列方程求解；讨论。

4. 惯性系与非惯性系

惯性系：把凡是牛顿运动定律成立的参考系称为惯性参考系。

非惯性系：相对惯性系做加速运动的参考系。

惯性力：$\boldsymbol{F}_0=-m\boldsymbol{a}_0$

非惯性系中的动力学方程：$\boldsymbol{F}+\boldsymbol{F}_0=m\boldsymbol{a}'$

物体相对于惯性系的加速度：$\boldsymbol{a}=\boldsymbol{a}_0+\boldsymbol{a}'$

5. 伽利略变换

坐标变换：$x'=x-ut$，$y'=y$，$z'=z$，$t'=t$

速度变换：$\boldsymbol{v}'=\boldsymbol{v}-\boldsymbol{u}$

加速度变换：$\boldsymbol{a}'=\boldsymbol{a}$

6. 力学相对性原理和绝对时空观

在所有惯性系中，运动物体所遵循的力学规律都是完全相同的。

时间的绝对性，空间的绝对性，牛顿的绝对时空观。

思考题 2

S2-1. 回答下列问题：

（1）物体的运动方向与合力方向是否一定相同？

（2）物体受到几个力的作用，是否一定产生加速度？

（3）物体运动的速率不变，所受合力是否为零？

（4）物体的运动速度很大，所受合力是否也很大？

S2-2. 用绳子系一物体，在竖直平面内做圆周运动，当物体达到最高点时，（1）有人说：“这时物体受到三个力：重力、绳子的拉力以及向心力”；（2）又有人说：“因为这三个力的方向都是向下的，但物体不下落，可见物体还受到一个方向向上的离心力和这些力平衡着”。这两种说法对吗？

S2-3. 如思考题 2-3 图所示，一个用绳子悬挂着的物体在水平面上做匀速圆周运动，有人在重力的方向上求合力，写出 $F\cos\theta-P=0$，另有人沿绳子拉力 $\boldsymbol{F}$ 的方向求合力，写出 $F-P\cos\theta=0$。显然两者不能同时成立，试指出哪一个式子是错误的，为什么？

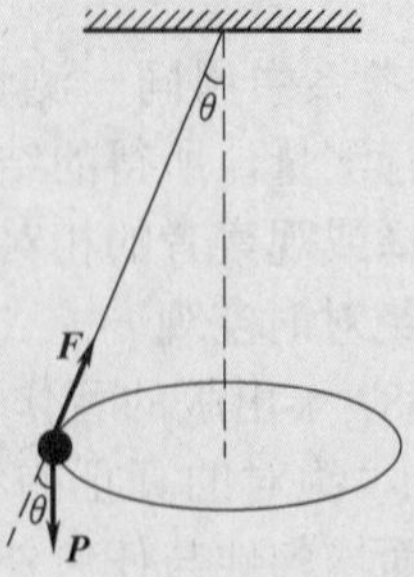

思考题 2-3 图

基础训练习题 2

1. 选择题

2-1. 一物体从某高度以 $\boldsymbol{v}_0$ 的速度水平抛出，已知它落地时的速度为 $\boldsymbol{v}_t$，那么它运动的时间是

（A）$(v_t-v_0)/g$。

（B）$(v_t-v_0)/(2g)$。

（C）$(v_t^2-v_0^2)^{1/2}/g$。

（D）$(v_t^2-v_0^2)^{1/2}/(2g)$。

2-2. 如习题 2-2 图所示，一根均质链条，质量为 m，总长度为 L，一部分放在光滑桌面上，另一部分从桌面边缘下垂，长度为 a，试求当链条下滑至全部离开桌面时，它的速率为

（A）$v=\sqrt{g(L^2-a^2)/L}$。

（B）$v=\sqrt{g(L^2-a^2)/2L}$。

（C）$v=\sqrt{g(L^2+a^2)/2L}$。

（D）$v=\sqrt{g(L^2+a^2)/L}$。

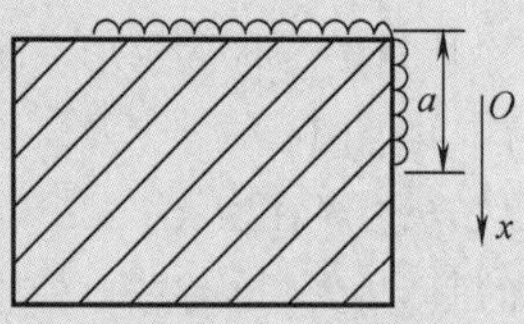

习题 2-2 图

2-3. 如习题 2-3 图所示，竖直的圆筒形转笼，半径为 R，绕中心轴 OO' 转动，物块 A 紧靠在圆筒的内壁上，物块与圆筒间的摩擦系数为 μ，要使物块 A 不下落，圆筒的角速度 ω 至少应为

（A）$\sqrt{\mu g/R}$。

（B）$\sqrt{\mu g}$。

（C）$\sqrt{g/(\mu R)}$。

（D）$\sqrt{g/R}$。

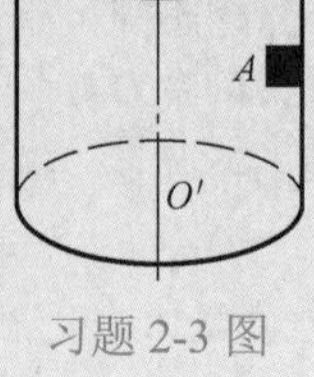

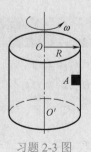

习题 2-3 图

2-4. 已知水星的半径是地球半径的 0.4 倍，质量为地球的 0.04 倍，设在地球上的重力加速度为 g，则水星表面上的重力加速度为

（A）0.1 g。

（B）0.25 g。

（C）4 g。

（D）2.5 g。

2-5. 如习题 2-5 图所示，假设物体沿着铅直面上圆弧轨道下滑，轨道是光滑的，在从 A 至 C 的下滑过程中，下面哪种说法是正确的？

（A）它的加速度方向永远指向圆心。

（B）它的速率均匀增加。

（C）它的合力大小变化，方向永远指向圆心。

（D）它的合力大小不变。

（E）轨道支持力大小不断增加。

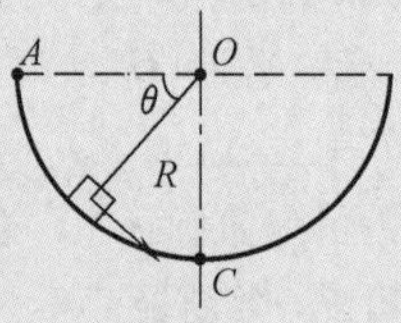

习题 2-5 图

2-6. 如习题 2-6 图所示，一光滑的内表面半径为 10 cm 的半球形碗，以匀角速度 ω 绕其对称轴旋转，已知放在碗内表面上的一个小球 P 相对碗静止，其位置高于碗底 4 cm，则由此可推知碗旋转的角速度约为

（A）13 rad · s^{-1}。

（B）17 rad · s^{-1}。

（C）10 rad · s^{-1}。

（D）18 rad · s^{-1}。

习题 2-6 图

2-7. 如习题 2-7 图所示，滑轮、绳子质量忽略不计，忽略一切摩擦阻力，物体 A 的质量 m_1 大于物体 B 的质量 m_2。在 A、B 运动过程中弹簧秤的读数是

（A）$(m_1+m_2)g$。

（B）$(m_1-m_2)g$。

（C）$2m_1m_2g/(m_1+m_2)$。

（D）$4m_1m_2g/(m_1+m_2)$。

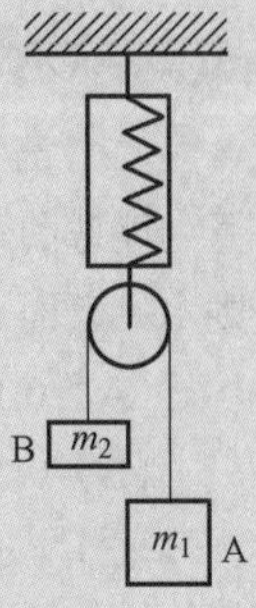

习题 2-7 图

2. 填空题

2-8. 一架轰炸机在俯冲后沿一竖直面内的圆周轨道飞行，如果飞机的飞行速率为一恒值 v=640 km · h^{-1}，为使飞机在最低点的加速度不超过重力加速度的 7 倍（7g），则此圆周轨道的最小半径 R= ______，若驾驶员的质量为 70 kg，则在最小圆周轨道的最低点，他的视重（即人对座椅的压力）N' = ______。

2-9. 质量为 m 的小球，用轻绳 AB、BC 连接，如习题 2-9 图所示。剪断 AB 前后的瞬间，绳 BC 中的张力比 T : T'=______。

2-10. 在光滑的竖直圆环上，套有两个质量均为 m 的小球 A 和 B，并用轻而不易拉伸的绳子把两球连接起来。两球由如习题 2-10 图所示位置开始释放，此时绳上的张力 T=______。

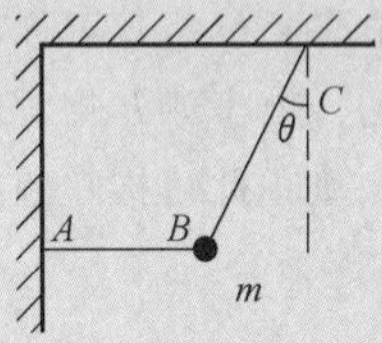

习题 2-9 图

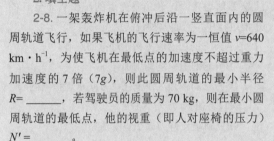

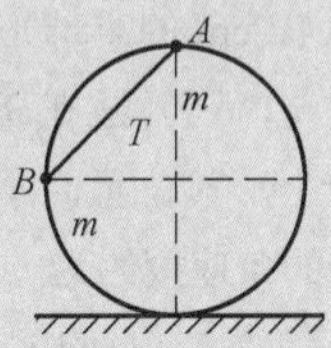

习题 2-10 图

3. 计算题

2-11. 质量为 m 的子弹以速率 v_0 由水平射入沙土中，设子弹所受阻力与速度反向，大小与速度成正比，比例系数为 k，忽略子弹的重力，求：

（1）子弹射入沙土后，速度大小随时间的变化关系；

（2）子弹射入沙土的最大深度。

2-12. 质量为 m 的小球，在水中受到的浮力为 F，当它从静止开始沉降时，受到水的黏滞阻力为 $f=kv$（k 为常数）。若从沉降开始计时，试证明小球在水中竖直沉降的速率 v 与时间的关系为

$$v=\frac{mg-F}{k}\left(1-e^{-\frac{kt}{m}}\right)。$$

2-13. 跳伞运动员与装备的质量共为 m，从伞塔上跳出后立即张伞，受到空气的阻力与速率的平方成正比，即 $F=kv^2$。求跳伞员的运动速率 v 随时间 t 变化的规律和极限速率 v_T。

2-14. 两个质量都是 m 的星球，保持在同一圆形轨道上运行，轨道圆心位置上及轨道附近都没有其他星球。已知轨道半径为 R，求：

（1）每个星球所受到的合力；

（2）每个星球的运行周期。

2-15. 一种围绕地球运行的空间站设计成一个环状密封圆筒（像一个充气的自行车胎），环中心的半径是 1.8 km。如果想在环内产生大小等于 g 的人造重力加速度，则环应绕它的轴以多大的速度旋转？该人造重力方向如何？

综合能力和知识拓展与应用训练题

1. 加速度计的设计原理

加速度计是利用物体的惯性力测量物体运动加速度的仪表，又称加速度传感器。加速度是物体运动速度的变化率，不能直接测量。为了获得较高的灵敏度，通常利用测量物体随被测物体做加速运动时所表现出的惯性力来确定其加速度。根据牛顿第二定律，质点所受的合力等于质点的质量乘以加速度。在质量不变的情况下，测量惯性力就可以获得加速度值。

常见的滑线电位器加速度计的构件包括外壳、

参考质量、敏感元件、信号输出器等（见训练题图 2-1），它所依据的原理是：

（1）参考质量由弹簧与壳体相连，它和壳体的相对位移反映出加速度分量的大小，这个信号通过电位器以电压量输出。

（2）参考质量由弹性细杆与壳体固连，加速度引起的动载荷使杆变形，用应变电阻丝感应变形的大小，其输出量是正比于加速度分量大小的电信号。

（3）参考质量通过压电元件与壳体固连，质量的动载荷对压电元件产生压力，压电元件输出与压力即加速度分量成比例的电信号。

（4）参考质量由弹簧与壳体连接，放在线圈内部，反映加速度分量大小的位移改变线圈的电感，从而输出与加速度成正比的电信号。为了测出在平面或空间的加速度矢量，需要两个或三个加速度计，各测量一个加速度分量。

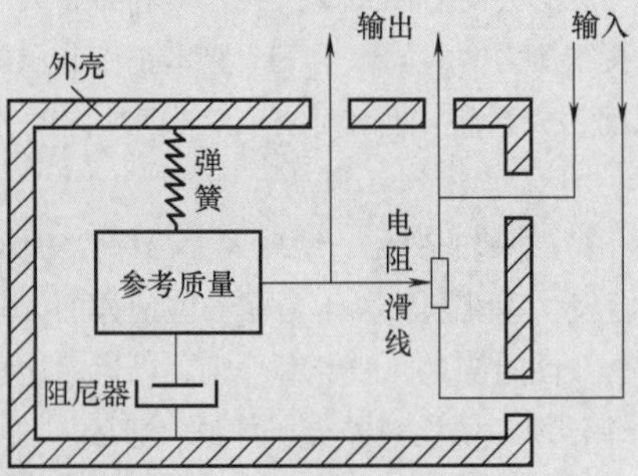

训练题图 2-1　滑线电位器加速度计

加速度计有各种原理和实现方式。如在飞行器上，有按陀螺原理设计的陀螺加速度仪等。加速度计的种类繁多，分类方法也有多种。按用途可大致分为振动加速度计和单方向加速度计。常用的振动加速度计有应变式加速度计和压电式加速度计等。用于单方向加速度测量的有振弦式加速度计和摆式加速度计等。

试问：加速度计的设计原理是什么？加速度计有哪些种类？

本题内容：物理学原理在工程技术上的应用。

考查知识点：加速度计。

题型：开放试题。

2. 科里奥利力

科里奥利力或又简称为科氏力，是对旋转体系中进行直线运动的质点由于惯性相对于旋转体系产生的直线运动的偏移的一种描述。在地球上，相对于地球运动的物体会受到另外一种惯性力的作用。这种惯性力，以首先研究它的法国数学家科里奥利的名字命名，叫作科里奥利力。它是一种惯性力，它是取不同参考系产生的一种差异，以地球为参考系就有科里奥利力。宇宙中任何一个星球上，只要它自转，就会存在科里奥利力。

如果物体相对于匀角速度转动参考系而言不是静止的，而是在做相对运动，那么在转动参考系中的观察者看来，物体除了受到惯性离心力的作用外，还将受到另外一种附加力——科里奥利力的作用。科里奥利力的大小为

$$\boldsymbol{F}_c=2m\boldsymbol{v}'\times\boldsymbol{\omega}$$

式中，m 为质点的质量；$\boldsymbol{v}'$ 为质点相对于转动参考系的速度；$\boldsymbol{\omega}$ 为转动系的角速度矢量。

由于地球的自转，地面参考系是一个转动参考系，在地面参考系中就能观察到科里奥利效应。一个明显的例子是强热带风暴的漩涡。强热带风暴是在热带低气压中心附近形成的，当外面的高气压空气向低气压中心挤进时，由于科里奥利效应，气流的方向将偏向气流速度的右方，因而形成了从高空望去是沿逆时针方向的漩涡。夏季的天气预报图像中就常常出现这种漩涡式的强热带风暴图景，如训练题图 2-2 所示。

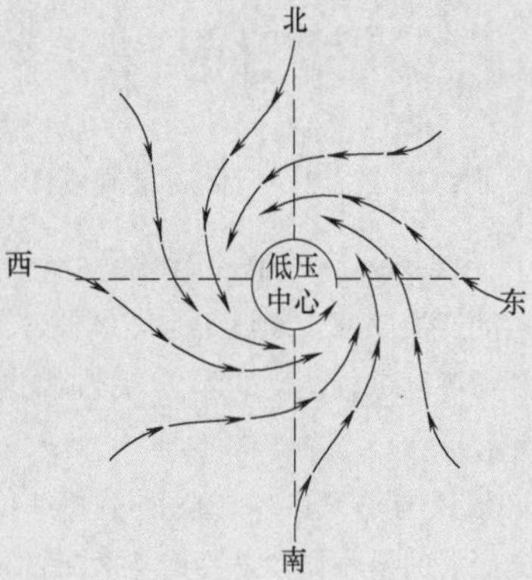

训练题图 2-2　北半球强热带风暴漩涡的产生

在地球科学领域的影响：由于自转的存在，地球并非一个惯性系，而是一个转动参考系，因而地面上质点的运动会受到科里奥利力的影响。地球科学领域中的地转偏向力就是科里奥利力在沿地球表面方向的一个分力。地转偏向力有助于解释一些地理现象，如河道的一边往往比另一边冲刷得更厉害（地转偏向力）。

人们利用科里奥利力的原理设计了一些仪器进行测量和运动控制。

（1）质量流量计：质量流量计使被测量的流体通过一个转动或者振动中的测量管，流体在管道中的流动相当于直线运动，测量管的转动或振动会产生一个角速度，由于转动或振动是受到外加电磁场驱动的，有着固定的频率，因而流体在管道中受到的科里奥利力仅与其质量和运动速度有关，而质量和运动速度（即流速）的乘积就是需要测量的质量流量，因而通过测量流体在管道中受到的科里奥利力，便可以测量其质量流量，如训练题图 2-3 所示。应用相同原理的还有粉体定量给料秤，在这里可以将粉体近似地看作流体来处理。

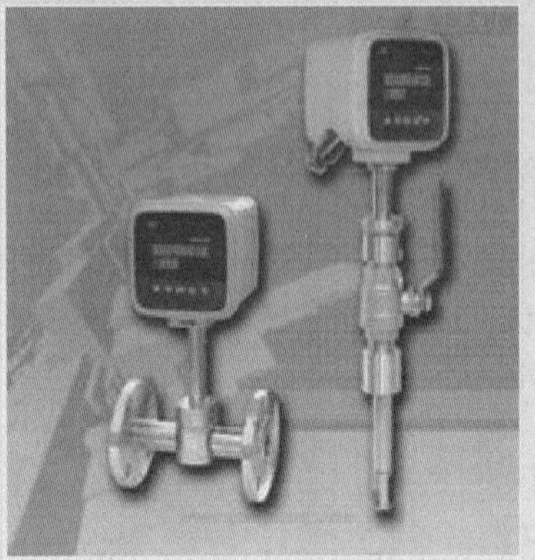

训练题图 2-3　气体质量流量计

（2）陀螺仪：旋转中的陀螺仪会对各种形式的直线运动产生反应，通过记录陀螺仪部件受到的科里奥利力可以进行运动的测量与控制，如训练题图 2-4 所示。

训练题图 2-4　陀螺仪实验

（3）信风与季风：地球表面不同纬度的地区接受阳光照射的量不同，从而影响大气的流动，在地球表面沿纬度方向形成了一系列气压带，如所谓“极地高气压带”“副极地低气压带”“副热带高气压带”等。在这些气压带压力差的驱动下，空气会沿着经度方向发生移动，而这种沿经度方向的移动可以看作质点在旋转体系中的直线运动，会受到科里奥利力的影响发生偏转。由科里奥利力的计算公式不难看出，在北半球大气流动会向左偏转，南半球大气流动会向右偏转，在科里奥利力、大气压差和地表摩擦力的共同作用下，原本正南北向的大气流动变成东北 - 西南向或东南 - 西北向的大气流动。

随着季节的变化，地球表面沿纬度方向的气压带会发生南北漂移，于是在一些地方的风向就会发生季节性的变化，即所谓季风。当然，这也必须牵涉海、陆比热差异所导致气压的不同。

科里奥利力使得季风的方向发生一定偏移，产生东西向的移动因素，而历史上人类依靠风力推动的航海，很大程度上集中于沿纬度方向，季风的存在为人类的航海创造了极大的便利，因而也被称为贸易风。

（4）热带气旋：热带气旋（北太平洋上出现的称为台风）的形成受到科里奥利力的影响。驱动热带气旋运动的原动力一个低气压中心与周围大气的压力差，周围大气中的空气在压力差的驱动下向低气压中心定向移动，这种移动受到科里奥利力的影响而发生偏转，从而形成旋转的气流，这种旋转在北半球沿着逆时针方向而在南半球则沿着顺时针方向，由于旋转的作用，低气压中心得以长时间保持，如训练题图 2-5 所示。

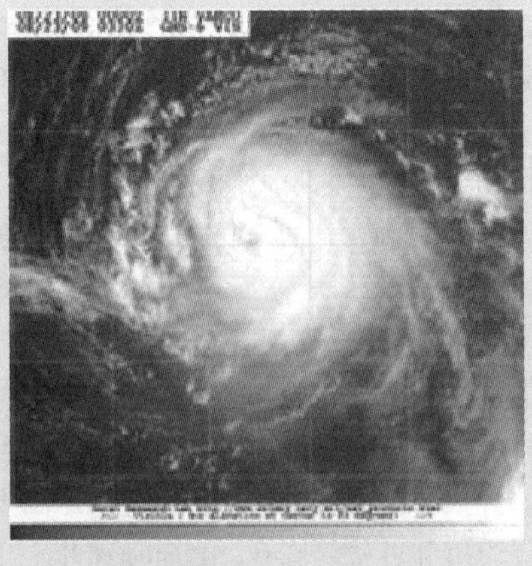

训练题图 2-5　热带气旋

（5）复线火车：我国地处北半球，火车在行驶中受到地转偏向力的作用，因而对右轨压力大于左轨压力，普通单轨铁路上经常有相反的火车行驶，其左右正好相反，结果两轨磨损差不多相同。由于受火车发展历史的影响，调度员用来指挥火车开停、允许不允许进站等的行车信号都设在火车前进方向的左侧路边，因而复线火车都是靠左行驶。火车由于受到指向运动右侧的地转偏向力，而使复线铁路上靠左走的火车所受到的地转偏向力均指向内侧。设一列质量为 2 000 t、速度为 20 m · s^{-1} 的列车所在地点的纬度为 45°，地转偏向力的水平分量的大小为 $F_c=2mv'\omega\sin45°=4.1\times10^3$ N，这相当于与列车自重的万分之二，仅为列车所受阻力的百分之几。这样大小的力，其作用效果只能表现为右轨磨损较大，而不会使复线上相向而行的两列火车相撞。

试问：（1）在北半球，若河水自南向北流，则东岸受到的冲刷严重，试由科里奥利力进行解释。若河水在南半球自南向北流，哪边河岸冲刷较严重？

（2）美国科学家谢皮诺曾注意到浴盆内的水泻出时产生的旋涡。当底部中心有孔的大盆中的水泻出时，可在空的上方看到逆时针方向的旋涡。在澳大利亚进行同样的实验，会看到什么现象？为什么？

本题内容：物理学原理在工程技术上的应用。

考查知识点：科里奥利力。

题型：开放试题。

阅读材料——傅科摆

三百多年以前伽利略接受罗马教廷的审判，当他被迫承认“地心说”的时候，有人记载伽利略喃喃自语道：“可是地球仍然在动啊！”伽利略是否说过这句话已经不可考，按理说后人杜撰的成分比较大。很难想象有人听见了伽利略低声说出的“异端”言论，并且把它记录了下来，更何况当时伽利略已经神志不太清醒。《圣经》上说大地是不动的；而现在，即使是小学生也知道地球存在自转和公转。那么，一个问题就来了，如何观察到地球的运动——比如自转呢？

时间回溯到 1851 年的巴黎。在国葬院（法兰西共和国的先贤祠）的大厅里，让 · 傅科（Jean Foucault）正在进行一项有趣的实验。傅科在大厅的穹顶上悬挂了一条 67 m 长的绳索，绳索的下面是一个重达 28 kg 的摆锤。摆锤的下方是巨大的沙盘。每当摆锤经过沙盘上方的时候，摆锤上的指针就会在沙盘上面留下运动的轨迹。按照日常生活的经验，这个硕大无比的摆应该在沙盘上面画出唯一一条轨迹。实验开始了，人们惊奇地发现，傅科设置的摆每经过一个周期的振荡，在沙盘上画出的

国葬院

轨迹都会偏离原来的轨迹（准确地说，在这个直径6 m的沙盘边缘，两条轨迹之间相差大约3 mm）。

“地球真的是在转动啊”，有的人不禁发出了这样的感慨。截止到2013年，巴黎国葬院中依然保留着150多年前傅科摆实验所用的沙盘和标尺。不仅仅是在巴黎，在世界各地都可以看到傅科摆的身影。

傅科摆指仅受引力和吊线张力作用而在惯性空间固定平面内运动的摆。为了证明地球在自转，法国物理学家傅科（Jean Foucault，1819—1868）于1851年做了一次成功的摆动实验，从而有力地证明了地球是在自转，傅科摆由此而得名。

傅科摆悬挂点经过特殊设计，使摩擦减少到最低限度。这种摆的惯性和动量大，因而基本不受地球自转影响而自行摆动，并且摆动时间很长。在傅科摆实验中，人们看到，摆动过程中摆动平面沿顺时针方向缓缓转动，摆动方向不断变化。分析这种现象，摆在摆动平面的方向上并没有受到外力作用，按照惯性定律，摆动的空间方向不会改变，由此可知，这种摆动方向的变化，是由于观察者所在的地球沿着逆时针方向转动的结果，地球上的观察者看到相对运动现象，从而有力地证明了地球是在自转。傅科摆放置的位置不同，摆动情况也不同。在北半球时，摆动平面逆时针转动；在南半球时，摆动平面顺时针转动，而且纬度越高，转动速度越快；在赤道上的摆几乎不转动。傅科摆摆动平面偏转的角度可用公式$\theta° = 15t\sin\varphi$来求，单位是°（度）。式中，φ代表当地地理纬度；t为偏转所用的时间，以h作单位。因为地球自转角速度1小时等于15°，所以，为了换算，公式中乘以15。

北京天文馆大厅里也有一个巨大的傅科摆，时时刻刻提醒人们，地球在自西向东自转着。

第3章 功 和 能

引 言

本章主要介绍与功和能有关的基本概念和基本规律。基于牛顿运动定律，得出质点和质点系的动能定理，根据保守力做功与路径无关的特点，引出势能的概念。在一定条件下，质点系遵循机械能守恒定律。进一步扩展，能量不仅包括机械能，还包括热能、电磁能、化学能等多种形式。能量守恒定律不仅适用于力学问题，而且在各种物理现象（包括宏观和微观）中都适用，它是自然界的基本定律之一。在能量守恒定律中，系统的能量是不变的，但能量的各种形式之间却可以相互转化。

能量守恒定律在石油工程设备中有广泛的应用。常见抽油机（即游梁抽油机）是油田广泛应用的传统抽油设备，通常由普通交流异步电动机直接拖动。其曲柄带以配重平衡块带动抽油杆，驱动井下抽油泵做固定周期的上下往复运动，把井下的油送到地面，该过程中能量守恒，机械能与电能相互转化。在一个循环中，随着抽油杆的上升（下降），而使电动机工作在发电状态。上升过程电动机从电网吸收能量电动运行；下降过程电动机的负载性质为位势负载，加之井下负压等使电动机处于发电状态，把机械能量转换成电能回馈到电网。

3.1　功和功率

3.1.1　功

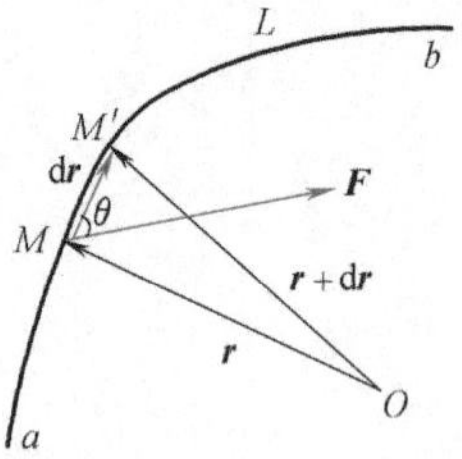

图 3-1　功的定义

质量为 m 的质点在力 $\boldsymbol{F}$ 作用下，沿某一路径 L 由点 a 运动到点 b。设某时刻 t 质点位于点 M，在 t 到 $t+\mathrm{d}t$ 时间内质点运动到点 M'，质点的位移为 $\mathrm{d}\boldsymbol{r}$，如图 3-1 所示。在此微小过程中，力 $\boldsymbol{F}$ 与位移 $\mathrm{d}\boldsymbol{r}$ 的点积定义为力 $\boldsymbol{F}$ 对质点做的**元功**，即

$$\mathrm{d}A=\boldsymbol{F}\cdot\mathrm{d}\boldsymbol{r} \tag{3-1}$$

位移 $\mathrm{d}\boldsymbol{r}$ 的大小等于轨迹上的弧长 $\mathrm{d}s$，$\mathrm{d}\boldsymbol{r}$ 的方向沿过点 M 的轨迹的切线方向，即沿质点在点 M 的速度 $\boldsymbol{v}$ 的方向，所以式（3-1）可以写为

$$\mathrm{d}A=\boldsymbol{F}\cdot\mathrm{d}\boldsymbol{r}=F\cos\theta\mathrm{d}s=F_{\mathrm{t}}\mathrm{d}s \tag{3-2}$$

式中，θ 为力 $\boldsymbol{F}$ 和位移 $\mathrm{d}\boldsymbol{r}$ 之间的夹角；$\mathrm{d}s$ 为弧长；F_{t} 是力 $\boldsymbol{F}$ 沿切线方向的分量。

由元功的定义可知：

（1）功是标量，可取正值、负值或零。θ 取锐角时，力对质点做正功；θ 取钝角时，力对质点做负功；$\theta=90°$ 时，力对质点做功为零。

（2）功是过程量，既和力有关，又和质点的位移有关，而位移总是与某个运动过程分不开的，所以，功也总是与某个过程分不开。因此，讨论某时刻的功是没有意义的。

在质点由点 a 沿路径 L 运动到点 b 的全过程中，力 $\boldsymbol{F}$ 对质点做的功等于在各微小过程中所做元功的代数和，即

$$A=\int_a^b\boldsymbol{F}\cdot\mathrm{d}\boldsymbol{r}=\int_a^b F\cos\theta\mathrm{d}s=\int_a^b(F_x\mathrm{d}x+F_y\mathrm{d}y+F_z\mathrm{d}z) \tag{3-3}$$

这就是变力做功的表达式。

若质点受 n 个力 $\boldsymbol{F}_1$，$\boldsymbol{F}_2$，…，$\boldsymbol{F}_n$ 作用，则合力的功为

$$\begin{aligned}A&=\int_L\boldsymbol{F}\cdot\mathrm{d}\boldsymbol{r}=\int_L(\boldsymbol{F}_1+\boldsymbol{F}_2+\cdots+\boldsymbol{F}_n)\cdot\mathrm{d}\boldsymbol{r}\\&=\int_L\boldsymbol{F}_1\cdot\mathrm{d}\boldsymbol{r}+\int_L\boldsymbol{F}_2\cdot\mathrm{d}\boldsymbol{r}+\cdots+\int_L\boldsymbol{F}_n\cdot\mathrm{d}\boldsymbol{r}\\&=A_1+A_2+\cdots+A_n\end{aligned} \tag{3-4}$$

即合力的功等于各分力功的代数和。

功总是指某个具体的力或合力的功，当一个物体同时受到几个力作用时，不要笼统地说功，而要具体指明是哪个力的

功或是合力的功。

在国际单位制中，功的单位是焦耳（J），1J=1 N · m。

几种常见力所做的功计算方法如下：

1. 弹簧的弹性力的功

设有一劲度系数为 k 的轻弹簧，置于水平光滑平面上，弹簧一端固定，另一端与一质量为 m 的物体相连，如图 3-2 所示。当弹簧在水平方向不受力作用时，它将不发生形变，此时物体位于点 O，这个位置称为平衡位置。以平衡位置 O 为坐标原点，向右为 Ox 轴正向。若物体受到沿 Ox 轴正向的力 $\boldsymbol{F}'$ 作用，弹簧将沿 Ox 轴正向被拉长，弹簧的伸长量即其位移为 x，根据胡克定律，在弹性限度内，弹簧的弹性力 $\boldsymbol{F}$ 与弹簧的伸长量 x 之间的关系为

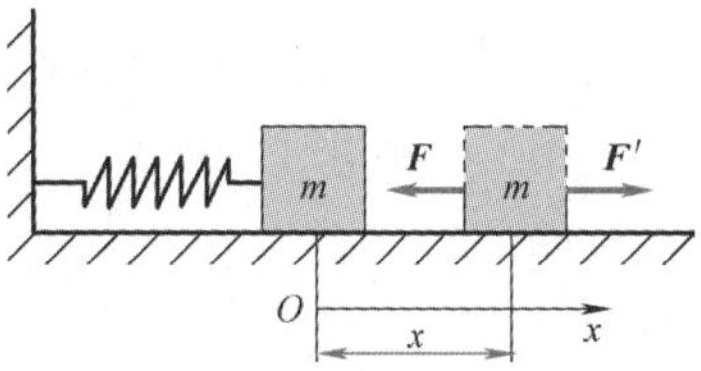

图 3-2　弹簧的弹性力的功

$$\boldsymbol{F}=-kx\boldsymbol{i}$$

在弹簧被拉长的过程中，弹簧的弹性力是变力。但弹簧在物体位移为 dx 时的弹性力 $\boldsymbol{F}$ 可近似看成是不变的。于是，弹簧的弹性力做的元功为

$$\mathrm{d}A=\boldsymbol{F}\cdot\mathrm{d}x\boldsymbol{i}=-kx\mathrm{d}x \tag{3-5}$$

当弹簧的伸长量由 x_1 变为 x_2 时，弹簧的弹性力所做的功等于各个元功之和。由积分计算可得

$$A=\int_{x_1}^{x_2}\mathrm{d}A=\int_{x_1}^{x_2}(-kx)\mathrm{d}x=-\left(\frac{1}{2}kx_2^2-\frac{1}{2}kx_1^2\right) \tag{3-6}$$

式（3-6）表明，弹簧的弹性力做功只与始、末位置有关，而与质点的具体路径无关。弹簧收缩时弹性力做正功，弹簧伸长时弹性力做负功。

2. 重力的功

在地面附近的重力场中，质量为 m 的质点由初始位置 $P_1(x_1, y_1, z_1)$ 沿任意路径运动到位置 $P_2(x_2, y_2, z_2)$，为了计算在此过程中重力所做的功，建立如图 3-3 所示的坐标系。

作用于质点上的重力

$$\boldsymbol{P}=-mg\boldsymbol{k}$$

位移 d$\boldsymbol{r}$=d$x\boldsymbol{i}$+d$y\boldsymbol{j}$+d$z\boldsymbol{k}$，重力在位移 d$\boldsymbol{r}$ 上做的元功

$$\begin{aligned}\mathrm{d}A&=\boldsymbol{P}\cdot\mathrm{d}\boldsymbol{r}=(-mg\boldsymbol{k})\cdot(\mathrm{d}x\boldsymbol{i}+\mathrm{d}y\boldsymbol{j}+\mathrm{d}z\boldsymbol{k})\\&=-mg\mathrm{d}z\end{aligned} \tag{3-7}$$

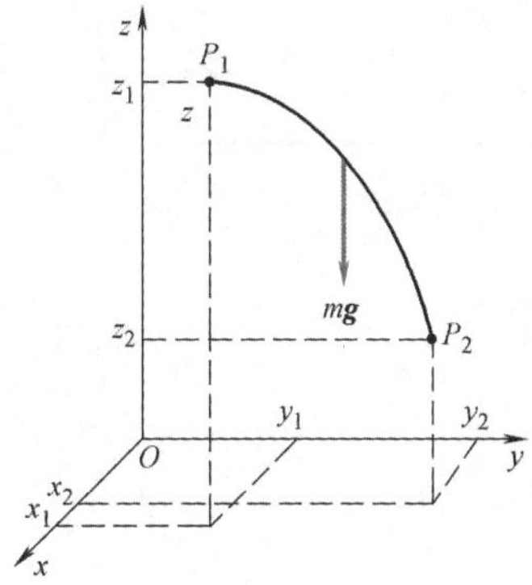

图 3-3　重力的功

在由 P_1 到 P_2 的过程中重力做功为

$$A=\int_{P_1}^{P_2}\mathrm{d}A=\int_{z_1}^{z_2}-mg\mathrm{d}z=-mg(z_2-z_1) \tag{3-8}$$

式（3-8）表明，重力的功只与始、末位置有关，与具体路径

无关。质点下降时重力做正功，质点上升时重力做负功。

3. 万有引力的功

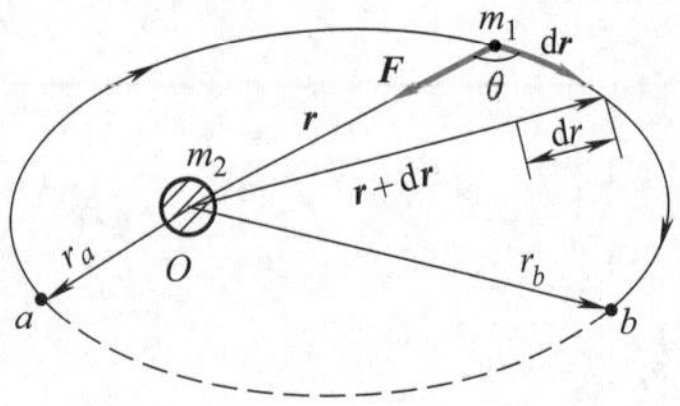

图 3-4　万有引力的功

有一质量为 m_1 的质点位于质量为 m_2 的质点的引力场中，沿任意路径由点 a 运动到点 b，如图 3-4 所示。

若 m_2 远大于 m_1，可认为质点 m_2 静止。取质点 m_2 为参考系原点 O，可视为惯性系。m_1 在某时刻的位矢为 $\boldsymbol{r}$，万有引力 $\boldsymbol{F}$ 与位移 d$\boldsymbol{r}$ 之间的夹角为 θ，则元功为

$$\mathrm{d}A=\boldsymbol{F}\cdot\mathrm{d}\boldsymbol{r}=G_0\frac{m_1m_2}{r^2}\cos\theta\,|\mathrm{d}\boldsymbol{r}|$$

由图 3-4 可知

$$|\mathrm{d}\boldsymbol{r}|\cos\theta=-|\mathrm{d}\boldsymbol{r}|\cos(\pi-\theta)=-\mathrm{d}r$$

所以

$$\mathrm{d}A=-G_0\frac{m_1m_2}{r^2}\mathrm{d}r \tag{3-9}$$

质点由点 a 至点 b 万有引力所做的功为

$$\begin{aligned}A&=\int_a^b\mathrm{d}A=\int_{r_a}^{r_b}-G_0\frac{m_1m_2}{r^2}\mathrm{d}r\\&=-\left[\left(-G_0\frac{m_1m_2}{r_b}\right)-\left(-G_0\frac{m_1m_2}{r_a}\right)\right]\end{aligned} \tag{3-10}$$

由图 3-4 容易看出，如果沿图中虚线进行计算，上述计算过程仍然适用。所以，万有引力的功只与始、末位置有关，与具体的路径无关。

4. 摩擦力的功

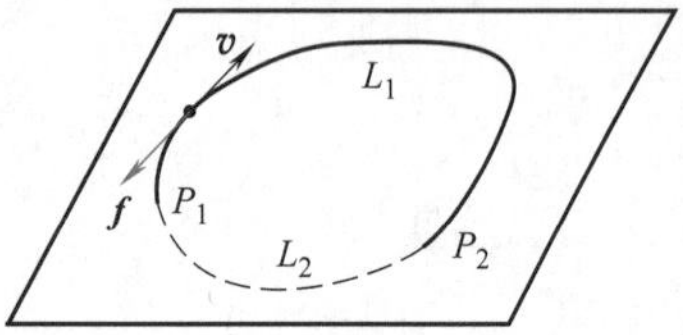

图 3-5　摩擦力的功

一质量为 m 的质点，在固定的粗糙水平面上由初始位置 P_1 沿某一路径 L_1 运动到末位置 P_2，路径长度为 s，如图 3-5 所示。由于摩擦力的方向总是与速度 $\boldsymbol{v}$ 的方向相反。所以元功

$$\mathrm{d}A=\boldsymbol{F}\cdot\mathrm{d}\boldsymbol{l}=-F\mathrm{d}l=-\mu mg\mathrm{d}l \tag{3-11}$$

式中，d$\boldsymbol{l}$ 为位移元。

质点由点 P_1 沿 L_1 运动到点 P_2 的过程中，摩擦所做的功为

$$A=\int_{P_1}^{P_2}\mathrm{d}A=\int_0^s(-\mu mg)\mathrm{d}l=-\mu mgs \tag{3-12}$$

式中，s 为路径 L_1 的长度。式（3-12）表明，摩擦力的功不仅与始、末位置有关，而且与具体的路径有关。容易看出，若质点由 P_1 沿路径 L_2 运动到 P_2，摩擦力做的功为

$$A' = -\mu mgs'$$

式中，s' 为路径 L_2 的长度。

3.1.2　功率

功对时间的变化率称为**功率**。用符号 P 表示功率，即

$$P = \frac{\mathrm{d}A}{\mathrm{d}t} = \frac{\boldsymbol{F} \cdot \mathrm{d}\boldsymbol{r}}{\mathrm{d}t} = \boldsymbol{F} \cdot \boldsymbol{v} \tag{3-13}$$

功率是表示做功快慢的物理量。

在国际单位制中，功率的单位是瓦特（W），1 W=1J · s^{-1}。

3.2　动能　动能定理

3.2.1　动能

质量为 m 的质点以速度 $\boldsymbol{v}$ 运动时，它的**动能**为$E_k = \frac{1}{2}mv^2$。质点的动能是质点做机械运动时所具有的能量形式。

对于由 N 个质点组成的质点系，其质点系的动能定义为

$$E_k = \frac{1}{2}m_1v_1^2 + \frac{1}{2}m_2v_2^2 + \cdots + \frac{1}{2}m_Nv_N^2 = \sum_{i=1}^{N}\frac{1}{2}m_iv_i^2$$

式中，m_1，m_2，…，m_N 为各个质点的质量；$\boldsymbol{v}_1$，$\boldsymbol{v}_2$，…，$\boldsymbol{v}_N$ 为各个质点的速度。

3.2.2　质点的动能定理

设质量为 m 的质点在合力 $\boldsymbol{F}$ 的作用下，沿曲线轨迹由点 a 运动到点 b，如图 3-6 所示。设质点在点 a 和点 b 的速率分别为 v_1 和 v_2，由式（3-2）可知，合力 $\boldsymbol{F}$ 的元功为

$$\mathrm{d}A = \boldsymbol{F} \cdot \mathrm{d}\boldsymbol{r} = F_t\mathrm{d}s$$

式中，F_t 是合力的切向分量。由牛顿第二定律有

$$F_t = ma_t = m\frac{\mathrm{d}v}{\mathrm{d}t}$$

所以

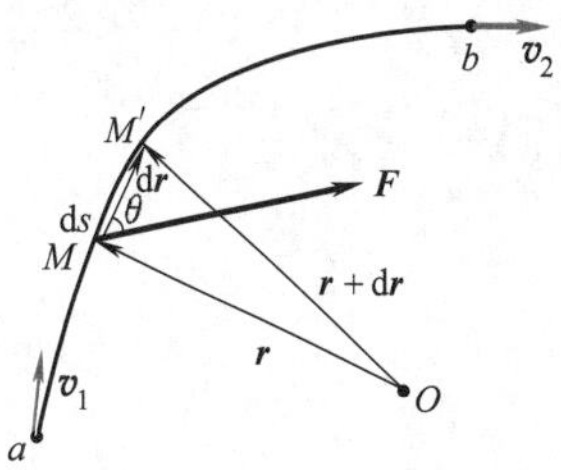

图 3-6　质点的动能定理

$$dA = m\frac{dv}{dt}ds = mvdv = d\left(\frac{1}{2}mv^2\right) = dE_k \tag{3-14}$$

在质点由点 a 运动到点 b 的过程中，合力做的功

$$A = \int_a^b \boldsymbol{F} \cdot d\boldsymbol{r} = \int_{v_1}^{v_2} d\left(\frac{1}{2}mv^2\right) = \frac{1}{2}mv_2^2 - \frac{1}{2}mv_1^2 = \Delta E_k \tag{3-15}$$

式（3-14）为质点动能定理的微分形式。式（3-15）为质点动能定理的积分形式。它们表明合力所做的功，等于质点动能的增量。这个结论称为**质点的动能定理**。

注意功与动能之间的联系和区别。只有合力对质点做功，才能使质点的动能发生变化。功是过程量，而动能是状态量。质点的动能定理只适用于惯性系。

例题 3-1 质量为 m、线长为 l 的单摆，可绕点 O 在竖直平面内摆动（见图 3-7）。初始时刻摆线被拉至水平，然后自由放下，求摆线与水平线成 θ 角时，摆球的速率和线中的拉力。

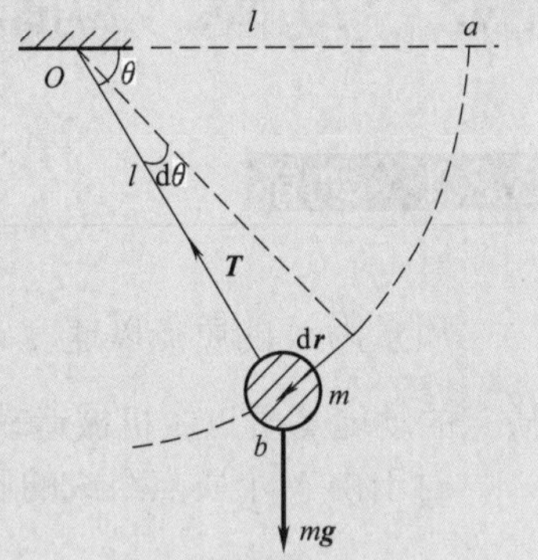

图 3-7 例题 3-1 图

解 摆球受摆线拉力 $\boldsymbol{T}$ 和重力 $m\boldsymbol{g}$ 作用，合力做的功为

$$A = \int_a^b (\boldsymbol{T} + m\boldsymbol{g}) \cdot d\boldsymbol{r} = \int_a^b \boldsymbol{T} \cdot d\boldsymbol{r} + \int_a^b m\boldsymbol{g} \cdot d\boldsymbol{r}$$

由于 $\boldsymbol{T}$ 与 $d\boldsymbol{r}$ 垂直，所以，摆线拉力不做功，即 $\int_a^b \boldsymbol{T} \cdot d\boldsymbol{r} = 0$，故

$$A = \int_a^b m\boldsymbol{g} \cdot d\boldsymbol{r} = \int_a^b mg\cos\theta dr = \int_0^\theta mgl\cos\theta d\theta$$

$$= mgl\sin\theta$$

由动能定理

$$A = mgl\sin\theta = \frac{1}{2}mv^2 - 0 = \frac{1}{2}mv^2$$

所以

$$v = \sqrt{2gl\sin\theta}$$

小球在任意时刻，牛顿第二定律的法向分量式为

$$T - mg\sin\theta = ma_n = m\frac{v^2}{l}$$

将上面的 v 值代入，可得线对小球的拉力

$$T = 3mg\sin\theta$$

3.2.3 质点系的动能定理

1. 质点系、外力和内力

我们把包含两个或两个以上的质点的力学系统称为**质点系**。质点系内各质点不仅受到外界物体对质点系的作用力，

而且还受到质点系内各质点之间的相互作用力。对任何一个质点系来说，系统内各质点所受的力都可分成两种：系统内各质点之间的相互作用力称为**内力**；来源于系统外物体的作用力称为**外力**。显然，所谓内力和外力是相对于我们所选择的系统来区分的。如以太阳系为质点系，则太阳与各行星之间的万有引力是内力，而太阳系内的行星与不属于太阳系的天体之间的引力就是外力。

根据牛顿第三定律，质点之间的相互作用力总是成对地存在，并且大小相等、方向相反，作用在同一直线上。因此，质点系中所有内力的矢量和等于零。

2. 质点系的动能定理

将质点的动能定理推广到由 N 个质点组成的质点系，便可得到质点系的动能定理。

为讨论方便，设所研究的质点系是由两个有相互作用的质点组成，如图 3-8 所示。m_1、m_2 表示它们的质量，$\boldsymbol{F}_1$、$\boldsymbol{F}_2$ 表示它们所受的外力，$\boldsymbol{f}_1$、$\boldsymbol{f}_2$ 表示它们所受的内力，在这些力的作用下，它们沿各自的路径 l_1、l_2 运动。对质点 m_1、m_2 分别应用动能定理，可得

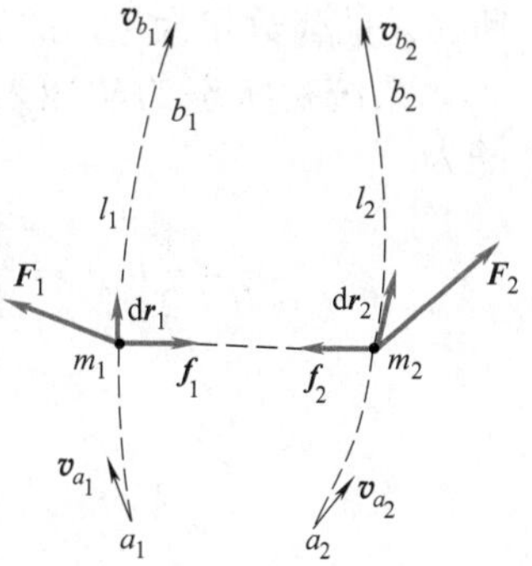

图 3-8　质点系的动能定理

$$\int_{a_1}^{b_1}\boldsymbol{F}_1\cdot\mathrm{d}\boldsymbol{r}_1+\int_{a_1}^{b_1}\boldsymbol{f}_1\cdot\mathrm{d}\boldsymbol{r}_1=\frac{1}{2}m_1v_{b_1}^2-\frac{1}{2}m_1v_{a_1}^2=\Delta E_{\mathrm{k}_1}$$

$$\int_{a_2}^{b_2}\boldsymbol{F}_2\cdot\mathrm{d}\boldsymbol{r}_2+\int_{a_2}^{b_2}\boldsymbol{f}_2\cdot\mathrm{d}\boldsymbol{r}_2=\frac{1}{2}m_2v_{b_2}^2-\frac{1}{2}m_2v_{a_2}^2=\Delta E_{\mathrm{k}_2}$$

两式相加，可得

$$\int_{a_1}^{b_1}\boldsymbol{F}_1\cdot\mathrm{d}\boldsymbol{r}_1+\int_{a_2}^{b_2}\boldsymbol{F}_2\cdot\mathrm{d}\boldsymbol{r}_2+\int_{a_1}^{b_1}\boldsymbol{f}_1\cdot\mathrm{d}\boldsymbol{r}_1+\int_{a_2}^{b_2}\boldsymbol{f}_2\cdot\mathrm{d}\boldsymbol{r}_2=\Delta E_{\mathrm{k}_1}+\Delta E_{\mathrm{k}_2}$$

等式左端前两项之和为外力对质点系所做的功，后两项之和为内力对质点系所做的功，等式右端为质点系总动能的增量。于是有

$$A_{外}+A_{内}=\Delta E_{\mathrm{k}} \tag{3-16}$$

这一结论很明显地可以推广到由任意多个质点组成的质点系。式（3-16）表明，所有外力对质点系所做的功和内力对质点系所做的功之和等于质点系总动能的增量，这一结论称为**质点系的动能定理**。

在任意微小过程中质点系的动能定理可以表示为

$$\mathrm{d}A_{外}+\mathrm{d}A_{内}=\mathrm{d}E_{\mathrm{k}} \tag{3-17}$$

式（3-16）称为质点系的动能定理的积分形式。式（3-17）称为质点系的动能定理的微分形式。

例题 3-2　如图 3-9 所示，设物体 A 和物体 B 的质量分别为 m_A 和 m_B，绳与滑轮的质量不计，一切摩擦均可忽略，绳不能伸缩。物体 A 由静止沿斜面下滑，物体 B 随之上升。试求物体 A 滑过 s 的距离时，物体 A 和 B 的速率（斜面的倾角为 θ）。

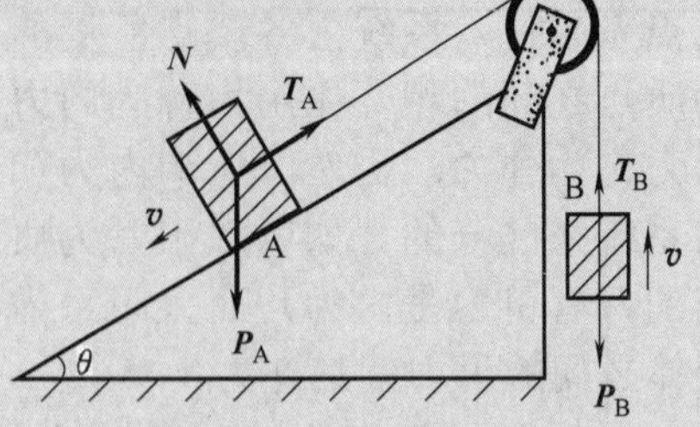

图 3-9　例题 3-2 图

解　物体的受力如图 3-9 所示。系统所受的外力中，重力 $\boldsymbol{P}_A$ 对物体 A 做正功，重力 $\boldsymbol{P}_B$ 对物体 B 做负功，支持力 $\boldsymbol{N}$ 不做功。故有

$$A_{外}=m_A gs\sin\theta-m_B gs$$

系统中的内力 $\boldsymbol{T}_A$ 和 $\boldsymbol{T}_B$ 在系统运动过程中所做功的代数和为零，故有 $A_{内}=0$。

系统初状态的动能为零，末状态的动能为

$$E_k=\frac{1}{2}m_A v^2+\frac{1}{2}m_B v^2$$

根据质点系的动能定理，有

$$m_A gs\sin\theta-m_B gs=\frac{1}{2}m_A v^2+\frac{1}{2}m_B v^2$$

故得

$$v=\sqrt{\frac{2gs(m_A\sin\theta-m_B)}{m_A+m_B}}$$

3.3　保守力与非保守力　势能

3.3.1　保守力与非保守力

重力、万有引力和弹簧的弹性力的功只与始末位置有关，而与路径无关，摩擦力的功不仅与始末位置有关而且还与路径有关。根据做功是否与路径有关，可以把力分为两类。做功只与始末位置有关，而与路径无关的力称为**保守力**。做功不仅与始末位置有关，而且与路径有关的力称为**非保守力**。重力、万有引力、弹簧的弹性力、静电力都是保守力。摩擦力、液体和气体中黏滞阻力、冲力和爆炸力等是非保守力。

设质点处于保守力 $\boldsymbol{F}$ 的力场中，由于保守力做功与路径无关，质点由点 a 经任一路径 acb 到达点 b，如图 3-10 所示，力 $\boldsymbol{F}$ 所做的功为一确定值 A_{ab}。质点沿原路径由点 b 回到点 a，力 $\boldsymbol{F}$ 的所做的功为 $-A_{ab}$。因保守力做功与路径无关，可知，质点由点 b 沿 bda 到达点 a，力 $\boldsymbol{F}$ 的所做的功为 $-A_{ab}$，即

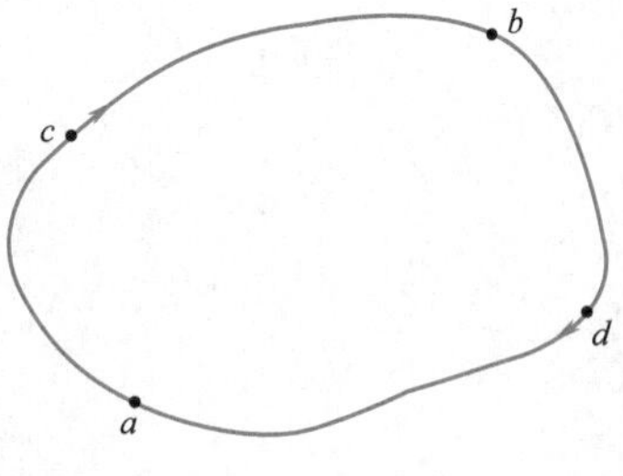

图 3-10　保守力沿闭合路径的功

$$\int_{acb}\boldsymbol{F}\cdot d\boldsymbol{r}=-\int_{bda}\boldsymbol{F}\cdot d\boldsymbol{r}$$

移项得

$$\int_{acb} \boldsymbol{F} \cdot \mathrm{d}\boldsymbol{r} + \int_{bda} \boldsymbol{F} \cdot \mathrm{d}\boldsymbol{r} = 0$$

$$\oint \boldsymbol{F} \cdot \mathrm{d}\boldsymbol{r} = 0 \tag{3-18}$$

式（3-18）表明，保守力沿任意闭合路径一周所做的功为零，即保守力的环流等于零。

3.3.2 势能

从保守力的做功的讨论可以看到，重力、万有引力、弹簧的弹性力都具有做功与路径无关，而仅取决于物体的始末位置的特点。从这一点出发，分别引出重力势能、万有引力势能、弹簧的弹性势能的概念。

由3.1.1节可知，有关重力、万有引力、弹性力做功的公式分别为

$$A = -(mgz_2 - mgz_1) \tag{3-19}$$

$$A = -\left[\left(-G_0 \frac{m_1 m_2}{r_b}\right) - \left(-G_0 \frac{m_1 m_2}{r_a}\right)\right] \tag{3-20}$$

$$A = -\left(\frac{1}{2}kx_2^2 - \frac{1}{2}kx_1^2\right) \tag{3-21}$$

以上三式的右边均与始末的位置坐标变化有关，而与路径无关。保守力做功必然伴随着能量的变化，而这种能量仅与位置坐标有关。我们把这种与位置坐标有关的能量称为**势能**，用符号 E_{p} 表示。

质点在保守力场中某一点的势能等于把质点从该点（如 a 点）经过任意路径移到势能为零的点的过程中保守力 $\boldsymbol{F}$ 所做的功，即

$$E_{\mathrm{p}} = \int_a^{\text{势能零点}} \boldsymbol{F} \cdot \mathrm{d}\boldsymbol{l} \tag{3-22}$$

于是，在选取势能零点后，可由式（3-22）得重力势能、万有引力势能和弹性势能分别如下。

当选取 $z=0$ 处为重力势能零点时，重力势能为

$$E_{\mathrm{p}} = \int_z^0 -mg\mathrm{d}z = mgz \tag{3-23}$$

当选取 $r=\infty$ 处为万有引力势能零点时，万有引力势能为

$$E_{\mathrm{p}} = \int_r^{\infty} -G_0 \frac{m_1 m_2}{r^2}\mathrm{d}r = -G_0 \frac{m_1 m_2}{r} \tag{3-24}$$

当选取 $x=0$ 处为弹簧的弹性势能零点时，弹性势能为

$$E_p = \int_x^0 -kx\mathrm{d}x = \frac{1}{2}kx^2 \tag{3-25}$$

质点在保守力场中任意两点（如 a 点和 b 点）的势能差等于把质点从 a 点经过任意路径移到 b 点的过程中保守力 $\boldsymbol{F}$ 所做的功，即

$$E_{pa} - E_{pb} = \int_a^b \boldsymbol{F} \cdot \mathrm{d}\boldsymbol{l} \tag{3-26}$$

可由式（3-26）得重力势能差、万有引力势能差和弹性势能差分别为

$$A = \int_{z_1}^{z_2} -mg\mathrm{d}z = -(mgz_2 - mgz_1) = -(E_{p2} - E_{p1}) \tag{3-27}$$

$$A = \int_{r_a}^{r_b} -G_0\frac{m_1m_2}{r^2}\mathrm{d}r = -\left[\left(-G_0\frac{m_1m_2}{r_b}\right) - \left(-G_0\frac{m_1m_2}{r_a}\right)\right]$$
$$= -(E_{p2} - E_{p1}) \tag{3-28}$$

$$A = \int_{x_1}^{x_2} -kx\mathrm{d}x = -\left(\frac{1}{2}kx_2^2 - \frac{1}{2}kx_1^2\right) = -(E_{p2} - E_{p1}) \tag{3-29}$$

式（3-27）～式（3-29）可统一写成

$$A = -(E_{p2} - E_{p1}) = -\Delta E_p \tag{3-30}$$

上式表明，保守力对物体做的功等于物体势能增量的负值。这个关系被称为**势能定理**。

对一个微小的变化过程，保守力对物体做的元功等于物体势能增量的负值，即势能定理的微分形式为

$$\mathrm{d}A = -\mathrm{d}E_p \tag{3-31}$$

对于势能概念的理解，需要注意以下几点。

（1）势能是态函数。只要确定了物体的始末位置，保守力所做的功也就确定了，所以势能是坐标的函数，即态函数，可写成 $E_p=E_p(x, y, z)$。

（2）势能具有相对性。势能的值与势能零点的选择有关。一般选地面为重力势能的零点，无限远处为万有引力势能的零点，弹簧的平衡位置为弹性势能的零点。实际上，势能零点可以任意选取，但选取不同的势能零点，势能的值将有所不同。所以势能具有相对意义。然而，不论势能零点的位置如何选取，两固定位置之间的势能差总是相

同的。

（3）势能是属于系统的。势能是由于系统内各物体间具有保守力作用而产生的，因此它是属于系统的。单独讨论单个物体的势能是没有意义的。例如，重力势能是属于地球和物体组成的系统的，离开了地球作用的宇宙飞船，也就无所谓重力势能了。

3.3.3　保守力和势能梯度

势能定理的微分形式为

$$\mathrm{d}A = -\mathrm{d}E_{\mathrm{p}}$$

而

$$\mathrm{d}A = F_x \mathrm{d}x + F_y \mathrm{d}y + F_z \mathrm{d}z$$

$$\mathrm{d}E_{\mathrm{p}} = \frac{\partial E_{\mathrm{p}}}{\partial x}\mathrm{d}x + \frac{\partial E_{\mathrm{p}}}{\partial y}\mathrm{d}y + \frac{\partial E_{\mathrm{p}}}{\partial z}\mathrm{d}z$$

比较上两式可得

$$F_x = -\frac{\partial E_{\mathrm{p}}}{\partial x}, \quad F_y = -\frac{\partial E_{\mathrm{p}}}{\partial y}, \quad F_z = -\frac{\partial E_{\mathrm{p}}}{\partial z}$$

写成矢量，即

$$\boldsymbol{F} = F_x\boldsymbol{i} + F_y\boldsymbol{j} + F_z\boldsymbol{k} = -\left(\frac{\partial E_{\mathrm{p}}}{\partial x}\boldsymbol{i} + \frac{\partial E_{\mathrm{p}}}{\partial y}\boldsymbol{j} + \frac{\partial E_{\mathrm{p}}}{\partial z}\boldsymbol{k}\right) \tag{3-32}$$

上式表明，保守力的三个空间分量，在数值上恰好等于系统势能沿相应方向的空间变化率，并指向势能减少的方向。

在场论中，一个标量函数的空间变化率是用梯度矢量来描述的。势能函数的梯度记作 $\mathbf{grad}E_{\mathrm{p}}$ 或 ∇E_{p}，在直角坐标系中为

$$\mathbf{grad}\, E_{\mathrm{p}} = \frac{\partial E_{\mathrm{p}}}{\partial x}\boldsymbol{i} + \frac{\partial E_{\mathrm{p}}}{\partial y}\boldsymbol{j} + \frac{\partial E_{\mathrm{p}}}{\partial z}\boldsymbol{k}$$

于是，式（3-32）可写为

$$\boldsymbol{F} = -\mathbf{grad}E_{\mathrm{p}} = -\nabla E_{\mathrm{p}} \tag{3-33}$$

式中，$\nabla = \frac{\partial}{\partial x}\boldsymbol{i} + \frac{\partial}{\partial y}\boldsymbol{j} + \frac{\partial}{\partial z}\boldsymbol{k}$为哈密顿算符。上式说明，在保守力场中，质点在某点所受的保守力等于该点势能梯度的负值。

3.3.4 势能曲线

由以上讨论可以看出，当坐标和势能零点确定后，物体的势能仅是坐标的函数。按此函数画出的势能随坐标的变化曲线，称为**势能曲线**。图 3-11a 是万有引力势能曲线，该曲线是一条双曲线。图 3-11b 是重力势能曲线，该曲线是一条直线。图 3-11c 是弹簧弹性势能曲线，该曲线是一条通过原点的抛物线。

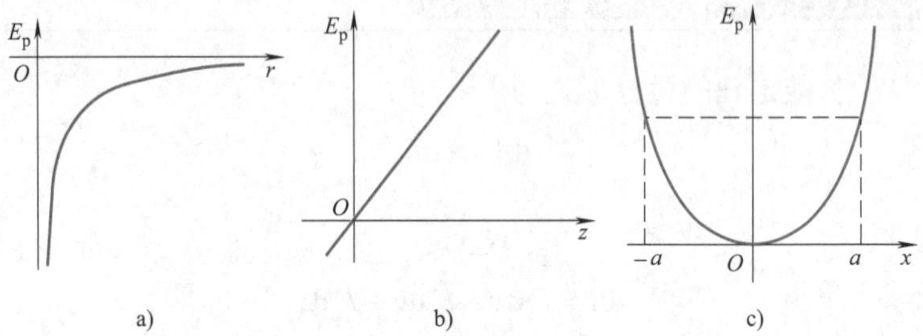

图 3-11 势能曲线

3.4 功能原理 机械能守恒定律

3.4.1 功能原理

质点系的动能定理的微分形式和积分形式分别为

$$\mathrm{d}A_{外}+\mathrm{d}A_{内}=\mathrm{d}E_k \tag{3-34}$$

$$A_{外}+A_{内}=\Delta E_k \tag{3-35}$$

由于内力做的功包含保守内力所做的功和非保守内力所做的功，所以质点系的动能定理的微分形式和积分形式可以分别写为

$$\mathrm{d}A_{外}+\mathrm{d}A_{非保守内}+\mathrm{d}A_{保守内}=\mathrm{d}E_k \tag{3-36}$$

$$A_{外}+A_{非保守内}+A_{保守内}=\Delta E_k \tag{3-37}$$

而保守内力做的功可以表示为势能增量的负值，即

$$\mathrm{d}A_{保守内}=-\mathrm{d}E_p,\quad A_{保守内}=-\Delta E_p$$

则质点系的功能原理的微分形式和积分形式可以写成

$$\mathrm{d}A_{外}+\mathrm{d}A_{非保守内}=\mathrm{d}E_k+\mathrm{d}E_p=\mathrm{d}E \tag{3-38}$$

$$A_{外}+A_{非保守内}=\Delta E_k+\Delta E_p=\Delta E \tag{3-39}$$

式中 E 表示动能和势能之和，称为**机械能**。式（3-38）和式（3-39）表明，系统机械能的增量等于外力和非保守内力对它做的功。

质点系的功能原理与质点系的动能定理所包含的物理内容一样，但表达方式不同。它对于不同的惯性系也保持其形式不变。

3.4.2　机械能守恒定律

由式（3-38）可知，如果外力和系统的非保守内力不做功或两者在任意微小过程中所做的总功始终为零，则系统的总机械能的增量为零，或者说系统的总机械能保持不变。即当

$$\mathrm{d}A_{外}+\mathrm{d}A_{非保守内}=0 \tag{3-40}$$

则

$$\mathrm{d}E=\mathrm{d}(E_\mathrm{k}+E_\mathrm{p})=0，\ E=E_\mathrm{k}+E_\mathrm{p}=恒量 \tag{3-41}$$

式（3-40）指出了只有当每一微小过程中外力做的元功 $\mathrm{d}A_{外}$和非保守内力做的元功 $\mathrm{d}A_{非保守内}$之和为零时，在此过程中机械能才守恒。式（3-40）就是机械能守恒条件的数学表达式。

机械能守恒定律的语言表述为：如果一个系统所受的外力和非保守内力对它所做的总功始终为零，或只有保守内力做功而其他内力和外力都不做功，则系统内各物体的动能和势能可以相互转换，但其和为一恒量。

若从功能原理的积分形式推导机械能守恒定律，我们可以得到什么结论？是否当 $A_{外}+A_{非保守内}=0$ 时，系统的机械能守恒？

3.4.3　能量守恒定律

由机械能守恒定律可知，在机械运动中动能和势能是可以互相转换的，而且当满足 $\mathrm{d}A_{外}+\mathrm{d}A_{非保守内}=0$ 的条件时，系统的机械能守恒。如果系统内除保守内力外，还有摩擦力或其他非保守内力做功，则系统的机械能可能不守恒。例如，炮弹爆炸增加了系统的机械能，汽车制动减少了系统的机械能。大量的实践证明，在系统的机械能增加或减少时，必然伴随有其他形式能量（如热能、电磁能、化学能……）的等值减少或增加。对更广泛的物理现象，包括电磁的、热的、化学的及原子内部的变化的研究表明，可以引入更广泛的能量概念，例如电磁能、热能、化学能和原子能等。不同形态的物质运动各有与之相应的能量形式，引起能量变化的原因不止做功这一形式，

热传递、热辐射、化学反应、核反应等都是导致能量发生变化的原因。

大量实验证明，能量不能消失，也不能创造，它只能从一种形式转化为另一种形式。对一个孤立系统来说，不论发生何种变化，各种形式的能量可以互相转换，但该系统的所有能量的总和是不变的。这一结论称为**能量守恒定律**。

能量守恒定律是自然界最具普遍性的定律之一，适用于任何变化过程（物理的、化学的和生物的等），迄今为止，无一例外。

例题 3-3 如图 3-12 所示，有一质量略去不计的轻弹簧，其一端系在铅直放置的圆环的顶点 P，另一端系一质量为 m 的小球，小球穿过圆环并在圆环上做摩擦可略去不计的运动。设开始时小球静止于点 A，弹簧处于自然状态，其长度为圆环的半径 R。当小球运动到圆环的底端点 B 时，小球对圆环没有压力。求此弹簧的劲度系数。

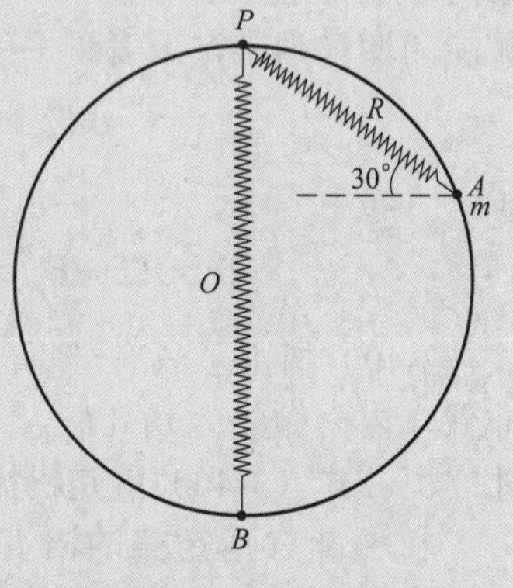

图 3-12 例题 3-3 图

解 取弹簧、小球和地球为一个系统，小球与地球间的重力、小球与弹簧间的作用力均为保守内力。而圆环对小球的支持力和点 P 对弹簧的拉力虽然都为外力，但都不做功，所以，小球从点 A 运动到点 B 的过程中，系统的机械能守恒。取弹簧在自然状态时的弹性势能为零；取点 B 处的重力势能为零，由机械能守恒定律可得

$$\frac{1}{2}mv^2+\frac{1}{2}kR^2=mgR(2-\sin 30°) \quad (1)$$

其中 v 是小球在点 B 的速率。又小球在点 B 时由牛顿第二定律得方程

$$kR-mg=m\frac{v^2}{R} \quad (2)$$

解式（1）和式（2），得弹簧的劲度系数为

$$k=\frac{2mg}{R}$$

例题 3-4 要使物体脱离地球的引力范围，则从地面发射该物体的速度最小值应为多大？

解 设物体的质量和地球的质量分别为 m_1 和 m_2，选物体和地球为研究系统。如果忽略空气阻力，则系统在运动过程中，只有保守力做功，所以系统的机械能守恒。以 v_0 表示物体离开地面时的速率，以 v 表示物体到地心 O 的距离为 r 时的速率。选取无限远处为万有引力势能的零点，由机械能守恒定律得到

$$\frac{1}{2}m_1v_0^2+\left(-G_0\frac{m_1m_2}{R}\right)=\frac{1}{2}m_1v^2+\left(-G_0\frac{m_1m_2}{r}\right)$$

式中，G_0 为万有引力常量；R 为地球的半径。上式两边约去 m_1，得

$$v_0^2 - 2gR = v^2 - \frac{2G_0m_2}{r}$$

式中，$g = \frac{G_0m_2}{R^2}$。物体脱离地球的引力范围的数学表示如下：

当 $r \to \infty$ 时，$v \geqslant 0$

所以要使物体脱离地球的引力范围，必须满足

$$v_0^2 - 2gR \geqslant 0$$

由此可得发射该物体的最小速度为

$$v = \sqrt{2Rg} = \sqrt{2 \times 6.4 \times 10^6 \times 9.8}\ \text{m} \cdot \text{s}^{-1} = 1.12 \times 10^4\ \text{m} \cdot \text{s}^{-1}$$

地球半径 $R=6.4\times10^6$ m。上述速度称为第二宇宙速度或称为脱离地球的逃逸速度。

同理，可求得任一天体的逃逸速度为 $\sqrt{2G_0m_2/R}$，其中 m_2 为该天体的质量，R 为天体半径。如果某一天体的密度非常大（即 m_2 非常大，而 R 又非常小），那么脱离该天体的逃逸速度就将非常大，如逃逸速度接近光速大小，则从该天体上发射的光线仍将被天体吸引而不得逃逸，这样人们就不能观察到该天体所发射的光，而且一切物体经过该天体时都将被它的引力所吸引，这样的天体称为“黑洞”。黑洞现已成为科学上一个有待深入研究的课题。

例题 3-5　目前，天体物理学家预言有一类天体，其特征是它的引力非常之大，以致包括光在内的任何物质都不能从它上面发射出来，这种天体被称为黑洞。若由于某种原因，太阳变成了一个黑洞，那么它的半径必须小于何值？

解　按照机械能守恒定律，一个质量为 m_1 的物体要想从一个质量为 m_2 的天体逃逸，它的发射速率 v 至少应满足下列关系

$$\frac{1}{2}m_1v^2 = \frac{G_0m_1m_2}{R}$$

式中，G_0 是万有引力常数；R 为天体的半径。所以其逃逸速度应为

$$v^2 \geqslant \frac{2G_0m_2}{R}$$

由此可知，逃逸速度是一个与物体的质量无关的量，它只取决于天体的质量和半径。如果

$$c^2 \leqslant \frac{2G_0m_2}{R}$$

式中，c 为光速。那么光也不能从这个天体上逃逸出来，于是就变成了黑洞。由此看来，一个质量为 m_2 的天体，只要半径 R 缩小到某一临界值

$$R_c = \frac{2G_0m_2}{c^2}$$

则此天体就成为黑洞。

已知太阳的质量 $m_2=1.99\times10^{30}$ kg，现在的半径 $R=9.96\times10^8$ m，一旦由于某种原因，当它的半径小于

$$R_c = \frac{2G_0m_2}{c^2} = \frac{2 \times 6.67 \times 10^{-11} \times 1.99 \times 10^{30}}{9 \times 10^{16}}\ \text{m} = 2.95 \times 10^3\ \text{m}$$

时，它将变成一个黑洞。

本章提要

1. 功

元功：$dA = \boldsymbol{F} \cdot d\boldsymbol{r} = F\cos\theta ds = F_t ds$

总功：$A = \int \boldsymbol{F} \cdot d\boldsymbol{r}$

弹簧的弹性力的元功：$dA=-kxdx$

重力的元功：$dA=-mgdz$

万有引力的元功：$dA = -G_0 \dfrac{Mm}{r^2} dr$

摩擦力的元功：$dA=-\mu mgdl$

2. 质点的动能定理

$dA=dE_k$，$A=\Delta E_k$

3. 质点系的动能定理

$dA_{外}+dA_{内}=dE_k$，$A_{外}+A_{内}=\Delta E_k$

4. 保守力和非保守力

做功只与始末位置有关，而与路径无关的力称为保守力。

做功不仅与始末位置有关，而且与路径有关的力称为非保守力。

5. 势能

$$E_p = \int_a^{势能零点} \boldsymbol{F} \cdot d\boldsymbol{l}$$

势能差：$E_{pa} - E_{pb} = \int_a^b \boldsymbol{F} \cdot d\boldsymbol{l}$

当选取 $z=0$ 处为重力势能零点时，重力势能为 $E_p=mgz$。

当选取 $r=\infty$ 处为万有引力势能零点时，万有引力势能为$E_p = -G_0 \dfrac{m_1 m_2}{r}$。

当选取 $x=0$ 处为弹簧的弹性势能零点时，弹性势能为$E_p = \dfrac{1}{2}kx^2$。

重力势能差、万有引力势能差和弹性势能差分别为

$$A = \int_{z_1}^{z_2} -mgdz = -(mgz_2 - mgz_1) = -(E_{p2} - E_{p1})$$

$$A = \int_{r_a}^{r_b} -G_0 \frac{m_1 m_2}{r^2} dr = -\left[\left(-G_0 \frac{m_1 m_2}{r_b}\right) - \left(-G_0 \frac{m_1 m_2}{r_a}\right)\right]$$

$$= -(E_{p2} - E_{p1})$$

$$A = \int_{x_1}^{x_2} -kxdx = -\left(\frac{1}{2}kx_2^2 - \frac{1}{2}kx_1^2\right) = -(E_{p2} - E_{p1})$$

6. 势能定理

$dA=-dE_p$，$\boldsymbol{A}=-\Delta E_p$

7. 功能原理

$dA_{外}+dA_{非保守内}=dE_k+dE_p=dE$

$A_{外}+A_{非保守内}=\Delta E_k+\Delta E_p=\Delta E$

8. 机械能守恒定律

若 $dA_{外}+dA_{非保守内}=0$，则 $dE=d(E_k+E_p)=0$。

9. 能量守恒定律

能量不能消失，也不能创造，它只能从一种形式转化为另一种形式。对一个孤立系统来说，不论发生何种变化，各种形式的能量可以互相转换，但该系统的所有能量的总和是不变的。

思考题 3

S3-1. A 和 B 两物体放在水平面上，它们受到的水平恒力 $\boldsymbol{F}$ 相同，位移 $d\boldsymbol{r}$ 也一样，但一个接触面光滑，另一个接触面粗糙。试问 $\boldsymbol{F}$ 力做的功是否一样？两物体动能增量是否一样？

S3-2. 合力对物体所做的功等于物体动能的增量，而其中某一个分力做的功，能否大于物体动能的增量？

S3-3. 质点的动能是否与惯性系的选取有关？功是否与惯性系有关？请举例说明。

S3-4. 按质点动能定理，下列式子：

$$\int_{x_1}^{x_2} F_x dx = \frac{1}{2}mv_{x_2}^2 - \frac{1}{2}mv_{x_1}^2$$

$$\int_{y_1}^{y_2} F_y dx = \frac{1}{2}mv_{y_2}^2 - \frac{1}{2}mv_{y_1}^2$$

$$\int_{z_1}^{z_2} F_z dx = \frac{1}{2}mv_{z_2}^2 - \frac{1}{2}mv_{z_1}^2$$

是否成立？这三个式子是否是质点动能定理的三个分量式？试做分析。

S3-5. 用铁锤将一铁钉钉入木板，沿着铁钉方向木板对钉的阻力与铁钉进入木板的深度成正比。在铁锤击第一次时，能将铁钉击入 1cm，若铁锤击钉的速度不变，问击第二次时，铁钉能被击入木板的距离与第一次是否相同？

S3-6. 关于质点系的动能定理，有人认为可以这样得到，即“在质点系内，由于各质点间相互作用的力（内力）总是成对出现的，它们大小相等方向相反，因而所有内力做功互相抵消。这样质点系的总动能增量等于外力对质点系做的功”。这种观点与质点系的动能定理不符，错误出在哪里呢？

S3-7. 某一系统在两点间运动时，非保守力所做的功为负值。在这一过程中，系统的总机械能如何变化？请举例说明。

S3-8. 力 $\boldsymbol{F}=(1.0\ \mathrm{N})\boldsymbol{i}-(1.0\ \mathrm{N})\boldsymbol{j}$ 是不是保守力？解释原因。

S3-9. 保守力做的功总是负的，对吗？把物体抛向空气中，有哪些力对它做功，这些力是否都是保守力？

S3-10. 在弹性限度内，如果将弹簧的伸长量增加到原来的两倍，那么弹性势能是否也增加为原来的两倍？

S3-11. 在劲度系数为 k 的弹簧下，如果将质量为 m 的物体挂上并慢慢放下，试问：弹簧伸长多少？如果瞬间将其挂上并让其自由下落，弹簧又伸长多少？

基础训练习题 3

1. 选择题

3-1. 对于一个物体系来说，在下列条件中，哪种情况下系统的机械能守恒

（A）合外力为零。

（B）合外力不做功。

（C）外力和非保守内力都不做功。

（D）外力和保守内力都不做功。

3-2. 速度为 v 的子弹，打穿一块木板后速度为零，设木板对子弹的阻力是恒定的。那么，当子弹射入木板的深度等于其厚度的一半时，子弹的速度是

（A）$\dfrac{v}{2}$。　（B）$\dfrac{v}{4}$。

（C）$\dfrac{v}{3}$。　（D）$\dfrac{v}{\sqrt{2}}$。

3-3. 一特殊的弹簧，弹性力 $F=-kx^3$（k 为劲度系数，x 为形变量）。现将弹簧水平放置于光滑的水平面上，一端固定，一端与质量为 m 的滑块相连而处于自然状态。今沿弹簧长度方向给滑块一个瞬时力，使其获得一速率 v，压缩弹簧，则弹簧被压缩的最大长度为

（A）$\sqrt{\dfrac{m}{k}}v$。　（B）$\sqrt{\dfrac{k}{m}}v$。

（C）$\left(4m\dfrac{v}{k}\right)^{\frac{1}{4}}$。　（D）$\left(2m\dfrac{v^2}{k}\right)^{\frac{1}{4}}$。

3-4. 一水平放置的轻弹簧，劲度系数为 k，一端固定，另一端系一质量为 m 的滑块 A，A 旁又有一质量相同的滑块 B，如习题 3-4 图所示，设两滑块与桌面间无摩擦，若用外力将 A、B 一起推压使弹簧压缩距离为 d 而静止，然后撤销外力，则 B 离开 A 时的速度为

（A）$\dfrac{d}{2k}$。　（B）$d\sqrt{\dfrac{k}{m}}$。

（C）$d\sqrt{\dfrac{k}{2m}}$。　（D）$d\sqrt{\dfrac{2k}{m}}$。

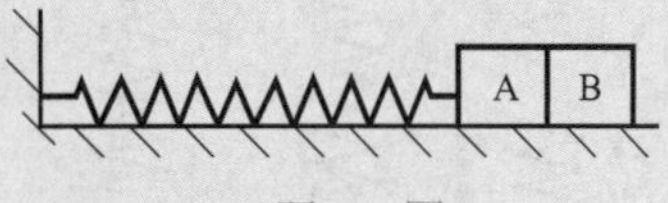

习题 3-4 图

3-5. 下列说法中正确的是

（A）作用力的功与反作用力的功必须等值异号。

（B）作用于一个物体的摩擦力只能做负功。

（C）内力不改变系统的总机械能。

（D）一对作用力和反作用力做功之和与参考系的选取无关。

2. 填空题

3-6. 一个支点同时在几个力作用下的位移为：$\Delta \boldsymbol{r} = 4\boldsymbol{i} - 5\boldsymbol{j} + 6\boldsymbol{k}$（m），其中一个恒力 $\boldsymbol{F}_1 = -3\boldsymbol{i} - 5\boldsymbol{j} + 9\boldsymbol{k}$（N），则此力在该位移过程中所做的功为________________。

3-7. 一质点在两个恒力的作用下，位移为 $\Delta \boldsymbol{r} = 3\boldsymbol{i} + 8\boldsymbol{j}$（m），在此过程中，动能增量为 24 J，已知其中一恒力 $\boldsymbol{F}_1 = 12\boldsymbol{i} - 3\boldsymbol{j}$（N），则另一恒力所做的功为___________。

3-8. 一长为 l，质量为 m 的均质链条，放在光滑的桌面上，若其长度的 1/5 悬挂于桌边下，将其慢慢拉回桌面，需做功_______。

3-9. 如习题 3-9 图所示，一质量为 m 的质点，在半径为 R 的半球形容器中，由静止开始自边缘上的 A 点滑下，到达最低点 B 时，它对容器的正压力为 N。则质点自 A 滑到 B 的过程中，摩擦力对其所做的功为__________。

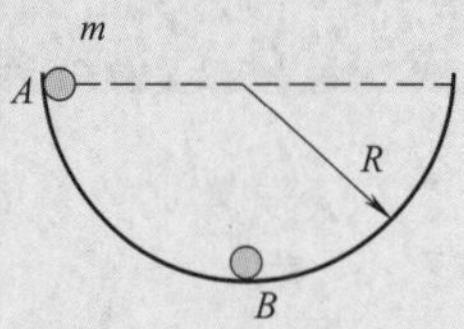

习题 3-9 图

3-10. 如习题 3-10 图所示，劲度系数为 k 的弹簧，上端固定，下端悬挂重物。当弹簧伸长 x_0 时，重物在 O 处达到平衡，现取重物在 O 处时各种势能均为零，则当弹簧长度为原长时，系统的重力势能为_______，系统的弹性势能为_______，系统的总势能为_________。

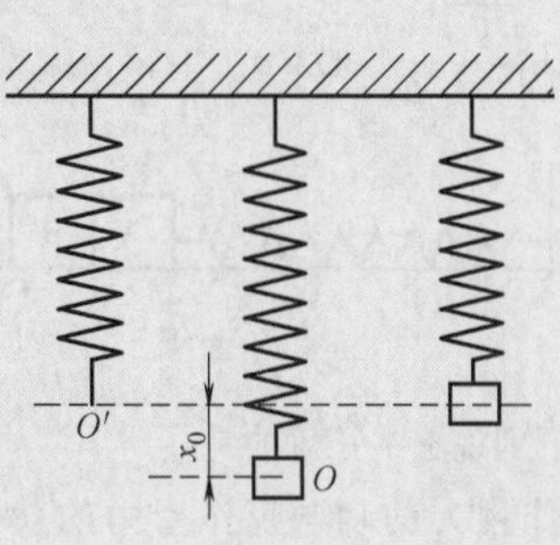

习题 3-10 图

3. 计算题

3-11. 一质量为 m 的陨石从距地面高 h 处由静止开始落向地面，设地球质量为 M，半径为 R，忽略空气阻力，求：

（1）陨石下落过程中，万有引力所做的功是多少？

（2）陨石落地的速度多大？

3-12. 质量 $m=0.002$ kg 的子弹，其出口速率为 300 $\mathrm{m \cdot s^{-1}}$，设子弹在枪筒中前进时所受到的合力 $F=100+320x$ (N)。开枪时，子弹在 $x=0$ 处，试求枪筒的长度。

3-13. 在光滑的水平桌面上平放有如习题 3-13 图所示的固定的半圆形屏障。质量为 m 的滑块以初速度 v_0 沿切线方向进入屏障内，在 $x=0$ 处滑块与屏障间的摩擦系数为 μ，试证明：当滑块从屏障的另一端滑出时，摩擦力所做的功为 $A=\dfrac{1}{2}mv_0^2\left(\mathrm{e}^{-2\pi\mu}-1\right)$。

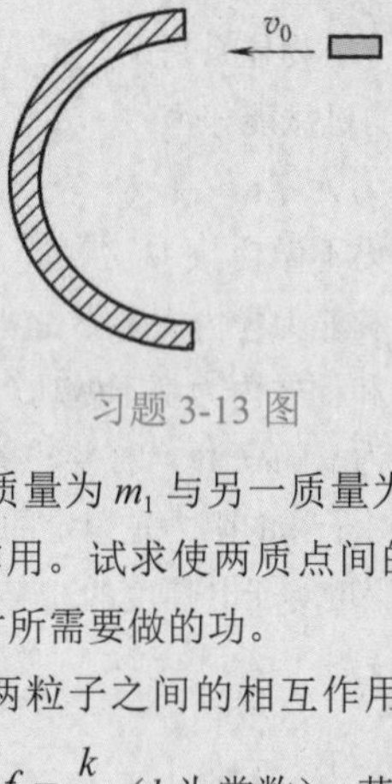

习题 3-13 图

3-14. 一质量为 m_1 与另一质量为 m_2 的质点间有万有引力作用。试求使两质点间的距离由 x_1 增加到 $x=x_1+d$ 时所需要做的功。

3-15. 设两粒子之间的相互作用力为排斥力，其变化规律为 $f=\dfrac{k}{r^2}$（k 为常数）。若取无穷远处为零势能参考位置，试求两粒子相距为 r 时的势能。

3-16. 设地球的质量为 M，万有引力常量为 G_0，一质量为 m 的宇宙飞船返回地球时，可认为它是在地球引力场中运动（此时飞船的发动机已关闭）。求它从距地心 R_1 下降到 R_2 处时所增加的动能。

3-17. 双原子中两原子间相互作用的势能函数可近似写成 $E_\mathrm{p}(x)=\dfrac{a}{x^{12}}-\dfrac{b}{x^6}$，式中 a、b 为常数，x

为原子间距，两原子的势能曲线如习题 3-17 图所示。

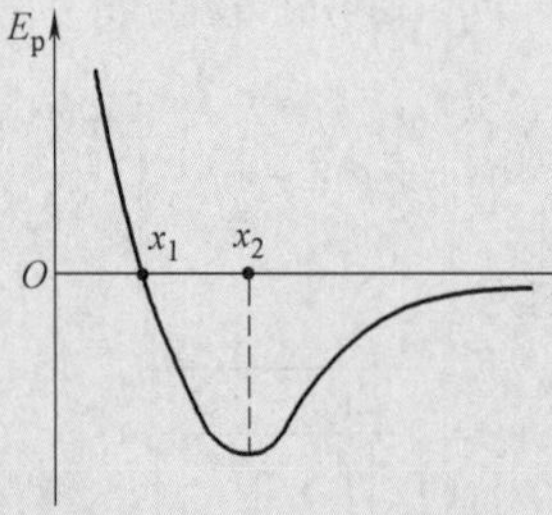

习题 3-17 图

（1）当 x 为何值时 $E_p(x)=0$？当 x 为何值时 $E_p(x)$ 为极小值？

（2）试确定两原子间的作用力；

（3）假设两原子中有一个保持静止，另一个沿 x 轴运动，试述可能发生的运动情况。

3-18. 两核子之间的相互作用势能，在某种准确程度上可以用汤川势 $E_p(r)=-E_0\left(\frac{r_0}{r}\right)e^{-\frac{r}{r_0}}$ 来表示，式中 $E_0\approx50$ MeV，$r_0\approx1.5\times10^{-15}$ m。

（1）试求两个核子之间的相互作用力 F 与它们之间距离 r 之间的函数关系；

（2）求 $r=r_0$ 时相互作用力的值；

（3）分别求 $r=2r_0, r=5r_0, r=10r_0$ 时作用力的值，并通过比较解释什么是短程力。

综合能力和知识拓展与应用训练题

1. 伯努利方程

在一个流体系统，比如气流、水流中，流速越快，流体产生的压力就越小，这就是被称为“流体力学之父”的丹尼尔 · 伯努利于 1738 年发现的“伯努利定律”。这个压力产生的力量是巨大的，空气能够托起沉重的飞机，就是利用了伯努利定律。关于理想流体稳定流动的伯努利方程，实质上是机械能守恒定律的特殊形式。

$$p+\frac{1}{2}\rho v^2+\rho gh=常量$$

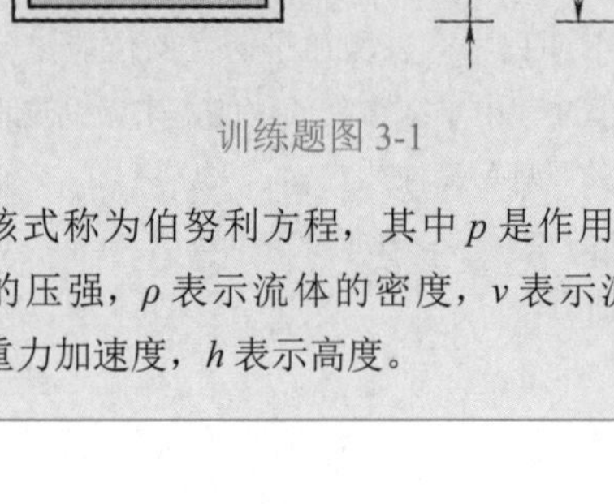

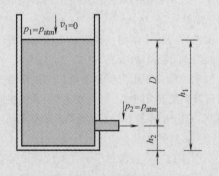

训练题图 3-1

该式称为伯努利方程，其中 p 是作用在截面积上的压强，ρ 表示流体的密度，v 表示流速，g 表示重力加速度，h 表示高度。

问题：如训练题图 3-1 所示，一水箱底部在其内水面下深度为 D 处安装有一出水龙头。当水龙头打开时，箱中的水以多大速率流出？如果是原油，速率会如何变化，需要考虑哪些影响因素？

解　箱中水的流动可以认为是从一段非常粗的管子流向一段细管而从出口流出，在粗管中的流速，也就是箱中液面下降的速率非常小，可以认为伯努利方程中的 $v_1=0$。另外由于箱中液面和从水龙头中流出的水所受的空气压强都是大气压强，所以 $p_1=p_2=p_{atm}$。这样可写出

$$p_1+\rho gh_1=p_2+\frac{1}{2}\rho v_2^2+\rho gh_2$$

可得 $v_2=\sqrt{2g(h_1-h_2)}=\sqrt{2gD}$。

这一结果和水自由降落一高度 D 所获得的速率一样。可以设想水从水箱中水面高度直接自由降落到出水口高度，机械能守恒将给出同样的结果。

2. 文丘里流速计

如训练题图 3-2 所示，这是一个用来测定管道中流体流速或流量的仪器，它是一段具有一狭窄“喉部”的管。图中，此喉部和管道分别与一压强计的两端相通，试用压强计所示的压强差表示管中流体的流速。

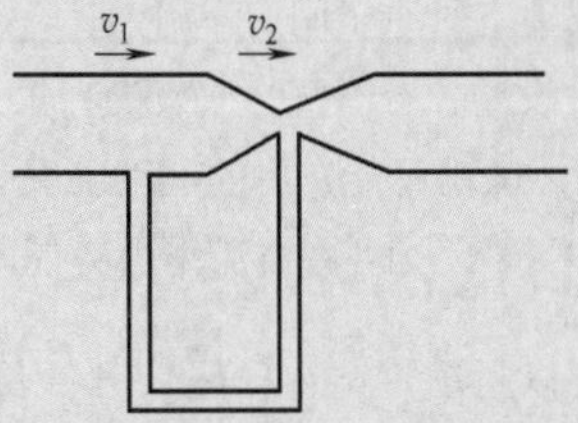

训练题图 3-2

解　以 S_1 和 S_2 分别表示管道和喉部的横截面积，以 v_1 和 v_2 分别表示通过它们的流速。同等体积液体流过不同截面，满足方程 $v_1S_1=v_2S_2$。由于管子平放，所以 $h_1=h_2$。伯努利方程给出

$$p_1-p_2=\frac{1}{2}\rho v_2^2-\frac{1}{2}\rho v_1^2=\frac{1}{2}\rho v_1^2\left[\left(\frac{S_1}{S_2}\right)^2-1\right]$$

由此得管中流速为

$$v_1=\sqrt{\frac{2(p_1-p_2)}{\rho\left[\left(\frac{S_1}{S_2}\right)^2-1\right]}}$$

阅 读 材 料

1. 抽油机平衡方法

如果抽油机没有平衡块，当电动机带动抽油机运转时，由于上冲程中悬点承受着最大载荷，所以电动机必须做很大的功才能使驴头上行；而下冲程中，抽油杆在其自重作用下克服浮力下行，这时电动机不仅不需要对外做功，反而接受外来的能量做负功。这就造成了抽油机在上、下冲程中的不平衡。

抽油机不平衡造成的后果是：

（1）上冲程中电动机承受着极大的负荷，下冲程中抽油机反而带着电动机运转，从而造成功率的浪费，降低电动机的效率和寿命。

（2）由于负荷极不均匀，会使抽油机发生激烈振动，而影响抽油装置的寿命。

（3）会破坏曲柄旋转速度的均匀性，而影响拍油杆和泵的正常工作。

因此，抽油机必须采用平衡装置。

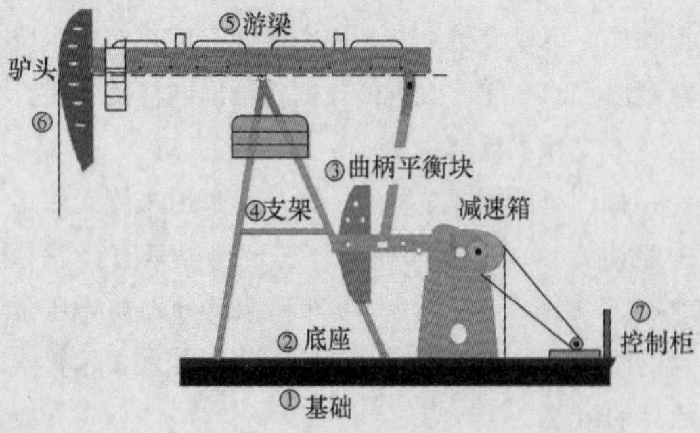

抽油机结构图

抽油机运转不平衡，是因为上、下冲程中悬点载荷不同，造成电动机在上、下冲程中所做的功不相等。要使抽油机在平衡条件下运转，就应使电动机在上、下冲程中都做正功：在下冲程中把能量储存起来；在上冲程中利用储存的能量来帮助电动机做功。下面我们用一个最简单的机械平衡方式，来说明这种可能性和达到平衡的基本条件。

为了把下冲程中抽油杆自重做的功和电动机输出的能量储存起来，可以采用不同的平衡方式。目前采用的方式主要有气动平衡和机械平衡。

（1）气动平衡

下冲程中通过游梁带动的活塞来压缩气包中的气体，把下冲程中做的功储存起来并转变成为气体的压缩能。

上冲程中被压缩的气体膨胀，将储存的压缩能转换成膨胀能帮助电动机做功。

气动平衡多用于大型抽油机。这种平衡方式不仅可以大量节约钢材，而且可以改善抽油机的受力情况，但平衡系统对加工制造的质量要求高。

（2）机械平衡

在下冲程中，以增加平衡重的位能来储存能量；在上冲程中平衡重降低位能，来帮助电动机做功。机械平衡有三种方式。

1）游梁平衡：在游梁尾部加平衡重，适用于小型抽油机。

2）曲柄平衡（旋转平衡）：平衡重加在曲柄上。这种平衡方式便于调节平衡，并且可避免在游梁上造成过大的惯性力，适用于大型抽油机。

3）复合平衡（混合平衡）：在游梁尾部和曲柄上都有平衡重，是上述两种方式的组合，多用于中型抽油机。

2. 射流泵

射流泵是依靠一定压力的工作流体通过喷嘴高速喷出来带走被输送流体的泵，如图所示。其工作原理是工作流体从喷嘴高速喷出时，在喉管入口处因周围的空气被射流卷走而形成真空，被输送的流体即被吸入。两股流体在喉管中混合并进行动量交换，使被输送流体的动能增加，最后通过扩散管将大部分动能转换为压力能。1852年，英国的D. 汤普森首先使用射流泵作为实验仪器来抽除水和空气。20世纪30年代起，射流泵开始迅速发展。按照工作流体的种类射流泵可以分为液体射流泵和气体射流泵，其中以水射流泵和蒸汽射流泵最为常用。射流泵主要用于输送液体、气体和固体物。

射流泵

射流泵还能与离心泵组成供水用的深井射流泵装置，由设置在地面上的离心泵供给沉在井下的射流泵以工作流体来抽吸井水。射流泥浆泵用于河道疏浚、水下开挖和井下排泥。射流泵没有运动的工作元件，结构简单，工作可靠，无泄漏，也不需要专门人员看管，因此很适合在水下和危险的特殊场合使用。此外，它还能利用带压的废水、废汽（气）作为工作流体，从而节约能源。射流泵虽然效率较低，一般不超过30%，但新发展的多股射流泵、多级射流泵和脉冲射流泵等传递能量的效率已有所提高。

在石油开发方面，射流泵也得到了广泛的应用。射流泵常用于含砂量较高的油井，特别是当其用热油（水）作为动力液时，可用于稠油井和结蜡井，这样可使稠油降黏和除蜡。

3. 离心泵

离心泵一般由电动机带动，在起动泵前，泵体及吸入管路内充满液体。当叶轮高速旋转时，叶轮带动叶片间的液体一起旋转，由于离心力的作用，液体从叶轮中心被甩向叶轮外缘（流速可增大至15～$25\mathrm{m\cdot s^{-1}}$），动能也随之增加。当液体进入泵壳后，由于蜗壳形泵壳中的流道逐渐扩大，液体流速逐渐降低，一部分动能转变为静压能，于是液体以较高的压强沿排出口流出。与此同时，叶轮中心处由于液体被甩出而形成一定的真空，而液面处的压强比叶轮中心处要高，因此，吸入管路的液体在压差作用下进入泵内。叶轮不停旋转，液体也连续不断地被吸入和压出。离心泵之所以能够输送液体，主要靠离心力的作用，故称为离心泵。

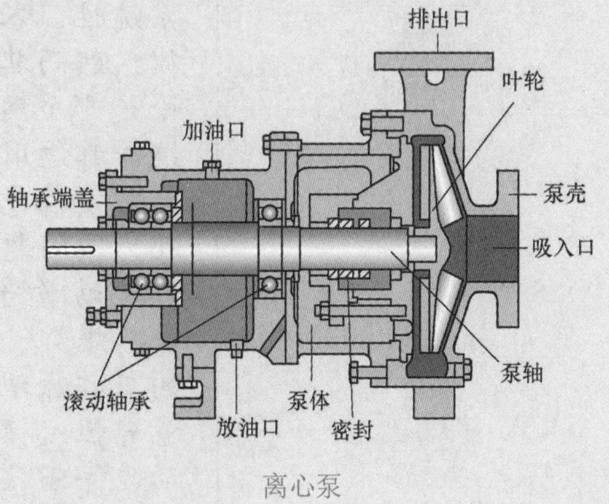

离心泵

参 考 文 献

[1] 张三慧. 大学物理学：上册［M］. 2版. 北京：清华大学出版社，2007.
[2] 张琪. 采油工程原理与设计［M］. 青岛：中国石油大学出版社，2000.

第4章 动量和角动量

引 言

我们小时候也许都有过一个疑问：人在走路的时候为什么要摆臂？为什么走路“顺拐”时会感觉特别别扭？一个常见的解释是，为了保持身体平衡。但问题是通过摆臂到底是怎样保持身体平衡的？这一切都可以用我们即将学习的动量以及角动量守恒来解释。

动量和角动量与前面章节提到的速度一样，都是描述物体运动状态的基本物理量，描述物体的平动问题时通常采用动量，而用角动量处理转动问题时则更方便一些。动量守恒定律和角动量守恒定律是自然界物体间相互作用的两个普适的基本规律。近代研究表明守恒律来源于对称性；考虑教材编排的系统性，本章从牛顿运动定律中导出上述两个守恒定律，然而其适用范围却比牛顿运动定律广泛得多，不论是哪个参考系、不论是高速或低速，宏观或微观系统等都适用；且在解决问题过程中不必考虑中间细节，只需要注意始末态，具有简捷方便的独特优势，为处理力学问题开辟了一种新的思维方法。

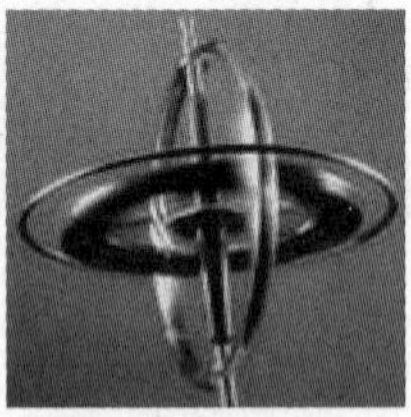

动量守恒被广泛地用于处理打击、爆炸、碰撞、发射等过程，火箭的工作原理也是动量守恒定律。角动量守恒定律则被广泛地应用于行星运动、宇宙飞船运转、芭蕾舞的旋转，以及诸如跳水、体操、跳远等体育运动中。此外利用角动量守恒定律制成了很多高科技产品，其中一个典型的仪器就是陀螺仪，它是一种用来传感与维持方向的装置，利用该仪器通过采用先进的计算机实时处理技术，能够准确、完整地测出油田井深、斜度、方位及温度等参数，目前它已被广泛地应用于石油钻井中的大斜度井、定向井及水平井的监控中。

4.1　动量　动量定理

4.1.1　动量

质量为 m 的质点以速度 $\boldsymbol{v}$ 运动时，其动量定义为

$$\boldsymbol{p}=m\boldsymbol{v} \tag{4-1}$$

在直角坐标系中，动量的分量式为

$$p_x=mv_y，\ p_y=mv_y，\ p_z=mv_z$$

在国际单位制中，动量的单位是 $\mathrm{kg \cdot m \cdot s^{-1}}$。

对于由 N 个质点组成的质点系，该质点系的动量定义为

$$\boldsymbol{p}=\boldsymbol{p}_1+\boldsymbol{p}_2+\cdots+\boldsymbol{p}_N=m_1\boldsymbol{v}_1+m_2\boldsymbol{v}_2+\cdots+m_N\boldsymbol{v}_N=\sum_{i=1}^{N}m_i\boldsymbol{v}_i \tag{4-2}$$

式中，m_1，m_2，$\cdots m_N$ 为各个质点的质量；$\boldsymbol{v}_1$，$\boldsymbol{v}_2$，$\cdots\boldsymbol{v}_N$ 为各个质点的速度。

4.1.2　质点的动量定理

根据牛顿第二定律

$$\boldsymbol{F}=m\frac{\mathrm{d}\boldsymbol{v}}{\mathrm{d}t}=\frac{\mathrm{d}(m\boldsymbol{v})}{\mathrm{d}t}=\frac{\mathrm{d}\boldsymbol{p}}{\mathrm{d}t} \tag{4-3}$$

改写为

$$\boldsymbol{F}\mathrm{d}t=\mathrm{d}\boldsymbol{p} \tag{4-4}$$

式中，$\boldsymbol{F}\mathrm{d}t$ 表示力 $\boldsymbol{F}$ 在时间 $\mathrm{d}t$ 内的累积量，称为在时间 $\mathrm{d}t$ 内质点所受合力的冲量，用 $\mathrm{d}\boldsymbol{I}$ 表示，即

$$\mathrm{d}\boldsymbol{I}=\boldsymbol{F}\mathrm{d}t=\mathrm{d}\boldsymbol{p} \tag{4-5}$$

若合力作用时间间隔是从 t_1 到 t_2，则由式（4-5）可得 t_1 到 t_2 时间内合力的冲量为

$$\boldsymbol{I}=\int\mathrm{d}\boldsymbol{I}=\int_{t_1}^{t_2}\boldsymbol{F}\mathrm{d}t=\int_{p_1}^{p_2}\mathrm{d}\boldsymbol{p}=\boldsymbol{p}_2-\boldsymbol{p}_1=m\boldsymbol{v}_2-m\boldsymbol{v}_1 \tag{4-6}$$

式中，$\boldsymbol{p}_1$、$\boldsymbol{p}_2$ 分别为 t_1、t_2 时刻质点的动量。

可见，质点在运动过程中，所受合力的冲量等于质点动量的增量，这一结论称为质点的动量定理。式（4-5）为质点的动量定理的微分形式。式（4-6）为质点的动量定理的积分形式。

冲量是矢量。对无限小的时间 $\mathrm{d}t$ 来说，可以认为冲量的

方向与合力 $\boldsymbol{F}$ 的方向一致。但在一段时间内，合力的方向如果是随时间改变的，冲量的方向就不能取决于某一瞬时的合力的方向，然而冲量的方向总是与质点动量增量的方向一致。

在直角坐标系中，冲量的分量式为

$$I_x = \int_{t_1}^{t_2} F_x \mathrm{d}t = mv_{2x} - mv_{1x}$$

$$I_y = \int_{t_1}^{t_2} F_y \mathrm{d}t = mv_{2y} - mv_{1y}$$

$$I_z = \int_{t_1}^{t_2} F_z \mathrm{d}t = mv_{2z} - mv_{1z}$$

动量定理常用于研究碰撞过程。碰撞过程一般指物体间相互作用时间极短的过程，例如两钢球的碰撞作用的时间约为 10^{-4} s。在这一过程中，相互作用力往往很大，而且发生变化非常迅速，这种力称为**冲力**。冲力的直接测量比较困难。如果冲力的方向不变，冲力可以用如图 4-1 的曲线表示，图中阴影部分的面积表示冲量值的大小。图中取矩形面积与阴影部分的面积相等，矩形的高度就代表平均冲力 $\overline{\boldsymbol{F}}$ 的大小。在两个物体开始接触时，冲力为零，互相压得很紧时，冲力最大，以后又逐渐减小，当两个物体完全分开时，冲力又变为零。为了对冲力的大小有个估计，通常引入平均冲力的概念。平均冲力定义为冲力对碰撞时间的平均值，即

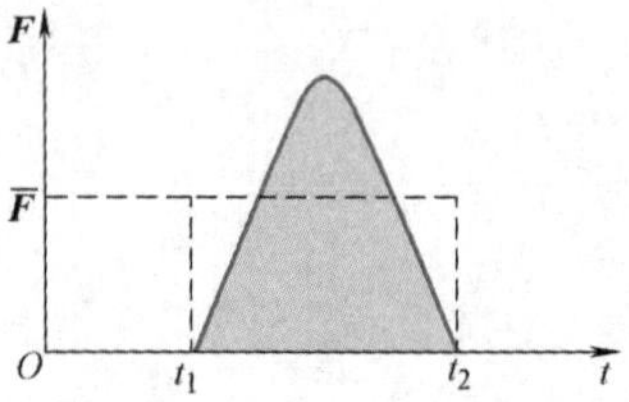

图 4-1 平均冲力示意图

$$\overline{\boldsymbol{F}} = \frac{\int_{t_1}^{t_2} \boldsymbol{F} \mathrm{d}t}{t_2 - t_1} \tag{4-7}$$

若碰撞过程中，系统受到的冲力很大，相比之下其他力可以忽略不计，则平均冲力为

$$\overline{\boldsymbol{F}} = \frac{\boldsymbol{p}_2 - \boldsymbol{p}_1}{t_2 - t_1} = \frac{\Delta \boldsymbol{p}}{\Delta t} \tag{4-8}$$

若系统除受冲力外，还受不可忽略的其他力，则式（4-8）不是冲力的平均，而是合力的平均。

4.1.3 质点系的动量定理

设质点系由 N 个质点组成，它们的质量分别为 m_1，m_2，…，m_N。第 i 个质点的位矢为 $\boldsymbol{r}_i$，它所受的外力为 $\boldsymbol{F}_i$，内力为 $\boldsymbol{f}_i$，动量为 $\boldsymbol{p}_i = m_i \dfrac{\mathrm{d}\boldsymbol{r}_i}{\mathrm{d}t}$，则第 i 个质点的动力学方程为

$$\boldsymbol{F}_i + \boldsymbol{f}_i = \frac{\mathrm{d}\boldsymbol{p}_i}{\mathrm{d}t} \tag{4-9}$$

对 N 个质点的动力学方程求和，可得

$$\sum_{i=1}^{N}\boldsymbol{F}_i+\sum_{i=1}^{N}\boldsymbol{f}_i=\sum_{i=1}^{N}\frac{\mathrm{d}\boldsymbol{p}_i}{\mathrm{d}t}$$

由于$\sum_{i=1}^{N}\boldsymbol{f}_i=0$，并令$\sum_{i=1}^{N}\boldsymbol{F}_i=\boldsymbol{F}$，$\boldsymbol{F}$为质点系所受的所有外力的矢量和，而$\sum_{i=1}^{N}\frac{\mathrm{d}\boldsymbol{p}_i}{\mathrm{d}t}=\frac{\mathrm{d}}{\mathrm{d}t}\sum_{i=1}^{N}\boldsymbol{p}_i=\frac{\mathrm{d}\boldsymbol{p}}{\mathrm{d}t}$，$\boldsymbol{p}$为质点系的总动量，则**质点系的动力学方程**为

$$\boldsymbol{F}=\frac{\mathrm{d}\boldsymbol{p}}{\mathrm{d}t} \tag{4-10}$$

它表明，质点系总动量的时间变化率等于作用于系统所有外力的矢量和。内力可以改变质点系内每一个质点的动量，但所有内力对于系统总动量的变化率的贡献等于零。在讨论质点系总动量的改变时，只要考虑外力即可。

根据质点系动力学方程（4-10）可得

$$\boldsymbol{F}\mathrm{d}t=\mathrm{d}\boldsymbol{p} \tag{4-11}$$

式中，$\boldsymbol{F}\mathrm{d}t$表示合外力$\boldsymbol{F}$在时间$\mathrm{d}t$内质点系所受合外力的冲量，用$\mathrm{d}\boldsymbol{I}$表示，即

$$\mathrm{d}\boldsymbol{I}=\boldsymbol{F}\mathrm{d}t=\mathrm{d}\boldsymbol{p} \tag{4-12}$$

若质点系所受合外力作用时间间隔是从t_1到t_2，则由上式可得t_1到t_2时间内合外力的冲量为

$$\boldsymbol{I}=\int\mathrm{d}\boldsymbol{I}=\int_{t_1}^{t_2}\boldsymbol{F}\mathrm{d}t=\int_{p_1}^{p_2}\mathrm{d}\boldsymbol{p}=\boldsymbol{p}_2-\boldsymbol{p}_1 \tag{4-13}$$

式中，$\boldsymbol{p}_1$、$\boldsymbol{p}_2$分别为t_1、t_2时刻质点系的动量。

可见，质点系在运动过程中，所受合外力的冲量等于质点系动量的增量，这一结论称为**质点系的动量定理**。式（4-12）为质点系的动量定理的微分形式。式（4-13）为质点系的动量定理的积分形式。

在直角坐标系中，冲量的分量式与质点的类似。

例题 4-1　人在跳跃时都本能地弯曲关节，以减轻与地面的撞击力。设想有人双腿绷直地从高处跳向地面，试讨论将会发生什么情况？

解　假定人的质量为m，从高h处跳向地面，并假定他在与地面碰撞期间，其重心下移了一个距离s。碰撞的平均冲力为

$$\overline{F}=\frac{mv_0}{t}$$

式中，t为碰撞时间；v_0是人落地时的速率。假定他与地面接触后匀减速地趋于静止，则碰撞时间t由$v_0=2s/t$给出，即

$$t=\frac{2s}{v_0}$$

所以平均冲力为

$$\overline{F}=\frac{mv_0^2}{2s}$$

而

$$v_0^2=2gh$$

所以

$$\overline{F}=mg\frac{h}{s}$$

如果人的双腿绷地直跳向地面，则他的重心在碰撞过程中不会下移太大。设人从2 m高处跳下，重心下移1 cm，则冲力可达其体重 mg 的200倍。设人的体重为70 kg，此时平均冲力

$$\overline{F}=(70\times9.8\times200)\ \text{N}=1.37\times10^5\ \text{N}$$

此时可能发生骨折。那么骨折出现在哪里的可能性最大呢？如果在人体内构造一系列的水平面，则在不同的水平面以上的质量随高度而减小，故脚上受力最大。这样，折断的将是踝骨，而绝不是颈部。

当然，没有人会做这种鲁莽的刚性跳跃。当人们撞击地面时，都会本能地弯曲关节，使之得到缓冲，若重心降了50 cm，则冲力只有所计算的五十分之一，因而就没有骨折的危险了。

例题 4-2　如图4-2所示，一辆装煤车以 v=3 m·s^{-1} 的速率从煤斗下面通过，每秒钟落入车厢的煤为 Δm=500 kg。如果使车厢的速率保持不变，应用多大的牵引力拉车厢？（车厢与钢轨间的摩擦力忽略不计）。

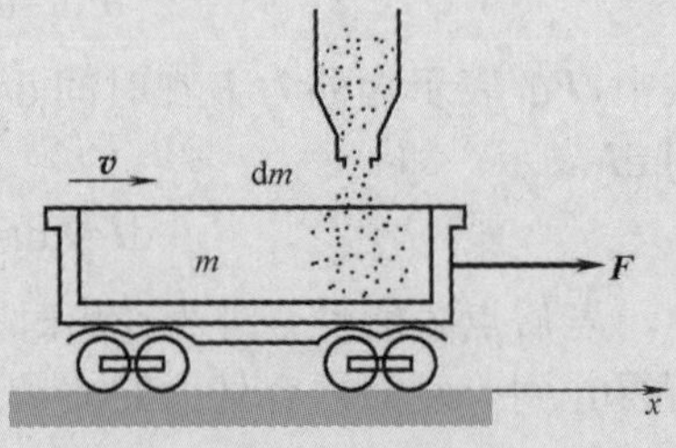

图4-2　例题4-2图

解　以 m 表示在时刻 t 煤车和已经落进煤车的煤的总质量，此后 dt 时间内又有质量为 dm 的煤落入车厢。取 m 和 dm 为研究的系统（质点系），则这一系统在时刻 t 的水平总动量为

$$mv+\mathrm{d}m\cdot 0=mv$$

在时刻 t+dt 的水平总动量为

$$mv+\mathrm{d}mv=(m+\mathrm{d}m)v$$

在dt时间内水平总动量的增量为

$$\mathrm{d}p=(m+\mathrm{d}m)v-mv=v\mathrm{d}m$$

此系统所受的水平外力为牵引力 F，由动量定理，有

$$F\mathrm{d}t=\mathrm{d}p=v\mathrm{d}m$$

由此得

$$F=\frac{\mathrm{d}m}{\mathrm{d}t}v$$

将 $\frac{\mathrm{d}m}{\mathrm{d}t}=500\ \text{kg}\cdot\text{s}^{-1}$和$v=3\ \text{m}\cdot\text{s}^{-1}$ 代入上式，得

$$F=500\ \text{kg}\cdot\text{s}^{-1}\times3\ \text{m}\cdot\text{s}^{-1}=1.5\times10^3\ \text{N}$$

4.2　动量守恒定律

由质点系的动力学方程

$$\boldsymbol{F}=\frac{\mathrm{d}\boldsymbol{p}}{\mathrm{d}t}$$

可以得到，若质点系所受的合外力为零，即 $\boldsymbol{F}=0$ 时，$\mathrm{d}\boldsymbol{p}/\mathrm{d}t=0$，则有

$$\boldsymbol{p}=\sum_i \boldsymbol{p}_i = \text{恒矢量} \tag{4-14}$$

式（4-14）表明，当质点系所受的合外力等于零时，质点系的总动量保持不变。这个结论称为**动量守恒定律**。

应用动量守恒定律解决问题时应注意以下几点：

（1）当质点系所受的合外力 $\boldsymbol{F}=0$ 时，系统的总动量保持不变。但是，由于质点系内各质点之间的相互作用，各质点的动量可以随时间变化，但总动量不变。或者说，内力的作用是在保持系统总动量不变的条件下，系统内各质点的动量重新分配。

（2）动量和力都是矢量，动量守恒条件和结论的表达式都是矢量式。它在直角坐标系中的三个分量式分别为

$$\text{当 } F_x=0 \text{ 时，} p_x=\sum_i p_{xi}=\text{恒量}$$

$$\text{当 } F_y=0 \text{ 时，} p_y=\sum_i p_{yi}=\text{恒量}$$

$$\text{当 } F_z=0 \text{ 时，} p_z=\sum_i p_{zi}=\text{恒量}$$

当 $\boldsymbol{F}\neq 0$ 时，系统的动量不守恒。但是，当合外力的某一个分量等于零时，系统的动量沿该方向的分量守恒。

（3）动量守恒条件是合外力 $\boldsymbol{F}=0$，但是，在系统相互作用的过程中，当系统相互作用的内力远大于外力时，并且过程非常短，外力的冲量非常小，系统动量的变化就非常小，如果外力的作用可以忽略，则系统的动量近似守恒。例如碰撞过程、打击过程、爆炸过程可以应用动量守恒定律，求出近似结果。

（4）动量守恒定律只适用于惯性系。

（5）虽然动量守恒定律是由牛顿运动定律推导来的，但是近代物理的大量实验证明，在原子核等微观领域，牛顿运动定律不再适用，但是动量守恒定律仍然适用。

例题 4-3　质量为 M、仰角为 α 的炮车发射了一枚质量为 m 的炮弹。炮弹出膛时相对炮身的速率为 u，如图 4-3 所示。若不计地面摩擦，求：

（1）炮弹出膛时炮车的速率；

（2）发射炮弹过程中炮车移动的距离（炮膛长为 L）。

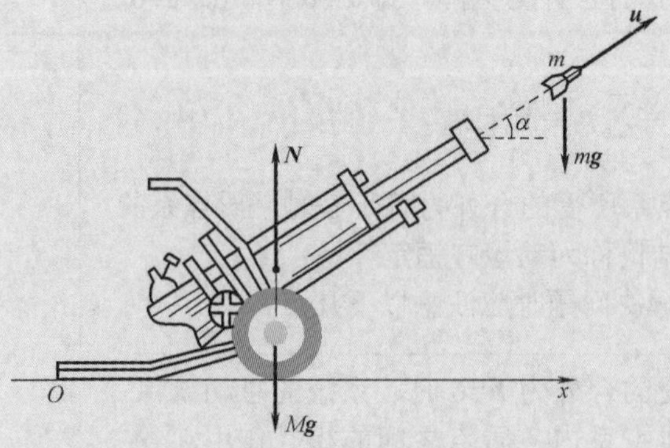

图 4-3　例题 4-3 图

解　（1）选取炮车与炮弹为系统，所受外力为重力和地面支持力。由于这些力都沿竖直方向，水平方向上的合外力为零。取水平方向为 x 轴，因此，系统总动量的 x 分量守恒。

设炮弹出膛时相对地面的水平分速度为 v_x，炮身的反冲速度为 v_x'，对地面参考系，则有

$$Mv_x' + mv_x = 0 \qquad (1)$$

由相对速度的概念可得

$$\boldsymbol{v} = \boldsymbol{v}' + \boldsymbol{u}$$

上式在 x 方向的分量为

$$v_x = u\cos\alpha + v_x' \qquad (2)$$

将式（2）代入式（1），得

$$Mv_x' + m(u\cos\alpha + v_x') = 0$$

由此可解得

$$v_x' = -\frac{m}{M+m}u\cos\alpha$$

负号表明炮车速度的方向沿 x 轴负向，即发射炮弹时，炮身因反冲而后退。

（2）若以 $u(t)$ 表示炮弹发射过程中任一时刻炮弹相对炮身的速率，则该时刻炮车的速率应为

$$v_x'(t) = -\frac{m}{M+m}u(t)\cos\alpha$$

设炮弹在炮膛内运动的时间为 t_1，在 t_1 内炮车沿水平路面的位移应为

$$s = \int_0^{t_1} v_x'(t)\mathrm{d}t = -\frac{m}{M+m}\int_0^{t_1} u(t)\cos\alpha\mathrm{d}t$$

$$= -\frac{m}{M+m}L\cos\alpha$$

负号表示炮身沿 x 轴负方向后退。

例题 4-4　光滑水平面与半径为 R 的竖直光滑半圆环轨道相接，两滑块 A、B 的质量均为 m，弹簧的劲度系数为 k，其一端固定在 O 点，另一端与滑块 A 接触，开始时滑块 B 静止于半圆环轨道的底端，今用外力推滑块 A，使弹簧压缩一段距离 x 后再释放，滑块 A 脱离弹簧后与滑块 B 发生弹性碰撞，碰撞后滑块 B 将沿半圆环轨道上升，升到 C 点与轨道脱离，$O'C$ 与竖直方向成 α=60°，如图 4-4 所示。求弹簧被压缩的距离 x。

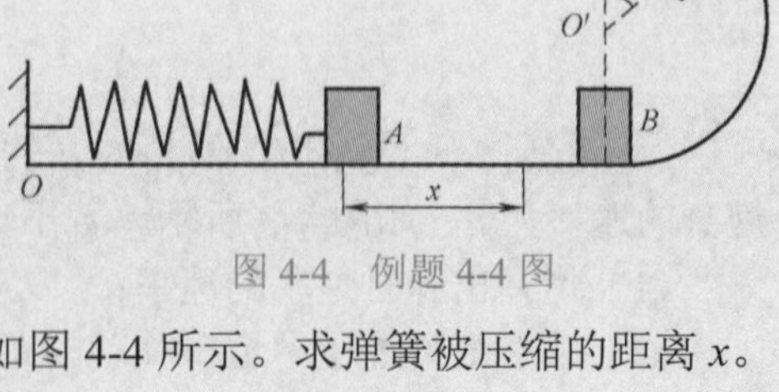

图 4-4　例题 4-4 图

解　设滑块 A 离开弹簧时速率为 v，在弹簧恢复原长的过程中机械能守恒

$$\frac{1}{2}kx^2=\frac{1}{2}mv^2 \tag{1}$$

滑块 A 脱离弹簧后速率不变，与 B 发生弹性碰撞，碰撞后，滑块 A 静止，滑块 B 以速率 v_1 沿圆环轨道上升。此过程中，系统的动量守恒

$$mv=mv_1 \tag{2}$$

滑块 B 在圆环轨道上运动时，它与地球系统的机械能守恒

$$\frac{1}{2}mv_1^2=mgR(1+\cos\alpha)+\frac{1}{2}mv_2^2 \tag{3}$$

式中，v_2 为滑块 B 上升到 C 点时的速率。

当滑块 B 沿半圆环轨道上升到 C 点时，满足

$$mg\cos\alpha=\frac{mv_2^2}{R} \tag{4}$$

式（1）～式（4）联立求解可得

$$x=\sqrt{\frac{7mgR}{2k}}$$

例题 4-5　如图 4-5 所示，两个带理想弹簧缓冲器的小车 A 和 B，质量分别为 m_1 和 m_2，B 不动，A 以速度 v_0 与 B 相碰，如已知两车的缓冲弹簧的劲度系数分别为 k_1 和 k_2，在不计摩擦的情况下，求两车相对静止时，其间的作用力为多大？（弹簧的质量忽略不计）

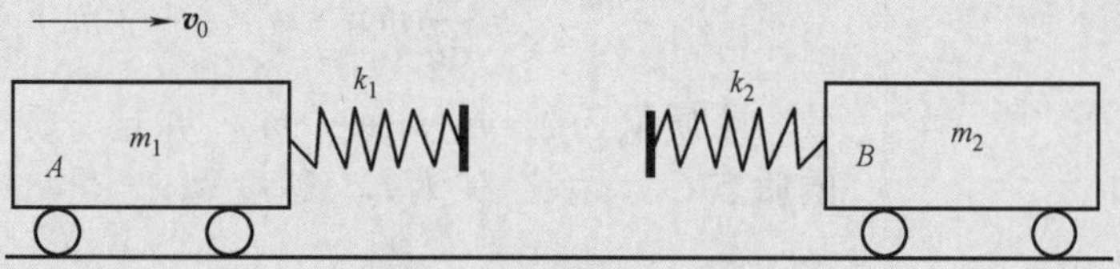

图 4-5　例题 4-5 图

解　两小车的碰撞为弹性碰撞，在碰撞过程中当两小车相对静止时达到共同速度 v。以两小车和弹簧为系统，在碰撞过程中系统不受外力，相互作用的内力（弹性力）为保守力。所以系统的动量守恒，机械能守恒：

$$m_1v_0=(m_1+m_2)v \tag{1}$$

$$\frac{1}{2}m_1v_0^2=\frac{1}{2}(m_1+m_2)v^2+\frac{1}{2}k_1x_1^2+\frac{1}{2}k_2x_2^2 \tag{2}$$

设相对静止时两弹簧分别压缩 x_1 和 x_2，因作用力相等，即

$$k_1x_1=k_2x_2 \tag{3}$$

由式（1）～式（3）可解出

$$x_1=\sqrt{\frac{k_2m_1m_2}{k_1(k_1+k_2)(m_1+m_2)}}v_0$$

相对静止时两车之间的相互作用力

$$f=k_1x_1=\sqrt{\frac{k_1k_2m_1m_2}{(k_1+k_2)(m_1+m_2)}}v_0$$

*4.3 质心 质心运动定理

4.3.1 质心

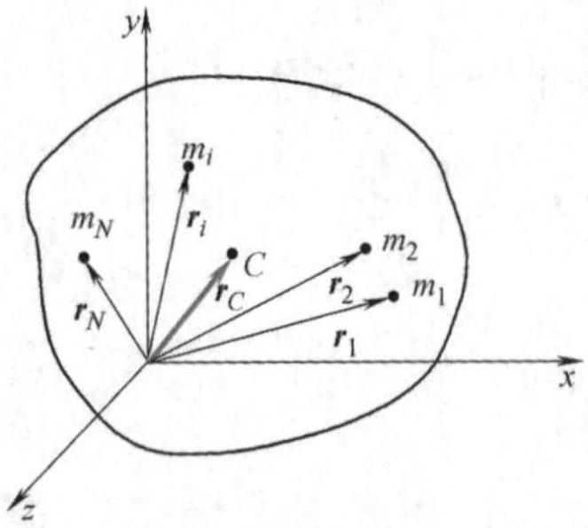

图 4-6 质心的位置矢量

当一个质点系运动时，每个质点的运动状态可能各不相同，这就给描述质点系的运动带来了很大的麻烦。为了能够简洁地描述质点系的整体运动规律，通常引入质量中心（简称**质心**）的概念。

如图 4-6 所示，设质点系由 N 个质点组成，它们的质量分别为 m_1，m_2，…，m_N。位矢分别为 $\boldsymbol{r}_1$，$\boldsymbol{r}_2$，…，$\boldsymbol{r}_N$，则质点系的动量为

$$\begin{aligned}\boldsymbol{p} &= m_1\boldsymbol{v}_1 + m_2\boldsymbol{v}_2 + \cdots + m_N\boldsymbol{v}_N \\ &= m_1\frac{\mathrm{d}\boldsymbol{r}_1}{\mathrm{d}t} + m_2\frac{\mathrm{d}\boldsymbol{r}_2}{\mathrm{d}t} + \cdots + m_N\frac{\mathrm{d}\boldsymbol{r}_N}{\mathrm{d}t} \\ &= \frac{\mathrm{d}}{\mathrm{d}t}(m_1\boldsymbol{r}_1 + m_2\boldsymbol{r}_2 + \cdots + m_N\boldsymbol{r}_N)\end{aligned} \tag{4-15}$$

取一个质量为 $M=m_1+m_2+\cdots+m_N$，并且与质点系具有相同动量的质点 C，设其位矢为 $\boldsymbol{r}_C$，速度为 $\boldsymbol{v}_C=\mathrm{d}\boldsymbol{r}_C/\mathrm{d}t$，则有

$$\boldsymbol{p} = M\boldsymbol{v}_C = (m_1 + m_2 + \cdots + m_N)\frac{\mathrm{d}\boldsymbol{r}_C}{\mathrm{d}t} \tag{4-16}$$

式（4-15）和式（4-16）相比较可得

$$\boldsymbol{r}_C = \frac{m_1\boldsymbol{r}_1 + m_2\boldsymbol{r}_2 + \cdots + m_N\boldsymbol{r}_N}{m_1 + m_2 + \cdots + m_N} = \frac{\sum_{i=1}^{N} m_i\boldsymbol{r}_i}{M} \tag{4-17}$$

可以看出，位矢 $\boldsymbol{r}_C$ 是质点系中所有质点的位矢以质点质量为权重因子的加权平均值。点 C 称为质点系的质心，$\boldsymbol{r}_C$ 是质心的位矢。质心的位矢与坐标系的选择有关，可以证明，质心相对于质点系各质点的位置与坐标的选取无关，即质心是相对于质点系本身的一个特定位置。引入质心后，质点系的动量就可以表示成与质点动量一样简洁的形式。

质心的位矢的表达式（4-17）可以写成分量形式，在直角坐标系中有

$$x_C = \frac{\sum_{i=1}^{N} m_i x_i}{M}; \quad y_C = \frac{\sum_{i=1}^{N} m_i y_i}{M}, \quad z_C = \frac{\sum_{i=1}^{N} m_i z_i}{M} \tag{4-18}$$

对于质量连续分布的物体，可认为由许多质元 dm 组成，则质心位置式（4-17）和式（4-18）应变为积分

$$\boldsymbol{r}_C=\frac{\int \boldsymbol{r}\mathrm{d}m}{M} \tag{4-19}$$

和

$$x_C=\frac{\int x\mathrm{d}m}{M},\quad y_C=\frac{\int y\mathrm{d}m}{M},\quad z_C=\frac{\int z\mathrm{d}m}{M} \tag{4-20}$$

应当指出：质心可能不在质点系统中的任何一个质点上或物体上，但它具有明确的物理意义。

4.3.2　质心运动定理

将式（4-17）对时间求导数，可得质心运动的速度为

$$\boldsymbol{v}_C=\frac{\mathrm{d}\boldsymbol{r}_C}{\mathrm{d}t}=\frac{\sum_{i=1}^{N}m_i\frac{\mathrm{d}\boldsymbol{r}_i}{\mathrm{d}t}}{M}=\frac{\sum_{i=1}^{N}m_i\boldsymbol{v}_i}{M} \tag{4-21}$$

则质点系的总动量为 $\boldsymbol{p}=M\boldsymbol{v}_C$，总动量的变化率为

$$\boldsymbol{F}=\frac{\mathrm{d}\boldsymbol{p}}{\mathrm{d}t}=M\frac{\mathrm{d}\boldsymbol{v}_C}{\mathrm{d}t}=M\boldsymbol{a}_C \tag{4-22}$$

式中，$\boldsymbol{a}_C$ 为质心运动的加速度；$\boldsymbol{F}$ 为质点系所受的合外力。式（4-22）表明作用于质点系的合外力等于质点系的总质量乘上质心加速度，称为**质心运动定理**。

质心运动定理表明，质点系内各个质点由于内力和外力的作用，它们的运动情况可能很复杂，但质心的运动可能相当简单。质心的运动只由质点系所受的合外力决定，内力对质心的运动不产生影响。例如，一颗手榴弹投掷出去以后，它在空中一边翻转，一边前进，其上各质点的运动情况相当复杂。但由于它受的合外力只有重力（略去空气阻力），则它的质心在空中的轨迹就是一条抛物线。手榴弹爆炸后，弹片虽然四散，但质心仍沿抛物线轨迹继续运动，如图 4-7 所示。

质心运动定理只能描述质心的运动，若要更详细地了解质点的运动情况，还要研究质点相对质心的运动。每个质点的运动应是质心的运动和质点相对质心运动的叠加。

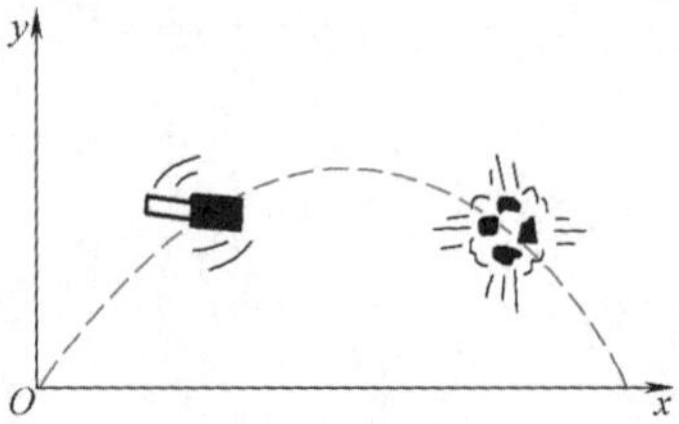

图 4-7　手榴弹质心的运动

例题 4-6　一长为 L、密度分布不均匀的细棒，如图 4-8 所示，其质量线密度 $\lambda=\lambda_0 x/L$（λ_0 为常量，x 为从轻端算起的距离），求其质心。

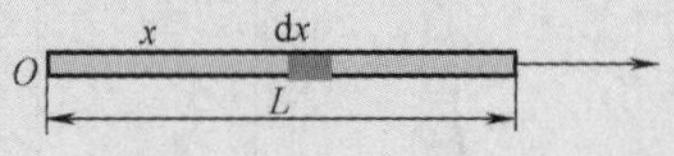

图 4-8　例题 4-6 图

解 取其坐标原点与轻端相重合，x 轴沿细棒延长线的方向，如图 4-8 所示。质量元 $dm=\lambda dx=\lambda_0 x dx/L$。

细棒的总质量

$$m=\int dm=\int_0^L \frac{\lambda_0 x}{L}dx=\frac{1}{2}\lambda_0 L$$

细棒的质心坐标为

$$x_C=\frac{\int x dm}{m}=\frac{2}{\lambda_0 L}\int_0^L \frac{\lambda_0 x^2}{L}dx=\frac{2}{3}L$$

例题 4-7 由质量分别为 m_1 和 m_2 的两质点组成的质点系，质心处于静止状态。质量为 m_1 的质点以半径 r_1，速率 v_1 绕质心做匀速圆周运动，求质点 m_2 的运动规律。

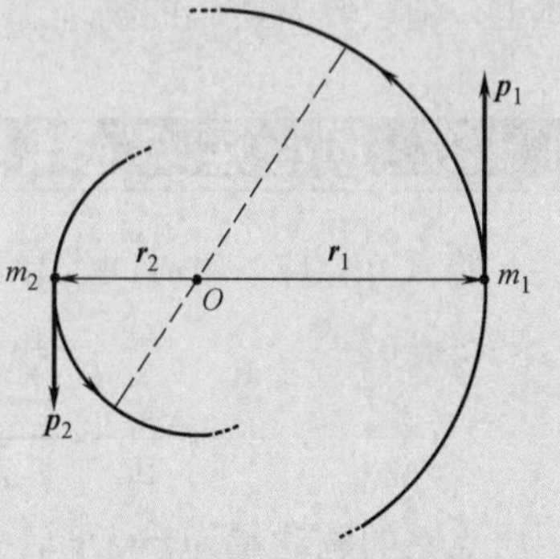

图 4-9 例题 4-7 图

解 如图 4-9 所示，取质心为坐标系的原点，可得两质点的位矢满足如下方程

$$0=\frac{m_1\boldsymbol{r}_1+m_2\boldsymbol{r}_2}{m_1+m_2}$$

即
$$\boldsymbol{r}_2=-\frac{m_1}{m_2}\boldsymbol{r}_1$$

由上式可知，两质点的位矢始终方向相反，大小之比 $r_2/r_1=m_1/m_2$ 为常量。若 m_1 绕质心做半径为 r_1 的匀速圆周运动，则 m_2 必绕质心做半径为 r_2 的匀速圆周运动。

由于质心静止，所以质心的动量为零，即

$$\boldsymbol{p}=\boldsymbol{p}_1+\boldsymbol{p}_2=0$$

则

$$\boldsymbol{p}_1=-\boldsymbol{p}_2$$

即动量的大小为

$$m_1v_1=m_2v_2$$

$$v_2=\frac{m_1}{m_2}v_1$$

即为 m_2 做匀速圆周运动的速率。

*4.4 火箭飞行原理

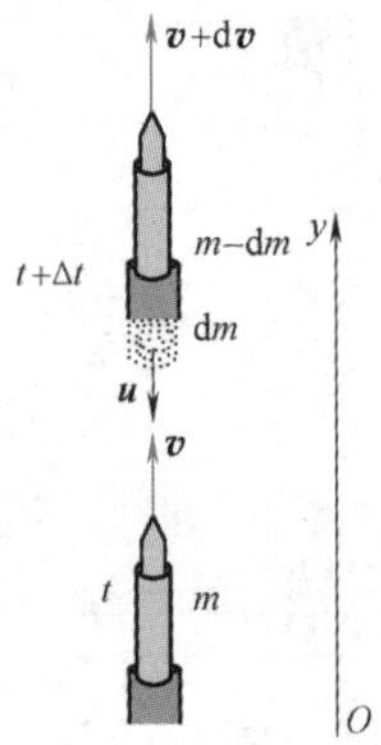

图 4-10 火箭飞行原理

火箭飞行是运用动量守恒定律来处理变质量运动问题的一个典型例子。火箭是一种利用燃料燃烧后喷出的气体产生的反冲推力的发动机，是空间技术发展的基础。

设有一枚火箭发射升空，如图 4-10 所示，把火箭体和燃料作为研究的系统，设某一时刻 t，火箭质量为 m，相对地面速度为 $\boldsymbol{v}$。在 $t+\Delta t$ 时间，消耗了质量为 dm 的燃料和助燃剂，形成的气体以相对火箭的速度 $\boldsymbol{u}$ 排出，火箭的速度变为 $\boldsymbol{v}+d\boldsymbol{v}$。

排气速率取决于燃料的性质、发动机的节流器等，与火箭的速度无关，显然其方向与 $\boldsymbol{v}$ 相反。选择火箭和喷气所组成的部分为系统，在竖直方向上，喷气前的总动量为 mv；喷气后火箭动量为（$m-\mathrm{d}m$）（$v+\mathrm{d}v$）；喷出气体的动量 $\mathrm{d}m$（$v+\mathrm{d}v-u$）；由于重力、飞行时的空气阻力等系统外力与火箭的内力相比皆可忽略不计，因而该系统的动量守恒，即

$$mv=(m-\mathrm{d}m)(v+\mathrm{d}v)+\mathrm{d}m(v+\mathrm{d}v-u) \tag{4-23}$$

式中忽略二阶无穷小量 $\mathrm{d}m\mathrm{d}v$，化简后可得

$$\mathrm{d}v=-\frac{u}{m}\mathrm{d}m \tag{4-24}$$

设开始喷气时火箭的速度为零，火箭体和携带的燃料及助燃剂的总质量为 M_0，火箭体本身的质量为 M_1，燃料耗尽时火箭体的速度为 v，积分得

$$v=u\ln\frac{M_0}{M_1} \tag{4-25}$$

式（4-25）称为齐奥尔科夫斯基（Tsiolkovsky）公式。它表明，自由空间飞行火箭的末速度与燃料燃烧的情况无关，其影响因素为排气速率 u 和初始质量和最后质量之比 M_0/M_1。

根据目前的理论分析，化学燃料燃烧过程所能达到的喷射速度的理论值为 $5\times10^3\ \mathrm{m\cdot s^{-1}}$，而实际能达到的喷射速度只是该理论值的一半左右，因此要提高火箭的速度只能依靠提高其质量比来实现。然而仅靠增加单级火箭的质量比来实现超越第一宇宙速度，在技术上有很大的困难，所以一般采用多级火箭的方式来达到提高速度的目的。第一级火箭点火，火箭立即开始加速上升。第一级燃料燃烧完后，这一级就自动脱落，以便增大此后火箭的质量比。然后第二级点火，火箭继续加速上升，这样一级一级地使火箭的有效载荷不断加速最后达到所需要的速度。以三级火箭为例，设第一、二、三级火箭的质量比分别是 N_1、N_2、N_3，各级火箭的喷射速度均为 u，则火箭燃料耗尽后达到的速率为

$$v=u(\ln N_1+\ln N_2+\ln N_3) \tag{4-26}$$

如果 $u=3\times10^3\ \mathrm{m\cdot s^{-1}}$，$N_1=N_2=N_3=4$，由上式可得 $v=1.25\times10^4\ \mathrm{m\cdot s^{-1}}$，这一速率已经超过了第一宇宙速率，达到了人造地球卫星的发射要求。例如美国发射“阿波罗”登月飞船的“土星五号”火箭就设计成三级，其末速率的理论值为 $v=2.8\times10^4\ \mathrm{m\cdot s^{-1}}$。

4.5　角动量　角动量定理

4.5.1　角动量

1. 质点的角动量

设质量为 m 的质点以速度 $\boldsymbol{v}$ 运动，它的动量为 $\boldsymbol{p}=m\boldsymbol{v}$。它对惯性系中某一固定点 O 的位置矢量为 $\boldsymbol{r}$，如图 4-11 所示。定义质点对参考点 O 的**角动量**（也称为**动量矩**）为

$$\boldsymbol{L}=\boldsymbol{r}\times\boldsymbol{p}=\boldsymbol{r}\times m\boldsymbol{v} \tag{4-27}$$

角动量的大小为

$$L = rp\sin\theta = rmv\sin\theta \tag{4-28}$$

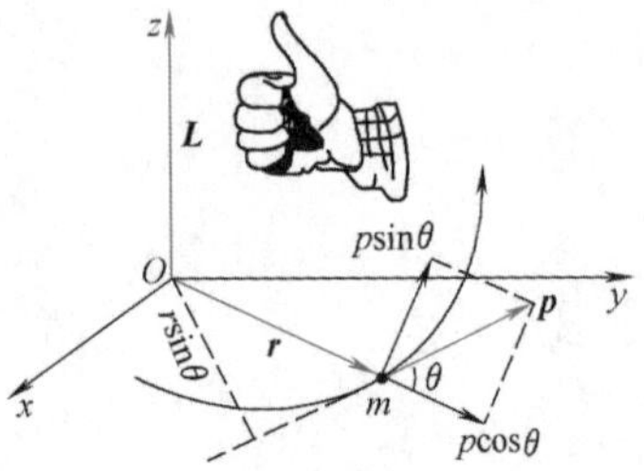

图 4-11　质点的角动量

式中，θ 是位矢 $\boldsymbol{r}$ 和动量 $\boldsymbol{p}$ 之间的夹角。角动量 $\boldsymbol{L}$ 的方向垂直于 $\boldsymbol{r}$ 和 $\boldsymbol{p}$ 决定的平面，其指向可用右手螺旋法则确定，即用右手四指从 $\boldsymbol{r}$ 经小于 180° 角转向 $\boldsymbol{p}$，则拇指的指向即为 $\boldsymbol{L}$ 的方向，如图 4-11 所示。

需要注意的是：首先，质点的角动量是相对于某一参考点而言的。尽管在同一参考系中某一质点的动量 $\boldsymbol{p}$ 是确定的，但对不同的参考点而言，位置矢量 $\boldsymbol{r}$ 不相同，故 $\boldsymbol{L}$ 也就不相同。因此，在说明一个质点的角动量时，必须指明是对哪一个参考点的。其次，由质点的角动量定义式（4-27）可知，角动量 $\boldsymbol{L}$ 的大小在 0 到 rp 之间变化。当 $\theta=0$ 或 π 时，$\boldsymbol{L}=0$。而当 $\boldsymbol{r}$ 与 $\boldsymbol{p}$ 垂直时，$\boldsymbol{L}$ 有极大值。由图 4-11 可知，若把动量 $\boldsymbol{p}$ 分解成径向分量 $p\cos\theta$ 和横向分量 $p\sin\theta$，则仅横向分量对角动量有贡献。

在直角坐标系中，角动量的三个分量为

$$L_x=yp_z-zp_y，L_y=zp_x-xp_z，L_z=xp_y-yp_x \tag{4-29}$$

式中，x、y、z 是质点在以参考点 O 为坐标原点的直角坐标系中的位置坐标。

在国际单位制中，角动量的单位为 $\text{kg}\cdot\text{m}^2\cdot\text{s}^{-1}$。

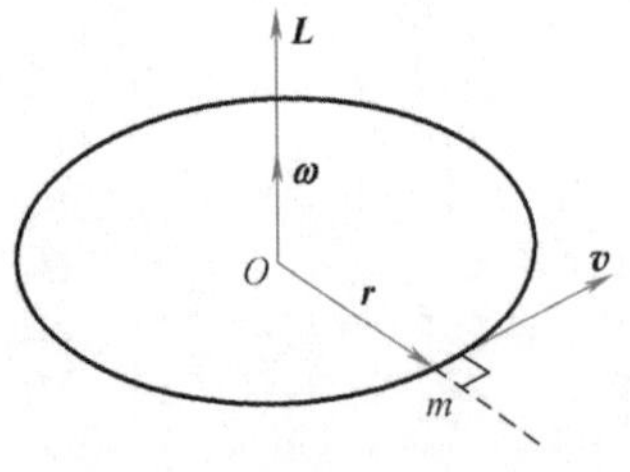

图 4-12　做圆周运动质点的角动量

（1）做圆周运动质点的角动量：如图 4-12 所示，一质量为 m 的质点绕圆心 O 做半径为 r 的圆周运动，由于 $\boldsymbol{r}$ 始终与 $\boldsymbol{p}$ 垂直，故质点对圆心 O 的角动量的大小为 $L=rp$，$\boldsymbol{L}$ 的方向垂直于圆周轨道平面，与角速度 ω 的方向一致。考虑到 $p=mv=mr\omega$，则有 $L=mrv=mr^2\omega$，写成矢量式，即

$$\boldsymbol{L}=mr^2\boldsymbol{\omega} \tag{4-30}$$

由此可以看出，做圆周运动质点的角速度不变时，质点对圆心的角动量也不变。

（2）做直线运动质点的角动量：如图 4-13 所示，若质量为 m 的质点做直线运动时，任一时刻对于点 O 的位矢为 $\boldsymbol{r}$，动量为 $\boldsymbol{p}$，则任一时刻对于点 O 的角动量 $\boldsymbol{L}$ 的大小为

$$L = rp\sin\theta = mrv\sin\theta \tag{4-31}$$

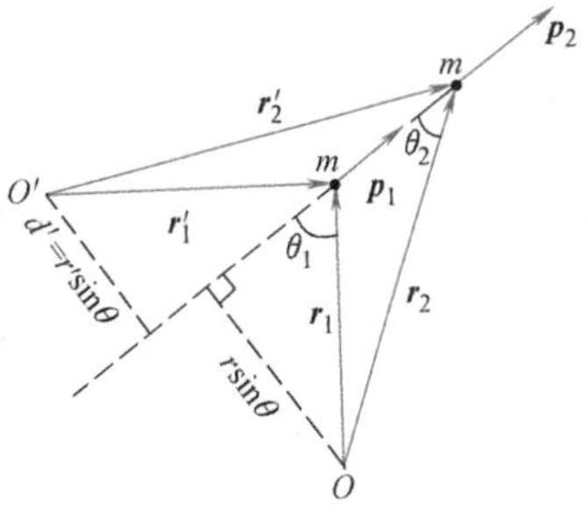

图 4-13　做直线运动质点的角动量

利用上式计算角动量时发现，尽管 r 和 p 都可以是逐点变化的，但点 O 到 $\boldsymbol{p}$ 方向的垂直距离 $d=r\sin\theta$ 保持不变，角动量的大小为 $L=pd$；$\boldsymbol{L}$ 的方向垂直纸面向里。若 $\boldsymbol{p}$ 的大小保持不变，则 $\boldsymbol{L}$ 也将保持不变。对于另一参考点 O'，点 O' 到 $\boldsymbol{p}$ 方向的垂直距离 $d'=r'\sin\theta'$，角动量的大小为 $L'=pd'$，角动量 $\boldsymbol{L}$ 的方向垂直纸面向外。这表明做匀速直线运动的质点任意时刻对同一参考点的角动量保持不变，对不同的参考点，质点有不同的角动量。当动量 $\boldsymbol{p}$ 的方向正好指向或背离参考点时，质点的角动量为零。

2. 质点系的角动量

设质点系由 N 个质点组成，它们的质量分别为 $m_1, m_2, \cdots, m_N$。相对于某一参考点的位矢分别为 $\boldsymbol{r}_1$，$\boldsymbol{r}_2$，…，$\boldsymbol{r}_N$，动量分别为平 $\boldsymbol{p}_1$，$\boldsymbol{p}_2$，…，$\boldsymbol{p}_N$，则质点系的角动量定义为质点系各个质点对同一参考点的角动量的矢量和，即

$$\begin{aligned}\boldsymbol{L} &= \boldsymbol{L}_1 + \boldsymbol{L}_2 + \cdots + \boldsymbol{L}_N = \boldsymbol{r}_1 \times \boldsymbol{p}_1 + \boldsymbol{r}_2 \times \boldsymbol{p}_2 + \cdots + \boldsymbol{r}_N \times \boldsymbol{p}_N \\ &= \sum_{i=1}^{N} \boldsymbol{r}_i \times \boldsymbol{p}_i\end{aligned} \tag{4-32}$$

4.5.2　力矩

将质点的角动量式（4-27）对时间求导数，得

$$\frac{\mathrm{d}\boldsymbol{L}}{\mathrm{d}t} = \frac{\mathrm{d}}{\mathrm{d}t}(\boldsymbol{r} \times \boldsymbol{p}) = \frac{\mathrm{d}\boldsymbol{r}}{\mathrm{d}t} \times \boldsymbol{p} + \boldsymbol{r} \times \frac{\mathrm{d}\boldsymbol{p}}{\mathrm{d}t} = \boldsymbol{v} \times \boldsymbol{p} + \boldsymbol{r} \times \boldsymbol{F}$$

由于上式中的第一项 $\boldsymbol{v}\times\boldsymbol{p}=0$，则有

$$\frac{\mathrm{d}\boldsymbol{L}}{\mathrm{d}t} = \boldsymbol{r} \times \boldsymbol{F} \tag{4-33}$$

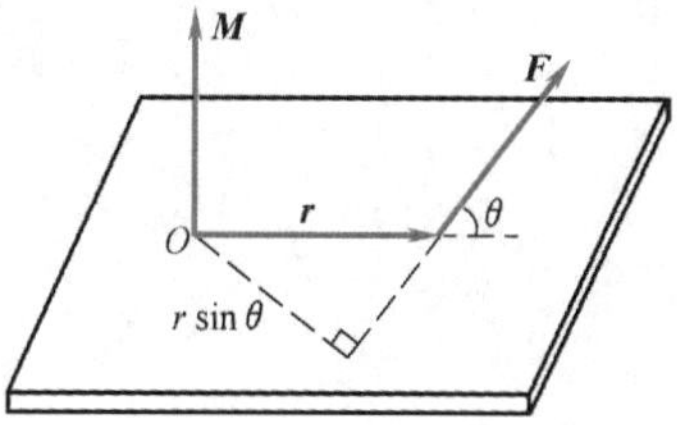

图 4-14　力矩的定义

式（4-33）表明，质点角动量的时间变化率等于矢量积 $\boldsymbol{r}\times\boldsymbol{F}$。我们把该矢量积定义为作用于质点上的合力 $\boldsymbol{F}$ 对参考点 O 的**力矩**，记为 $\boldsymbol{M}$，即

$$\boldsymbol{M}=\boldsymbol{r}\times\boldsymbol{F} \tag{4-34}$$

在国际单位制中，力矩的单位为 N · m。

如图 4-14 所示，力矩的大小为

$$M=rF\sin\theta$$

其方向由右手螺旋法则确定。

容易证明，作用于质点上的所有力的力矩的矢量和，等于合力的力矩，即

$$\begin{aligned}\sum_{i=1}^{n}\boldsymbol{M}_i &= \boldsymbol{r}\times\boldsymbol{F}_1+\boldsymbol{r}\times\boldsymbol{F}_2+\cdots+\boldsymbol{r}\times\boldsymbol{F}_n \\ &= \boldsymbol{r}\times(\boldsymbol{F}_1+\boldsymbol{F}_2+\cdots+\boldsymbol{F}_n)=\boldsymbol{r}\times\boldsymbol{F}=\boldsymbol{M}\end{aligned} \tag{4-35}$$

可见，力矩满足叠加原理。

4.5.3 质点的角动量定理

把力矩的定义式（4-34），代入式（4-33），可得

$$\boldsymbol{M}=\frac{\mathrm{d}\boldsymbol{L}}{\mathrm{d}t} \tag{4-36}$$

上式表明，质点对某固定参考点的角动量对时间的变化率，等于质点所受合力对同一参考点的力矩。这一结论称为**质点的角动量定理**。

把式（4-36）改写成

$$\boldsymbol{M}\mathrm{d}t=\mathrm{d}\boldsymbol{L} \tag{4-37}$$

式中，$\boldsymbol{M}\mathrm{d}t$ 表示质点所受的合力矩在时间 $\mathrm{d}t$ 内的累积，称为在时间 $\mathrm{d}t$ 内质点所受合力矩的**角冲量**（或**冲量矩**）；$\mathrm{d}\boldsymbol{L}$ 表示质点在时间 $\mathrm{d}t$ 内角动量的增量，它是角冲量产生的效果。

如果合力矩持续地作用于质点上一段时间，则对式（4-37）积分

$$\int_{t_1}^{t_2}\boldsymbol{M}\mathrm{d}t=\int_{L_1}^{L_2}\mathrm{d}\boldsymbol{L}=\boldsymbol{L}_2-\boldsymbol{L}_1=\Delta\boldsymbol{L} \tag{4-38}$$

式中，积分$\int_{t_1}^{t_2}\boldsymbol{M}\mathrm{d}t$表示在 t_1 到 t_2 时间内作用于质点上的合力矩对时间的积累，称为合力矩的角冲量；$\Delta\boldsymbol{L}=\boldsymbol{L}_2-\boldsymbol{L}_1$ 是质点在 t_1 到 t_2 时间内角动量的增量，是合力矩对时间的积累产生的效果。

式（4-37）和式（4-38）表明，质点角动量的增量等于其所受到的角冲量。这一结论也称为**质点的角动量定理**。式（4-37）称为质点角动量定理的微分形式。式（4-38）称为质点角动量定理的积分形式。

式（4-36）是一个矢量方程，在直坐角坐标系中其分量形式为

$$M_x=\frac{\mathrm{d}L_x}{\mathrm{d}t},\quad M_y=\frac{\mathrm{d}L_y}{\mathrm{d}t},\quad M_z=\frac{\mathrm{d}L_z}{\mathrm{d}t} \tag{4-39}$$

例题 4-8　质量为 m、线长为 l 的单摆，可绕点 O 在竖直平面内摆动（见图 4-15）。初始时刻摆线被拉至水平，然后自由放下，求：

（1）当摆线与水平线成 θ 角时，摆球所受到的力矩及摆球对点 O 的角动量。

（2）摆球到达点 B 时，角速度的大小。

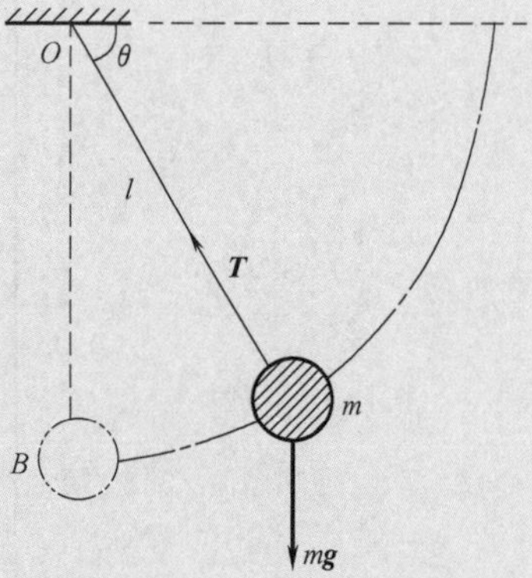

图 4-15　例题 4-8 图

解　（1）摆球的受力如图 4-15 所示。摆线的拉力 $\boldsymbol{T}$ 对点 O 的力矩为零，仅重力 $m\boldsymbol{g}$ 对点 O 产生力矩，其大小为

$$M=mgl\cos\theta$$

重力矩 $\boldsymbol{M}$ 的方向垂直纸面向里，大小随 θ 角而变化。由角动量定理可得

$$\frac{\mathrm{d}L}{\mathrm{d}t}=mgl\cos\theta$$

因 $\dfrac{\mathrm{d}L}{\mathrm{d}t}=\dfrac{\mathrm{d}L}{\mathrm{d}\theta}\dfrac{\mathrm{d}\theta}{\mathrm{d}t}=\omega\dfrac{\mathrm{d}L}{\mathrm{d}\theta}$，且由于瞬时角动量 $L=ml^2\omega$，则上式可写为

$$L\mathrm{d}L=m^2gl^3\cos\theta\mathrm{d}\theta$$

求定积分

$$\int_0^L L\mathrm{d}L=\int_0^\theta m^2gl^3\cos\theta\mathrm{d}\theta$$

得摆球的角动量

$$L=\sqrt{2m^2gl^3\sin\theta}$$

（2）当摆球摆到点 B 时，$\theta=\dfrac{\pi}{2}$，因此得

$$L=\sqrt{2m^2gl^3}=ml^2\sqrt{\frac{2g}{l}}$$

角速度为

$$\omega=\frac{L}{ml^2}=\sqrt{\frac{2g}{l}}$$

4.5.4　质点系的角动量定理

将质点系的角动量式（4-32）对时间求导数，得

$$\frac{\mathrm{d}\boldsymbol{L}}{\mathrm{d}t}=\sum_{i=1}^{N}\left(\frac{\mathrm{d}\boldsymbol{r}_i}{\mathrm{d}t}\times\boldsymbol{p}_i+\boldsymbol{r}_i\times\frac{\mathrm{d}\boldsymbol{p}_i}{\mathrm{d}t}\right)$$

由于 $\mathrm{d}\boldsymbol{r}_i/\mathrm{d}t=\boldsymbol{v}_i$ 与 $\boldsymbol{p}_i$ 平行，所以上式中第一项矢量积为零。第二项中 $\mathrm{d}\boldsymbol{p}_i/\mathrm{d}t$ 为第 i 个质点的动量变化率，它等于作用于第 i 个质点上的合外力 $\boldsymbol{F}_i$ 与合内力 $\boldsymbol{f}_i$ 之和，即

$$\frac{\mathrm{d}\boldsymbol{p}_i}{\mathrm{d}t}=\boldsymbol{F}_i+\boldsymbol{f}_i$$

于是得

$$\frac{\mathrm{d}\boldsymbol{L}}{\mathrm{d}t}=\sum_{i=1}^{N}(\boldsymbol{r}_i\times\boldsymbol{F}_i+\boldsymbol{r}_i\times\boldsymbol{f}_i)=\sum_{i=1}^{N}(\boldsymbol{r}_i\times\boldsymbol{F}_i)+\sum_{i=1}^{n}(\boldsymbol{r}_i\times\boldsymbol{f}_i)$$

由于质点系中的内力是成对出现的，每一对内力都大小相等、方向相反且作用在同一直线上，所以内力对同一参考点力矩的矢量和等于零，即上式右边第二项为零。由上式得

$$\frac{\mathrm{d}\boldsymbol{L}}{\mathrm{d}t}=\sum_{i=1}^{N}(\boldsymbol{r}_i\times\boldsymbol{F}_i)$$

若令

$$\boldsymbol{M}=\sum_{i=1}^{N}(\boldsymbol{r}_i\times\boldsymbol{F}_i) \tag{4-40}$$

表示作用于质点系的合外力矩之和，则有

$$\boldsymbol{M}=\frac{\mathrm{d}\boldsymbol{L}}{\mathrm{d}t} \tag{4-41}$$

即质点系对某固定参考点的角动量对时间的变化率，等于质点系所受合外力对同一参考点的力矩，这一结论称为**质点系的角动量定理**。

把式（4-41）改写成

$$\boldsymbol{M}\mathrm{d}t=\mathrm{d}\boldsymbol{L} \tag{4-42}$$

式中，$\boldsymbol{M}\mathrm{d}t$ 表示质点系所受合外力矩的角冲量（或冲量矩）；$\mathrm{d}\boldsymbol{L}$ 表示质点系角动量的增量。

如果合外力矩持续地作用于质点系上一段时间，则对式（4-42）积分

$$\int_{t_1}^{t_2}\boldsymbol{M}\mathrm{d}t=\int_{L_1}^{L_2}\mathrm{d}\boldsymbol{L}=\boldsymbol{L}_2-\boldsymbol{L}_1=\Delta\boldsymbol{L} \tag{4-43}$$

式中，积分$\int_{t_1}^{t_2}\boldsymbol{M}\mathrm{d}t$表示在 t_1 到 t_2 时间内作用于质点系上合外力矩的角冲量；$\Delta\boldsymbol{L}=\boldsymbol{L}_2-\boldsymbol{L}_1$ 是质点系在 t_1 到 t_2 时间内角动量的增量。

式（4-42）和式（4-43）表明，质点系角动量的增量等于其所受到的角冲量。这一结论也称为**质点系的角动量定理**。式（4-42）称为质点系角动量定理的微分形式。式（4-43）称为质点系角动量定理的积分形式。

4.6 角动量守恒定律

4.6.1 质点的角动量守恒定律

若质点所受的合力矩 $\boldsymbol{M}=0$，则有

$$\frac{\mathrm{d}\boldsymbol{L}}{\mathrm{d}t}=0 \tag{4-44}$$

故

$$\boldsymbol{L}=\text{恒矢量} \tag{4-45}$$

这表明：若对某一参考点，质点所受的合力矩为零，则此质点对该参考点的角动量将保持不变。这一结论称为**质点的角动量守恒定律**。

应当注意，由于 $\boldsymbol{M}=\boldsymbol{r}\times\boldsymbol{F}$，所以 $\boldsymbol{M}=0$ 既可能是质点所受的合力 $\boldsymbol{F}$ 为零；也可能是合力并不为零，但在任一时刻 $\boldsymbol{F}$ 总是与质点的位矢 $\boldsymbol{r}$ 平行或反向平行。

对于做匀速运动的质点，由于不受力的作用或所受合力为零，因而对任一固定参考点的角动量守恒。若一个力的作用线永远指向某一点，这样的力称为有心力，该点称为力心。由于有心力对于力心的力矩为零，故仅受有心力作用的质点，对于力心的角动量是恒矢量。

若忽略行星间的相互作用，行星受太阳的万有引力是有心力，所以行星对太阳的角动量守恒。氢原子中原子核对电子的库仑力为有心力，故电子对原子核的角动量守恒。

例题 4-9　利用角动量守恒定律证明有关行星运动的开普勒第二定律：行星相对太阳的径矢在单位时间内扫过的面积（面积速度）是常量，行星的轨道是平面轨道。

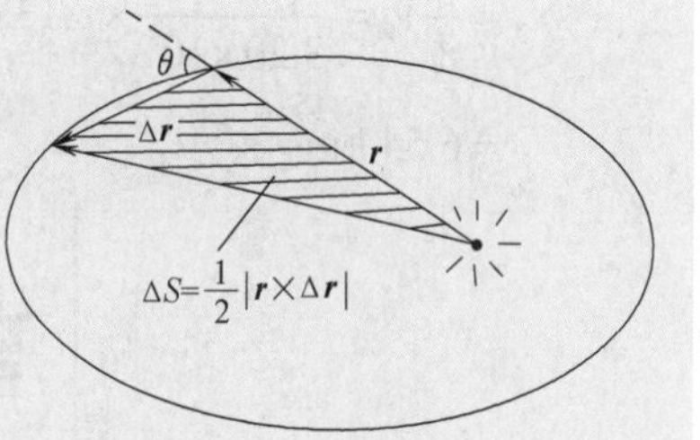

图 4-16　例题 4-9 图

解　如图 4-16 所示，行星在太阳引力作用下沿椭圆形轨道运动。在时间间隔 Δt 内，行星径矢 $\boldsymbol{r}$ 扫过的面积为 ΔS，ΔS 可近似认为等于图 4-16 中所示的阴影三角形的面积，即

$$\Delta S=\frac{1}{2}|\boldsymbol{r}\times\Delta\boldsymbol{r}|$$

故面积速度

$$\begin{aligned}\frac{\mathrm{d}S}{\mathrm{d}t}&=\lim_{\Delta t\to 0}\frac{\Delta S}{\Delta t}=\lim_{\Delta t\to 0}\frac{1}{2}\frac{|\boldsymbol{r}\times\Delta\boldsymbol{r}|}{\Delta t}\\&=\frac{1}{2}\times\left|\boldsymbol{r}\times\frac{\mathrm{d}\boldsymbol{r}}{\mathrm{d}t}\right|=\frac{1}{2}|\boldsymbol{r}\times\boldsymbol{v}|\\&=\frac{1}{2m}|\boldsymbol{r}\times m\boldsymbol{v}|=\frac{L}{2m}\end{aligned}$$

由于行星只受有心力（万有引力）作用，所以行星对太阳的角动量守恒，即 $\boldsymbol{L}$ 为恒矢量，所以面积速度 $\frac{\mathrm{d}S}{\mathrm{d}t}=$ 常量。开普勒第二定律得证。由于 $\boldsymbol{L}$ 是恒矢量，即 $\boldsymbol{L}$ 的方向不变，所以行星的轨道必定是平面轨道。

例题 4-10　我国在 1971 年发射的科学实验卫星在以地心为焦点的椭圆轨道上运行。已知卫星近地点的高度 h_1=226 km，远地点的高度为 h_2=1 826 km，卫星经过近地点时的速率为 v_1=8.13 km·s^{-1}，试求卫星通过远地点时的速率和卫星的运行周期（取地球半径 R=6.37×10^3 km）。

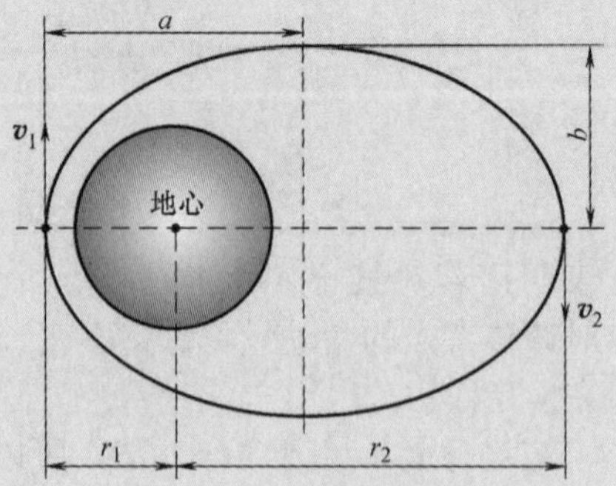

图 4-17　例题 4-10 图

解　卫星轨道如图 4-17 所示。由于卫星所受地球引力为有心力，所以卫星对地球中心的角动量守恒。若坐标原点取在地心，则卫星在轨道的近地点和远地点时，位矢的大小分别为

$r_1=R+h_1=6.60\times10^3$ km，$r_2=R+h_2=8.20\times10^3$ km

设卫星在远地点时的速率为 v_2，且近地点和远地点处的速度与该处的径矢垂直，故由角动量守恒定律可得

$$r_1mv_1=r_2mv_2$$

故有

$$v_2=\frac{r_1}{r_2}v_1=\frac{6.60\times10^3}{8.20\times10^3}\times8.13\text{km}\cdot\text{s}^{-1}$$
$$=6.54\ \text{km}\cdot\text{s}^{-1}$$

设椭圆轨道的面积为 S，卫星的面积速度为 $\mathrm{d}S/\mathrm{d}t$，则卫星的运动周期

$$T=\frac{S}{\mathrm{d}S/\mathrm{d}t}=\frac{\pi ab}{r_1v_1/2}=\frac{2\pi ab}{r_1v_1}$$

式中，a、b 分别为椭圆轨道的长半轴和短半轴。由图 4-16 可知，a、b 的值分别为

$$a=\frac{r_1+r_2}{2},\quad b=\sqrt{a^2-(a-r_1)^2}=\sqrt{r_1r_2}$$

代入上式可得

$$T=\frac{\pi(r_1+r_2)}{v_1}\sqrt{\frac{r_2}{r_1}}=6.37\times10^3\ \text{s}$$

4.6.2　质点系的角动量守恒定律

对于质点系，由式（4-41）可知，当质点系所受合外力矩为零时，即当 $\boldsymbol{M}$=0 时

$$\boldsymbol{L}=\text{恒矢量} \tag{4-46}$$

上式表明，当质点系所受合外力矩对某参考点为零时，质点系的角动量对该参考点守恒。这一结论称为**质点系的角动量守恒定律**。

由角动量定理和角动量守恒定律可知，质点系的角动量的改变只与质点系所受的合外力矩有关，与内力的力矩无关。内力矩的作用是改变系统内各质点的角动量。合外力矩是改变系统总角动量的原因。

合外力矩等于零可以是质点系中各质点不受外力作用，或者各质点所受的外力都通过参考点，或者各质点所受的外力对参考点的力矩的矢量和为零。

应该注意：质点系所受的合外力为零，合外力矩不一定为零。所以质点系的角动量不一定守恒。因此要注意角动量守恒的条件和动量守恒的条件是不相同的。

角动量守恒定律的表达式在直角坐标系中，沿坐标轴的分量式分别为

当 $M_x=\Sigma M_{ix}=0$ 时，$L_x=\Sigma L_{ix}=$ 恒量

当 $M_y=\Sigma M_{iy}=0$ 时，$L_y=\Sigma L_{iy}=$ 恒量

当 $M_z=\Sigma M_{iz}=0$ 时，$L_z=\Sigma L_{iz}=$ 恒量

如果质点系所受的合外力矩对某参考点不为零，但合外力矩在某一方向上的分量对该参考点等于零，则质点系的角动量在该方向上的分量对该参考点守恒。

质点系的角动量守恒定律，只有在惯性系中才成立。

例题 4-11　如图 4-18 所示，一绳跨过定滑轮，有两个质量相等的人 A 和 B 位于同一高度，各由绳子的一端同时开始爬绳。若绳与滑轮的质量不计，并忽略轴上的摩擦，他们哪个先到达顶点？

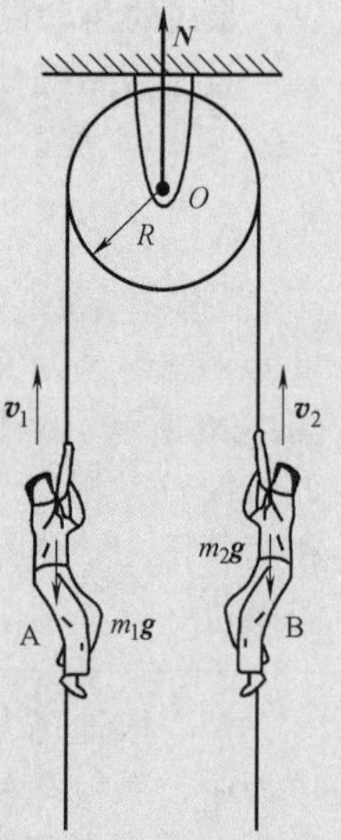

图 4-18　例题 4-11 图

解　把两个人、绳和滑轮作为系统，它们都在同一竖直平面内运动。以点 O 为参考点，系统所受外力为 $m_1\boldsymbol{g}$、$m_2\boldsymbol{g}$ 和 $\boldsymbol{N}$。设任一时刻 t，A 的速率为 v_1，对点 O 的角动量的大小为 L_1，B 的速率为 v_2，对点 O 的角动量的大小为 L_2，由角动量定理可得

$$Rm_1g-Rm_2g=\frac{\mathrm{d}}{\mathrm{d}t}(L_2-L_1)=\frac{\mathrm{d}}{\mathrm{d}t}(Rm_2v_2-Rm_1v_1)$$

即

$$(m_1-m_2)g=m_2\frac{\mathrm{d}v_2}{\mathrm{d}t}-m_1\frac{\mathrm{d}v_1}{\mathrm{d}t}$$

由题设条件 $m_1=m_2$，可得

$$\frac{\mathrm{d}v_2}{\mathrm{d}t}=\frac{\mathrm{d}v_1}{\mathrm{d}t}$$

即

$$a_1=a_2$$

结果表明，不论两个人如何用力，任一时刻两个人相对地面的加速度都相等。若两个人的初始运动状态相同，则最后必同时达到顶点。

此题也可用角动量守恒定律来求解。由 $m_1=m_2$ 可知，系统所受外力矩之和为零，所以系统的角动量守恒。若两个人由静止状态开始攀绳，系统初角动量为零，则任一时刻系统的角动量也应为零，故

$$Rmv_2-Rmv_1=0$$

可解得

$$v_2=v_1$$

即任一时刻，两个人相对地面的速度都相同，它们将同时到达顶点。

请读者分析，若其中一个人抓住绳子根本不往上爬，结果如何？若两个人的质量不相等，结果又如何？

例题 4-12 如图 4-19 所示，静止在水平光滑桌面上长为 l 的轻质细杆（质量忽略不计）两端分别固定质量为 m 和 $2m$ 的小球，系统可绕距质量为 $2m$ 的小球 $l/3$ 处的 O 点在水平桌面上转动。今有一质量为 m 的小球以水平速度 $\boldsymbol{v}_0$ 沿和细杆垂直方向与质量为 m 的小球做对心碰撞，碰后以 $\boldsymbol{v}_0/2$ 的速度返回，求碰后细杆获得的角速度。

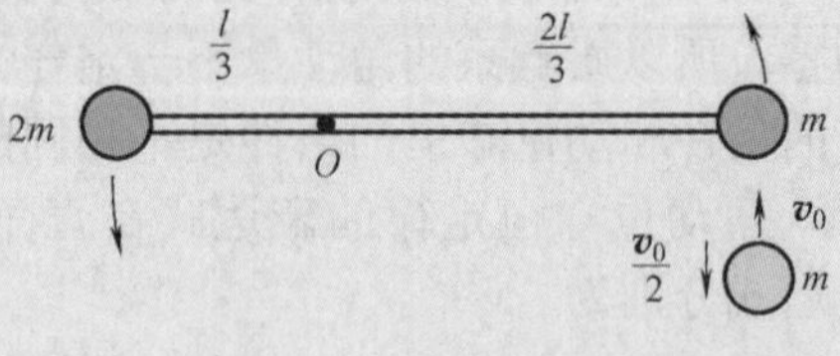

图 4-19 例题 4-12 图

解 取三个小球和细杆为系统，O 点为参考点，各质点受的重力和桌面的支持力大小相等方向相反，对 O 点的力矩的矢量和为零。O 点对细杆的作用力对 O 点的力矩为零。系统所受的合外力矩为零。所以，系统的角动量守恒。

设碰撞后细杆获得的角速度为 ω，则

$$\frac{2}{3}mv_0l=\frac{4}{9}ml^2\omega+\frac{2}{9}ml^2\omega-\frac{1}{3}mlv_0$$

$$mv_0l=\frac{2}{3}ml^2\omega$$

所以

$$\omega=\frac{3v_0}{2l}$$

例题 4-13 质量为 m 的小球 A，以速度 $\boldsymbol{v}_0$ 沿质量为 M、半径为 R 的地球表面切向水平向右飞出，如图 4-20 所示。地轴 OO' 与 $\boldsymbol{v}_0$ 平行，小球 A 的运动轨道与轴 OO' 相交于点 C，$OC=3R$。若不考虑地球自转和空气阻力，求小球 A 在点 C 的速度与 OO' 轴之间的夹角 θ。

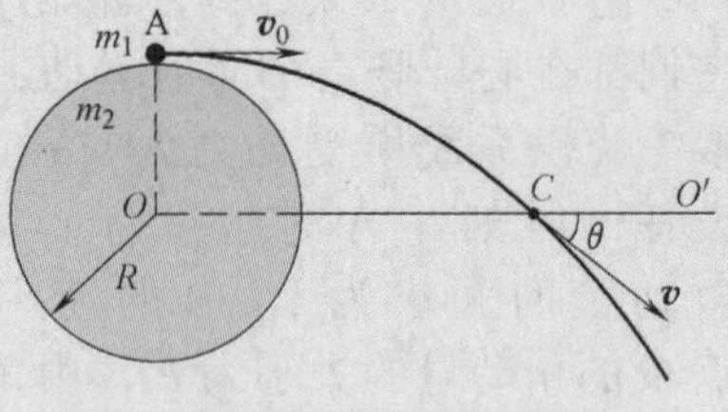

图 4-20 例题 4-13 图

解 取地球与小球 A 为系统，在运动过程中，系统只受保守内力——万有引力作用，系统的机械能守恒。所以小球在 C 点时的机械能与初始时刻相等，即

$$\frac{1}{2}mv_0^2-\frac{G_0Mm}{R}=\frac{1}{2}mv^2-\frac{G_0Mm}{3R}$$

由于万有引力是有心力，所以小球对地心 O 的角动量守恒，即

$$Rmv_0=3Rmv\sin\theta$$

由上两式联立，可解得

$$\sin\theta=\sqrt{\frac{R}{9Rv_0^2-12G_0M}}v_0$$

即

$$\theta=\arcsin\left(\sqrt{\frac{R}{9Rv_0^2-12G_0M}}v_0\right)$$

4.7 碰撞

碰撞是两个或多个物体在相遇时，物体之间在接触（或

接近）中发生强烈相互作用且持续时间极短，而物体的运动状态急剧变化的过程。碰撞特点为：相互碰撞的物体之间作用的时间很短；作用于每一个物体上的力相当大，以至于碰撞物体（至少是其中之一）的运动状态突然发生改变。碰撞在生产实践和日常生活中广泛存在，可以是接触碰撞，也可以是非接触碰撞，例如击球、打桩、锻压、天体的碰撞及分子、原子、原子核之间的相互作用，再如人从车上跳下、子弹击中目标，甚至单个粒子变成两个或多个其他粒子的自发衰变都可以看作碰撞。碰撞过程中，在极短的作用时间内，相互作用的冲力非常大，相比较可以忽略其他力的作用。如果把相互碰撞的物体当作一个系统，可以认为系统内只有内力作用，所以在碰撞过程中系统的动量是守恒的。

内力虽然不能改变系统的总动量，但在碰撞过程中内力作用可使物体产生形变和恢复形变（也有的形变不能恢复）。因此，内力做功可以改变系统的总机械能。根据碰撞前后能量的变化情况，碰撞可分为弹性碰撞和非弹性碰撞。如果碰撞前后系统的总机械能守恒，这种碰撞称为**弹性碰撞**。例如，钢球之间的碰撞可以看作是弹性碰撞，原子、原子核与微观粒子之间的碰撞是严格的弹性碰撞。如果碰撞后系统的总机械能不守恒，这种碰撞称为**非弹性碰撞**。或者说，在非弹性碰撞过程中有机械能转变成非机械能形式的能量。由此看来，在弹性碰撞过程中，前半程两物体的形变逐渐增加，机械能转变成与形变对应的弹性势能，后半程形变恢复，在弹性势能转变为系统的机械能。系统之间相互作用的内力是保守力，在整个碰撞过程中系统的机械能不变。在非弹性碰撞中，如果两个物体在碰撞后结合在一起，形变完全不能恢复，这种碰撞称为**完全非弹性碰撞**。如子弹射入木块后停留在木块内；一块橡皮泥落到一运动的物体上并粘在上面。完全非弹性碰撞不是指系统初始动能完全损失掉，只是说通过碰撞系统的动能损失很大。

4.7.1　正碰

两个小球相互碰撞，如果碰后的相对运动和碰前的相对运动是沿同一条直线的，这种碰撞称为**正碰**或对心碰撞。

1. 碰撞定律

对于两个质量分别为 m_1、m_2 的小球，碰撞前两球的速度分别为 $\boldsymbol{v}_{10}$、$\boldsymbol{v}_{20}$，碰撞后两球的速度分别为 $\boldsymbol{v}_1$、$\boldsymbol{v}_2$，如图 4-21 所示。牛顿总结了大量实验结果，提出：在一维正碰中，碰撞后两球的分离速度（v_2-v_1）与碰撞前两球的接近速度（$v_{10}-v_{20}$）成正比，比值由两球的材料决定，即

$$e=\frac{v_2-v_1}{v_{10}-v_{20}} \tag{4-47}$$

通常称 e 为恢复系数。e 的取值范围在 0 到 1 之间。$e=1$、$0<e<1$ 和 $e=0$ 分别代表弹性碰撞、非弹性碰撞和完全非弹性碰撞。e 的数值可由实验测得。

2. 一维正碰

设两个质量分别为 m_1、m_2 的小球，碰撞前两球的速度分别为 $\boldsymbol{v}_{10}$、$\boldsymbol{v}_{20}$，碰撞后两球的速度分别为 $\boldsymbol{v}_1$、$\boldsymbol{v}_2$，如图 4-21 所示。根据动量守恒定律（取向右为正方向）

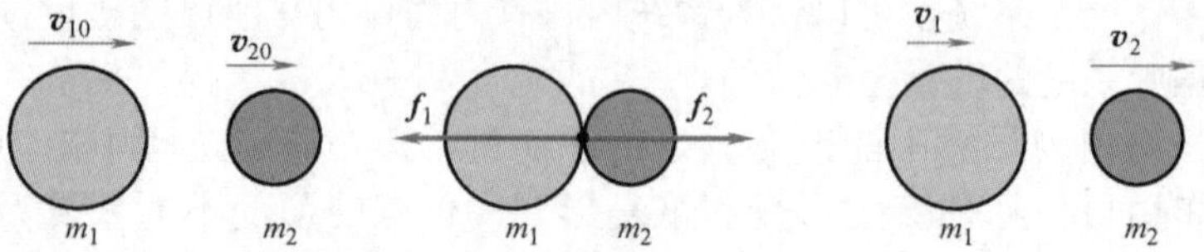

图 4-21 正碰

$$m_1v_{10}+m_2v_{20}=m_1v_1+m_2v_2 \tag{4-48}$$

和碰撞定律

$$e=\frac{v_2-v_1}{v_{10}-v_{20}}$$

联立解得

$$v_1=v_{10}-\frac{(1+e)m_2(v_{10}-v_{20})}{m_1+m_2},\quad v_2=v_{20}+\frac{(1+e)m_1(v_{10}-v_{20})}{m_1+m_2} \tag{4-49}$$

下面分别对 e 的特殊取值进行讨论。

当 $e=1$ 时为弹性碰撞，这时式（4-49）成为

$$v_1=v_{10}-\frac{2m_2(v_{10}-v_{20})}{m_1+m_2},\quad v_2=v_{20}+\frac{2m_1(v_{10}-v_{20})}{m_1+m_2} \tag{4-50}$$

考虑两种特殊情况，若 $m_1=m_2$，则可得 $v_1=v_{20}$，$v_2=v_{10}$。说明在正碰中质量相等的两个小球在弹性碰撞中彼此交换速度。

若 $m_2\gg m_1$，且 $v_{20}=0$，则 $v_1\approx -v_{10}$，$v_2\approx 0$。说明一个质量很小的物体与一个质量很大的静止物体相碰，质量小的物体改变运动方向，而质量大的静止物体几乎保持不动。如乒乓球打击墙壁的情况就是如此。

当 $e=0$ 时为完全非弹性碰撞，这时式（4-49）成为

$$v_1=v_2=v=\frac{m_1v_{10}+m_2v_{20}}{m_1+m_2} \tag{4-51}$$

表示碰后两物体以同一速度运动，并不分开。

3. 碰撞过程中的动能损失

碰前两物体的动能为

$$E_{k0}=\frac{1}{2}m_1v_{10}^2+\frac{1}{2}m_2v_{20}^2$$

碰后两物体的动能为

$$E_k=\frac{1}{2}m_1v_1^2+\frac{1}{2}m_2v_2^2$$

则碰撞过程中动能的损失为

$$\Delta E_k=\frac{1}{2}\frac{(1-e^2)m_1m_2(v_{10}-v_{20})^2}{m_1+m_2} \tag{4-52}$$

当 e=1 时为弹性碰撞，这时 ΔE_k=0，碰撞过程中能量守恒。当 e=0 时为完全非弹性碰撞，这时 ΔE_k 最大且为 $\Delta E_k=\frac{1}{2}\frac{m_1m_2(v_{10}-v_{20})^2}{m_1+m_2}$。

上面讨论了宏观物体的碰撞，并引入了恢复系数 e，但对于微观粒子的“碰撞”则不能引入恢复系数。

4.7.2 斜碰

讨论两球碰前的速度不在两球球心连线上的情况。当然，两球碰后的速度也一定不在两球球心的连线上，这种碰撞称为二维碰撞，即斜碰。在这种情况下，系统的动量守恒定律为矢量形式，即

$$m_1\boldsymbol{v}_{10}+m_2\boldsymbol{v}_{20}=m_1\boldsymbol{v}_1+m_2\boldsymbol{v}_2$$

对于二维碰撞，如果两球是光滑的，可将碰撞时两球的连心线选为 x 轴，与连心线垂直的方向为 y 轴，如图 4-22 所示。在 x 轴方向上两球互相压缩。在 y 轴方向上两球没有互相压缩，因此，碰撞前后两球在 y 方向的分速度分别保持原有数值。

根据以上讨论，在 y 方向上有

$$v_{1y}=v_{10y},v_{2y}=v_{20y}$$

在 x 方向上按正碰处理，得

$$m_1v_{10x}+m_2v_{20x}=m_1v_{1x}+m_2v_{2x}$$

$$v_{2x}-v_{1x}=e(v_{10x}-v_{20x})$$

与一维碰撞一样，二维碰撞也分为弹性碰撞和非弹性碰撞。对于弹性碰撞仍然遵守机械能守恒定律。

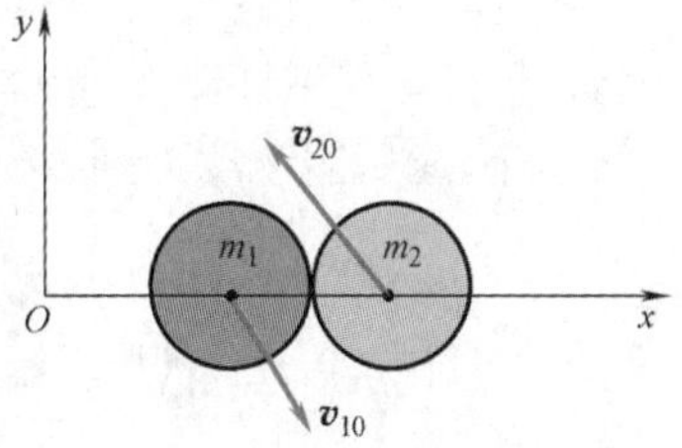

图 4-22　斜碰

例题 4-14 如图 4-23 所示，一小球从 h 高度处水平地抛出，初速度为 $\boldsymbol{v}_0$，落地时小球在光滑的固定平面上。

（1）设恢复系数为 e，求这个小球回跳速度 $\boldsymbol{v}_1$ 的大小和方向。

（2）如以 φ_1 表示入射角，φ_2 表示反射角，试证：$\tan\varphi_2 = \frac{1}{e}\tan\varphi_1$。

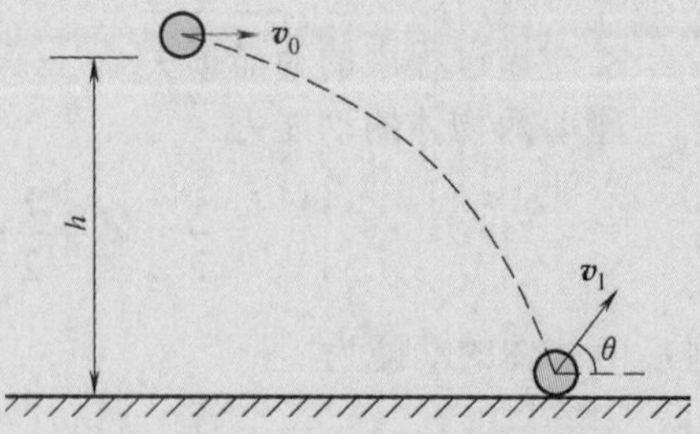

图 4-23 例题 4-14 图

解 （1）小球水平方向不受力，所以水平方向的动量守恒，即

$$mv_0 = mv_1\cos\theta \tag{1}$$

竖直方向球与地面碰撞，应用碰撞定律有

$$e = \frac{v_1\sin\theta}{\sqrt{2gh}} \tag{2}$$

由式（1）与式（2）联立求解，得

$$v_1 = \sqrt{v_0^2 + 2ghe^2},\quad \tan\theta = \frac{e\sqrt{2gh}}{v_0}$$

（2）φ_1 为入射角，则

$$\tan\varphi_1 = \frac{v_0}{\sqrt{2gh}}$$

φ_2 为反射角，则

$$\tan\varphi_2 = \frac{v_0}{v_1\sin\theta} = \frac{v_0}{e\sqrt{2gh}} = \frac{1}{e}\tan\varphi_1$$

例题 4-15 质量分别为 m 和 m' 的两个小球，系于等长线上，构成连于同一悬挂点的单摆，如图 4-24 所示。将 m 拉至高 h 处，由静止释放。在下列情况下，求两球上升的高度。(1) 碰撞是完全弹性的；(2) 碰撞是完全非弹性的。

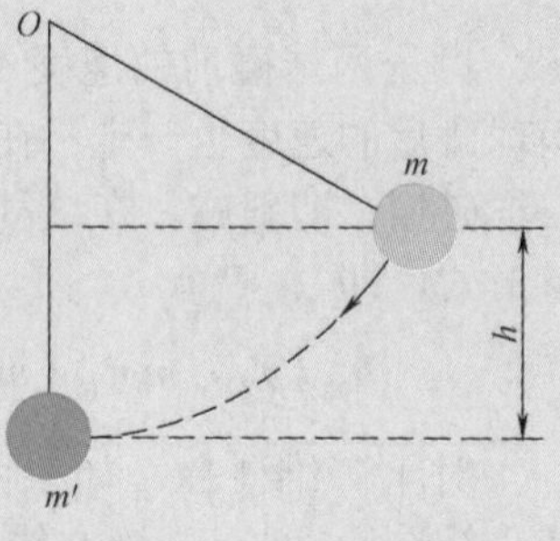

图 4-24 例题 4-15 图

解 （1）碰撞前小球 m 的速度 $v_0=\sqrt{2gh}$，由于碰撞是完全弹性的，所以满足动量守恒，并且碰撞前后动能相等。设两小球碰撞后的速度分别为 v 和 v'，则有

$$mv + m'v' = mv_0 = m\sqrt{2gh}$$

$$\frac{1}{2}mv^2 + \frac{1}{2}m'v'^2 = \frac{1}{2}mv_0^2 = mgh$$

可解得

$$v = \frac{m-m'}{m+m'}\sqrt{2gh}$$

$$v' = \frac{2m}{m+m'}\sqrt{2gh}$$

设碰撞后 m 和 m' 上升的高度分别为 H 和 H' 的，则有

$$\frac{1}{2}mv^2 = mgH,\quad \frac{1}{2}m'v'^2 = m'gH'$$

由此可得

$$H = \left(\frac{m-m'}{m+m'}\right)^2 h,\quad H' = \left(\frac{2m}{m+m'}\right)^2 h$$

（2）完全非弹性碰撞，设两球的共同速度为 u，由动量守恒定律可得

$$(m+m')u = mv_0 = m\sqrt{2gh}$$

所以

$$u = \frac{m}{m+m'}\sqrt{2gh}$$

两球上升的高度为

$$H = \frac{u^2}{2g} = \left(\frac{m}{m+m'}\right)^2 h$$

例题 4-16　热中子被静止的氦核散射。已知氦核的质量为 M，热中子的质量为 m，且 M/m=4，散射可视为完全弹性碰撞。已知中子的散射角 θ=111°，如图 4-25 所示。求中子在散射过程中损失了多少能量？

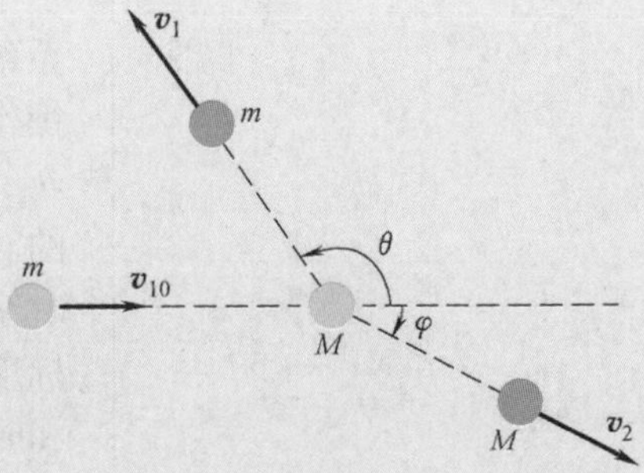

图 4-25　例题 4-16 图

解　设中子被散射前的速度为 v_{10}，散射后中子和氦核的速度分别为 v_1 和 v_2，φ 为 v_2 与 v_{10} 间的夹角，由动量守恒和机械能守恒定律可得

$$mv_{10} = mv_1\cos\theta + 4mv_2\cos\varphi$$

$$mv_1\sin\theta - 4mv_2\sin\varphi = 0$$

$$\frac{1}{2}mv_{10}^2 = \frac{1}{2}mv_1^2 + \frac{4}{2}mv_2^2$$

化简得

$$4v_2\cos\varphi = v_{10} - v_1\cos\theta$$

$$4v_2\sin\varphi = v_1\sin\theta$$

$$4v_2^2 = v_{10}^2 - v_1^2$$

以上三式联立，解得

$$v_1 = 0.706v_{10}$$

散射后与散射前中子的动能之比为

$$\frac{E_k}{E_{k0}} = \frac{v_1^2}{v_{10}^2} = 0.706^2 \approx 0.50$$

所以动能约损失了 50%。

4.8　对称性原理与守恒定律

4.8.1　对称性与守恒定律

1. 对称性

我们周围的世界丰富多彩、千变万化。动物、植物、街道、房屋、地面的景物、天上的星辰、各种现象、各种过程等虽然千差万别，仿佛彼此互不相关、没有重复、没有共同点。但是，如果我们仔细观察一下，仍然会在这个变化万千的世界里找到一类普遍存在的现象，那就是对称性。自然界和人类都很喜欢对称性。

自然界中的对称现象是随处可见的。植物的叶子几乎都有左右对称的形状，花朵的美丽与轴对称和左右对称是分不开的，动物的形体几乎都是左右对称的，雪花有多种对称性，分子或原子的对称排列也是晶体微观结构的普遍规律。

在数学和物理学中，对称性已具有十分广泛的含义。1951 年，德国数学家外尔（H.Weyl）提出了关于对称性的普遍的、严格的定义："如果一个操作使系统从一个状态变到另一个与之等价的状态，或者说系统在此操作下不变，则称这个系统对这一操作是对称的。此操作称为这个系统的一个对称操作。"

由于"变换"或"操作"方式的不同，可以有各种不同的对称性。最常见的对称操作是时空操作，相应的对称性称为时空对称性。空间操作有平移、转动、镜像反射、空间反演和标度变换（尺度的放大或缩小），等等。时间操作有时间平移和时间反演等。伽利略变换是一种时空联合操作。除时空操作外，物理学中还涉及许多其他的对称操作，如全同粒子置换、规范变换和正反粒子共轭变换等。除此之外，还可以有几种不同类型变换的复合变换。

2. 物理规律的对称性

在物理学中存在着两类不同性质的对称性：一类是某个系统或某件具体事物的对称性；另一类是物理规律的对称性。物理规律的对称性是指经过一定的操作后，物理规律的形式保持不变。因此，物理规律的对称性又叫作不变性。两个质点组成的系统具有轴对称性，属于第一类；牛顿运动定律具有伽利略变换下的不变性，属于第二类。

物理学也研究几何对称性，例如晶体结构的各种对称性等，但更重要的是研究物理定律的对称性，即物理定律在某种操作下的不变性。这些操作包括时间平移、空间平移、空间转动、空间镜像、惯性系坐标变换等。

物理定律的时间平移不变性是指在同宇宙演化相比短得多的有限时间中，物理定律在任何时间平移操作后的某时刻其形式都不会改变。物理定律的空间平移不变性是指在宇宙空间的有限范围内，物理定律在空间任何位置都相同。物理定律的空间转动不变性是指物理定律在空间所有方向上都相同，不管将物理实验仪器在空间如何转向，只要实验条件相同，就应得到相同的实验结果。物理定律的镜像不变性是指空间是左右对称的。物理定律的惯性系变换不变性是指当从一个惯性系变换到另一个惯性系中时，物理定律保持不变。

在低速情形下，牛顿运动定律在伽利略变换下保持不变性，但在高速情形下，用洛伦兹变换时，牛顿运动定律的形式不变性不再成立，故需要将它改造为相对论力学规律。

物理定律的对称性也可以用一种否定形式来表述。就是说人们不可能通过物理实验来确定所处的时间的绝对值、所在空间的绝对位置和空间的绝对方向，也不可能确定绝对的左和绝对的右。在某参考系内所做的物理实验也不可能确定该参考系在空间的绝对速度。物理定律的对称性归根到底反映了时空的特性。

3. 诺特定理

物理定律的对称性与守恒定律有着密切的关系。1918 年建立的诺特（E. Noether）定理指出：如果运动规律在某一不明显依赖于时间的变换下具有不变性，必然相应地存在一个守恒定律。简而言之，对应于每一种对称性都有一条守恒定律。这个定理首先是在经典物理学中给出的，后来经过推广，在量子力学范围内也能够成立。

诺特定理的重要意义在于它把运动规律在某一变换下的不变性直接与守恒定律的存在联系了起来，而且如果运动定律对某一变换群中所有的变换都不变，则守恒定律的数目与变换群中变换的数目相同。物理学在探索新的领域中的未知规律时，常常首先是从实验上发现一些守恒定律，再通过对称性和守恒定律的联系来认识未知规律应具有哪些对称性。

如果运动规律的某一对称性并不严格成立，而有所破缺（breaking），那么它所对应的守恒量将变为近似守恒量，其不守恒部分所占的比例将随破缺所占的比例而定。正是由于这种性质，物理学家可以根据实际观测到的近似守恒程度，反过来推测基本运动规律可能采取的形式。

对称性原理和守恒定律是跨越物理学各个领域的普遍法则，因此在涉及一些具体的定律之前，往往可能根据对称性原理和守恒定律做出一些定性判断，得到一些有用的信息。这些法则不仅不会与已知领域里的具体定律相悖，还能指导人们去探索未知的领域。当代的理论物理学家，特别是粒子物理学家，正在运用对称性法则以及与之相应的守恒定律去寻求物质结构更深层次的奥秘。

4.8.2　时空对称性与三大守恒定律

下面讨论时空对称性与动量、角动量和能量三大守恒定律的内在联系。

1. 空间平移不变性与动量守恒

如果整个体系沿空间某方向（如 x 轴）平移一个任意大小的距离后它的力学性质不变，则称这个体系对该方向具有空间

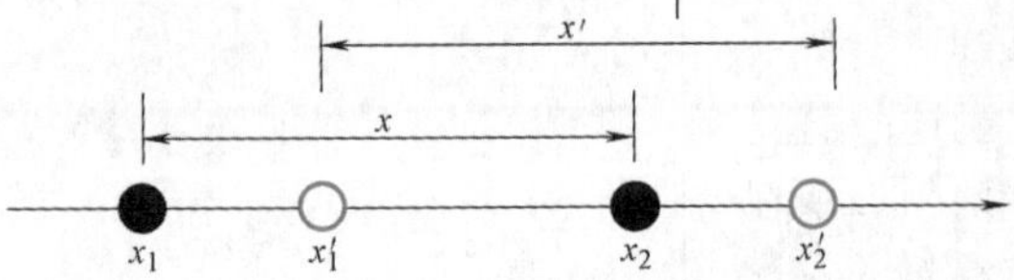

图 4-26 空间平移对称性

平移不变性或空间平移对称性，也就是说，具有空间均匀性。假定体系由两个相互作用着的粒子组成，而且只限于在具有平移对称性的 x 轴上运动，如图 4-26 所示。当两个粒子间的距离为 $x=x_2-x_1$ 时，体系的势能为 $U=U(x_1, x_2)$，当体系发生一平移 Δx 时，两粒子的坐标分别变为 $x_1'=x_1+\Delta x$ 和 $x_2'=x_2+\Delta x$，但两粒子间的距离并未改变，即 $x'=x_2'-x_1'=x_2-x_1=x$。空间的平移对称性意味着势能与 Δx 无关，即在空间平移操作下势能保持不变，这只有当势能 U 只是两个粒子的间距 x 的函数时才有可能，即

$$U=U(x)=U(x_2-x_1)=U(x_2'-x_1')$$

在这样的条件下，粒子 1 和粒子 2 所受到的力分别为

$$F_1=-\frac{\partial U}{\partial x_1}=-\frac{\partial U}{\partial x}\frac{\partial x}{\partial x_1}=\frac{\partial U}{\partial x},\quad F_2=-\frac{\partial U}{\partial x_2}=-\frac{\partial U}{\partial x}\frac{\partial x}{\partial x_2}=-\frac{\partial U}{\partial x}$$

于是有

$$F_1+F_2=0$$

而

$$F_1=\frac{\mathrm{d}p_1}{\mathrm{d}t},\quad F_2=\frac{\mathrm{d}p_2}{\mathrm{d}t}$$

则

$$\frac{\mathrm{d}p_1}{\mathrm{d}t}+\frac{\mathrm{d}p_2}{\mathrm{d}t}=\frac{\mathrm{d}}{\mathrm{d}t}(p_1+p_2)=0$$

上式表明，两个粒子体系的总动量 p_1+p_2 不随时间改变，这就是动量守恒定律。

2. 空间各向同性与角动量守恒

如果体系在绕任意轴转动一个任意角度后它的力学性质不变，则称这个体系具有转动不变性或转动对称性，也就是说，具有空间各向同性。仍考虑两个粒子系统，如图 4-27 所示，一个粒子固定在点 B，另一个粒子从点 A 沿着以点 B 为中心的圆弧移动到点 A'，从而相互作用的势能改变为 $\Delta U=-F_t\Delta s$，空间各向同性意味着，两个粒子之间的相互作用势能只与它们之间的相对距离有关，而与两粒子之间连线所在空间的取向无关。所以上述操作不应改变两个粒子之间的相互作用势能，即 $\Delta U=0$，从而得到相互作用力的切向分量 $F_t=0$，或者两个粒子之间的相互作用力沿二者的连线，这一结论与角动量守恒是等价的。

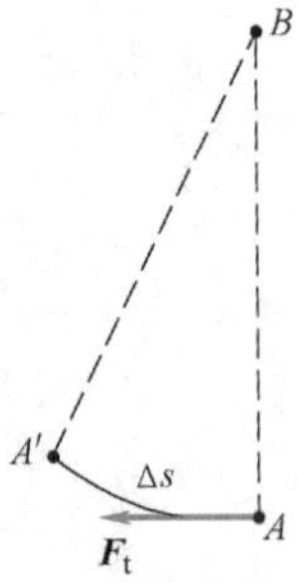

图 4-27 空间各向同性

3. 时间均匀性与能量守恒

如果系统的力学性质与计算时间的起点（t_0 时刻）无关，则称这个系统具有时间平移不变性或时间均匀性。从微观角度

看，在所有的系统中，粒子与粒子之间的相互作用可用相互作用势能来表示，时间均匀性意味着这种相互作用势能只与两个粒子之间的相对位置有关，而不应随时间的平移（$t'=t_0+t$）而改变，在这种情况下，系统的总能量是守恒的。

总之，运动规律对空间原点选择的平移不变性决定了动量守恒；运动规律对空间转动的不变性决定了角动量守恒；运动规律对时间原点选择的不变性决定了能量守恒。随着物理学的发展，人们所认识的事物内部的对称性越来越多，相应的守恒量也越来越多。除了动量、角动量和能量之外，还有电荷量、轻子数、重子数、同位旋和宇称等都是所谓守恒量。

本章提要

1. 动量定理

质点的动量：$\boldsymbol{p}=m\boldsymbol{v}$，质点系的动量：$\boldsymbol{p}=\sum_{i=1}^{N}m_i\boldsymbol{v}_i$

质点系的动力学方程：$\boldsymbol{F}=\dfrac{\mathrm{d}\boldsymbol{p}}{\mathrm{d}t}$

动量定理：微分形式 $\boldsymbol{F}\mathrm{d}t=\mathrm{d}\boldsymbol{p}$，积分形式 $\boldsymbol{I}=m\boldsymbol{v}_2-m\boldsymbol{v}_1$。

2. 动量守恒定律

若 $\boldsymbol{F}=0$，则 $\boldsymbol{p}=\sum_i\boldsymbol{p}_i=$恒矢量。

3. 质心运动定理

质心坐标：$\boldsymbol{r}_C=\dfrac{\sum_{i=1}^{N}m_i\boldsymbol{r}_i}{M}$，连续分布：$\boldsymbol{r}_C=\dfrac{\int\boldsymbol{r}\mathrm{d}m}{M}$

质心运动定理：$\boldsymbol{F}=M\boldsymbol{a}_C$

4. 角动量定理

质点的角动量：$\boldsymbol{L}=\boldsymbol{r}\times\boldsymbol{p}=\boldsymbol{r}\times m\boldsymbol{v}$

质点系的角动量：$\boldsymbol{L}=\sum_{i=1}^{N}\boldsymbol{r}_i\times m_i\boldsymbol{v}_i$

角动量定理：微分形式 $\boldsymbol{M}\mathrm{d}t=\mathrm{d}\boldsymbol{L}$，积分形式 $\int_{t_1}^{t_2}\boldsymbol{M}\mathrm{d}t=\Delta\boldsymbol{L}$。

5. 角动量守恒定律

质点：若 $\boldsymbol{M}=0$，则 $\boldsymbol{L}=$恒矢量

质点系：若 $\boldsymbol{M}=0$，则 $\boldsymbol{L}=\sum_i\boldsymbol{L}_i=$恒矢量

6. 碰撞

恢复系数：$e=\dfrac{v_2-v_1}{v_{10}-v_{20}}$

e 的取值范围在 0 到 1 之间：$e=1$ 代表弹性碰撞，$0<e<1$ 代表非弹性碰撞，$e=0$ 代表完全非弹性碰撞。

7. 对称性与守恒定律

运动规律对空间原点选择的平移不变性决定了动量守恒；运动规律对空间转动的不变性决定了角动量守恒；运动规律对时间原点选择的不变性决定了能量守恒。

思考题 4

S4-1. 一个物体可否具有能量而无动量？可否具有动量而无能量？举例说明。

S4-2. 一个比较小的力作用在一个静止的物体上，只能使它产生小的速度吗？一个比较大的力作用在一个静止的物体上，一定能使它产生大的速度吗？

S4-3. 如何才能接住对方猛投过来的篮球？为什么要这样接，试解释之。

S4-4. 如思考题 4-4 图所示，一重物的上、下两面分别系有同样的细绳，用其中的一根吊起。今

用力向下拉另一根绳，如果向下猛一拉，则下面的绳断而重物未动。如果用力慢慢拉绳，则上面的绳断开，为什么？

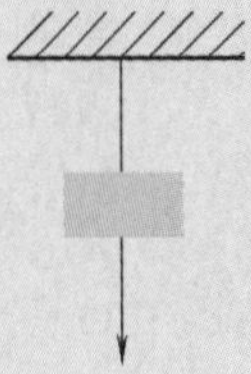

思考题 4-4 图

S4-5. 在系统的动量变化中，内力起什么作用？既然内力不改变系统的总动量，那么是不是不论系统内各质点有无内力作用，只要外力相同，各质点的运动情况就相同？

S4-6. 人体的质心是固定在身体内的某一点吗？你能把自己的质心移动到身体外面吗？

S4-7. 一朵五彩缤纷的焰火的质心运动轨迹如何？为什么在空中焰火总是以球形逐渐扩大？

S4-8. 在自行车后架的一边挂上重物，人骑上车后总要使自己向相反的方向倾斜，为什么？

S4-9. 在一个系统中，如果该系统的角动量守恒，动量是否一定守恒？反之，如果系统的动量守恒，角动量是否也一定守恒？

S4-10. 一质量为 m 的质点做匀速直线运动，这个质点对线外任意 O 点的角动量是否为恒量？

基础训练习题 4

1. 选择题

4-1. 一圆盘绕过盘心且与盘面垂直的轴 O 以角速度 ω 转动，如习题 4-1 图所示，将两个大小相等、方向相反，但不在同一条直线的力 F 沿盘面同时作用到圆盘上，则圆盘的角速度 ω

（A）必然增大。

（B）必然减少。

（C）不会改变。

（D）如何变化不能确定。

4-2. 如习题 4-2 图所示，一水平刚性轻杆，质量不计，杆长 l=20 cm，其上穿有两个小球。初始时，两小球相对杆中心 O 对称放置，与 O 的距离 d=5 cm，二者之间用细线拉紧。现在让细杆绕通过中心 O 的竖直固定轴做匀角速度的转动，转速为 ω_0，再烧断细线让两球向杆的两端滑动。不考虑转轴的摩擦和空气的阻力，当两球都滑至杆端时，杆的角速度为

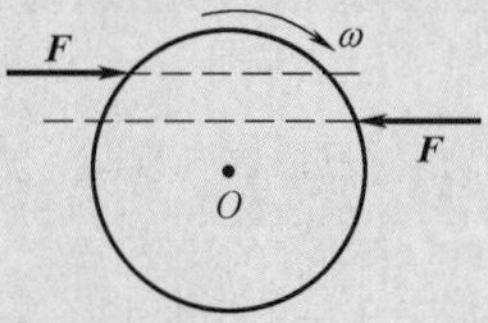

习题 4-1 图

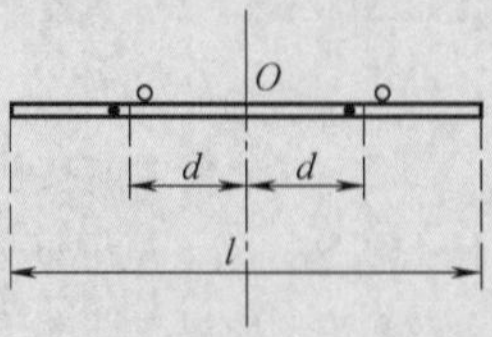

习题 4-2 图

（A）ω_0。

（B）$2\omega_0$。

（C）$\omega_0/2$。

（D）$\omega_0/4$。

4-3. 质量为 m 的铁锤竖直落下，打在木桩上并停下，设打击时间为 Δt，打击前铁锤速率为 v，则在打击木桩的时间内，铁锤所受平均合力的大小为

（A）$\dfrac{mv}{\Delta t}$。

（B）$\dfrac{mv}{\Delta t}-mg$。

（C）$\dfrac{mv}{\Delta t}+mg$。

（D）$\dfrac{2mv}{\Delta t}$。

4-4. 粒子 B 的质量是粒子 A 的质量的 4 倍，开始时粒子 A 的速度为（$3\boldsymbol{i}+4\boldsymbol{j}$），粒子 B 的速度为（$2\boldsymbol{i}-7\boldsymbol{j}$），由于两者的相互作用，粒子 A 的速度变为（$7\boldsymbol{i}-4\boldsymbol{j}$），此时粒子 B 的速度等于

（A）$\boldsymbol{i}-5\boldsymbol{j}$ 。

（B）$2\boldsymbol{i}-7\boldsymbol{j}$。

（C）0。

（D）$5\boldsymbol{i}-3\boldsymbol{j}$。

4-5. 一质量为 M 的斜面原来静止于光滑水平面上，将一质量为 m 的木块轻轻地放于斜面上，如习题 4-5 图所示，如果此后木块能静止于斜面上，则斜面将

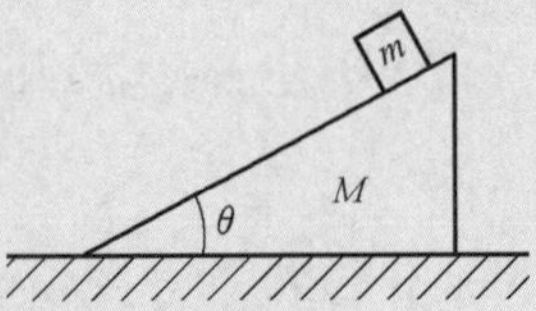

习题 4-5 图

（A）保持静止。

（B）向右加速运动。

（C）向右匀速运动。

（D）向左加速运动。

4-6. 如习题 4-6 图所示，圆锥摆的摆球质量为 m，速率为 v，圆形轨道的半径为 R，当摆球在轨道上运动半周时，摆球所受重力冲量的大小为

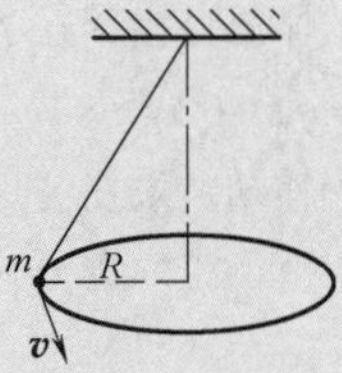

习题 4-6 图

（A）2mv。

（B）$\sqrt{(2mv)^2+\left(\dfrac{mg\pi R}{v}\right)^2}$。

（C）$\dfrac{\pi Rmg}{v}$。

（D）0。

4-7. 如习题 4-7 图所示，一斜面固定在货车上，一物块置于该斜面上，在货车沿水平方向加速起动的过程中，物块在斜面上无相对滑动，说明在此过程中摩擦力对物块的冲量

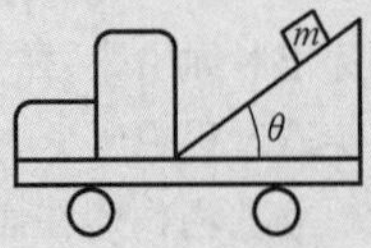

习题 4-7 图

（A）水平向前。

（B）只可能沿斜面向上。

（C）只可能沿斜面向下。

（D）沿斜面向上或沿斜面向下均有可能。

2. 填空题

4-8. 如习题 4-8 图所示，质点 P 的质量为 2 kg，位置矢量为 $\boldsymbol{r}$，速度为 $\boldsymbol{v}$，它受到力 $\boldsymbol{F}$ 的作用。三个矢量均在 xOy 平面内，且 $r = 3.0$ m，$v = 4.0\text{m}\cdot\text{s}^{-1}$，$F = 2$ N，则该质点对原点 O 的角动量 L=________；作用在质点上的力对原点 O 的力矩 M=________。

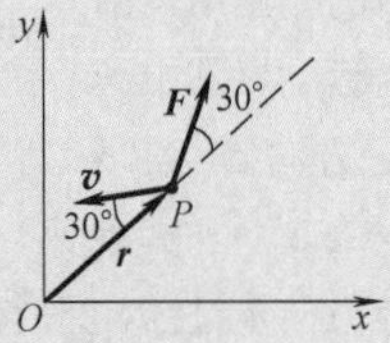

习题 4-8 图

4-9. 质量为 m 的质点，当它处在 $\boldsymbol{r}=-2\boldsymbol{i}+4\boldsymbol{j}+6\boldsymbol{k}$ 的位置时的速度 $\boldsymbol{v}=5\boldsymbol{i}+4\boldsymbol{j}+6\boldsymbol{k}$，则其对原点的角动量为________。

4-10. 一质量为 m=2 200 kg 的汽车以 v=60 km·h^{-1} 的速率沿一平直公路行驶，则汽车对公路一侧距公路为 d=50 m 的一点的角动量为__________；对公路上任一点的角动量为_________。

4-11. 如习题 4-11 图所示，两块并排的木块 A 和 B，质量分别为 m_1 和 m_2，静止地放在光滑的水平面上，一子弹水平地穿过两木块，设子弹穿过两木块所用的时间分别为 Δt_1 和 Δt_2，木块对子弹的阻力为恒力 $\boldsymbol{F}$，则子弹穿出后，木块 A 的速度大小为_________，木块 B 的速度大小为________。

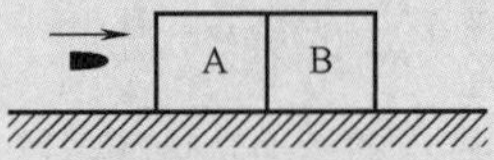

习题 4-11 图

4-12. 在光滑的水平面上，一根长 L=2 m 的绳子，一端固定于 O 点，另一端系一质量为 m=0.5 kg 的物体，开始时，物体位于位置 A，OA 间距离 d=0.5 m，绳子处于松弛状态，现在使物体以初速度 v_A=4 m·s^{-1} 垂直于 OA 向右滑动，如习题 4-12 图所示，设在以后的运动中物体到达位置 B，此时物体速度的方向与绳垂直，则此时刻物体对点 O 的角动量的大小 L_B=__________，物体速度的大小 v_B=_________。

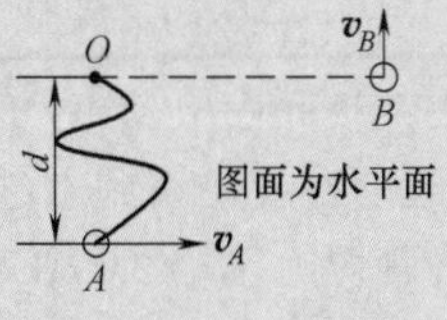

习题 4-12 图

4-13. 如习题4-13图所示，一质点在几个力的作用下，沿半径为 R 的圆周运动，其中一个力是恒力 $\boldsymbol{F}_0$，方向始终沿 x 轴正向，即 $\boldsymbol{F}_0=F_0\boldsymbol{i}$，当质点从 A 点沿逆时针方向走过 3/4 圆周到达 B 点时，F_0 所做的功为 A=____________。

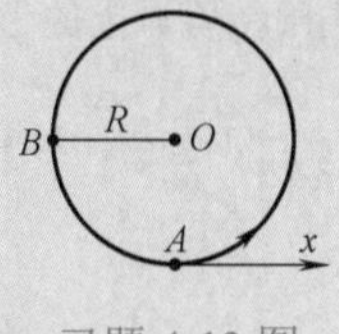

习题 4-13 图

4-14. 水力采煤是利用高压水枪喷出的强力水柱来冲击煤层。设水柱直径为 D=30 mm，水速 v=56 $\mathrm{m\cdot s^{-1}}$，水柱垂直射到煤层表面上，冲击煤层后速度变为零。水柱对煤层的平均冲力 $\boldsymbol{F}$ 等于____________。

4-15. 质量为 m 的质点，以不变速率 v 沿着习题 4-15 所示的三角形 ABC 的水平光滑轨道运动。当质点越过角 A 时，轨道作用于质点冲量的大小等于__________。

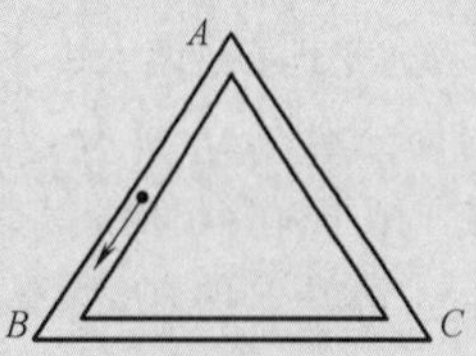

习题 4-15 图

4-16. 一质点的运动轨迹如习题 4-16 图所示。已知质点的质量为 20 g，在 A、B 两位置处的速率都是 20 $\mathrm{m\cdot s^{-1}}$，$\boldsymbol{v}_A$ 与 x 轴成 45°角，$\boldsymbol{v}_B$ 与 y 轴垂直，则质点由点 A 运动到点 B 这段时间内，作用在质点上力的总冲量大小等于__________。

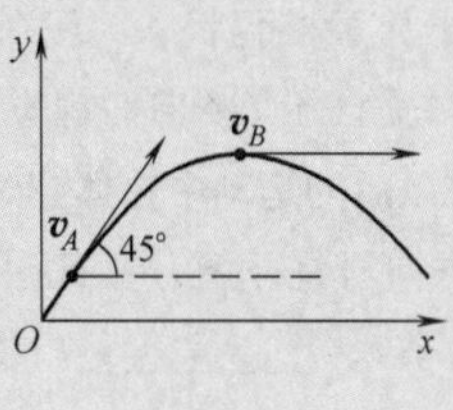

习题 4-16 图

3. 计算题

4-17. 质量为 M 的平板车，在水平地面上无摩擦地运动。若有 N 个人，质量均为 m，站在车上。开始时车以速度 v_0 向右运动，后来人相对于车以速度 u 向左快跑。

试证明：（1）N 个人一同跳离车以后，车速为

$$v=v_0+\frac{Nmu}{M+Nm};$$

（2）车上 N 个人均以相对于车的速度 u 向左相继跳离，N 个人均跳离后，车速为

$$v'=v_0+\frac{mu}{M+Nm}+\frac{mu}{M+(N-1)m}+\cdots+\frac{mu}{M+m}$$

4-18. 如习题 4-18 图所示，用传送带 A 输送煤粉，料斗口在 A 上方高 h=0.5 m 处，煤粉自料斗口自由落在 A 上，设料斗口连续卸煤的流量为 q_m=40 $\mathrm{kg\cdot s^{-1}}$，A 以 v=2.0 $\mathrm{m\cdot s^{-1}}$ 的水平速度向右移动，求在装煤的过程中，煤粉对 A 的作用力的大小和方向（不计相对传送带静止的煤粉质量）。

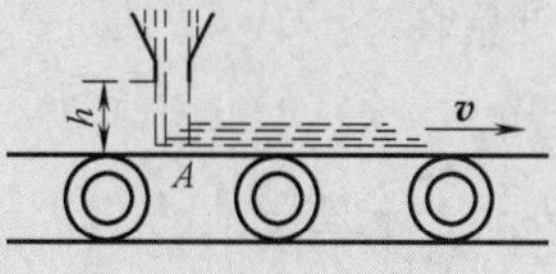

习题 4-18 图

4-19. 如习题 4-19 图所示，质量为 M=1.5 kg 的物体，用一根长为 l=1.25 m 的细绳悬挂在天花板上，今有一质量为 m=10 g 的子弹以 v_0=500 $\mathrm{m\cdot s^{-1}}$ 的水平速度射穿物体，刚穿出物体时子弹的速度大小 v=30 $\mathrm{m\cdot s^{-1}}$，设穿透时间极短，求：

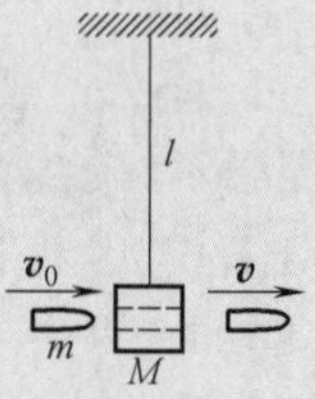

习题 4-19 图

（1）子弹刚穿出时绳中张力的大小；

（2）子弹在穿透过程中所受的冲量。

4-20. $F=30+4t$ 的力作用在质量为 10 kg 的物体上，求：

（1）在开始的 2 s 内，此力的冲量是多少？

（2）要使冲量等于 300 N · s，此力作用的时间为多少？

（3）若物体的初速度为 10 $\mathrm{m\cdot s^{-1}}$，方向与 $\boldsymbol{F}$ 相同，当 t=6.86s 时，此物体的速度是多少？

4-21. 质量为 m 的质点在 xOy 平面内运动，其运动方程为 $\boldsymbol{r}=a\cos\omega t\boldsymbol{i}+b\sin\omega t\boldsymbol{j}$，试求：

（1）质点的动量；

（2）从 $t=0$ 到 $t=\dfrac{2\pi}{\omega}$ 这段时间内质点受到的合力的冲量；

（3）在上述时间内，质点的动量是否守恒？为什么？

4-22. 如习题 4-22 图所示，沙子从 $h=0.8$ m 处下落到以 $v_0=3\ \mathrm{m\cdot s^{-1}}$ 的速率沿水平向右运动的传送带上，若每秒钟落下 100 kg 的沙子，求传送带对沙子作用力的大小和方向。

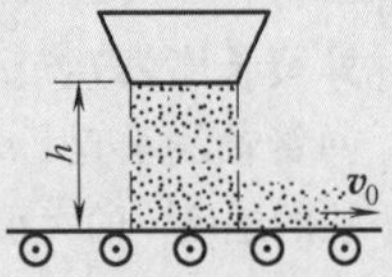

习题 4-22 图

4-23. 矿砂从传送带 A 落到另一传输送 B，其速度大小分别为 $v_1=4\ \mathrm{m\cdot s^{-1}}$，$v_2=2\ \mathrm{m\cdot s^{-1}}$ 方向如习题 4-23 图所示。设传送带的运送量 $\dfrac{\Delta m}{\Delta t}=2000$ $\mathrm{kg\cdot h^{-1}}$，求矿砂作用在传送带 B 上的力的大小和方向。

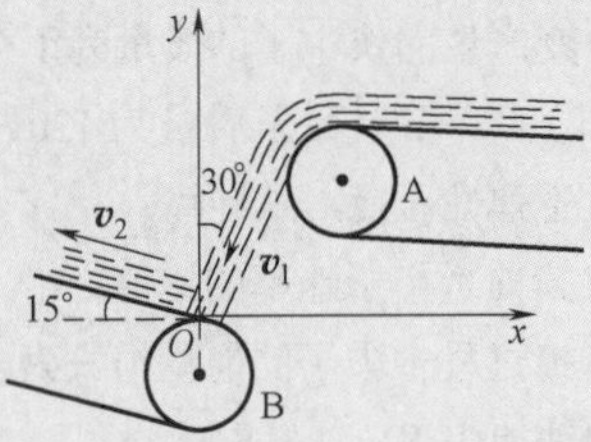

习题 4-23 图

4-24. 如习题 4-24 图所示，浮吊的质量 $M=20$ t，从岸上吊起 $m=2$ t 的重物后，再将吊杆与竖直方向的夹角 θ 由 60° 转到 30°，设杆长 $l=8$ m，水的阻力与杆重略而不计，求浮吊在水平方向上移动的距离。

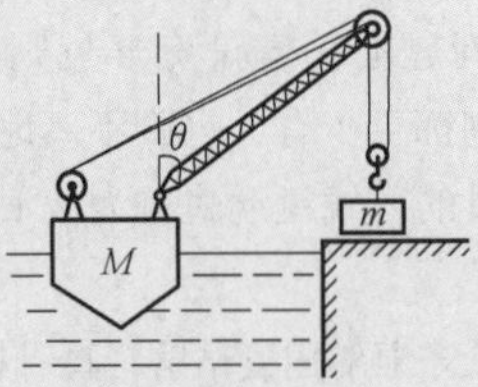

习题 4-24 图

4-25. 某人造地球卫星的质量为 $m=1\ 802$ kg，在离地面 2 100 km 的高空沿圆形轨道运行。试求卫星对地球中心的角动量（地球半径 $R_{地}=6.40\times10^6$ m）。

4-26. 若将月球轨道视为圆周，其转动周期为 27.3 天，求月球对地球中心的角动量及面积速度（$m_{月}=7.35\times10^{22}$ kg，轨道半径 $R=3.84\times10^8$ m）。

4-27. 氢原子中的电子以角速度 $\omega=4.13\times10^6\ \mathrm{rad\cdot s^{-1}}$ 在半径 $r=5.3\times10^{-10}$m 的圆形轨道上绕质子转动。试求电子的轨道角动量，并以普朗克常量 h 表示之（$h=6.63\times10^{-34}\ \mathrm{J\cdot s}$）。

4-28. 6 月 22 日，地球处于远日点，到太阳的距离为 1.52×10^{11} m，轨道速度为 $2.93\times10^4\ \mathrm{m\cdot s^{-1}}$。6 个月后，地球处于近日点，到太阳的距离为 1.47×10^{11} m。求：

（1）在近日点地球的轨道速度；

（2）两种情况下地球的角速度。

4-29. 哈雷彗星绕太阳运行的轨道是一个椭圆。它离太阳最近的距离是 $r_1=8.75\times10^{10}$ m，这时它的速率为 $v_1=5.46\times10^4\ \mathrm{m\cdot s^{-1}}$；它离太阳最远时的速率是 $v_2=9.08\times10^2\ \mathrm{m\cdot s^{-1}}$，这时它离太阳的距离 r_2 是多少？

4-30. 我国第一颗人造地球卫星沿椭圆形轨道运行，地球的中心是椭圆的一个焦点。已知地球半径 $R=6\ 378$ km，卫星与地面的最近距离为 439 km，与地面的最远距离为 2 384 km。若卫星在近地点的速率为 $8.1\ \mathrm{km\cdot s^{-1}}$，求它在远地点的速率是多大？

4-31. 如习题 4-31 图所示的刚性摆，由两根带有小球的轻棒构成，小球的质量为 m，棒长为 l。此摆可绕无摩擦的铰链 O 在竖直面内摆动。试写出：

（1）此摆所受的对铰链的力矩；

（2）此摆对铰链的角动量。

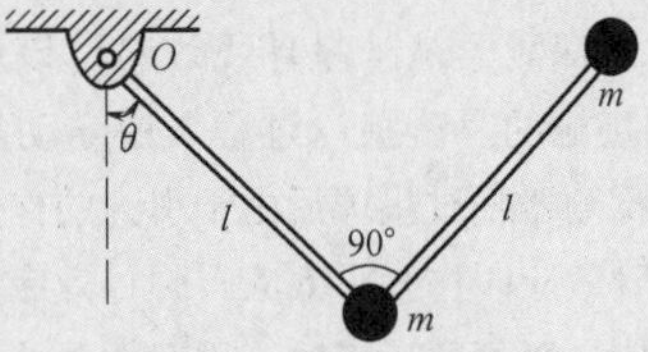

习题 4-31 图

4-32. 有两个质量都为 50 kg 的滑冰运动员，沿着相距 1.5 m 的两条平行线相向运动，速率皆为 $10\ \mathrm{m\cdot s^{-1}}$。当两人相距为 1.5 m 时，恰好伸直手臂相互握住手。求：

（1）两人握住手以后绕中心旋转的角速度；

（2）若两人通过弯曲手臂而靠近到相距为1.0 m时，角速度变为多大？

4-33. 质量为m的质点开始时处于静止状态，在力F的作用下沿直线运动。已知$F = F_0\sin\frac{2\pi t}{T}$，方向与直线平行。求：

（1）在0到T的时间内，力F的冲量的大小；

（2）在0到$\frac{T}{2}$时间内，力F冲量的大小；

（3）在0到$\frac{T}{2}$时间内，力F所做的总功；

（4）讨论质点的运动情况。

4-34. 如习题4-34图所示，将质量为m的球，以速率v_1射入最初静止于光滑平面上的质量为M的弹簧枪内，使弹簧达到最大压缩点，这时球体和弹簧枪以相同的速度运动。假设在所有的接触中无能量损耗，试问球的初动能有多大部分储存于弹簧中？

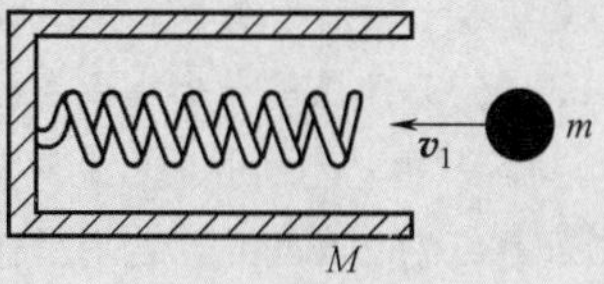

习题4-34图

4-35. 角动量为L，质量为m的人造地球卫星，在半径为r的圆形轨道上运行，试求其动能、势能和总能量。

4-36. 已知某人造卫星的近地点高度为h_1，远地点高度为h_2，地球的半径为R。试求卫星在近地点和远地点处的速率。

4-37. 如习题4-37图所示，在水平光滑平面上有一轻弹簧，一端固定，另一端系一质量为m的滑块。弹簧原长为L_0，劲度系数为k。当t=0时，弹簧长度为L_0。滑块获得一水平速度v_0，方向与弹簧轴线垂直。t时刻弹簧长度为L。求t时刻滑块的速度v的大小和方向（用θ角表示）。

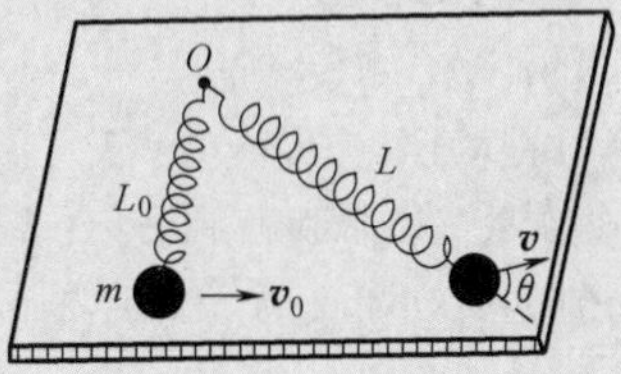

习题4-37图

4-38. 在核反应堆中，石墨被用作快速中子的减速剂，裂变产生的快中子的质量为1个原子质量单位（记作1u），石墨原子质量为12u。若中子与石墨原子发生弹性碰撞，试计算：

（1）碰撞前后中子速率的比值；

（2）碰撞过程中中子的能量损失为多少？设碰撞前中子的动能为E_0。

综合能力和知识拓展与应用训练题

1. 弹弓效应

当空间探测器从一星球飞过时，该过程可视为一种无接触的“碰撞”过程，遵守动量守恒定律。因此探测器绕过星球后由于引力的作用速度增大了，这种效应叫作弹弓效应。弹弓效应是航天技术中增大宇宙探测器速率的一种有效办法。

问题：弹弓效应为什么能够增大探测器速率？

2. 竞走速度与摇摆

跑道上竞走的运动员为了保持在任何时刻至少有一只脚不离地，在快速竞走时总是不断地左右摇摆臀部，竞走速度越快，摇摆就越剧烈。试利用所学知识加以分析，得出竞走速度的大小与有关量的关系，进而解释这一现象。

提示：问题的关键是竞赛规则要求运动员竞走的任何时刻都至少有一只脚不离地。因此在竞走过程中运动员的直线运动轨迹为波浪线。

3. 飞机尾翼

从角动量守恒的角度试解释直升机尾翼的功能。

提示：直升机的起飞很大程度上依赖于角动量守恒，因为起飞时角动量为零，所以会一直为零。而直升机的螺旋桨是一定要旋转的，这就让直升机只有机身不停地往相反方向去旋转才可能保证总角动量始终为零。在没有尾翼的情况下，这种反向旋转是不可避免的，为了让机身不转，必须打破角动量守恒，这就要提供外力矩，尾翼就是用来提供外力矩的。

阅读材料——动量传递概述

动量传递、热量传递和质量传递并列为三种传递过程。动量传递是指在流动着的流体中动量由高速流体层向相邻的低速流体层的转移，动量传递影响到流动空间中速度分布的状况和流动阻力的大小，并且因此而影响热量和质量的传递。动量传递是化工设备、石油储运设备研究和设计的基础。

动量传递的理论基础是流体力学，它的主要研究对象是黏性流体流动。流体的宏观性质主要是易流动性、黏性及压缩性。而动量传递理论主要涉及的是流体的黏性。人们一般有下列常识：油比水黏；黏度是温度的函数。真实的流体都有黏性，当相邻两层流体做相对滑动即发生剪切变形时，在相反方向产生一切应力，阻止变形的发生。因此，切应力与剪切变形速度之间存在一定的关系，流体的这种性质称为黏性。

黏性流体中的动量传递主要通过以下两种过程实现，一是分子动量传递，即由分子热运动和分子间的吸引力产生；二是涡流动量传递，由流体微团的脉动运动（或涡旋运动）产生。动量传递的两个前提是相邻流体层间存在的速度差异（速度梯度）和物质的交换。当此两流体层间由于分子的热运动或流体微团的脉动运动（类似于湍流现象：湍流是流体的一种流动状态。当流速很小时，流体分层流动，互不混合，称为层流，也称为稳流或片流；逐渐增加流速，流体的流线开始出现波浪状的摆动，摆动的频率及振幅随流速的增加而增加，此种流况称为过渡流；当流速增加到很大时，流线不再清楚可辨，流场中有许多小漩涡，层流被破坏，相邻流层间不但有滑动，还有混合。这时的流体做不规则运动，有垂直于流管轴线方向的分速度产生，这种运动称为湍流，又称为乱流、扰流或紊流）而造成物质的交换时，动量便由动量较大的层传递到动量较小的层。

动量传递速率由动量通量表示，为单位时间、单位面积上所传递的动量。由物理学的动量定理推知：动量传递的结果，在层间必出现切应力，大小等于动量通量。对动量较大的流体层来说，切应力的方向与流动方向相反，它阻滞流体的前进；而对动量较大的流体层来说，切应力的方向与流动方向相同，它推动流体前进。动量传递研究的基本点是动量通量（即切应力）和速度梯度（即切应变率）的关系。对分子尺度上的动量传递，切应力与切应变率的关系反映流体的力学属性。对微团尺度上的涡流动量传递，切应力与切应变率的关系不仅因流体性质而异，而且与流动空间的几何形状和尺寸以及边界表面状况和流动速度等有关，具体定量关系可参照相关化工专业书籍。

参 考 文 献

[1] 刘爱红．大学物理能力训练与知识拓展［M］．北京：科学出版社，2004．
[2] 阎建民，刘辉．化学传递过程导论［M］．北京：科学出版社，2009．
[3] 陈涛，张国亮．化学传递过程基础［M］．北京：化学工业出版社，2004．

第 5 章　刚体力学基础

引　言

质点是力学中建立的一个最简单、最基本的理想模型，但是对于机械运动的研究，只局限于质点的情况还是不够的。质点的运动事实上只代表了物体的平动，而物体是有形状和大小的，它可以做平动、转动，甚至更复杂的运动。同时在运动的过程中，物体的形状也可能发生改变，所以为了使问题简化，我们将进一步引入相应的物理模型——刚体。刚体是在任何情况下其形状和大小都不发生变化的物体，也就是其上任意两点之间的距离保持不变的物体。实际上物体在外力的作用下，会发生形状及大小的变化，但是如果这种变化对物体运动的影响可以忽略，则可以将物体抽象为刚体。在研究刚体的运动时，可以将其看成是由许多小的质量元（简称质元）组成，且每个质元可看成质点。对质元应用力学规律，再考虑刚体的特点，就可以推演出刚体的运动规律。本章着重讨论刚体定轴转动的转动定律、转动惯量、动能定理、角动量定理和角动量守恒定律，同时介绍刚体的进动。

上图是风力发电机。20 世纪 70 年代初期，由于“石油危机”，出现了能源紧张的问题，人们认识到常规矿物能源供应的不稳定性和有限性，于是寻求清洁的可再生能源遂成为现代世界的一个重要课题。其中，风能作为可再生、无污染的自然能源引起了人们的重视。风力发电的原理是利用风力产生的力矩带动风车叶片旋转，由于风轮的转速比较低，而且风力的大小和方向经常变化着，这又使转速不稳定。所以，在带动发电机之前，还必须附加一个把转速提高到发电机额定转速的齿轮变速箱，再加上一个调速机构使转速保持稳定，然后再连接到发电机上将风能转化为转动动能，最后转化为电能。学习本章后，可以查阅相关资料，用本章的知识大致计算风轮叶片的转动动能。

5.1　刚体运动学

5.1.1　刚体的平动和转动

刚体的运动形式是多样的。例如，运动的车轮，发射的炮弹，旋转着的陀螺、花样滑冰运动员的运动等，但平动和转动是刚体的两种最简单、也是最基本的运动形式，所以研究刚体的平动和转动是研究刚体复杂运动的基础。

1. 平动

在刚体运动过程中，如果其上任意两点间的连线始终保持平行，则称这种运动为刚体的**平动**，如图 5-1 所示。例如升降机的运动，气缸中活塞的运动等，都是平动。

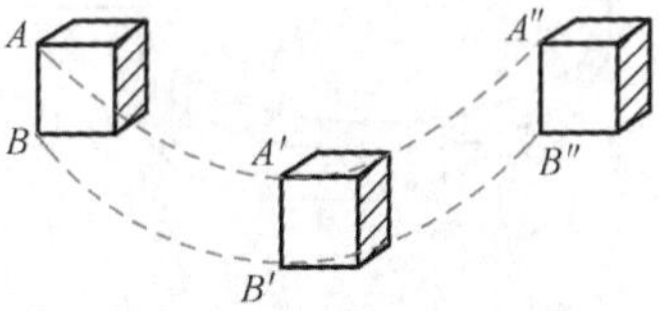

图 5-1　刚体的平动

刚体平动的特点是：在平动过程中刚体上每个质点的位移、速度和加速度相同。因此只要了解刚体上任一点的运动，就能知道刚体的运动。所以可以将刚体的平动归结为质点的运动，质点运动的力学规律都适用于刚体的平动。通常可以通过研究刚体的质心运动来了解整个刚体的平动。

2. 转动

如果刚体在运动过程中，其上所有的点都绕同一直线做圆周运动，则称该运动为刚体的**转动**，这一直线称为转轴。如果刚体在运动的过程中转轴固定不动（见图 5-2），则称为**定轴转动**。例如，飞机螺旋桨、钟表指针的运动都是定轴转动。如果转轴上一点相对于参考系是静止的，而转轴的方向随时

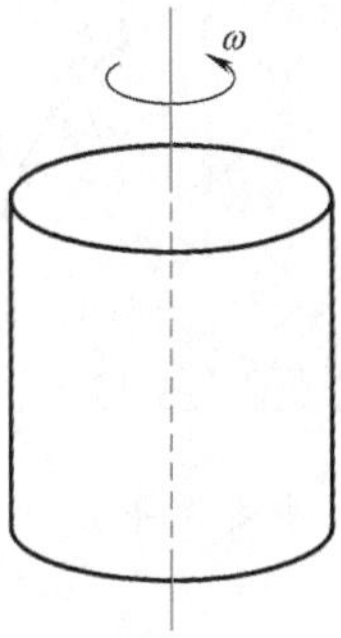

图 5-2　刚体的定轴转动

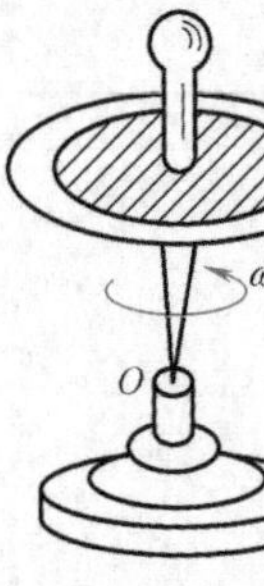

图 5-3 刚体的定点转动

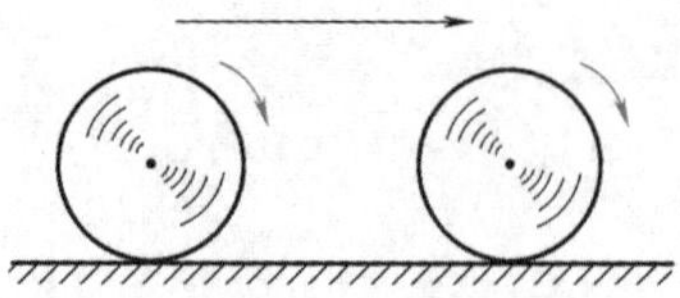

图 5-4 沿直线滚动的圆盘

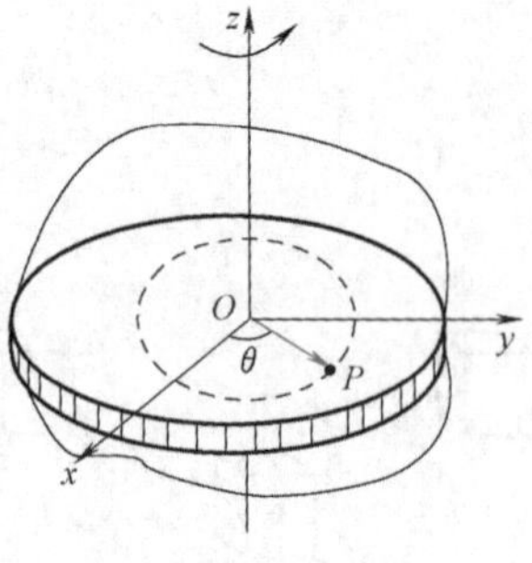

图 5-5 刚体定轴转动的角位置

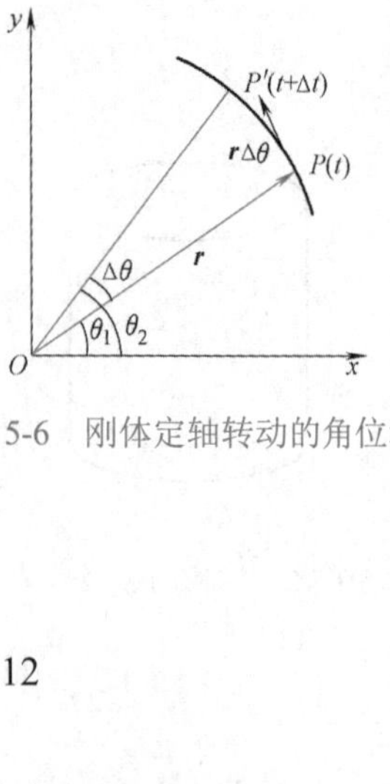

图 5-6 刚体定轴转动的角位移

间不断在变化（见图 5-3），则称这种转动为**定点转动**，例如，雷达天线的转动、陀螺的转动，等等。本章重点讨论刚体的定轴转动。

3. 平面平行运动

如果刚体上各质点都在平行于一固定参考平面内运动，则这种运动称为刚体的**平面平行运动**。如图 5-4 所示，圆盘在直线轨道上的运动就属于刚体的平面平行运动的一个例子。在平面平行运动中，刚体内垂直于该平面的任一直线在运动中始终保持垂直于该平面，而且在垂线上各点的运动是相同的。因此刚体的平面平行运动可以分解成刚体的两个基本运动形式：刚体随质心在确定平面内的平动和通过质心且垂直于运动平面的定轴转动。

5.1.2 刚体定轴转动的角量描述

刚体在做定轴转动时，一般来说，刚体中各质点在各自的平面内绕轴做半径不同的圆周运动，它们的位移和速度都不同，然而它们在相同的时间内转过的角度却是相同的。根据这一点可以采用角量来描述刚体的定轴转动。

1. 角位移

如图 5-5 所示，刚体绕转轴 Oz 转动，为了确定刚体在任一时刻的位置，取垂直于转轴 Oz 的任一平面 xOy，该平面称为转动平面。在转动平面内取 Ox 轴作为计量角位置的参考轴，则原点 O 与任一点 P 的连线 OP 与 Ox 轴之间的夹角 θ 为刚体在任一时刻 t 的位置，即 θ 为刚体的**角位置**。不同时刻，刚体对应的角位置 θ 不同，所以角位置是时间 t 的函数，即

$$\theta=\theta(t) \tag{5-1}$$

为了描述刚体转动时角位置的变化情况，图 5-6 画出的是刚体上任一点 P 所在的转动平面 xOy 的俯视图。设点 P 在时刻 t 的角位置为 θ_1，在时刻 $t+\Delta t$ 的角位置为 θ_2，则

$$\Delta\theta=\theta_2-\theta_1 \tag{5-2}$$

$\Delta\theta$ 称为刚体在 Δt 时间内的**角位移**，它反映了刚体在 Δt 时间内的角位置变化。国际单位制中，角位置和角位移的单位均为弧度（rad）。

2. 角速度

角位移 $\Delta\theta$ 与时间 Δt 之比 $\dfrac{\Delta\theta}{\Delta t}$ 称为刚体转动的平均角速度。当 $\Delta t\to 0$ 时，比值 $\dfrac{\Delta\theta}{\Delta t}$ 的极限称为刚体的瞬时角速度，简称**角**

速度，用 ω 表示，即

$$\omega=\lim_{\Delta t\to 0}\frac{\Delta\theta}{\Delta t}=\frac{\mathrm{d}\theta}{\mathrm{d}t} \tag{5-3}$$

角速度的方向由右手螺旋法则确定，即右手的四指沿着刚体的转动方向弯曲，大拇指的指向即为角速度的方向。如图 5-7 所示，当刚体逆时针转动时，角速度 ω 的方向为竖直向上；当刚体顺时针转动时，角速度的 ω 的方向为竖直向下。角速度的单位为 $\mathrm{rad\cdot s^{-1}}$。

工程上还常用每分钟转过的圈数 n（简称转速）来描述刚体转动的快慢，其单位为 $\mathrm{r\cdot min^{-1}}$。显然 n 和 ω 之间的关系为 $\omega=\frac{\pi n}{30}$。

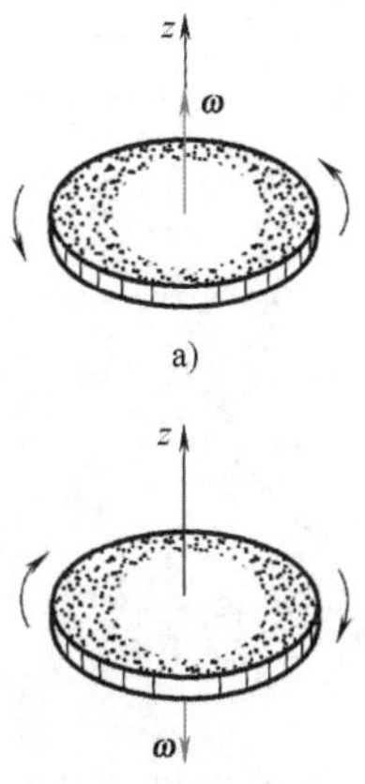

图 5-7　刚体的角速度方向

3. 角加速度

刚体绕定轴转动时，如果其角速度发生了变化，那么刚体就具有了角加速度。设在时刻 t 的角速度为 ω_1，时刻 $t+\Delta t$ 的角速度为 ω_2，则在 Δt 时间内，此刚体角速度的增量为 $\Delta\omega=\omega_2-\omega_1$。比值 $\frac{\Delta\omega}{\Delta t}$ 称为刚体转动的平均角加速度，当 $\Delta t\to 0$ 时，$\frac{\Delta\omega}{\Delta t}$ 趋近于某一极限值，称为瞬时角加速度，简称**角加速度**，即

$$\beta=\lim_{\Delta t\to 0}\frac{\Delta\omega}{\Delta t}=\frac{\mathrm{d}\omega}{\mathrm{d}t} \tag{5-4}$$

由上式可以看出，刚体在做定轴转动时，角加速度 β 的方向也只能有沿转轴向上或者向下两种可能。当刚体做加速转动时，β 与 ω 方向相同；若做减速运动，则 β 与 ω 方向相反。角加速度的单位为 $\mathrm{rad\cdot s^{-2}}$。

4. 角量和线量的关系

当刚体绕定轴转动时，组成刚体的所有质点都绕转轴做圆周运动。在刚体上任取一点 P，该点的运动状态既可以用角量表示也可以用线量表示。

如图 5-8 所示，点 P 对转轴的矢径为 $\boldsymbol{r}$，其速度 $\boldsymbol{v}$ 可以表示为

$$\boldsymbol{v}=\boldsymbol{\omega}\times\boldsymbol{r} \tag{5-5}$$

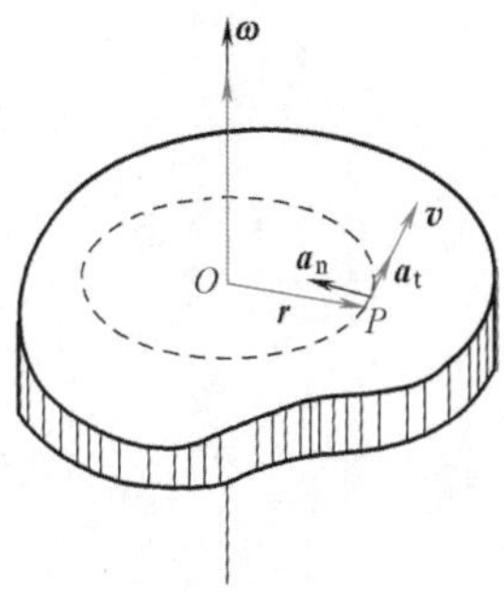

图 5-8　角量与线量的矢量关系

由质点运动学可知点 P 的角加速度可以分解为切向加速度 $a_t=r\beta$ 和法向加速度 $a_n=r\omega^2$。

由于在任一瞬时，刚体上各点的角速度 ω 和角加速度 β 均相同，所以可见，角量能描述刚体转动的共性，线量则反映刚体上各点运动情况的差别。

例题 5-1　高速旋转的电动机的圆柱形转子可绕垂直其横截面中心的轴转动。开始时，转子静止，经过 300 s 后，其转速达到 18 000 r·min^{-1}。设转子的角加速度 β 与时间 t 成正比，问在这段时间内，转子转过多少转？

解　设转子的角加速度为

$$\beta=ct$$

其中 c 为比例常数。转子做变加速度定轴转动，由角加速度的定义及上式可得

$$\beta=\frac{\mathrm{d}\omega}{\mathrm{d}t}=ct$$

等式两边同乘以 dt 有

$$\mathrm{d}\omega=ct\mathrm{d}t$$

对上式两边同时积分可得

$$\int_0^{\omega}\mathrm{d}\omega=c\int_0^{t}t\mathrm{d}t$$

计算得到角速度为

$$\omega=\frac{1}{2}ct^2$$

由题目条件知，当 t=300 s 时，ω=18 000 r · min^{-1}=600 π rad · s^{-1}。代入上式可得

$$c=\frac{2\omega}{t^2}=\frac{2\times600\pi}{300^2}\text{rad}\cdot\text{s}^{-3}=\frac{\pi}{75}\text{rad}\cdot\text{s}^{-3}$$

所以

$$\omega=\frac{\pi}{150}t^2$$

由角速度的定义式及上式，有

$$\int_0^{\theta}\mathrm{d}\theta=\frac{\pi}{150}\int_0^{t}t^2\mathrm{d}t$$

积分后可得

$$\theta=\frac{\pi}{450}t^3$$

则在 300 s 内，转子的转数为

$$N=\frac{\theta}{2\pi}=\frac{\pi}{2\pi\times450}\times(300)^3=3\times10^4$$

5.2　刚体定轴转动定律

在质点运动学中，力是使质点产生加速度的原因，即力是改变质点运动状态的原因，这一规律可以用牛顿第二定律表述为 $\boldsymbol{F}=m\boldsymbol{a}$。在刚体的定轴转动中，常常会有刚体转动加快、减慢或者停止的现象，这表明在刚体转动的过程中，角速度是变化的。是什么使刚体产生了角加速度呢？它将遵从什么样的运动规律呢？这就是本节所要讨论的内容。为此，首先引入一个物理量——力矩。

5.2.1　力矩

当我们在门的相同部位推门时，力越大越容易将门推开。而用同样大小的力推门时，当作用点靠近门轴时，不容易把门推开；当作用点远离门轴时，就容易把门推开。而如果当力的

作用线通过门轴时，用再大的力也不能把门推开。由此可见，力的大小、方向和作用点的位置是影响物体转动状态的三个因素，所以我们引入**力矩**这个物理量来集中体现这三个因素的作用。

首先，讨论特殊情况，即外力在转动平面内的情况。如图 5-9 所示，在刚体上任取一点 P，过点 P 作垂直于转轴 Oz 的转动平面 xOy。现有一外力 $\boldsymbol{F}$ 作用于点 P，且此力在转动平面内。由于力 $\boldsymbol{F}$ 对刚体有转动效应，所以将力 $\boldsymbol{F}$ 的大小乘以力的作用线到转轴的垂直距离 d 称为该力 $\boldsymbol{F}$ 对转轴 Oz 的力矩，即

$$M=Fd=Fr\sin\varphi \tag{5-6}$$

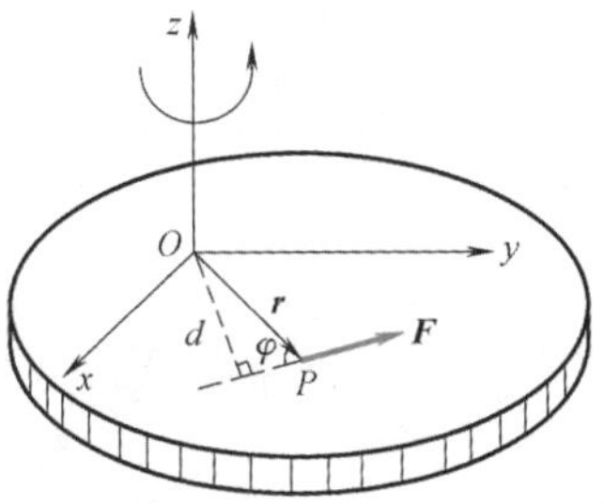

图 5-9　力矩（外力在平面内）

现在再来讨论一般情况，即外力在转动平面外的情况。如图 5-10 所示，可将力 $\boldsymbol{F}$ 正交分解成平行于转轴 Oz 的力 $\boldsymbol{F}_{/\!/}$ 和垂直于转轴 Oz 的力 $\boldsymbol{F}_{\perp}$。其中，力 $\boldsymbol{F}_{/\!/}$ 与转轴平行，对刚体的转动不起作用，只有力 $\boldsymbol{F}_{\perp}$ 对刚体有转动效应。将力 $\boldsymbol{F}_{\perp}$ 的大小乘以力的作用线到转轴的垂直距离 d，就是力 $\boldsymbol{F}$ 对转轴 Oz 的力矩，即

$$M=F_{\perp}d=F_{\perp}r\sin\varphi=\left(F\cos\theta\right)\left(r\sin\varphi\right) \tag{5-7}$$

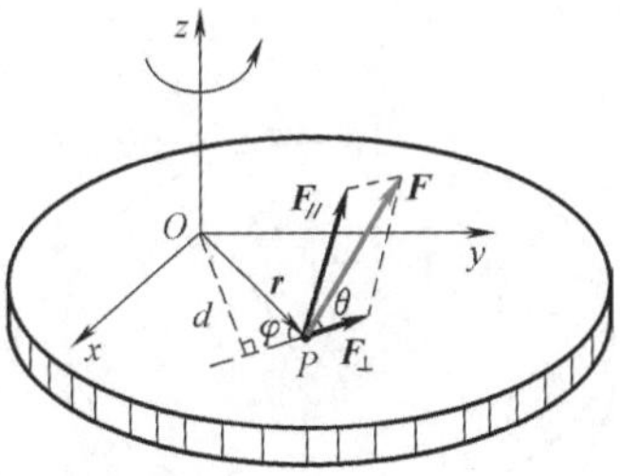

图 5-10　力矩（外力在平面外）

式中，θ 是力 $\boldsymbol{F}$ 与转动平面 xOy 的夹角。

力矩是矢量，它不仅有大小，而且还有方向，其方向可以用右手螺旋法则确定。即右手拇指伸直，其余四指弯曲，弯曲的方向是由矢径 $\boldsymbol{r}$ 通过小于 180° 的角转向力 $\boldsymbol{F}$ 的方向，这时拇指所指的方向就是力矩 $\boldsymbol{M}$ 的方向。如图 5-11 所示，力矩 $\boldsymbol{M}$ 的矢量式可表示为

$$\boldsymbol{M}=\boldsymbol{r}\times\boldsymbol{F} \tag{5-8}$$

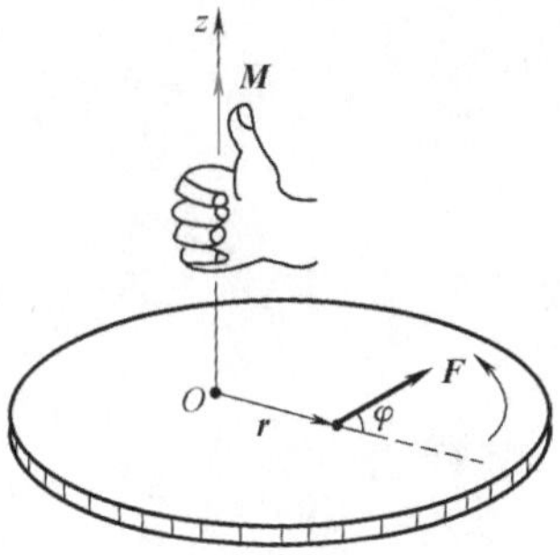

图 5-11　力矩的方向

注意式（5-8）中的力 $\boldsymbol{F}$ 为在转动平面内的力。刚体做定轴转动时，力矩沿转轴只有两个方向。这里我们规定，若力矩的方向沿转轴 Oz 正向，则为正值（$M>0$）；若力矩的方向沿转轴 Oz 负向，则为负值（$M<0$）。在国际单位制中，力矩的单位为 N · m。

上面我们仅讨论了作用于刚体的外力的力矩，而实际上，刚体内各质点间还有内力作用，在讨论刚体的定轴转动时，这些内力的力矩要不要计算呢？

设刚体由 n 个质元组成，其中第 1 个质元和第 2 个质元间相互作用力在与转轴 Oz 垂直的平面内的分力各为 $\boldsymbol{f}_{12}$ 和 $\boldsymbol{f}_{21}$，它们大小相等、方向相反，且在同一条直线上，即 $\boldsymbol{f}_{12}=-\boldsymbol{f}_{21}$。如果取刚体为一系统，那么这两个力属于系统内力，由图 5-12 可以看出 $r_1\sin\theta_1=r_2\sin\theta_2=d$。这两个力对转轴 Oz 的合内力矩为

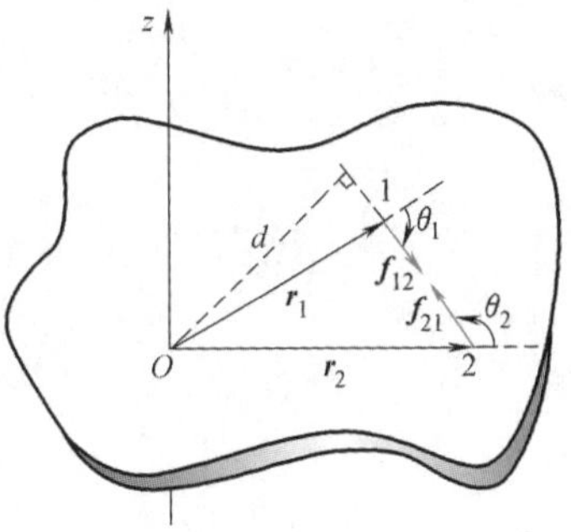

图 5-12　内力对转轴的力矩

$$M = M_{21} - M_{12} = f_{21} r_2 \sin\theta_2 - f_{12} r_1 \sin\theta_1 = 0$$

上述结果表明，沿同一作用线的大小相等、方向相反的两个质点间的相互作用力对转轴 Oz 的合内力矩为零。

由于刚体内质元间相互作用力的内力总是成对出现的，并遵守牛顿第三定律，故刚体内各质元间的作用力对转轴的合内力矩亦应为零，即

$$M = \sum_i M_{ij} = 0 \tag{5-9}$$

5.2.2　刚体定轴转动定律

在质点运动学中，力是引起质点运动状态发生变化的原因，力的作用使质点获得加速度。而在刚体的定轴转动中，力矩是刚体转动状态发生变化的原因，力矩的作用使刚体获得角加速度。下面讨论力矩和角加速度之间的关系。

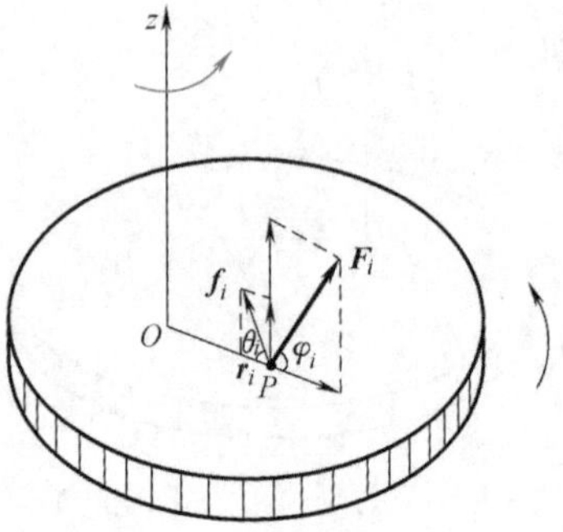

图 5-13　刚体的定轴转动

如图 5-13 所示，刚体绕转轴 Oz 转动。在刚体上的任一点 P 处取质元 Δm_i，它绕转轴 Oz 做半径为 $\boldsymbol{r}_i$、加速度为 $\boldsymbol{a}_i$ 的圆周运动。设作用在 Δm_i 上的外力为 $\boldsymbol{F}_i$、内力为 $\boldsymbol{f}_i$，并设外力 $\boldsymbol{F}_i$ 和内力 $\boldsymbol{f}_i$ 均在与转轴 Oz 相垂直的同一平面内。由牛顿第二定律可得质元 Δm_i 的运动方程为

$$\boldsymbol{F}_i + \boldsymbol{f}_i = \Delta m_i \boldsymbol{a}_i \tag{5-10}$$

式（5-10）的切向（垂直于位矢 $\boldsymbol{r}_i$ 的方向）分量式为

$$F_i \sin\varphi_i + f_i \sin\theta_i = \Delta m_i r_i \beta \tag{5-11}$$

式（5-10）的法向（沿着位矢 $\boldsymbol{r}_i$ 的方向）分量式为

$$F_i \cos\varphi_i + f_i \cos\theta_i = \Delta m_i r_i \omega^2 \tag{5-12}$$

因为法线方向的力通过转轴 Oz，不产生力矩，对刚体的转动不产生影响，所以只用考虑切向分量式。

将式（5-11）两边各乘以 r_i，得

$$F_i r_i \sin\varphi_i + f_i r_i \sin\theta_i = \Delta m_i r_i^2 \beta \tag{5-13}$$

式中，$F_i r_i \sin\varphi_i$ 和 $f_i r_i \sin\theta_i$ 分别是外力 $\boldsymbol{F}_i$ 和内力 $\boldsymbol{f}_i$ 的切向分力对转轴的力矩。对式（5-13）求和可得

$$\sum_i F_i r_i \sin\varphi_i + \sum_i f_i r_i \sin\theta_i = (\sum_i \Delta m_i r_i^2)\beta$$

由上节讨论知道，刚体内各质点间的内力对转轴的合内力矩为零，即 $\sum_i f_i r_i \sin\theta_i = 0$，故上式有

$$\sum_i F_i r_i \sin\varphi_i = (\sum_i \Delta m_i r_i^2)\beta \tag{5-14}$$

式中，$\sum_i F_i r_i \sin\varphi_i$为刚体内所有质元所受外力对转轴的力矩之和，即合外力矩，用 M 表示。令 $J=\sum_i \Delta m_i r_i^2$，则式（5-14）可改写为

$$M=J\beta \tag{5-15}$$

其中 J 称为刚体对转轴的**转动惯量**（moment of inertia）。

式（5-15）表明刚体绕定轴转动时，刚体的角加速度与它所受的合外力矩成正比，与刚体的转动惯量成反比，这个关系叫作刚体定轴转动定律，简称**转动定律**。

例题 5-2　一质量为 m 的重物，与绕在定滑轮上的细绳相连，并沿竖直方向下落，如图 5-14a 所示。滑轮的半径为 R，对于其转轴的转动惯量为 J。定滑轮轴处的摩擦可以忽略不计，且绳子不可以伸长。若在重物下落的过程中，绳子与滑轮之间不打滑。求绳子的张力和重物下滑的加速度。

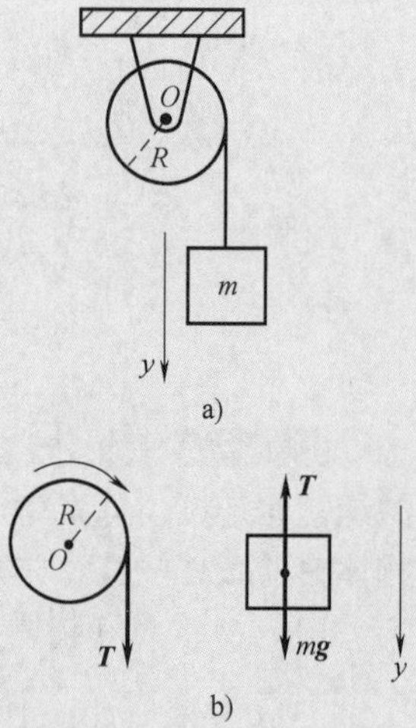

图 5-14　例题 5-2 图

解　设绳子中的张力大小为 T。重物在下落的过程中受到两个力的作用，向下的重力和绳子对重物向上的拉力，如图 5-14b 所示。重物下落的过程中，定滑轮将绕轴 O 顺时针转动，作用于定滑轮的力有重力、轴对滑轮的支持力以及绳子对滑轮的拉力，其中只有拉力的力矩不为零。

选取竖直向下为 y 轴的正方向，对重物应用牛顿第二定律，得

$$mg-T=ma$$

式中，a 为重物的加速度。

对于定滑轮应用转动定律，得

$$TR=J\beta$$

式中，β 为定滑轮转动时的加速度。由于重物下落时绳子不打滑，因此重物的加速度与滑轮的角加速度之间有如下关系

$$a=R\beta$$

联立上述三个式子解得

$$T=\frac{J}{J+mR^2}mg,\quad a=\frac{mR^2}{J+mR^2}g$$

例题 5-3　一长为 l，质量为 m 的均质细杆，其一端与固定支座相连。细杆可绕定轴 O 在竖直平面内转动，如图 5-15 所示。初始时，细杆静止于水平位置，求当细杆下摆到与水平位置夹角为 θ 时的角速度和角加速度。（已知细杆的转动惯量为$J=\frac{1}{3}ml^2$）

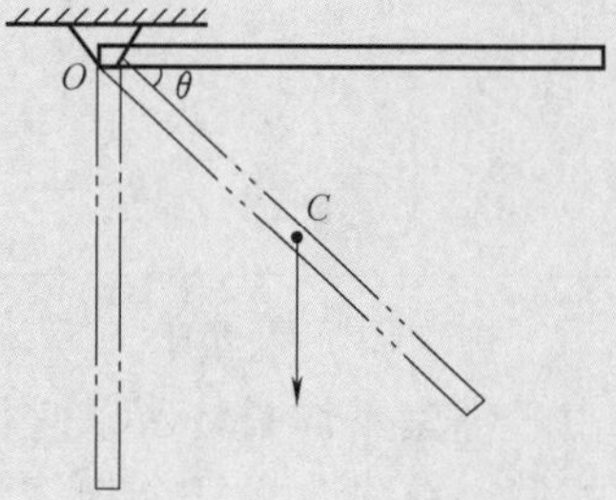

图 5-15　例题 5-3 图

解 细杆在摆动过程中受到重力和轴的约束力，约束力始终通过转轴 O，其力矩为零，重力对轴的力矩随细杆位置的改变而改变。

细杆所受的重力可视为作用在其质心 C 上，当杆下摆至 θ 角时，重力对转轴的力矩为

$$M=\frac{1}{2}mgl\cos\theta$$

由转动定律公式，可求得细杆的角加速度 β 为

$$\beta=\frac{M}{J}=\frac{\frac{1}{2}mgl\cos\theta}{\frac{1}{3}ml^2}=\frac{3g\cos\theta}{2l}$$

根据转动定律 $M=J\beta=J\dfrac{\mathrm{d}\omega}{\mathrm{d}t}$ 可得 $M\mathrm{d}t=J\mathrm{d}\omega$，两边同乘以 ω，得

$$\frac{1}{2}mgl\cos\theta\omega\mathrm{d}t=J\omega\mathrm{d}\omega$$

由于 $\omega\mathrm{d}t=\mathrm{d}\theta$，代入上式后等式两边取积分可得

$$\int_0^\theta\frac{1}{2}mgl\cos\theta\mathrm{d}\theta=\int_0^\omega J\omega\mathrm{d}\omega$$

积分后结果为

$$\frac{1}{2}mgl\sin\theta=\frac{1}{2}J\omega^2$$

所以细杆的角速度为

$$\omega=\sqrt{\frac{mgl\sin\theta}{J}}=\sqrt{\frac{3g\sin\theta}{l}}$$

例题 5-4 如图 5-16a 所示，质量为 m_A 的物体 A 静止在光滑水平面上，和一质量不计的绳索相连接，绳索跨过一半径为 R、质量为 m_C 的圆柱形滑轮 C，并系在另一质量为 m_B 的物体 B 上，B 竖直悬挂。滑轮与绳索间无滑动，且滑轮与轴承间的摩擦力可略去不计。求：

（1）物体 A 和物体 B 的加速度的大小为多少？水平和竖直两段绳索的张力各为多少？

（2）物体 B 从静止落下距离 y 时，其速率是多少（已知滑轮的转动惯量为 $J=\frac{1}{2}m_CR^2$）？

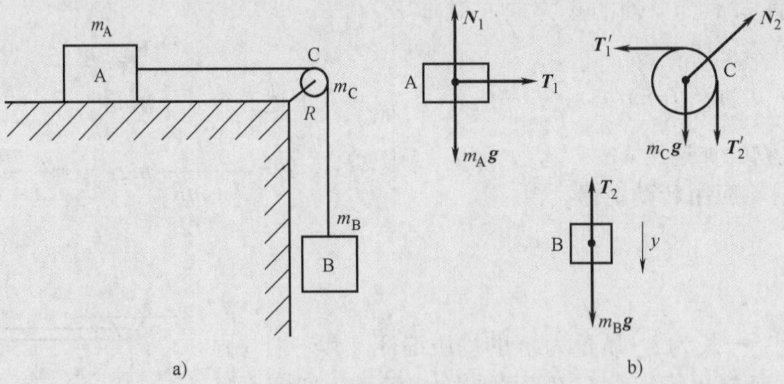

图 5-16 例题 5-4 图

解 （1）本题中，物体 A 和 B 做平动，由于绳索不伸长，所以它们的加速度大小相等。首先，将三个物体隔离出来，并画出如图 5-16b 所示的受力分析图。对物体 A 和 B 应用牛顿第二定律，得

$$T_1=m_Aa \tag{1}$$

$$m_Bg-T_2=m_Ba \quad (2)$$

滑轮受到重力 m_Cg、张力 T_1' 和 T_2'，以及轴对它的约束力 N_2 的作用。其中只有张力 T_1' 和 T_2' 对它有力矩作用。因此，由转动定律有

$$RT_2'-RT_1'=J\beta \quad (3)$$

因为绳索在滑轮上无滑动，在滑轮边缘上一点的切向加速度与绳索和物体的加速度大小相等，它与滑轮转动的角加速度的关系为 $a=R\beta$。由于绳索不伸长，所以 $T_1=T_1'$，$T_2=T_2'$。把上述关系代入式（3），有

$$T_2-T_1=\frac{1}{2}m_Ca \quad (4)$$

联立式式（1）、式（2）和式（4）并求解，得

$$a=\frac{m_Bg}{m_A+m_B+\frac{1}{2}m_C},\quad T_1=\frac{m_Am_Bg}{m_A+m_B+\frac{1}{2}m_C},$$

$$T_2=\frac{\left(m_A+\frac{1}{2}m_C\right)m_Bg}{m_A+m_B+\frac{1}{2}m_C}$$

（2）因为物体 B 是由静止出发做匀加速直线运动的，所以它下落距离 y 时的速率为

$$v=\sqrt{2ay}=\sqrt{\frac{2m_Bgy}{m_A+m_B+\frac{1}{2}m_C}}$$

5.2.3　转动惯量

将转动定律 $M=J\beta$ 与牛顿第二定律 $F=ma$ 进行类比，可以发现它们的数学形式非常相似。外力矩 M 与外力 F 对应，角加速度 β 与加速度 a 对应，转动惯量 J 与质量 m 对应。我们知道质量 m 是表征物体惯性大小的量度，而转动惯量 J 也可以这样理解，即**转动惯量**是刚体在转动过程中惯性大小的量度。

从转动惯量的定义式

$$J=\sum_i \Delta m_i r_i^2$$

可以看出，刚体的转动惯量等于组成刚体的质元的质量与它们到转轴距离平方乘积的代数和。

对于质量连续分布的刚体，可将质元的质量记作 dm，它到转轴的距离为 r，则可将转动惯量的求和式改写成积分式：

$$J=\int r^2\mathrm{d}m \quad (5\text{-}16)$$

在国际制单位中，转动惯量的单位是 kg · m²。

刚体的转动惯量可以通过实验来测定，而形状规则的刚体的转动惯量可以由式（5-16）直接计算出来。若刚体的质量分布在体积上，设刚体的体密度为 ρ（即单位体积上的质量），则其上任意一个体积为 dV 的质元的质量 dm 可由刚体的密度

表示为 $dm=\rho dV$，刚体的转动惯量可以写为

$$J=\iiint_V r^2\rho dV \tag{5-17}$$

若刚体的质量分布在面上，设刚体的面密度为 σ（即单位面积上的质量），则其上任意一个面积为 dS 的质元的质量 dm 可由刚体的密度表示为 $dm=\sigma dS$，刚体的转动惯量可以写为

$$J=\iint_S r^2\sigma dS \tag{5-18}$$

若刚体的质量分布在线上，设刚体的线密度为 λ（即单位长度上的质量），则其上任意一段长度为 dl 的质元的质量 dm 可由刚体的密度表示为 $dm=\lambda dl$，刚体的转动惯量可以写为

$$J=\int_l r^2\lambda dl \tag{5-19}$$

刚体的转动惯量在刚体动力学中是一个非常重要的物理量，一般在研究刚体的转动问题时，首先必须确定它对于转轴的转动惯量。从上述描述可以看出，刚体的转动惯量与以下三个因素有关：

（1）与刚体的质量 m 有关（或密度有关），如半径相同、厚薄相同的两个圆盘，铁质圆盘的转动惯量比木质圆盘的要大。

（2）与刚体的质量分布有关。质量分布离转轴越远，刚体的转动惯量越大。制造飞轮时，通常采用大而厚的轮缘，就是为了尽可能使其质量分布在边缘上，从而增大飞轮的转动惯量，使得飞轮的转动更为稳定。

（3）与转轴的位置有关，刚体的转动惯量只有在指明转轴时才有明确的意义。

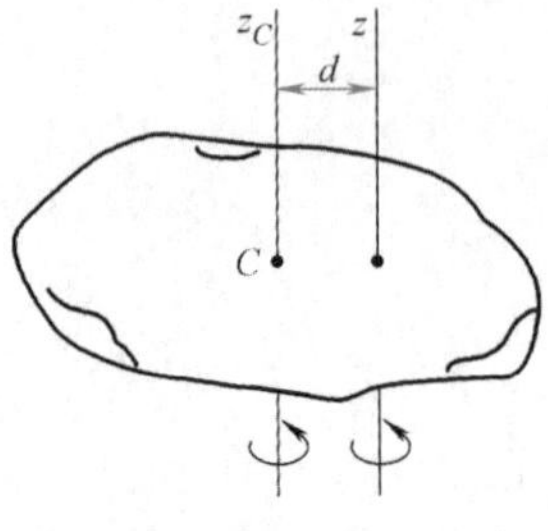

图 5-17 平行轴定理

如图 5-17 所示，设刚体的质量为 m，质心为 C，刚体对通过质心的转轴 z_C（称为质心轴）的转动惯量为 J_C。若有另一与转轴 z_C 平行的任意轴 z，轴 z_C 和 z 之间的垂直距离为 d，刚体对转轴 z 的转动惯量为 J，则可证明

$$J=J_C+md^2 \tag{5-20}$$

即刚体对任意已知轴的转动惯量，等于刚体对通过质心并与该已知轴平行的轴的转动惯量加上刚体的质量与两轴间垂直距离平方的乘积。这一结论称为**平行轴定理**。

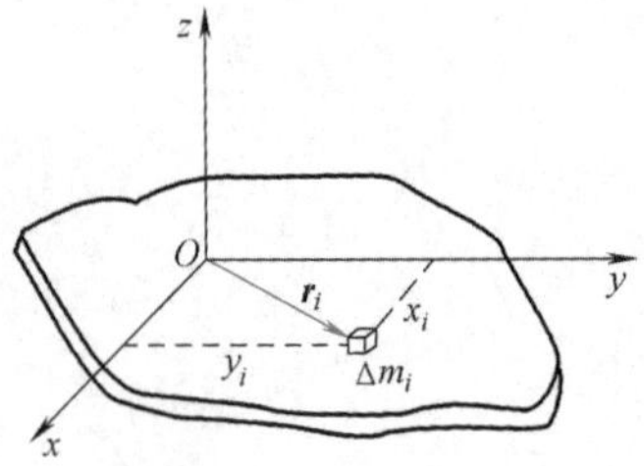

图 5-18 垂直轴定理

如图 5-18 所示，设有一厚度可以忽略的薄板位于 xOy 平面，转轴 Oz 与之垂直。按照定义，刚体对转轴 Oz 的转动惯量为

$$J_z=\sum_i \Delta m_i r_i^2$$

从图中可以看出

$$r_i^2 = x_i^2 + y_i^2$$

则

$$J_z = \sum_i \Delta m_i (x_i^2 + y_i^2)$$

式中，x_i 为质元 Δm_i 到 y 轴的距离；y_i 为质元 Δm_i 到 x 轴的距离。上式可改写为

$$J_z = J_x + J_y \qquad (5\text{-}21)$$

式中，$J_x = \sum_i \Delta m_i y_i^2$，$J_y = \sum_i \Delta m_i x_i^2$。这一结论称为薄板垂直轴定理。注意该定理对有限厚度的板不成立。

例题 5-5 一长为 l、质量为 m 的均质细杆，如图 5-19 所示，试求通过中心并垂直于杆的转轴的转动惯量。

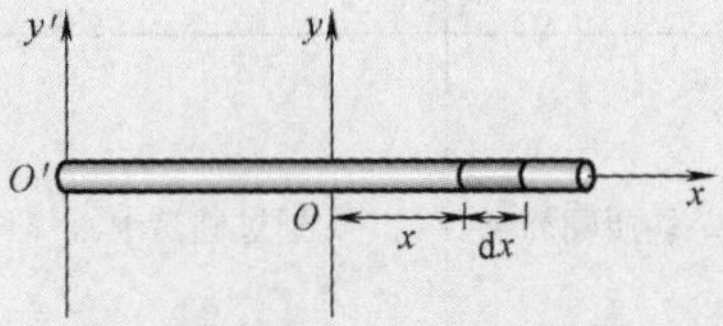

图 5-19 例题 5-5 图

解 以杆的中心 O 为坐标原点，建立直角坐标系。对于细杆可以认为它的质量是均匀分布的，所以按照式（5-19）求转动惯量。在距离坐标原点 O 为 x 处取质元，根据题意可得

$$\mathrm{d}m = \frac{m}{l}\mathrm{d}x$$

质元 $\mathrm{d}m$ 到 y 轴的垂直距离为 x，则杆对 y 轴的转动惯量为

$$J_y = \int_{-l/2}^{l/2} x^2 \mathrm{d}m = \int_{-l/2}^{l/2} x^2 \frac{m}{l}\mathrm{d}x = \frac{1}{12}ml^2$$

如果要求通过杆的一端并与 y 轴平行的 y' 轴的转动惯量，只要把坐标原点放到 O'，取 $O'xy'$ 坐标系，其余步骤如上，只是积分的上下限有所不同，应为

$$J'_y = \int_0^l x^2 \frac{m}{l}\mathrm{d}x = \frac{1}{3}ml^2$$

由于 J_y 为杆绕通过质心的转轴的转动惯量，所以也可以用平行轴定理来求解：

$$J'_y = J_y + m\left(\frac{1}{2}l\right)^2 = \frac{1}{3}ml^2$$

例题 5-6 如图 5-20 所示，有一质量均匀分布的圆盘，半径为 R，质量为 m，求圆盘对过圆心 O 并与圆盘垂直的转轴的转动惯量。

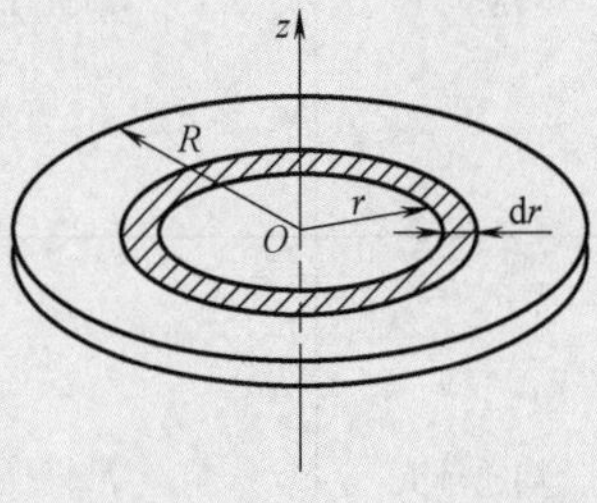

图 5-20 例题 5-6 图

解 盘的质量面密度为 $\sigma = \frac{m}{\pi R^2}$，在盘上取一半径为 r，宽度为 $\mathrm{d}r$ 的圆环，则圆环的面积为 $\mathrm{d}S=2\pi r\mathrm{d}r$，圆环的质量为 $\mathrm{d}m=\sigma\mathrm{d}S=2\pi\sigma r\mathrm{d}r$。由于圆环上所有的质元到转轴的距离都相等，所以该圆环对于转轴 z 的转动惯量为

$$\mathrm{d}J = r^2\mathrm{d}m = \frac{2m}{R^2}r^3\mathrm{d}r$$

整个圆盘相对于中心转轴 z 的转动惯量为

$$J = \int_0^R \mathrm{d}J = \frac{2m}{R^2}\int_0^R r^3\mathrm{d}r = \frac{1}{2}mR^2$$

表 5-1 中列出了几种常见的均质刚体的转动惯量。

表 5-1　几种常见刚体的转动惯量

刚体	转轴	转动惯量 J（m 为质量）	图形（直线为转轴）
均质薄圆环或薄圆柱筒	通过圆环中心，且与环面垂直	mR^2	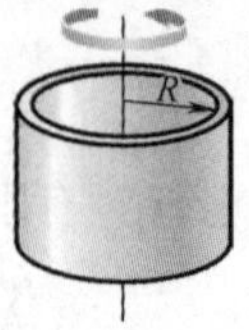
均质圆筒	通过圆筒中心	$\frac{1}{2}m(R_1^2+R_2^2)$	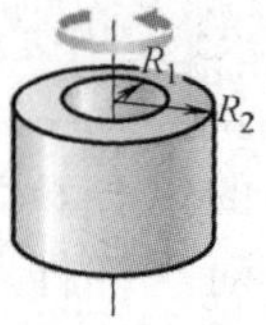
均质圆柱体	通过圆柱中心	$\frac{1}{2}mR^2$	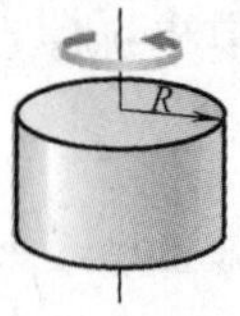
均质细杆	通过中心，且与杆垂直	$\frac{1}{12}ml^2$	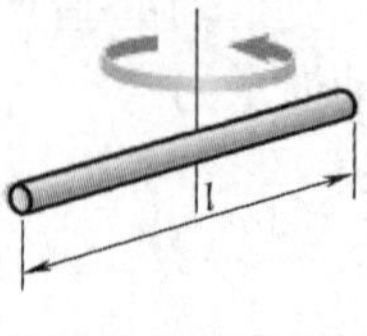
均质球体	沿直径	$\frac{2}{5}mR^2$	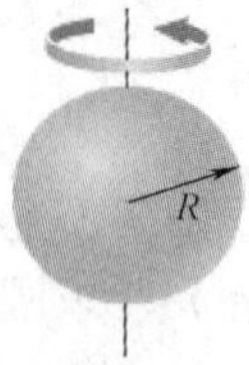
均质球壳	沿直径	$\frac{2}{3}mR^2$	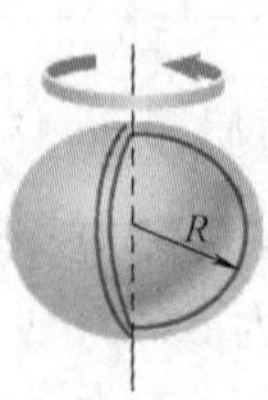

5.3　刚体定轴转动中的功和能

5.3.1　力矩的功

质点在外力作用下发生了位移，我们就说力对质点做了功。刚体在外力矩作用下绕定轴转动而发生了角位移时，我们就说力矩对刚体做了功。这就是力矩的空间积累效应。

如图 5-21 所示，刚体绕转轴 Oz 转动。外力 $\boldsymbol{F}$ 在转动平面内，且作用在点 P 处，点 P 的位矢 $\boldsymbol{r}$ 与 $\boldsymbol{F}$ 之间的夹角为 φ。当刚体由此转过一个微小的角位移 $\mathrm{d}\theta$ 时，点 P 所对应的位移大小为 $\mathrm{d}s=r\mathrm{d}\theta$，则外力 $\boldsymbol{F}$ 所做的元功为

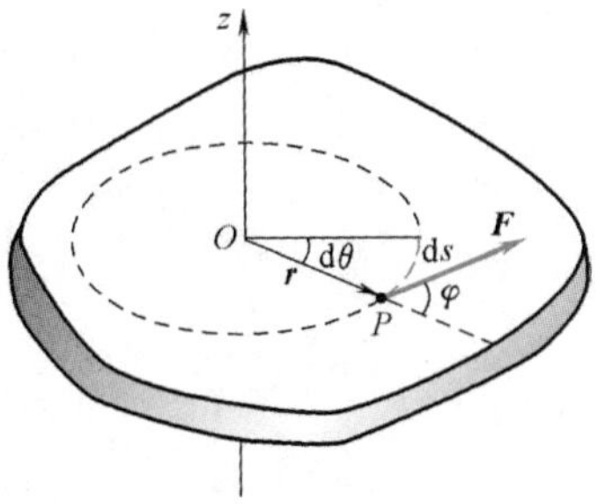

图 5-21　力矩的功

$$\mathrm{d}A=\boldsymbol{F}\cdot\mathrm{d}\boldsymbol{s}=Fr\sin\varphi\mathrm{d}\theta$$

因为作用于点 P 的外力 $\boldsymbol{F}$ 对转轴的力矩为 $M=Fr\sin\varphi$，故上式可以写成

$$\mathrm{d}A=M\mathrm{d}\theta$$

这就是力矩 M 在微小角位移 $\mathrm{d}\theta$ 下对刚体所做的元功。

如果刚体在力矩 M 作用下绕定轴转动，角位置由 θ_1 变到了 θ_2，那么在此过程中力矩对刚体所做的功为

$$A=\int_{\theta_1}^{\theta_2}M\mathrm{d}\theta \tag{5-22}$$

对于力矩的功的理解应当注意以下几个方面。

（1）恒力矩的功：如果力矩在刚体转动的过程中保持不变，则力矩的功可以简化为

$$A=M(\theta_2-\theta_1)=M\Delta\theta \tag{5-23}$$

（2）合力矩的功：如果刚体同时受到几个力矩的作用，则可先求合力矩，再计算合力矩的功；也可以先计算每个力矩的功，然后再求功的代数和。

（3）力矩的功率：单位时间力矩对刚体所做的功叫作**力矩的功率**，用 P 表示：

$$P=\frac{\mathrm{d}A}{\mathrm{d}t}=M\frac{\mathrm{d}\theta}{\mathrm{d}t}=M\omega \tag{5-24}$$

即力矩的功率等于力矩与角速度的乘积。当功率一定时，转速越低，力矩越大；反之转速越高，力矩越小。

5.3.2　刚体定轴转动的动能及动能定理

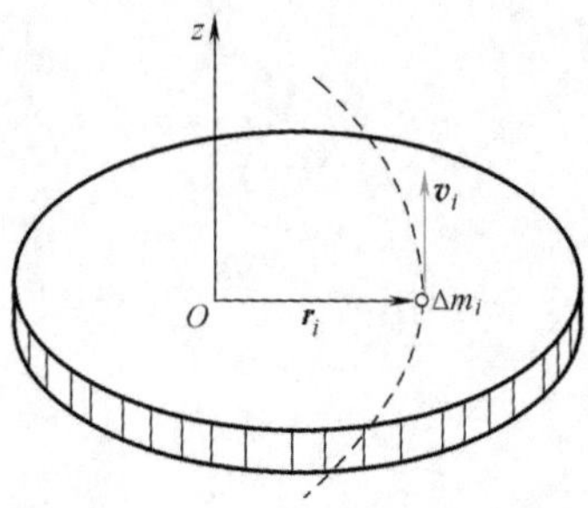

图 5-22　刚体定轴转动的转动动能

由于刚体可看成由许多的质元组成，因此刚体的转动动能等于各质元动能的总和。如图 5-22 所示，刚体以角速度 ω 绕定轴 Oz 转动，组成刚体的各质元以不同的半径绕轴 Oz 做圆周运动。设第 i 个质元的质量为 Δm_i，距转轴垂直距离为 r_i，速度为 v_i，其动能为

$$\Delta E_{ki} = \frac{1}{2}\Delta m_i v_i^2 = \frac{1}{2}\Delta m_i r_i^2 \omega^2$$

整个刚体的转动动能等于

$$\Delta E_{\mathrm{k}} = \sum_i \Delta E_{ki} = \sum_i \frac{1}{2}\Delta m_i v_i^{\ 2} = \frac{1}{2}(\sum_i \Delta m_i r_i^2)\omega^2$$

式中，$\sum_i \Delta m_i r_i^{\ 2}$为刚体对定轴的转动惯量 J。故刚体绕定轴转动的动能可表示为

$$E_{\mathrm{k}} = \frac{1}{2}J\omega^2 \tag{5-25}$$

上式称为**刚体绕定轴转动的转动动能**，它表明刚体的转动动能等于刚体的转动惯量与角速度平方的乘积的一半。

刚体转动动能的改变与外力矩做功的关系可由转动定律 $M=J\beta$ 推得。设在合外力矩 M 的作用下，刚体绕定轴转过一个微小的角位移 $\mathrm{d}\theta$，则合外力矩所做的元功为

$$M\mathrm{d}\theta = J\frac{\mathrm{d}\omega}{\mathrm{d}t}\mathrm{d}\theta = J\omega\mathrm{d}\omega$$

若上式中的 J 为常量，在 Δt 时间内，刚体的角速度由 ω_1 变到 ω_2，则在此过程中合外力矩对刚体所做的功为

$$A = \int_{\theta_1}^{\theta_2} M\mathrm{d}\theta = \int_{\omega_1}^{\omega_2} J\omega\mathrm{d}\omega = \frac{1}{2}J\omega_2^2 - \frac{1}{2}J\omega_1^2 \tag{5-26}$$

上式表明，合外力矩对绕定轴转动的刚体所做的功等于刚体转动动能的增量，这就是**刚体定轴转动的动能定理**。

刚体定轴转动的动能定理在工程上有很多应用。例如冲床在冲孔时，冲力很大，如果由电动机直接带动冲头，电动机将无法承受这样大的负荷。因此，中间要装上减速箱和飞轮储能装置，电动机通过减速箱带动飞轮转动，使飞轮储有动能。在冲孔时，由飞轮带动冲头对钢板冲孔做功，使飞轮转动动能减少，这就是动能定理的应用。这样做可以大大减少电动机的负荷，从而解决上述矛盾。

5.3.3　刚体的重力势能

刚体的重力势能是刚体与地球共有的重力势能，等于组成刚体的各质元的重力势能之和。如图 5-23 所示，选取一水平面为重力势能零值面，并以其上一点 O 作为坐标原点，沿 Oy 竖直向上为坐标轴的正方向。在刚体内任一点 P 处取质元，其质量为 Δm_i，它对势能零值面的高度为 y_i，则此质元的重力势能为 $\Delta m_i g y_i$，因此整个刚体的重力势能为

$$E_p = \sum_i \Delta m_i g y_i = g\sum_i \Delta m_i y_i = mg\frac{\sum_i \Delta m_i y_i}{m}$$

根据质心的定义，$y_C = \frac{\sum_i \Delta m_i y_i}{m}$为质心 C 的高度坐标，因此上式可改写为

$$E_p = mgy_C \tag{5-27}$$

式（5-27）表明，刚体的重力势能等于其重力与质心高度的乘积。所以，在计算刚体的重力势能时，只要把刚体看成是质量集中在质心的质点，再按质点的势能公式计算即可。

若刚体在转动过程中，只有重力做功，其他非保守内力不做功，则刚体在重力场中机械能守恒，即

$$E = \frac{1}{2}J\omega^2 + mgy_C = 常量 \tag{5-28}$$

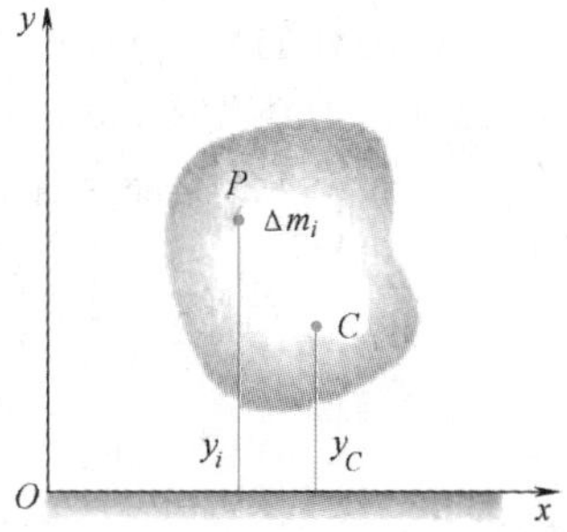

图 5-23　刚体的重力势能

例题 5-7　一长为 l，质量为 m 的均质细杆 OA，可绕垂直于杆一端的固定轴 O 在铅直平面内无摩擦地转动，如图 5-24 所示。现将杆从水平位置由静止释放，试求杆转到铅直位置时的角速度以及此过程中重力所做的功。

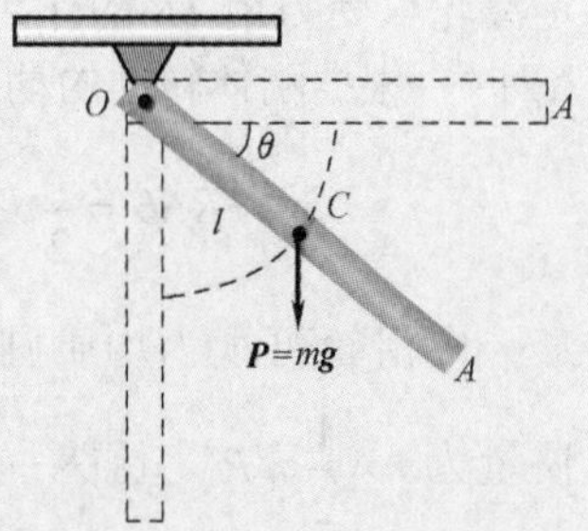

图 5-24　例题 5-7 图

解　均质细杆所受的重力可视为作用在其质心 C 上，细杆由水平位置静止释放后，在绕轴 O 转动的过程中，所受重力矩为变量。当细杆转动到角 θ 时，杆受到的重力矩为

$$M = \frac{1}{2}mgl\cos\theta$$

如果角位移为 $\mathrm{d}\theta$，则重力矩做的元功为

$$\mathrm{d}A = M\mathrm{d}\theta = \frac{1}{2}mgl\cos\theta\mathrm{d}\theta$$

因此，细杆由水平位置转到铅直位置的过程中，重力矩所做的总功为

$$A=\int_0^{\frac{\pi}{2}}\frac{1}{2}mgl\cos\theta\mathrm{d}\theta=\frac{1}{2}mgl$$

在细杆的转动过程中，轴的支撑力通过转轴，力矩为零，所以不做功。依据刚体绕定轴转动的动能定理有

$$A=\frac{1}{2}J\omega_2^2-\frac{1}{2}J\omega_1^2$$

令细杆在铅直位置的角速度为ω_2=ω，在水平位置时的角速度为ω_1=0，则上式可改写为

$$\frac{1}{2}mgl=\frac{1}{2}\left(\frac{1}{3}ml^2\right)\omega^2-0$$

故细杆转动到铅直位置时的角速度为

$$\omega=\sqrt{\frac{3g}{l}}$$

例题 5-8 有一质量为 m'，半径为 R 的定滑轮，其上绕有一不可伸长的轻绳，绳子的一端系有一质量为 m 的物体，如图 5-25 所示。定滑轮可视为均质圆盘，假设物体从静止下落并带动滑轮转动。不计阻力，试求物体下落 h 高度时的速率。

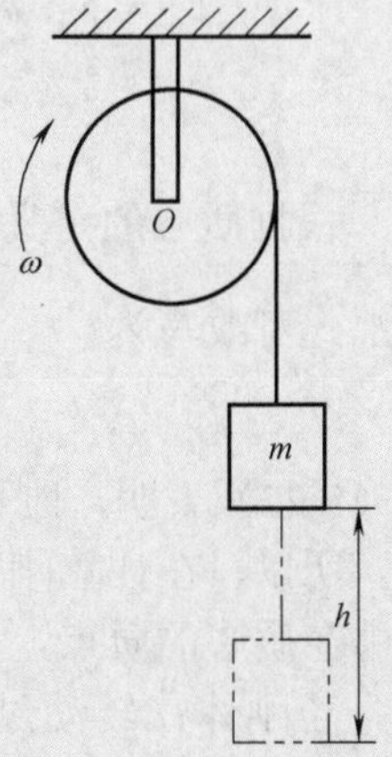

图 5-25 例题 5-8 图

解 方法一：利用质点和刚体的动能定理求解。

物体 m 做平动，受到重力和拉力的作用，且重力做正功 mgh，绳子的拉力做负功 $-Th$，物体的动能由零增至$\frac{1}{2}mv^2$。

由质点动能定理有

$$mgh-Th=\frac{1}{2}mv^2 \tag{1}$$

定滑轮做定轴转动，若不计阻力，则定滑轮仅受力矩 TR 的作用。当定滑轮转过 $\Delta\theta$ 时，根据刚体转动的动能定理有

$$TR\Delta\theta=\frac{1}{2}J\omega^2 \tag{2}$$

定滑轮可视为均质圆盘，所以其转动惯量为$J=\frac{1}{2}m'R^2$。因为绳子不可伸长，所以 $R\Delta\theta=h$，且 $v=R\omega$。将以上关系代入式（2）中，得

$$Th=\frac{1}{4}m'R^2\omega^2=\frac{1}{4}m'v^2 \tag{3}$$

由式（3）解得拉力 T 并代入式（1）中得物体的速率为

$$v=2\sqrt{\frac{mgh}{2m+m'}}$$

方法二：利用系统机械能守恒定律求解。

选取定滑轮、物体、地球为系统，由于外力和非保守内力做功为零，所以系统的机械能守恒，故有

$$mgh=\frac{1}{2}J\omega^2+\frac{1}{2}mv^2$$

将定滑轮的转动惯量$J=\frac{1}{2}m'R^2$和 $v=R\omega$ 代入上式可得物体的速率为

$$v=2\sqrt{\frac{mgh}{2m+m'}}$$

5.4　刚体定轴转动的角动量定理和角动量守恒定律

5.4.1　刚体定轴转动的角动量

研究物体平动时，我们用物体的动量来描述物体的运动状态。当研究物体的转动问题时，如研究均质飞轮绕过其中心，并垂直于飞轮平面的定轴转动时，我们发现，虽然飞轮在转动，但按质点系的动量定义，它的总动量为零。这说明，仅用动量来描述物体的机械运动是不够的。因此，还有必要引入另一个物理量——**角动量**来描述物体的机械运动。在第 4 章中，我们已经学习了质点对一个定点的角动量，本节主要讨论定轴转动的刚体对转轴的角动量。

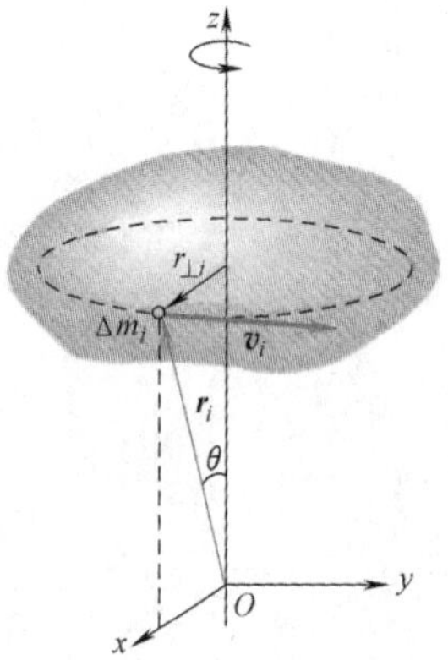

图 5-26　刚体定轴转动的角动量

当刚体以角速度 ω 绕转轴 Oz 转动时，刚体上任意一点均在各自所在的垂直于轴 Oz 的平面内做圆周运动，如图 5-26 所示。在刚体上任取一质元，其质量为 Δm_i，速度为 $\boldsymbol{v}_i$，对 O 点的位矢为 $\boldsymbol{r}_i$，则此质元对 O 点的角动量为

$$\boldsymbol{L}_i = \boldsymbol{r}_i \times (\Delta m_i \boldsymbol{v}_i) = \Delta m_i \boldsymbol{r}_i \times \boldsymbol{v}_i$$

因为第 i 个质元在垂直于转轴 Oz 的平面内绕轴做圆周运动，$\boldsymbol{r}_i$ 与 $\boldsymbol{v}_i$ 垂直，所以 $\boldsymbol{L}_i$ 的大小为 $L_i=\Delta m_i r_i v_i$。它在转轴 Oz 上的投影，即第 i 个质元对转轴 Oz 的角动量为

$$L_{iz} = \Delta m_i r_i v_i \sin\theta = \Delta m_i r_{\perp i} v_i = \Delta m_i r_{\perp i}^2 \omega$$

显然，所有质元对转轴 Oz 的角动量之和即为整个刚体对转轴 Oz 的角动量。由于刚体上所有质元对转轴 Oz 的角速度都相同，因此刚体对转轴 Oz 的角动量的大小可以表示为

$$L_z = \sum_i L_{iz} = (\sum_i \Delta m_i r_{\perp i}^2)\omega = J_z \omega \tag{5-29}$$

式中，$\sum_i \Delta m_i r_{\perp i}^2$ 为刚体对转轴 Oz 的转动惯量 J_z。略去角标，得到刚体绕定轴转动的角动量为 $L=J\omega$，它的矢量形式为

$$\boldsymbol{L}=J\boldsymbol{\omega} \tag{5-30}$$

表明刚体绕转轴 Oz 转动角动量的大小等于转动惯量与角速度的乘积，它的方向与 $\boldsymbol{\omega}$ 的方向相同。在国际制单位中，角动量的单位为 $kg \cdot m^2 \cdot s^{-1}$。

5.4.2　刚体定轴转动的角动量定理

根据刚体定轴转动的转动定律有

$$M = J\beta = J\frac{\mathrm{d}\omega}{\mathrm{d}t}$$

由于刚体对定轴的转动惯量不随时间改变，可把它移到微分符号内，则有

$$M = \frac{\mathrm{d}(J\omega)}{\mathrm{d}t} = \frac{\mathrm{d}L}{\mathrm{d}t} \quad \text{或} \quad M\mathrm{d}t = \mathrm{d}L \tag{5-31}$$

如果在 t_1 到 t_2 时间内，在合外力矩 M 的作用下，刚体的角速度由 ω_1 变为 ω_2，则将式（5-31）进行积分可得

$$\int_{t_1}^{t_2} M\mathrm{d}t = L_2 - L_1 = J\omega_2 - J\omega_1 \tag{5-32}$$

上式中 $\int_{t_1}^{t_2} M\mathrm{d}t$ 为称为**冲量矩**，它反映了力矩在时间上的累积效果，国际制单位中，冲量矩的单位为N·m·s。式（5-32）表明：作用在刚体上的冲量矩等于刚体在该段时间内的角动量的增量，这一结论称为**刚体定轴转动的角动量定理**。

5.4.3　刚体定轴转动的角动量守恒定律

由式（5-31）可知，若 M=0，则有

$$L=J\omega=\text{常量} \tag{5-33}$$

上式表明：当做定轴转动的刚体所受的合外力矩为零时，刚体对该转轴的角动量保持不变。这个结论称为刚体绕定轴转动的**角动量守恒定律**。

这个定律不仅适用于绕定轴转动的刚体，也适用于非刚体（即转动惯量在改变的物体）的定轴转动以及定轴转动的刚体组。下面就角动量守恒的这几种常见情况进行讨论：

（1）刚体做定轴转动时，其转动惯量 J 保持不变，在所受合外力矩为零的情况下，刚体将以恒定的角速度 ω 绕定轴转动。轮船、飞机、火箭上用作导航定向的回转仪（也称陀螺仪）就是利用这一原理制成的。如图 5-27 所示。

图 5-27　回转仪

（2）物体绕定轴转动时，若物体上各质元相对于转轴的距离是变化的，即物体的转动惯量 J 可变。则对于“$J\omega$= 常量”而言，如果物体的转动惯量 J 增大，则角速度 ω 将减小；反之，如果物体的转动惯量 J 减小，则角速度 ω 将增大。如图 5-28 所示，一个跳水运动员在做跳水运动时，她的质心沿

抛物线路径，当她以一定的角动量 $\boldsymbol{L}$ 离开跳板时，此角动量是相对通过她的质心轴的，图中用垂直指向纸面内的矢量表示。她在空中时，没有对其质心的合外力矩，因此她对其质心的角动量不变。当她成屈体姿势时，减小了对质心轴的转动惯量，相应的增大了角速度。在落到下端时，她拉开屈体成伸展姿势，转动惯量增大，同时角速度减小使得入水时水花减少。

图 5-28　跳水中的角动量守恒

（3）如果系统由几个部分组成，且绕一公共转轴转动，每一部分的角动量都可以变化，但该系统的总角动量守恒，即"$\sum_i J_i\omega_i =$ 常量，"这时角动量在系统内相互传递。如图 5-29 所示，一人站在转台上手握转轮并使转轮的轴保持铅直。开始时，轮和转台都保持静止，当人用手使转轮转动时，转台将沿轮转动的相反方向旋转。从这个例子可以很清楚地看出，系统角动量守恒并不意味着系统内每一个物体的角动量都守恒，内力矩可以改变系统内的各个组成部分的角动量，但不能改变系统的总角动量。

图 5-29　系统角动量守恒

最后还应再次指出，前面关于角动量守恒定律、动量守恒定律和能量守恒定律的结论，都是在不同理想化条件（如质点、刚体……）下，用经典的牛顿力学原理"推证"出来的。但它们的使用范围，却远远超出了原有条件的限制。它们不仅适用于牛顿力学所研究的宏观、低速（远小于光速）领域，而且通过相应的扩展和修正后也适用于牛顿力学失效的微观、高速（接近光速）的领域，即量子力学和相对论中。这三条守恒定律是近代物理理论的基础，是更为普适的物理定律。

例题 5-9　如图 5-30 所示，一半径为 R，质量为 m_0 的圆盘可绕铅直的中心轴 Oz 旋转，圆盘上距转轴为 $R/2$ 处站着一质量为 m 的人。设开始时圆盘与人相对于地面以角速度 ω_0 匀速转动，求此人走到圆盘边缘时，人和圆盘一起转动的角速度 ω。

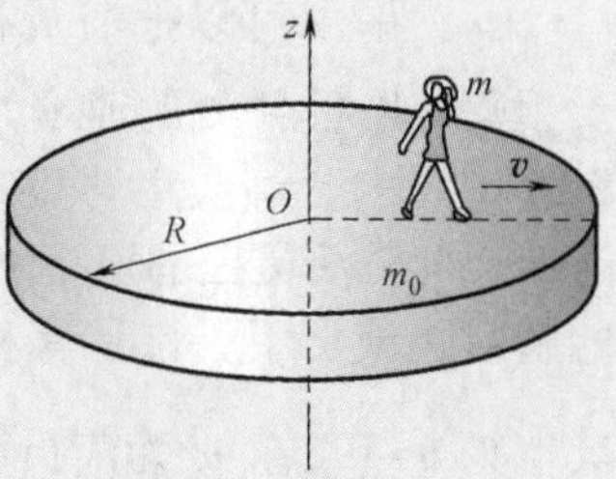

图 5-30　例题 5-9 图

解　取人与圆盘为一系统，由于圆盘和人的重力以及转轴对圆盘的支持力都平行于转轴，所以这些力对转轴的力矩为零，因此系统对该转轴的角动量守恒。初始时刻，系统的角动量为

$$L_0 = \frac{1}{2}m_0R^2\omega_0 + m\left(\frac{R}{2}\right)^2\omega_0$$

在末状态时，系统的角动量为

$$L = \frac{1}{2}m_0R^2\omega + mR^2\omega$$

因为角动量守恒即 $L_0=L$，则有

$$\omega = \frac{2m_0 + m}{2m_0 + 4m}\omega_0$$

例题 5-10　如图 5-31 所示，一长为 l，质量为 m' 的细杆可绕支点 O 自由转动。一质量为 m、速率为 v 的子弹射入细杆内距支点为 h 处，使细杆的偏转角为 30°。问子弹的初速率为多少？

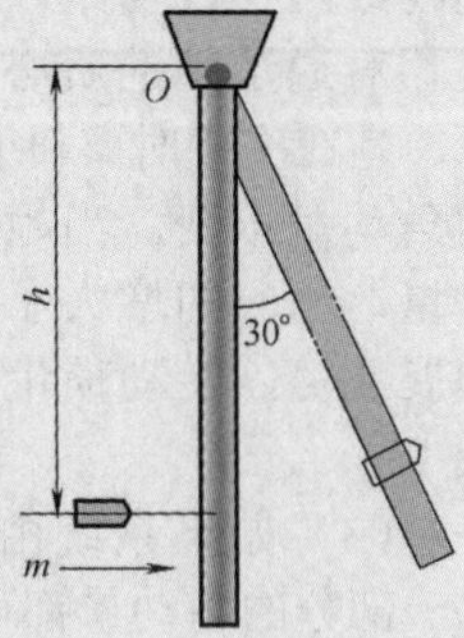

图 5-31　例题 5-10 图

解　把子弹和细杆看成一个系统。系统所受的外力有重力和轴对细杆的约束力。在子弹射入细杆的极短时间里，重力和约束力均通过轴 O，因此它们对轴 O 的力矩均为零，系统的角动量守恒。于是有

$$mvh=\left(\frac{1}{3}m'l^2+mh^2\right)\omega \tag{1}$$

子弹射入细杆后，随细杆一起绕轴 O 转动。在转动过程中只有重力做功，所以如以子弹、细杆和地球为一系统，则此系统机械能守恒。选取细杆处在竖直位置为重力零势能点，则有

$$\frac{1}{2}\left(\frac{1}{3}m'l^2+mh^2\right)\omega^2=mgh(1-\cos30°)+m'g\frac{l}{2}(1-\cos30°) \tag{2}$$

求解式（1）和式（2）可得

$$v=\frac{\sqrt{\frac{1}{6}g(2-\sqrt{3})(m'l+2mh)(m'l^2+3mh^2)}}{mh}$$

例题 5-11　如图 5-32 所示，一杂技演员甲由距水平跷板高为 h 处自由下落到跷板的一端 A，并把跷板另一端的演员乙弹了起来。设跷板是均质的，长度为 l，质量为 m'，支撑点在板的中部点 C，跷板可绕点 C 在竖直平面内转动，演员甲、乙的质量都是 m。假定演员甲落在跷板上，与跷板的碰撞是完全非弹性碰撞。问演员乙可弹起多高？

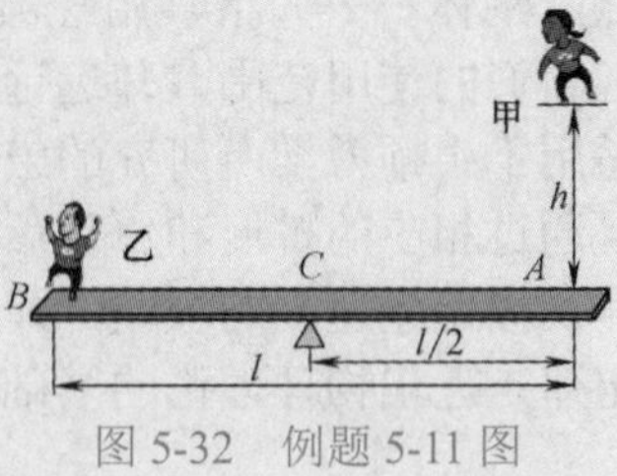

图 5-32　例题 5-11 图

解　题中可以把演员视为质点，则演员甲落在跷板 A 处的速率为 $v_{甲}=\sqrt{2gh}$，这个速率也就是演员甲与板 A 处刚碰撞时的速率，此时演员乙的速率 $v_{乙}=0$。在碰撞后的瞬时，演员甲、乙具有相同的线速率 u，其值为 $u=\frac{1}{2}\omega l$，ω 为演员和板绕点 C 的角速度。现把演员甲、乙和跷板作为一个系统，并以通过点 C 垂直于纸面的轴为转轴。由于甲、乙两演员的质量相等，所以当演员甲碰撞板 A 处时，作用在系统上的合外力矩为零，故系统的角动量守恒，有

$$mv_{甲}\frac{l}{2}=J\omega+2mu\frac{l}{2}=\frac{1}{12}m'l^2\omega+\frac{1}{2}ml^2\omega$$

式中，J 为跷板的转动惯量，若把板看成是窄长条形状，则 $J=\frac{1}{12}m'l^2$。于是由上式可得

$$\omega=\frac{\frac{1}{2}mv_{甲}l}{\frac{1}{12}m'l^2+\frac{1}{2}ml^2}=\frac{6m\sqrt{2gh}}{(m'+6m)l}$$

这样演员乙将以速率 $u=\frac{l}{2}\omega l$ 跳起，达到的高度 h' 为

$$h'=\frac{u^2}{2g}=\frac{l^2\omega^2}{8g}=\left(\frac{3m}{m'+6m}\right)^2h$$

*5.5　进动

前面主要讨论了刚体定轴转动的规律，这节我们将讨论刚体转轴不固定的情况。

大家知道，玩具陀螺不转动时，它将在其重力对支点的力矩作用下翻倒。但是当陀螺以很高的转速绕自身对称轴（也称自旋轴）转动时，尽管陀螺仍然受到重力矩的作用，陀螺却不会翻倒，且重力矩将使陀螺的自旋轴沿图 5-33 中虚线所示的路径画出一个圆锥面来。

图 5-33　旋转的陀螺

陀螺的这种运动也可以用图 5-34a 所示的回转仪来演示。将回转仪自旋轴（水平的）一端置于支架的顶点 O 上，并使其可以绕 O 点自由转动。当回转仪静止时，在重力矩的作用下，它将在铅直平面内倒下；当回转仪绕自旋轴高速旋转时，其自旋轴不仅可以继续保持水平方位不倒，而且还将绕铅直轴缓慢地转动。我们把陀螺或回转仪高速绕自身对称轴旋转时，其自旋轴还会绕铅直轴转动的现象称为刚体的进动，又称为旋进。

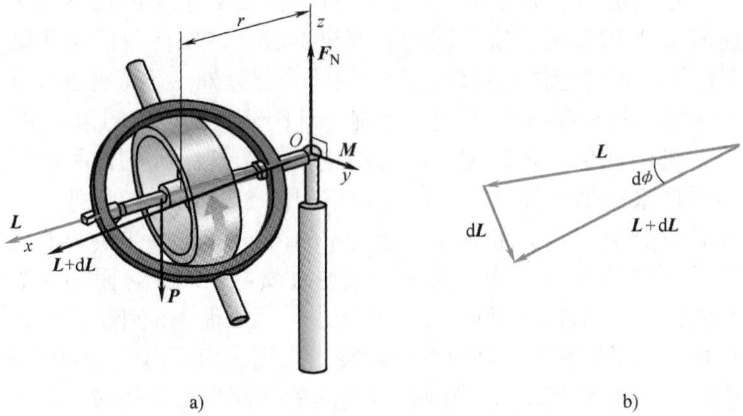

图 5-34　回转仪的旋进

在图 5-34a 中，如果略去摩擦力的作用，则回转仪受到两个外力作用，一个是作用在回转仪质心 C 向下的重力 $P=mg$，另一个是铅直轴顶部对其向上的支持力 F_N。当回转仪以角速度 ω 绕其自旋轴转动时，其角动量 $\boldsymbol{L}$ 的方向如图 5-34a 所示的方向沿 Ox 轴的正向。由于力 F_N 对点的力矩为零，故外力矩仅为重力矩 $\boldsymbol{M}$，有

$$\boldsymbol{M}=mgr\boldsymbol{j}$$

即 $\boldsymbol{M}$ 的方向沿 Oy 轴正向。在时间 dt 内，回转仪受到 $\boldsymbol{M}$ 的作用使角动量由 $\boldsymbol{L}$ 改变为 $\boldsymbol{L}$+d$\boldsymbol{L}$，由角动量定理知，在此无限小时间内回转仪的角动量变化为

$$\mathrm{d}\boldsymbol{L} = \boldsymbol{M}\mathrm{d}t = (mgr\mathrm{d}t)\boldsymbol{j}$$

其方向与外力矩的方向相同。因外力矩的方向垂直于 $\boldsymbol{L}$，所以 d$\boldsymbol{L}$ 的方向也与 $\boldsymbol{L}$ 垂直，即 $\boldsymbol{L}$ 的大小不变而方向发生变化。从回转仪顶部向下看，回转仪对称轴（或自旋轴）绕通过点 O 的铅直轴 Oz 逆时针方向旋进。此外由图 5-34b 可以看出，经过时间 dt 后，回转仪转过角 dϕ

$$\mathrm{d}\phi = \frac{\mathrm{d}L}{L} = \frac{(mgr)\mathrm{d}t}{J\omega}$$

式中，J 为回转仪绕对称轴的转动惯量。于是可得回转仪的旋进角速度的值为

$$\varOmega = \frac{\mathrm{d}\phi}{\mathrm{d}t} = \frac{mgr}{J\omega} \tag{5-34}$$

由上式可以看出，若回转仪自转角速度 ω 不变，则旋进角速度也保持不变。实际上由于各种摩擦阻力矩的作用，将使 ω 不断地减小，与此同时 $\varOmega$ 将逐渐增大，旋进将变得不稳定。

以上的分析是近似的，只适用于自转角速度 ω 比旋进角速度 $\varOmega$ 大得多的情况。因为有旋进的存在，回转仪的总角动量除了上面考虑的因自转运动产生的一部分外，还有旋进部分产生的。只有在 $\omega \gg \varOmega$ 时，才能不计因旋进而产生的角动量。

进动现象是很普遍的，应用也十分广泛。人们常利用进动原理来控制炮弹在空中的飞行。如图 5-35 所示，炮弹在飞行时受到空气阻力的作用。阻力 $\boldsymbol{f}$ 的方向总与炮弹质心的速度 $\boldsymbol{v}_C$ 的方向相反，而且又不一定通过质心。因此，阻力对质心的力矩就可能使炮弹在空中翻转，从而不能保证弹头先触及目标。为了避免炮弹在空中的翻转，人们在炮筒内壁上刻出螺旋线（也称来复线）。当炮弹被高速的气流推出炮筒时，沿来复线的气流使炮弹同时绕自己的对称轴高速旋转。由于这种旋转，炮弹在飞行中受到的空气阻力的力矩将不能使它翻转，而只是使它绕着质心前进的方向进动。这样，它的轴线将会始终只与前进的方向有不大的偏离，而弹头就总是大致指向前方了。

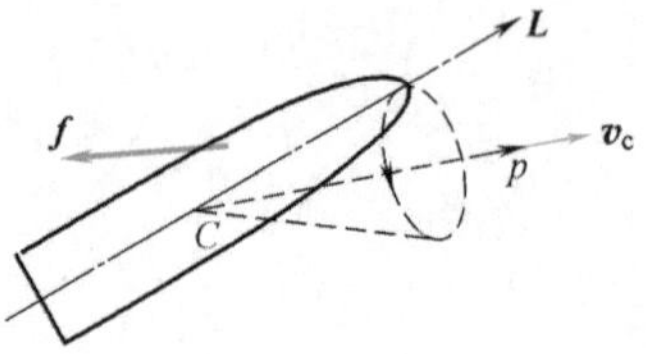

图 5-35　炮弹的进动

在微观世界中也常常会用到进动的概念。例如，原子中的电子同时参与绕核运动与电子本身的自旋，都具有角动量。在外磁场中，电子将以外磁场方向为轴线做进动，这是从物质的电结构来说明物质磁性的理论依据。

本 章 提 要

1. 刚体定轴转动的角量描述

角位置和角位移：$\theta=\theta(t)$，$\Delta\theta=\theta_2-\theta_1$

角速度：$\omega=\dfrac{\mathrm{d}\theta}{\mathrm{d}t}$

角加速度：$\beta=\dfrac{\mathrm{d}\omega}{\mathrm{d}t}=\dfrac{\mathrm{d}^2\theta}{\mathrm{d}t^2}$

2. 刚体定轴转动定律

力矩：$\boldsymbol{M}=\boldsymbol{r}\times\boldsymbol{F}$

定轴转动定律：$M=J\beta$

转动惯量：J

离散的质点系统：$J=\sum\limits_i \Delta m_i r_i^2$

质量连续分布的刚体：$J=\int r^2\mathrm{d}m$

平行轴定理：$J=J_C+md^2$

垂直轴定理：$J_z=J_x+J_y$

3. 刚体定轴转动中的功和能

力矩的功：$A=\int_{\theta_1}^{\theta_2}M\mathrm{d}\theta$

刚体的转动动能：$E_\mathrm{k}=\dfrac{1}{2}J\omega^2$

刚体定轴转动的动能定理：$A=\int_{\theta_1}^{\theta_2}M\mathrm{d}\theta=\dfrac{1}{2}J\omega_2^2-\dfrac{1}{2}J\omega_1^2$

刚体的重力势能：$E_\mathrm{p}=mgy_C$

4. 刚体定轴转动的角动量定理和角动量守恒定律

刚体定轴转动的角动量：$L=J\omega$

刚体定轴转动的角动量定理：$\int_{t_1}^{t_2}M\mathrm{d}t=L_2-L_1=J\omega_2-J\omega_1$

刚体定轴转动的角动量守恒定律：$L=J\omega=$ 常量

思 考 题 5

S5-1. 有人认为刚体运动时，刚体上各点运动轨迹都是直线，其运动不一定是平动；也有人认为，刚体上各点运动轨迹都是曲线，其运动不可能是平动。你认为正确吗？试举例说明。

S5-2. 如果一个刚体所受合外力为零，其合力矩是否也为零？如果刚体所受合外力矩为零，其合外力是否也一定为零？

S5-3. 一人手持长为 l 的棒的一端击打岩石，但又要避免手受到剧烈的冲击。请问：此人应当用棒的哪一点去打击岩石？

S5-4. 一个人将两臂伸平，两手各拿一个质量相等的哑铃坐在角速度为 ω 的转台上，突然他将哑铃丢下，但两臂不动。问人和转台的角速度是否改变？

S5-5. 两个飞轮，一个是木制的，周围镶上铁制的轮缘，另一个是铁制的，周围镶上木制的轮缘。若这两个飞轮的半径相同，总质量相等，以相同的角速度绕通过飞轮中心的轴转动，则哪一个飞轮的动能较大？

S5-6. 将一个生鸡蛋和一个熟鸡蛋放在桌上使它们旋转，如何判断哪个是生的，哪个是熟的？为什么？

S5-7. 工厂里很高的烟囱往往是用砖砌成的。有时为了拆除旧烟囱，可以采用底部爆破的方法。在烟囱倾倒的过程中，往往中间偏下的部分发生断裂，如思考题 5-7 图所示。试说明其原因。

思考题 5-7 图

S5-8. 拐弯时，骑自行车和蹬三轮车的人有不同的感觉。譬如想朝左拐，骑自行车的人只需要把身体的重心偏向左边，而不用有意识地向左转动车把。如果他只向左转动车把，而不向左侧身，则车子就会产生朝右倾倒的趋势。若蹬三轮车的人想朝左拐的话，他必须向左转动车把，而是否向左侧身则无所谓。只要弯拐得不是太急，一般不用担心朝右倾倒，请解释为什么。

S5-9. 卫星绕地球运动。设想卫星上有一个窗口，此窗口远离地球。若欲使卫星中的宇航员依靠自己的能力，从窗口看到地球。这位宇航员应当怎样做才能使窗口朝向地球？

基础训练习题 5

1. 选择题

5-1. 以下运动形态不是平动的是

（A）火车在平直的斜坡上运动。

（B）火车在拐弯时的运动。

（C）活塞在气缸内的运动。

（D）空中缆车的运动

5-2. 均匀细棒 OA 可绕通过其一端 O 而与棒垂直的水平固定光滑轴转动，如习题 5-2 图所示。今使棒从水平位置由静止开始自由下落，在棒摆动到竖直位置的过程中，下述说法正确的是

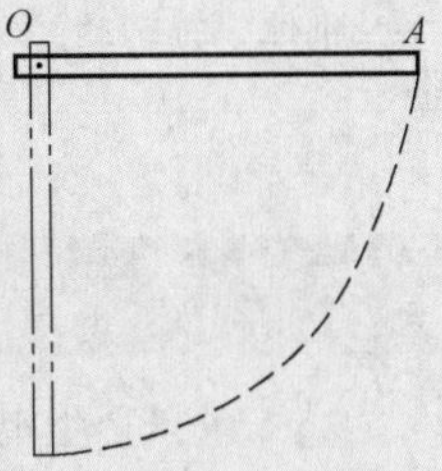

习题 5-2 图

（A）角速度从小到大，角加速度从大到小。

（B）角速度从小到大，角加速度从小到大。

（C）角速度从大到小，角加速度从大到小。

（D）角速度从大到小，角加速度从小到大。

5-3. 关于刚体对轴的转动惯量，下列说法中正确的是

（A）只取决于刚体的质量，与质量的空间分布和轴的位置无关。

（B）取决于刚体的质量和质量的空间分布，与轴的位置无关。

（C）取决于刚体的质量、质量的空间分布和轴的位置。

（D）只取决于转轴的位置，与刚体的质量和质量的空间分布无关。

5-4. 有 A、B 两个半径相同，质量相同的细圆环。A 环的质量均匀分布，B 环的质量不均匀分布，设它们对过环心的中心轴的转动惯量分别为 J_A 和 J_B，则有

（A）$J_A > J_B$。

（B）$J_A < J_B$。

（C）无法确定哪个大。

（D）$J_A=J_B$。

5-5. 一圆盘绕过盘心且与盘面垂直的光滑固定轴 O 以角速度 ω 按习题 5-5 图所示方向转动。若按图中所示的情况那样，将两个大小相等、方向相反，但不在同一条直线上的力 F 沿盘面同时作用到圆盘上，则圆盘的角速度：

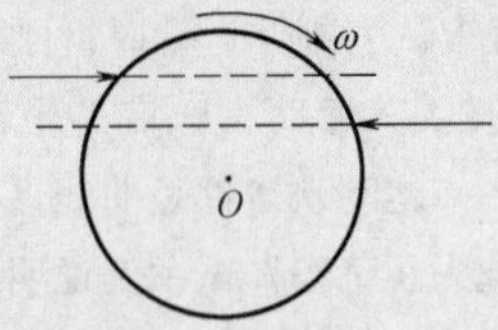

习题 5-5 图

（A）必然增大。

（B）必然减少。

（C）不会改变。

（D）如何变化，不能确定。

5-6. 一人站在无摩擦的转动平台上并随转动平台一起转动，双臂分别水平地举着两个哑铃，当他把两个哑铃水平地收缩到胸前的过程中

（A）人与哑铃组成系统对转轴的角动量守恒，人与哑铃同平台组成系统的机械能不守恒。

（B）人与哑铃组成系统对转轴的角动量不守恒，人与哑铃同平台组成系统的机械能守恒。

（C）人与哑铃组成系统对转轴的角动量，人与哑铃同平台组成系统的机械能都守恒。

（D）人与哑铃组成系统对转轴的角动量，人与哑铃同平台组成系统的机械能都不守恒。

5-7. 银河系中有一天体是均匀球体，其半径为 R，绕其对称轴自转的周期为 T，由于引力凝聚的作用，体积不断收缩，则一万年以后

（A）自转周期变小，动能减小。

（B）自转周期变小，动能增大。

（C）自转周期变大，动能增大。

（D）自转周期变大，动能减小。

5-8. 几个力同时作用在一个具有光滑固定转轴的刚体上，如果这几个力的矢量和为零，则此刚体

（A）必然不会转动。

（B）转速必然不变。

（C）转速必然改变。

（D）转速可能不变，也可能改变。

5-9. 关于力矩有以下几种说法：

（1）关于某个定轴转动的刚体，内力矩不会改变刚体的角加速度。

（2）一对作用力和反作用力对同一轴的力矩之和必为零。

（3）质量相等，但形状和大小不同的两个刚体，在相同力矩的作用下，它们的运动状态一定相同。

对上述说法，下述判断正确的是

（A）只有（2）是正确的。

（B）（1）、（2）是正确的。

（C）（2）、（3）是正确的。

（D）（1）、（2）、（3）是正确的。

5-10. 假设卫星环绕地球中心做圆周运动，则在运动过程中，卫星对地球中心的：

（A）角动量守恒，动能也守恒。

（B）角动量守恒，机械能守恒。

（C）角动量不守恒，机械能守恒。

（D）角动量不守恒，动量也不守恒。

5-11. 光滑的水平桌面上，有一长为 $2L$、质量为 m 的匀质细杆，可绕过其中点且垂直于杆的竖直光滑固定轴 O 自由转动，其转动惯量为 $\frac{1}{3}mL^2$，起初杆静止。桌面上有两个质量均为 m 的小球，各自在垂直于杆的方向上，正对着杆的一端，以相同速率 v 相向运动，如习题 5-11 图所示。当两小球同时与杆的两个端点发生完全非弹性碰撞后，就与杆黏在一起转动，则这一系统碰撞后的转动角速度应为

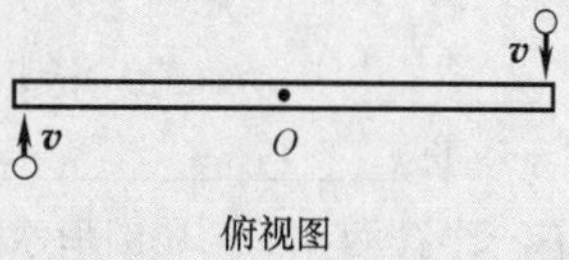

习题 5-11 图

（A）$\frac{2v}{3L}$。　（B）$\frac{4v}{5L}$。　（C）$\frac{6v}{7L}$。　（D）$\frac{8v}{9L}$。

5-12. 如习题 5-12 图所示，A、B 为两个相同的绕着轻绳的定滑轮。A 滑轮挂一质量为 m 的物体，B 滑轮受拉力 F，而且 $F=mg$。设 A、B 两滑轮的角加速度分别为 α 和 β，不计滑轮轴的摩擦，则有

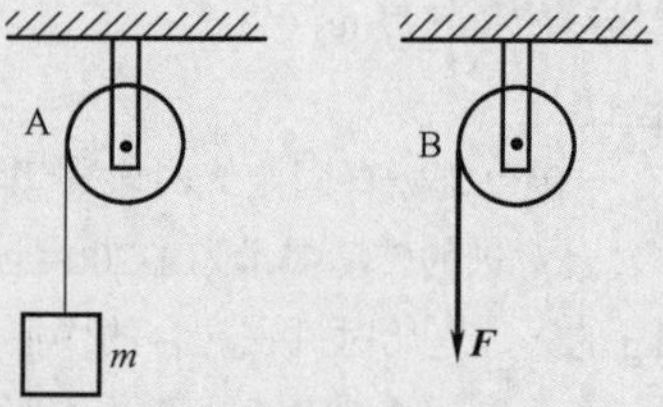

习题 5-12 图

（A）$\alpha=\beta$。

（B）$\alpha>\beta$。

（C）$\alpha<\beta$。

（D）开始时 $\alpha=\beta$，以后 $\alpha<\beta$。

2. 填空题

5-13. 如习题 5-13 图所示，半径分别为 R_A 和 R_B 的两轮，同皮带连接，若皮带不打滑，则两轮的角速度 $\omega_A:\omega_B=$________；两轮边缘上 A 点及 B 点的线速度 $v_A:v_B=$________；切向加速度 $a_{tA}:a_{tB}=$______；法向加速度 $a_{nA}:a_{nB}=$______.

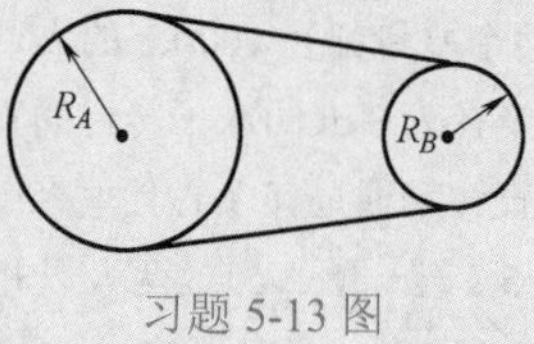

习题 5-13 图

5-14. 半径为 20 cm 的主动轮，通过皮带拖动半径为 50 cm 的被动轮转动，皮带与轮之间无相对

滑动，主动轮从静止开始做匀加速转动。在 4 s 内被动轮的角速度达到 $8\pi\ rad \cdot s^{-1}$，则主动轮在这段时间内转过了____圈。

5-15. 力矩的定义式为__________________。在力矩作用下，一个绕轴转动的物体做__________________运动。若系统所受的合外力矩为零，则系统的__________________守恒。

5-16. 有一半径为 R 的匀质圆形水平转台，可绕通过盘心 O 且垂直于盘面的竖直固定轴 OO' 转动，转动惯量为 J。台上有一人，质量为 m。当他站在离转轴 r 处时（$r < R$），转台和人一起以 ω_1 的角速度转动，如习题 5-16 图所示。若转轴处摩擦可以忽略，问当人走到转台边缘时，转台和人一起转动的角速度 $\omega_2 =$ ____________。

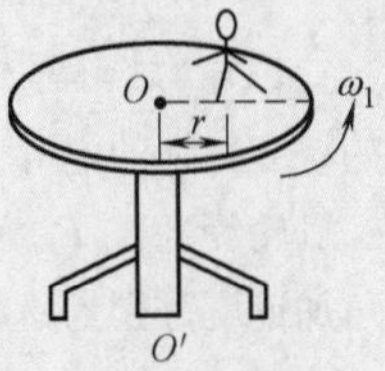

习题 5-16 图

5-17. 一转台绕竖直固定光滑轴转动，每 10 s 转一周，转台对轴的转动惯量为 1 200 $kg \cdot m^2$。质量为 80 kg 的人，开始时站在转台的中心，随后沿半径向外跑去，问当人离转台中心 2 m 时，转台的角速度为______________。

5-18. 地球的自转角速度可以认为是恒定的。地球对于自转轴的转动惯量 $J=9.8\times10^{37}\ kg \cdot m^2$。地球对自转轴的角动量 $L =$____________。

5-19. 如习题 5-19 图所示，一轻绳绕于有水平固定轴的飞轮边缘，并于绳端施以 20 N 的恒定拉力，已知飞轮的转动惯量为 $0.1\ kg \cdot m^2$，而且最初是静止的。不计摩擦，当绳端被拉下__________时，飞轮的角速度变为 $40\ rad \cdot s^{-1}$。

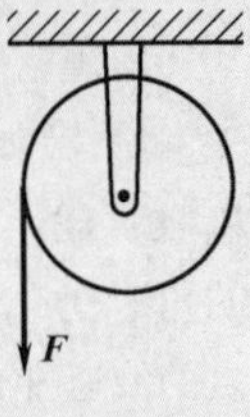

习题 5-19 图

5-20. 两个质量都为 100 kg 的人，站在一质量为 200 kg，半径为 3 m 的水平转台的直径两端。转台的固定竖直转轴通过其中心且垂直于台面。初始时，转台每 5 s 转一圈。当这两人以相同的快慢走到转台的中心时，转台的角速度 $\omega=$______________（已知转台对转轴的转动惯量 $J=\frac{1}{2}mR^2$，计算时忽略转台在转轴处的摩擦）。

3. 计算题

5-21. 在 1893 年美国芝加哥世博会的“大道乐园”里，一个超大的摩天轮观光设施第一次展现在世人面前，目的是与巴黎在 1889 年博览会上建造的巴黎铁塔一较高下。这座摩天轮是由美国工程师乔治 · 菲力斯设计，并以他的名字命名。该摩天轮半径为 R=38 m，装有 36 个木座舱，每一个可乘坐至多 6 个乘客，每个座舱的质量约为 1.1×10^4 kg，轮子结构的质量约为 6.0×10^8 kg，且大部分都在吊着座舱的圆周的格架中。座舱每次可乘 6 人，一旦 36 个座舱都坐满了人，轮子将以角速度 ω_F 在约 2 min 内转一周。

（1）假设每个座舱坐满了乘客，每个乘客的质量为 70 kg，则轮和乘客的总的角动量 L 为多少。

（2）假设坐满了乘客的摩天轮从静止经过时间 Δt=0.5 s 转动达到角速度 ω_F，那么在此时间内对摩天轮作用的平均合外力矩 M_{avg} 的大小是多少？

习题 5-21 图

5-22. 地球对自转轴的转动惯量为 0.33 $m_E R^2$，其中 m_E 为地球的质量，R 为地球半径。

（1）求地球自转时的动能；

（2）由于潮汐的作用，地球自转的角速度逐渐减小，1 年内自转周期增加 3.5×10^{-5} s，求潮汐对地球的平均力矩。

5-23. 质量分别为 m 和 $2m$，半径分别为 r 和 $2r$ 的两个均匀圆盘，同轴地黏在一起，可以绕通过盘心且垂直盘面的水平光滑固定轴转动，对转轴的转动惯量为$\frac{9mr^2}{2}$，大、小圆盘边缘都绕有绳子，绳子下端都挂一质量为 m 的重物，如习题 5-23 图所示。求盘的角加速度的大小。

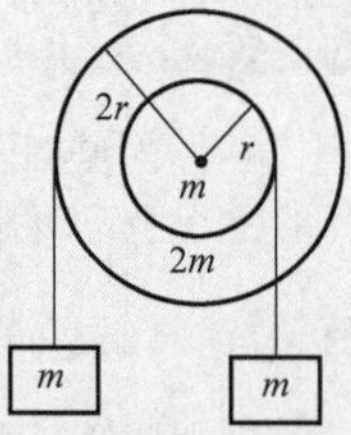

习题 5-23 图

5-24. 如习题 5-24 图所示，轻绳一端系着质量为 m 的小物块，另一端穿过光滑水平桌面上的小孔 O，用力 $\boldsymbol{F}$ 拉着，小物块原来以速率 v 做半径为 r 的圆周运动。当 $\boldsymbol{F}$ 拉动绳子向正下方移动$\frac{r}{2}$时，物块的角速度是多少？

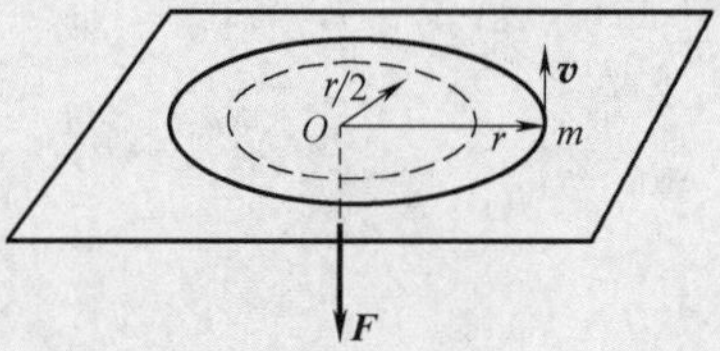

习题 5-24 图

5-25. 在习题 5-25 图中，一颗 1.0 g 的子弹射入 0.50 kg 的物块中，后者装在长为 0.60 m，质量为 0.50 kg 的一根均匀细杆的下端。此后，物块 - 细杆 - 子弹系统就绕点 A 的固定轴转动。细杆本身对点的转动惯量是 0.060 kg · m²。假定物块小得可以作为一个在细杆末端的质点来处理。求：

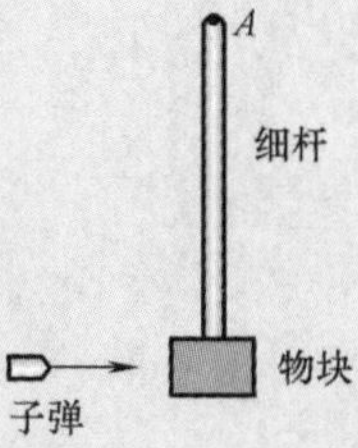

习题 5-25 图

（1）物块 - 细杆 - 子弹系统对点 A 的转动惯量是多少？

（2）如果子弹刚击中系统后的角速率为 4.5 rad · s^{-1}，那么子弹刚撞击前的速率是多少？

5-26. 两个质量同为 2.0 kg 的球连接在质量可忽略的长 50.0 cm 的细棒的两端。棒可以绕通过其中心的水平轴在竖直平面内无摩擦地自由转动。在棒原来水平时（见习题 5-26 图），一小块 50.0 g 的湿泥落到一个球上，以 3.00 m · s^{-1} 的速率冲击它并随后粘在它上面。求：

（1）湿泥块刚冲击后，系统的角速率是多少？

（2）碰撞后整个系统的动能和泥块在刚碰撞前的动能之比是多少？

（3）直到它瞬时静止，系统将转过多大角度？

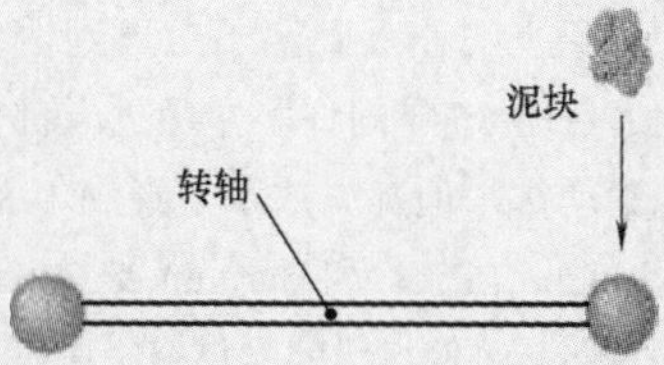

习题 5-26 图

5-27. 一个质量为 M、半径为 R 的均匀球壳绕竖直轴在无摩擦的轴承上转动（见习题 5-27 图）。一根质量可以忽略不计的绳绕过球壳的赤道，越过一个转动惯量为 J、半径为 r 的滑轮，并连接一个质量为 m 的小物块。假设滑轮轴上无摩擦，绳在滑轮上不打滑。物块由静止下落 h 时的速率是多少（提示：用能量考虑）？

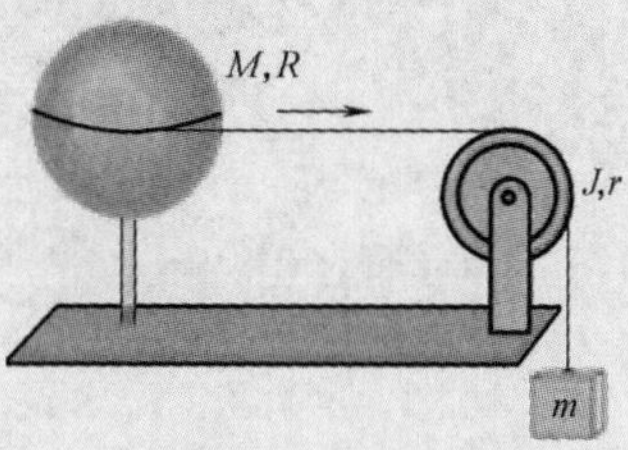

习题 5-27 图

5-28. 一均质细棒长为 l，质量为 m，可绕过端点的 O 轴在竖直平面内转动。开始时，细棒静止于水平位置，如习题 5-28 图所示。现将细棒轻轻放开，当细棒摆至竖直位置时，棒的下端恰好与一质量为 m 的小物块相碰，并黏在一起，求细棒与物块相碰后的角速度。

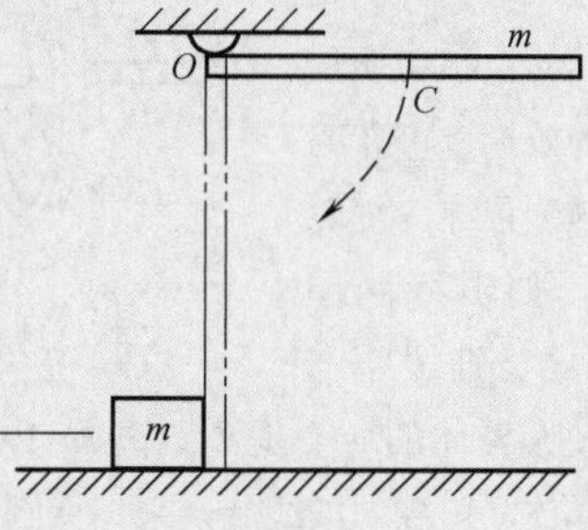

习题 5-28 图

综合能力和知识拓展与应用训练题

1. 空中飞人

1897 年，一位欧洲“空中飞人”第一次从摆动的高空秋千上飞出后翻滚了三周到达搭档的手中。在此之后的 85 年间许多空中飞人都曾尝试完成四个翻滚动作，但都失败了。直到 1982 年在观众面前，Ringling Bros. 和 Barnum & Bailey 马戏团的 Miguel Vazquez 使自己的身体在空中翻了四个整圈后被他的哥哥 Juan 接住。两个人都为自己的成功感到吃惊。为什么完成这套绝技会这么困难？物理学对它的成功起了什么作用？

如果 Miguel Vazquez 在跳向他哥哥而翻腾四周的过程中，所需时间为 t=1.87 s。在最初和最后的$\frac{1}{4}$周中，他是伸展的，如训练题图 5-1a 所示，这时他对于质心（训练题图 5-2b 中的点）的转动惯量为 J_1=19.9 kg · m^2。在飞行的其余时间，他处于屈体的姿势，转动惯量为 J_2=3.93 kg · m^2。他对于其质心的角速率在屈体姿势时必须是多少？

本题内容：日常应用。

考查知识点：刚体的角动量守恒定律。

题型：计算题。

a)

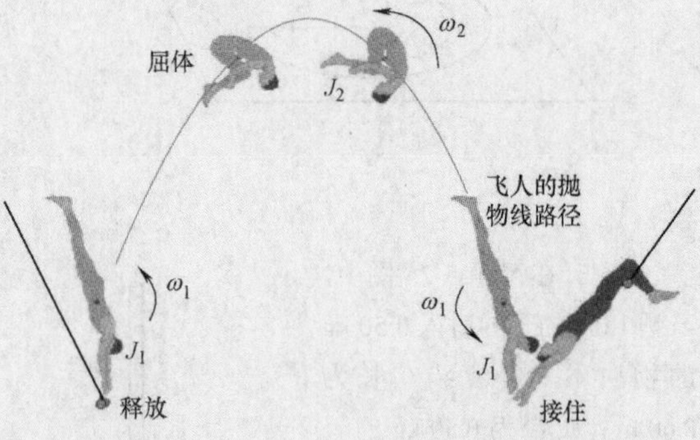

b)

训练题图 5-1

2. 麦克斯韦轮

质量 m=0.400 kg，半径 R=0.60 m，厚度 d=0.010 m 的均匀扁圆柱体用两根等长的细线悬挂，细线系在穿过圆柱中心半径为 r 的轴上（细线的粗细和质量以及轴的质量皆可忽略不计）这装置称为麦克斯韦轮，如训练题图 5-2 所示。将细线绕在轴上，使圆柱体的质心提高距离 H=1.00 m，然后由静止释放，缠绕的细线展开来，待圆柱体的质心到达最低点后，缠绕的细线重新绕在轴上，于是圆柱重新升高。问当圆柱体的质心下降 h=0.50 m 时，其动能为多少？其中转动动能占百分之几？

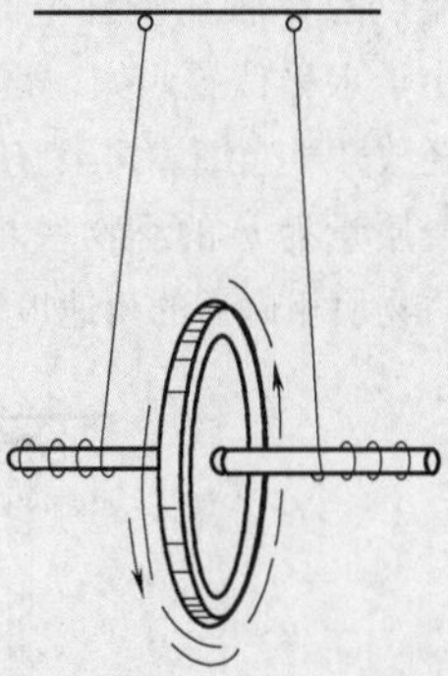

训练题图 5-2

本题内容：日常应用。

考查知识点：刚体的平面平行运动。

题型：计算题。

3. 台球的滑动与滚动

如果在打台球时，用球棒沿水平方向瞄准台球球心上方某点击打台球，以使台球在滑动摩擦系数为 μ 的台球桌面上一开始就做纯滚动。证明击球点的高度 h 应该等于$\frac{7R}{5}$。其中，台球的质量为 m，半径为 R。

本题内容：日常应用。

考查知识点：动量定理，角动量定理。

题型：证明题。

阅读材料——岁差和章动

1. 岁差

如图所示，以地球为中心作任意半径的一个假想大球面，称为“天球”。地球的赤道平面与天球相交的圆称之为“天赤道”（celestial equator），地球绕日公转的轨道平面与天球相交的圆称之为“黄道”（ecliptic），它是太阳在天球上的视轨道。实际上赤道面与黄道不相合，其间有 23.5° 的交角。天赤道与黄道相交于两点，当一年中太阳过这两点时分别是春分和秋分，在这两天全球各地昼夜等长。黄道上的春分点和秋分点统称为“二分点”（equinoxes），太阳从春分点出发，沿黄道运行一周回到春分点，为一“回归年”。如果地轴（赤道面的法线）不改变方向，二分点不动，回归年与恒星年相等。古代的天文学家通过细心观测，惊奇地发现二分点由东向西缓慢漂移（也称为“进动”）。公元前 2 世纪，古希腊天文学家希帕恰斯就发现二分点的进动每年约 36 角秒（精确值为 50.2 角秒每年），这是岁差现象的最早发现。公元 4 世纪，我国晋代天文学家虞喜，根据对冬至日恒星的中天观测，独立地发现岁差，并定出冬至点每 50 年后退 1°（相当于 72 角秒每年）。《宋史 · 律历志》记载“虞喜云：‘尧时冬至日短星昴，今二千七百余年，乃东壁中，则知每岁渐差之所至’。”岁差这个名词即由此而来。历史上祖冲之首先将岁差引进历法，并应用于他自编的《大明历》，采用了 391 年中有 144 个闰月的精密新置润周期，这是我国历法史上一次重大的进步。

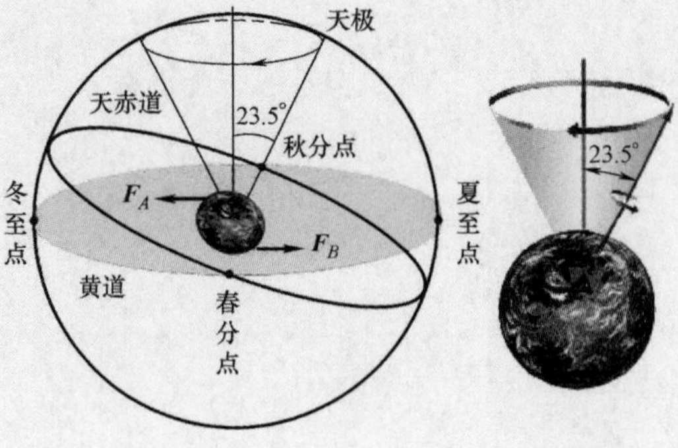

岁差的根源是地轴的进动，地球本身就是一个巨大的陀螺，它的自转使自己保持轴向的稳定性，于是我们就看到群星朝北斗的现象。但是地球本身并非质量均匀的球体，由于离心力的作用，地球赤道略鼓，两极稍扁，而且地轴与公转面并非垂直，所以太阳对地球在公转过程中的引力是不均匀的，再加上月球引力的影响，使得地球也产生了像陀螺一样的进动现象，表现为地轴以 23.5° 的夹角围绕公转轨道垂直线做圆周摆动。与陀螺不同的是，地球的进动周期非常缓慢，26000 年才旋转一周。这种旋进使春分点和秋分点（天球赤道与黄道的两交点）每年逆着太阳运转方向移动一定的角度，这就是回归年比恒星年略短的缘故，形成岁差。

2. 章动

陀螺仪（或者回转仪）“不屈服”于重力的作用而倾倒，无论怎样分析，总让人感到有点不自在。实际上它也不是完全不屈服。如图所示，如果先把一个快速旋转的陀螺仪的两端都支撑起来，然后撤去一段（A 点）的支撑。首先出现的现象是这一端确实下沉。然而，此后就立刻在水平面内进动了，与此时同时下沉运动放慢，直到 A 点完全沿水平方向运动。但事情并不就此了结，紧接着出现的是进动放慢，A 点重新抬起，在理想的情况下可以达到它的初始高度。这样的过程周而复始地继续下去，端点 A 描绘出图中的摆线轨迹。陀螺的这种运动叫作章动（nutation），拉丁语中是“点头”的意思。

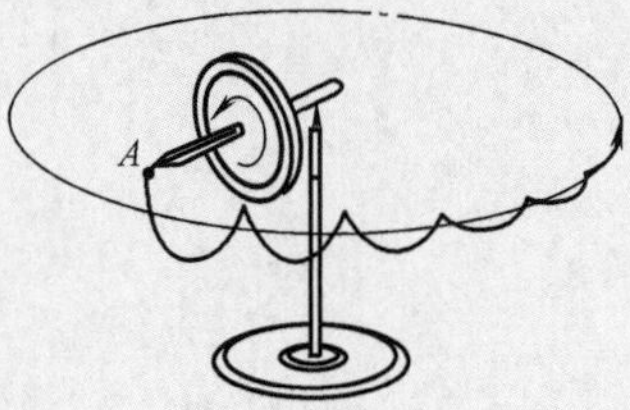

地轴除了进动外，也有章动，并使得岁差的速度不是常数，而会随着时间改变。引起这种变化的原因是地球相对于月球和太阳的位置有周期性的

变化，它所受到的来自后两者的引力作用也有相同周期的变化，使得地球自转轴的空间指向除长期的缓慢移动（岁差）外，还叠加上各种周期的幅度较小的振动，这称为章动。这种现象是英国的天文学家詹姆斯·布拉德利在1728年发现的，但直到20年后才得到解释。地轴的章动周期为18.6年，近似地说，就是19年。我国古代历法中把19年称为“一章”，这便是“章动”的来历。

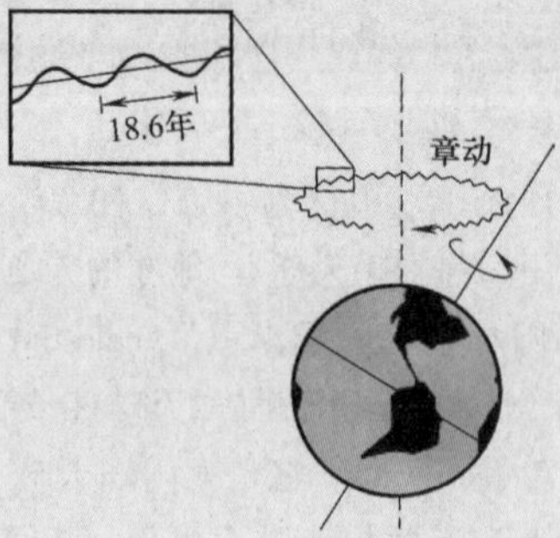

第 二 篇

电 磁 学

自然界存在两种物质形态：实物和场。现代物理学研究表明：实物与场最本质的区别在于能量密度的不同，实物是能量密度特别大的地方，场则是能量密度小的地方。空间充满了各种各样的场，按照近距作用的观点，物质之间的相互作用是通过场的传递来实现的。在前面的力学中我们主要讨论了宏观领域中实物在低速条件下的运动规律，而在电磁学中我们将研究电磁场的运动规律。

早在公元前 600 年，人们就发现用毛皮摩擦过的琥珀能够吸引羽毛、小纸片等轻小物体。不过在 17 世纪以前，电磁学大多属于定性的观察和零碎的知识，从 17 世纪开始，才有一些系统研究，18 世纪中叶以后，随着库仑（C. A. Coulomb，1736—1806）定律的建立，电磁学才从定性研究转向定量研究。但是，电磁学的重大进展是在人们认识到电现象和磁现象之间的深刻内在联系以后才开始的。1820 年，奥斯特（H. C. Oersted，1777—1851）发现了电流的磁效应，同年安培（A. M. Ampère，1775—1836）发现了磁场对电流的作用；1831 年法拉第（M. Faraday，1791—1867）发现电磁感应现象，并提出了场的观点；1864 年，麦克斯韦（J. C. Maxwell，1831—1879）在前人的基础上，提出了感应电场和位移电流两个假设，建立了以“麦克斯韦方程组”为核心的完整的电磁场理论，并从理论上预言了电磁波的存在。1888 年，赫兹（H. R. Hertz，1857—1894）利用振荡器在实验上证实了麦克斯韦关于电磁波的预言，麦克斯韦的电磁场理论是从牛顿建立经典力学理论到爱因斯坦提出相对论这段时期中物理学最重要的理论成果之一。

电磁现象是自然界中普遍存在的一种自然现象，电磁相互作用是自然界四种基本相互作用之一。在原子和分子的层次上以及物质的各种聚集态中，起支配作用的是电磁相互作用。把电子和原子核结合成原子的力、把原子结合成分子的化学键、把分子结合成固体和液体的分子力，以及材料的弹力、液体的表面张力、物体表面之间的摩擦力，等等，无一不是这种电磁相互作用的表现。电磁学理论在现代物理学中占有重要地位，且与生产生活、工程技术等多个领域有着十分紧密的联系，它是学习电工学、无线电电子学、自动控制、计算机技术等学科的基础。

本篇主要研究电磁场的基本规律。首先介绍静电场的描述及其规律，然后介绍静电场中的导体和电介质；接着介绍稳恒磁场的描述及其基本规律，最后介绍电场和磁场相互联系的规律——电磁感应定律，以及电磁场的理论——麦克斯韦方程组。

第6章 静电场

引 言

一般来说，运动电荷将同时激发电场和磁场。但是，在某种情况下，例如当我们所研究的电荷相对某参考系静止时，电荷在这个静止参考系中就只激发电场。静电学正是研究“静止电荷”及其所激发的静电场的特性及规律。静电学在电磁学中占有重要的地位，其重要性首先在于场概念的建立，带电体之间的相互作用是通过电场来实现的；其次对静电场特性的认识过程和对其所遵从规律的研究方法在整个电磁学的学习中具有指导意义，从真空中静电场这一简化模型推广到静电场中的导体和电介质这一实际情况，不仅在理论上有重大意义，在实际上也有重大应用。

本章讨论相对于观察者静止的电荷产生的场——静电场。首先从静电现象的观察开始，认识电荷和物质的电结构，从实验得到电荷间相互作用的规律——库仑定律和叠加原理。并从静电场对电荷有力的作用以及电荷在电场中运动时电场力对它做功这两个方面出发，引入描述电场性质的物理量——电场强度和电势。同时还通过电场强度对场内任一闭合曲面的通量及电场强度沿场内任一闭合曲线的积分值，给出静电场的两条基本定理——高斯定理和静电场的环路定理。最后分析存在导体和电介质情况下的静电场。

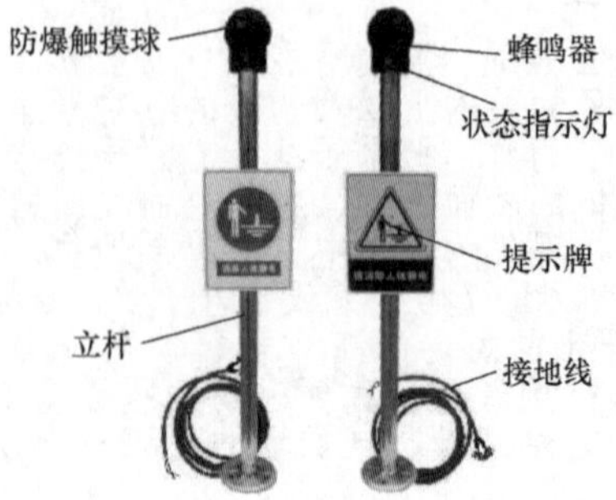

上图㊀为新疆石油储罐人体静电消除器。静电对易燃液体，如石油产品中的汽油、航空煤油等燃料油品以及苯、二甲苯等化工原料是一种潜在的火源。因此静电灾害严重影响了石油、石油化工、石油销售等行业的安全生产，并造成了很大的损失。据官方统计，油库着火爆炸事故中约有 10% 属于静电事故㊁，油气事故每年在各个国家都时有发生，油品起电的类型主要包括：流动带电、喷射带电、冲击带电和液体沉降带电。通过本章的学习，我们将科学认识和正确掌握静电的有关规律，了解其利弊及在日常生活、科技和环境中的应用。

6.1　库仑定律

6.1.1　电荷

实验表明，两个不同材质的物体相互摩擦后（例如丝绸与玻璃棒相互摩擦后），它们都能吸引羽毛或纸屑等轻小物体。这时，丝绸和玻璃棒处于带电状态，它们分别都带有电荷，我们就把这两种物体都称为带电体。至今，我们也往往把带电体本身简称为电荷（如运动电荷、自由电荷等）。图 6-1 中注射器射出的细水流之所以偏离原来的流向，是因为摩擦过的梳子带了电荷，具有了吸引轻小物体的性质。

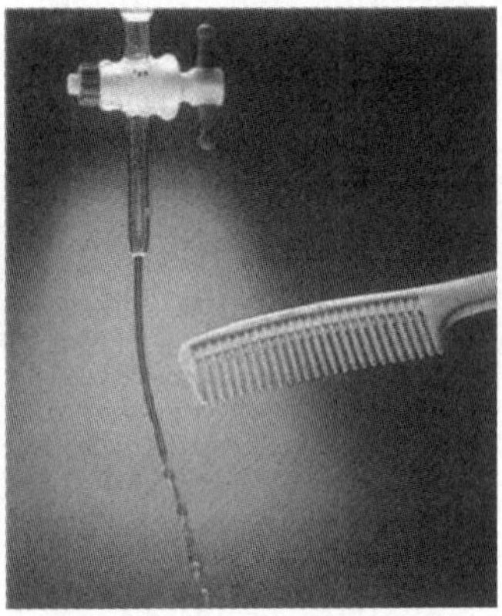

图 6-1　注射器射出的细水流受摩擦过的梳子吸引而偏离原来的流向

电荷是物质的一种固有属性，也是带电的基本粒子（电子、质子）的基本属性，自然界并不存在脱离物质而单独存在的电荷。并且实验证明，自然界只存在两种不同性质的电荷：正电荷和负电荷，并规定凡与被丝绸摩擦过的玻璃棒上所带电荷同种的电荷，称为正电荷，凡与被毛皮摩擦过的橡胶棒所带电荷同种的电荷，称为负电荷。带同种电荷的物体互相排斥，带异种电荷的物体互相吸引，静止电荷之间的相互作用力称为静电力。根据带电体之间相互作用力的大小能够确定物体所带电荷的多少，表示电荷多少的量叫作电荷量，简称电量。在国际单位制（SI）中，电量的单位是库仑，符号为 C。

㊀ http://product.jdol.com.cn/sell/image8404222.html

㊁ 中国石油天然气总公司。石油安全工程 [M]。北京：中国石油工业出版社，1991。

我们知道，宏观物体（固体、液体、气体等）都是由分子和原子组成的。任何化学元素的原子，都含有一个带正电的原子核和若干个在原子核周围运动的带负电的电子。原子核中含有带正电荷的质子和不带电的中子，原子核所带的正电就是核内全部质子所带正电之总和。现代物理实验证实，电子的电荷集中在半径小于 10^{-18} m 的小体积内。因此，常把电子看成一个无内部结构而有有限质量和电量的“点”。质子只有正电荷，都集中在半径约为 10^{-15} m 的体积内。中子内部也有电荷，靠近中心是正电荷，靠外为负电荷，正、负电荷电量相等，所以对外不显电性。

在正常情况下，物体内部的正电荷和负电荷量值相等，物体处于电中性状态。然而，当两种不同材质的中性物体相互摩擦时，会使物体中有一些电子摆脱了带正电荷的原子核的束缚而转移到另一个物体上去，一个物体因失去一部分电子而带正电，另一个物体则得到这部分电子而带负电。所以，在起电时，两个物体总是同时带异种而等量的电荷。

总之，一切使物体带电的过程就是使物体获得或失去电子的过程。在一个孤立的系统内，无论发生怎样的物理过程，该系统电荷的代数和保持不变，这一结论称为**电荷守恒定律**。电荷守恒定律适用于一切宏观和微观过程，它是物理学中的基本定律之一。现代物理研究已表明，在粒子的相互作用过程中，电荷是可以产生和消失的。然而电荷守恒并未因此而遭到破坏。例如，电子对的“产生”，即一个高能光子与一个重原子核作用时，该光子可以转化为一个正电子和一个负电子，$\gamma \rightarrow e^{+}+e^{-}$；电子对的“湮灭”，即一个正电子和一个负电子在一定条件下相遇，又会同时消失而产生两个或三个光子，$e^{+}+e^{-} \rightarrow 2\gamma$。

密立根（R. Millikan，1868—1953）油滴实验和许多其他的实验表明，自然界中任何带电体所带电量都是某个**元电荷**电量 e=1.602×10^{-19} C 的整数倍。这就是说，e 是电荷的一个基本单位，它是一个电子或一个质子所带电量的绝对值，电子电量为 $-e$，质子电量为 $+e$。而这种电量只能一份一份地取分立的、不连续的量值的性质称为**电荷的量子化**。1964 年美国科学家盖尔曼（M. Gell-Mann，1929—）等人提出夸克模型，现代物理学从理论上预言基本粒子（如质子和中子等）是由若干电量为$\pm\frac{1}{3}e$和$\pm\frac{2}{3}e$的夸克或反夸克组成的，但这并不违背电荷量子化的规律，只不过是电荷的基本单元量值改变而已。尽管这一模型对粒子物理中的许多现象的解释获得了很大的成功，但至今在实验中仍未观测到自由夸克。

电子或质子在加速时，虽然其质量随运动状态变化，但迄今为止的实验表明，其电量并不改变。即同一带电粒子的电量与它的运动状态无关，电荷的这一特性称为电荷量的相对论不变性。事实上，假如电量与速率有关，则原子中电子在不同的“轨道”上时，由于速度不同电量将改变，原子将不可能严格地保持电中性，而且通过化学反应改变原子和分子的运动状态就可以产生可观的电量出来，但实际上从未观测到这种效应。

6.1.2　库仑定律

两个静止带电体之间的相互作用力，不仅与带电体所带电量及它们之间的距离有关，而且还与它们的大小、形状及电荷分布情况有关。当带电体之间的距离远大于它们自身的几何线度时，带电体的形状、大小可以忽略，就可以把带电体看成点电荷，即带电体所带电量集中到一个“点”上。可见，点电荷这个概念和力学中的“质点”概念相仿，只有相对的意义。

1785 年库仑通过扭秤实验得出结论：真空中两个静止的点电荷之间的相互作用力的大小与这两个点电荷的电量 q_1 和 q_2 的乘积成正比，与它们之间的距离的平方成反比。作用力的方向沿着两个点电荷的连线，同号电荷相互排斥，异号电荷相互吸引。这就是真空中的库仑定律。若假设从 q_1 指向 q_2 的单位矢量为 $\boldsymbol{e}_r$，如图 6-2 所示，则电荷 q_2 受到电荷 q_1 的作用力可以表示为

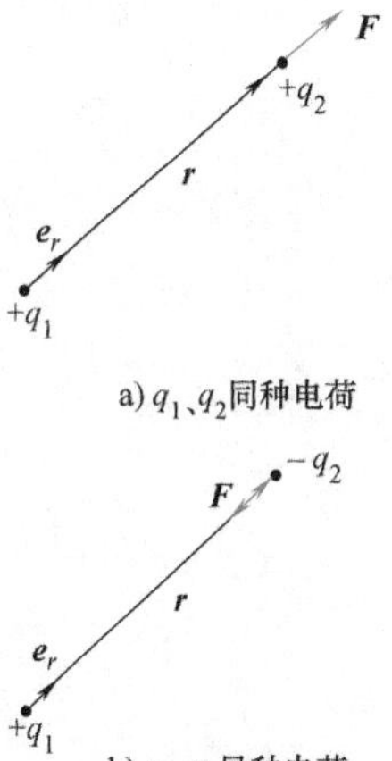

a) q_1、q_2同种电荷

b) q_1、q_2异种电荷

图 6-2　q_1 对 q_2 的作用力

$$\boldsymbol{F}=k\frac{q_1q_2}{r^2}\boldsymbol{e}_r \tag{6-1}$$

式中，k 为比例系数，其数值和单位取决于各量所采用的单位。在国际单位制中，$k=\dfrac{1}{4\pi\varepsilon_0}\approx 9.0\times 10^9\ \mathrm{N\cdot m^2\cdot C^{-2}}$；$\varepsilon_0$ 称为真空电容率（或称真空介电常量）

$$\varepsilon_0=\frac{1}{4\pi k}=8.85\times 10^{-12}\ \mathrm{C^2\cdot N^{-1}\cdot m^{-2}} \tag{6-2}$$

将 ε_0 代入式（6-1），得

$$\boldsymbol{F}=\frac{1}{4\pi\varepsilon_0}\frac{q_1q_2}{r^2}\boldsymbol{e}_r \tag{6-3}$$

当 q_1、q_2 为同种电荷时，$\boldsymbol{F}$ 与 $\boldsymbol{e}_r$ 同方向，两者之间表现为斥力；当 q_1、q_2 为异种电荷时，$\boldsymbol{F}$ 与 $\boldsymbol{e}_r$ 反方向，两者之间表现为引力。静止电荷之间的相互作用力通常又称为**库仑力**。近代物理实验表明，当两个点电荷之间的距离在 $10^{-17}\sim10^{7}$ m 范围内时，库仑定律是极其准确的。

6.1.3　静电力的叠加原理

库仑定律只适用于两个点电荷之间的作用。实验表明，两个静止点电荷之间的作用力不因其他静止电荷的存在而有所改变，这就是**静电力的独立性原理**。两个以上静止点电荷对一个静止点电荷的作用力，等于各个点电荷单独存在时对该点电荷作用力的矢量和，这就是**静电力的叠加原理**。

若有 n 个点电荷 $q_1, q_2, \cdots, q_i, \cdots, q_n$ 和点电荷 q_0，根据库仑定律，q_i 作用在点电荷 q_0 上的静电力为

$$\boldsymbol{F}_i=\frac{1}{4\pi\varepsilon_0}\frac{q_iq_0}{r_i^2}\boldsymbol{e}_{r_i}$$

式中，r_i 是 q_i 与 q_0 之间的距离；$\boldsymbol{e}_{r_i}$ 是 q_i 指向 q_0 方向的单位矢量。

由静电力的叠加原理，q_0 受到的总的静电力等于其他各个点电荷作用在 q_0 上的静电力的矢量和，即

$$\boldsymbol{F}=\boldsymbol{F}_1+\boldsymbol{F}_2+\cdots+\boldsymbol{F}_i+\cdots+\boldsymbol{F}_n=\sum_{i=1}^{n}\boldsymbol{F}_i=\frac{q_0}{4\pi\varepsilon_0}\sum_{i=1}^{n}\frac{q_i}{r_i^2}\boldsymbol{e}_{r_i}\qquad(6\text{-}4)$$

从微观结构看，电荷集中在一个个带电的微观粒子上，电荷是量子化的。但从宏观效果看，电荷在某一带电体上的分布可看成是连续的。

如果计算电荷连续分布的带电体对点电荷 q_0 的作用力，可根据库仑定律和静电力叠加原理求得。把带电体分成无限多个可以看成点电荷的电荷元 $\mathrm{d}q$，而电荷元 $\mathrm{d}q$ 与点电荷 q_0 之间的静电力为 $\mathrm{d}\boldsymbol{F}$，利用库仑定律得

$$\mathrm{d}\boldsymbol{F}=\frac{1}{4\pi\varepsilon_0}\frac{q_0\mathrm{d}q}{r^2}\boldsymbol{e}_r$$

式中，r 是由电荷元 $\mathrm{d}q$ 到点电荷 q_0 的距离；$\boldsymbol{e}_r$ 是由 $\mathrm{d}q$ 指向 q_0 方向的单位矢量。根据静电力叠加原理，带电体对点电荷 q_0 的作用力等于所有电荷元 $\mathrm{d}q$ 对 q_0 作用力的矢量和。因此，点电荷 q_0 受到的静电力为

$$\boldsymbol{F}=\frac{q_0}{4\pi\varepsilon_0}\int\frac{\mathrm{d}q}{r^2}\boldsymbol{e}_r$$

式中的积分遍及整个带电体。

如果电荷连续分布于空间某一体积内，则这种分布称为电荷体分布（体电荷）。单位体积上的电荷称为**电荷体密度**。若空间某点处体积元 ΔV 内的电量为 Δq，则该处的体电荷密度 ρ 为

$$\rho = \lim_{\Delta V \to 0} \frac{\Delta q}{\Delta V} = \frac{\mathrm{d}q}{\mathrm{d}V}$$

则电荷元的电量表示为

$$\mathrm{d}q=\rho \mathrm{d}V$$

如果电荷连续分布于某物体的表面层，则这种分布称为电荷面分布（面电荷）。单位面积上的电荷称为**电荷面密度**。若物体的表面某处面元 ΔS 上的电量为 Δq，则该处的面电荷密度 σ 为

$$\sigma = \lim_{\Delta S \to 0} \frac{\Delta q}{\Delta S} = \frac{\mathrm{d}q}{\mathrm{d}S}$$

则电荷元的电量表示为

$$\mathrm{d}q=\sigma \mathrm{d}S$$

如果电荷连续分布于某曲线上，则这种分布称为电荷线分布（线电荷）。单位长度上的电荷称为**电荷线密度**。若某线元 Δl 上的电量为 Δq，则该处的线电荷密度 λ 为

$$\lambda = \lim_{\Delta l \to 0} \frac{\Delta q}{\Delta l} = \frac{\mathrm{d}q}{\mathrm{d}l}$$

则电荷元的电量表示为

$$\mathrm{d}q=\lambda \mathrm{d}l$$

库仑定律和静电力叠加原理是关于静止电荷相互作用的两个基本实验定律，应用它们原则上可以求解静电学中的任意带电体之间的静电力。

如果计算第一个电荷连续分布的带电体对第二个电荷连续分布的带电体的作用力，把每个带电体分成无限多个可以看成点电荷的电荷元，其第一、二个带电体的电荷元分别用 $\mathrm{d}q_1$ 和 $\mathrm{d}q_2$ 表示，同样由库仑定律和静电力叠加原理，可得电荷元 $\mathrm{d}q_1$ 与电荷元 $\mathrm{d}q_2$ 之间的静电力 $\mathrm{d}F$ 为

$$\mathrm{d}F = \frac{1}{4\pi\varepsilon_0} \frac{\mathrm{d}q_1 \mathrm{d}q_2}{r^2}$$

式中，r 是由电荷元 $\mathrm{d}q_1$ 到电荷元 $\mathrm{d}q_2$ 的距离。则两个带电体

之间的相互作用的静电力大小为

$$F=\frac{1}{4\pi\varepsilon_0}\iint\frac{\mathrm{d}q_1\mathrm{d}q_2}{r^2}$$

式中的积分遍及两个带电体。

例题 6-1 试求氢原子中电子与原子核之间的库仑力与万有引力之比。

解 电子与质子的电荷量分别为 $-e$、$+e$，质量分别为 $m_e=9.1\times10^{-31}$ kg，$m_p=1.7\times10^{-27}$ kg，氢原子中电子与质子的距离为 $r=5.3\times10^{-11}$ m，它们之间的库仑力的大小为

$$F_e=\frac{1}{4\pi\varepsilon_0}\frac{e^2}{r^2}=\frac{(1.6\times10^{-19})^2}{4\times3.14\times8.85\times10^{-12}\times(5.3\times10^{-11})^2}\text{N}=8.2\times10^{-8}\text{ N}$$

万有引力大小为

$$F_g=\frac{Gm_em_p}{r^2}=\frac{6.7\times10^{-11}\times9.1\times10^{-31}\times1.7\times10^{-27}}{(5.3\times10^{-11})^2}\text{N}=3.7\times10^{-47}\text{ N}$$

于是

$$\frac{F_e}{F_g}=2.2\times10^{39}$$

显然，在微观粒子之间的作用力中，万有引力完全可以忽略。然而，在讨论宇宙中的行星、恒星、星系等大型天体之间的作用力时，则主要考虑万有引力。因为这些星体也是带正电和带负电的粒子所组成的，可是它们相距遥远，其正电与正电之间的斥力、负电与负电之间的斥力和正电与负电之间的引力的合力为零，所以其库仑力表现不出来。

6.2 电场 电场强度

6.2.1 电场

库仑定律给出了两个静止点电荷之间的相互作用力，但并没有说明这种作用是如何实现的。关于这个问题，历史上曾经有过两种观点：早期的一种观点称为超距作用。历史上发现好几种力，如万有引力、库仑力、磁极之间的作用力、电流之间的作用力，等等，它们都不是通过直接接触实现的。从牛顿开始，人们就认为引力作用是即时作用，既不需要传播介质，

也不需要时间，是一种超距作用。超距作用的观点在电学和磁学的研究中又得到了进一步强化，富兰克林、库仑、安培等人对此都深信不疑。

近代物理学则给出另一种观点，称为近距作用。英国科学家法拉第在研究电相互作用时首先提出了场的观点。他认为电荷会在其周围空间激发电场，电荷与电荷的相互作用是通过存在于它们之间的电场来实现的，可表示为右图。

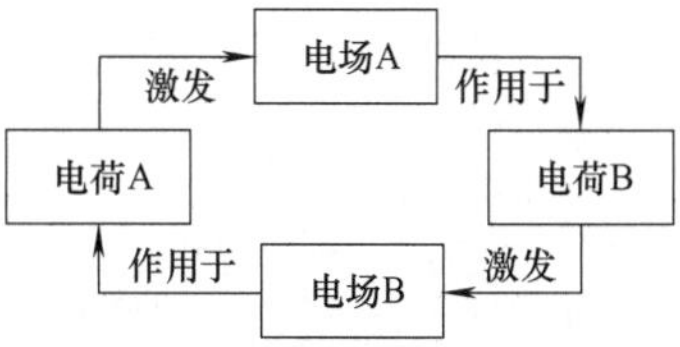

具体来说，电荷B处于电荷A的周围任一点都要受力，说明电荷B周围整个空间存在一种特殊的物质，这种特殊的物质就是由电荷A激发的电场A。同样电荷B也在周围的空间激发电场B（与电荷A所激发的电场A重叠于同一空间）。这样，两个电荷之间的静电力实际上是每个电荷激发的电场作用在另一个电荷上的静电力，即电荷A激发的电场A作用于电荷B。

现代科学已经证实，相互作用不是超距的，所有相互作用都是通过场来实现的。场是物质存在的一种形式，近代物理学已证明，场与看得见、摸得着，由分子、原子等组成的实物一样具有质量、能量和动量，并通过交换场量子来实现相互作用的传递。电磁场的场量子是光子，电荷之间相互作用的传递速度是光速 c。不过，场与实物有着重要的区别，那就是实物独占空间，而场占有空间但不独占空间，如果是同一性质的场，还可以在同一空间内叠加。电场看不见、摸不着，但可用仪器测定它。所以，场是一种特殊形式的物质。

我们把相对于观察者静止的带电体周围的电场称为静电场，其特点是电场分布不随时间变化。静电场对外的表现主要有如下三个特征：

（1）处于电场中的任何带电体都受到电场所作用的力。

（2）当带电体在电场中移动时，电场力将对带电体做功，这意味着电场拥有能量。

（3）电场能使导体中的电荷重新分布，能使电介质极化。

6.2.2 电场强度 电场强度的叠加原理

对于电场这种特殊物质的运动规律应如何研究呢？物理学中要研究一个被研究对象的物理特性，总是能通过该对象与其他物体的相互作用所外显出来的特性来进行研究。电场中任一点处电场的性质，可从电荷在电场中受力的特点来定量描述，因此可以在电场中引入试探电荷 q_0 并分析它在电场中各点所受的力，而将激发电场的电荷称为场源电荷。试探电荷应满足下列条件：

（1）电量足够小，以保证它的引入不至于引起场源电荷的重新分布；

（2）几何线度足够小，可视作点电荷，以便确定电场中每一点电场的情况。这样，我们就可利用试探电荷 q_0 对空间各点电场的强弱和方向进行检测。

在电场中所需研究的点称为场点，实验表明，把一个试探电荷 q_0 放在电场中各点时，q_0 所受力的大小和方向是各不相同的。但在电场中任一给定点处，q_0 所受力的大小和方向却是完全确定的。当改变 q_0 的量值时，只是受力的大小改变，力的方向不变，并且比值 $\frac{\boldsymbol{F}}{q_0}$ 的大小和方向只与试探电荷 q_0 所在点的电场性质有关，而与试探电荷 q_0 的量值无关。因此，可以用 $\frac{\boldsymbol{F}}{q_0}$ 来描述电场中各点电场的强弱和方向，并把它定义为电场强度，用 $\boldsymbol{E}$ 表示，即

$$\boldsymbol{E}=\frac{\boldsymbol{F}}{q_0} \tag{6-5}$$

此式表明，电场中某点的电场强度的大小，等于单位电荷在该点所受电场力的大小，电场强度的方向规定为正电荷在该点所受电场力的方向。在国际单位制中，$\boldsymbol{E}$ 的单位是 $N \cdot C^{-1}$。

对于场中任一点，就有一个确定的电场强度 $\boldsymbol{E}$，对于同一场中的不同点，其电场强度的大小和方向是各不相同的。这表明：电场强度是电场空间坐标的矢量函数，即 $\boldsymbol{E}(\boldsymbol{r})$ 或 $\boldsymbol{E}(x, y, z)$，计算某一带电体激发的电场就是指求出电场强度与空间坐标的函数关系。如果电场中各点的电场强度有相同的大小和方向，则该电场称为均匀电场（或匀强电场）。

当把试探电荷 q_0 放在由点电荷系 q_1，q_2，…，q_n 所产生的电场中时，q_0 将受到各点电荷电场力的作用。由静电力的叠加原理［式（6-4）］知，q_0 受到的总静电力为

$$\boldsymbol{F}=\boldsymbol{F}_1+\boldsymbol{F}_2+\cdots+\boldsymbol{F}_n$$

上式两边同除以 q_0，得

$$\boldsymbol{E}=\boldsymbol{E}_1+\boldsymbol{E}_2+\cdots+\boldsymbol{E}_n=\sum_{i=1}^{n}\boldsymbol{E}_i \tag{6-6}$$

上式表明，电场中任意场点处的总电场强度等于各个点电荷单独存在时在该点各自产生的电场强度的矢量和。这就是电场强

度的叠加原理。任何带电体都可以看作许多点电荷的集合，由该原理可计算任意带电体产生的电场强度。

需要说明一下，从静电场的观点来看，

（1）叠加原理是电场的一个基本性质；

（2）与实物的空间排他性不同，叠加原理表明，场物质可以同时出现在同一个空间；

（3）实验表明，在涉及极短距离（$<10^{-16}$ m）或极强相互作用时，场表现出量子特性，要用量子场论处理，此时静电场的叠加原理失效。

6.2.3　电场强度的计算

如果场源电荷分布情况已知，那么根据电场强度的定义和电场强度叠加原理，原则上就可以求出任意电荷分布所激发的电场强度。

1. 单个点电荷产生的电场

如图 6-3 所示，在真空中有一个静止的点电荷 q，在与它相距为 r 的场点 P 上，设想放一个试探电荷 q_0，则 q_0 所受电场力为

$$\boldsymbol{F}=\frac{1}{4\pi\varepsilon_0}\frac{qq_0}{r^2}\boldsymbol{e}_r$$

式中，$\boldsymbol{e}_r$ 为矢径 $\boldsymbol{r}$ 方向的单位矢量。点 P 的电场强度

$$\boldsymbol{E}=\frac{\boldsymbol{F}}{q_0}=\frac{1}{4\pi\varepsilon_0}\frac{q}{r^2}\boldsymbol{e}_r \tag{6-7}$$

当 q 为正电荷时，$\boldsymbol{E}$ 与 $\boldsymbol{e}_r$ 同方向；当 q 为负电荷时，$\boldsymbol{E}$ 与 $\boldsymbol{e}_r$ 反方向。由此可以看出，电场强度值与场源电荷成正比，与引入的试探电荷无关，因而可以用电场强度来表征场点的性质。显然，如图 6-4 所示，点电荷的电场具有球对称性，在以点电荷 q 为中心、r 为半径的球面上各点的电场强度大小均相等，正点电荷的电场强度方向垂直球面沿径向向外，负点电荷的电场强度方向垂直球面沿径向向里。

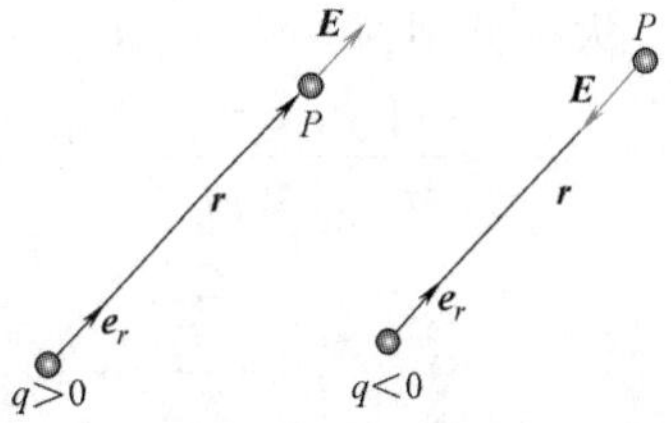

图 6-3　单个点电荷 q 产生的电场

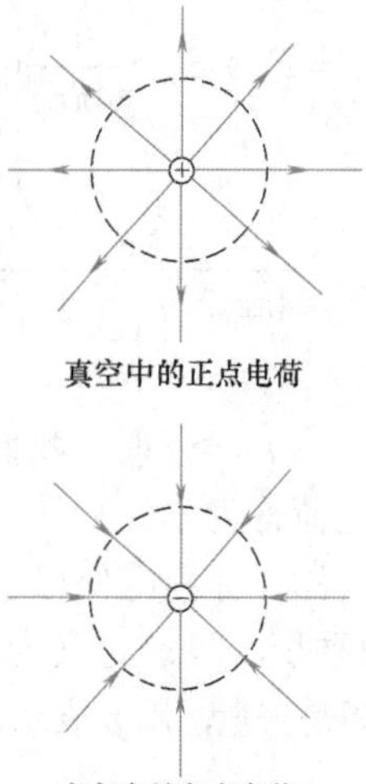

图 6-4　点电荷的电场是球对称的

2. 点电荷系产生的电场

设真空中有点电荷系 q_1，q_2，…，q_n，用 $\boldsymbol{e}_{ri}$ 表示第 i 个点电荷 q_i 到场点 P 的矢径 $\boldsymbol{r}_i$ 方向的单位矢量，$\boldsymbol{E}_i$ 为第 i 个点电荷单独存在时在点 P 产生的电场强度

$$\boldsymbol{E}_i=\frac{1}{4\pi\varepsilon_0}\frac{q_i}{r_i^2}\boldsymbol{e}_{ri}$$

根据电场强度叠加原理（6-6），可得点 P 总电场强度

$$\boldsymbol{E}=\sum_{i=1}^{n}\boldsymbol{E}_i=\sum_{i=1}^{n}\frac{1}{4\pi\varepsilon_0}\frac{q_i}{r_i^2}\boldsymbol{e}_{ri} \tag{6-8}$$

例题 6-2　有一对相距为 l 的等量异号点电荷 $+q$ 和 $-q$，试计算：

（1）两点电荷连线延长线上一点的电场强度；

（2）两点电荷连线的中垂线上一点的电场强度。

解　（1）连线延长线上点 P 的电场强度如图 6-5 所示，设点电荷 $+q$ 和 $-q$ 所在轴线的中点到连线延长线上一点 P 的距离为 r（$r \gg l$），$+q$ 和 $-q$ 在点 P 产生的电场强度大小分别为

$$E_+=\frac{1}{4\pi\varepsilon_0}\frac{q}{\left(r-\frac{l}{2}\right)^2},\ E_-=\frac{1}{4\pi\varepsilon_0}\frac{q}{\left(r+\frac{l}{2}\right)^2}$$

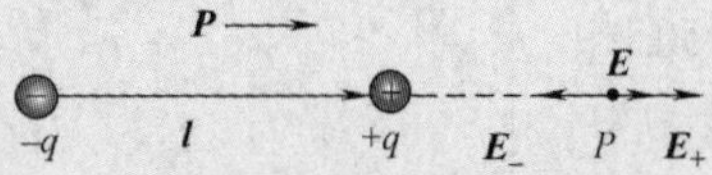

图 6-5　例题 6-2 图（1）

由于共线矢量 $\boldsymbol{E}_+$ 和 $\boldsymbol{E}_-$ 方向相反，所以，根据电场强度的叠加原理，点 P 处的合电场强度 $\boldsymbol{E}_P$ 的大小为

$$E_P=E_++E_-=\frac{q}{4\pi\varepsilon_0}\left[\frac{1}{\left(r-\frac{l}{2}\right)^2}-\frac{1}{\left(r+\frac{l}{2}\right)^2}\right]$$

$$=\frac{1}{4\pi\varepsilon_0 r^3}\frac{2ql}{\left(1-\frac{l}{2r}\right)^2\left(1+\frac{l}{2r}\right)^2}$$

当 $r \gg l$ 时，我们将这样一对等量异号的电荷称为电偶极子。从 $-q$ 指向 $+q$ 的矢量（矢径）$\boldsymbol{l}$ 称为电偶极子的轴，电量 q 与矢径 $\boldsymbol{l}$ 的乘积，即 $q\boldsymbol{l}$ 定义为电偶极矩，简称电矩。电矩是矢量，用 $\boldsymbol{p}$ 表示，有 $\boldsymbol{p}=q\boldsymbol{l}$。代入上式得

$$E_P\approx\frac{2ql}{4\pi\varepsilon_0 r^3}=\frac{2p}{4\pi\varepsilon_0 r^3}\text{（方向向右）}$$

因为 $\boldsymbol{E}_P$ 的方向与电矩 $\boldsymbol{p}$ 的方向一致，所以写成矢量式为

$$\boldsymbol{E}_P=\frac{2\boldsymbol{p}}{4\pi\varepsilon_0 r^3}$$

（2）中垂线上点 P' 的电场强度

如图 6-6 所示，设点电荷 $+q$ 和 $-q$ 连线的中点到中垂线上一点 P' 的距离为 r（$r \gg l$），$+q$ 和 $-q$ 在点 P' 处产生的电场强度大小为

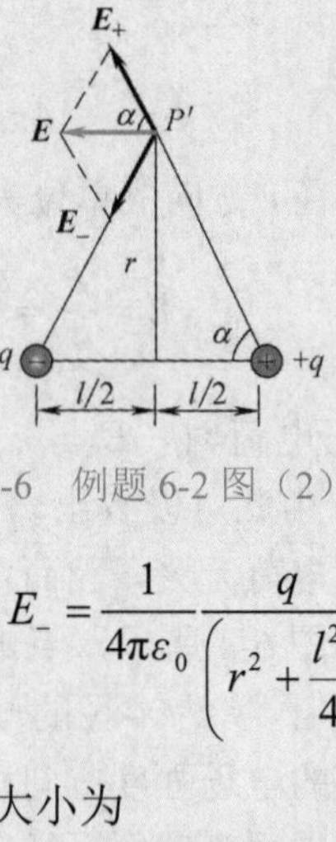

图 6-6　例题 6-2 图（2）

$$E_+=E_-=\frac{1}{4\pi\varepsilon_0}\frac{q}{\left(r^2+\frac{l^2}{4}\right)}$$

合电场强度的大小为

$$E_{P'}=2E_+\cos\alpha=2\frac{1}{4\pi\varepsilon_0}\frac{q}{\left(r^2+\frac{l^2}{4}\right)}\times\frac{\frac{l}{2}}{\left(r^2+\frac{l^2}{4}\right)^{\frac{1}{2}}}$$

$$=\frac{1}{4\pi\varepsilon_0}\frac{ql}{\left(r^2+\frac{l^2}{4}\right)^{\frac{3}{2}}}$$

由于 $r \gg l$，所以

$$E_{P'} \approx \frac{ql}{4\pi\varepsilon_0 r^3} = \frac{1}{4\pi\varepsilon_0}\frac{p}{r^3}$$

因为 $\boldsymbol{E}_{P'}$ 的方向与电矩的方向相反，写成矢量形式为

$$\boldsymbol{E}_{P'} = -\frac{1}{4\pi\varepsilon_0}\frac{\boldsymbol{p}}{r^3}$$

由上面的计算可知，电偶极子的电场强度与 q 和 l 的乘积（电矩）成正比，这一乘积反映了电偶极子的基本性质，它是一个描述电偶极子属性的物理量。在研究电介质的极化等问题时，常用到电偶极子的概念，以及电偶极子对电场的影响。

3. 电荷连续分布的带电体产生的电场

虽然由于电荷的量子性，从微观来看它总是一粒粒分布，但如同一般情况下一个个原子构成的宏观物质可以看作是连续介质一样，为了宏观上的研究方便，宏观带电体的电荷分布可忽略微观起伏，也可以看作是连续的。对电荷连续分布的任意带电体，可以看作是无数微小的电荷元 dq 的集合（见图 6-7），而每个 dq 则都可视为点电荷，即每个电荷元 dq 在空间任一点 P 所激发的电场强度为

$$\mathrm{d}\boldsymbol{E} = \frac{1}{4\pi\varepsilon_0}\frac{\mathrm{d}q}{r^2}\boldsymbol{e}_r$$

式中，$\boldsymbol{e}_r$ 为场点 P 相对于电荷元 dq 的矢径 $\boldsymbol{r}$ 方向上的单位矢量。

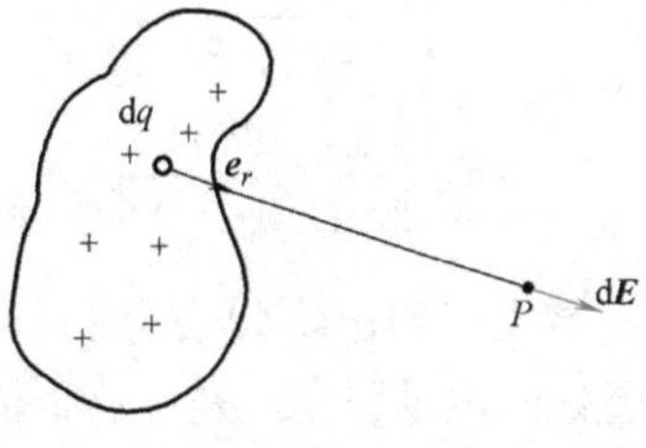

图 6-7　电荷连续分布的带电体所产生的电场

由电场叠加原理，整个带电体在点 P 处产生的电场强度为

$$\boldsymbol{E} = \iiint_V \frac{1}{4\pi\varepsilon_0}\frac{\rho\,\mathrm{d}V}{r^2}\boldsymbol{e}_r,\quad \boldsymbol{E} = \iint_S \frac{1}{4\pi\varepsilon_0}\frac{\sigma\,\mathrm{d}S}{r^2}\boldsymbol{e}_r,\quad \boldsymbol{E} = \int_L \frac{1}{4\pi\varepsilon_0}\frac{\lambda\,\mathrm{d}l}{r^2}\boldsymbol{e}_r \tag{6-9}$$

积分遍及整个带电体。注意式（6-9）是一个矢量积分，具体运算时往往需要进行坐标投影将其化为标量积分。

例题 6-3　如图 6-8 所示，正电荷 q 均匀地分布在半径为 R 的圆环上。计算通过环心点 O，并垂直圆环平面的轴线上任一点 P 处的电场强度。

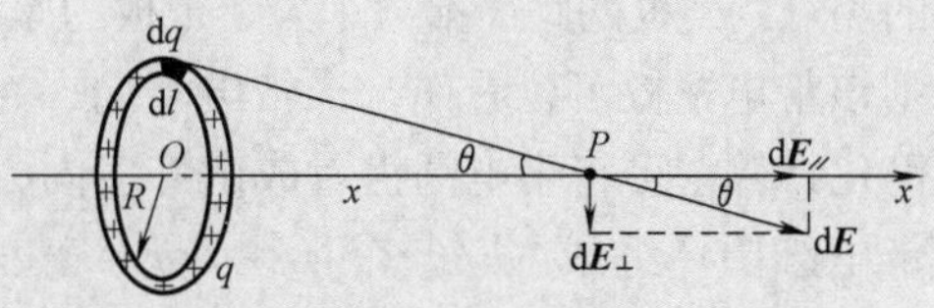

图 6-8　例题 6-3 图（1）

解　设坐标原点与环心重合，点 P 与环心 O 的距离为 x。由题意知圆环上的电荷是均匀分布的，故其电荷线密度 $\lambda = \dfrac{q}{2\pi R}$。在环上任取线元 d$l$，其电荷元 d$q$=$\lambda$d$l$。此电荷元对点 P 处激发的电场强度为 d$\boldsymbol{E}$，其方向如图 6-8 所示，大小为

$$dE=\frac{1}{4\pi\varepsilon_0}\frac{dq}{r^2}=\frac{\lambda dl}{4\pi\varepsilon_0(R^2+x^2)}$$

将 d$\boldsymbol{E}$ 分解为沿 x 轴的分量 $dE_{//}$ 和垂直于 x 轴的分量 $dE_{\perp}$，由于相对轴线而言，电荷分布具有对称性，所以 d$\boldsymbol{E}$ 的分布也具有对称性，且垂直分量互相抵消，即 $\int dE_{\perp}=0$，于是点 P 处的总电场强度为

$$\begin{aligned}E&=\int_L dE_{//}=\int_L dE\cos\theta\\&=\int_0^{2\pi R}\frac{\lambda dl}{4\pi\varepsilon_0(R^2+x^2)}\frac{x}{(R^2+x^2)^{1/2}}\\&=\frac{\lambda(2\pi R)x}{4\pi\varepsilon_0(R^2+x^2)^{3/2}}=\frac{qx}{4\pi\varepsilon_0(R^2+x^2)^{3/2}}\end{aligned}$$

上式表明，均匀带电圆环对轴线上任意点处的电场强度，是该点距环心点 O 的距离 x 的函数，即 $E=E(x)$。下面对几个特殊点处的情况做一些讨论。

（1）若 $x\gg R$，则 $(R^2+x^2)^{3/2}\approx x^3$，这时有 $E\approx\dfrac{q}{4\pi\varepsilon_0x^2}$，亦即在远离圆环的地方，可把带电圆环看成为点电荷。这与前面对点电荷的论述相一致。

（2）若 $x\approx 0$，则 $E\approx 0$，这表明环心处的电场强度为零。

（3）由 $\dfrac{dE}{dx}=0$ 可求得电场强度极大的位置，故由 $\dfrac{d}{dx}\left[\dfrac{qx}{4\pi\varepsilon_0\sqrt{(R^2+x^2)^3}}\right]=0$，得 $x=\pm\dfrac{\sqrt{2}}{2}R$，这表明，圆环轴线上具有最大电场强度的位置，位于原点 O 两侧的 $+\dfrac{\sqrt{2}}{2}R$ 和 $-\dfrac{\sqrt{2}}{2}R$ 处。图 6-9 是均匀带电圆环轴线上 E-x 的分布图线。

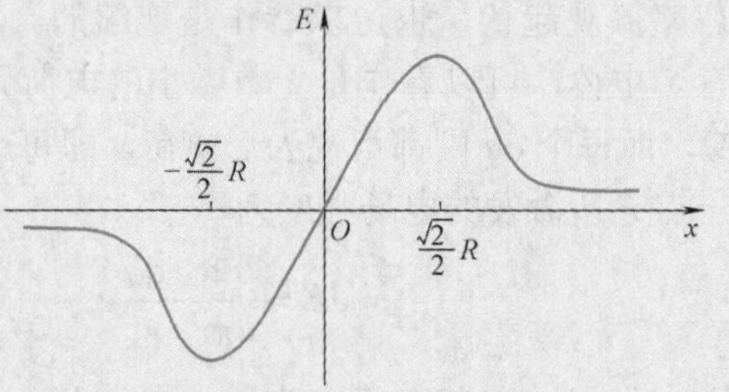

图 6-9　例题 6-3 图（2）

例题 6-4　如图 6-10 所示，设一均匀带电圆盘半径为 R，电荷面密度为 σ（设 $\sigma>0$），求圆盘轴线上距离圆心 x 处的场点 P 的电场强度。

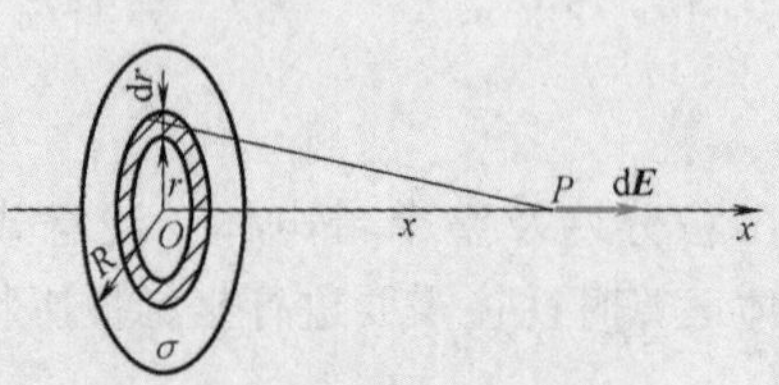

图 6-10　例题 6-4 图

解　若一带电平板面积的线度及所研究的场点到平板的距离都远远大于平板的厚度，则该带电平板可以看作一个带电平面。为了简化计算，可将带电圆盘看成由许多同心的带电细圆环组成。取一个半径为 r，宽度为 dr 的细圆环带，由于此环带的面积为 $2\pi r dr$，则带有电量为 $\sigma(2\pi r dr)$，根据例题 6-3 的结论，此圆环电荷在点 P 的电场强度的大小为

$$dE=\frac{\sigma rx dr}{2\varepsilon_0(r^2+x^2)^{3/2}}$$

方向沿着轴线指向远方。由于组成圆盘的各圆环的电场强度 d$\boldsymbol{E}$ 的方向都相同，所以点 P 的总电场强度为各个圆环在点 P 电场强度大小的积分，即

$$\begin{aligned}E&=\int dE=\frac{\sigma x}{2\varepsilon_0}\int_0^R\frac{r dr}{(r^2+x^2)^{3/2}}\\&=\frac{\sigma}{2\varepsilon_0}\left[1-\frac{x}{(R^2+x^2)^{1/2}}\right]\end{aligned}$$

其方向为圆盘的轴线方向且指向远方。现对结果进行下述讨论：

（1）当 $x \ll R$ 时，可将该带电圆盘看作“无限大”带电平面。由上式得

$$E=\frac{\sigma}{2\varepsilon_0}$$

此式说明在一无限大均匀带电平面外的电场是一个均匀场，其大小由上式给出，方向与平面垂直。

（2）当 $x \gg R$ 时，有

$$(R^2+x^2)^{-\frac{1}{2}}=\frac{1}{x}\left(1-\frac{R^2}{2x^2}+\cdots\right)\approx 1-\frac{R^2}{2x^2}$$

于是

$$E\approx\frac{\pi R^2\sigma}{4\pi\varepsilon_0 x^2}=\frac{q}{4\pi\varepsilon_0 x^2}$$

式中，$q=\pi R^2\sigma$ 为圆盘所带的总电量。这一结果也说明，在远离带电圆盘处的电场也相当于一个点电荷的电场。

6.2.4　电荷在电场中所受的力

在已知静电场中各点电场强度的条件下，应用电场强度的定义式（6-5）可以直接求得点电荷 q 在电场中各点受到的静电力，即

$$\boldsymbol{F}=q\boldsymbol{E} \qquad (6\text{-}10)$$

例题 6-5　求电偶极子在均匀电场中所受的作用力。

解　如图 6-11 所示，设在均匀外电场中，电偶极子的电矩 $\boldsymbol{p}=q\boldsymbol{l}$ 的方向与 $\boldsymbol{E}$ 之间的夹角为 θ，作用于电偶极子正、负电荷上的电场力分别为 $\boldsymbol{F}_+$ 和 $\boldsymbol{F}_-$，其大小相等，按式（6-10），有

$$F=F_+=F_-=qE$$

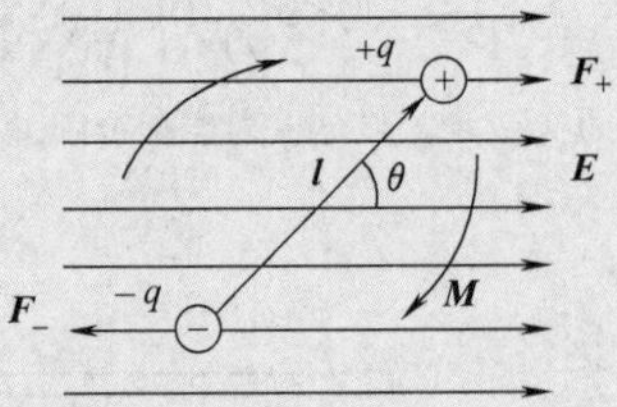

图 6-11　例题 6-5 图

其方向相反，因此两力的矢量和为零，电偶极子不会发生平动；但由于电场力 $\boldsymbol{F}_+$ 和 $\boldsymbol{F}_-$ 的作用线不在同一直线上，所以电偶极子要受到力矩的作用，这个力矩的大小为

$$M=Fl\sin\theta=qEl\sin\theta=pE\sin\theta$$

写成矢量式为

$$\boldsymbol{M}=\boldsymbol{p}\times\boldsymbol{E} \qquad (6\text{-}11)$$

在这个力矩的作用下，电偶极子的电偶极矩 $\boldsymbol{p}$ 将转向外电场 $\boldsymbol{E}$ 的方向，直到 $\boldsymbol{p}$ 和 $\boldsymbol{E}$ 的方向一致时（$\theta=0$），力矩才等于零而平衡。显然，当 $\boldsymbol{p}$ 和 $\boldsymbol{E}$ 的方向相反时（$\theta=\pi$），力矩也等于零，但这种情况是不稳定的平衡，如果电偶极子稍受扰动偏离这个位置，力矩的作用将使电偶极子 $\boldsymbol{p}$ 的方向转到和 $\boldsymbol{E}$ 的方向一致为止。

6.3 高斯定理

6.3.1 电场线

描述电场最精确的方法，是给出电场强度 $\boldsymbol{E}$ 的分布函数。这种描述方法虽然精确但不够直观。为了形象而直观地描述电场在空间的分布，我们可以在电场中画出“电场线”。在电场中画出一系列假想的有向曲线，这些曲线上每一点的切线方向和该点的电场强度方向一致。这些假想的曲线就叫作电场线。

为了使电场线不仅表示电场强度的方向，而且又能表示电场强度的大小，我们规定，在电场中任一点附近，通过该处垂直于电场强度 E 方向的单位面积的电场线数目 ΔN 等于该点处电场强度 E 的大小，即$\dfrac{\Delta N}{\Delta S_{\perp}}=E$。这样，就可以看到，在电场中电场强度较强的地方，电场线较密；电场强度较弱的地方，电场线较疏。图 6-12 表示了几种典型电场的电场线分布。从图中可以看出，静电场中的电场线有以下几个性质：

（1）电场线总是起于正电荷（或来自无穷远处），止于负电荷（或伸向无穷远），但不会在没有电荷的地方中断。

（2）电场线不形成闭合曲线。

（3）在没有点电荷的空间里，任何两条电场线不会相交，这是因为电场中每一点处的电场强度只能有一个确定的方向。

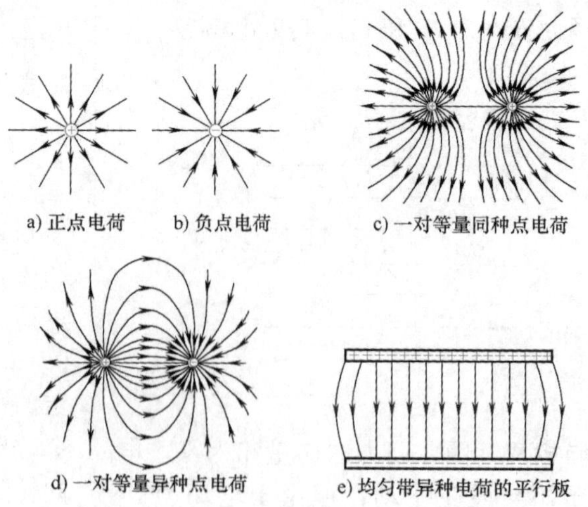

图 6-12 几种典型电场的电场线分布图形

6.3.2 电通量

通量是描述矢量场性质的一个物理量。在静电场中，我们把通过电场中任一给定面的电场线数称为通过该面的电通量，用符号 Φ_e 表示。

在均匀电场中，电场线是一系列均匀分布的同方向平行直线。想象一个面积为 S 的平面，它与电场强度 $\boldsymbol{E}$ 相垂直，如图 6-13a 所示。由于在均匀电场中电场强度的大小处处相等，因此，穿过面 S 的电通量为

$$\Phi_e=ES \tag{6-12}$$

如果在均匀电场中，平面 S 与电场强度 $\boldsymbol{E}$ 不相垂直，且平面的法线单位矢量 $\boldsymbol{e}_n$ 与 $\boldsymbol{E}$ 成 θ 角，如图 6-13b 所示。可作与 $\boldsymbol{E}$ 垂直的投影面 S'，$S'=S\cos\theta$，即通过 S 面的电通量也就是通过投影面 S' 的电通量。所以通过该平面的电通量为

$$\Phi_e=ES\cos\theta \tag{6-13}$$

即电场强度 $\boldsymbol{E}$ 在给定面积上的法向分量与这一面积的乘积。显然，通过给定面积的电通量是一个标量，其正负取决于这个面的法线单位矢量 $\boldsymbol{e}_n$ 与电场强度 $\boldsymbol{E}$ 两者方向之间的夹角 θ。当 $0<\theta<\dfrac{\pi}{2}$ 时，$\cos\theta>0$，Φ_e 为正值；当 $\theta=\dfrac{\pi}{2}$，$\cos\theta=0$，$\Phi_e=0$；当 $\dfrac{\pi}{2}<\theta<\pi$ 时，$\cos\theta<0$，Φ_e 为负值。

一般情况下，电场是不均匀的，S 不是平面，而是一个任意曲面（见图 6-13c），曲面上各点处的电场强度 $\boldsymbol{E}$ 不同。欲求通过该曲面的电通量，我们可把 S 分成许许多多的小面元 dS，每一个面元 dS 上的电场强度可以认为是一常量。若 $\boldsymbol{e}_n$ 为面元 dS 的单位法线矢量，则 $dS\boldsymbol{e}_n=d\boldsymbol{S}$。设 $\boldsymbol{e}_n$ 与该处的电场强度 $\boldsymbol{E}$ 成 θ 角，则由式（6-13），穿过面元 dS 上的电通量为

$$d\Phi_e=EdS\cos\theta=\boldsymbol{E}\cdot d\boldsymbol{S}$$

对整个曲面积分可以求得通过任意曲面 S 的电通量为

$$\Phi_e=\iint_S d\Phi_e=\iint_S E\cos\theta dS=\iint_S \boldsymbol{E}\cdot d\boldsymbol{S} \tag{6-14}$$

一个曲面有正反两面，与此对应，这个面的法线单位矢量也有正反两种取法。正和反本是相对的，因此对于单个面元或不闭合的曲面，法向单位矢量的正向朝哪一面选取是无关紧要的。

当 S 是闭合曲面时（见图 6-13d），所通过的电通量为

$$\Phi_e=\oint\!\!\!\oint_S d\Phi_e=\oint\!\!\!\oint_S E\cos\theta dS=\oint\!\!\!\oint_S \boldsymbol{E}\cdot d\boldsymbol{S} \tag{6-15}$$

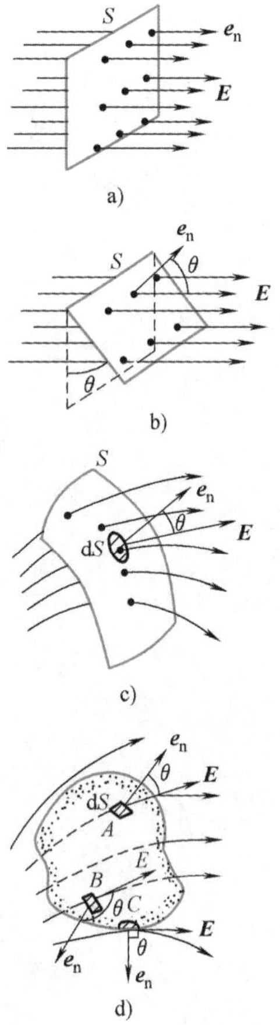

图 6-13 电通量的计算

整个闭合曲面可分为闭合曲面内和闭合曲面外两部分，通常规定法线由曲面的内部指向外部空间的方向为法线正方向。在电场线穿出曲面的地方，如图 6-13d 所示的 A 点，$\theta < 90°$，故电通量 Φ_e 为正；在电场线穿入的地方，如图 6-13d 所示的 B 点，$\theta > 90°$，故电通量 Φ_e 为负；在电场线与曲面相切的地方，如图 6-13d 所示的 C 点，$\theta = 90°$，故电通量 $\Phi_e = 0$。

下面，对电通量做进一步的讨论：

（1）电通量是一个标量。根据电场强度叠加原理容易证明，电通量也满足叠加原理。设电场由 n 个带电系统的电荷所产生，各个带电系统的电场强度分别为 $\boldsymbol{E}_1$，$\boldsymbol{E}_2$，…，$\boldsymbol{E}_n$，由电场强度叠加原理，总电场强度 $\boldsymbol{E} = \sum_{i=1}^{n} \boldsymbol{E}_i$，在电场强度 $\boldsymbol{E}$ 中通过任意曲面 S 的电通量为

$$\Phi_e = \iint_S \boldsymbol{E} \cdot d\boldsymbol{S} = \sum_{i=1}^{n} \iint_S \boldsymbol{E}_i \cdot d\boldsymbol{S} = \sum_{i=1}^{n} \Phi_{ei}$$

其中，$\Phi_{ei} = \iint_S \boldsymbol{E}_i \cdot d\boldsymbol{S}$ 为第 i 个带电系统的电场通过曲面 S 的电通量。

（2）电通量是电场强度在曲面上的积分量，它不仅与电场强度有关，还与曲面的大小、方向有关，因此它不是点函数。只能说某曲面的电通量，不能说某点的电通量。

6.3.3　高斯定理

上面介绍了电通量的概念，现在进一步讨论通过闭合曲面的电通量和场源电荷量之间的关系，从而得到一个表征静电场性质的基本定理——高斯定理。高斯定理的内容是：在真空中，通过任一闭合曲面的电通量，等于该曲面所包围的所有电荷的代数和除以 ε_0，用数学的形式表示为

$$\Phi_e = \oint\!\!\!\oint_S \boldsymbol{E} \cdot d\boldsymbol{S} = \frac{1}{\varepsilon_0} \sum_{\substack{i \\ (S内)}} q_i \tag{6-16}$$

定理中的任一闭合曲面常称为“高斯面”。

我们从简单情况开始，逐步导出这个定理。首先计算包围点电荷的球面的电通量。设在真空中有一个带正电的点电荷 q，则在其周围存在着静电场。以点电荷 q 为球心作半径为 r 的闭合球面 S（见图 6-14a）。显然，点电荷 q 的电场具有球对称性，在球面上任一点的电场强度为

$$E = \frac{q}{4\pi\varepsilon_0 r^2} e_r$$

即球面上各点电场强度的大小一样，方向沿球面法线方向。在此闭合球面上任取一面元 d$\boldsymbol{S}$，其方向沿径向并处处与面元垂直。根据式（6-16），通过整个闭合曲面的电通量为

$$\Phi_e = \oiint_S d\Phi_e = \oiint_S \boldsymbol{E} \cdot d\boldsymbol{S} = \oiint_S \frac{q}{4\pi\varepsilon_0 r^2} \boldsymbol{e}_r \cdot d\boldsymbol{S}$$

$$= \frac{q}{4\pi\varepsilon_0 r^2} \oiint_S dS = \frac{q}{4\pi\varepsilon_0 r^2} 4\pi r^2 = \frac{q}{\varepsilon_0}$$

即穿过此球面的电通量 Φ_e 只与被球面所包围的点电荷 q 有关，而与半径 r 无关，显然得到这一结果与电场为平方反比力场有关。上式中的 q 是正的，因此 $\Phi_e > 0$，这表明电场线从正电荷处发出，并穿出球面；若 q 是负的，则 $\Phi_e < 0$，表示电场线穿入球面，并终止于负电荷。

然后，我们来讨论包围点电荷 q 的是任一闭合曲面 S' 时的电通量（见图 6-14b），根据电场线的连续性，若穿过球面 S 和任一曲面 S' 的电场线条数是相等的，则穿过任意曲面 S' 的电通量 Φ_e 也应该等于 $\frac{q}{\varepsilon_0}$。并且在电场中作包围点电荷 q 的无限多个形状和大小不一的闭合曲面，我们不用计算就能断定，穿过每一闭合曲面的电通量 Φ_e 也都等于 $\frac{q}{\varepsilon_0}$。

如果点电荷 q 在闭合曲面 S 之外，如图 6-14c 所示，根据电场线的连续性，穿入高斯面的电场线必从高斯面穿出，因此通过不包围电荷的高斯面的电通量必为 0。

进一步讨论多个点电荷 q_1，q_2，…，q_n 激发的电场强度 $\boldsymbol{E}$。按照电场叠加原理，可求得通过任一高斯面 S 的电通量为

$$\Phi_e = \oiint_S d\Phi_e = \oiint_S \boldsymbol{E}_1 \cdot d\boldsymbol{S} + \oiint_S \boldsymbol{E}_2 \cdot d\boldsymbol{S} + \cdots + \oiint_S \boldsymbol{E}_n \cdot d\boldsymbol{S}$$

$$= \Phi_{e1} + \Phi_{e2} + \cdots + \Phi_{en}$$

式中，Φ_{e1}，Φ_{e2}，…，Φ_{en} 为点电荷 q_1，q_2，…，q_n 的电场对闭合曲面 S 的电通量。利用上述结论，当 q_i 在闭合曲面内时，$\Phi_{ei} = \frac{q_i}{\varepsilon_0}$；当 q_i 不在闭合曲面内时，$\Phi_{ei}=0$，即有

$$\Phi_e = \oiint_S \boldsymbol{E} \cdot d\boldsymbol{S} = \frac{1}{\varepsilon_0} \sum_{\substack{i \\ (S内)}} q_i$$

上式表明，在任意的静电场中，通过任一闭合曲面 S 的电通量 Φ_e 等于该 S 面内电荷量的代数和除以 ε_0，这一结论称为**静电场中的高斯定理**。

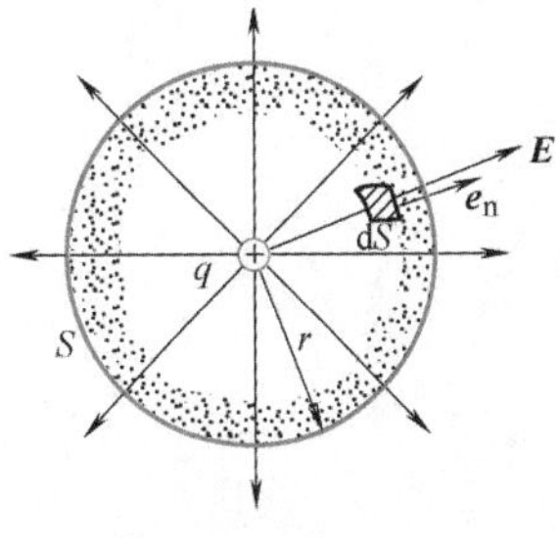

a) 从点电荷发出的电场线穿过球面

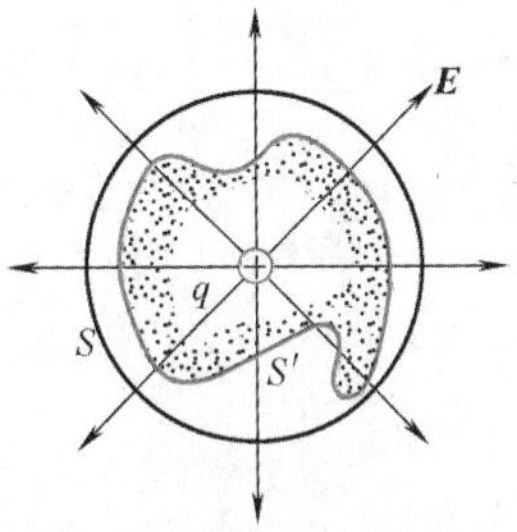

b) 从点电荷发出的电场线穿过任意闭合曲面

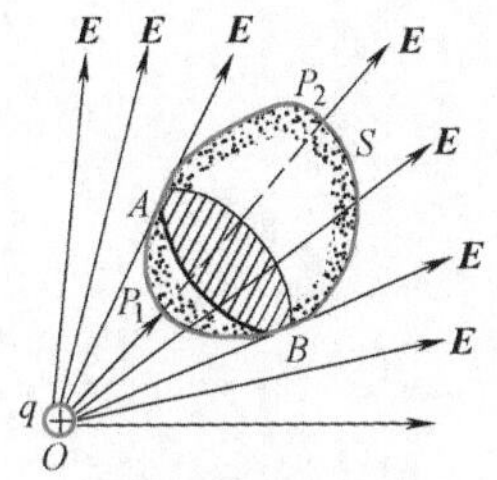

c) 点电荷在闭合曲面之外

图 6-14　高斯定理的验证用图

（1）在高斯定理表达式中，虽然右边$\sum\limits_{\substack{i\\(S内)}} q_i$是闭合曲面（高斯面）内电荷量的代数和，但左边的电场强度$\boldsymbol{E}$不能仅仅理解为是由闭合曲面内的电荷产生的，它是由闭合曲面内外的所有电荷产生的；高斯定理反映的是闭合曲面的电通量与闭合曲面包围的电荷量代数和的关系，虽然闭合面内外的电荷对$\boldsymbol{E}$都有贡献，但只有闭合曲面内的电荷量对电通量有贡献，闭合曲面外的电荷量对电通量的净贡献为零。

（2）高斯定理揭示了静电场的有源性。按照高斯定理，对某个小到只包围一个点电荷的高斯面而言，若有电场线发出（即$\Phi_e>0$），则该处必存在正电荷；反之，若$\Phi_e<0$，则必存在负电荷；若$\Phi_e=0$，电场线不中断，则该处不存在电荷。这就是电场线的第一个重要性质，正电荷是电场线发出的源，负电荷是电场线汇聚的闾（负源），静电场是有源场。

（3）高斯定理和库仑定律并不等价。库仑定律只适用于静电场，而高斯定理是电磁场的基本定理之一，不仅适用于静电场，也适用于变化的电场。

（4）由高斯定理的验证过程不难看出，对一般的平方反比有心力场，设某一平方反比有心力场的场强为$\boldsymbol{A}=\dfrac{k}{r^2}\boldsymbol{e}_r$，高斯定理也成立，为$\Phi_e=\oint\!\!\!\oint_S \boldsymbol{A}\cdot\mathrm{d}\boldsymbol{S}=4\pi\sum\limits_i k_i$。倘若平方反比关系不严格成立，例如电场强度$\boldsymbol{E}=\dfrac{q}{4\pi\varepsilon_0 r^{2+\delta}}\boldsymbol{e}_r$，则通过以$q$为中心半径为$r$的球面的电通量为$\Phi_e=\dfrac{q}{\varepsilon_0 r^{\delta}}$，而不再是与$r$无关的量$\Phi_e=\dfrac{q}{\varepsilon_0}$，高斯定理和电场线的连续性也就破坏了。所以高斯定理提供了一种检验平方反比定律（包括万有引力定律和库仑定律）的方法。实验证明，标志平方反比关系偏差δ的值小于10^{-16}。

虽然引力场与静电场同为平方反比有心力场，但二者仍有不同，因为质量不可能为负值，所以引力场的场线来自无穷远，终止于质点上，对于闭合曲面，引力场通量不会为正值。

对于由连续分布的电荷所激发的电场，式（6-16）可以写成

$$\Phi_e=\oint\!\!\!\oint_S \boldsymbol{E}\cdot\mathrm{d}\boldsymbol{S}=\frac{1}{\varepsilon_0}\int\mathrm{d}q \qquad (6\text{-}17)$$

连续分布的电荷可分为体分布、面分布、线分布，设相

应的电荷体密度为ρ，电荷面密度为σ，电荷线密度为λ，相应的电荷元可以分别表示为$\mathrm{d}q=\rho\mathrm{d}V$，$\mathrm{d}q=\sigma\mathrm{d}S$，$\mathrm{d}q=\lambda\mathrm{d}l$，则式（6-17）可写成

$$\oiint_S \boldsymbol{E}\cdot\mathrm{d}\boldsymbol{S}=\frac{1}{\varepsilon_0}\iiint_V \rho\mathrm{d}V,\ \oiint_S \boldsymbol{E}\cdot\mathrm{d}\boldsymbol{S}=\frac{1}{\varepsilon_0}\iint_{S'}\sigma\,\mathrm{d}S',$$

$$\oiint_S \boldsymbol{E}\cdot\mathrm{d}\boldsymbol{S}=\frac{1}{\varepsilon_0}\int_L \lambda\mathrm{d}l$$

上式右边的积分遍及闭合曲面S空间内的所有电荷分布区。

6.3.4 高斯定理的应用

高斯定理的一个应用就是计算带电体周围的电场强度。一般情况下，当电荷分布给定时，从高斯定理只能求出通过某一闭合曲面的电通量，并不能把电场中各点的电场强度确定下来。要利用高斯定理求电场强度的分布，只有当电荷分布具有某种特殊的对称性（如球对称、轴对称、平面对称）时，相应的电场强度分布也具有一定的对称性（如球对称、轴对称、平面对称），选择与不同对称性对应的高斯面，这时只有电场强度$\boldsymbol{E}$能从积分号内提出来，而且当$\cos\theta$对高斯面S可以求出积分时，才能从高斯定理表达式中求出电场强度分布。因此，应用高斯定理计算带电体周围的电场强度时，除了要对电场的空间分布的对称性进行分析外，还要适当选取高斯面。

选取高斯面应满足的要求：

（1）高斯面一定要通过所求电场强度的那一点。

（2）高斯面上各部分或者与电场强度$\boldsymbol{E}$垂直，或者与电场强度$\boldsymbol{E}$平行，与电场强度$\boldsymbol{E}$垂直的那部分高斯面上各点的电场强度应大小相等。

（3）高斯面应是形状简单的几何面。

利用高斯定理求电场强度分布的步骤：

（1）根据电荷分布和电场强度分布，判定能否用高斯定理求电场强度。事实上只有当电场强度分布具有球对称性、轴对称性和平面对称性时，才能用高斯定理求电场强度。否则不能应用，这并不意味着高斯定理不适用于非对称性问题，而是不能用它求出电场强度分布。

（2）选取适当的高斯面（如球面、圆柱面和柱面），使电场强度$\boldsymbol{E}$能够从积分号中提出。

（3）计算通过高斯面的电通量和高斯面所包围的电荷，然后利用高斯定理求出电场强度。

应用高斯定理来计算电场强度，要比用库仑定律和电场强度的叠加原理求得电场强度的方法简便得多。下面具体介绍几个例题来加深理解。

例题 6-6　设有一半径为 R，均匀带电量为 $q(>0)$ 的球面，求球面内、外各点的电场强度分布。

解　首先定性分析一下电场的对称性。设点 P 为球面外任一点，距球心距离为 r（见图 6-15）。由于电荷分布的球对称性，在以 O 为球心，r 为半径的球面 S 上，各点的电场强度的大小都应该相等。可选球面 S 为高斯面，由于球面上每个面元 $\mathrm{d}\boldsymbol{S}$ 上的电场强度 $\boldsymbol{E}$ 的方向都和面元矢量的方向（法向）相同，故通过它的电通量为

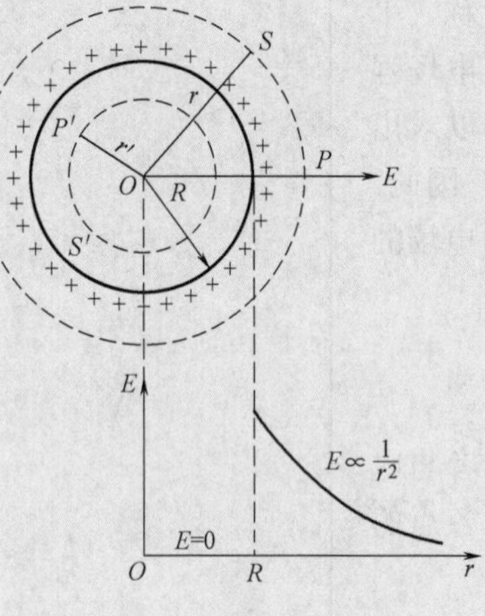

图 6-15　例题 6-6 图

$$\Phi_e=\oiint_S \boldsymbol{E}\cdot\mathrm{d}\boldsymbol{S}=\oiint_S E\mathrm{d}S=E\oiint_S \mathrm{d}S=E\cdot 4\pi r^2$$

因为点 P 为球外一点（$r>R$），则过点 P 的球形高斯面所包围的电荷量为 $\sum q_i=q$。由高斯定理，得

$$E\cdot 4\pi r^2=\frac{q}{\varepsilon_0}$$

即

$$E=\frac{q}{4\pi\varepsilon_0 r^2}\quad (r>R)$$

考虑到 $\boldsymbol{E}$ 的方向，用 $\boldsymbol{e}_r$ 表示矢径的方向，可得电场强度的矢量式为

$$\boldsymbol{E}=\frac{q}{4\pi\varepsilon_0 r^2}\boldsymbol{e}_r\quad (r>R)$$

这个结果与球面上的电荷都集中在球心时点电荷的电场强度分布是一样的。

若求球面内部点 P' 的电场强度，则上述关于电场强度的大小和方向的分析仍然适用。过点 P' 作半径为 r' 的同心球面 S' 并将其取为高斯面，因为高斯面内没有电荷，所以由高斯定理，得

$$\oiint_{S'} \boldsymbol{E}\cdot\mathrm{d}\boldsymbol{S}=E\cdot 4\pi r^2=0$$

即

$$E=0\quad (r<R)$$

这表明均匀带电球面内部的电场强度处处为零。所以均匀带电球面的电场强度分布为

$$\boldsymbol{E}=\begin{cases}\dfrac{q}{4\pi\varepsilon_0 r^2}\boldsymbol{e}_r, & r>R\\ 0, & r<R\end{cases}$$

根据上述结果，可画出电场强度随距离的变化曲线，即 E-r 曲线，如图 6-15 所示，从 E-r 曲线中可看出，电场强度的值在球面（$r=R$）上是不连续的。

上述结论也可以利用电场强度叠加原理通过积分计算得到，但在电荷分布高度对称的情况下，用高斯定理要简单得多。

例题 6-7　设有一半径为 R，均匀带电量为 $q\,(>0)$ 的球体，求球体内、外各点的电场强度分布。

解　均匀带电球体电场分布也是球对称的。与例题 6-6 相似，如图 6-16 所示，以 OP 为半径作一球面为高斯面，由于球面上每个面元 $\mathrm{d}\boldsymbol{S}$ 上的电场强度 $\boldsymbol{E}$ 的方向都和面元矢量的方向相同且大小相等，故通过它的电通量仍为

$$\Phi_{\mathrm{e}} = \oint\!\!\!\oint_S \boldsymbol{E}\cdot\mathrm{d}\boldsymbol{S} = \oint\!\!\!\oint_S E\mathrm{d}S = E\oint\!\!\!\oint_S \mathrm{d}S = E\cdot 4\pi r^2$$

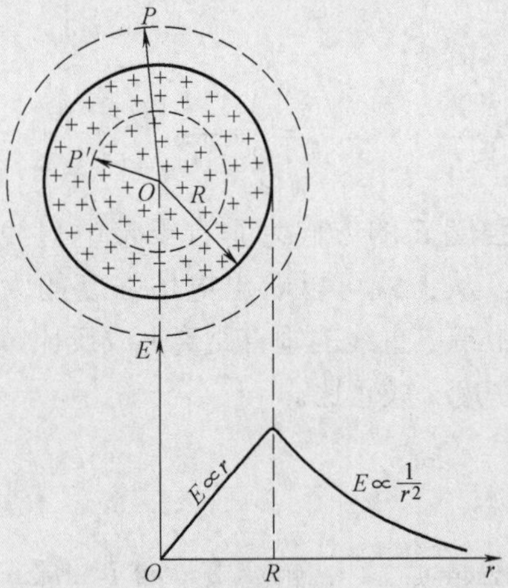

图 6-16　例题 6-7 图

对于球外部（$r>R$），容易看出，球形高斯面所包围的电荷量仍为 $\sum q_i = q$。因此可以直接得出：在球体外部的电场强度分布与所有电荷都集中到球心时产生的电场强度一样，即

$$\boldsymbol{E} = \frac{q}{4\pi\varepsilon_0 r^2}\boldsymbol{e}_r \quad (r>R)$$

同理，为了求出球体内任一点的电场强度，可以通过球内点 P' 作一个半径为 r（$r\leqslant R$）的同心球面 S 作为高斯面，高斯面所包围的电荷量为

$$\sum q_i = \rho\cdot V = \frac{q}{\frac{4}{3}\pi R^3}\cdot\frac{4}{3}\pi r^3 = \frac{qr^3}{R^3}$$

由高斯定理可得

$$\boldsymbol{E} = \frac{q}{4\pi\varepsilon_0 R^3}\boldsymbol{r} \quad (r\leqslant R)$$

这表明，在均匀带电球体内部各点电场强度的大小与矢径大小成正比，在球体表面上，电场强度的大小是连续的。考虑到 $\boldsymbol{E}$ 的方向，球内外电场强度也可以用矢量形式表示为

$$\boldsymbol{E} = \begin{cases} \dfrac{q}{4\pi\varepsilon_0 r^2}\boldsymbol{e}_r, & r>R \\ \dfrac{qr}{4\pi\varepsilon_0 R^3}\boldsymbol{e}_r, & r\leqslant R \end{cases}$$

若用电荷体密度 $\rho = \dfrac{q}{\frac{4}{3}\pi R^3}$ 表示，则均匀带电球体内部各点的电场强度又可写成

$$\boldsymbol{E} = \frac{\rho r}{3\varepsilon_0}\boldsymbol{e}_r$$

均匀带电球体的 E-r 曲线如图 6-16 所示。

例题 6-8　设有一无限长均匀带电直线，电荷线密度 λ，求距直线为 r 处的电场强度。

解　根据均匀带电无限长直线的电荷分布是轴对称的特点，因而其电场分布亦具有轴对称性。如图 6-17 所示，点 P 的电场强度方向为垂直于带电直线而沿径向，过点 P，以带电直线为轴，高为 l，作一封闭圆柱面 S 作为高斯面，则其上各点的电

场强度方向也都应该沿着径向。通过这个高斯面的电通量为

$$\Phi_e = \oiint_S \boldsymbol{E}\cdot d\boldsymbol{S} = \iint_{上} \boldsymbol{E}\cdot d\boldsymbol{S} + \iint_{下} \boldsymbol{E}\cdot d\boldsymbol{S} + \iint_{侧} \boldsymbol{E}\cdot d\boldsymbol{S}$$

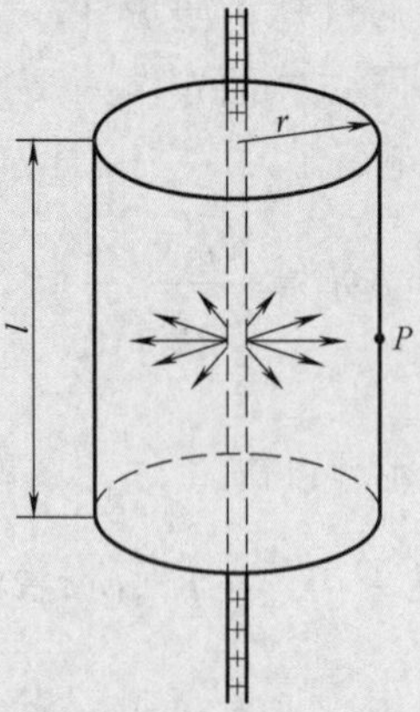

图 6-17　例题 6-8 图

式中等号右侧前面两项为通过上、下底面的电通量，第三项为通过侧面的电通量。

因为在 S 面的上、下底面，电场强度方向与底面平行，因此上式等号右侧前面两项等于零。而在同一侧面上各点电场强度 $\boldsymbol{E}$ 的大小处处相等，其方向与侧面上各点的法线方向相同，所以通过整个高斯面的电通量即为通过侧面的电通量

$$\Phi_e = \oiint_S \boldsymbol{E}\cdot d\boldsymbol{S} = \iint_{侧} E dS = E\cdot 2\pi rl$$

此封闭面内包围的电荷量 $\sum q_i = \lambda l$，由高斯定理，得

$$E\cdot 2\pi rl = \frac{\lambda l}{\varepsilon_0}$$

即得

$$E = \frac{\lambda}{2\pi\varepsilon_0 r}$$

电场强度 $\boldsymbol{E}$ 的方向为垂直于带电直线而沿径向。从上式可以看出电场强度的大小与该点距带电直线的垂直距离 r 成反比，与电荷线密度 λ 成正比。

例题 6-9　设有一无限大均匀带电平面，电荷面密度为 σ。求距离该平面为 r 处某点的电场强度。

解　无限大均匀带电平面的电场分布应满足平面对称。如图 6-18 所示，考虑距离带电平面为 r 的场点 P 的电场强度 $\boldsymbol{E}$。由于电场分布满足平面对称，所以点 P 的电场强度必然垂直于该带电平面，而且离平面等距处（同侧或两侧）的电场强度大小都相等，方向都垂直于平面且指向远离平面的方向（当 $\sigma>0$ 时）。

我们选一个轴线垂直于带电平面的封闭圆柱面来作为高斯面 S，带电平面平分此柱面，而点 P 位于它的一个底面上。

由于柱面的侧面上各点的 $\boldsymbol{E}$ 与侧面平行，所以通过侧面的电通量为零。通过整个闭合面的电通量等于穿过两个底面（面积大小为 S）的电通量。由高斯定理得

$$\Phi_e = \oiint_S \boldsymbol{E}\cdot d\boldsymbol{S} = \Phi_{侧} + 2\Phi_{底} = \frac{\sigma S}{\varepsilon_0}$$

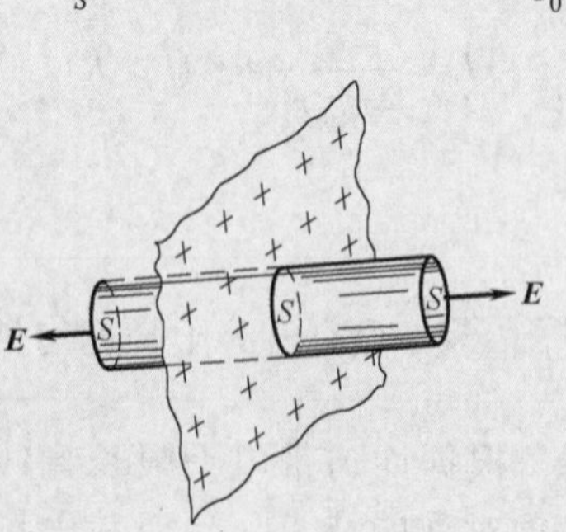

图 6-18　例题 6-9 图

则

$$2ES=\frac{\sigma S}{\varepsilon_0}$$

即

$$E=\frac{\sigma}{2\varepsilon_0}$$

此结果说明：无限大均匀带电平面两侧的电场强度与场点到平面的距离无关，而且电场强度的方向与带电平面垂直。无限大带电平面的电场是均匀场。这一结果与使用叠加原理计算的结果相同。

利用无限大均匀带电平面两侧电场强度的结论和叠加原理，可求得两带等量异号电荷的无限大平行平面之间的电场强度，请读者自行思考。

6.4　静电场的环路定理　电势

在前面几节中，我们从电荷在电场中受到电场力作用这一事实出发，研究了静电场的性质，并引入电场强度作为描述电场这一性质的物理量。而高斯定理从电场的角度反映了通过闭合面的电通量与该面内电荷量的关系，揭示了静电场的有源性这一特性。既然电场对电荷有力的作用，那么当电荷在电场中移动时，电场力就要做功。本节我们来分析静电力做功的特点，并将推出描述静电场性质的另一条基本定理——静电场的环路定理，并由此从能量观点引入电势等概念。研究静电力做功的规律，对了解静电场的性质有着重要的意义。

6.4.1　静电场的环路定理

如图 6-19 所示，在点电荷 q 激发的电场中，将试探电荷 q_0 从点 a 经任意路径移到点 b，场点 a 和 b 到点电荷 q 的距离分别为 r_a 和 r_b，在路径中任一点 c 的附近，取位移元 $\mathrm{d}\boldsymbol{l}$，该点到 q 的距离为 r，其电场强度为$\boldsymbol{E}=\dfrac{q}{4\pi\varepsilon_0 r^2}\boldsymbol{e}_r$，根据功的定义，在 $\mathrm{d}\boldsymbol{l}$ 这段位移上，电场力对 q_0 所做的元功为

$$\mathrm{d}A=\boldsymbol{F}\cdot\mathrm{d}\boldsymbol{l}=q_0\boldsymbol{E}\cdot\mathrm{d}\boldsymbol{l}=\frac{q_0 q}{4\pi\varepsilon_0 r^2}\boldsymbol{e}_r\cdot\mathrm{d}\boldsymbol{l}=\frac{q_0 q}{4\pi\varepsilon_0 r^2}\cos\theta\,\mathrm{d}l$$

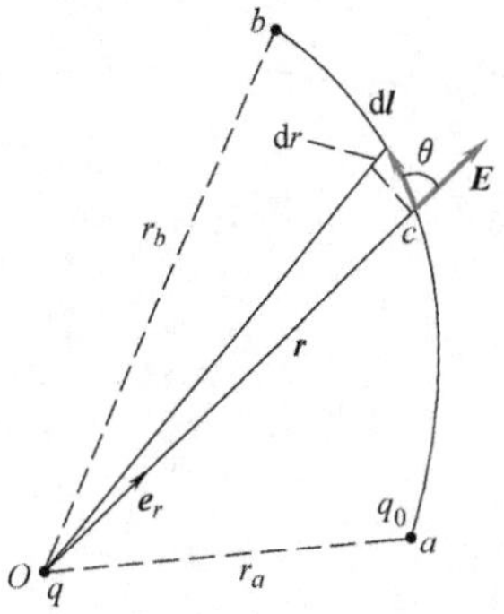

图 6-19　静电场所做的功

由图 6-19 可知，其中 θ 为电场强度 $\boldsymbol{E}$ 与位移元 $\mathrm{d}\boldsymbol{l}$ 之间的夹角，且 $\cos\theta\mathrm{d}l=\mathrm{d}r$，$\mathrm{d}r$ 为位移元 $\mathrm{d}\boldsymbol{l}$ 沿电场强度 $\boldsymbol{E}$ 方向的分量。当试探电荷 q_0 从点 a 移到点 b 时，电场力所做的功为

$$A_{ab}=\int_a^b \mathrm{d}A=q_0\int_a^b \boldsymbol{E}\cdot\mathrm{d}\boldsymbol{l}=q_0\int_a^b E\mathrm{d}r=\frac{q_0}{4\pi\varepsilon_0}\int_{r_a}^{r_b}\frac{q\mathrm{d}r}{r^2}=\frac{q_0 q}{4\pi\varepsilon_0}\left(\frac{1}{r_a}-\frac{1}{r_b}\right) \tag{6-18}$$

上式表明，在静止点电荷 q 激发的电场中，电场力对试探电荷 q_0 所做的功与路径无关，只与试探电荷的起点位置和终点位置有关。

上述结论可以推广到任意带电体的电场。任何一个带电体都可以看成是许多点电荷的集合，总电场强度等于各点电荷电场强度的矢量和，即

$$\boldsymbol{E}=\boldsymbol{E}_1+\boldsymbol{E}_2+\cdots+\boldsymbol{E}_n$$

在电场强度 $\boldsymbol{E}$ 中，试探电荷 q_0 从场点 a 沿任意路径移动到场点 b 时，电场力做功为

$$\begin{aligned}A_{ab}&=\int_a^b q_0\boldsymbol{E}\cdot\mathrm{d}\boldsymbol{l}=\int_a^b(q_0\boldsymbol{E}_1+q_0\boldsymbol{E}_2+\cdots+q_0\boldsymbol{E}_n)\cdot\mathrm{d}\boldsymbol{l}\\&=\int_a^b q_0\boldsymbol{E}_1\cdot\mathrm{d}\boldsymbol{l}+\int_a^b q_0\boldsymbol{E}_2\cdot\mathrm{d}\boldsymbol{l}+\cdots+\int_a^b q_0\boldsymbol{E}_n\cdot\mathrm{d}\boldsymbol{l}\\&=\frac{q_0q_1}{4\pi\varepsilon_0}\left(\frac{1}{r_{a1}}-\frac{1}{r_{b1}}\right)+\frac{q_0q_2}{4\pi\varepsilon_0}\left(\frac{1}{r_{a2}}-\frac{1}{r_{b2}}\right)+\cdots+\frac{q_0q_n}{4\pi\varepsilon_0}\left(\frac{1}{r_{an}}-\frac{1}{r_{bn}}\right)\\&=\sum_{i=1}^{n}\frac{q_0q_i}{4\pi\varepsilon_0}\left(\frac{1}{r_{ai}}-\frac{1}{r_{bi}}\right)\end{aligned}$$

式中，r_{ai}、r_{bi} 分别表示路径的起点和终点距点电荷 q_i 的距离。上式表明，功仍只取决于路径的起点和终点的位置，而与路径无关。所以可得出结论：试探电荷在任何静电场中移动时，静电场力所做的功，只与试探电荷的电量大小及路径起点和终点的位置有关，而与路径无关。这说明静电力是保守力，静电场是保守力场。

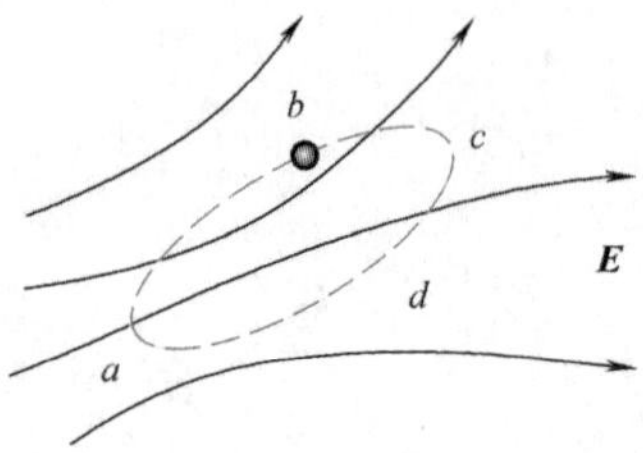

图 6-20　静电场的环流等于零

静电场力做功与路径无关的特性还可以用另一种形式来表达。设试探电荷 q_0 从场点 a 出发经过任意路径 abc 到达点 c，再从点 c 经另一路径 cda 回到点 a，如图 6-20 所示，则电场力在整个闭合路径 $abcda$ 上做功为

$$A=\oint_l q_0\boldsymbol{E}\cdot\mathrm{d}\boldsymbol{l}=\int_{abc}q_0\boldsymbol{E}\cdot\mathrm{d}\boldsymbol{l}+\int_{cda}q_0\boldsymbol{E}\cdot\mathrm{d}\boldsymbol{l}=\int_{abc}q_0\boldsymbol{E}\cdot\mathrm{d}\boldsymbol{l}-\int_{adc}q_0\boldsymbol{E}\cdot\mathrm{d}\boldsymbol{l}$$

由于电场力做功与路径无关，即

$$\int_{abc}q_0\boldsymbol{E}\cdot\mathrm{d}\boldsymbol{l}=\int_{adc}q_0\boldsymbol{E}\cdot\mathrm{d}\boldsymbol{l}$$

因为 $q_0\neq 0$，所以上式可写作

$$\oint_l \boldsymbol{E}\cdot\mathrm{d}\boldsymbol{l}=0 \tag{6-19}$$

式（6-19）左边表示电场强度 $\boldsymbol{E}$ 沿闭合路径的线积分，也称为

电场强度 $\boldsymbol{E}$ 的环流。该式表明：在静电场中，电场强度 $\boldsymbol{E}$ 的环流等于零，这一结论称为静电场的环路定理。它与“静电场力做功与路径无关”的表述是等价的。凡是做功与路径无关的力场，叫作保守力场或势场。

静电场的环路定理和高斯定理是静电场的两个基本性质定理，二者结合在一起才能完整地描述静电场。高斯定理反映静电场的有源性；而环路定理反映静电场做功与路径无关，静电场是无旋场，即静电场是有源无旋场。

6.4.2 电势能

对于每一种保守力，都可以引入相应的势能。正如重力与重力势能的关系一样，静电场力也有与之对应的势能——静电势能（简称电势能）。试探电荷 q_0 在静电场中一定的位置处，具有一定的电势能，用 W 表示，若将试探电荷 q_0 从电场中的点 a 移动到点 b 时，由保守力做功与势能改变的关系可知，电场力对它所做的功等于相应电势能增量的负值，即

$$A_{ab} = \int_a^b q_0 \boldsymbol{E} \cdot \mathrm{d}\boldsymbol{l} = -(W_b - W_a) = W_a - W_b \qquad (6\text{-}20)$$

式中，W_a、W_b 分别是试探电荷在点 a 和点 b 的电势能。电场力做正功时，$A_{ab}>0$，则 $W_a>W_b$，电势能减少；电场力做负功时，$A_{ab}<0$，则 $W_a<W_b$，电势能增加。

与其他形式的势能一样，电势能也是相对量，其量值与势能零点的选择有关。势能零点的选择是任意的，处理问题时怎样方便就怎样选取。在式（6-20）中，若选择 q_0 在点 b 处的电势能为零，即 $W_b=0$，于是

$$W_a = \int_a^b q_0 \boldsymbol{E} \cdot \mathrm{d}\boldsymbol{l} \quad (W_b=0) \qquad (6\text{-}21)$$

即试探电荷 q_0 在电场中点 a 的电势能，在量值上等于把它从点 a 移到零势能处静电场力所做的功。一般地，这个功有正（例如斥力场中）有负（例如引力场中），电势能也有正有负。应该指出，与任何形式的势能相同，电势能是试探电荷和电场的相互作用能，它属于试探电荷和电场组成的系统。电势能的单位为 J（焦耳）。

6.4.3 电势　电势差

电势能 W_a 不仅与电场性质及点 a 位置有关，而且还与试

探电荷 q_0 有关，因此，W_a 并不直接描述点 a 处电场的性质，而比值 $\frac{W_a}{q_0}$ 却与 q_0 无关，仅取决于电场本身，是表征静电场中给定点 a 处电场性质的一个基本物理量。我们把这一比值定义为静电场中点 a 的**电势**，用 U_a 表示。即

$$U_a = \frac{W_a}{q_0}$$

上式表明，静电场中某一点 a 的电势在量值上等于单位正电荷放在该点时所具有的电势能。电势是标量，其值相对于电势零点可正可负。在静电场中，任意两点 a 和 b 的电势差通常称为**电压**，用 U_{ab} 表示，即

$$U_{ab} = U_a - U_b = \int_a^b \boldsymbol{E} \cdot \mathrm{d}\boldsymbol{l} \qquad (6\text{-}22)$$

上式表明，静电场中 a、b 两点的电势差，等于单位正电荷从电场中的点 a 经任意路径到达点 b 时电场力所做的功。表 6-1 是一些常见电势差的数值㊀，其中细胞膜两侧电势差如图 6-21 所示，膜两侧由于纳、钾离子浓度不同而存在电势差——细胞膜电势差㊁。

表 6-1　一些常见电势差的值　　（单位：V）

雷电云和地面间	$\sim 10^8$
高压线	$\sim 10^6$
汽车点火装置	$\sim 10^4$
家用电源插座	$\sim 10^2$
车用电池	~ 12
细胞膜两侧电势差	$\sim 10^{-1}$
人体皮肤上电势的改变	$\sim 10^{-4}$

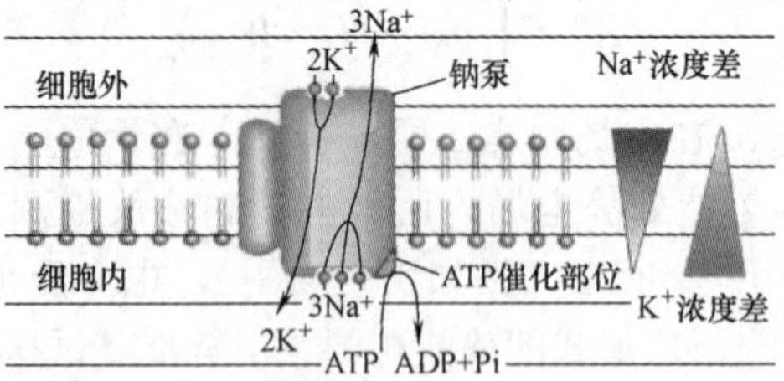

图 6-21　细胞膜电势差

式（6-22）是电场中两点之间的电势差。如果要确定电场中点 a 的电势值，则与电势能一样，需选定电势零点。在理论

㊀ 吴柳 . 大学物理学 [M].2 版 . 北京：高等教育出版社，2013.

㊁ http://dec3.jlu.edu.cn/webcourse/t000014/bjjx/second/second4.html

计算中，当研究有限大小的带电体时，一般选择无限远处电势为零。于是，电场中点 a 的电势为

$$U_a=\int_a^{+\infty}\boldsymbol{E}\cdot\mathrm{d}\boldsymbol{l} \tag{6-23}$$

上式表明，电场中某点 a 的电势等于把单位正电荷从点 a 移到无限远处时静电场力所做的功。

在实际工作中，常把大地或电器外壳的电势取为零，其他带电体的电势都是相对于地球而言的。这样的规定有很多方便之处，一方面可以在任何地方都能方便地和地球比较而确定带电体的电势；另一方面，地球是一个半径很大的导体，在这样一个导体上增减一些电荷对其电势的影响很小，因此，地球的电势比较稳定。

利用式（6-22）可以得到联系电势差与静电力做功的关系式。电场力所做的功为

$$A_{ab}=q_0(U_a-U_b)$$

由此可见，无论是 $U_a>U_b$，$q_0>0$，还是 $U_a<U_b$，$q_0<0$，都有 $A_{ab}>0$ 或 $W_a>W_b$，即从点 a 到点 b 电场力做正功，电势能减少。换句话说，在电场力推动下，正电荷从电势高处向电势低处移动，而负电荷则从电势低处向电势高处移动。

在国际单位制中，电势的单位为 V（伏特），$1\ \mathrm{V}=1\ \mathrm{J}\cdot\mathrm{C}^{-1}$。电势差的单位也是 V。在电势较大或较小的情形下，有时也用 kV（千伏）或 mV（毫伏）。

已知电子电荷 e 等于 1.60×10^{-19} C，当电子在电场中经过电势差为 1 V 的两点时，所增加（或减少）的能量称为电子伏特，简称电子伏，符号为 eV。电子伏是近代物理学中常用的一种能量单位，它与焦耳（J）的换算关系为

$$1\ \mathrm{eV}=1.60\times10^{-19}\ \mathrm{C}\times1\ \mathrm{V}=1.60\times10^{-19}\ \mathrm{J}$$

有时用电子伏作为单位显得太小，而常用 MeV（兆电子伏）作为单位，$1\ \mathrm{MeV}=10^6\ \mathrm{eV}$。

6.4.4 电势的计算

1. 已知电场强度分布求电势

如果知道电场强度 $\boldsymbol{E}$ 的分布，就可以根据式（6-23）计算电场中给定点的电势。

2. 已知电荷分布求电势

（1）点电荷电场中的电势：在带电量为 q 的点电荷电场中，其电场强度为$\boldsymbol{E}=\dfrac{q}{4\pi\varepsilon_0 r^2}\boldsymbol{e}_r$，则距点电荷 q 为 r 处点 P 的

电势 U_P 为

$$U_P = \int_r^{+\infty} \boldsymbol{E} \cdot \mathrm{d}\boldsymbol{l} = \int_r^{+\infty} \frac{q}{4\pi\varepsilon_0 r^2}\mathrm{d}r = \frac{q}{4\pi\varepsilon_0 r} \tag{6-24}$$

可见，在点电荷周围空间任一点的电势与该点到场源电荷 q 的距离 r 成反比。如果 $q>0$，各点的电势为正，离场源电荷越远，电势越低，在无限远处的电势为零。若 $q<0$，各点的电势为负，离场源电荷越远，电势越高，在无限远处的电势虽然为零，但电势却最大。

（2）点电荷系电场中的电势：若是点电荷系电场，则由电场强度叠加原理［式(6-6)］可以得到，电场中某点 P 的电势为

$$\begin{aligned} U_P &= \int_r^{+\infty} \boldsymbol{E}\cdot\mathrm{d}\boldsymbol{l} = \int_r^{+\infty} \boldsymbol{E}_1\cdot\mathrm{d}\boldsymbol{l} + \int_r^{+\infty} \boldsymbol{E}_2\cdot\mathrm{d}\boldsymbol{l} + \cdots + \int_r^{+\infty} \boldsymbol{E}_n\cdot\mathrm{d}\boldsymbol{l} \\ &= U_1 + U_2 + \cdots + U_n = \sum_{i=1}^{n} \frac{q_i}{4\pi\varepsilon_0 r_i} \end{aligned} \tag{6-25}$$

式中，$\boldsymbol{E}_n$ 和 U_n 分别为第 i 个点电荷 q_i 单独在与之相距为 r_i 的点 P 处所激发的电场强度和电势。上式表明，在点电荷系的电场中，任意一点的电势等于各个点电荷单独存在时在该点产生的电势的代数和。这一结论称为**电势的叠加原理**。

（3）连续分布电荷电场中的电势：如果静电场是由电荷连续分布的带电体激发的，欲求电场中某点 P 的电势，则首先需要把带电体分成许许多多的电荷元 $\mathrm{d}q$，用 $\mathrm{d}q$ 代替式（6-25）中的 q_i，再用积分号代替求和号，则点 P 的电势为

$$U_P = \int \frac{\mathrm{d}q}{4\pi\varepsilon_0 r} \tag{6-26}$$

式中，r 为电荷元 $\mathrm{d}q$ 到给定点 P 的距离，积分则遍及整个带电体。因为电势是标量，故为标量积分，所以电势的计算比电场强度的计算要简便。在具体的应用中，连续分布的电荷可分为体分布、面分布、线分布，相应的电荷元表示为 $\mathrm{d}q=\rho\mathrm{d}V$，$\mathrm{d}q=\sigma\mathrm{d}S$，$\mathrm{d}q=\lambda\mathrm{d}l$，式（6-26）可写成

$$\begin{gathered} U_P = \frac{1}{4\pi\varepsilon_0 r}\iiint_V \rho\,\mathrm{d}V,\quad U_P = \frac{1}{4\pi\varepsilon_0 r}\iint_S \sigma\,\mathrm{d}S, \\ U_P = \frac{1}{4\pi\varepsilon_0 r}\int_L \lambda\,\mathrm{d}l \end{gathered} \tag{6-27}$$

例题 6-10 如图 6-22 所示，一半径为 R 的均匀带电圆环，带电量为 q，求圆环轴线上与环心 O 相距为 x 的点 P 处的电势。

解 如图 6-22 所示建立坐标，x 轴在圆环轴线上。本题我们可用两种方法求解。

方法一：用 $U_P = \int_r^{+\infty} \boldsymbol{E}\cdot\mathrm{d}l$ 计算。

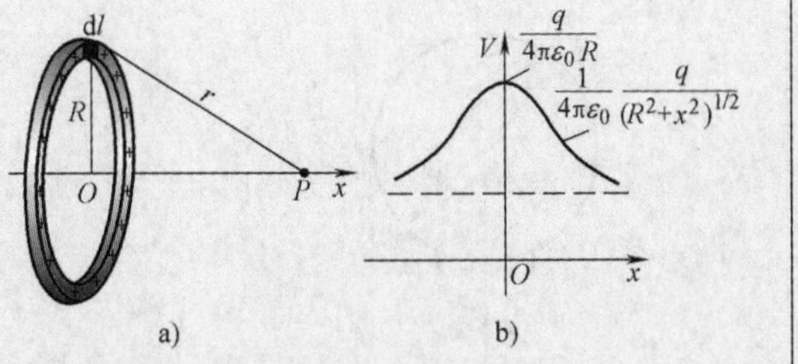

图 6-22 例题 6-10 图

由例题 6-3 可知圆环在其轴线上任一点产生的电场强度为

$$E=\frac{qx}{4\pi\varepsilon_0\left(R^2+x^2\right)^{3/2}}\quad（\boldsymbol{E}\text{ 与 }x\text{ 轴平行）}$$

由定义式$U_P=\int_r^{+\infty}\boldsymbol{E}\cdot\mathrm{d}\boldsymbol{l}$，且因为积分与路径无关，故可沿 x 轴→ + ∞所以有

$$U_P=\int_x^{+\infty}E\mathrm{d}x$$

$$=\int_x^{+\infty}\frac{qx}{4\pi\varepsilon_0(R^2+x^2)^{3/2}}\mathrm{d}x$$

$$=\frac{q}{4\pi\varepsilon_0}\cdot\frac{1}{2}\int_x^{+\infty}\frac{\mathrm{d}(R^2+x^2)}{(R^2+x^2)^{3/2}}$$

$$=\frac{q}{4\pi\varepsilon_0}\cdot\frac{1}{2}\cdot\frac{1}{(-1/2)}\frac{1}{\sqrt{R^2+x^2}}\Bigg|_x^{+\infty}$$

$$=\frac{q}{4\pi\varepsilon_0(R^2+x^2)^{1/2}}$$

方法二：用电势叠加原理计算。

把圆环分成一系列电荷元，每个电荷元视为点电荷，$\mathrm{d}q$ 在点 P 产生的电势为

$$\mathrm{d}U_P=\frac{\mathrm{d}q}{4\pi\varepsilon_0 r}=\frac{\mathrm{d}q}{4\pi\varepsilon_0(R^2+x^2)^{1/2}}$$

整个环在点 P 产生的电势为

$$U_P=\int\mathrm{d}U_P=\int\frac{\mathrm{d}q}{4\pi\varepsilon_0\sqrt{R^2+x^2}}=\frac{q}{4\pi\varepsilon_0(R^2+x^2)^{1/2}}$$

两种方法所得结果完全一样。

讨论：（1）在 x=0 处，$U_P=\dfrac{q}{4\pi\varepsilon_0 R}$；

（2）当 $x\gg R$ 时，$U_P=\dfrac{q}{4\pi\varepsilon_0 x}$，均匀带电圆环可视为点电荷在 x 处产生的电势。

例题 6-11 一半径为 R 的均匀带电球面，带电量为 q，求球面内、外任一点的电势。

解 由例题 6-6 可知电场强度分布为

$$\boldsymbol{E}=\begin{cases}\dfrac{q}{4\pi\varepsilon_0 r^2}\boldsymbol{e}_r, & r>R\\ 0, & r<R\end{cases}$$

因为积分与路径无关，所以可取沿 $\boldsymbol{r}$ 方向积分到无穷远处，球面外任一点 P 处电势

$$U_P=\int_r^{+\infty}\boldsymbol{E}\cdot\mathrm{d}\boldsymbol{r}=\int_r^{+\infty}E\mathrm{d}r=\int_r^{+\infty}\frac{q}{4\pi\varepsilon_0 r^2}\mathrm{d}r=\frac{q}{4\pi\varepsilon_0 r}$$

由上式可以看出，一个均匀带电球面在球外任一点的电势和把全部电荷看作集中于球心的一个点电荷在该点的电势相同。

球面内任一点 P'处电势

$$U_{P'}=\int_r^{+\infty}\boldsymbol{E}\cdot\mathrm{d}\boldsymbol{r}=\int_r^{R}\boldsymbol{E}\cdot\mathrm{d}\boldsymbol{r}+\int_R^{+\infty}\boldsymbol{E}\cdot\mathrm{d}\boldsymbol{r}$$

$$=\int_R^{+\infty}\boldsymbol{E}\cdot\mathrm{d}\boldsymbol{r}=\int_R^{+\infty}\frac{q}{4\pi\varepsilon_0 r^2}\mathrm{d}r$$

$$=\frac{q}{4\pi\varepsilon_0 R}$$

由上式可以看出，在球面内任一点的电势都相同，等于球面上的电势。故

均匀带电球面及其内部是一个等电势的区域。电势 U 随距离 r 的变化关系如图 6-23 所示。

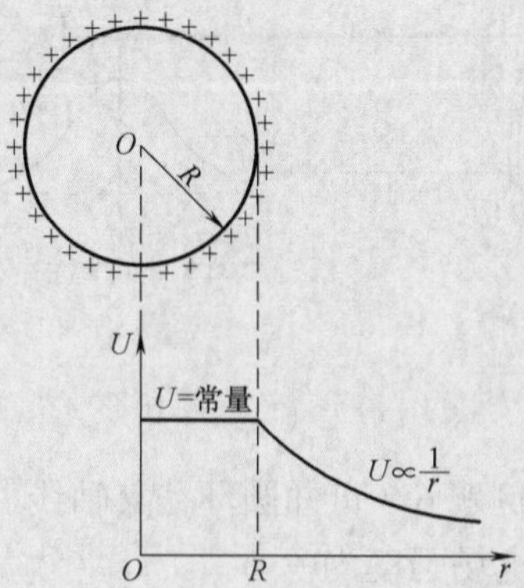

图 6-23　例题 6-11 图

例题 6-12　求电荷线密度为 λ 的无限长均匀带电直线电场中的电势分布。

解　由式（6-23）可得

$$U_a = \int_a^b \boldsymbol{E} \cdot \mathrm{d}\boldsymbol{l} + U_b$$

要确定电场中点 a 的电势，必须要确定参考点 b 的电势 U_b。前面在计算电荷分布在有限空间（如带电圆环、带电球面等）的电势时，曾选取“无限远”处作为电势为零的参考点，这种选取也是符合实际的。但是，对“无限长”带电直导线所建立的电场，其中任意点的电势是否仍能选取“无限远”处为零电势的参考点呢？显然这是不允许的，这是因为，我们既不能使带电直导线伸至“无限长”的同时，又把“无限远”处选定为电势零处的参考点，所以必须另选零电势的参考点。从原则上来说，除“无限远”处外，其他地方都可选。就本题而言，如图 6-24 所示，可选距离带电直线为 r_0 的点 P_0 为电势零点，$U_{P_0}=0$，则距带电直线为 r 的点 P 的电势为

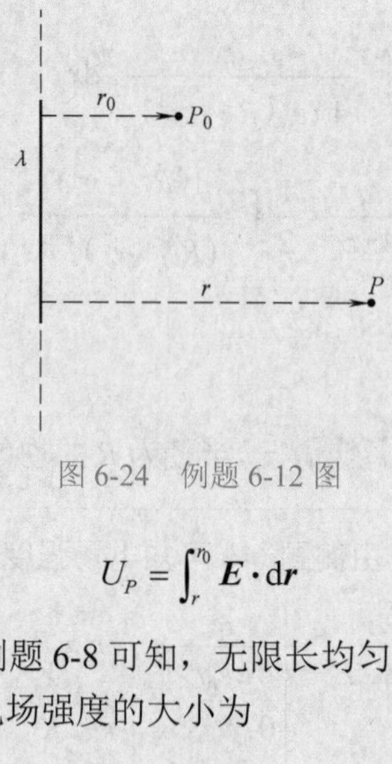

图 6-24　例题 6-12 图

$$U_P = \int_r^{r_0} \boldsymbol{E} \cdot \mathrm{d}\boldsymbol{r}$$

由例题 6-8 可知，无限长均匀带电直线周围的电场强度的大小为

$$E = \frac{\lambda}{2\pi\varepsilon_0 r}$$

于是

$$U_P = \frac{\lambda}{2\pi\varepsilon_0}\int_r^{r_0}\frac{\mathrm{d}r}{r} = \frac{\lambda}{2\pi\varepsilon_0}\ln\frac{r_0}{r}$$

6.5 等势面 电场强度与电势的微分关系

6.5.1 等势面

与用电场线来描述电场强度 $\boldsymbol{E}$ 类似，我们用等势面来形象地描述电势 U 的分布情况。我们将静电场中电势相等的各点连接成一个面，叫作等势面。通常规定电场中两个相邻等势面间的电势差相等，这样，等势面越密（即间距越小）的区域，电场强度也越大。图 6-25 是几种电场的等势面（用虚线表示）和电场线图（用实线表示）。

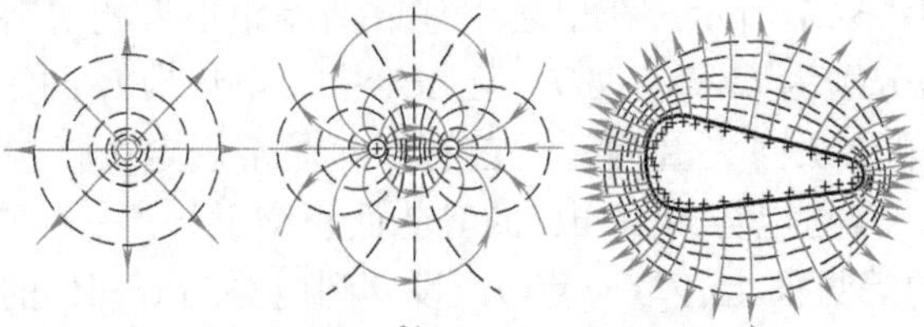

a) b) c)

图 6-25 几种常见电场的等势面和电场线

等势面具有以下特点：

（1）在同一等势面上的任意两点间移动电荷，电场力不做功。设 a、b 为等势面上的任意两点，如图 6-26 所示，若移动电荷 q 从点 a 到点 b，因为 $U_a=U_b$，所以电场力做功为

$$A_{ab}=q(U_{\mathrm{a}}-U_b)=0$$

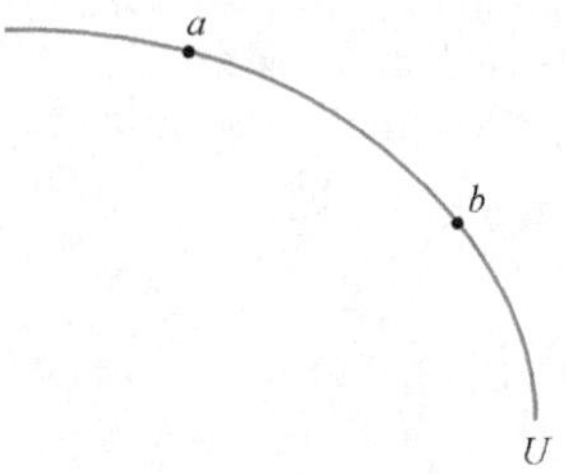

图 6-26 等势面特点

这是因为等势面上各点的电势相等，电荷在同一等势面上各点具有相同的电势能，所以在同一等势面上移动电荷时，其电势能不变，即电场力不做功。

（2）等势面一定与电场线垂直，即与电场强度的方向垂直。设点电荷沿某等势面有一微小位移 $\mathrm{d}\boldsymbol{l}$，这时，虽然电场对试探电荷有力的作用，但根据等势面的定义，电场力所做的功为零。即

$$\mathrm{d}A=q\boldsymbol{E}\cdot\mathrm{d}\boldsymbol{l}=qE\cos\theta\,\mathrm{d}l=0$$

因为 q、E、$\mathrm{d}l$ 都不等于零，所以只有 $\cos\theta=0$，即 $\theta=\pi/2$，也就是说试探电荷在等势面上任一点所受的电场力总是与等势

面垂直，亦即电场线的方向总是与等势面垂直。

（3）电场线总是由电势较高的等势面指向电势较低的等势面。

（4）等势面密集处的电场强度强，等势面稀疏处电场强度弱。因此，与电场线相似，从等势面的疏密程度可以比较出电场强度的强弱。

特点（3）和（4）均可从图 6-25 中看出，这里不再证明。

利用等势面既可以形象地描述电场的性质，也可由等势面来绘制电场线。由于实际中测定电势差比测定电场强度要容易得多，因此常用等势面来研究电场强度，即先描绘出等势面的形状和分布，再根据电场线与等势面之间的关系描绘出电场线的分布。

6.5.2　电场强度与电势的微分关系

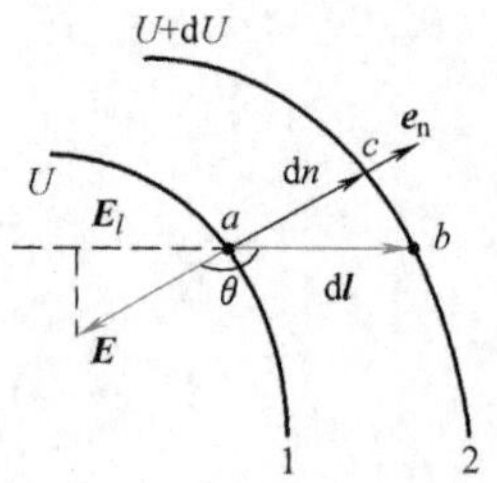

图 6-27　电场强度与电势微分关系

如图 6-27 所示，在电场中任取两相距很近的等势面 1 和 2，电势分别为 U 和 $U+\mathrm{d}U$，且 $\mathrm{d}U>0$。电势为 U 的等势面上点 a 的单位法向矢量为 $\boldsymbol{e}_n$，它的方向通常规定由低电势指向高电势，其与电势为 $U+\mathrm{d}U$ 的等势面正交于一点 c。在电势为 $U+\mathrm{d}U$ 的等势面上任取一点 b，设 a 到电势为 $U+\mathrm{d}U$ 的等势面的法向距离，即 a 到 c 的距离为 $\mathrm{d}n$，a 到 b 的距离为 $\mathrm{d}l$。当等势面 1 与等势面 2 间距离足够小时，可以认为两等势面间的电场强度 $\boldsymbol{E}$ 是近似不变的，设 $\mathrm{d}\boldsymbol{l}$ 与 $\boldsymbol{E}$ 之间的夹角为 θ，则将单位电荷从点 a 移到点 b，电场力做功由式（6-22）得

$$U_a-U_b=\boldsymbol{E}\cdot\mathrm{d}\boldsymbol{l}=E\mathrm{d}l\cos\theta$$

因电场强度 $\boldsymbol{E}$ 在 $\mathrm{d}\boldsymbol{l}$ 上的分量为 $E_l=E\cos\theta$，且 $\mathrm{d}U=U_b-U_a=-(U_a-U_b)$，则上式可改写为

$$-\mathrm{d}U=E_l\mathrm{d}l$$

或

$$E_l=-\frac{\mathrm{d}U}{\mathrm{d}l} \tag{6-28}$$

式中，$\frac{\mathrm{d}U}{\mathrm{d}l}$为电势沿 $\mathrm{d}\boldsymbol{l}$ 方向的单位长度上电势的变化率。式（6-28）表明，电场中某一点的电场强度沿某一方向 $\mathrm{d}\boldsymbol{l}$ 的分量 E_l，等于电势在这一点沿该方向变化率的负值。负号表示电场强度指向电势降低的方向，沿电场强度的方向，电势由高到低；逆着电场强度的方向电势由低到高。这就是电场强度与

电势的关系。

显然，电势沿不同的单位长度变化率是不同的。这里，我们只讨论电势沿两个有代表性方向的单位长度的变化率。我们知道，等势面上各点的电势是相等的。因此，电场中某一点的电势在沿等势面上任一方向的$\frac{dU}{dl_t}=0$。这说明，等势面上任一点电场强度的切向分量为零，即 $E_{l_t}=0$。

此外，电场强度沿法线的分量 E_{l_n} 为

$$E_{l_n}=-\frac{dU}{dl_n}$$

式中，$\frac{dU}{dl_n}$为电势沿法线方向单位长度上的变化率；而且不难发现，它比任何方向上的空间变化率都大，是电势空间变化率的最大值。此外，因为等势面上任一点电场强度的切向分量为零，所以，电场中任意点 $\boldsymbol{E}$ 的大小就是该点 $\boldsymbol{E}$ 的法向分量 E_{l_n}。于是，有

$$E=-\frac{dU}{dl_n}$$

式中符号表示，当$\frac{dU}{dl_n}<0$ 时，$E>0$，即 $\boldsymbol{E}$ 的方向总是由高电势指向低电势，$\boldsymbol{E}$ 的方向与 $\boldsymbol{e}_n$ 的方向相反，写成矢量形式，则有

$$\boldsymbol{E}=-\frac{dU}{dl_n}\boldsymbol{e}_n \tag{6-29}$$

上式表明，在电场中任意一点的电场强度 $\boldsymbol{E}$，等于该点的电势沿等势面法线方向的变化率的负值。这也就是说，在电场中任一点电场强度 $\boldsymbol{E}$ 的大小，等于该点电势沿等势面法线方向的空间变化率，$\boldsymbol{E}$ 的方向与法线方向相反。矢量$\frac{dU}{dl_n}\boldsymbol{e}_n$ 称为 a 点处的电势梯度，记作 $\mathbf{grad}U$，即电势梯度的定义式为

$$\mathbf{grad}U=\frac{dU}{dl_n}\boldsymbol{e}_n$$

由上式可知，电场中某点的电势梯度，在方向上与该点处电势增加率最大的方向相同，在量值上等于沿该方向上的电势增加率。电势梯度的单位为伏每米（即 $V\cdot m^{-1}$），所以电场强度也常用这一单位。由式（6-29）可得

$$\boldsymbol{E}=-\mathbf{grad}U=-\nabla U \tag{6-30}$$

这就是电场强度和电势梯度的关系，它说明静电场中任意一点的电场强度等于该点电势梯度的负值。

如果在电场中取定一个直角坐标系 $Oxyz$，并把 Ox、Oy、Oz 轴的正方向分别取作 $\mathrm{d}\boldsymbol{l}$ 的方向，由式（6-28）可分别得到电场强度沿三个方向的分量 E_x、E_y、E_z 与电势 U 的关系为

$$E_x=-\frac{\partial U}{\partial x}\quad E_y=-\frac{\partial U}{\partial y}\quad E_z=-\frac{\partial U}{\partial z} \tag{6-31}$$

于是电场强度与电势的矢量表达式可写成

$$\boldsymbol{E}=-\left(\frac{\partial U}{\partial x}\boldsymbol{i}+\frac{\partial U}{\partial y}\boldsymbol{j}+\frac{\partial U}{\partial z}\boldsymbol{k}\right) \tag{6-32}$$

这一关系在电学中非常重要。电势 U 是标量，与矢量 $\boldsymbol{E}$ 相比，U 比较容易计算。当我们计算电场强度 $\boldsymbol{E}$ 时，通常可先求出电势 U，然后再按照式（6-31）计算 E_x、E_y、E_z，从而就可求出电场强度 $\boldsymbol{E}$。应该指出：

（1）电势梯度是矢量，它表示电势的空间变化率。电势梯度的方向沿等势面的法线方向，且指向电势增加的一方，在这个方向上电势增加得最快；电势梯度的大小表示电势在这个方向上的最大空间变化率。而电场强度的方向（当然亦与等势面垂直）是电势降落最快的方向；电场强度的大小表示电势沿这个方向上的最大空间减少率。因此电场强度等于电势梯度的负值，其中负号表示电场强度的方向与电势梯度的方向相反，即指向电势降低的方向。

（2）在电势等于常数（或为零）的地方，电场强度不一定为零，只有在电势不变的区域，电场强度才为零。同样地，在电场强度为零处，电势不一定为零。

（3）电场强度和电势梯度之间的关系，在实际应用中非常重要，限于大学物理内容的要求，在此不再赘述。

例题 6-13 在均匀带电细圆环轴线上任一点的电势公式可以表示为

$$U=\frac{q}{4\pi\varepsilon_0(R^2+x^2)^{1/2}}$$

式中，x 表示圆心到场点的距离；R 是圆环的半径。求轴线上任一点的电场强度。

解 由于均匀带电细圆环的电荷分布对于轴线是对称的，所以轴线上各点的电场强度

在垂直于轴线方向上的分量为零，因而轴线上任一点的电场强度方向沿 x 轴。由电场强度与电势梯度关系式（6-31），得

$$E = E_x = -\frac{\partial U}{\partial x} = -\frac{\partial}{\partial x}\left[\frac{q}{4\pi\varepsilon_0 (R^2 + x^2)^{1/2}}\right]$$

$$= \frac{qx}{4\pi\varepsilon_0 (R^2 + x^2)^{3/2}}$$

这一结果与 6.2 节中例题 6-3 使用叠加原理得到的结果相同，但要简单得多。

6.6　静电场中的导体

导体有不同的种类，最常见的导体是金属。从微观角度来看，如图 6-28 所示，金属导体是由带正电的晶格点阵和自由电子构成，晶格不动，相当于骨架，而自由电子可自由运动，充满了整个导体。因此，金属导体在电结构方面的重要特征是具有大量的自由电子。在没有外电场时，这些自由电子像气体分子一样只在晶格之间做无规则的热运动，没有宏观的定向运动。当导体不带电、也不受外电场的作用时，金属导体中大量的自由电子和晶格点阵的正电荷相互中和，整个导体或其中任一部分都是呈电中性的。

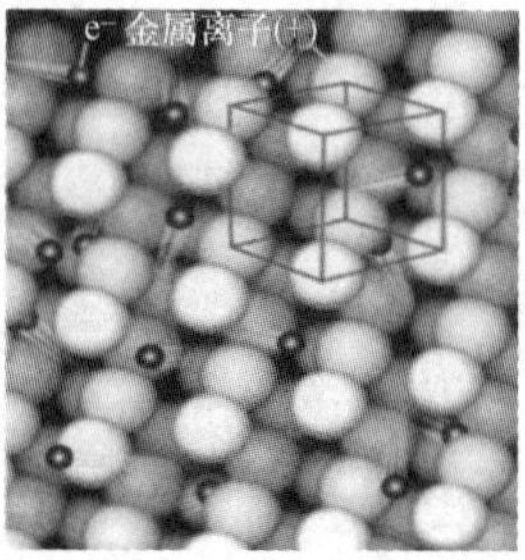

图 6-28　导体的内部结构

6.6.1　导体的静电平衡条件

当金属导体处于外电场中时，导体中的自由电子在做无规则热运动的同时，还将在电场力作用下做宏观运动，引起导体中电荷的重新分布。结果在导体一侧因电子的堆积而出现负电荷，在另一侧因相对缺少负电荷而出现正电荷。这就是**静电感应**现象，出现的电荷叫作**感应电荷**。

如图 6-29 所示，在匀强电场中放入一块金属导体板 G，

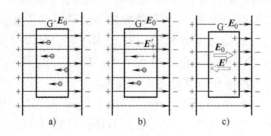

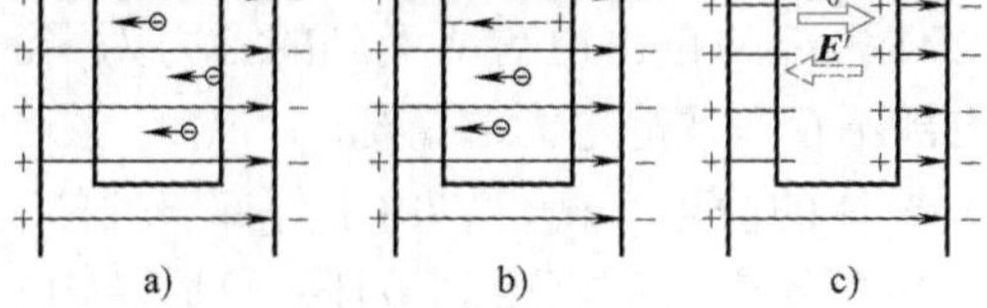

图 6-29　导体的静电感应过程

在电场力的作用下，金属板内部的自由电子将逆着电场的方向运动，使得金属板的两个侧面出现等量异号的电荷。这些电荷将在金属板的内部建立一个附加电场，其电场强度 $\boldsymbol{E}'$ 与原来的电场强度 $\boldsymbol{E}_0$ 的方向相反。这样金属板内部的电场强度 $\boldsymbol{E}$ 就是 $\boldsymbol{E}_0$ 和 $\boldsymbol{E}'$ 的叠加。

开始时，$E' < E_0$，金属板内部的电场强度不为零，自由电子继续运动，使得 E' 增大。这个过程一直延续到 $E'=E_0$，即导体内部的电场强度 $\boldsymbol{E}=0$ 时为止。此时导体内没有电荷做定向运动，导体处于静电平衡状态。

在静电平衡时，不仅导体内部没有电荷做定向运动，导体表面也没有电荷做定向运动，这就要求导体表面电场强度方向应与表面垂直。假若导体表面处电场强度的方向与导体表面不垂直，则电场强度沿表面将有切向分量，自由电子受到与该切向分量相应的电场力的作用，将沿表面运动，这样就不是静电平衡状态了。

因此，当导体处于静电平衡状态时，必须满足以下两个条件：

（1）导体内部任何一点处的电场强度为零。

（2）导体表面处电场强度的方向，都与导体表面垂直。

导体的静电平衡条件，也可以用电势来表述。由于在静电平衡时，导体内部的电场强度为零，因此，如在导体内取任意两点 P 和 Q，这两点间的电势差为 $U_{PQ}=\int_P^Q \boldsymbol{E}\cdot \mathrm{d}\boldsymbol{l}=0$。这就说明处于静电平衡状态的导体内各点电势相等，导体是个等势体，其表面是个等势面。

由于静电感应是非平衡态问题，在静电学中，我们只讨论静电场与导体之间通过相互作用影响达到静电平衡状态以后，电场与电荷的分布问题。

在静电平衡条件的理解上，需要注意以下几点：

> （1）所谓导体内部的电场强度，是指一切电荷（包括导体上的电荷和导体外的电荷）产生的合电场强度。
>
> （2）静电平衡条件仅在导体内部的电荷不受其他非静电力作用的情况下才成立。在有非静电力时，平衡条件应修改为导体内部的自由电荷所受到的合力为零。本章只讨论导体内部不存在非静电力的情况。
>
> （3）导体的静电平衡可以由于外部条件的变化（如场源电荷或距离的变化）而受到破坏。这时，由于电场和电荷的相互作用，感应电荷的分布能自动调整到使导体内部

各点的电场强度重新等于零，从而达到新的静电平衡，但这时导体上感应电荷的分布和导体周围电场的分布已与原平衡条件下的情况不同。

6.6.2　静电平衡时导体上的电荷分布

当带电导体处于静电平衡时，导体上电荷分布的规律可以运用高斯定理进行讨论。

1. 实心导体

如图 6-30 所示，有一带电实心导体处于静电平衡状态。在导体内部选取一个点，围绕这个点构造一个高斯面 S，由静电平衡条件，导体内部的电场强度为零，则通过高斯面 S 的电通量为零，由高斯定理 $\oint\!\!\oint_S \boldsymbol{E}\cdot\mathrm{d}\boldsymbol{S}=\frac{\sum q}{\varepsilon_0}=0$，得 $\sum q=0$，即高斯面 S 内所包围的电荷量的代数和为零。因为该高斯面是任意构造的，可以构造成无限小，因此可以得到如下结论：当带电导体处于静电平衡状态时，导体内部处处没有剩余净电荷存在，所带的电荷只能分布在导体的表面上。

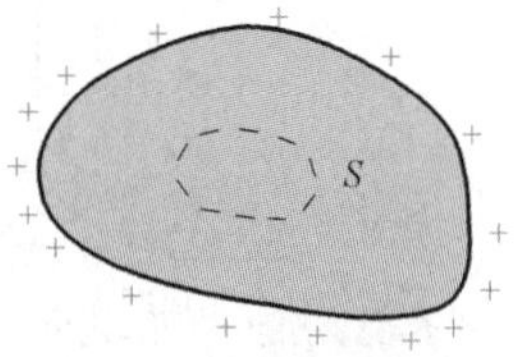

图 6-30　带电实心导体的电荷分布

2. 空腔导体

（1）空腔导体内部无带电体

如图 6-31 所示，取包围空腔的高斯面 S，由高斯定理，包围空腔的高斯面内电荷量的代数和 $\sum q=0$，这说明空腔导体的内表面分布等量异号电荷，或者内表面没有电荷分布。按静电平衡条件可知，空腔内表面不会出现任何形式的分布电荷。因为假设空腔导体的内表面分布有等量异号的电荷的话，将有电场线起源于正电荷而终止于负电荷，而电场线沿着电势降落的方向，这将导致处于静电平衡的导体中两点电势不等，这与导体是等势体相矛盾。因此可以得到如下结论：空腔导体内无电荷时，空腔内表面上处处无净电荷存在，电荷只分布在空腔导体的外表面上。

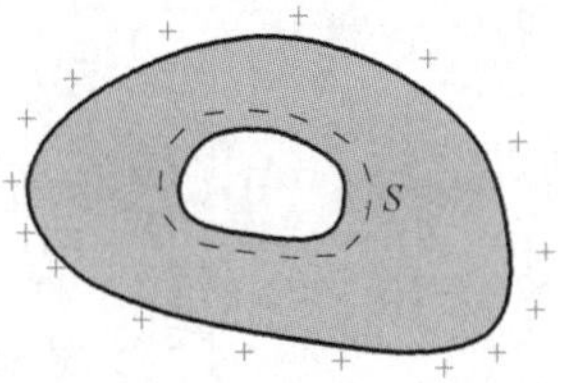

图 6-31　空腔导体内部无带电体的电荷分布

（2）空腔导体内有带电体

如果在空腔导体内有一个带电量为 q 的带电体，如图 6-32 所示，由于静电感应，在导体静电平衡时，在导体内部构造一个包围内表面的高斯面 S，由静电平衡条件，导体内部的电场强度为零，则通过高斯面 S 的电通量为零，由高斯定理 $\oint\!\!\oint_S \boldsymbol{E}\cdot\mathrm{d}\boldsymbol{S}=\frac{\sum q}{\varepsilon_0}=0$，得 $\sum q=0$,，即空腔导体的内表面

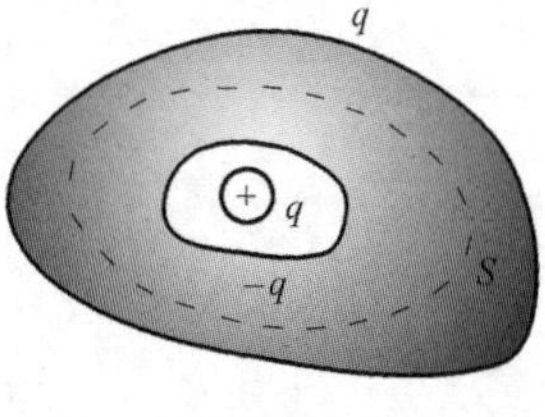

图 6-32　空腔导体内部有带电体的电荷分布

上出现和带电体所带电荷等量异号的感应电荷 $-q$。由电荷守恒定律可知，在空腔导体外表面上出现和带电体所带电荷等值同号的感应电荷 $+q$，此时空腔导体内其他地方处处无剩余净电荷存在。

3. 带电导体表面附近的电场强度

由高斯定理还可以求出导体表面附近的电场强度与该表面处电荷面密度的关系。如图 6-33 所示，在导体表面处无限靠近表面处任取一点 P，在点 P 附近的导体表面上取一圆形面元 ΔS，当 ΔS 足够小时，ΔS 上的电荷分布可当作是均匀的，假设其电荷面密度为 σ，于是 ΔS 上的电荷为 $\Delta S=\sigma\Delta S$。以面元 ΔS 为底面积作一个通过点 P 的、极薄的扁平圆柱形高斯面，圆柱的轴线垂直于导体表面，上、下两个底面与导体表面平行，下底面处于导体内部。由于导体内部电场强度为零，所以通过下底面的电通量为零；在侧面上，由于导体表面的电场强度与表面垂直，圆柱面的侧面与电场强度方向平行，所以通过侧面的电通量也为零。通过该闭合高斯面的总电通量就等于上底面的电通量。根据高斯定理，得

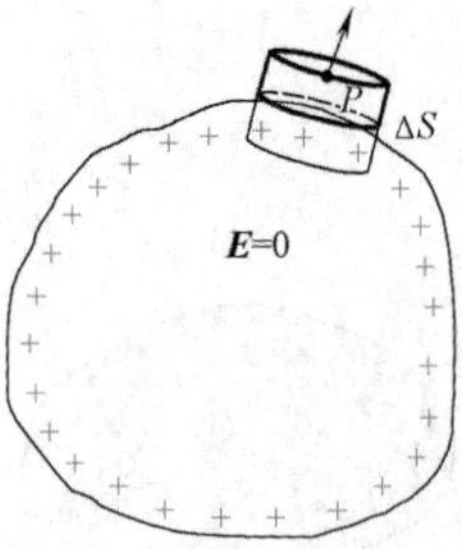

图 6-33　带电导体表面

$$\oiint_S \boldsymbol{E}\cdot \mathrm{d}\boldsymbol{S} = E\Delta S=\frac{\sigma\Delta S}{\varepsilon_0}$$

则
$$E=\frac{\sigma}{\varepsilon_0} \tag{6-33}$$

将式（6-33）写成矢量形式为

$$\boldsymbol{E}=\frac{\sigma}{\varepsilon_0}\boldsymbol{e}_{\mathrm{n}}$$

式中，σ 是导体表面的电荷面密度；$\boldsymbol{e}_{\mathrm{n}}$ 是导体表面法线方向的单位矢量。上式表明，带电导体处于静电平衡时，导体表面附近的电场强度与该表面的电荷面密度 σ 成正比，电场强度的方向与导体表面垂直。这一结论对于孤立导体或处在外电场中的任意导体都普遍适用。孤立导体是指与其他物体距离足够远的导体，这里的“足够远”是指其他物体的电荷在我们所关心的场点上所激发的电场强度小到可以忽略不计。因此，物理上就可以说除孤立导体之外没有其他物体。

在理解式（6-33）时必须注意，导体表面附近一点 P 的电场强度 $\boldsymbol{E}$ 虽然只和该点邻近的导体表面 ΔS 的电荷面密度 σ 有关，由 σ 唯一决定。但点 P 的电场强度 $\boldsymbol{E}$ 应该是导体上及导体外全部电荷所产生的合电场强度，而非仅由导体表面该点处的电荷面密度所产生。

例题 6-14　如图 6-34a 所示，一孤立的半径为 R 的均匀带电导体球，其电荷面密度为 σ，导体外表面附近任意点 P 电场强度为 $E_P=\dfrac{\sigma}{\varepsilon_0}$。现将一正点电荷 q_1 移近导体球，如图 6-34b 所示，点 P 处的电场强度是否变化？此时电场强度与电荷面密度之间是否还满足 $E_P'=\dfrac{\sigma'}{\varepsilon_0}$？

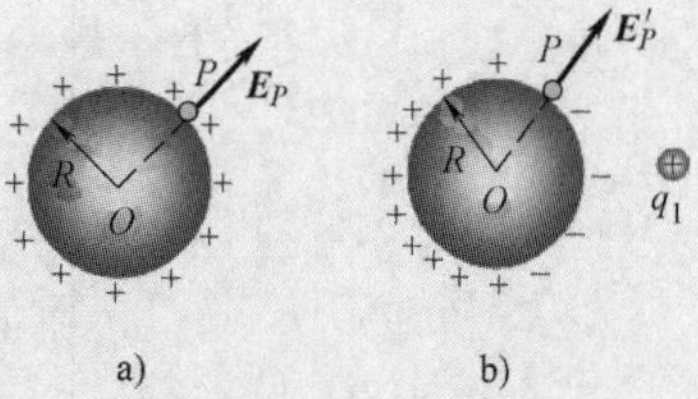

图 6-34　例题 6-14 图

解　点 P 处的电场强度大小为 $E_P=\dfrac{q}{4\pi\varepsilon_0 R^2}=\dfrac{\sigma}{\varepsilon_0}$，由整个球面上的电荷共同产生。

当带电球附近有一点电荷 q_1 时，同一点 P 处的电场强度由球面上原有电荷 q 和点电荷 q_1，以及其在球面上的感应电荷所共同产生，即 $\boldsymbol{E}_P'=\boldsymbol{E}_q+\boldsymbol{E}_{q1}+\boldsymbol{E}_{感}$，仍然满足 $E_P'=\dfrac{\sigma'}{\varepsilon_0}$。

4. 孤立带电导体表面电荷分布的规律

式（6-33）只给出导体表面的电荷面密度与表面附近的电场强度之间的关系。而带电导体处于静电平衡时，电荷在导体表面是怎样分布的呢？这不仅和导体本身的形状有关，还和导体周围是否存在带电体（包括带电和不带电导体）有关，定量研究是一个很复杂的问题。但对于孤立的带电导体而言，电荷在导体上的分布与导体表面的曲率有关，表面曲率大的地方（如凸出、尖锐部分），电荷面密度大；曲率小的地方（平坦部分），电荷面密度小；曲率为负的地方（凹进部分），电荷面密度更小。只有孤立球形导体，因各部分的曲率相同，球面上的电荷分布才是均匀的。

孤立导体表面上电荷分布和表面曲率的关系，还可以通过一个特例从理论上加以说明。两个相距很远，由一根细导线相连，半径分别为 R 和 r 的球形导体（$R>r$），使两球分别带上 Q 和 q 的电荷量。这样两个导体组成的整体可以看成是一个孤立导体系。由于两球相距很远，每个球面上的电荷在另一个球面上所激发的电场可以忽略不计，又由于导线很细，导线上的电荷分布可以忽略，因此每个球又可以看成是孤立导体。根据对称性，电荷在两球表面上均匀分布，用导线连接两球的作用是使两球保持等电势，两球的电势分别为

$$U_R=\frac{Q}{4\pi\varepsilon_0 R},\ U_r=\frac{q}{4\pi\varepsilon_0 r}$$

由两球电势相等，可得

$$\frac{q}{Q}=\frac{r}{R},\ Q>q\ (R>r)$$

可见大球所带电量 Q 比小球所带电量 q 多。但两球的电荷面密度分别为

$$\sigma_R=\frac{Q}{4\pi R^2},\ \sigma_r=\frac{q}{4\pi r^2}$$

所以

$$\frac{\sigma_R}{\sigma_r}=\frac{Qr^2}{qR^2}=\frac{r}{R}$$

可见，电荷面密度与曲率半径成反比，即曲率半径越小，电荷面密度越大，小球上的电荷面密度反而比大球要大。

应该指出，当两球相距不远时，两球所带的电荷的影响不能忽略不计，这时每个球都不能看成孤立导体，两球表面上的电荷分布也不可再看成是均匀的。同一球面上各处曲率半径虽然相等，但电荷面密度却不再相同，因此电荷面密度与曲率半径成反比并不是一个普遍的结论。

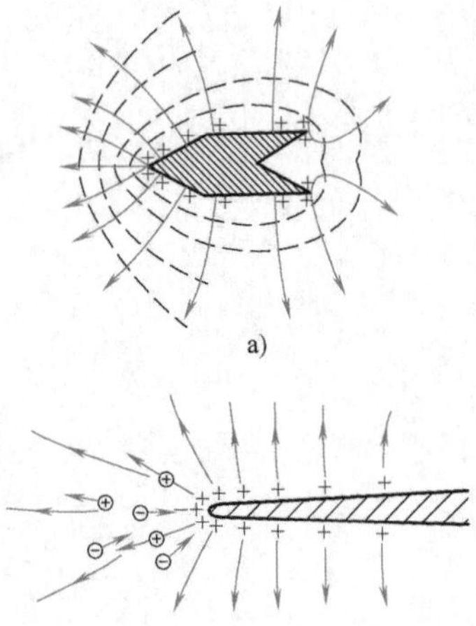

a)

b)

图 6-35　尖端放电

对于具有尖端的带电导体（见图 6-35a），由于尖端处电荷面密度极高，其周围的电场强度特别强，空气中的残留带电粒子（如电子或离子）在这个强电场的作用下做加速运动时就可能获得足够大的能量，以至于与其他空气分子剧烈碰撞而产生大量的电子和离子。这些新的电子和离子与其他空气分子碰撞，又能产生新的带电粒子。这样，就会产生大量的带电粒子。与尖端上电荷异号的带电粒子受尖端电荷的吸引，飞向尖端，使尖端上的电荷被中和掉；而与尖端上电荷同号的带电粒子受到排斥而从尖端附近飞开（见图 6-35b）。从表面上看，就好像尖端上的电荷被“喷射”出去一样，所以这种现象称为尖端放电。

图 6-36　辉光球放电

当离子撞击空气分子时，有时由于能量较小而不足以使分子电离，但会使分子获得一部分能量而处于高能状态。处于高能状态的分子是不稳定的，总要返回到低能量的基态。在返回到基态的过程中要以发射光子的形式将多余的能量释放出去。强烈的尖端放电，发出耀眼的火花，并伴有“啪、啪”的声响。在辉光球中可以看到由高电压发生器产生的鲜艳夺目的亮光，如图 6-36 所示。微弱的尖端放电，在尖端周围出现淡蓝色电晕。

尖端放电会使电能损耗，特别是远距离输电电能损耗将会非常大，还会干扰精密测量和通信。因此在许多高压设备中，所有金属元件都应避免带有尖棱，最好做成球形，并尽量使导体表面光滑而平坦，这都是为了避免尖端放电的产生。

然而尖端放电也有很广泛的用途，避雷针就是尖端放电的一种应用。当带电云层接近地面时，地上的物体因静电感应而带异号电荷，这些电荷比较集中地分布在突出的物体上，如高大建筑物、烟囱、铁塔等。电荷积累到一定程度，在带电云层和这些物体之间会发生强烈的放电，这就是雷击。安装避雷针可以避免雷击。避雷针是一个用金属制成的尖形导体，置于建筑物的顶端并用粗导线与埋在地下的金属板连接，以保证与大地接触良好。当带电云层接近时，通过避雷针和接地导线这条通路不断地进行放电，避免因电荷大量累积而发生雷击。避雷针的作用实际上是把可能发生的突然大规模的放电变成缓慢的、小规模的放电。

6.6.3　静电屏蔽

1. 空腔导体内的物体不受外界电场的影响

如图6-37所示，在外电场中放置一个空腔导体（腔内无电荷）。根据前面的讨论可知，在静电平衡状态下，如果导体空腔内没有电荷，导体空腔内各点的电场强度为零，空腔的内表面上处处没有电荷分布。因此，当导体空腔处在外电场中并达到静电平衡时，空腔导体外的带电体只会影响空腔导体外表面上的电荷分布，并改变空腔导体外的电场，而且这些电荷重新分布的结果，最终还会使导体内部及空腔内部的总电场为零。因此，空腔金属导体内不受任何外电场的影响。如果使电子仪器不受外界干扰，可将仪器装在金属壳中。

应该指出，这里不要误认为由于空腔导体的存在，空腔导体外的带电体就不在空腔内产生电场了。实际上，空腔导体外的电荷在空腔内同样产生电场。空腔导体内的电场强度之所以为零，是因为空腔导体外表面上的电荷分布发生了变化（或者说产生了感应电荷）的缘故。这些重新分布的外表面电荷在空腔内也产生电场，该电场正好抵消了空腔导体外带电体在空腔内产生的电场。如果空腔导体外带电体的位置改变了，那么空腔导体外表面上的电荷分布也会跟着改变，其结果将是始终保持空腔导体内的总电场强度为零。

2. 接地的空腔导体内的带电体不会影响腔外的物体

如图6-38a所示，把带电体放入空腔导体的空腔内，由于静电感应，这时在空腔导体内、外表面会分别感应出等量的异号电荷。空腔导体外表面的电荷所产生的电场对外界产生影响。如图6-38b所示，为了消除这种影响，可将空腔导体接地，大地中的自由电子在电场力的作用下向空腔导体外表面运

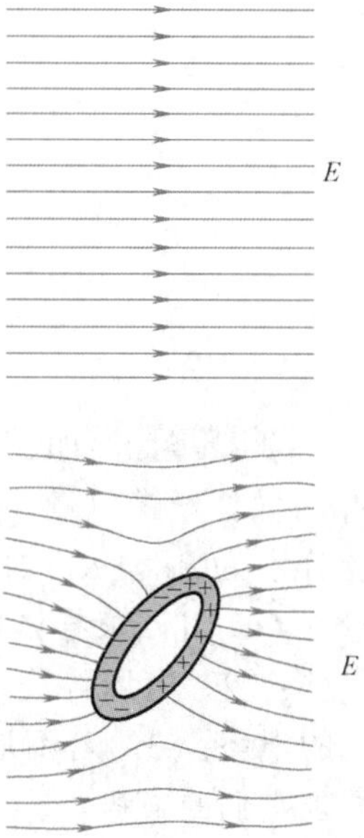

图6-37　空腔导体屏蔽外电场

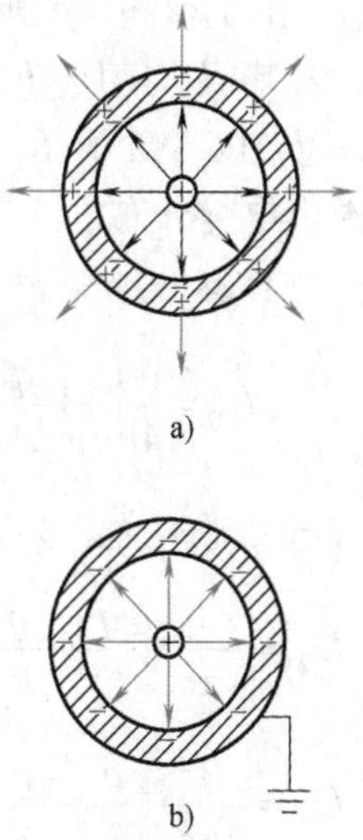

图6-38　接地空腔导体屏蔽内电场

动，并与外表面的感应电荷中和，相应的空腔导体外的电场也会随之消失。

因此，在静电平衡状态下，任何空腔导体将使腔内空间不受外电场的影响；一个接地的空腔导体，腔内带电体的电场也不会影响腔外的物体，这就是**静电屏蔽**的原理。

静电屏蔽的原理在生产技术上有许多应用。例如，在电子仪器中，为了使电路不受外界带电体的干扰，就把电路封闭在金属壳内。在实际工作中，常常用金属网罩代替全封闭的金属壳。传送微弱电信号的导线，其外表就是用金属丝编成的网包起来的。这样的导线叫作屏蔽线。

例题 6-15　如图 6-39 所示，一半径为 R_1 的导体球带电量为 q，球外有一内、外半径分别为 R_2 和 R_3 的同心导体球壳，其带电量为 Q。(1) 求导体球和球壳内、外表面的电势；(2) 若用导线连接球和球壳，再求它们的电势；(3) 若不是连接而是使外球接地，再求它们的电势。

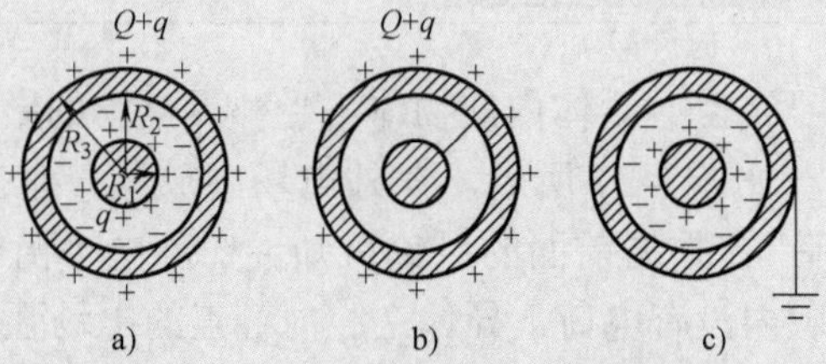

图 6-39　例题 6-15 图

解　(1) 由静电平衡条件可知，小球上的电荷 q 将在球壳的内、外表面上分别感应出 $-q$ 和 $+q$ 的电荷，而 Q 只能分布在球壳的外表面上，故球壳外表面电量应为 $q+Q$。由于球和球壳同心放置，满足球对称性，故电荷均匀分布形成三个均匀带电球面，如图 6-39a 所示，由电势叠加原理可直接求出电势分布。

导体球的电势为

$$U_1=\frac{1}{4\pi\varepsilon_0}\left(\frac{q}{R_1}-\frac{q}{R_2}+\frac{q+Q}{R_3}\right)$$

导体球壳内、外表面的电势分别为

$$U_2=\frac{1}{4\pi\varepsilon_0}\left(\frac{q}{R_2}-\frac{q}{R_2}+\frac{q+Q}{R_3}\right)=\frac{q+Q}{4\pi\varepsilon_0 R_3}$$

$$U_3=\frac{1}{4\pi\varepsilon_0}\left(\frac{q}{R_3}-\frac{q}{R_3}+\frac{q+Q}{R_3}\right)=\frac{q+Q}{4\pi\varepsilon_0 R_3}$$

(2) 若用导线连接球和球壳，球上电荷 q 将和球壳内表面电荷 $-q$ 中和，电荷只分布于球壳外表面，如图 6-39b 所示。此时导体球和球壳的电势相等，为

$$U_1=U_2=U_3=\frac{1}{4\pi\varepsilon_0}\frac{q+Q}{R_3}$$

(3) 若使球壳接地，球壳外表面正电荷将和来自地上的负电荷中和，这时只有球和球壳的内表面带电，如图 6-39c 所示，此时球壳的电势为零，即

$$U_2=U_3=0$$

导体球的电势为

$$U_1=\frac{1}{4\pi\varepsilon_0}\left(\frac{q}{R_1}-\frac{q}{R_2}\right)$$

6.7　静电场中的电介质

电介质（dielectric）是电阻率很大、导电能力很差的物质。玻璃、陶瓷、云母、油和空气等都是电介质。与导体不同，电介质分子中电子和原子核结合得十分紧密，电子被束缚在原子核周围不能自由运动，即使在外电场作用下，电子等带电粒子一般也只能做微观的相对移动。所以电介质不导电，在外电场中也不会像导体那样由于大量自由电子的定向移动而产生感应电荷，但外电场对电介质分子的作用也会在电介质中出现宏观电荷分布，从而显示出电效应，并产生附加电场，这就是电介质的**极化**。

6.7.1　电介质的极化

我们用电偶极子模型来描述电介质分子，这个电偶极子由分子内原子核和核外电子各自形成的正、负电荷中心构成。由此可把电介质分为两类。一类电介质分子，如 H_2、N_2、He、CH_4 等，其正、负电荷呈对称分布，正电荷中心与负电荷中心重合，分子的电偶极矩为零，这类分子称为**无极分子**。以甲烷（CH_4）分子为例，如图 6-40 所示，无外电场时，由于分子电偶极矩为零，宏观上电介质不显示电性；但当外电场存在时，无极分子中的正、负电荷中心在电场作用下发生微小的相对位移，每个分子的电偶极矩因正、负电荷中心分离不再为零，并沿外电场方向排列，这种现象称为**位移极化**，如图 6-41 所示。这样，在电介质内部，相邻电偶极子正负电荷相互靠近，因而对于均匀电介质来说，任一小体积内所含有的异号电荷数量相等，即电荷体密度仍然保持为零。但在电介质与外电场垂直的两个表面上却分别出现正电荷和负电荷。必须注意，这种正电荷或负电荷是不能用诸如接地之类的导电方法使它们脱离电介质中原子核的束缚而单独存在的，所以把它们叫作**极化电荷**或**束缚电荷**，以与自由电荷相区别。

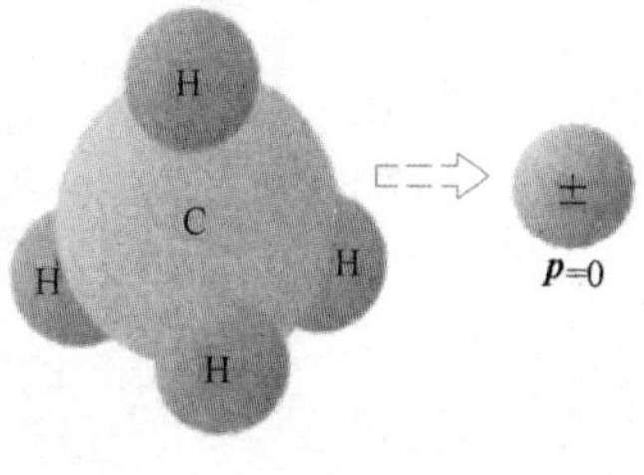

图 6-40　甲烷分子 CH_4 正、负电荷中心重合，为无极分子

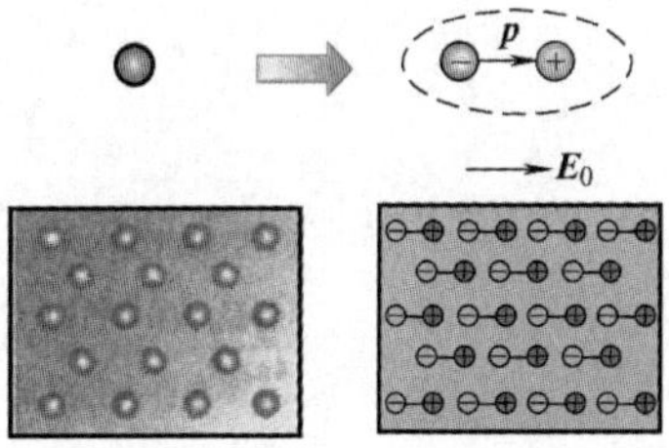

图 6-41　无极分子的位移极化

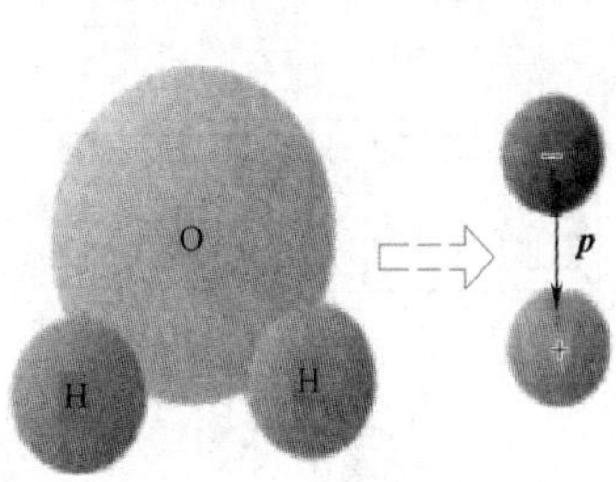

图 6-42　水分子 H_2O 正、负电荷中心不重合，为有极分子

另一类电介质分子，如 H_2O、HCl、CO 等，分子的正、负电荷分布不对称，正电荷中心与负电荷中心不重合，每一个分子相当于一个有着固有电偶极矩 $\boldsymbol{p}$ 的电偶极子，这类分子称为**有极分子**。以水（H_2O）分子为例，如图 6-42 所示。无外

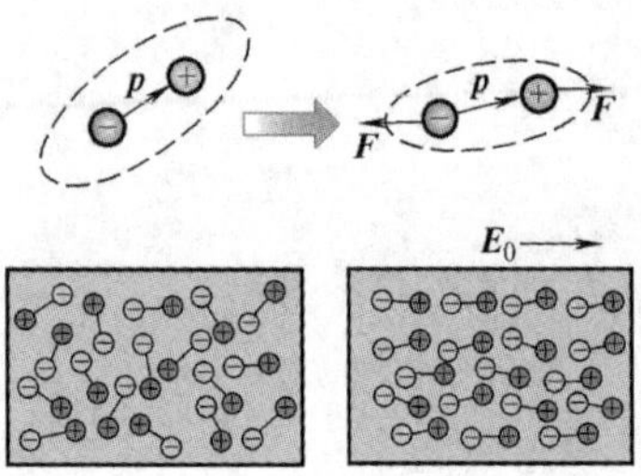

图 6-43　有极分子的取向极化

场时，由于分子热运动，各电偶极子的固有电偶极矩呈无规则取向分布，介质在宏观上并不显示电性；在有外电场作用的情况下，电偶极子都要受到力矩（$\boldsymbol{M}=\boldsymbol{p}\times\boldsymbol{E}$）的作用。在此力矩的作用下，电介质中各电偶极子的电偶极矩将转向外电场的方向。我们在第 6.2.4 中已讨论过只有当电偶极矩 $\boldsymbol{p}$ 的方向与外电场的电场强度 $\boldsymbol{E}$ 的方向相同时，作用于电偶极子的力矩才为零，电偶极子才处在稳定平衡状态。虽然总存在分子的无规则热运动，但各个电偶极子的电偶极矩都不同程度地偏向外电场方向，从而使电介质在宏观上显示出电性，这种现象称为**取向极化**，如图 6-43 所示。显然，外电场还会同时改变有极分子正、负电荷中心的距离，即取向极化的同时还伴随位移极化，但通常情况下位移极化比取向极化弱得多。然而，在高频电场中，分子的反转难以跟上电场变化，这时位移极化就超过取向极化而起到主要作用了。

另外，如果外电场很强，则电介质分子中有些正、负电荷可能被拉离分子而变成自由电荷，这时电介质绝缘性能被破坏，变成了导体。这种现象称为**电介质的击穿**。在潮湿或阴雨天的日子里，高压输电线（如 220 kV，550 kV）附近，常可见到有淡蓝色辉光的放电现象，即电晕现象，关于电晕现象的产生可做如下定性解释。阴雨天气的大气中存在着较多的水分子，水分子是具有固有电偶极矩的有极分子，可知长直带电的输电线附近的电场是非均匀电场，水分子在此非均匀电场的作用下，一方面要使其固有电偶极矩转向外电场方向，同时还要向输电线移动，从而使水分子凝聚在输电线的表面上形成细小的水滴。由于重力和电场力的共同作用，水滴的形状因而变长并出现尖端。而带电水滴的尖端附近的电场强度特别大，从而使大气中的气体分子电离，以致形成放电现象，这就是在阴雨天常会看到高压输电线附近有淡蓝色辉光，即电晕现象的原因。

当前，广为应用的家用微波炉就是电介质分子（水分子）在高频电场（2 450 MHz）中反复极化的一个实际应用。水分子作为一个有极分子，其电偶极子在电场力矩的作用下，力图使电偶极矩 $\boldsymbol{p}$ 转向与外电场方向一致的排列。如果电场方向交替变化，水分子的电偶极矩 $\boldsymbol{p}$ 也力图跟随电场方向反复转动。在这个过程中水分子做高频振动，引起快速摩擦而产生热量。当微波频率达到 2 450 MHz 时，水分子能极大地吸收微波的电磁能量，达到加热、煮熟食物的目的。图 6-44 是微波炉的结构和水分子反复极化的示意图。微波在金属面上反射，却很容易穿透空气、玻璃、塑料等物质，且极大地被食物中的水、

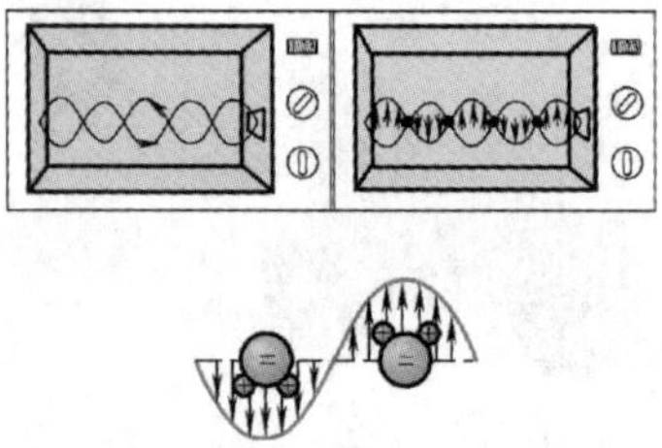
图 6-44　微波炉的工作原理图

油、糖所吸收。㊀

电介质极化的程度与外电场的强弱有关，下面讨论描述电介质极化程度的物理量——电极化强度矢量。

在电介质内任取一无限小体元 ΔV，当没有外电场时，体元中所有分子的电偶极矩的矢量和$\sum \boldsymbol{p}_i$为零。但是当外电场存在时，由于电介质的极化，$\sum \boldsymbol{p}_i$将不等于零。外电场越大，被极化的程度越大，$\sum \boldsymbol{p}_i$的值也就越大，因此，取单位体积内分子电偶极矩的矢量和作为量度电介质极化程度的基本物理量，称为该点的**电极化强度矢量**，即

$$\boldsymbol{P}=\frac{\sum \boldsymbol{p}_i}{\Delta V} \tag{6-34}$$

式中，$\boldsymbol{p}_i$ 是第 i 个分子的电偶极矩，单位为 C · m；ΔV 为包含有大量分子的物理小体积，单位为 m^3；$\boldsymbol{P}$ 为电极化强度矢量，单位为 $\mathrm{C\cdot m^{-2}}$。

当电介质处于稳定的极化状态时，电介质中每一点都有一定的电极化强度，不同点的电极化强度可以不同，这表示不同部分的极化程度和极化方向不一样。如果在电介质中各点的电极化强度的大小和方向都相同，则电介质的极化就是均匀的，否则极化是不均匀的。

对于电极化强度 $\boldsymbol{P}$，还可以用分子的平均电偶极矩来表示。设电介质单位体积内的分子数为 n，分子的平均电偶极矩为 $\overline{\boldsymbol{p}}=q\boldsymbol{l}$，这里，$q$ 为分子内的正电荷电量，$\boldsymbol{l}$ 为分子正、负电荷中心的平均距离矢量，则根据电极化强度矢量的定义，有 $\boldsymbol{P}=nq\boldsymbol{l}$。

电介质的极化状态由电极化强度 $\boldsymbol{P}$ 来描述，而一定极化状态的电介质具有一定的极化电荷分布，因此电极化强度与极化电荷之间会有一定关系。我们在极化后的电介质内取一个面元矢量 $\mathrm{d}\boldsymbol{S}=\mathrm{d}S\boldsymbol{e}_\mathrm{n}$（见图 6-45），$\boldsymbol{e}_\mathrm{n}$ 为面元法线方向的单位矢量。现考虑因极化而穿过此面元的极化电荷。穿过 $\mathrm{d}\boldsymbol{S}$ 的电荷所占据的体积是以 $\mathrm{d}S$ 为底、长度为 l 的一个斜柱体。设 $\boldsymbol{l}$ 与 $\boldsymbol{e}_\mathrm{n}$ 的夹角为 θ，则此柱体的高为 $l\cos\theta$，体积为 $l\mathrm{d}S\cos\theta$。因为单位体积内正极化电荷的数量为 nq，故在此柱体内极化电荷总量为 $nql\mathrm{d}S\cos\theta=nq\mathrm{d}S\boldsymbol{l}\cdot\boldsymbol{e}_\mathrm{n}=\boldsymbol{P}\cdot\mathrm{d}\boldsymbol{S}$，这也就是由于极化而穿过 $\mathrm{d}\boldsymbol{S}$ 的极化电荷。

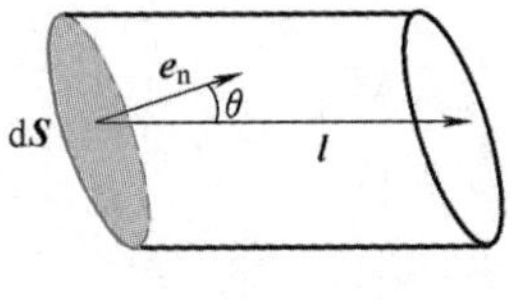

图 6-45　极化时穿过面积元 d$\boldsymbol{S}$ 的极化电荷

现在我们在极化后的电介质内取一个任意闭合面 S，如图 6-46 所示，令 $\boldsymbol{e}_\mathrm{n}$ 为它的外法线矢量，$\mathrm{d}\boldsymbol{S}=\mathrm{d}S\boldsymbol{e}_\mathrm{n}$，则电极化强度

㊀ http://www.hk-phy.org/energy/domestic/cook_phy04_e.html

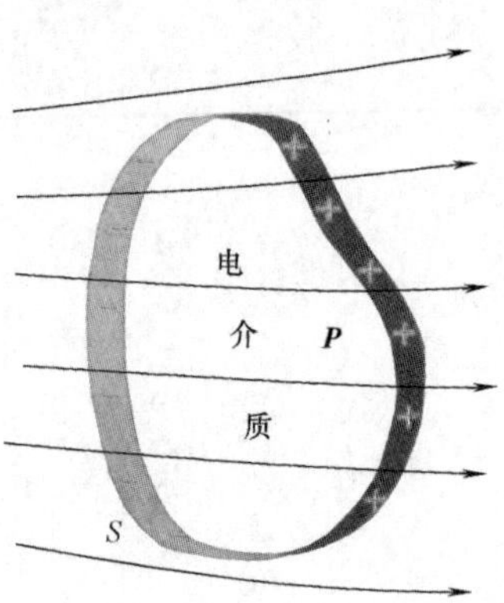

图 6-46　因极化而通过闭合面的极化电荷

矢量 $\boldsymbol{P}$ 通过整个闭合面 S 的通量 $-\oiint_S \boldsymbol{P}\cdot \mathrm{d}\boldsymbol{S}$ 应等于因极化而穿过此面的极化电荷总量。根据电荷守恒定律，因电介质极化而在闭合曲面 S 包围的电介质空间中净余的极化电荷 $\sum\limits_{(S内)} q_0$，应等于穿过此闭合曲面的通量 $\oiint_S \boldsymbol{P}\cdot \mathrm{d}\boldsymbol{S}$ 的负值，即

$$\sum_{(S内)} q_0 = -\oiint_S \boldsymbol{P}\cdot \mathrm{d}\boldsymbol{S} \tag{6-35}$$

这个公式表达了极化电介质内任意区域的极化电荷与其电极化强度矢量 $\boldsymbol{P}$ 之间的普遍关系。

电介质的极化是电场和电介质分子相互作用的过程，外电场引起电介质的极化，而电介质极化后出现的极化电荷也要激发电场并改变电场的分布，重新分布后的电场反过来再影响电介质的极化，直到达到平衡时，电介质处于一定的极化状态。所以，电介质中任一点的电极化强度与该点的合电场强度 $\boldsymbol{E}$ 有关。对于不同的电介质，$\boldsymbol{P}$ 和 $\boldsymbol{E}$ 的关系不同。实验证明，对于各向同性的电介质，$\boldsymbol{P}$ 和电介质内该点处的合电场强度 $\boldsymbol{E}$ 成正比，在国际单位制中，这个关系可以写成

$$\boldsymbol{P}=\chi_e \varepsilon_0 \boldsymbol{E} \tag{6-36}$$

式中，比例系数 χ_e 和电介质的性质有关，叫作电介质的极化率。如果是均匀介质，则介质中各点的 χ_e 值相同；如果是不均匀电介质，则 χ_e 是电介质各点位置的函数 $\chi_e(x, y, z)$，电介质不同点的 χ_e 值不同。

6.7.2　有介质时的高斯定理

在有电介质存在时，不但在电介质中存在自由电荷所激发的电场 $\boldsymbol{E}_0$，而且电介质中的极化电荷同样也要在它周围空间（无论电介质内部或外部）激发电场 $\boldsymbol{E}'$。那么，空间任一点最终的合电场强度应是上述两类电荷所激发电场强度的矢量和，即

$$\boldsymbol{E}=\boldsymbol{E}_0+\boldsymbol{E}' \tag{6-37}$$

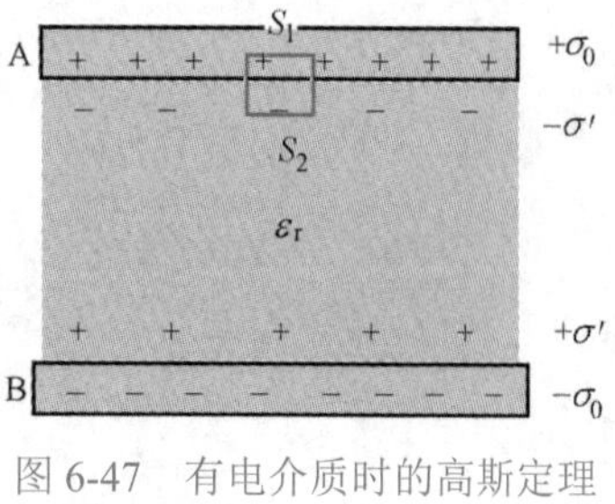

图 6-47　有电介质时的高斯定理

一般说来，要计算在外电场中电介质内部的电场强度是比较复杂的。为简单起见，以两块靠得很近的导体薄板间充满各向同性均匀电介质的电场为例来研究电介质内部的电场。如图 6-47 所示，两靠得很近的导体薄板 A、B 的自由电荷面密度分别为 $+\sigma_0$ 和 $-\sigma_0$。假设不计边缘效应，同时电介质是各向同性均匀的，则在插入电介质后，导体板上电荷分布不受影

响。这时由于电介质的极化，上、下表面出现的极化电荷面密度分别为 $-\sigma'$ 和 $+\sigma'$。根据式（6-37），由于 $\boldsymbol{E}_0$ 的方向与 $\boldsymbol{E}'$ 的方向相反，则可得电介质中的电场强度大小为

$$E = E_0 - E' = \frac{\sigma_0}{\varepsilon_0} - \frac{\sigma'}{\varepsilon_0} \qquad (6\text{-}38)$$

即 $E < E_0$。

设两导体板间的距离为 d，由电场强度积分法可求得充入电介质前两导体板间的电势差为

$$U_0 = U_A - U_B = \int_A^B \boldsymbol{E}_0 \cdot \mathrm{d}\boldsymbol{l} = E_0 d$$

充入电介质后两导体板间的电势差为

$$U = U_A - U_B = \int_A^B \boldsymbol{E} \cdot \mathrm{d}\boldsymbol{l} = Ed$$

实验表明

$$U = \frac{U_0}{\varepsilon_r}$$

则有

$$E = \frac{E_0}{\varepsilon_r} \qquad (6\text{-}39)$$

对一定的各向同性均匀电介质，ε_r 为一常数，称为该电介质的相对电容率（或称相对介电常数），它是无量纲的量。实验表明，除真空中 ε_r=1 外，所有电介质的 ε_r 均大于 1。

由式（6-38）可知，要求得电介质中的电场强度 E，就要知道 σ_0 和 σ'，而 σ' 通常不能预先知道。下面我们来讨论如何解决这个问题。如图 6-47 所示，在两导体薄板间作一封闭圆柱形高斯面，高斯面的上、下底面与极板平行，上底面在导体板内，下底面紧贴着电介质的上表面。由高斯定理有

$$\Phi_e = \oiint_S \boldsymbol{E} \cdot \mathrm{d}\boldsymbol{S} = \frac{1}{\varepsilon_0} \sum_{(S内)} (q_0 + q') \qquad (6\text{-}40)$$

式中，$\sum\limits_{(S内)} q_0$是高斯面内自由电荷电量的代数和；$\sum\limits_{(S内)} q'$是高斯面内极化电荷的代数和。根据极化电荷的普遍关系式（6-35），上式可写成

$$\oiint_S (\varepsilon_0 \boldsymbol{E} + \boldsymbol{P}) \cdot \mathrm{d}\boldsymbol{S} = \frac{1}{\varepsilon_0} \sum_{(S内)} q_0$$

如果我们定义一个新的物理量电位移矢量 $\boldsymbol{D}$，其定义为

$$\boldsymbol{D} = \varepsilon_0 \boldsymbol{E} + \boldsymbol{P} \qquad (6\text{-}41)$$

其单位为 $\mathrm{C \cdot m^{-2}}$，则有电介质存在时的静电场遵循如下规律

$$\oint\!\!\!\oint_S \boldsymbol{D}\cdot \mathrm{d}\boldsymbol{S}=q_0 \tag{6-42}$$

式中，$\oint\!\!\oint_S \boldsymbol{D}\cdot \mathrm{d}\boldsymbol{S}$ 为通过任意闭合曲面的电位移通量。式（6-42）虽是从两平行带电平板中充有均匀电介质这一情形得出的，但可以证明在一般情况下它也是正确的。所以，有电介质时的高斯定理可叙述为：在静电场中，通过任意封闭曲面的电位移通量等于该封闭面包围的自由电荷的代数和。式（6-42）比式（6-40）优越的地方在于其不包含极化电荷。

此外，对于各向同性电介质，由于 $\boldsymbol{P}=\chi_e \varepsilon_0 \boldsymbol{E}$，代入式（6-41），得

$$\boldsymbol{D}=(1+\chi_e)\,\varepsilon_0 \boldsymbol{E}=\varepsilon_r \varepsilon_0 \boldsymbol{E}=\varepsilon \boldsymbol{E} \tag{6-43}$$

上式表明，若 $\boldsymbol{P}$ 与 $\varepsilon_0 \boldsymbol{E}$ 成正比例，则 $\boldsymbol{D}$ 也与 $\varepsilon_0 \boldsymbol{E}$ 成比例，其中比例系数

$$\varepsilon_r=1+\chi_e \tag{6-44}$$

式中，$\varepsilon=\varepsilon_0 \varepsilon_r$ 称为电介质的电容率（或称介电常数）。

在电场中放入电介质以后，电介质中电场强度的分布既和自由电荷分布有关，又和极化电荷分布有关，而极化电荷分布常是很复杂的。现在引入电位移矢量这一物理量后，通过闭合曲面的电位移通量只与自由电荷有关了，所以用式（6-42）来处理电介质中电场的问题就比较简单。一般的步骤是，首先由高斯定理求出电位移矢量的分布，再由电位移矢量的分布求出电场强度的分布，这样可以避免求极化电荷引起的麻烦。但要注意，从表述有电介质时的电场规律来说，$\boldsymbol{D}$ 只是一个辅助矢量，在我们教学范围内，描写电场性质的物理量仍是电场强度 $\boldsymbol{E}$ 和电势 U。若把一试探电荷放到电场中去，决定它受力的是电场强度 $\boldsymbol{E}$，而不是电位移矢量 $\boldsymbol{D}$。

例题 6-16 如图 6-48 所示的平行板电容器，极板间有两种各向同性的均匀电介质，电容率分别为 ε_1、ε_2，厚度为 d_1、d_2，自由电荷面密度为 $\pm\sigma$。求电位移矢量 $\boldsymbol{D}$ 和电场强度 $\boldsymbol{E}$。

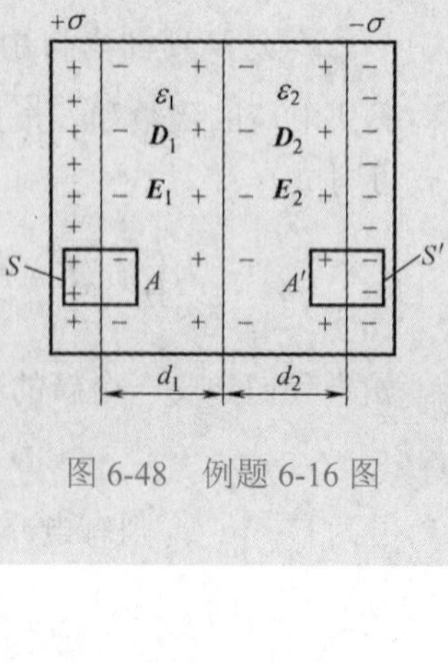

图 6-48 例题 6-16 图

解 （1）设两种电介质中的电位移矢量分别为 $\boldsymbol{D}_1$、$\boldsymbol{D}_2$，在左极板处作一柱形高斯面 S，高斯面的两底面与极板平行，面积均为 A，侧面垂直于板面，由有电介质时的高斯定理 $\oint\!\!\oint_S \boldsymbol{D}\cdot \mathrm{d}\boldsymbol{S}=q_0$ 有

$$\oint\!\!\!\oint_S \boldsymbol{D}\cdot\mathrm{d}\boldsymbol{S}=\iint_{左}\boldsymbol{D}\cdot\mathrm{d}\boldsymbol{S}+\iint_{右}\boldsymbol{D}\cdot\mathrm{d}\boldsymbol{S}+\iint_{侧}\boldsymbol{D}\cdot\mathrm{d}\boldsymbol{S}$$
$$=\iint_{右}\boldsymbol{D}\cdot\mathrm{d}\boldsymbol{S}=\iint_{右}D\mathrm{d}S=D_1\iint_{右}\mathrm{d}S$$
$$=D_1A$$

其中，左底面在导体板极板内，所以$\boldsymbol{D}$=0，侧面上$\boldsymbol{D}\perp\mathrm{d}\boldsymbol{S}$。又$q_0=\sigma A$，可得

$$D_1A=\sigma A$$

即

$$D_1=\sigma$$

方向垂直板面向右。

同样在右极板处作一柱形高斯面S'，高斯面的两底面与极板平行，面积均为A'，侧面与板面垂直，由有介质时的高斯定理

$$\oint\!\!\!\oint_S \boldsymbol{D}\cdot\mathrm{d}\boldsymbol{S}=q_0$$

有

$$\oint\!\!\!\oint_S \boldsymbol{D}\cdot\mathrm{d}\boldsymbol{S}=\iint_{左}\boldsymbol{D}\cdot\mathrm{d}\boldsymbol{S}+\iint_{右}\boldsymbol{D}\cdot\mathrm{d}\boldsymbol{S}+\iint_{侧}\boldsymbol{D}\cdot\mathrm{d}\boldsymbol{S}$$
$$=\iint_{左}\boldsymbol{D}\cdot\mathrm{d}\boldsymbol{S}=\iint_{左}D\mathrm{d}S=-D_2\iint_{左}\mathrm{d}S=-D_2A'$$
$$q_0=-\sigma A'$$

因此可得

$$-D_2A'=-\sigma A'$$

即

$$D_2=\sigma$$

方向垂直板面向右。

由此可见，$\boldsymbol{D}_1=\boldsymbol{D}_2$，即两种电介质中的$\boldsymbol{D}$相同（法向不变）。

（2）因为$\boldsymbol{E}=\dfrac{\boldsymbol{D}}{\varepsilon}$，所以两种电介质中的电场强度分别为

$$\begin{cases}E_1=\dfrac{D_1}{\varepsilon_1}=\dfrac{\sigma}{\varepsilon_1}\\[2ex]E_2=\dfrac{D_2}{\varepsilon_2}=\dfrac{\sigma}{\varepsilon_2}\end{cases}$$

方向垂直板面向右。

例题 6-17 在半径为R的金属球外，有一外半径为R'的同心均匀电介质层，其相对电容率为ε_r，金属球带电量为Q，如图6-49所示。试求：

（1）电场强度的空间分布；

（2）电势的空间分布。

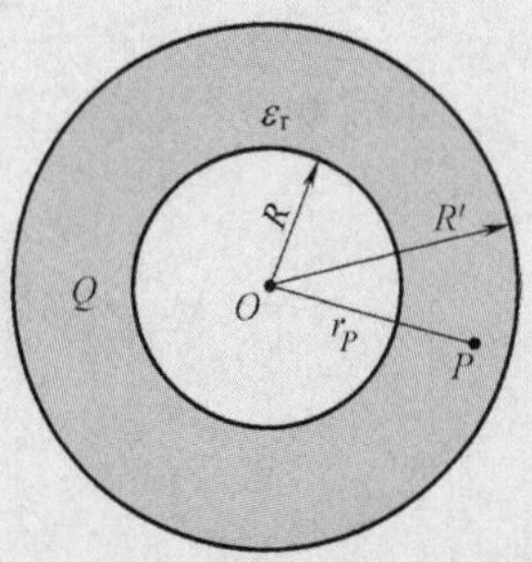

图6-49 例题6-17图

解 （1）由题意知，电荷和电场的分布均是球对称的，因而取球形高斯面S，由

$$\oint\!\!\!\oint_S \boldsymbol{D}\cdot\mathrm{d}\boldsymbol{S}=q_0$$

有

$$D\cdot 4\pi r^2=\begin{cases}0, & r<R\\ Q, & r>R\end{cases}$$

因为$E=\dfrac{D}{\varepsilon}$，所以

$$E=\begin{cases}0, & r<R\\[1ex] \dfrac{Q}{4\pi\varepsilon_0\varepsilon_r r^2}, & R<r<R'\\[2ex] \dfrac{Q}{4\pi\varepsilon_0 r^2}, & r>R'\end{cases}$$

$Q>0$ 时，$\boldsymbol{E}$ 沿半径向外；$Q<0$ 时，$\boldsymbol{E}$ 沿半径向内。

（2）电介质外任一点 P 的电势

$$U_P=\int_{r_P}^{+\infty}\boldsymbol{E}\cdot\mathrm{d}\boldsymbol{r}=\int_{r_P}^{+\infty}E\mathrm{d}r=\int_{r_P}^{+\infty}\frac{Q}{4\pi\varepsilon_0 r^2}\mathrm{d}r=\frac{Q}{4\pi\varepsilon_0 r_P}$$

电介质内任一点 P 的电势

$$\begin{aligned}U_P&=\int_{r_P}^{+\infty}\boldsymbol{E}\cdot\mathrm{d}\boldsymbol{r}=\int_{r_P}^{R'}\boldsymbol{E}\cdot\mathrm{d}\boldsymbol{r}+\int_{R'}^{+\infty}\boldsymbol{E}\cdot\mathrm{d}\boldsymbol{r}\\&=\int_{r_P}^{R'}E\mathrm{d}r+\int_{R'}^{+\infty}E\mathrm{d}r\\&=\int_{r_P}^{R'}\frac{Q}{4\pi\varepsilon_0\varepsilon_r r^2}\mathrm{d}r+\int_{R'}^{+\infty}\frac{Q}{4\pi\varepsilon_0 r^2}\mathrm{d}r\\&=\frac{Q}{4\pi\varepsilon_0\varepsilon_r}\left(\frac{1}{r_P}-\frac{1}{R'}\right)+\frac{Q}{4\pi\varepsilon_0 R'}\\&=\frac{Q}{4\pi\varepsilon_0}\left[\frac{1}{\varepsilon_r}\left(\frac{1}{r_P}-\frac{1}{R'}\right)+\frac{1}{R'}\right]\end{aligned}$$

球为等势体，球内任一点的电势为

$$\begin{aligned}U_P&=\int_{R}^{+\infty}\boldsymbol{E}\cdot\mathrm{d}\boldsymbol{r}=\int_{R}^{R'}\boldsymbol{E}\cdot\mathrm{d}\boldsymbol{r}+\int_{R'}^{+\infty}\boldsymbol{E}\cdot\mathrm{d}\boldsymbol{r}\\&=\int_{R}^{R'}E\mathrm{d}r+\int_{R'}^{+\infty}E\mathrm{d}r\\&=\int_{R}^{R'}\frac{Q}{4\pi\varepsilon_0\varepsilon_r r^2}\mathrm{d}r+\int_{R'}^{+\infty}\frac{Q}{4\pi\varepsilon_0 r^2}\mathrm{d}r\\&=\frac{Q}{4\pi\varepsilon_0}\left[\frac{1}{\varepsilon_r}\left(\frac{1}{R}-\frac{1}{R'}\right)+\frac{1}{R'}\right]\end{aligned}$$

6.8　电容和电容器

电容器是储存电荷和电能的元件，在电工和电气设备中得到广泛的应用；电容是电学中的一个重要物理量，它反映了导体储存电荷和电能的本领。

6.8.1　孤立导体的电容

在静电平衡时，带电量为 q 的孤立导体是一个等势体，具有确定的电势 U。如果导体所带电量从 q 增加到 nq 时，理论和实验都证明，导体的电势就从 U 增加到 nU。由此可知：如果导体带电，导体所带的电荷量 q 与相应的电势 U 之比值，是一个与导体所带的电荷量无关的恒量，称为孤立导体的电容，用符号 C 表示，即

$$C=\frac{q}{U}\tag{6-45}$$

孤立导体的电容仅与导体的尺寸和几何形状有关，而与 q、U 无关。例如，在真空中一个半径为 R 的孤立球形导体，当它带电量为 q 时，其电势为

$$U = \frac{q}{4\pi\varepsilon_0 R}$$

由式（6-45），其电容为

$$C = \frac{q}{U} = 4\pi\varepsilon_0 R$$

因此，导体球的电容仅由半径 R 决定。

电容是表征导体储存电荷能力的物理量，其物理意义是：使导体升高单位电势所需的电荷量。在国际单位制中，电容的单位为 F（法拉）。如果导体所带的电荷量为 1 C，相应的电势为 1 V 时，导体的电容即为 1 F。由于法拉这个单位太大，常用 μF（微法）或 pF（皮法）等较小的单位，其换算关系为

$$1\mu\text{F}=10^{-6}\ \text{F}，1\ \text{pF}=10^{-12}\ \text{F}$$

例如，地球的半径约 6.4×10^{6} m，将其代入上式，可求得地球的电容约为 7.1×10^{-4} F。

6.8.2　电容器的电容

实际中所使用的都不是孤立导体，因为通常很难保持“孤立”的要求。一般导体的电容，不仅与导体的尺寸和几何形状有关，而且还要受周围其他物质的影响。例如，一个中性导体 B 接近一个带电的导体 A 时，A 导体在带电量不变的情况下电势要改变，这时如果仍把带电量和电势的比值当作 A 导体的“电容”，这个“电容”就会发生变化，电容的概念也就失去意义。其次，孤立导体的电容很小，前面通过计算知道，偌大一个地球，它的电容也不过 710 μF，而目前某些电子线路中要用到几千微法的电容，如果把孤立导体作为电容器使用，那么它的半径应是地球的几倍，显然这是不可能做到的。因此，在实际应用中，需要设计这样一个导体组，一方面应使这个导体组的电容不受或基本不受周围导体的影响，另一方面它应有不大的体积而具有较大的电容。为了消除其他导体的影响，可采用静电屏蔽的原理，用一个封闭的导体壳 B 将导体 A 包围起来（见图 6-50），这样就可以使由导体 A 及导体 B 构成的一对导体系的电势差 U_A-U_B 不再受到壳外导体的影响而维持恒定。我们把由导体壳 B 和壳内导体 A 构成的一对导体系称为电容器。一般总使电容器中 A、B 两导体（称极板）的相对表面上带等量异号电荷 $\pm q$，在两导体的电势差 $U_{AB}=U_A-U_B$ 时，将比值

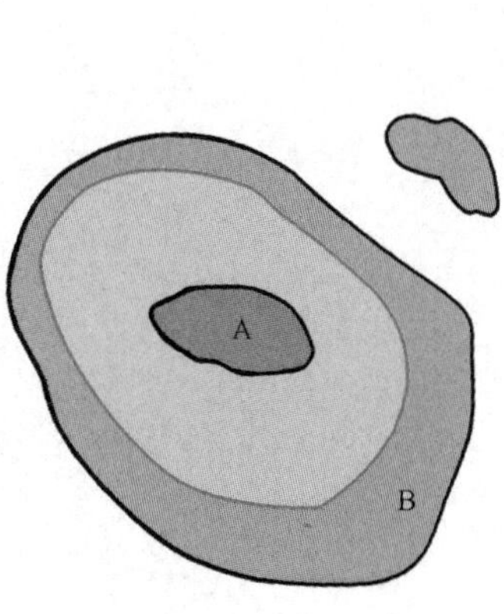

图 6-50　导体 A 与导体壳 B 组成一个电容器

$$C=\frac{q}{U_A-U_B} \tag{6-46}$$

定义为电容器的电容，在量值上它等于两导体间的电势差为单位值时导体上所容纳的电荷量。式（6-46）中 q 为任一导体上电荷量的绝对值。实际上，对其他导体的屏蔽并不要像图 6-50 那样严格，通常用两块非常靠近的、中间充满电介质（例如空气、蜡纸、云母片、涤纶薄膜、陶瓷等）的金属板构成。这样的装置使电场局限在两极板之间，不受外界的影响，从而使电容器具有固定的量值。而且实验证明，充有电介质的电容器的电容 C 为两极板间为真空时的电容 C_0 的 ε_r 倍，即

$$\varepsilon_r=\frac{C}{C_0} \tag{6-47}$$

电容器是现代电工技术和电子技术中的重要元件，其大小和形状不一，种类繁多（见图 6-51），有大到比人还高的巨型电容器，也有小到肉眼都无法看见的微型电容器。在超大规模集成电路中，1 cm^2 中可以容纳数以万计的电容器，而随着纳米材料的发展，更微小的电容器也将会出现，电子技术正日益向微型化发展。同时，电容器的大型化也日趋成熟，利用高功率电容器可以获得高强度的激光束，从而为实现人工控制热核聚变的良好前景提供了条件，超大电容更是实现了绿色环保电车。

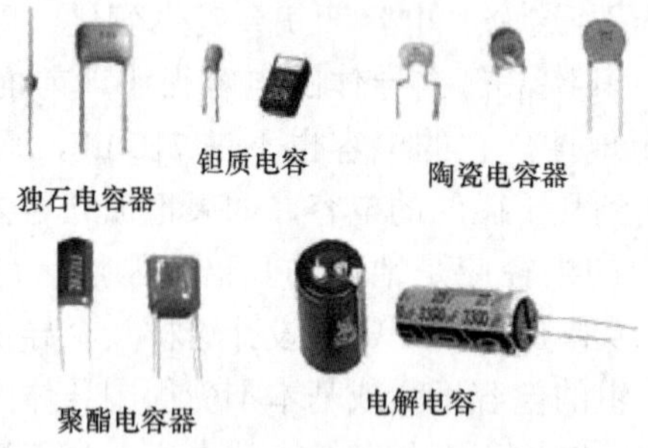

图 6-51　电容器

根据不同需要，电容器的形状以及电容器内所填充的电介质也不同㊀。表 6-2 给出了一些常见的电介质的相对电容率。像乙烯等材料，由于其柔软性好，可将它们卷成体积不大的圆柱形，因此是制造高电容值电容器的好材料。钛酸钡锶的相对

㊀ http://info.gongchang.com/c/zhuangbei-dianzishebei-2013-01-24-481120.html

电容率可达 10^4，可用之制造电容特大、体积特小的电容器，有助于实现电子设备的小型化。

表 6-2　常见的电介质的相对电容率和击穿电场强度

电介质	相对电容率 ε_r	击穿电场强度 /（V/m）
真空	1	∞
空气	1.000 59	3×10^6
纯水	80	
云母	3.7 ～ 7.5	（80 ～ 200）$\times10^6$
玻璃	5 ～ 10	（5 ～ 13）$\times10^6$
陶瓷	8.0 ～ 11.0	（4 ～ 25）$\times10^6$
二氧化钛	173	
钛酸锶	约 250	8×10^6
钛酸钡锶	约 10^4	

每个电容器的成品，除了标明型号外，还标有两个重要的性能指标，例如电容器上标有 100 μF/25 V、470 μF/60 V，等等，其中 100 μF、470 μF 表示电容器的电容，25 V、60 V 表示电容器的耐压。耐压是指电容器工作时两极板上所能承受的电压值。当极板上加上一定的电压时，极板间就有一定的电场强度，电压越大，电场强度也越大。当电场强度增大到某一最大值 E_b 时，电介质中的分子发生电离，从而使电介质失去绝缘性，这时我们就说电介质被击穿了。电介质能承受的最大电场强度 E_b 称为电介质的击穿场强（也称绝缘强度），此时两极板的电压称击穿电压 U_b。

对任何电容器，电容都只和它们的几何结构以及两板间的电介质有关，与它们是否带电无关。但计算任意形状电容器的电容时，总是要先假定极板带电，然后求出两带电极板间的电场强度，再由电场强度与电势差的关系求两极板间的电势差，最后由电容的定义式（6-46）就可求出电容。下面计算几种常见的电容器的电容。

6.8.3　电容器电容的计算

1. 平行板电容器

如图 6-52 所示，平板电容器由两个彼此靠得很近的平行极板导体 A、B 组成，两极板的面积均为 S，两极板内表面间的距离为 d。

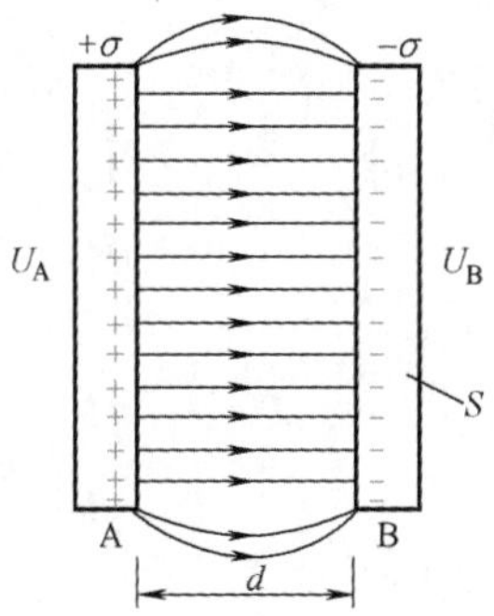

图 6-52　平行板电容器

若电容器充电后，A 板带正电，B 板带负电，电荷面密度

分别为 $+\sigma$ 和 $-\sigma$，则每块极板上的电荷量为 $q=\sigma S$，设板面的线度远大于两极板内表面间的距离，所以除了两板的边缘部分外，电荷均匀分布在两极板内的表面上，在两极板间形成匀强电场，由高斯定理可得其电场强度大小为

$$E=\frac{\sigma}{\varepsilon_0}$$

此时，两极板之间的电势差为

$$U_{AB}=U_A-U_B=\int_A^B \boldsymbol{E}\cdot d\boldsymbol{l}=Ed=\frac{\sigma}{\varepsilon_0}d=\frac{qd}{\varepsilon_0 S}$$

于是，根据电容的定义，可得平板电容器的电容为

$$C=\frac{q}{U_{AB}}=\frac{\varepsilon_0 S}{d} \tag{6-48}$$

由上式可知，平行板电容器的电容 C 和极板的面积 S 成正比，和两极板间的距离 d 成反比。实际上，可用改变极板相对面积的大小或改变极板间距离的方法来获得可变电容。图 6-53 为常见可变电容器，通过转动转柄，动片与定片之间的重叠面积改变，达到改变电容的目的，当动片全部旋进时电容最大，当动片全部旋出时，电容最小。可变电容器广泛地应用于电子设备（例如收音机的频率调谐电路）中。㊀

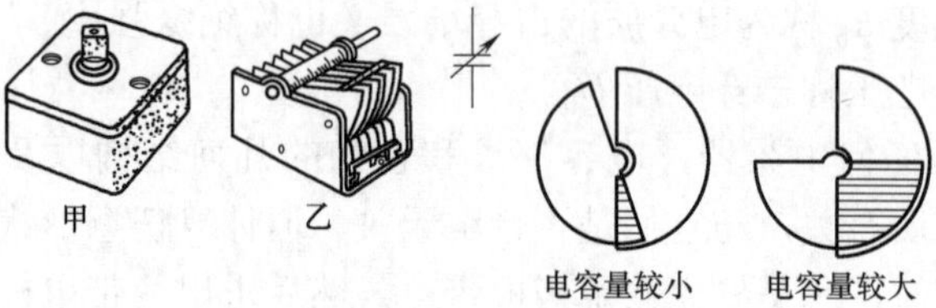

图 6-53　可变电容器及原理

但是缩小电容器两极板的间距，毕竟有一定限度；而加大两极板的相对面积，又势必要增加电容器的体积。因此，为了制成电容大、体积小的电容器，通常是在两极板间夹一层适当的电介质，它的电容就会增大。仿照式（6-48）的导出过程，可以求得平行板电容器在两极板间充满均匀电介质时的电容为

$$C=\frac{\varepsilon S}{d}=\frac{\varepsilon_0\varepsilon_r S}{d} \tag{6-49}$$

㊀ http://lj.eicbs.com/ZXLJ/030DZB/dz/DZ-31.htm

显然，在充入均匀电介质后，平行板电容器的电容 C 将增大为真空情况下的 ε_r 倍。并且对任何电容器来说，当其间充满相对电容率为 ε_r 的均匀电介质后，它的电容亦总是增至 ε_r 倍。有的材料（如钛酸钡），它的 ε_r 可达数千，用来作为电容器的电介质，就能制成电容大、体积小的电容器。由式（6-49）可知，当 S、d 和 ε 三者中任一个量发生变化时，都会引起电容 C 的变化，根据这一原理所制成的电容式传感器，可用来测量诸如位移、液面高度、压强和流量等非电学量。

事实上，电容器的用途已大大超出了存储电能的意义，在自动检测技术中，它们可以作为传感器测量距离的微小变化，或者介质的特征；在微电子时代，微型电容器还作为计算机的信息存储元件而获得了广泛的应用。

2. 圆柱形电容器

如图 6-54 所示，圆柱形电容器由半径分别为 R_A 和 R_B 的同轴圆柱导体面 A、B 组成，两圆柱面之间充以相对电容率为 ε_r 的电介质，且圆柱体的长度 l 比半径 R 大得多。

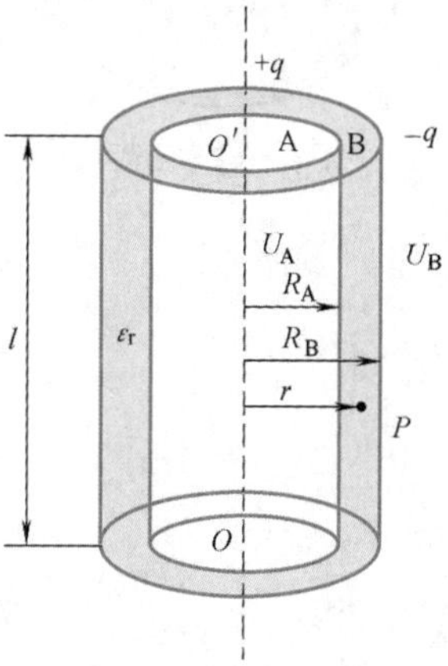

图 6-54　圆柱形电容器

因为 $l \gg R$，所以可将两圆柱面间的电场看成是无限长圆柱面的电场。设内、外圆柱面分别带有 $+q$、$-q$ 的电荷，则单位长度上的电荷量为 $\lambda=\dfrac{q}{l}$。两圆柱面之间距圆柱的轴线为 r（$R_A<r<R_B$）处的点 P 的电场强度具有轴对称性，应用高斯定理，可求出该点电场强度为

$$\boldsymbol{E}=\frac{\lambda}{2\pi\varepsilon_0\varepsilon_r r}\boldsymbol{e}_r$$

A、B 间的电势差为

$$U_A-U_B=\int_{R_A}^{R_B}\boldsymbol{E}\cdot d\boldsymbol{r}=\int_{R_A}^{R_B}E dr=\int_{R_A}^{R_B}\frac{\lambda}{2\pi\varepsilon_0\varepsilon_r r}dr=\frac{\lambda}{2\pi\varepsilon_0\varepsilon_r}\ln\frac{R_B}{R_A}$$

根据电容的定义，求得圆柱形电容器的电容为

$$C=\frac{q}{U_A-U_B}=\frac{q}{\dfrac{\lambda}{2\pi\varepsilon_0\varepsilon_r}\ln\dfrac{R_B}{R_A}}=\frac{2\pi\varepsilon_0\varepsilon_r l}{\ln\dfrac{R_B}{R_A}} \tag{6-50}$$

可见，圆柱越长，电容越大；两圆柱之间的间隙越小，电容越大。对于式（6-50）进行讨论如下。

当 $R_B-R_A \ll R_A$ 时，有 $R_B\approx R_A$，令 $R_B-R_A=d$，则

$$\ln\frac{R_B}{R_A}=\ln\frac{R_A+d}{R_A}=\ln\left(1+\frac{d}{R_A}\right)\approx\frac{d}{R_A}$$

于是式（6-50）可写成

$$C\approx\frac{2\pi\varepsilon_0\varepsilon_r l}{\frac{d}{R_A}}\approx\frac{2\pi\varepsilon_0\varepsilon_r lR_A}{d}=\frac{\varepsilon_0\varepsilon_r S}{d}$$

即当两圆柱之间的间隙 d 远小于圆柱体半径 R_A 时，圆柱形电容器可当作平板电容器。

3. 球形电容器

如图 6-55 所示，球形电容器是由半径分别为 R_A 和 R_B 的两个同心球壳组成的，两球壳中间充满相对电容率为 ε_r 的电介质。

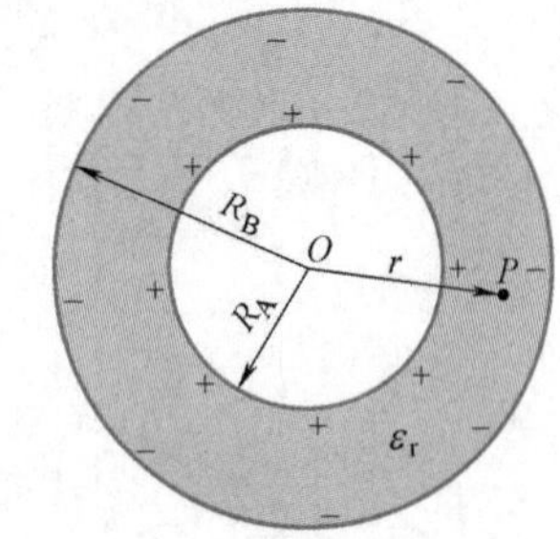

图 6-55　球形电容器

设两个均匀带电同心球面 A、B 分别带有 $+q$、$-q$ 的电荷，正、负电荷分别均匀地分布在内球的外表面和外球的内表面上。这时，在两球壳之间具有球对称性的电场，距球心为 r（$R_A<r<R_B$）处的点 P 的电场强度为

$$\boldsymbol{E}=\frac{q}{4\pi\varepsilon_0\varepsilon_r r^2}\boldsymbol{e}_r$$

两球壳间的电势差为

$$U_A-U_B=\int_{R_A}^{R_B}\boldsymbol{E}\cdot d\boldsymbol{r}=\int_{R_A}^{R_B}E dr=\int_{R_A}^{R_B}\frac{q}{4\pi\varepsilon_0\varepsilon_r r^2}$$

$$=\frac{q}{4\pi\varepsilon_0\varepsilon_r}\left(\frac{1}{R_A}-\frac{1}{R_B}\right)=\frac{q(R_B-R_A)}{4\pi\varepsilon_0\varepsilon_r R_A R_B}$$

根据电容的定义，求得球形电容器的电容为

$$C=\frac{q}{U_A-U_B}=\frac{q}{\frac{q(R_B-R_A)}{4\pi\varepsilon_0\varepsilon_r R_A R_B}}=\frac{4\pi\varepsilon_0\varepsilon_r R_A R_B}{R_B-R_A}\qquad(6\text{-}51)$$

讨论：（1）当 $R_B-R_A\ll R_A R_B$ 时，有 $R_B\approx R_A$，令 $R_B-R_A=d$，则

$$C=\frac{q}{U_A-U_B}=\frac{4\pi\varepsilon_0\varepsilon_r R_A^2}{d}=\frac{\varepsilon_0\varepsilon_r S_A}{d}$$

此式为平行板电容器的电容公式。

（2）当 R_B 趋于无限大，即 $R_B\gg R_A$ 时，则有

$$C=4\pi\varepsilon_0\varepsilon_r R_A$$

此式就是“孤立”导体球的电容公式。

6.8.4 电容器的串联和并联

在实际应用中，常会遇到现有的电容器不适合我们的需要，例如电容的大小不合适，或者是打算加在电容器上的电压超过电容器的耐压程度等，这时可以把现有的电容器适当地连接起来使用。

1. 电容器的串联

如图 6-56 所示，表示 n 个电容器的串联，其特点是各电容器所带的电量相等。设它们的电容值分别为 C_1，C_2，…，C_n，组合的等效电容值为 C。当充电后，每个电容器的两个极板上都带有等量异号的电荷量 $+q$ 和 $-q$。这时，每对电容器两极板间的电势差分别为

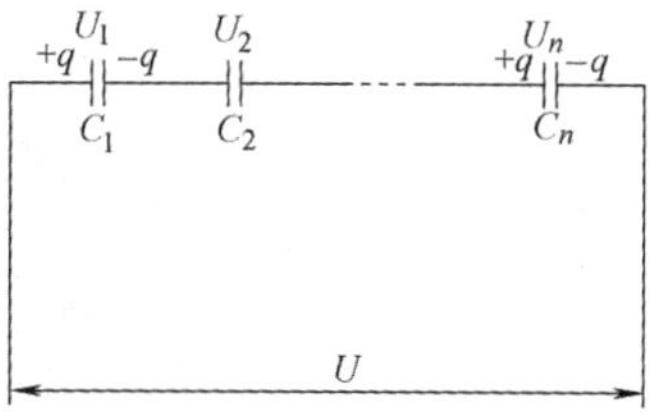

图 6-56 电容器的串联

$$U_1=\frac{q}{C_1},\ U_2=\frac{q}{C_2},\ \cdots,\ U_n=\frac{q}{C_n}$$

组合电容器的总电势差为各电容器两极板间的电势差之和，即

$$U=U_1+U_2+\cdots+U_n=\frac{q}{C_1}+\frac{q}{C_2}+\frac{q}{C_3}+\cdots+\frac{q}{C_n}$$

由电容定义有

$$C=\frac{q}{U}=\frac{1}{\frac{1}{C_1}+\frac{1}{C_2}+\frac{1}{C_3}+\cdots+\frac{1}{C_n}}$$

即

$$\frac{1}{C}=\frac{1}{C_1}+\frac{1}{C_2}+\frac{1}{C_3}+\cdots+\frac{1}{C_n} \tag{6-52}$$

上式说明，串联等效电容器电容的倒数等于每个电容器电容的倒数之和。

2. 电容器的并联

如图 6-57 所示，表示 n 个电容器的并联，其特点是每个电容器两端的电压相同。当充电后，每个电容器两极板间的电势差相等，都等于 U，但每个电容器上电荷量不一定相等。设电容器的电容值分别为 C_1，C_2，…，C_n，且每个极板上的电荷量分别为 q_1，q_2，…，q_n，则

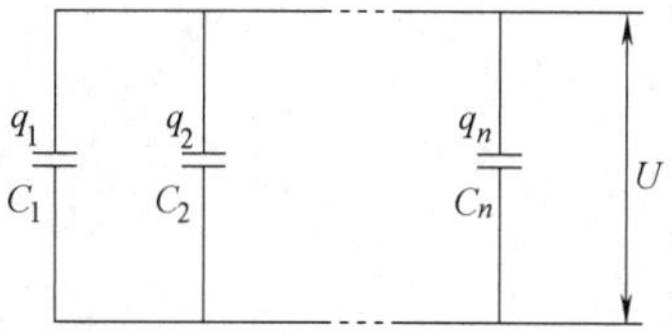

图 6-57 电容器的并联

$$q_1=C_1U,\ q_2=C_2U,\ \cdots,\ q_n=C_nU$$

组合电容器的总电荷量为

$$q=q_1+q_2+q_3+\cdots+q_n=(C_1+C_2+\cdots+C_n)U$$

由电容定义有

$$C=\frac{q}{U}=C_1+C_2+\cdots+C_n \tag{6-53}$$

上式说明，并联等效电容器电容等于每个电容器电容之和。

以上结果表明，几个电容器串联时电容值减小，但每个电容器极板间所承受的电势差小于总电势差，因此电容器的耐压程度有了增加；几个电容器并联可获得较大的电容值，但每个电容器极板间所承受的电势差和单独使用时一样。在实际应用中可根据电路的需要采取并联、串联或它们的组合。

6.9 静电场的能量

如果给电容器充电，电容器中就有了电场，电场中储存的能量等于充电时电源所做的功。这个功是由电源消耗其他形式的能量来完成的，如果让电容器放电，则储存在电场中的能量又可以释放出来，常伴随有热、光、声现象的产生。下面以平行板电容器为例，来计算这种称为**静电场的能量**。

如图 6-58 所示，有一电容为 C 的平行板电容器正处于充电过程中，可以设想，电容器两极板带电过程就是不断地把微小电荷 $+\mathrm{d}q$ 从原来中性的极板 B 迁移到极板 A 上的过程，在极板的这一带电过程中，两极板上所带的电荷总是等值而异号的。设在某时刻，电容器两极板已带电荷分别为 $+q$ 和 $-q$，两极板之间的电势差为 u_{AB}，此时若继续把 $+\mathrm{d}q$ 电荷从带负电的极板 B 移到带正电的极板 A，外力因克服静电力而需做的功为

$$\mathrm{d}A=u_{\mathrm{AB}}\mathrm{d}q=\frac{q}{C}\mathrm{d}q$$

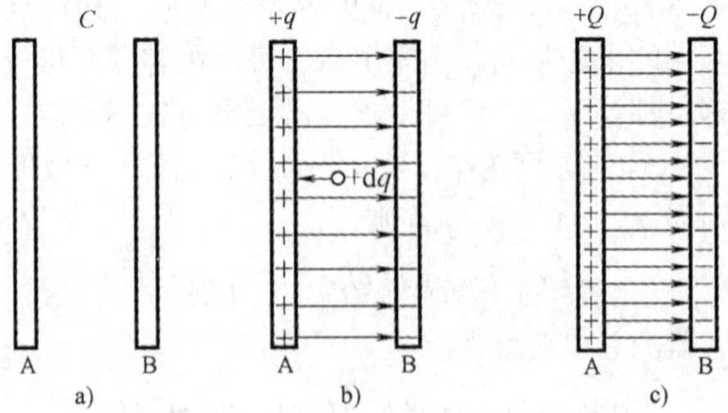

图 6-58 电容器的充电过程

若在整个充电过程中电容器上的电荷量由 0 变化到 Q，即当 A、B 上电荷量达到 $+Q$ 和 $-Q$ 时，外力做的总功为

$$A=\int \mathrm{d}A=\int_0^Q \frac{q}{C}\,\mathrm{d}q=\frac{Q^2}{2C}=\frac{1}{2}QU=\frac{1}{2}CU^2 \qquad (6\text{-}54)$$

按能量转换及守恒思想，一个系统拥有的能量，应等于建立这个系统时所输入的能量。在电容器充电的过程中，能量是通过做功输入到电容器中的，所以外力通过克服静电场力做功，全部转化为电容器储存的电能 W_e。电容器储存的电能为

$$W_e=\frac{Q^2}{2C}=\frac{1}{2}QU=\frac{1}{2}CU^2 \qquad (6\text{-}55)$$

电容器的能量储存在哪里？我们仍以平行板电容器为例进行讨论，对于极板面积为 S，极板间距离为 d 的平行板电容器，若不计边缘效应，则电场所占有的空间体积 $V=Sd$，因为

$$U_{AB}=Ed,\quad C=\frac{\varepsilon S}{d}$$

则由式（6-55）得平行板电容器储存的能量为

$$W_e=\frac{1}{2}\frac{\varepsilon S}{d}E^2d^2=\frac{1}{2}\varepsilon E^2Sd=\frac{1}{2}\varepsilon E^2V \qquad (6\text{-}56)$$

式中，V 表示电场所占有的空间体积。此结果表明：对一定的电介质中一定强度的电场，静电场的能量与电场体积成正比。平板电容器中的电场是均匀电场，因而电场能量的分布也应该是均匀的，所以可求出单位体积内的电场能量，即电场的能量密度为

$$w_e=\frac{W_e}{V}=\frac{1}{2}\varepsilon E^2 \qquad (6\text{-}57)$$

根据 $D=\varepsilon E$ 又可得

$$w_e=\frac{1}{2}\varepsilon E^2=\frac{1}{2}DE \qquad (6\text{-}58)$$

可以证明，此式是普遍正确的。有了电场的能量密度以后，对任意的电场，都可以通过积分来求出它的能量。在电场中取体积元 $\mathrm{d}V$，在 $\mathrm{d}V$ 内的电场能量密度可看作均匀的，于是 $\mathrm{d}V$ 内的电场能量为 $\mathrm{d}W_e=w_e\mathrm{d}V$，则在体积 V 中的电场能量为

$$W_e = \iiint_V w_e \mathrm{d}V = \iiint_V \frac{1}{2}(DE)\mathrm{d}V = \iiint_V \frac{1}{2}\varepsilon E^2 \mathrm{d}V \quad (6\text{-}59)$$

在理解电场能量时，应当注意，式（6-55）与式（6-56）的物理意义是不同的。前者表明电容器能量的携带者是电荷，后者表明能量的携带者应当是电场。对于静电场来说，电场总是伴随着电荷而产生的，所以上述两种观点在静电场的情况下是等价的。但对于变化的电磁场来说，情况就不同了。如电磁波的实质是变化的电场和变化的磁场相互激发在空间传播的过程，这个过程并没有电荷随之传播，只伴随着能量的传播，所以说电磁波能量的携带者是电场和磁场，而不能说电磁波能量的携带者是电荷。基于上述分析，用描述电场的物理量表征系统的电场能量具有更普遍的意义。

例题 6-18 有一个均匀带电的球体，带电量为 Q，半径为 R，试求此带电球体的电场能量。

解 由高斯定理知，球体内、外电场强度分布为

$$E = \begin{cases} \dfrac{Q}{4\pi\varepsilon_0 R^3} r, & r < R \\ \dfrac{Q}{4\pi\varepsilon_0 r^2}, & r > R \end{cases}$$

因为在半径为 r 的球面上，电场强度是等值的，所以我们取一个与金属球同心的球壳层，其厚度为 $\mathrm{d}r$，体积为 $\mathrm{d}V=4\pi r^2\mathrm{d}r$（见图 6-59），其中的电场能量为

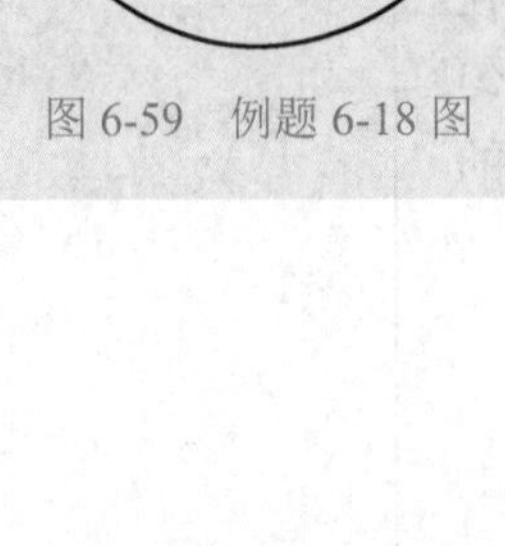

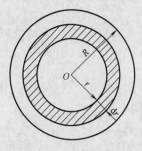

图 6-59 例题 6-18 图

$$\mathrm{d}W_e = w_e \mathrm{d}V = w_e 4\pi r^2 \mathrm{d}r = \frac{1}{2}\varepsilon_0 E^2 \cdot 4\pi r^2 \mathrm{d}r = 2\pi\varepsilon_0 E^2 r^2 \mathrm{d}r$$

则整个电场的能量为

$$W_e = \iiint_V w_e \mathrm{d}V = \int_0^R 2\pi\varepsilon_0 \left(\frac{Q}{4\pi\varepsilon_0 R^3} r\right)^2 r^2 \mathrm{d}r + \int_R^{+\infty} 2\pi\varepsilon_0 \left(\frac{Q}{4\pi\varepsilon_0 r^2}\right)^2 r^2 \mathrm{d}r$$

$$= \frac{Q^2}{8\pi\varepsilon_0 R^6}\int_0^R r^4 \mathrm{d}r + \frac{Q^2}{8\pi\varepsilon_0}\int_R^{+\infty} \frac{1}{r^2}\mathrm{d}r$$

$$= \frac{Q^2}{40\pi\varepsilon_0 R^6} R^5 + \frac{Q^2}{8\pi\varepsilon_0 R} = \frac{3Q^2}{20\pi\varepsilon_0 R}$$

本 章 提 要

1. 库仑定律

$$\boldsymbol{F}=\frac{1}{4\pi\varepsilon_0}\frac{q_1q_2}{r^2}\boldsymbol{e}_r$$

2. 电场强度

$$\boldsymbol{E}=\frac{\boldsymbol{F}}{q_0}$$

3. 电场强度的计算

点电荷电场中的电场强度

$$\boldsymbol{E}=\frac{1}{4\pi\varepsilon_0}\frac{q}{r^2}\boldsymbol{e}_r$$

点电荷系电场中的电场强度

$$\boldsymbol{E}=\sum_{i=1}^{n}\boldsymbol{E}_i=\sum_{i=1}^{n}\frac{1}{4\pi\varepsilon_0}\frac{q_i}{r_i^2}\boldsymbol{e}_{ri}$$

连续分布电荷电场中的电场强度

$$\boldsymbol{E}=\int\frac{1}{4\pi\varepsilon_0}\frac{\mathrm{d}q}{r^2}\boldsymbol{e}_r$$

4. 高斯定理

电通量

$$\Phi_\mathrm{e}=\iint_S\mathrm{d}\Phi_\mathrm{e}=\iint_S E\cos\theta\,\mathrm{d}S=\iint_S\boldsymbol{E}\cdot\mathrm{d}\boldsymbol{S}$$

高斯定理

$$\Phi_\mathrm{e}=\oiint_S\boldsymbol{E}\cdot\mathrm{d}\boldsymbol{S}=\frac{1}{\varepsilon_0}\sum_{i\,(S内)}q_i$$

说明静电场是有源场。

高斯定理的应用：只有当带电系统的电荷分布具有一定的对称性时，才有可能利用高斯定理求电场强度。

5. 环路定理

$$\oint_l\boldsymbol{E}\cdot\mathrm{d}\boldsymbol{l}=0$$

说明静电场是保守场。

6. 电势能

$$W_a=\int_a^{+\infty}q_0\boldsymbol{E}\cdot\mathrm{d}\boldsymbol{l}$$

电势

$$U_a=\frac{W_a}{q_0}=\int_a^{+\infty}\boldsymbol{E}\cdot\mathrm{d}\boldsymbol{l}$$

电势差

$$U_{ab}=U_a-U_b=\int_a^b\boldsymbol{E}\cdot\mathrm{d}\boldsymbol{l}$$

7. 电势的计算

点电荷电场中的电势

$$U_P=\frac{q}{4\pi\varepsilon_0 r}$$

点电荷系电场中的电势

$$U_P=\sum_{i=1}^{n}U_{P_i}=\sum_{i=1}^{n}\frac{q_i}{4\pi\varepsilon_0 r_i}$$

连续分布电荷电场中的电势

$$U_P=\int\frac{\mathrm{d}q}{4\pi\varepsilon_0 r}$$

8. 电势梯度

$$\boldsymbol{E}=-\mathbf{grad}U=-\nabla U,\quad \nabla=\frac{\partial}{\partial x}\boldsymbol{i}+\frac{\partial}{\partial y}\boldsymbol{j}+\frac{\partial}{\partial z}\boldsymbol{k}$$

9. 导体的静电平衡性质

导体的静电平衡条件：导体内部，电场强度处处为零；导体表面附近电场强度的方向与导体表面垂直。或当导体处于静电平衡时，导体上的电势处处相等，导体为等势体，其表面为等势面。

静电平衡时导体上的电荷分布：当导体达到静电平衡时，电荷分布在导体的表面。

静电屏蔽：空腔导体（不论是否接地）的内部空间不受腔外电荷和电场的影响；接地的空腔导体，腔外空间不受腔内电荷和电场影响。

10. 电介质的极化强度

$$\boldsymbol{P}=\frac{\sum\boldsymbol{p}_i}{\Delta V}$$

对于各向同性的电介质内有

$$\boldsymbol{P}=\chi_\mathrm{e}\varepsilon_0\boldsymbol{E}$$

11. 电介质中的高斯定理

电位移矢量

$$\boldsymbol{D}=\varepsilon_0\boldsymbol{E}+\boldsymbol{P}$$

对于各向同性的均匀电介质

$$\boldsymbol{D}=\varepsilon_0\varepsilon_r\boldsymbol{E}=\varepsilon\boldsymbol{E}$$

电介质中的高斯定理

$$\oiint_S \boldsymbol{D}\cdot\mathrm{d}\boldsymbol{S}=q_0$$

12. 电容

孤立导体的电容

$$C=\frac{q}{U}$$

电容器的电容

$$C=\frac{q}{U_A-U_B}$$

平行板电容器的电容

$$C=\frac{\varepsilon_0\varepsilon_r S}{d}$$

圆柱形电容器的电容

$$C=\frac{2\pi\varepsilon_0\varepsilon_r l}{\ln\frac{R_B}{R_A}}$$

球形电容器的电容

$$C=\frac{4\pi\varepsilon_0 R_A R_B}{R_B-R_A}$$

电容器串联

$$\frac{1}{C}=\frac{1}{C_1}+\frac{1}{C_2}+\frac{1}{C_3}+\cdots+\frac{1}{C_n}$$

电容器并联

$$C=\frac{q}{U}=C_1+C_2+C_3+\cdots+C_n$$

13. 静电场的能量

电容器的能量

$$W_e=\frac{Q^2}{2C}=\frac{1}{2}QU=\frac{1}{2}CU^2$$

电场能量密度

$$w_e=\frac{1}{2}\varepsilon E^2$$

空间电场的总能量

$$W_e=\iiint_V w_e\mathrm{d}V=\iiint_V\frac{1}{2}(DE)\mathrm{d}V=\iiint_V\frac{1}{2}\varepsilon E^2\mathrm{d}V$$

思考题 6

S6-1. 库仑定律的适用条件和意义是什么？

S6-2. 一个金属球带上正电荷后，该球的质量是增大、减小还是不变？

S6-3. 点电荷是否一定是很小的带电体？什么样的带电体可以看做是点电荷。

S6-4. 在干燥的冬季人们脱毛衣时，常听见噼里啪啦的放电声，试对这一现象做一解释。

S6-5. 用手握铜棒和丝绸摩擦，铜棒不带电。带上橡皮手套，握着铜棒和丝绸摩擦，铜棒就会带电。为什么两种情况有不同的结果？

S6-6. 在一个带正电的大导体附近点 P 放置一个试探点电荷 q_0（$q_0>0$），实际上测得它受力为 $\boldsymbol{F}$。若考虑到电荷量 q_0 不足够小，则 F/q_0 比点 P 的电场强度 $\boldsymbol{E}$ 大还是小？若大导体球带负电，情况又如何？

S6-7. 万有引力和静电场力都服从平方反比律，都存在高斯定理，有人幻想把引力场屏蔽起来，这能否做到？在这方面引力和静电场力有什么重要差别？

S6-8. 根据点电荷的电场强度公式，当所考察的场点和点电荷的距离 $r\to0$ 时，电场强度 $E\to\infty$，这是没有物理意义的，对此似是而非的问题应如何解释？

S6-9. 点电荷 q 若只受电场力的作用而运动，电场线是否就是点电荷 q 在电场中的运动轨迹？为什么？

S6-10. 电场强度、电场线、电场强度通量的关系是怎样的？在计算穿过闭合曲面的电通量时，如何决定其正负？电通量的正负分别表示什么意义？

S6-11. 在高斯定理中，对高斯面的形状有无特殊要求？在应用高斯定理求电场强度时，对高斯面的形状有无特殊要求？如何选取适当的高斯面？

S6-12. 一个带电量为 q 的点电荷，位于一立方体闭合曲面的中心，如思考题 6-12 图所示，通过该闭合曲面的电通量为多少？当把点电荷移到立方体闭合曲面的顶点 A 时，通过该闭合曲面的电通量又等于多少？

S6-13. 欲求一均匀带电长直导线中间附近某点 P 的电场强度，若选取如思考题 6-13 图所示的立方形闭合曲面为高斯面，则利用高斯定理能求出点 P 的电场强度吗？

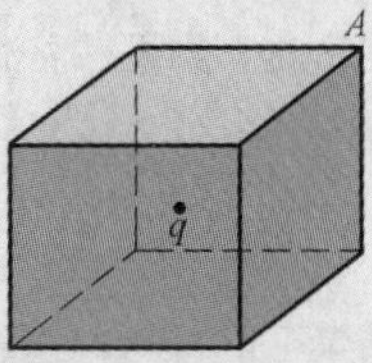

思考题 6-12 图

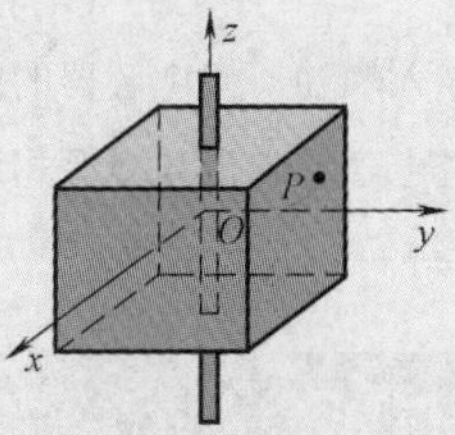

思考题 6-13 图

S6-14. 如果在高斯面上的电场强度 $\boldsymbol{E}$ 处处为零，能否肯定此高斯面内一定没有净电荷？反过来，如果高斯面内没有净电荷，能否肯定该高斯面上所有各点的电场强度 $\boldsymbol{E}$ 都等于零？

S6-15. 如果点电荷的库仑定律中作用力与距离的关系是 F 正比 $1/r$ 或 F 正比 $1/r^{2+\sigma}$（σ 是不等于零的数），那么还能用电场线来描述电场吗？为什么？

S6-16. 哪种特征是静电场力称为保守力的原因？是平方反比力吗？还是因为力的指向沿两带电粒子的连线？或者是力与每个粒子带电量的大小成正比？

S6-17. 电场中两点电势的高低是否与试探电荷的正负有关，电势能的高低又如何？当沿着电场线移动负试探电荷时，电势是升高还是降低？它的电势能是增加还是减少？

S6-18. 如果只知道电场中某点的电场强度 $\boldsymbol{E}$ 能否计算出该点的电势？如果不能，还应该知道些什么条件？

S6-19. 我们可否规定地球的电势为 +100 V，而不规定它为零？这样规定后，对测量电势和电势差的数值会有什么影响？

S6-20. 在技术工作中有时把整机机壳作为电势零点。若机壳未接地，能不能说因为机壳电势为零，人站在地上就可以任意接触机壳？若机壳接地又如何？

S6-21. 已知电场中某点的电势，能否计算出该点的电场强度？已知电场中某点附近的电势分布，能否算出该点的电场强度？

S6-22. 试判断下列说法是否正确：

（1）电场强度为零的地方，电势也必定为零。电势为零的地方，电场强度也必定为零。

（2）电场强度大小相等的地方，电势必定相同；电势相同的地方，电场强度大小也必定相等。

（3）电场强度较大的地方，电势必定较高；电场强度较小的地方，电势也必定较低。

（4）带正电的物体电势一定是正的；带负电的物体电势也一定是负的。

（5）不带电的物体电势一定为零；电势为零的物体也一定不带电。

S6-23. 一个孤立导体球带有电荷量 Q，其表面附近的电场强度沿什么方向？当我们把另一带电体移近这个导体球时，球表面附近的电场强度将沿什么方向？其上电荷分布是否均匀？其表面是否等电势？电势有没有变化？球体内任一点的电场强度有无变化？

S6-24. 一带电导体放在封闭的金属壳内部。

（1）若将另一带电导体从外面移近金属壳，壳内的电场是否会改变？金属壳及壳内带电体的电势是否会改变？金属壳和壳内带电体间的电势差是否会改变？

（2）若将金属壳内部的带电导体在壳内移动或与壳接触时，壳外部的电场是否会改变？

（3）如果壳内有两个带异号等值电荷的带电体，则壳外的电场如何？

S6-25. 将一个带正电的导体A移近一个接地的导体B时，导体B是否维持零电势？其上是否带电？

S6-26. 两导体球A、B相距很远（因此它们都可看成是孤立的），其中A原来带电，B不带电。现用一根细长导线将两球连接。电荷将按怎样的比例在两球上分配。

S6-27. 电介质的极化现象与导体的静电感应现象的微观过程有什么区别？

S6-28. 试解释带电的玻璃棒为什么能吸引轻小物体？

S6-29.（1）将平行板电容器的两极板接上电源以维持其间电压不变，用相对电容率为 ε_r 的均匀电介质填满极板间，则极板上的电荷量为原来的多少倍？电场强度为原来的多少倍？（2）若充电后切断电源，然后再填满电介质，情况又如何？

S6-30. 在球壳形的均匀电介质中心放置一点电荷 q，试画出电介质球壳内外的电场强度 $\boldsymbol{E}$ 和电位移矢量 $\boldsymbol{D}$ 线的分布。电介质球壳内外的电场强度和没有电介质球壳时是否相同？为什么？

S6-31.（1）一个带电的金属球壳里充满了均匀电介质，球外是真空，此球壳的电势是否为 $\dfrac{Q}{4\pi\varepsilon_0\varepsilon_r R}$？为什么？（2）若球壳内为真空，球壳外充满无限大均匀电介质，这时球壳的电势为多少？（Q 为球壳上的自由电荷，R 为球壳半径，ε_r 为电介质的相对电容率。）

S6-32. 电容分别为 C_1 和 C_2 的两个电容器，把它们并联充电到电压为 U 和把它们串联充电到电压为 $2U$ 的两种电容器组中，哪种形式储存的电荷量和能量大呢？

S6-33. 一空气电容器充电后切断电源，然后灌入煤油，问电容器的能量有何变化？如果在灌油时电容器一直与电源相连，能量又将如何变化？

基础训练习题 6

1. 选择题

6-1. 下列说法中哪一个是正确的？

（A）电场中某点电场强度的方向，就是将点电荷放在该点所受电场力的方向。

（B）在以点电荷为中心的球面上，由该点电荷所产生的电场强度处处相同。

（C）电场强度方向可由 $\boldsymbol{E}=\boldsymbol{F}/q$ 确定，其中 q 为试探电荷的电荷量，q 可正可负，$\boldsymbol{F}$ 为试探电荷所受的电场力。

（D）以上说法都不正确。

6-2. 关于高斯定理，以下说法正确的是

（A）高斯定理是普遍适用的，但用它计算电场强度时要求电荷分布具有某种对称性。

（B）高斯定理对非对称性的电场是不正确的。

（C）高斯定理一定可以用于计算电荷分布具有对称性的电场的电场强度。

（D）高斯定理一定不可以用于计算非对称性电荷分布的电场的电场强度。

6-3. 有两个点电荷的电荷量都是 $+q$，相距为 $2a$，现以左边的点电荷所在处为球心，以 a 为半径作一球形高斯面。在球面上取两块相等的小面积 S_1 和 S_2，其位置如习题6-3图所示。设通过 S_1 和 S_2 的电通量分别为 Φ_1 和 Φ_2，通过整个球面的电通量为 Φ，则

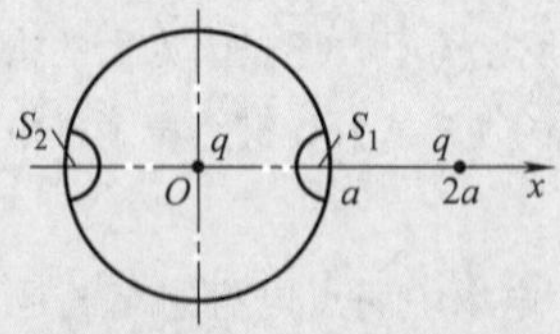

习题6-3图

（A）$\Phi_1>\Phi_2$，$\Phi=q/\varepsilon_0$。

（B）$\Phi_1<\Phi_2$，$\Phi=2q/\varepsilon_0$。

（C）$\Phi_1=\Phi_2$，$\Phi=q/\varepsilon_0$。

（D）$\Phi_1<\Phi_2$，$\Phi=q/\varepsilon_0$。

6-4. 如习题 6-4 图所示，半径为 R 的均匀带电球面，总电荷量为 Q，设无穷远处的电势为零，则球内距离球心为 r 的 P 点处的电场强度的大小和电势分别为

（A）$E=0$，$U=Q/(4\pi\varepsilon_0 R)$。

（B）$E=0$，$U=Q/(4\pi\varepsilon_0 r)$。

（C）$E=Q/(4\pi\varepsilon_0 r^2)$，$U=Q/(4\pi\varepsilon_0 r)$。

（D）$E=Q/(4\pi\varepsilon_0 r^2)$，$U=Q/(4\pi\varepsilon_0 R)$。

6-5. 一电荷量为 q 的点电荷位于圆心 O 处，A 是圆内一点，B、C、D 为同一圆周上的三个点，如习题 6-5 图所示。现将一试验电荷从 A 点分别移动到 B、C、D 各点，则

（A）从 A 到 B，电场力做功最大。

（B）从 A 到 C，电场力做功最大。

（C）从 A 到 D，电场力做功最大。

（D）从 A 到各点，电场力做功相等。

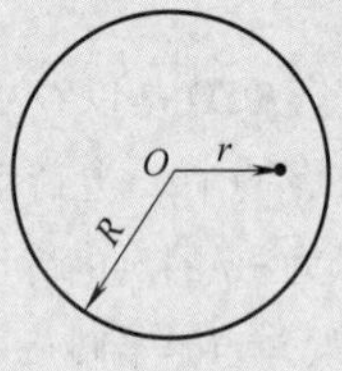

习题 6-4 图

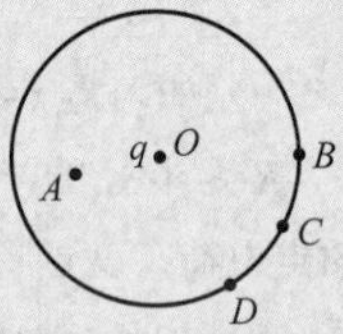

习题 6-5 图

6-6. 一“无限大”带负电荷的平面，若设平面所在处为电势零点，取 x 轴垂直带电平面，原点在带电平面处，则其周围空间各点电势 U 随坐标 x 的关系曲线为

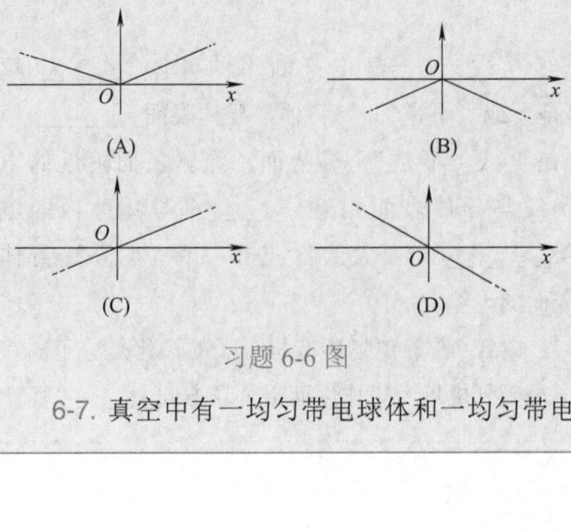

习题 6-6 图

6-7. 真空中有一均匀带电球体和一均匀带电球面，如果它们的半径和带电量都相等，则它们的静电能之间的关系是

（A）均匀带电球体产生电场的静电能等于均匀带电球面产生电场的静电能。

（B）均匀带电球体产生电场的静电能大于均匀带电球面产生电场的静电能。

（C）均匀带电球体产生电场的静电能小于均匀带电球面产生电场的静电能。

（D）球体内的静电能大于球面内的静电能，球体外的静电能小于球面外的静电能。

6-8. 半径分别为 R 和 r 的两个金属球，相距很远。用一根长导线将两球连接，并使它们带电。在忽略导线影响的情况下，两球表面的电荷面密度之比 σ_R: σ_r 为

（A）R/r。　　（B）R^2/r^2。

（C）r^2/R^2。　　（D）r/R。

6-9. 一“无限大”均匀带电平面 A，其附近放一与它平行的有一定厚度的“无限大”平面导体板 B，如习题 6-9 图所示。已知 A 上的电荷面密度为 σ，则在导体板 B 的两个表面 1 和 2 上的感应电荷面密度分别为

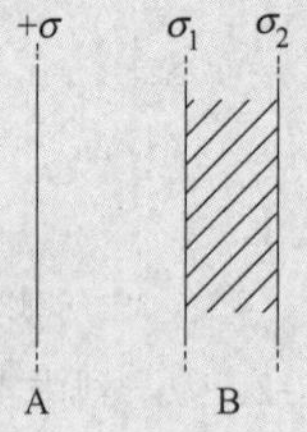

习题 6-9 图

（A）$\sigma_1=-\sigma$，$\sigma_2=+\sigma$。

（B）$\sigma_1=-\sigma/2$，$\sigma_2=+\sigma/2$。

（C）$\sigma_1=-\sigma$，$\sigma_2=0$。

（D）$\sigma_1=-\sigma/2$，$\sigma_2=-\sigma/2$。

6-10. 如习题 6-10 图所示，两个完全相同的电容器 C_1 和 C_2，串联后与电源连接。现将一各向同性均匀电介质板插入 C_1 中，则

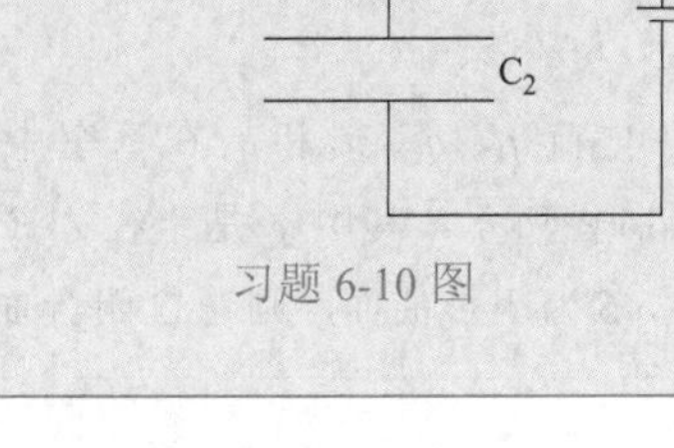

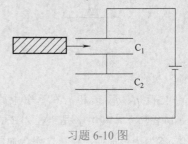

习题 6-10 图

（A）电容器组总电容减小。

（B）C_1 上的电量大于 C_2 上的电量。

（C）C_1 上的电压高于 C_2 上的电压。

（D）电容器组储存的总能量增大。

2. 填空题

6-11. 设想将 1 g 单原子氢中的所有电子放在地球的南极，所有质子放在地球的北极，则它们之间的库仑吸引力为________N。

6-12. 在边长为 a 的正六角形的 6 个顶点都放有电荷，如习题 6-12 图所示。则六角形中心 O 处的电场强度为________。

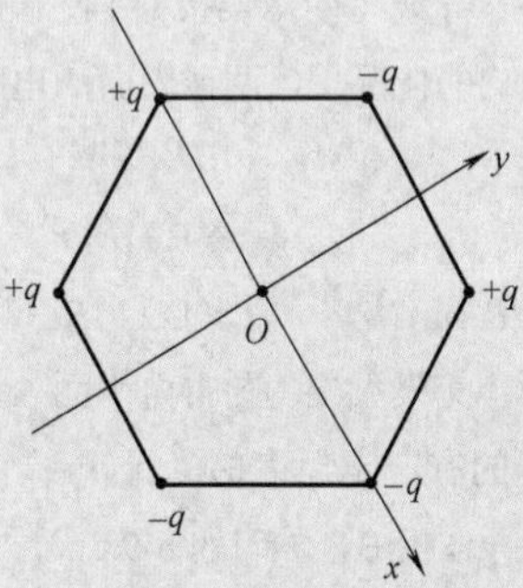

习题 6-12 图

6-13. 一均匀带电直线长为 d，电荷线密度为 $+\lambda$，以导线中点 O 为球心，R 为半径（$R > d/2$）构造一球面，如习题 6-13 图所示，则通过该球面的电通量为________，带电直线的延长线与球面交点 P 处的电场强度的大小为________，方向________。

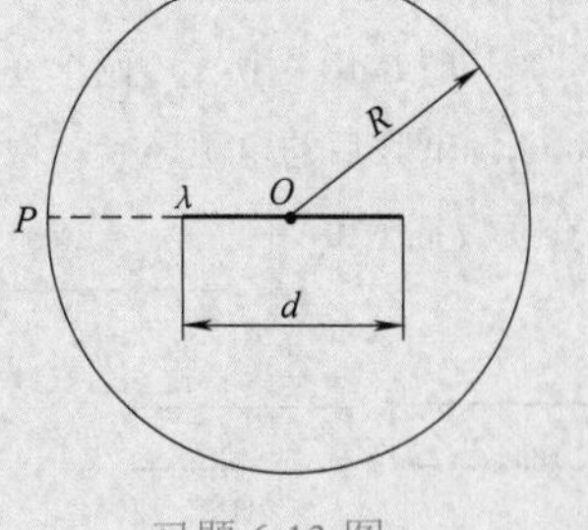

习题 6-13 图

6-14. 电荷 q_1、q_2、q_3 和 q_4 在真空中的分布如习题 6-14 图所示，其中 q_2 是半径为 R 的均匀带电球体，S 为闭合曲面，则通过闭合曲面 S 的电通量 $\oiint_S \boldsymbol{E}\cdot d\boldsymbol{S}$ =________，式中电场强度 $\boldsymbol{E}$ 是由电荷________产生的，是它们产生电场强度的________（填“矢量和”或“代数和”）。

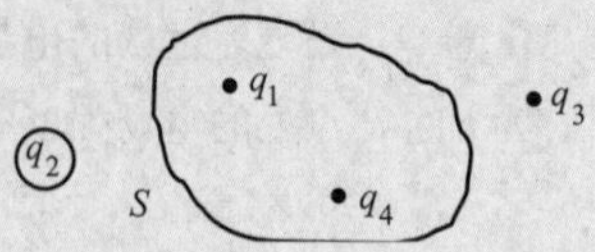

习题 6-14 图

6-15. 电荷量分别为 q_1，q_2，q_3 的三个点电荷分别位于同一圆周的三个点上，如习题 6-15 图所示，设无穷远处为电势零点，圆半径为 R，则 b 点处的电势 U=________。

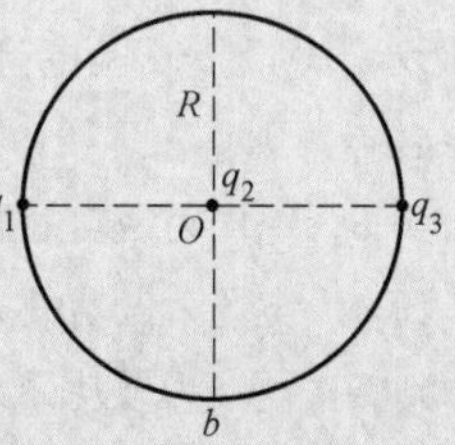

习题 6-15 图

6-16. 如习题 6-16 图所示，BCD 是以 O 点为圆心、R 为半径的半圆弧，在 A 点有一电荷量为 $-q$ 的点电荷，O 点有一电荷量为 $+q$ 的点电荷。线段 $\overline{BA} = R$。现将一单位正电荷从 B 点沿半圆弧轨道 BCD 移到 D 点，则电场力所做的功为________。

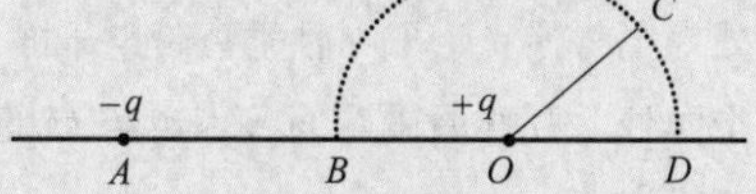

习题 6-16 图

6-17. 处于静电平衡下的导体________（填“是”或“不是”）等势体，导体表面________（填“是”或“不是”）等势面，导体表面附近的电场线与导体表面相互________，导体体内的电势________（填“大于”“等于”或“小于”）导体表面的电势。

6-18. 在静电场中有极分子的极化是分子固有电矩受外电场力矩作用而沿外场方向________而产

生的，称________极化。无极分子的极化是分子中电荷受外电场力使正、负电荷中心发生________从而产生附加磁矩（感应磁矩），称________极化。

6-19. 真空中半径分别为 R_1 和 R_2 的两个导体球相距很远，则两球的电容之比 C_1 ∶ C_2=________。当用细长导线将两球相连后，电容 C=________。现使其带电，平衡后，球表面附近场强之比 E_1 ∶ E_2=________。

6-20. 如习题 6-20 图所示，将荧光灯管沿着图示的方向（径向方向）靠近一个积累了大量正电荷的范德格拉夫静电起电机，荧光灯管________（填“会”或“不会”）亮，若将荧光灯管换成白炽灯则________（填“会”或“不会”）亮。

习题 6-20 图

3. 计算题

6-21. 一半径为 R 的半球面，均匀地带有电荷，电荷面密度为 σ。求球心处的电场强度。

6-22. 一宽为 b 的无限大均匀带电平面薄板，其电荷面密度为 σ，如习题 6-22 图所示，试求：

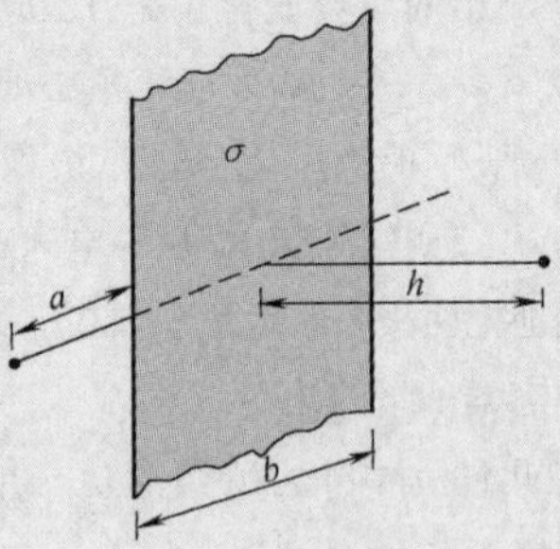

习题 6-22 图

（1）薄板所在平面内，距薄板边缘为 a 处的电场强度；

（2）通过薄板的几何中心的垂直线上与薄板的距离为 h 处的电场强度。

6-23. 如习题 6-23 图所示，一电荷面密度为 σ 的“无限大”平面，在距离平面为 a 处一点的电场强度大小的一半是由平面上的一个半径为 R 的圆面积范围内的电荷所产生的，试求该圆半径的大小。

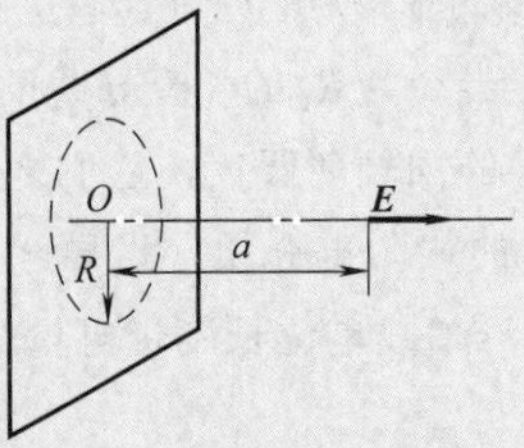

习题 6-23 图

6-24. 半径为 R 的无限长圆柱体内有一个半径为 $a\,(a<R)$ 的球形空腔，球心到圆柱轴的距离为 $d\,(d>a)$，该球形空腔无限长圆柱体内均匀分布着电荷体密度为 ρ 的正电荷，如习题 6-24 图所示。试求：

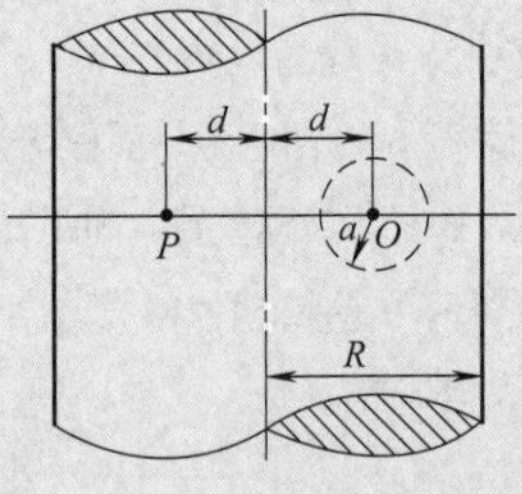

习题 6-24 图

（1）在球形空腔内，球心 O 处的电场强度 $\boldsymbol{E}_O$。

（2）在柱体内与 O 点对称的 P 点处的电场强度 $\boldsymbol{E}_P$。

6-25. 实验表明：在靠近地面处的电场强度约为 $1.0\times10^2\ \mathrm{N\cdot C^{-1}}$，方向指向地球中心。在离地面 1.5×10^3 m 高处，电场强度为 $20\ \mathrm{N\cdot C^{-1}}$，方向也是指向地球中心，试求：

（1）地球所带的总电量；

（2）离地面 1.5×10^3 m 下的大气层中电荷的平均密度。

6-26. 如习题 6-26 图所示，一个均匀带电的球层，其电荷量为 Q，球层内表面半径为 R_1，外表面半径为

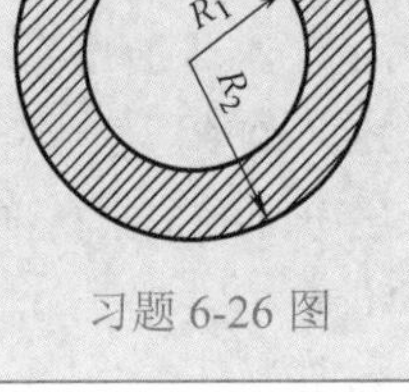

习题 6-26 图

R_2。设无穷远处为电势零点，求空腔内任一点（$r<R_1$）的电势。

6-27. 半径为 R 的“无限长”圆柱体内均匀带电，电荷体密度为 ρ。试求它所产生的电场和电势分布（选圆周的轴线为电势的零参考点）

6-28. 一半径为 R_1 的长直导线的外面，套有内半径为 R_2 的同轴薄圆筒，它们之间填充相对电容率为 ε_r 的均匀电介质，设导线和圆筒都均匀带电，且沿轴线单位长度带电量分别为 $+\lambda$ 和 $-\lambda$。试求：

（1）导线内、导线和圆筒间、圆筒外三个空间区域中电场强度的分布；

（2）导线和圆筒间的电势差。

6-29. 如习题 6-29 图所示，一导体球壳 A（内、外半径分别为 R_2、R_3），同心地罩在一接地导体球 B（半径为 R_1）上，今给 A 球带负电 $-Q$，求 B 球所带电荷量 Q_B 及 A 球的电势 U_A。

6-30. 如习题 6-30 图所示，面积均为 S=0.1 m^2 的两金属平板 A、B 平行对称放置，间距 d=1 mm，今给 A、B 两板分别带电 Q_1=3.54×10^{-9}C，Q_2=1.77×10^{-9}C。忽略边缘效应，求：

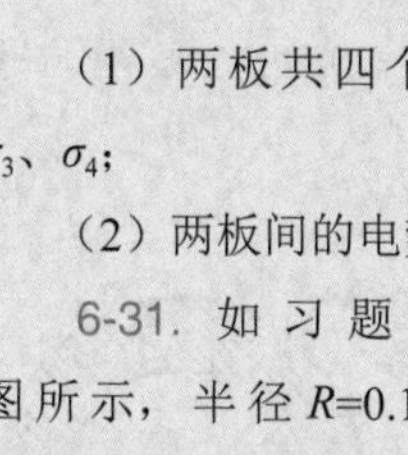

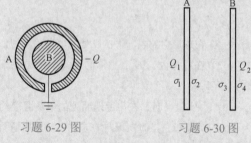

习题 6-29 图

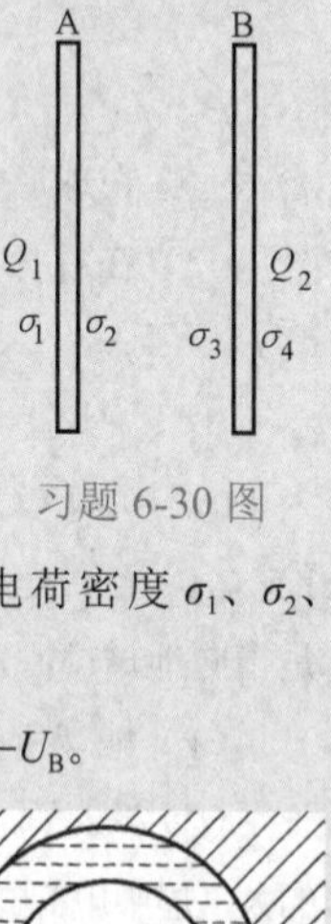

习题 6-30 图

（1）两板共四个表面的面电荷密度 σ_1、σ_2、σ_3、σ_4；

（2）两板间的电势差 $U_{AB}=U_A-U_B$。

6-31. 如习题 6-31 图所示，半径 R=0.10 m 的导体球的电荷量 Q=1.0×10^{-8}C，导体外有两层均匀介质，一层介质的相对电容率 ε_r=5.0，厚度 d=0.10 m。另一层介质为空气，充满其余空间。求：

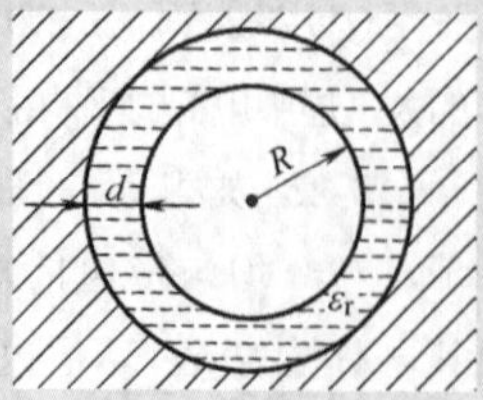

习题 6-31 图

（1）离球心分别为 r=5,15,25 cm 处的电位移矢量 $\boldsymbol{D}$ 和电场强度 $\boldsymbol{E}$；

（2）离球心分别为 r=5,15,25 cm 处的 U；

（3）极化电荷面密度 σ'。

6-32. 人体的某些细胞壁两侧带有等量的异号电荷，设某细胞壁的厚度为 5.2×10^{-9} m，两表面所带面电荷密度分别为 ±5.2×10^{-3} C·m^{-2}，内表面为正电荷。如果细胞壁物质的相对电容率为 6.0。求：

（1）细胞壁内的电场强度；

（2）细胞壁两表面间的电势差。

6-33. 地球和电离层可当作一个球形电容器，它们之间相距约为 100 km，试估算地球 - 电离层系统的电容。设地球与电离层之间为真空。

6-34. 电容式计算机键盘的每一个键下面连接一小块金属片，金属片与底板上的另一块金属片间保持一定空气间隙，构成一小电容器（见习题 6-34 图）。当按下按键时电容发生变化，通过与之相连的电子线路向计算机发出该键相应的代码信号。假设金属片面积为 50.0 mm^2，两金属片之间的距离是 0.600 nm。如果电路能检测出的电容变化量是 0.250 pF，试问按键需要按下多大的距离才能给出必要的信号？

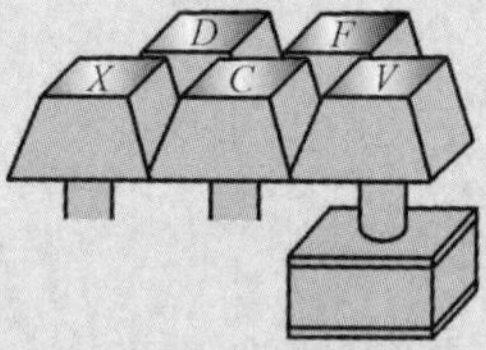

习题 6-34 图

6-35. 一平行板空气电容器，极板面积为 S，极板间距为 d，充电至带电 Q 后与电源断开，然后用外力缓缓地把两极板间距拉开到 $2d$，求：

（1）电容器能量的改变；

（2）在此过程中外力所做的功，并讨论此过程中的功能转换关系。

6-36. 半径为 2.0 cm 的导体球外套有一个与它同心的导体球壳，球壳的内、外半径分别为 4.0 cm 和 5.0 cm，当内球带电量为 3.0×10^{-3} C 时，计算它储存的静电能？如果用导线将它们连在一起，它储存的静电能又是多少。

综合能力和知识拓展与应用训练题

1. 生活中的静电问题

如训练题图 6-1 所示，在天气干燥的季节，当手碰到门的金属把手时，常常会有触电的感觉，有时还会出现电火花，应如何建构物理模型来解释火花放电这种现象，猜想要产生火花放电跟哪些因素有关，为什么？应如何通过实验进一步验证以上想法？请写出实验设计方案，并与同学进行交流，论证实验方案。如果火花放电时，手距门把手的距离为 3 mm，则手和门把手之间的电势差为多少？触摸门把手时电流可达 100 mA，为何我们没有遭到电击？

训练题图 6-1

本题内容：物理学原理在生活中的应用。

考查知识点：电场强度、电压、电势能、电介质、击穿电场、电介质。

题型：开放试题。

2. 超级电容器

被誉为“汽车界的苹果”的黑马品牌特斯拉（Tesla）首席执行官 Elon Musk 早在 2011 年就表示，传统电动汽车的电池已经过时，未来以超级电容器为动力系统的新型汽车将取而代之。据介绍，超级电容不会像电池一样因使用寿命的问题而出现储能能力下降的问题，因此使用超级电容器作为动力系统的车主将不再被电池组报废等问题所困扰。除此之外，超级电容器还拥有更高的功率，可以实现短时间内的高功率输出，这意味着驾驶者驱动以超级电容为系统的汽车跑得会比传统电动汽车更快。充电速度快、使用寿命长、生命周期内可以进行数十万次的循环充电等，这些都是超级电容器的优点。

近年来，随着新能源行业尤其是新能源汽车行业的飞速发展，作为核心动力储能设备的超级电容器也步入了高速发展的阶段。超级电容器已成为当今最先进的储能设备。有专家分析认为，最新的技术有望使设备快速充满电，这些设备可广泛应用于从移动电子学到工业设备等各方面。目前，超级电容器已经在更高效、更可靠的电源新技术领域逐渐崭露头角，而超级电容公交电车的出现，有效地解决了这一难题。超级电容器已成为改善传统电车缺陷，发挥其零排放、节能、低成本、低噪声等优点的一种先进储能装置。超级电容器公交电车是以超级电容器为动力电源的新型节能电车，车辆保持了无轨电车的优点，没有任何排放。分析人士表示，电动汽车是全球汽车行业重点关注的领域，超级电容器是其关键部件。但超级电容器诞生的时间不长，国际上对这项新技术的研究还处于探索阶段，关键性能指标还有待进一步提升。训练题图 6-2 所示为超级电容客车和超级电容器。

训练题图 6-2㊀

我国在超级电容公交电车的应用方面领先一步。

㊀ 图左为镍碳超级电容客车 http://www.cqqjnews.cn/qijiang_content/2010-07/05/content_745733.htm，图右为超级电容器 http://auto.hexun.com/2011-09-08/133223171.html

早在 2011 年，两辆以电容为动力的电动公交车就驶入杭州市公交总公司的门口，这两辆电动公交车不以锂电池和铅酸电池为动力，而是用巨容超级电容器为动力。该车辆由金华青年汽车厂制造，由哈尔滨巨容新能源有限公司提供核心技术和动力。不仅如此，北京的“前门一号”和“前门二号”两辆奥运景观车的动力系统也安装了世界领先的，由哈尔滨巨容新能源有限公司生产的超级电容器。尽管目前超级电容客车的价格比普通公交车高一些，但随着应用范围的逐步扩大和生产成本的日益减少，超级电容客车在进入大规模产业化生产阶段后，价格肯定会大幅下降。目前超级电容器行业还处于快速发展的初期，未来发展空间还很大。未来超级电容器的最主要领域将集中于交通领域、智能电网和工程机械领域，由于其技术壁垒较高，有望获得较高的超额收益。未来几年，将有 600 台国产超级电容城市电动公交客车陆续出口到以色列、保加利亚等国家。㊀

超级电容器的电容超过 10 000 F，生产这么大容量的电容器会遇到哪些困难？如何解决？请有兴趣的读者利用互联网查找相关资料印证。

本题内容：物理学原理在工程技术上的应用。

考查知识点：电容器、电容。

题型：开放试题。

3. 静电除尘

不少工业部门在生产过程中会产生大量的烟尘。如果处理不当，会严重污染大气环境。因此，“除尘”就成为现代化工业生产迫切需要解决的一个问题。在多种除尘方法中，静电除尘技术自 20 世纪初问世以来，由于其具有除尘效率高、电能消耗小、处理气量大、能处理高温及有害气体等优点，已被越来越多的生产部门所采用。如首钢在烧结、冶炼、电力等生产环节上使用了大型静电除尘器，其除尘效率可达 99% 以上，使外排粉尘量减少了 94%。

静电除尘是利用气体放电的电晕现象，使荷电尘粒在电场力作用下趋向集尘极，从而达到除尘的目的。如训练题图 6-3 所示，这是一种管式除尘器的示意图。将金属圆筒作为集尘极，在管心悬挂一根金属线作为放电极，称为电晕线。当施加在放电极和集尘极间的电压足够大时，放电极附近形成的强电场使气体电离，生成大量正、负离子，形成电晕区。当含尘气流送入时，尘粒因与自由电子、负离子碰撞而成为带电粉尘，在集尘极与放电极之间的电场力驱使下移到集尘极，并沉积在集尘极上，从而实现净化气流的目的。

“除尘”是在放电极与集尘极之间的电场中进行的，为维持稳定的电晕放电，必须选用非均匀电场，因而场强的计算较为困难。一般常把静电除尘器的电场视为静电场，并以所得结果为基础，再通过实验予以必要的修正，作为设计的依据。

若用 r_a 和 r_b 分别来表示电晕极与集尘极的半径，且已知其高度 $L>>r_b$，并设电晕极单位长度带电量为 $-\lambda$。

（1）应选择具有什么样对称性的静电场模型计算除尘器两极间的电场。

（2）设两极间电压为 U，请用所学的有关定理及本题给出的已知量 r_a、r_b、U、λ，求出距电晕极轴线为 r 处的电场强度大小的表达式。

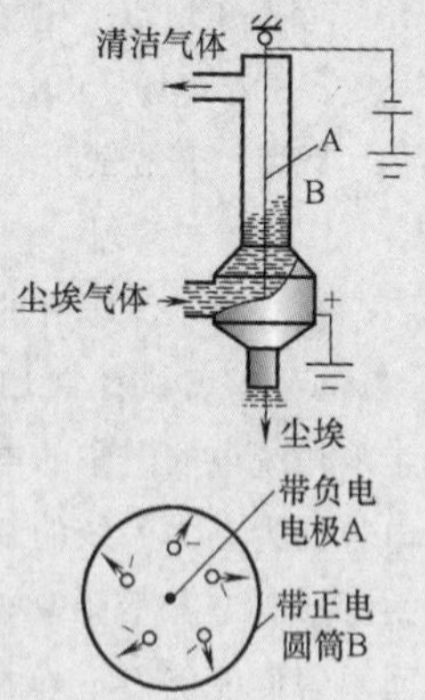

训练题图 6-3

㊀ http://news.emoney.cn/n_00_0101_3467909.shtml
http://www.chinadaily.com.cn/hqgj/jryw/2014-04-30/content_11647299.html

（3）尘粒可看作质量为 m，半径为 a 的介质小球，在电场中极化后带电量为 q，且尘粒所受的重力远小于电场力及介质阻力。请写出尘粒在电场 E 中的运动学方程，并解出 v 与 m、E、t、q 的关系（已知尘粒所受阻力为 $f=-kv$，其中 k 为常量）。

提示：根据电场具有轴对称分布的特点，选取合适的高斯面，计算电场强度和电势。在求解电场强度时，先用已知量表示电荷线密度。

本题内容：物理学原理在工程技术上的应用。

考查知识点：轴对称性电场的电场强度和电势的计算。

题型：阅读理解，定量计算。

4. 核裂变能的估算

核能是通过原子核发生反应而释放出的巨大能量。训练题图 6-4 为大亚湾核电站的照片㊀。核能包括核裂变能与核聚变能两种。链式裂变反应释放的核能叫作核裂变能，目前工业上大规模应用的是核裂变能，现在核裂变能已经为人类提供了总能耗的 6%。核裂变能的应用是缓解世界能源危机的一种经济有效的措施。只有铀 -233、铀 -235 和钚 -239 这三种材料的原子核可以由“热中子”引起核裂变，它们称为易裂变材料。请以铀核为例，估算一下其裂变的能量。已知铀核带电量为 $92e$，可以近似地认为它均匀分布在一个半径为 7.4×10^{-15}m 的球体内。

（1）试求出铀核的电势能。

（2）当铀核对称裂变后，产生两个相同的钯核，各带电 $46e$，体积和原来一样。设这两个钯核也可以看成球体，当它们分离很远时，它们的总电势能是多少？这一裂变释放出的静电能是多少？

（3）每个铀核都这样对称裂变计算，1 kg 铀裂变后释放出的静电能是多少？

提示：裂变时释放的“核能”基本上就是静电能。

本题内容：物理学原理在工程技术上的应用。

考查知识点：电势能，静电能。

题型：计算题。

训练题图 6-4

阅读材料——石油行业防静电措施㊁

静电对易燃液体，如石油产品中的汽油、航空煤油等燃料油品，以及苯、二甲苯等化工原料，是一种潜在的火源。因此静电灾害严重影响了石油、石油化工、石油销售等行业的安全生产，并造成了很大损失。据日本官方统计，油库着火爆炸事故中约有 10% 属于静电事故。油气事故每年在各个国家都时有发生，油品起电的类型主要包括：流动带电、喷射带电、冲击带电和液体沉降带电（如下图所示）。但只要我们重视静电，科学认识和正确掌握静电危害的过程和规律，并采取积极有效的措施，就一定能控制静电带来的危害。

防止静电危害的原则是要控制静电的产生和防止静电的积累，控制静电的积累要求设法加速静电的泄漏和中和，使静电不超过安全限度，控制静电的产生主要是控制工艺过程和合理选择工艺过程所用的材料。

㊀ 图片来源 http://baike.baidu.com/view/56321.htm?fr=aladdin

㊁ 油品静电产生机理及其防护技术。

a) 流动带电

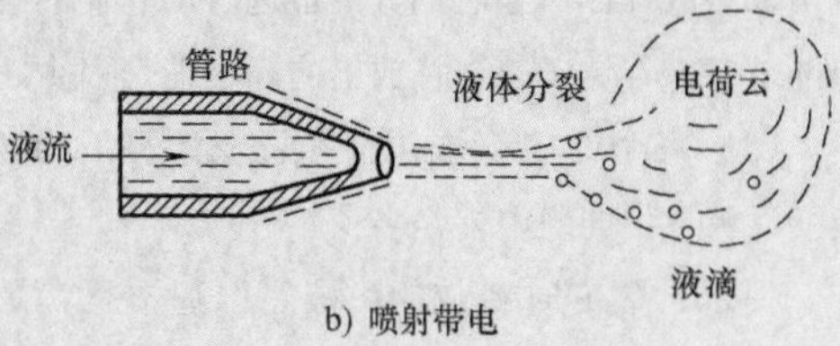

b) 喷射带电

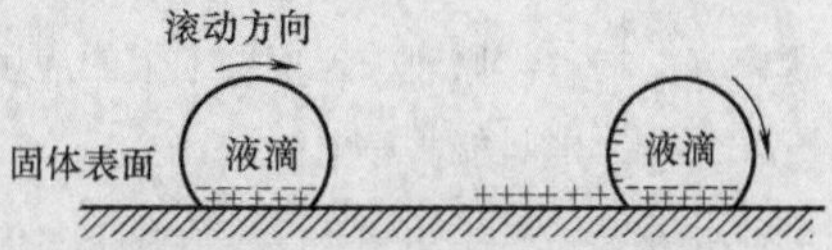

c) 冲击带电

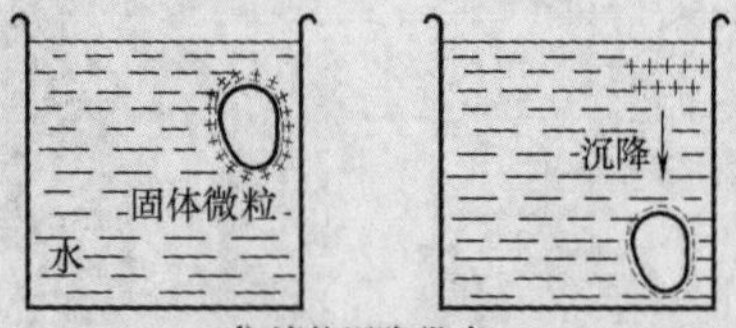

d) 液体沉降带电

1. 工艺控制法

工艺控制法就是在工艺流程、设备结构、材料选择和操作管理等方面采取措施，以达到限制静电的产生或控制静电的积累的目的，从而降低危险程度。主要可以采用以下方法：

（1）降低液体输送过程中的摩擦速度或液体物料在管道中的流速等工作参数。

（2）加快静电电荷的逸散。例如，使带电的液体通过油气管道进入储罐之前，先进入缓冲器中进行“缓冲”，在石油产品送入储罐后，静置一段时间后才能进行检测、采样等工作。同时还要降低爆炸性混合物（例如二氧化碳、氮气等混合物）浓度。在生产输送中避免水、空气及其他杂质与油品之间以及不同油品之间相互混合。

（3）消除产生静电的附加源。产生静电的附加源，如液流的喷溅、容器底部积水受到注入流的搅拌、在液体或粉体内夹入空气或气泡、粉尘在料斗或料仓内冲击、液体或粉体的混合搅动等。只要采取相应的措施，就可以减少静电的产生。

2. 静电泄漏法

接地、增湿、加入抗静电剂等均属于加速静电泄漏的方法。

（1）接地是消除静电危害简单易行而且十分有效的方法。接地可以通过接地装置或接地导体将带电体上的静电荷较迅速地引入大地，从而消除静电荷在带电体上的积聚。因此输送油类等可燃液体的管道、储罐、漏斗、过滤器以及其他有关的金属设备或物体应接地，最好采用内壁衬有铜丝网的软管并接地。

（2）增加环境湿度。带电体在自然环境中放置，其所带有的静电荷会自行逸散。介质的电阻率又和环境的湿度有关，而逸散的快慢与介质的表面电阻率和体积电阻率有很大关系。提高环境的相对湿度，不只是能够加快静电的泄漏、还能提高爆炸性混合物的最小引燃能量。为此，在产生静电的生产场所，可安装喷雾器、空调设备或挂湿布片来提高空气湿度，降低或消除静电的危害。从消除静电危害的角度考虑，控制相对湿度在70%以上为宜。

（3）添加抗静电剂。对于表面不易吸湿的化纤和塑料物质，可以采用各种抗静电剂，其主要成分是以油脂为原料的表面活性剂，能赋予物体表面以吸湿性（亲水性）和电离性，从而增强导电性能，加速静电泄漏。

3. 防止人体带电

人体带电除了会使人体遭到电击，造成安全生产威胁外，还会在精密仪器或电子器件生产中造成质量事故，为此必须解决人体带电对工业生产造成的危害。在有静电危害的场所，应注意着装，穿戴防静电工作服、鞋和手套，不得穿戴化纤衣物。在人体必须接地的场所，应装设金属接地棒——消电装置，工作人员随时用手接触接地棒，或可佩戴接地的腕带。且不能使用化纤材料制作的拖布或抹布擦洗物体或地面。工作中应尽量避免进行促使人体带电的活动。在有静电危险的场所，不得携带与工作无关的金属物品。

第7章 稳恒磁场

引 言

早在远古时代，人们就发现某些天然矿石（Fe_3O_4）具有吸引铁屑的本领，这种矿石称为天然磁铁。若把天然磁铁制成磁针，使之可在水平面内自由转动，则磁针的一端总是指向地球的南极，另一端总是指向地球的北极，这就是指南针。我国是世界上最早发现并应用磁现象的国家，指南针是我国古代的四大发明之一。1820年，丹麦物理学家奥斯特（H. C. Oersted）发现电流的磁效应，首先揭示了电现象和磁现象之间的关系。1820年法国物理学家安培（A. M. Ampère）发现在磁铁附近载流导线或线圈受到力的作用。

随着超导与永磁强磁场技术的成熟，强磁场在多方面的应用也得到了蓬勃发展，与各种科学仪器配套的小型强磁场装置已形成了一定规模的产品，作为磁场应用技术的核磁共振技术、磁分离技术与磁悬浮技术继续开拓着多方面的新型应用，形成了一些新型产品与样机，磁拉硅单晶生长炉也成为产品得到了实际应用。近年来，国际上还研究了磁场对石油黏滞性能的影响及对原油的脱蜡作用，图示的是一种强磁防蜡降黏装置；此外，人们研究了磁场对水的软化作用及改善水质的作用；研究了外加磁场对改善燃油燃烧性能及提高燃烧值的作用等。

一切磁现象从本质上而言，都是运动电荷之间相互作用的表现。本章主要研究由稳恒电流产生的稳恒磁场的性质和规律以及磁场对电流的作用。

7.1　稳恒电流　电流密度

7.1.1　稳恒电流

在静电场中，当导体处在静电平衡时，导体内部的电场强度为零，这时导体内没有电荷做定向运动，故导体内不能形成电流。然而，如果在导体两端存在一定的电势差（即电压），就可使导体内存在电场，则在电场的作用下导体内的自由电荷做定向运动，我们把大量电荷的定向运动称为电流。导体中的自由电荷被称为载流子。载流子可以是金属中的自由电子，电解质中的正、负离子或半导体材料中的空穴、电子等。导体中由电荷的运动形成的电流称为传导电流。

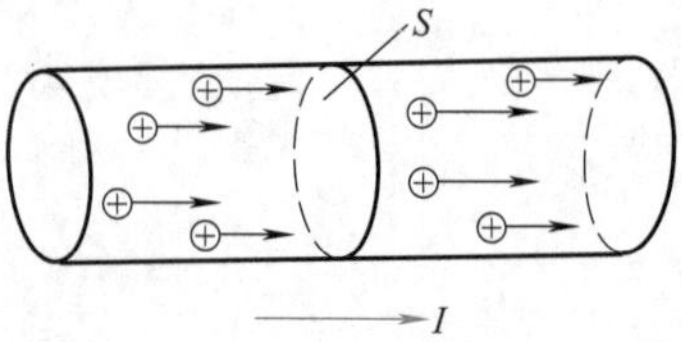

图 7-1　导体中的电流

电流的强弱用电流强度 I 来描述。单位时间内通过导体任一截面的电量叫作电流强度，简称电流。如图 7-1 所示，若在 dt 时间内，通过导体截面的电荷量为 dq，则通过导体中该截面的电流 I 为

$$I = \frac{dq}{dt} \tag{7-1}$$

如果导体中通过任一截面的电流不随时间变化，这种电流称为稳恒电流。电流的单位为安培，用符号 A 表示，1 A= 1 C · s^{-1}。常用的电流单位还有毫安（mA）和微安 (μ A)

$$1\ \text{A}=10^3\ \text{mA}=10^6\ \mu\text{A}$$

电流是标量，所谓电流的方向是指正电荷在导体中的流动方向。这是沿袭了历史上的规定，与自由电子移动的方向正好相反。这样，在导体中的电流方向总是沿着电场强度的方向，从高电势处指向低电势处。

7.1.2　电流密度

在通常的电路中，一般引入电流的概念就可以了。可是，在实际中有时会遇到电流在大块导体中流动的情形，这时导体内各点的电流分布是不均匀的。为了详细描述导体中各点的电流分布情况，引入一个新的物理量——电流密度，用符号 $\boldsymbol{j}$ 表示。

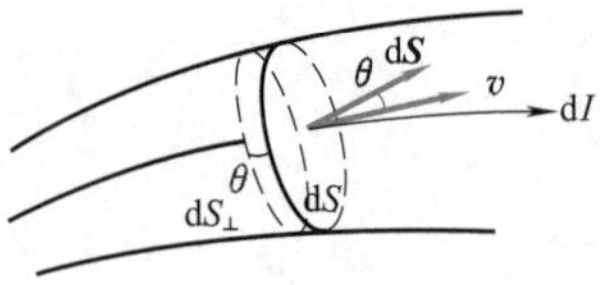

图 7-2　电流密度

如图 7-2 所示，假设导体中单位体积内平均有 n 个带电量为 q 的自由电荷，每个电荷的定向迁移速度为 $\boldsymbol{v}$。设想在导体

中选取一个面元 d$\boldsymbol{S}$，其方向与 $\boldsymbol{v}$ 方向之间的夹角为 θ，根据电流的定义，通过导体中面元 d$\boldsymbol{S}$ 的电流为

$$\mathrm{d}I=qnv\mathrm{d}S_{\perp}=qn\boldsymbol{v}\cdot\mathrm{d}\boldsymbol{S}=\boldsymbol{j}\cdot\mathrm{d}\boldsymbol{S} \tag{7-2}$$

式中，$\boldsymbol{j}=qn\boldsymbol{v}$ 被称为电流密度矢量。对于自由电荷为正电荷的情况，电流密度的方向与电荷定向运动的方向相同；对于负电荷的情况，电流密度的方向与电荷定向运动的方向相反。

由式（7-2）可得

$$j=\frac{\mathrm{d}I}{\mathrm{d}S_{\perp}} \tag{7-3}$$

即电流密度的大小等于该点处垂直于电流方向的单位面积的电流，在国际单位制中，电流密度的单位为安培每平方米（$\mathrm{A\cdot m^{-2}}$）。

如果已知导体内部每一点的电流密度，可以求出通过任一截面的电流。通过任一有限截面的电流等于通过该截面上各个面元的电流的积分，并由式（7-2）可以得到

$$I=\int\mathrm{d}I=\iint_S\boldsymbol{j}\cdot\mathrm{d}\boldsymbol{S}=\iint_S qn\boldsymbol{v}\cdot\mathrm{d}\boldsymbol{S} \tag{7-4}$$

由上式可以看出，通过某一截面的电流也就是通过该截面的电流密度的通量。

7.2　磁场　磁感应强度

7.2.1　磁的基本现象

磁现象一般总是与磁力有关。磁铁吸引铁、钴、镍等物质，这是最基本的磁现象。磁铁两端磁性强的区域称为磁极，一端为北极（N 极），一端为南极（S 极）。实验证明，同号磁极相互排斥，异号磁极相互吸引。如图 7-3a、b 所示。由此可以推想，地球本身就是一个大磁体，它的 N 极位于地理南极附近，S 极则位于地理北极附近。

为了进一步认识磁现象，再介绍几个这方面的实验：通电导线附近的磁针会受到力的作用而发生偏转，如图 7-4a 所示；磁铁对通电导线有作用力，如图 7-4b 所示；通电导线之间有相互作用力，如图 7-4c 所示；电子射线管中的电子射线受磁力作用路径发生偏转，如图 7-4d 所示。这些实验结果表明，磁力可以发生在电流和磁体之间，也可以发生在电流和电

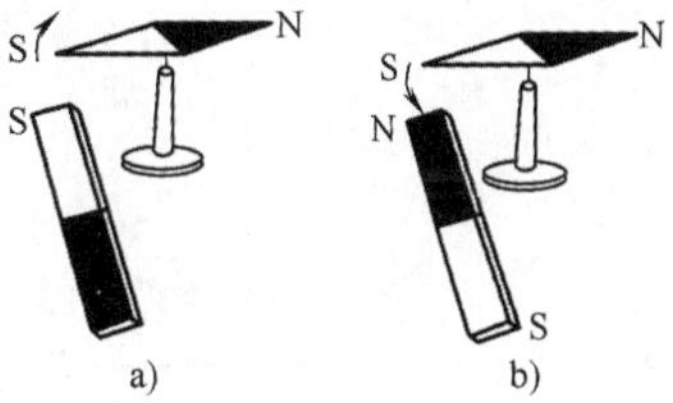

图 7-3　永磁体同极相斥，异极相吸

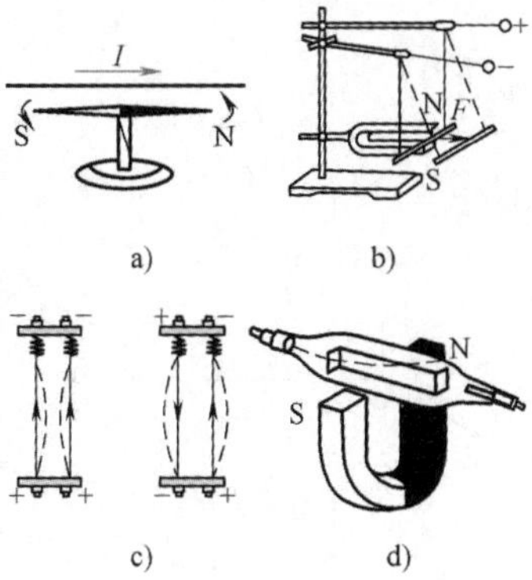

图 7-4　各种磁相互作用

流之间，磁现象与电流有关。

我们知道，静止电荷之间的相互作用是通过电场来进行的，与此相似，运动电荷之间的相互作用则是通过磁场来进行的。一切运动电荷或电流都会在其周围空间产生磁场，而磁场又对处于其中的其他运动电荷或电流会产生磁力作用。

对于磁体，它的磁性是如何产生的呢？安培于 1822 年提出了分子电流假说。他认为，磁现象的根源是电流，宏观物质的内部存在分子电流，每个分子电流均有自己的磁效应，物质的磁性就是这些分子电流对外表现出的磁效应的总和：当各分子电流取向大致相同时，物质会对外表现出磁性；当各分子电流取向无规则时，各分子电流的磁效应相互抵消，物质便不对外表现出磁性。

安培的分子电流假说与现代的物质结构理论相符合。物质结构理论指出，一切物质均由分子和原子组成，原子由原子核和核外电子组成，核外电子除了绕核运动外，还做自旋运动，分子电流就是由于原子内带电粒子的运动而形成的，因而可以认为，一切物质的磁性均起源于电荷的运动，磁相互作用的实质是运动电荷之间的相互作用。

7.2.2 磁场和磁感应强度

现在人们知道运动电荷或电流在其周围激发磁场。磁场与电场一样也是一种特殊的物质，具有物质的基本属性。运动电荷与运动电荷、电流与电流之间的作用力就是通过磁场来传递的。稳恒电流所激发的磁场不随时间变化，称为稳恒磁场。

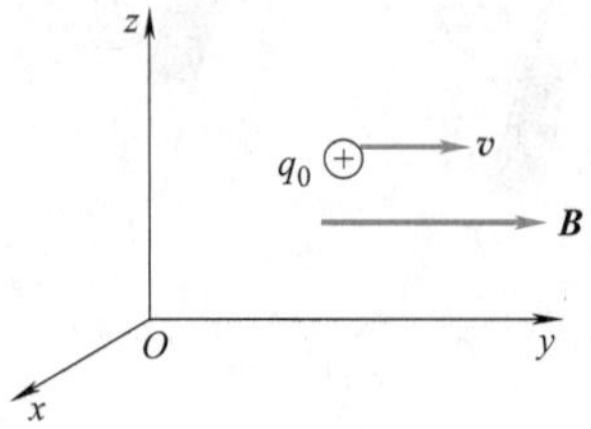

a) $\boldsymbol{v}/\!/\boldsymbol{B}$, $\boldsymbol{F}=0$

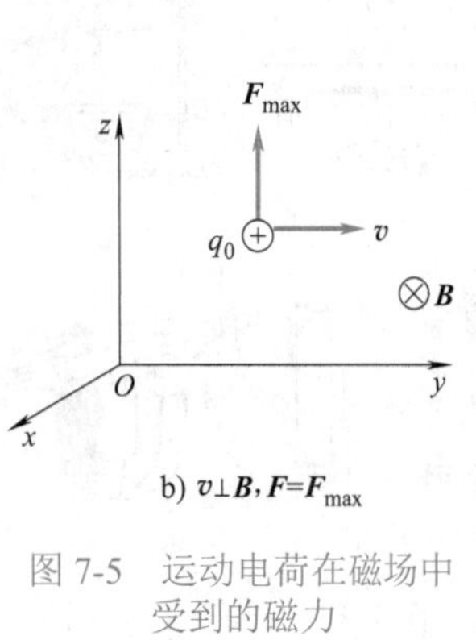

b) $\boldsymbol{v}\perp\boldsymbol{B}$, $\boldsymbol{F}=\boldsymbol{F}_{max}$

图 7-5 运动电荷在磁场中受到的磁力

对应于用电场强度来描述电场，我们用磁感应强度来描述磁场。通常用 $\boldsymbol{B}$ 表示磁感应强度。仿照电场强度的情况，我们在磁场中放入一个试探运动电荷 q，要求试探运动电荷 q 的几何线度很小，其产生的磁感应强度很小，对原磁场的影响可忽略不计。因为磁场只对运动电荷有力的作用，试探运动电荷 q 以速度 $\boldsymbol{v}$ 进入磁场。实验发现，试探运动电荷所受的磁力 $\boldsymbol{F}$ 不但与电荷量 q 有关，而且也与速度 $\boldsymbol{v}$ 有关。实验观察到：

（1）电荷受到的磁力的方向总是与电荷运动的方向 $\boldsymbol{v}$ 垂直。

（2）存在一个特定的方向，当电荷沿这个方向运动时，磁力为零，如图 7-5a 所示，磁场中各点都有各自的这种特定方向，用这个特定方向（或其反方向）来规定该点磁场的方向。

（3）如果电荷沿着与磁场方向垂直的方向运动时，所受到的磁力最大，如图 7-5b 所示。而且这个最大磁力 F_{max} 正比

于电荷的速率 v，也正比于其所带的电荷量 q，但比值 $\frac{F_{\max}}{qv}$ 却在该点具有确定的值，而与电荷的 q、$\boldsymbol{v}$ 的大小无关。由此可见，这个比值反映了该点磁场的性质。所以，我们就定义磁场中某点的磁感应强度的大小为

$$B=\frac{F_{\max}}{qv} \tag{7-5}$$

事实上，运动正电荷所受到的磁力的指向与 $\boldsymbol{v}\times\boldsymbol{B}$ 的方向一致；运动负电荷所受到的磁力的指向与 $\boldsymbol{v}\times\boldsymbol{B}$ 的方向相反。于是我们通过实验归纳出磁感应强度 $\boldsymbol{B}$ 满足下面的关系：

$$\boldsymbol{F}=q\boldsymbol{v}\times\boldsymbol{B} \tag{7-6}$$

国际单位制中，磁感应强度 $\boldsymbol{B}$ 的单位是特斯拉，用符号 T 表示；另外还有一个常用的单位名称叫高斯（在我国属非法定计量单位），用符号 Gs 表示，它和 T 在数值上有下述关系：

$$1\text{T}=10^4\ \text{Gs}$$

实验指出，在有若干个运动电荷或电流的情况下，它们产生的磁场服从叠加原理。以 $\boldsymbol{B}_i$ 表示第 i 个运动电荷或电流在某处产生的磁场，则在该处的总磁场 $\boldsymbol{B}$ 为

$$\boldsymbol{B}=\sum_{i=1}^{n}\boldsymbol{B}_i \tag{7-7}$$

7.3　毕奥 - 萨伐尔定律

7.3.1　毕奥 - 萨伐尔定律

设在真空中任意形状的载流导线，其导线截面与到所考察的场点的距离相比可以忽略不计，则这种电流称为线电流。为了求得其在周围空间产生的磁场，与静电场中求带电体激发的电场强度的方法类似，将导线分成许多小线元 d$\boldsymbol{l}$，d$\boldsymbol{l}$ 的方向与该处电流的方向相同，则将 Id$\boldsymbol{l}$ 称为电流元。以 $\boldsymbol{r}$ 表示从此电流元指向某一场点 P 的矢径（见图 7-6），实验指出，电流元 Id$\boldsymbol{l}$ 在真空中某点 P 处所产生的磁感应强度 d$\boldsymbol{B}$ 由下式决定

$$\mathrm{d}\boldsymbol{B}=\frac{\mu_0}{4\pi}\frac{I\mathrm{d}\boldsymbol{l}\times\boldsymbol{e}_r}{r^2} \tag{7-8}$$

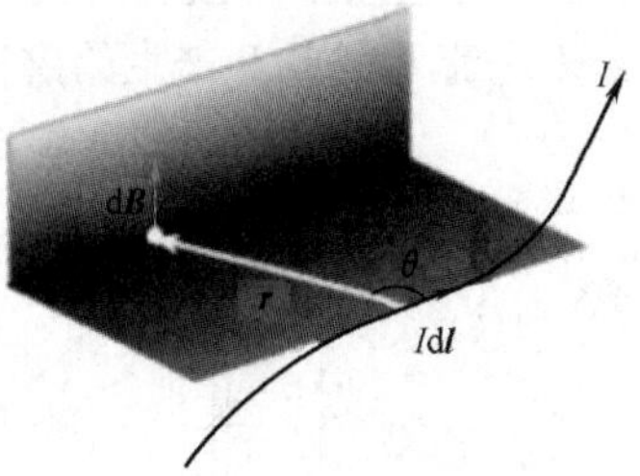

图 7-6　电流元激发的磁感应强度

式中，μ_0 称为真空磁导率，在国际单位制中，$\mu_0=4\pi\times10^{-7}\,\mathrm{N\cdot A^{-2}}$。

这就是毕奥 - 萨伐尔定律，它是 1820 年首先由毕奥和萨伐尔根据对电流的磁作用的实验结果分析得出的，它是计算电流磁场的基本公式。

根据磁感应强度叠加原理，任一载流导线在其周围一点所产生的磁感应强度等于该载流导线上的所有电流元在该点所产生的磁感应强度的矢量积分，即

$$\boldsymbol{B}=\int \mathrm{d}\boldsymbol{B}=\frac{\mu_0}{4\pi}\int\frac{I\mathrm{d}\boldsymbol{l}\times\boldsymbol{e}_r}{r^2} \tag{7-9}$$

7.3.2 毕奥 - 萨伐尔定律的应用

利用毕奥 - 萨伐尔定律和磁感应强度叠加原理，几乎可以计算所有载流导线在其周围空间产生的磁场，一般用来计算载流导线在某点产生的磁场。在计算磁场时，应注意适当选择电流元，建立适当的坐标系，电流分布的对称性分析也非常重要，根据电流分布的对称性对磁场分布进行定性的分析，得出磁场的分布特征，从而简化计算。一些典型的电流的磁场，可以当作计算更复杂电流分布产生磁场的出发点。下面计算几种典型的载有稳恒电流的导线的磁场。

例题 7-1 在真空中有一长为 L 的直导线，其中通有电流 I，设点 P 到直导线的垂直距离为 a，求点 P 处的磁感应强度。

解 在载流直导线上任取一电流元 $I\mathrm{d}\boldsymbol{l}$，它到点 P 的矢径为 $\boldsymbol{r}$，$I\mathrm{d}\boldsymbol{l}$ 与 $\boldsymbol{r}$ 的夹角为 θ，如图 7-7 所示。根据毕奥 - 萨伐尔定律，这一电流元在点 P 产生的磁感应强度 d$\boldsymbol{B}$ 为

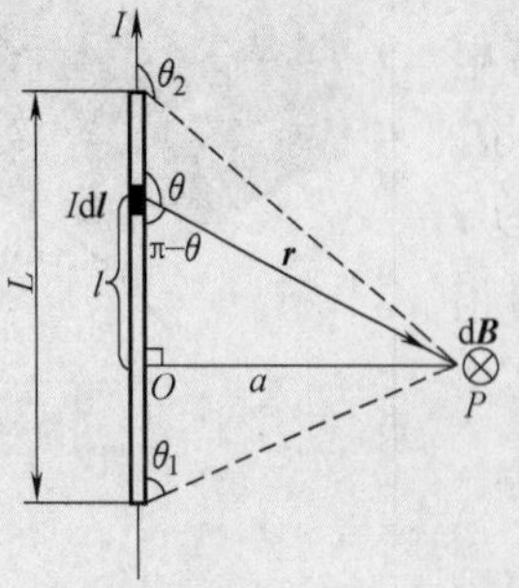

图 7-7 例题 7-1 图

$$\mathrm{d}\boldsymbol{B}=\frac{\mu_0}{4\pi}\frac{I\mathrm{d}\boldsymbol{l}\times\boldsymbol{e}_r}{r^2}$$

方向垂直纸面向内，图中用“⊗”表示，由于长直导线 L 上每一个电流元在点 P 处的磁感应强度 d$\boldsymbol{B}$ 的方向都是垂直纸面向内，所以合磁感应强度也垂直纸面向内，可以用标量积分来计算其大小，即

$$B=\int_L \mathrm{d}B=\frac{\mu_0}{4\pi}\int\frac{I\mathrm{d}l\sin\theta}{r^2}$$

式中，l、r、θ 均为变量。首先要统一变量，从图中可以看出，各变量并不独立，它们满足

$$l=a\cot(\pi-\theta),\quad r=\frac{a}{\sin(\pi-\theta)}=\frac{a}{\sin\theta}$$

对 l 取微分，有

$$\mathrm{d}l=a\csc^2\theta\mathrm{d}\theta$$

将上面的关系式联立后可得

$$B=\frac{\mu_0 I}{4\pi a}\int_{\theta_1}^{\theta_2}\sin\theta\mathrm{d}\theta=\frac{\mu_0 I}{4\pi a}(\cos\theta_1-\cos\theta_2)$$

式中，θ_1 是电流方向与电流流入端到场点的矢径之间的夹角；θ_2 是电流方向与电流流出端到场点的矢径之间的夹角。

对以上结果进行讨论：

（1）若直导线为无限长，即 $\theta_1=0$，$\theta_2=\pi$，那么

$$B=\frac{\mu_0 I}{2\pi a}$$

此式表明，无限长直载流导线周围的磁感应强度 B 与导线到场点的距离成反比，与电流 I 成正比。

（2）若直导线为半无限长，即 $\theta_1=0$，$\theta_2=\frac{\pi}{2}$或 $\theta_1=\frac{\pi}{2}$，$\theta_2=\pi$，那么$B=\frac{\mu_0 I}{4\pi a}$。

例题 7-2　设真空中有一圆形载流导线，半径为 R，电流为 I，求圆形载流导线轴线上的磁场分布。

解　如图 7-8 所示，把圆电流所在的轴线作为 x 轴，以圆心为原点。在圆环上任取一电流元 $I\mathrm{d}\boldsymbol{l}$，其在轴线上任一点 P 处的磁感应强度为 $\mathrm{d}\boldsymbol{B}$，由于 $I\mathrm{d}\boldsymbol{l}$ 总与 $\boldsymbol{r}$ 垂直，由毕奥 - 萨伐尔定律知，该电流元在点 P 激发的磁感应强度 $\mathrm{d}\boldsymbol{B}$ 的大小为

$$\mathrm{d}B=\frac{\mu_0}{4\pi}\frac{I\mathrm{d}l}{r^2}$$

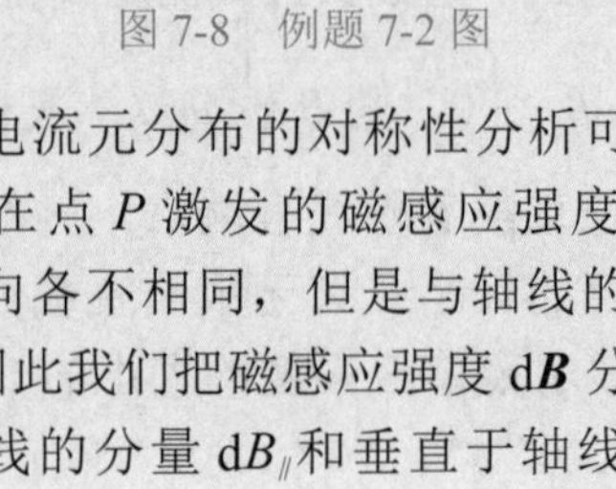

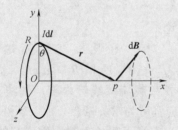

图 7-8　例题 7-2 图

由电流元分布的对称性分析可知，各电流元在点 P 激发的磁感应强度大小相等，方向各不相同，但是与轴线的夹角均为 θ。因此我们把磁感应强度 $\mathrm{d}\boldsymbol{B}$ 分解成平行于轴线的分量 $\mathrm{d}B_{/\!/}$和垂直于轴线的分量 $\mathrm{d}B_{\perp}$。它们在垂直于轴线方向上的分量 $\mathrm{d}B_{\perp}$ 互相抵消，沿轴线方向的分量 $\mathrm{d}B_{/\!/}$互相加强。所以点 P 的磁感应强度 $\boldsymbol{B}$ 沿着轴线方向，大小等于细载流圆环上所有电流元激发的磁感应强度 $\mathrm{d}\boldsymbol{B}$ 沿轴线方向的分量 $\mathrm{d}B_{/\!/}$ 的代数和，即

$$B=\int\mathrm{d}B_{/\!/}=\int\mathrm{d}B\cos\theta$$

将 $\cos\theta=\frac{R}{r}$和 $\mathrm{d}B$ 代入上式，得

$$B=\int_0^{2\pi R}\frac{\mu_0}{4\pi}\frac{I\mathrm{d}l}{r^2}\frac{R}{r}=\frac{\mu_0 IR^2}{2r^3}=\frac{\mu_0}{2}\frac{IR^2}{(R^2+x^2)^{3/2}}$$

磁感应强度 $\boldsymbol{B}$ 的方向与圆电流的电流流向满足右手螺旋法则。

讨论：

（1）在圆心处，$x=0$，所以磁感应强度的大小为

$$B=\frac{\mu_0 I}{2R}$$

（2）一段通电圆弧导线在圆心 O 点所

激发的磁场（见图 7-9）的磁感应强度 **B** 的大小为

$$B=\frac{\mu_0}{4\pi}\frac{\theta I}{R}$$

方向沿轴线并遵从右手螺旋法则。式中 θ 为圆弧对圆心 O 所张的圆心角。

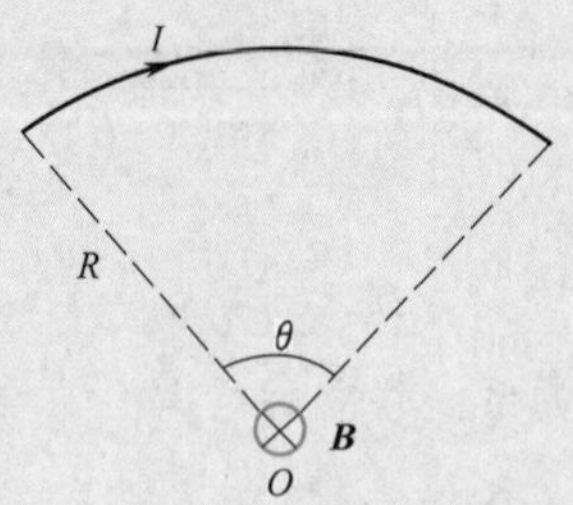

图 7-9　一段通电圆弧导线在圆心 O 点所激发的磁场

例题 7-3　设真空中有一均匀密绕载流直螺线管，半径为 R，电流为 I，单位长度上绕有 n 匝线圈，如图 7-10 所示，求螺线管轴线上的磁场分布。

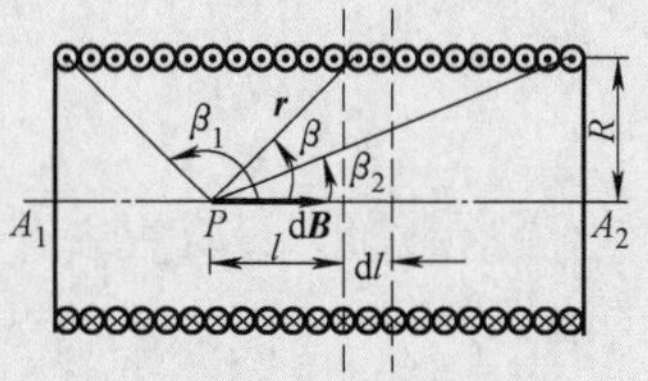

图 7-10　例题 7-3 图

解　螺线管上各匝线圈绕得很密，每匝线圈就相当于一个圆形线圈，整个螺线管就可以看成是由一系列圆线圈并排起来组成。因而螺线管在某点产生的磁感应强度就等于这些圆线圈在该点产生的磁感应强度的矢量和。在螺线管轴线上距点 P 为 l 处取一小段 $\mathrm{d}l$，该小段上线圈匝数为 $n\mathrm{d}l$，把它看成圆电流，由圆电流轴线上的磁场分布的公式可知，该小段上的线圈在轴线上点 P 所激发的磁感应强度的大小为

$$\mathrm{d}B=\frac{\mu_0}{2}\frac{R^2 In\mathrm{d}l}{(R^2+l^2)^{3/2}}$$

磁感应强度 $\mathrm{d}\boldsymbol{B}$ 沿轴线方向，与电流成右手螺旋关系。因为螺线管的各小段在点 P 所产生的磁感应强度方向相同，所以整个螺线管所产生的总磁感应强度为

$$B=\int \mathrm{d}B=\int\frac{\mu_0}{2}\frac{R^2 In\mathrm{d}l}{(R^2+l^2)^{3/2}}$$

根据图 7-10 中的几何关系，有

$$l=R\cot\beta$$

微分后得

$$\mathrm{d}l=-R\csc^2\beta\mathrm{d}\beta$$

将其代入螺线管所产生的总磁感应强度公式得到该载流直螺线管在轴线上点 P 处产生的磁感应强度的大小为

$$B=-\int_{\beta_1}^{\beta_2}\frac{\mu_0 nI}{2}\sin\beta\mathrm{d}\beta=\frac{1}{2}\mu_0 nI(\cos\beta_2-\cos\beta_1)$$

讨论：

（1）对于无限长直载流螺线管，$\beta_1\to\pi$，$\beta_2\to 0$，所以 $B\to\mu_0 nI$。这表明，在无限长直载流螺线管内部，轴线上各点的磁感应强度为常矢量。

（2）在半无限长直载流螺线管的一端，$\beta_1\to\frac{\pi}{2}$，$\beta_2\to 0$，则 $B=\frac{1}{2}\mu_0 nI$。这表明，在半无限长直载流螺线管端点，轴线上的磁感应强度的大小只有无限长直载流螺线管管内轴线上磁感应强度的大小的一半。

7.3.3　运动电荷的磁场

导体中的电流是由于大量带电粒子定向运动形成的，由此可知所谓电流激发磁场，实质上是运动的带电粒子在其周围空间激发磁场，下面将从毕奥 - 萨伐尔定律导出运动电荷产生的磁场表达式。

如图 7-11 所示，一截面为 S 的均匀导线，通有电流 I。设其载流子带正电，电荷量为 q，载流子数密度为 n，定向迁移速度为 $\boldsymbol{v}$，那么单位时间内通过截面 S 的电荷量即电流为 $I=qnvS$，在导线上任取一线元 $\mathrm{d}\boldsymbol{l}$，与之对应的电流元为 $I\mathrm{d}\boldsymbol{l}$，带电粒子定向运动速度 v 的方向与电流元 $I\mathrm{d}\boldsymbol{l}$ 的方向相同，因此电流元

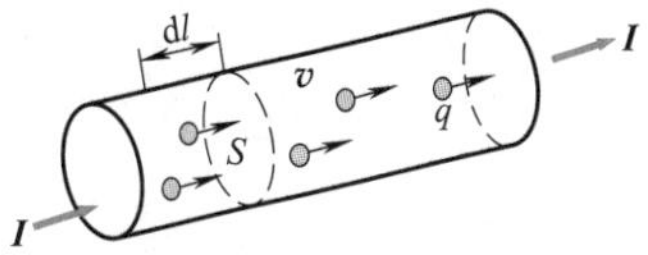

图 7-11　电流元中的运动电荷

$$I\mathrm{d}\boldsymbol{l}=nqSv\mathrm{d}\boldsymbol{l}$$

代入毕奥 - 萨伐尔定律，得

$$\mathrm{d}\boldsymbol{B}=\frac{\mu_0}{4\pi}\frac{nqS\mathrm{d}l\boldsymbol{v}\times\boldsymbol{e}_r}{r^2}$$

电流元 $I\mathrm{d}\boldsymbol{l}$ 激发的磁场 $\mathrm{d}\boldsymbol{B}$ 是由电流元 $I\mathrm{d}\boldsymbol{l}$ 中 $\mathrm{d}N=nS\mathrm{d}l$ 个载流子共同产生的，因此平均起来每个载流子所产生的磁感应强度 $\boldsymbol{B}$ 为

$$\boldsymbol{B}=\frac{\mu_0}{4\pi}\frac{q\boldsymbol{v}\times\boldsymbol{e}_r}{r^2} \tag{7-10}$$

式中，$\boldsymbol{e}_r$ 是运动电荷所在点指向场点的单位矢量，磁感应强度 $\boldsymbol{B}$ 垂直于 $\boldsymbol{v}$ 和 $\boldsymbol{e}_r$ 所组成的平面，其方向由右手螺旋法则确定。

例题 7-4　如图 7-12 所示，一个带正电的点电荷 q 以角速度 ω 绕点 O 做圆周运动，圆周半径为 r，求运动点电荷在点 O 产生的磁感应强度。

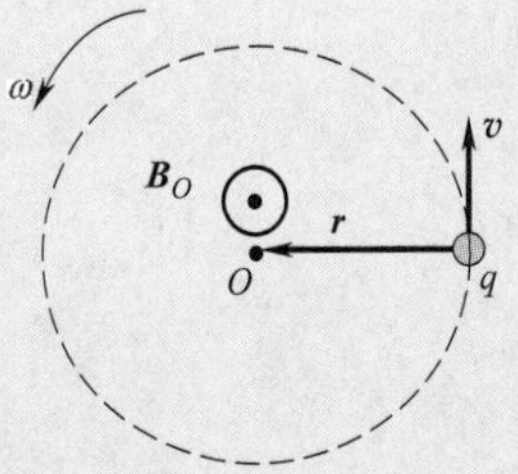

图 7-12　例题 7-4 图

解　方法一：设点电荷的线速度为 v，点电荷指向点 O 的矢径为 $\boldsymbol{r}$，在任意位置都有 $\boldsymbol{v}\perp\boldsymbol{r}$，$v=r\omega$，根据式（7-10）得点 O 的磁感应强度的大小为

$$B_O=\frac{\mu_0 q\omega}{4\pi r}$$

方向垂直向外。

方法二：点电荷做圆周运动就形成一圆电流，根据电流定义，得

$$I=\frac{\omega}{2\pi}q$$

圆电流在其中心的磁感应强度的大小为

$$B_O=\frac{\mu_0 I}{2r}=\frac{\mu_0 q\omega}{4\pi r}$$

方向垂直向外。

7.4　磁感应线　磁通量　磁场的高斯定理

7.4.1　磁感应线　磁通量

1. 磁感应线

在电场中我们引入电场线来形象地描述静电场在空间中的分布，同样，在磁场中我们也引入磁感应线来描述磁场在空间中的分布，磁感应线是一些有方向的曲线，我们规定：曲线上任意一点的切线方向代表该点的磁感应强度的方向，通过垂直于磁感应强度方向单位面积上的磁感应线条数等于该处磁感应强度的大小。磁感应线可以很容易通过实验的方法显示出来，将一块玻璃板放在有磁场的空间中，上面均匀地撒上铁屑，轻轻敲动玻璃板，铁屑就会沿着磁感应线的方向排列起来。图 7-13 显示了几种不同的载流导线激发的磁感应线。

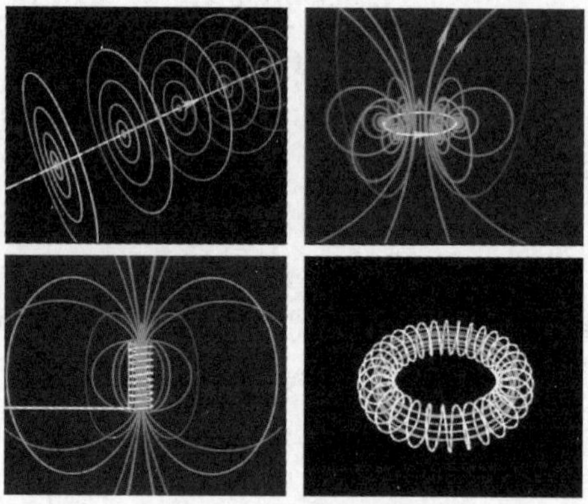

图 7-13　磁感应线

可看出磁感应线具有如下特性：

（1）在任何磁场中每一条磁感应线都是环绕电流的无头无尾的闭合曲线，即没有起点也没有终点，而且这些闭合曲线都和电流互相套连。

（2）在任何磁场中，每一条闭合的磁感应线的方向都与该闭合磁感应线所包围的电流流向服从右手螺旋法则。

2. 磁通量

在磁场中通过某一曲面的磁感应线的条数称为通过该面

的磁通量，用 Φ_m 表示。如图 7-14 所示，在磁场中任取一个面元 d$\boldsymbol{S}$，设该面元处的磁感应强度为 $\boldsymbol{B}$，则通过面元 d$\boldsymbol{S}$ 的磁通量 dΦ_m 的定义为

$$d\Phi_m=\boldsymbol{B}\cdot d\boldsymbol{S}=BdS\cos\theta \tag{7-11}$$

式中，θ 为 $\boldsymbol{B}$ 与 d$\boldsymbol{S}$ 的夹角。而通过有限曲面 S 的磁通量 Φ_m 为

$$\Phi_m=\iint_S \boldsymbol{B}\cdot d\boldsymbol{S}=\iint_S BdS\cos\theta \tag{7-12}$$

在国际单位制中，磁通量的单位是韦伯，用符号 Wb 表示。

$$1\ \mathrm{Wb}=1\ \mathrm{T}\cdot\mathrm{m}^2$$

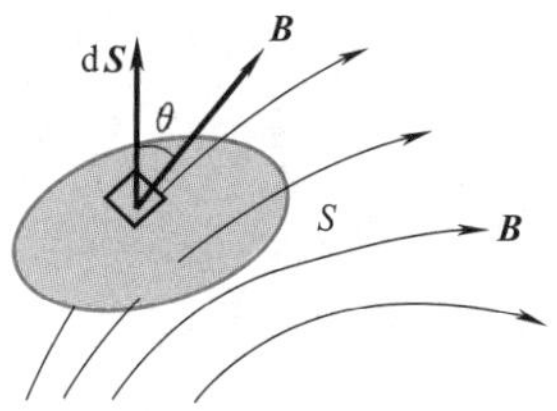

图 7-14 通过有限曲面 S 的磁通量

例题 7-5 如图 7-15 所示，一无限长直导线通有电流 I，一长为 h、宽为 b 的矩形平面距导线距离为 a，求通过矩形面积的磁通量。

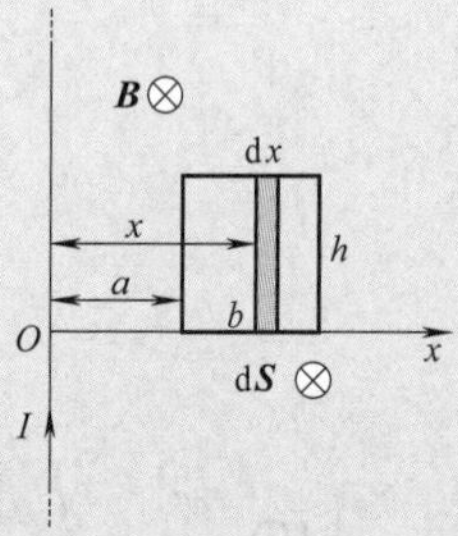

图 7-15 例题 7-5 图

解 建立如图所示的坐标系，由磁通量的定义式（7-12）求磁通量。根据长直电流周围空间磁场的特征，取如图所示的面元矢量

$$dS=hdx$$

其法线方向垂直向内，面元上任意一点的磁感应强度的大小为

$$B=\frac{\mu_0 I}{2\pi x}$$

方向如图示，通过 dS 的磁通量

$$d\Phi_m=\boldsymbol{B}\cdot d\boldsymbol{S}=BdS\cos\theta=\frac{\mu_0 I}{2\pi x}hdx$$

通过整个矩形面积的磁通量

$$\Phi_m=\int_a^{a+b}\frac{\mu_0 Ih}{2\pi x}dx=\frac{\mu_0 Ih}{2\pi}\ln\frac{a+b}{a}$$

7.4.2 磁场的高斯定理

由于磁感应线都是无头无尾的闭合曲线，所以对于闭合曲面有多少条磁感应线进入就有多少条穿出，如图 7-16 所示。所以在磁场中通过任意闭合曲面的总磁通量为零，即

$$\oiint_S \boldsymbol{B}\cdot d\boldsymbol{S}=0 \tag{7-13}$$

这就是**磁场的高斯定理**，它是电磁场理论的基本方程之一，也是反映磁场规律的一个重要定理，即磁场是无源场，其磁感应线是无头无尾闭合曲线。

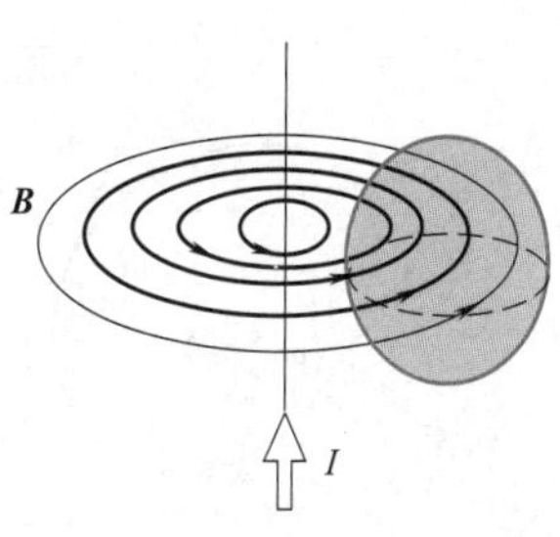

图 7-16 通过闭合曲面的磁通量

7.5 安培环路定理

7.5.1 安培环路定理

在静电场中，电场强度 $\boldsymbol{E}$ 沿任意闭合路径的线积分等于零，即 $\oint_L \boldsymbol{E}\cdot \mathrm{d}\boldsymbol{l}=0$，这是静电场的一个重要性质，说明静电场是保守场。而对磁场来说，磁感应强度 $\boldsymbol{B}$ 沿任意闭合路径的线积分却不一定等于零。由毕奥－萨伐尔定律可以推导出稳恒传导电流的磁场的一条基本规律，表述为：在真空的稳恒磁场中，磁感应强度 $\boldsymbol{B}$ 沿任意闭合路径的线积分等于该闭合路径所包围的电流的代数和的 μ_0 倍。即

$$\oint_L \boldsymbol{B}\cdot \mathrm{d}\boldsymbol{l}=\mu_0\sum_{i=1}^{n} I_i \tag{7-14}$$

这就是真空中稳恒磁场的安培环路定理，该闭合环路称为安培环路。安培环路定理是反映磁场基本性质的重要方程之一，它说明磁场是有旋场。

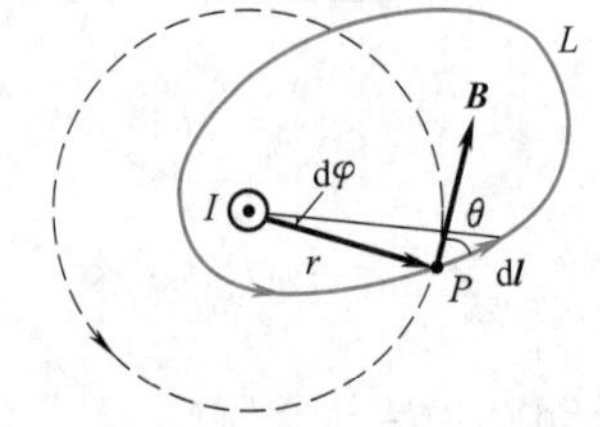

图 7-17 计算 B 对任意形状的闭合路径的线积分

我们通过真空中无限长直载流导线激发的磁场这一特例来推证安培环路定理。

如图 7-17 所示，在垂直于导线的平面内任取一包围电流的闭合曲线 L，线上任意一点 P 的磁感应强度的大小为

$$B=\frac{\mu_0 I}{2\pi r}$$

式中，I 为导线中的电流；r 为点 P 离开导线的距离。由图可知，$\mathrm{d}l\cos\theta=r\mathrm{d}\varphi$，所以

$$\oint_L \boldsymbol{B}\cdot \mathrm{d}\boldsymbol{l}=\oint_L B\cos\theta \mathrm{d}l=\oint_L Br\mathrm{d}\varphi=\int_0^{2\pi}\frac{\mu_0}{2\pi}\frac{I}{r}r\mathrm{d}\varphi=\frac{\mu_0 I}{2\pi}\int_0^{2\pi}\mathrm{d}\varphi=\mu_0 I$$

真空中当任意闭合回路 L 包围电流 I 时，磁感应强度 $\boldsymbol{B}$ 沿闭合路径 L 的线积分为 $\mu_0 I$。如果电流的方向相反，磁感应强度 $\boldsymbol{B}$ 方向与图示方向相反，则线积分变为

$$\oint_L \boldsymbol{B}\cdot \mathrm{d}\boldsymbol{l}=-\mu_0 I$$

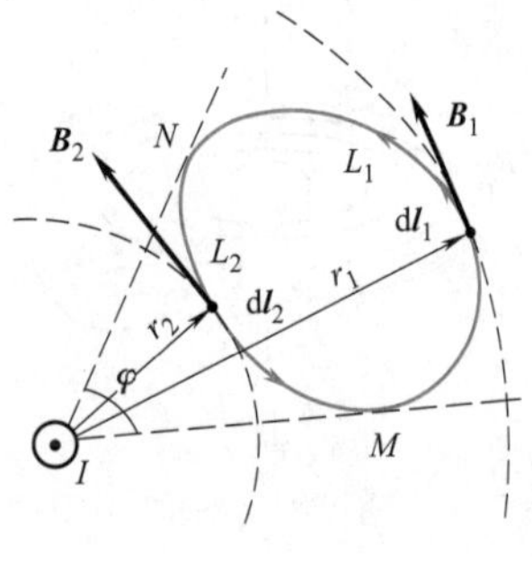

图 7-18 计算 $\boldsymbol{B}$ 对不包围电流的闭合路径的线积分

若闭合的积分路径 L 不包围电流 I，如图 7-18 所示。此时从载流导线出发作闭合路径的两条切线，两切点把闭合路径 L 为 L_1 和 L_2 两部分。按上面同样的分析，可以得出

$$\oint_L \boldsymbol{B}\cdot \mathrm{d}\boldsymbol{l}=\int_{L_1}\boldsymbol{B}\cdot \mathrm{d}\boldsymbol{l}+\int_{L_2}\boldsymbol{B}\cdot \mathrm{d}\boldsymbol{l}$$
$$=\frac{\mu_0 I}{2\pi}\left(\int_{L_1}\mathrm{d}\varphi+\int_{L_2}\mathrm{d}\varphi\right)=\frac{\mu_0 I}{2\pi}[\varphi+(-\varphi)]=0$$

上式表明，当安培环路不包围电流 I 时，磁感应强度 $\boldsymbol{B}$ 沿安培环路的线积分为零。

如果安培环路包围多个无限长直载流导线，可以得出

$$\oint_L \boldsymbol{B}\cdot \mathrm{d}\boldsymbol{l}=\oint_L \sum \boldsymbol{B}_i\cdot \mathrm{d}\boldsymbol{l}=\sum\oint_L \boldsymbol{B}_i\cdot \mathrm{d}\boldsymbol{l}=\mu_0\sum I_i$$

应用安培环路定理时应注意：

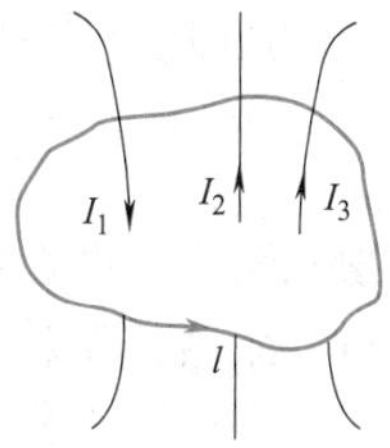

图 7-19　安培环路包围的电流

（1）式（7-14）中，$\sum I_i$ 是安培环路所包围电流的代数和。当电流的方向与积分路径的绕行方向成右手螺旋关系时，该电流取正值，反之取负值。在图 7-19 中，$\sum I_i=I_2+I_3-I_1$。

（2）尽管未被安培环路包围的电流对磁感应强度 $\boldsymbol{B}$ 沿闭合路径的线积分没有贡献，但它们对空间各点的磁场却是有贡献的，空间任一点的磁场是由空间所有电流共同产生的。只有安培环路包围的电流才会对磁感应强度 $\boldsymbol{B}$ 沿闭合路径的线积分有贡献。

（3）安培环路并非一定是平面回路，也可是空间回路。

（4）安培环路定理只适用于真空中稳恒电流产生的磁场。如果电流随时间发生变化或空间存在其他磁性材料，则需要对安培环路定理的形式进行修正。

7.5.2　安培环路定理的应用

应用安培环路定理可以较为简便地计算出某些具有特定对称性的载流导线的磁场分布，这一情况与高斯定理求某些具有特定对称性的带电体的电场分布相似。

利用安培环路定理求磁感应强度 $\boldsymbol{B}$ 的步骤如下：

（1）首先依据电流分布的对称性，分析磁场分布的对称性。

（2）选取适当的安培环路 L 使其通过所求的场点，且在所取安培环路 L 上要求磁感应强度 $\boldsymbol{B}$ 的大小处处相等，或使积分在安培环路 L 的某些段上的积分为零，剩余路径上的 $\boldsymbol{B}$ 值处处相等，而且 $\boldsymbol{B}$ 与路径的夹角也处处相同，以便使积分 $\oint_L \boldsymbol{B}\cdot \mathrm{d}\boldsymbol{l}$ 中的 $\boldsymbol{B}$ 能以标量形式从积分号内提出来。

（3）任意规定一个安培环路 L 的绕行方向，根据右手螺旋定则判定电流的正、负，从而求出安培环路 L 所包围电流的代数和。

（4）根据安培环路定理列出方程式，最后解出磁感应强度 $\boldsymbol{B}$ 的分布。

下面通过几个典型例子说明安培环路定理的应用。

例题 7-6　设真空中有一半径为 R 的无限长直载流圆柱导体，电流 I 在导体截面上均匀流过，求载流圆柱导体周围空间的磁场分布。

解　由电流分布具有轴对称性可知磁感应强度 $\boldsymbol{B}$ 也具有这种轴对称性，所以磁感应线应该是在垂直轴线的平面内、以轴线为中心的一系列同心圆，方向与其内部的电流成右手螺旋关系，而且在同一圆周上磁感应强度的大小相等，如图 7-20 所示。过任一场点 P，在垂直轴线的平面内取圆心在轴线上、半径为 r 的圆周为安培环路 L，积分方向与磁感应线的方向相同（与电流方向成右手螺旋关系）。由于 L 上磁感应强度的量值处处相等，且磁感应强度 $\boldsymbol{B}$ 的方向与积分路径 $\mathrm{d}\boldsymbol{l}$ 的方向一致，所以，磁感应强度 $\boldsymbol{B}$ 沿路径 L 的线积分为

$$\oint_L \boldsymbol{B}\cdot\mathrm{d}\boldsymbol{l}=2\pi rB$$

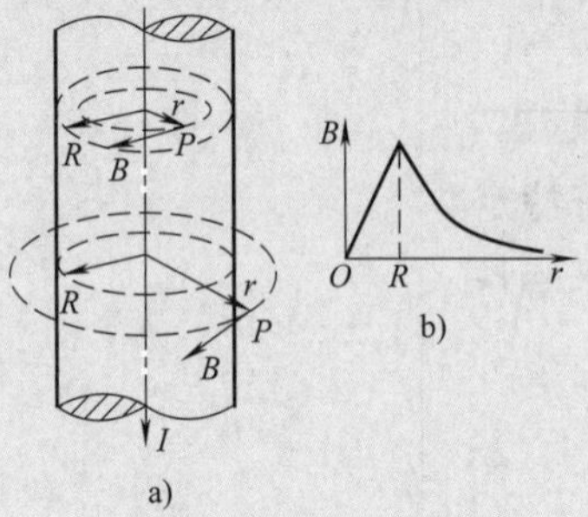

图 7-20　例题 7-6 图

（1）如果点 P 为圆柱体内任意一点，即 $r<R$，因为圆柱体内的电流只有一部分 I' 通过环路，由安培环路定理，得

$$\oint_L \boldsymbol{B}\cdot\mathrm{d}\boldsymbol{l}=2\pi rB=\mu_0 I'$$

由于电流 I 均匀分布，所以

$$I'=\frac{I}{\pi R^2}\times\pi r^2=\frac{Ir^2}{R^2}$$

上面两式联立得

$$2\pi rB=\mu_0\frac{Ir^2}{R^2}$$

解得

$$B=\frac{\mu_0 Ir}{2\pi R^2}\ (r<R)$$

（2）如果点 P 为圆柱体外任意一点，即 $r>R$，由安培环路定理，得

$$\oint_L \boldsymbol{B}\cdot\mathrm{d}\boldsymbol{l}=2\pi rB=\mu_0 I。$$

所以

$$B=\frac{\mu_0 I}{2\pi r}\ (r>R)$$

这与无限长直载流导线的磁场分布完全相同。

以上结果表明，在圆柱体外部，磁感应强度 $\boldsymbol{B}$ 的大小与离开轴线的距离 r 成正反比，在圆柱体内部，磁感应强度 $\boldsymbol{B}$ 的大小与离开轴线的距离 r 成正比。在圆柱体表面处磁感应强度是连续的。

例题 7-7　如图 7-21a 所示的环状螺线管称为螺绕环。设真空中有一螺绕环，环的轴线半径为 R，环上均匀地密绕 N 匝线圈，线圈通有电流 I，求通电螺绕环的磁场分布。

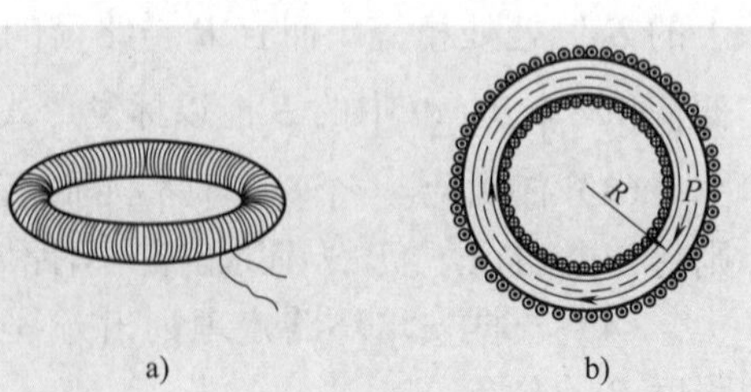

图 7-21　例题 7-7 图

解　由电流的对称性可知，环内的磁感应线是一系列同心圆，圆心在通过环心垂直于环面的直线上。在同一条磁感应线上各点磁感应强度的大小相等，方向沿圆周的切线方向。先分析螺绕环内任意一点 P 的磁场，以环心为圆心、过点 P 作一闭合环路 L，半径为 r，绕行方向与所包围电流成右手螺旋关系，如图 7-21 所示。则由安培环路定理得

$$\oint_L \boldsymbol{B}\cdot \mathrm{d}\boldsymbol{l}=2\pi rB=\mu_0 NI$$

计算出点 P 的磁感应强度为

$$B=\frac{\mu_0 NI}{2\pi r}\qquad（螺绕环内）$$

如果环管截面半径比轴线半径小得多，可以认为 $r\approx R$，则可以写成

$$B=\frac{\mu_0 NI}{2\pi R}=\mu_0 nI$$

这里，$n=\dfrac{N}{2\pi R}$是螺绕环单位长度内的线圈匝数。上述结果与无限长直载流螺线管的磁场类似。

对螺绕环外任意一点的磁场，过所求场点作一圆形闭合环路，并使它与螺绕环共轴。很容易看出，穿过闭合回路的总电流为零，因此根据安培环路定理

$$\oint_L \boldsymbol{B}\cdot \mathrm{d}\boldsymbol{l}=2\pi rB=0$$

得

$$B=0\qquad（螺绕环外）$$

所以，对于密绕细螺绕环来说，它的磁场几乎全部集中在螺绕环的内部，外部无磁场。

例题 7-8　设在无限大导体薄板中有均匀电流沿平面流动，在垂直于电流方向的单位长度上流过的电流为 j，求无限大均匀平面电流的磁场分布。

解　如图 7-22 所示，无限大平面电流相当于无限多条平行的长直电流。根据电流对称性可知，与平板等距离处 $\boldsymbol{B}$ 的大小相等；对于平面上方任意一点处磁感应强度 $\boldsymbol{B}$ 平行于平面指向左，在对称的平面下方 $\boldsymbol{B}$ 的方向向右。作如图所示的安培环路 $abcda$。

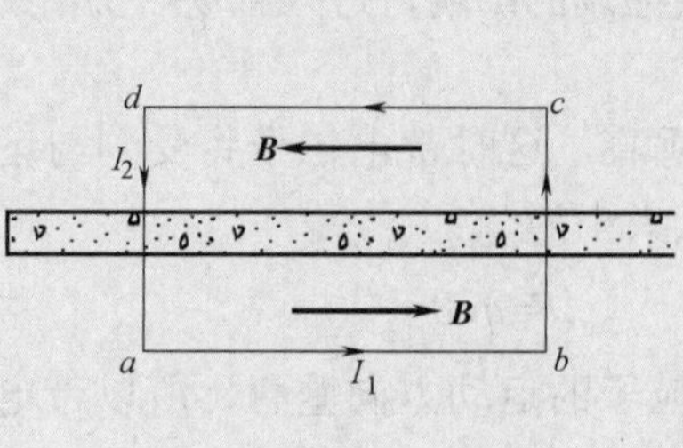

图 7-22　例题 7-8 图

由安培环路定理有

$$\oint_L \boldsymbol{B}\cdot \mathrm{d}\boldsymbol{l}=\int_a^b \boldsymbol{B}\cdot \mathrm{d}\boldsymbol{l}+\int_b^c \boldsymbol{B}\cdot \mathrm{d}\boldsymbol{l}+\int_c^d \boldsymbol{B}\cdot \mathrm{d}\boldsymbol{l}+\int_d^a \boldsymbol{B}\cdot \mathrm{d}\boldsymbol{l}$$

在 bc 和 da 上 $\boldsymbol{B}$ 与 $\mathrm{d}\boldsymbol{l}$ 垂直，ab 与 cd 上积分值相同。

$$\oint_L \boldsymbol{B}\cdot \mathrm{d}\boldsymbol{l}=2\int_a^b B\mathrm{d}l=2B\overline{ab}=\mu_0\overline{ab}j$$

$$B=\frac{\mu_0 j}{2}$$

结果说明，在无限大均匀平面电流两侧的磁场都是均匀磁场，而且两侧磁感应强度大小相等、方向相反。

7.6　洛伦兹力

7.6.1　洛伦兹力

根据磁感应强度的定义，我们知道：电荷受到的磁力的方向总是与电荷运动的方向垂直；当电荷沿磁场方向运动时，磁力为零；如果电荷沿着与磁场方向垂直的方向运动时，所受到的磁力最大 $F_m=qvB$。

在一般情况下，如果电荷运动方向与磁场方向成夹角 θ，则所受到的磁力 $\boldsymbol{F}$ 的大小为

$$F=qvB\sin\theta \tag{7-15}$$

方向垂直于 $\boldsymbol{v}$ 和 $\boldsymbol{B}$ 所确定的平面，写成矢量的形式

$$\boldsymbol{F}=q\boldsymbol{v}\times\boldsymbol{B} \tag{7-16}$$

上式就是**洛伦兹力公式**，它总是和电荷的运动速度方向垂直，因此磁力只改变电荷的运动方向，而不改变其速度的大小和动能。洛伦兹力对电荷所做的功恒等于零，这是洛伦兹力的一个重要特征。

7.6.2　带电粒子在磁场中的运动

一电荷量为 q、质量为 m 的粒子，以初速度 $\boldsymbol{v}$ 进入磁场中运动，它会受到由式（7-16）所示的洛伦兹力的作用，因而改变其运动状态。

1. 带电粒子在均匀磁场中的运动

（1）如果 $\boldsymbol{v}$ 与 $\boldsymbol{B}$ 相互平行，作用于带电粒子的洛伦兹力等于零，带电粒子不受磁场的影响，进入磁场后仍沿磁场方向做匀速直线运动。

（2）如果 $\boldsymbol{v}$ 与 $\boldsymbol{B}$ 垂直，这时带电粒子将受到与运动方向垂直的洛伦兹力 $\boldsymbol{F}$，其大小为

$$F=qvB$$

因为洛伦兹力始终与粒子的运动方向垂直，所以带电粒子将在垂直于磁场的平面内做半径为 R 的匀速率圆周运动，如图 7-23 所示。

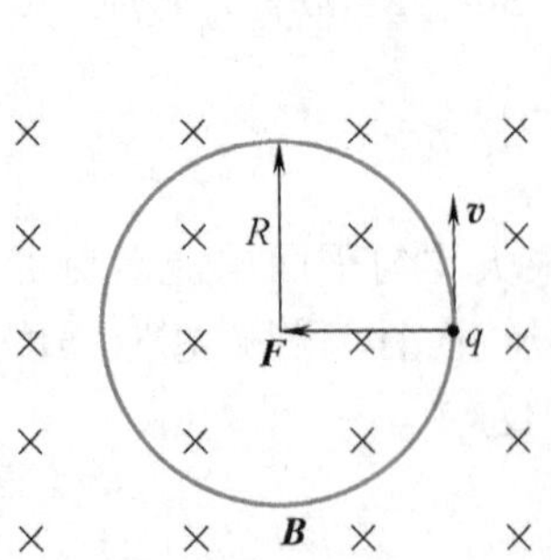

图 7-23　带电粒子垂直于磁场方向运动的轨迹

由牛顿运动定律得带电粒子做圆周运动的轨道半径为

$$R=\frac{mv}{qB} \tag{7-17}$$

可见，对于一定的带电粒子（即$\frac{q}{m}$一定），其轨道半径与带电粒子的运动速度成正比，与磁感应强度 $\boldsymbol{B}$ 的大小成反比。

带电粒子绕圆形轨道运动一周所需的时间，即周期为

$$T=\frac{2\pi R}{v}=\frac{2\pi m}{qB} \tag{7-18}$$

上式表明，带电粒子的运动周期与带电粒子的运动速度无关。这一特点是磁聚焦和回旋加速器的理论基础。

（3）如果 $\boldsymbol{v}$ 与 $\boldsymbol{B}$ 成任意 θ 角，这时可将带电粒子的初速度 $\boldsymbol{v}$ 分解为平行于 $\boldsymbol{B}$ 的分量 $v_{/\!/}=v\cos\theta$ 和垂直于 $\boldsymbol{B}$ 的分量 $v_{\perp}=v\cos\theta$，即带电粒子同时参与两种运动。对于 $v_{/\!/}$，磁场是纵向的，故带电粒子将以速度 $v_{/\!/}$ 沿着磁场方向做匀速直线运动；对于 $v_{\perp}$，磁场是横向的，所以带电粒子做匀速率圆周运动。因此，带电粒子的合运动是以磁场方向为轴的螺旋运动，如图 7-24 所示。螺旋线半径为

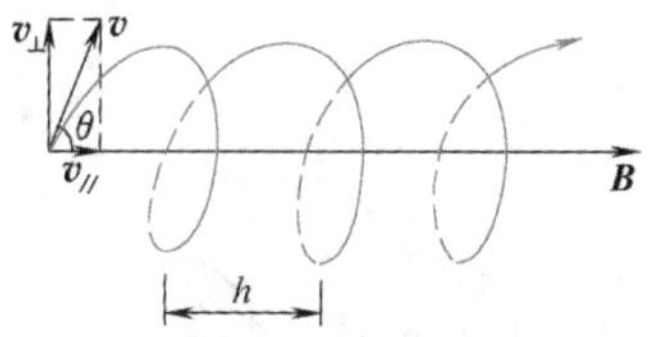

图 7-24　带电粒子在磁场中的螺旋运动

$$R=\frac{mv_{\perp}}{qB}=\frac{mv\sin\theta}{qB} \tag{7-19}$$

螺旋周期为

$$T=\frac{2\pi R}{v_{\perp}}=\frac{2\pi m}{qB} \tag{7-20}$$

螺距为

$$h=v_{/\!/}T=\frac{2\pi mv\cos\theta}{qB} \tag{7-21}$$

如果在均匀磁场中某点 A 处（见图 7-25）引入一束发散角不太大的带电粒子束，其中粒子的速度又大致相同，则它们在磁场 $\boldsymbol{B}$ 的方向上具有大致相同的速度分量，因而它们有相同的螺距 h。经过一个周期它们将重新汇聚在另一点，这种发散粒子束汇聚到一点的现象与透镜将光束聚焦的现象十分相似，叫作磁聚焦。它广泛地应用于电真空器件中，特别是电子显微镜中。

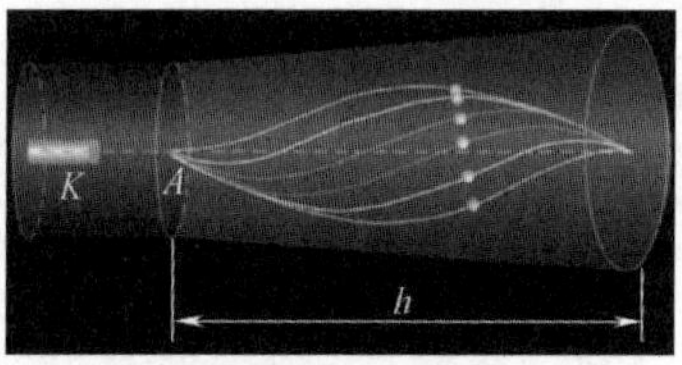

图 7-25　磁聚焦

2. 带电粒子在非均匀磁场中的运动

带电粒子在非均匀磁场中运动时，速度方向和磁场方向不同的带电粒子，也要做螺旋运动，但半径和螺距都将不断发生变化。当粒子向磁场较强的方向运动时，受力情况如图 7-26 所示，一个分力 $F_{\perp}$ 是使电子做圆周运动的向心力；另一

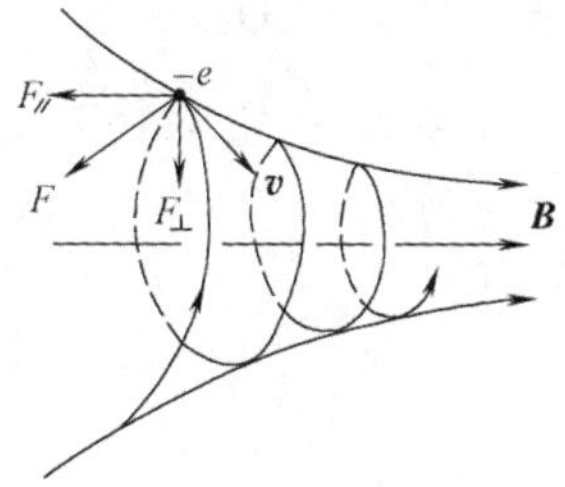

图 7-26　不均匀磁场对运动的带电粒子的力

个分力 $F_{//}$ 与电子运动的分速度 $v_{//}$ 平行且反向，它使得电子向着强磁场方向的运动速度减慢，有可能直至停止，并继而沿反方向（磁场较弱的一方）加速前进。强度逐渐增加的磁场能使粒子发生“反射”，因而把这种磁场分布叫作磁镜。

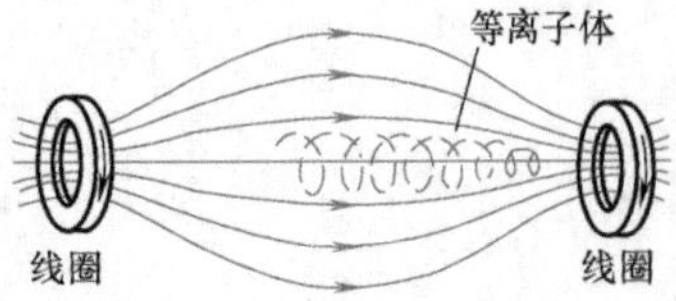

图 7-27　磁瓶

如图 7-27 所示，如果在真空室中形成一个两端很强、中间较弱的磁场，两端较强的磁场对带电粒子的运动就起着磁镜作用。当处于中间区域的带电粒子沿着磁感应线向两端运动时，遇到强磁场就被反射回来，于是带电粒子就被局限在一定范围内做往返运动，而无法逃逸出去，这种能约束带电粒子的磁场分布称为磁瓶。在现代研究受控热核反应的实验中，需要把很高温的等离子体限制在一定空间区域内。在这样的高温下，所有固体材料都将化为气体而不能作为容器。上述磁约束就成了达到这种目的的常用方法之一。

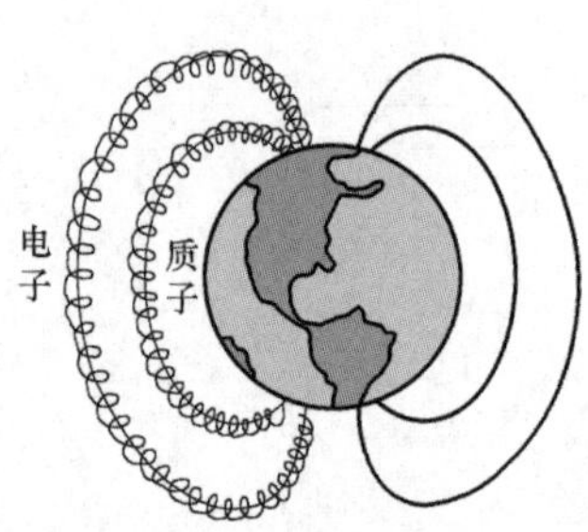

图 7-28　范·艾伦辐射带

如图 7-28 所示，地球磁场是一个非均匀磁场，两极处的磁感应强度比中间的磁感应强度大，因而构成一个天然的带电粒子磁捕集器。来自宇宙射线和“太阳风”的带电粒子进入地球磁场，其中一些粒子沿地球磁场的磁感应线来回反射。探索者 1 号宇航器在 1958 年从太空中发现，在距离地面几千公里和两万公里的高空，分别存在质子层和电子层两个环绕地球的辐射带。我们称这些辐射带为范·艾仑（van Allen）辐射带。在高纬度地区出现的极光则是高速带电粒子从辐射带脱离进入大气后与大气相互作用引起的。

7.6.3　霍尔效应

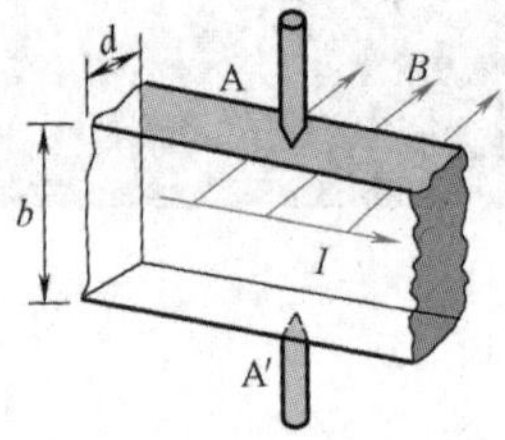

图 7-29　霍尔效应

1879 年美国物理学家霍尔（E. H. Hall，1855—1938）发现，把一块通有电流 I 的导体薄板放在磁感应强度为 $\boldsymbol{B}$ 的磁场中，如果磁场方向垂直于薄板平面，则在薄板的 A、A′ 两侧面之间会出现一定的电势差 $U_{AA'}$，这一现象称为霍尔效应，如图 7-29 所示，所产生的电势差 $U_{AA'}$ 称为霍尔电势差。实验表明，霍尔电势差 $U_{AA'}$ 与通过导体薄板的电流 I 和磁感应强度 $\boldsymbol{B}$ 的大小成正比，与导体薄板沿磁感应强度 $\boldsymbol{B}$ 方向的厚度 d 成反比，即

$$U_{H}=k\frac{IB}{d} \tag{7-22}$$

式中的比例系数 k 称为霍尔系数。

霍尔效应可用洛伦兹力来说明。当电流通过导体薄板时，载流子在洛伦兹力作用下发生偏转，使导体薄板的上、下两侧

面出现异号电荷分布，结果在板内形成了附加电场 $\boldsymbol{E}_\mathrm{H}$，称为霍尔电场。若载流子平均定向运动速度为 $\boldsymbol{v}$，则载流子受到的洛伦兹力为

$$F_\mathrm{m}=qvB$$

而电场对载流子的作用力为

$$F_\mathrm{e}=qE_\mathrm{H}$$

随着导体薄板两侧电荷的积累，电场力逐渐增大，当这两个力达到平衡时，即

$$qvB=qE_\mathrm{H}$$

载流子不再偏转，横向电场 $\boldsymbol{E}_\mathrm{H}$ 达到稳定，导体的上、下两侧出现稳定的霍尔电势差，则有

$$U_{\mathrm{AA}'}=E_\mathrm{H}b=Bbv$$

注意到电流 $I=nqvbd$，其中 n 是载流子数密度，代入上式得

$$U_{\mathrm{AA}'}=\frac{1}{nq}\frac{IB}{d} \tag{7-23}$$

与式（7-22）比较得

$$k=\frac{1}{nq} \tag{7-24}$$

上式表明，k 与载流子的浓度有关，因此通过霍尔系数的测量，可以算出载流子的浓度。半导体内载流子的浓度比金属中的载流子浓度小，所以半导体的霍尔系数比金属的大得多。而且半导体内载流子的浓度受温度、杂质以及其他因素的影响，因此霍尔效应为研究半导体载流子浓度的变化提供了重要方法。

AA′ 两侧的电势差 $U_{\mathrm{AA}'}$ 与载流子的正负号有关。如图 7-30a 所示，若 $q>0$，载流子的定向速度 $\boldsymbol{v}$ 的方向与电流方向一致，洛伦兹力使它向上（即朝 A 侧）偏转，结果 $U_{\mathrm{AA}'}>0$；反之，如图 7-30b 所示，若 $q<0$，载流子的定向速度 $\boldsymbol{v}$ 的方向与电流方向相反，洛伦兹力也使它向上（也朝 A 侧）偏转，结果 $U_{\mathrm{AA}'}<0$。半导体有电子型（N 型）和空穴型（P 型）两种，前者的载流子为带负电的电子，后者的载流子为带正电的空穴。所以根据霍尔系数的正负号还可以判断半导体的导电类型，这对于诸多半导体材料和高温超导体的性质测量来说意义重大。

霍尔效应已在科学技术的许多领域（如测量技术、电子技术、自动化技术等）得到广泛应用。霍尔元件的主要用途有

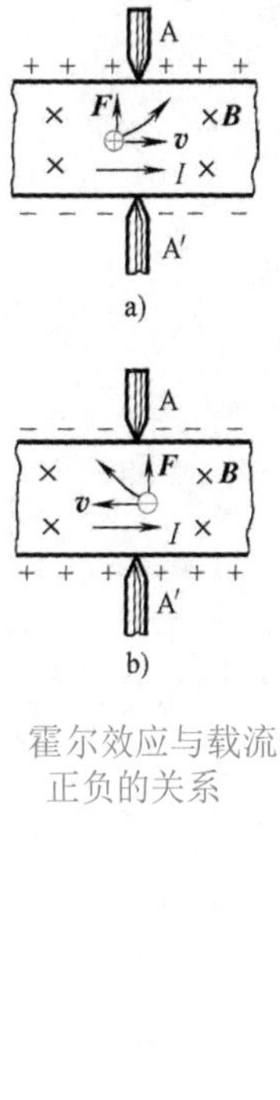

图 7-30　霍尔效应与载流子电荷正负的关系

以下几方面：①测量磁场的磁感应强度；②测量直流或交流电路中的电流和功率；③转换信号，如把直流电流转换成交流电流并对它进行调制，放大直流或交流信号等；④对各种物理量（应先设法转化成电流信号）进行四则或乘方、开方运算。近年来，由于新型半导体材料和低维物理学的发展使得人们对霍尔效应的研究取得了许多突破性进展。德国物理学家冯·克利青（Klaus von Klitzing）因发现量子霍尔效应而荣获1985 年度诺贝尔物理学奖。

7.7 安培力

7.7.1 安培力

1. 电流元在磁场中受到的安培力

导线中的电流是由其中的载流子定向移动形成的，当把载流导线置于磁场中时，这些运动的载流子就要受到洛伦兹力的作用，其结果将表现为载流导线受到磁力的作用，这个力称为**安培力**。下面将导出载流导线在磁场中受到的安培力。

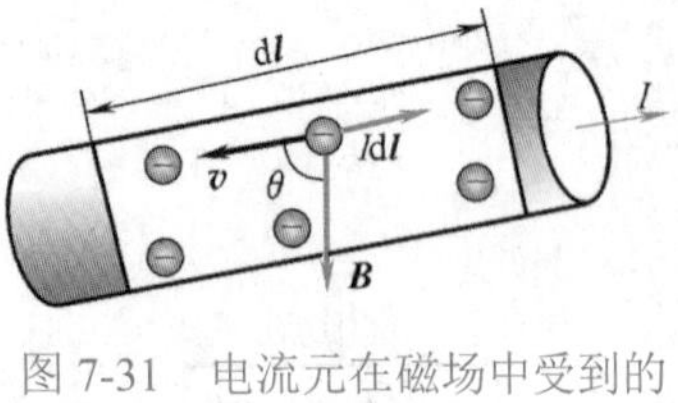

图 7-31 电流元在磁场中受到的安培力

如图 7-31 所示，载流导线处在磁场中，设导线的截面积为 S，通有电流 I，自由电子的载流子数密度为 n，自由电子的平均漂移速度为 $\boldsymbol{v}$。在导线上任取一电流元 $I\mathrm{d}\boldsymbol{l}$，电流元所在处的磁感应强度为 $\boldsymbol{B}$，$\boldsymbol{v}$ 与 $\boldsymbol{B}$ 的夹角为 θ。在磁场的作用下，电流元中每个自由电子受到的洛伦兹力为 $\boldsymbol{F}=-e\boldsymbol{v}\times\boldsymbol{B}$。因该电流元中自由电子总数为 $\mathrm{d}N=nS\mathrm{d}l$，所以整个电流元受到的磁力为

$$\mathrm{d}\boldsymbol{F}=-nS\mathrm{d}le\boldsymbol{v}\times\boldsymbol{B}$$

由于 $I\mathrm{d}\boldsymbol{l}=-enS\boldsymbol{v}\mathrm{d}l$，故上式可写成

$$\mathrm{d}\boldsymbol{F}=I\mathrm{d}\boldsymbol{l}\times\boldsymbol{B} \tag{7-25}$$

它是由安培首先通过实验总结出来的关于一段电流元在磁场中受磁力作用的基本规律。由上式可知，安培力的方向垂直电流元 $I\mathrm{d}\boldsymbol{l}$ 和磁感应强度 $\boldsymbol{B}$ 所组成的平面，满足右手螺旋法则，即安培力的方向与电流元 $I\mathrm{d}\boldsymbol{l}$ 和磁感应强度 $\boldsymbol{B}$ 的矢积的方向相同。

对任意形状的载流导线 L，其在磁场中所受的安培力 $\boldsymbol{F}$ 应等于各个电流元所受安培力的矢量和，即

$$\boldsymbol{F}=\int_L I\mathrm{d}\boldsymbol{l}\times\boldsymbol{B} \tag{7-26}$$

式中，$\boldsymbol{B}$ 为各电流元所在处的磁感应强度，上式是计算安培力的基本公式。

利用上式很容易求出载流直导线在均匀磁场中的受到的安培力。设直导线长度为 L，电流为 I，其方向与磁感应强度 $\boldsymbol{B}$ 的夹角为 θ，得

$$F=IBL\sin\theta \tag{7-27}$$

当 $\theta=0^\circ$ 或 180° 时，$F=0$；当 $\theta=90^\circ$ 时，$F=F_{max}=IBL$。

例题 7-9　如图 7-32 所示，在均匀磁场中放置一任意形状的载流导线 ab，通有电流 I，求此段载流导线所受的安培力。

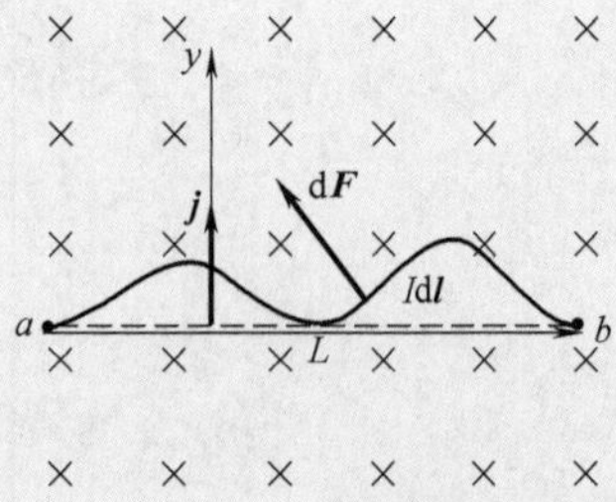

图 7-32　例题 7-9 图

解　在电流上任取电流元 $I\mathrm{d}\boldsymbol{l}$，它受到的安培力为

$$\mathrm{d}\boldsymbol{F}=I\mathrm{d}\boldsymbol{l}\times\boldsymbol{B}$$

整个导线所受的安培力为

$$\boldsymbol{F}=\int_a^b I\mathrm{d}\boldsymbol{l}\times\boldsymbol{B}$$

由于电流 I 是常量，且磁场是均匀磁场，因此可以将其提到积分号外

$$\boldsymbol{F}=I\left(\int_a^b \mathrm{d}\boldsymbol{l}\right)\times\boldsymbol{B}$$

式中括号内的积分是线元 $\mathrm{d}\boldsymbol{l}$ 的矢量和，应该等于从点 a 到点 b 的矢量直线段 L。因此整个载流导线在均匀磁场中所受的安培力为

$$\boldsymbol{F}=I\boldsymbol{L}\times\boldsymbol{B}=ILB\boldsymbol{j}$$

式中，$\boldsymbol{j}$ 为 y 轴方向上的单位矢量。

从以上所得结果可以推断，任意形状的平面载流导线在均匀磁场中所受磁力之总和，等于从起点到终点连接的直导线通有相同的电流时所受的磁力。如果载流导线构成闭合回路，由上述结果可知，闭合的载流回路在均匀磁场中所受的磁力为零。

2. 电流单位“安培”的定义

根据毕奥 - 萨伐尔定律计算出载流导线所激发的磁场，再求出载流导线在此磁场中所受的安培力，原则上可以计算任意形状的载流导线之间或线圈之间的相互作用力。

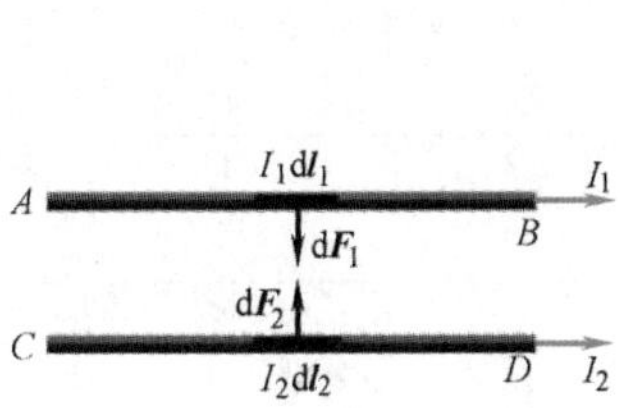

图 7-33　电流单位“安培”的定义

设有两平行无限长直导线 AB、CD 相距为 a，分别通有电流 I_1、I_2，方向相同（见图 7-33），它们之间有相互作用力。导线 CD 的任一电流元 $I_2\mathrm{d}\boldsymbol{l}_2$ 处于电流 I_1 激发的磁场中

$$B_1=\frac{\mu_0 I_1}{2\pi a}$$

电流元 $I_2\mathrm{d}\boldsymbol{l}_2$ 所受的安培力为

$$\mathrm{d}F_2 = I_2B_1\mathrm{d}l_2 = \frac{\mu_0 I_1 I_2}{2\pi a}\mathrm{d}l_2$$

方向垂直于 CD 指向 AB。所以导线 CD 上单位长度所受的安培力

$$\frac{\mathrm{d}F_2}{\mathrm{d}l_2} = \frac{\mu_0 I_1 I_2}{2\pi a}$$

同理，导线 AB 上单位长度所受的安培力

$$\frac{\mathrm{d}F_1}{\mathrm{d}l_1} = \frac{\mu_0 I_1 I_2}{2\pi a}$$

方向垂直于 AB 指向 CD。容易看出两导线 AB、CD 之间的作用力是相互吸引。同样可证明，当两导线电流方向相反时，两导线之间的作用力是相互排斥。

因为两导线间的相互作用力比较容易测量，所以在国际单位制中是通过两平行载流直导线间的作用力来定义电流的单位，具体定义如下：在真空中有两根平行长直导线，二者之间相距 1 m，当通有大小相等的电流时，调节导线中电流的大小，使得两导线间单位长度的相互作用力为 2×10^{-7} N · m^{-1}，则规定这时每根导线中的电流为 1 A。

7.7.2　载流线圈在磁场中所受的磁力矩

讨论了载流导线在磁场中的受力规律后，下面讨论平面载流线圈在磁场中的受力。线圈所在平面有两个可能法线方向，我们规定与电流成右手螺旋关系的那个法线方向为线圈的方向。

如图 7-34 所示，在均匀磁场 $\boldsymbol{B}$ 中，有一刚性矩形载流线圈 $abcd$，它的边长分别为 l_1 和 l_2，电流为 I，ab 边和 cd 边与 $\boldsymbol{B}$ 垂直，线圈可绕垂直于磁感应强度 $\boldsymbol{B}$ 的中心轴 OO' 自由转动，线圈的法线方向 $\boldsymbol{e}_\mathrm{n}$ 与 $\boldsymbol{B}$ 方向之间的夹角为 φ。由式（7-27）可知，导线 bc、da 所受的安培力的大小分别为

$$F_1 = IBl_1\sin(90^\circ-\varphi),\quad F_1' = IBl_1\sin(90^\circ-\varphi)$$

可见 $F_1=F_1'$，方向相反，并且在同一条直线上，所以它们的合力及合力矩都为零。而导线 ab 段和 cd 段所受磁场作用力的大小则分别为

$$F_2 = IBl_2,\quad F_2' = IBl_2$$

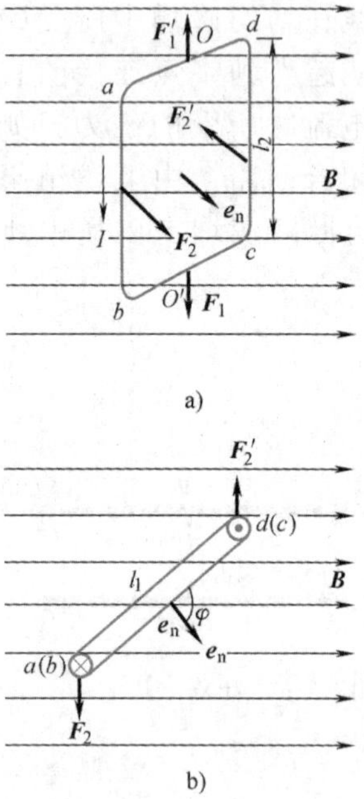

图 7-34　平面载流线圈在匀强磁场中所受的力矩

可见 $F_2=F_2'$，方向相反，但不在同一直线上，所以它们的合力为零但合力矩不为零，磁场作用在线圈上的磁力矩的大小为

$$M=F_2l_1\sin\varphi=IBl_1l_2\sin\varphi=IBS\sin\varphi \qquad (7\text{-}28)$$

式中，$S=l_1l_2$ 为线圈面积。根据线圈法线方向 $\boldsymbol{e}_n$ 和 $\boldsymbol{B}$ 的方向以及 $\boldsymbol{M}$ 的方向，此式可用矢量表示为

$$\boldsymbol{M}=SI\boldsymbol{e}_n\times\boldsymbol{B} \qquad (7\text{-}29)$$

如果给出定义

$$\boldsymbol{p}_m=SI\boldsymbol{e}_n$$

并称之为载流线圈磁矩，则作用在线圈上的磁力矩的矢量形式为

$$\boldsymbol{M}=\boldsymbol{p}_m\times\boldsymbol{B} \qquad (7\text{-}30)$$

由式（7-30）可以得出，磁场对载流线圈作用的磁力矩 $\boldsymbol{M}$，总是使磁矩转到磁感应强度的方向上。以上结论虽然是从矩形线圈得到的，但是可以证明对均匀磁场中的任意形状的平面载流线圈均适用。

载流线圈在磁场中受到磁力矩的作用而发生偏转，根据这一原理，可制成磁电式电表，如直流电流表、电压表等。磁电式电流计的结构如图 7-35 所示，在永久磁铁和圆柱形铁心之间的圆筒形空气隙中，形成均匀的径向磁场。在空气隙内置入一个可绕固定轴转动的线圈，转轴的两端各有一个游丝，其中一端固定一个指针。当电流通过线圈时，它所受到的磁力矩使线圈连带指针一起发生偏转。当游丝因形变而产生的力矩与磁力矩平衡时，线圈停止转动，此时指针偏向的角度与电流成正比。当线圈中的电流方向改变时，磁力矩的方向随着改变，指针的偏转方向也随着改变，所以，根据指针的偏转方向及角度，可以知道被测电流的方向和大小。

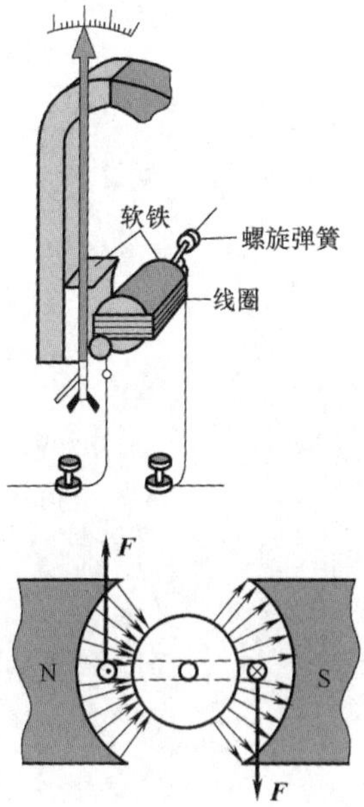

图 7-35　磁电式电流计的结构

7.8　磁场中的磁介质

7.8.1　磁介质

凡是处在磁场中能与磁场发生相互作用的物质都可称为磁介质。当我们把磁介质放在由电流产生的、磁感应强度为 $\boldsymbol{B}_0$ 的外磁场中时会发现，在外磁场的作用下，本来没有磁性的磁介质变得具有磁性，并能激发一附加的磁场，这种现象称为磁介质的磁化。由于磁介质的磁化而产生的附加磁场 $\boldsymbol{B}'$ 叠

加在原来的外磁场 $\boldsymbol{B}_0$ 上，这时，总的磁感应强度 $\boldsymbol{B}$ 为 $\boldsymbol{B}_0$ 和 $\boldsymbol{B}'$ 的矢量和，即

$$\boldsymbol{B}=\boldsymbol{B}_0+\boldsymbol{B}' \tag{7-31}$$

所以，在一般情况下，磁介质的存在将使总的磁场发生改变。磁介质对磁场的影响可以通过实验来观察。最简单的方法是对真空中的长直螺线管通以电流，测出其内部的磁感应强度的大小 B_0，然后使螺线管内充满各向同性的均匀磁介质，并通以相同的电流，再测出此时磁介质内的磁感应强度的大小 B。实验发现：磁介质内的磁感应强度是真空时的 μ_r 倍，即

$$B=\mu_r B_0 \tag{7-32}$$

式中，μ_r 称为磁介质的相对磁导率。根据相对磁导率 μ_r 的大小，可将磁介质分为顺磁质、抗磁质和铁磁质三类。

（1）若 $\boldsymbol{B}'$ 与 $\boldsymbol{B}_0$ 方向一致，$B > B_0$，$\mu_r > 1$，则这种磁介质称为顺磁质，例如锰、铬、铝、铂、氮等都是。

（2）若 $\boldsymbol{B}'$ 与 $\boldsymbol{B}_0$ 方向相反，$B < B_0$，$\mu_r < 1$，则这种磁介质称为抗磁质，例如铋、汞、银、铜、氢等都是。将抗磁质移到强磁极附近时将受到排斥力，抗磁性即得名于此。

（3）若 $\boldsymbol{B}'$ 与 $\boldsymbol{B}_0$ 同方向，$B \gg B_0$，$\mu_r \gg 1$，则这种磁介质称为铁磁质，例如铁、钴、镍和它们的合金，以及铁氧体（某些含铁的氧化物）等都是铁磁质，它在工程技术中广泛应用。铁磁质的磁性叫作铁磁性，当超过某一温度时铁磁质将失去铁磁性而变为通常的顺磁质，这一温度称为居里点。

7.8.2 磁介质的磁化

首先解释顺磁质和抗磁质的磁化机理。从物质的电结构出发，对物质的磁性做一初步解释，先介绍一下分子磁矩的概念。

1. 分子磁矩

在物质的分子（或原子）中，每个电子都绕原子核做轨道运动，从而使之具有轨道磁矩；此外电子还有自旋运动，因而也会有自旋磁矩。这两种运动都等效于一个电流分布，因而能产生磁效应。分子或原子中各个电子对外所产生磁效应的总和，可用一个等效的圆电流来代替，这个等效圆电流称为分子电流。分子电流具有的磁矩称为分子磁矩，用 $\boldsymbol{p}_m$ 表示。在没有外磁场的情况下，分子所具有的磁矩，称为固有磁矩。

从微观上讲，顺磁质的分子中，各电子磁矩不完全抵消，在不受外磁场作用时，具有固有磁矩 $\boldsymbol{p}_m$。但是由于分子

的热运动，这些分子的固有磁矩杂乱排列，因此大量分子的磁矩矢量和等于零，即有$\sum \boldsymbol{p}_{\mathrm{m}}=0$，对外不显磁性。其模型可如图 7-36a 所示，用一个个小的圆电流磁矩表示一个个分子的固有磁矩的无序排列。当外磁场存在时，这些分子磁矩在磁力矩的作用下大致沿磁场的方向排列，如图 7-36b 所示，于是$\sum \boldsymbol{p}_{\mathrm{m}} \neq 0$，产生沿外磁场同一方向的附加磁场，这就是顺磁质磁化的微观机理。

抗磁质的分子中各原子的电子磁矩互相抵消，每个分子的固有磁矩都为零。在没有外磁场时，从宏观上讲介质不呈现磁性。但当加上外磁场的瞬间，抗磁质的分子中也将产生感应电流。由于分子中没有电阻，这种感应电流一经产生，就将环流不息，直到外磁场撤去的瞬间再次产生反向感应电流与它抵消为止。分子感应电流所产生的附加磁矩（相对应的附加磁场）方向总是与外磁场方向相反，这就是产生抗磁性的机理。荷兰物理学家安德烈 · 吉姆（Andre Geim）曾经做过一个有关磁悬浮的著名实验，他利用抗磁原理将一只活的青蛙悬浮在空中（见图 7-37），获得了 2000 年的 Ig Nobel（搞笑诺贝尔）奖。

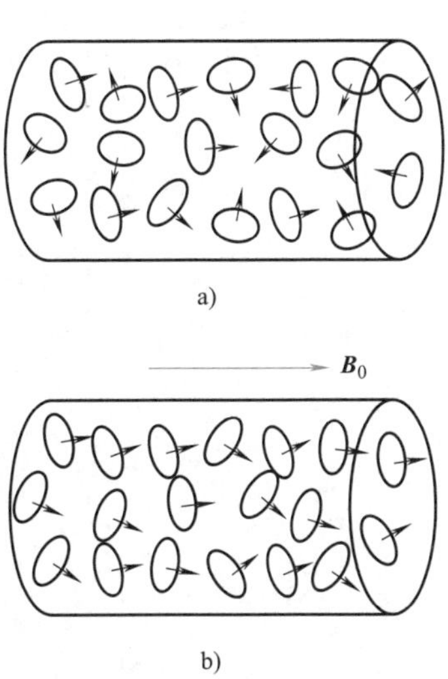

图 7-36　介质磁化的微观机制

图 7-37　利用抗磁原理悬浮的青蛙

2. 磁化强度矢量与磁化电流

（1）磁化强度矢量：仿照研究电介质极化状态时定义电极化强度 $\boldsymbol{P}$ 的办法，我们引入一个新的物理量——**磁化强度** $\boldsymbol{M}$ 来描述磁化程度。磁化强度 $\boldsymbol{M}$ 定义为介质中某点附近单位体积内的分子磁矩的矢量和，即

$$\boldsymbol{M}=\frac{\sum \boldsymbol{p}_{\mathrm{m}}}{\Delta V} \tag{7-33}$$

式中，$\sum \boldsymbol{p}_{\mathrm{m}}$ 是体积 ΔV 内分子磁矩的矢量和。在国际单位制中，磁化强度的单位名称是安培每米，用符号 $\mathrm{A \cdot m^{-1}}$ 表示。

对于顺磁质，$\boldsymbol{M}$ 的方向与外磁场 $\boldsymbol{B}_0$ 的方向相同；对于抗磁质，$\boldsymbol{M}$ 的方向与外磁场 $\boldsymbol{B}_0$ 的方向相反。

如果磁介质内各点的磁化强度 $\boldsymbol{M}$ 为常矢量，即其大小和方向都相同，则是均匀磁化。在均匀磁场中，各向同性的顺磁质和抗磁质总是均匀磁化的，我们只讨论这种情况。

（2）磁化强度与磁化电流的关系：如图 7-38 所示，一个长为 L，底面积为 S 的顺磁质圆柱体在外磁场 $\boldsymbol{B}_0$ 中被均匀磁化，其轴线和磁化强度 $\boldsymbol{M}$ 的方向平行，由于分子电流各自有规则的排列，从微观上看，整个圆柱体内部磁介质的分子电流效应互相抵消（因为在均匀磁化时，磁介质内部任一点，

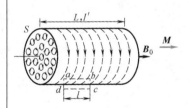

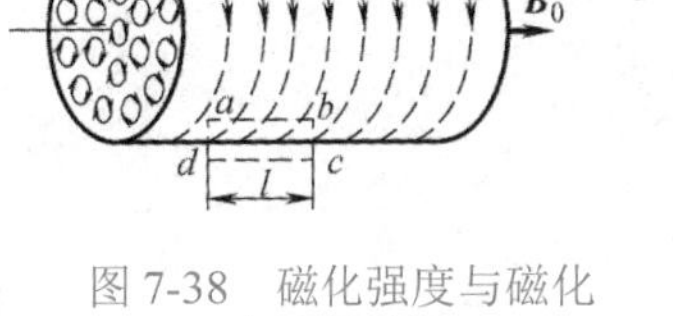

图 7-38　磁化强度与磁化电流的关系

分子电流成对出现，方向相反），只有沿着圆柱体侧面上的分子电流未被抵消，其流动方向与磁化强度的方向符合右手螺旋关系。因此，在圆柱体的侧表面上相当于有一层电流流动着，这种因磁化而出现的等效电流叫作磁化电流，也叫作束缚电流（可与电介质中的极化电荷或束缚电荷相类比）。应当明确的是，磁化电流不同于导体中自由电子定向运动形成的传导电流，它是各分子电流规则排列的宏观效果。磁化电流在产生磁效应方面与传导电流一样，都能够激发磁场，但不具有热效应。

设圆柱体侧面上出现的磁化电流为 I'，被磁化的磁介质具有的分子磁矩的矢量和就等效为一个圆柱形面电流 $I'=j'L$ 的磁矩，圆柱体的磁矩大小应等于侧面总分子电流 I' 和底面积 S 的乘积，即

$$\sum \boldsymbol{p}_{\mathrm{m}}=I'S$$

另一方面，从磁化强度的定义看，圆柱体的磁矩大小应等于磁化强度 $\boldsymbol{M}$ 的大小和圆柱体体积 $\Delta V=Sl$ 的乘积，即

$$M\Delta V=MSl$$

从这两个方面计算出的磁矩大小应相等，故有

$$MSl=I'S$$

从而得到

$$M=\frac{I'}{l}=j' \tag{7-34}$$

式中，j' 是圆柱体侧面上单位长度上的磁化面电流，称为磁化面电流线密度。上式表明磁化强度的大小等于磁化面电流线密度。

下面导出磁化强度和磁化电流之间的关系。如图 7-38 所示，在均匀磁化的圆柱形磁介质边界附近，取一长为 l 的矩形回路 $abcd$，ab 边在磁介质内部，cd 边在磁介质外部，而 bc 和 ad 两边则垂直于柱面。在磁介质内部各点处，$\boldsymbol{M}$ 都沿 ab 方向、大小相等；在介质外各点处 $\boldsymbol{M}=0$，所以 $\boldsymbol{M}$ 沿闭合回路 $abcd$ 的线积分等于 $\boldsymbol{M}$ 沿 ab 边的积分，即

$$\oint_L \boldsymbol{M}\cdot \mathrm{d}\boldsymbol{l}=\int_a^b \boldsymbol{M}\cdot \mathrm{d}\boldsymbol{l}=Ml$$

将式（7-34）代入上式则有

$$\oint_L \boldsymbol{M}\cdot \mathrm{d}\boldsymbol{l}=j'l=I' \tag{7-35}$$

上式表明，磁化强度 $\boldsymbol{M}$ 沿闭合回路的线积分，等于穿过回路所包围面积的磁化电流。式（7-35）虽是由顺磁质磁化过程得

到的，但它也适用于抗磁质和铁磁质的情况。

7.8.3　磁介质中的安培环路定理

在有磁介质存在的情况下，空间中任一点的磁感应强度 $\boldsymbol{B}$ 等于传导电流所激发的磁场与磁化电流所激发的附加磁场的矢量和。应用安培环路定理，有

$$\oint_L \boldsymbol{B} \cdot \mathrm{d}\boldsymbol{l} = \mu_0 \left(\sum I_0 + \sum I'\right) \tag{7-36}$$

其中传导电流 I_0 是可以测量的，而磁化电流 I' 不能事先给定，又不能用仪器直接测量。为了方便起见，仿照电介质中的高斯定理所采用的消去极化电荷的办法，将式（7-36）中的磁化电流 I' 消去。为此，将式（7-35）代入式（7-36），得

$$\oint_L \boldsymbol{B} \cdot \mathrm{d}\boldsymbol{l} = \mu_0 \left(\sum I_0 + \oint \boldsymbol{M} \cdot \mathrm{d}\boldsymbol{l}\right)$$

或

$$\oint_L \left(\frac{\boldsymbol{B}}{\mu_0} - \boldsymbol{M}\right) \cdot \mathrm{d}\boldsymbol{l} = \sum I_0$$

然后采用和电介质引入 $\boldsymbol{D}$ 矢量相似的方法，引入一个新的物理量，称为磁场强度，并以符号 $\boldsymbol{H}$ 表示，即定义为

$$\boldsymbol{H} = \frac{\boldsymbol{B}}{\mu_0} - \boldsymbol{M} \tag{7-37}$$

代入得

$$\oint_L \boldsymbol{H} \cdot \mathrm{d}\boldsymbol{l} = \sum I_0 \tag{7-38}$$

此式说明沿任一闭合路径磁场强度的环路积分等于该闭合路径所包围的传导电流的代数和。这就是有磁介质存在时的安培环路定理。

在国际单位制中，磁场强度 $\boldsymbol{H}$ 的单位是安培每米，用符号 $\mathrm{A \cdot m^{-1}}$ 表示。和磁化强度的单位相同。

实验证明，在各向同性的均匀磁介质中，任一点的磁化强度 $\boldsymbol{M}$ 与磁场强度 $\boldsymbol{H}$ 成正比，即

$$\boldsymbol{M} = \chi_m \boldsymbol{H} \tag{7-39}$$

式中，比例系数 χ_m 只与磁介质的性质有关，称为磁介质的磁化率。因为 $\boldsymbol{M}$ 和 $\boldsymbol{H}$ 的单位相同，所以磁化率 χ_m 是量纲为 1 的量。将上式代入式（7-37）得

$$\boldsymbol{B}=\mu_0\boldsymbol{H}+\mu_0\boldsymbol{M}=\mu_0(1+\chi_m)\boldsymbol{H}=\mu_0\mu_r\boldsymbol{H} \tag{7-40}$$

式中，$\mu_r=1+\chi_m$ 为磁介质的相对磁导率。而 $\mu=\mu_0\mu_r$ 称为磁介质的磁导率。这样式（7-40）可写作

$$\boldsymbol{B}=\mu\boldsymbol{H} \tag{7-41}$$

引入磁场强度 $\boldsymbol{H}$ 这个辅助物理量后，可以比较方便地处理磁介质中的磁场问题，就像静电场中引入电位移 $\boldsymbol{D}$ 后，能够比较方便地处理电介质中的电场问题一样。特别是当均匀磁介质充满整个磁场，传导电流的分布具有一定对称性时，就可以应用有磁介质时的安培环路定理先求出磁场强度 $\boldsymbol{H}$ 的分布，再根据式（7-41）求出磁介质中磁感应强度的分布。

例 7-10　在一无限长的密绕螺线管中，充满相对磁导率为 μ_r 的均匀磁介质，设螺线管单位长度上的匝数为 n，导线中的传导电流为 I_0，求螺线管内的磁场分布。

解　作如图 7-39 所示的闭合积分路径 $ABCDA$，注意到在螺线管外，$\boldsymbol{B}=0$，$\boldsymbol{H}=0$。在螺线管内，$\boldsymbol{B}$ 平行于轴线，因而 $\boldsymbol{H}$ 亦平行于轴线。由磁介质中的安培环路定理，得

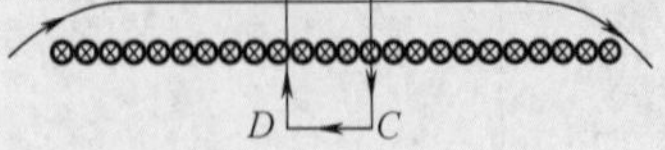

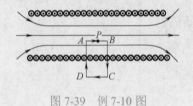

图 7-39　例 7-10 图

$$\oint_L \boldsymbol{H}\cdot d\boldsymbol{l} = H\overline{AB} = n\overline{AB}I_0$$

$$H=nI_0$$

再利用式（7-40），可得螺线管内的磁感应强度为

$$B=\mu_0\mu_r H=\mu_0\mu_r nI_0$$

7.8.4　铁磁质

在各类磁介质中，应用最广泛的是铁磁质。铁磁质材料是制造永久磁体、电磁铁、变压器以及各种电机所不可缺少的材料。因此对铁磁质材料磁化性能的研究，无论在理论上还是实用上都有很重要的意义。前面我们讨论的都是各向同性的均匀介质，对于这些介质，$B=\mu_0\mu_r H$，相对磁导率 μ_r 是一个接近于 1 的反映介质特性的常数。铁磁质的最主要特性是相对磁导率 μ_r 非常高，铁磁质的 $\boldsymbol{B}$ 和 $\boldsymbol{H}$ 之间关系异常复杂，铁磁质的磁化过程表现出明显的非线性、饱和性和不可逆性。

1. 磁滞回线

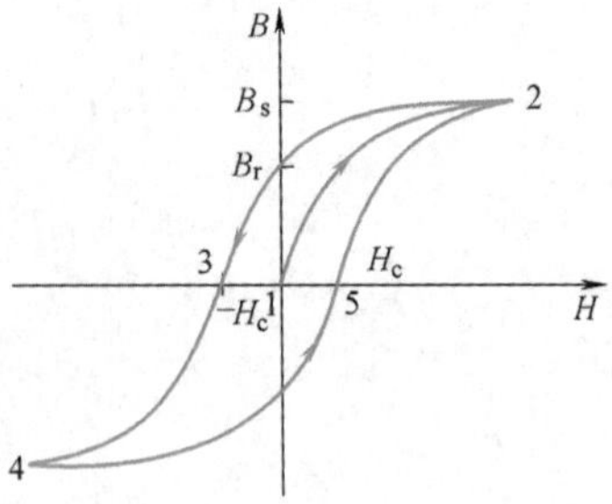

图 7-40　铁磁质的磁化曲线

利用实验方法，可以测绘出铁磁质的 B-H 曲线，称为磁化曲线，如图 7-40 所示。当铁磁质开始磁化时，随着 H 的增

大，B 做非线性的增大。当 H 较大时，B 却增长得极为缓慢。当 H 超过某一值后，铁磁质中的磁感应强度不再随 H 增大而增大了，这种状态叫作磁饱和状态。B_s 称为饱和磁感应强度。

铁磁质的磁化过程是不可逆的。达到磁饱和状态后，减小 H 直到 $H=0$ 时，铁磁质中的 B 不为零，而是 $B=B_r$，B_r 称为剩余磁感应强度，简称剩磁。要消除剩磁，使铁磁质中的 B 恢复为零，必须加反向磁场 $-H_c$，H_c 称为矫顽力。再增大反向电流以增加 H，可以使铁磁质达到反向的磁饱和状态。由点 4 到点 2（经过点 5）的磁化过程与上述过程类似，只是沿着图中下面的曲线进行。于是，铁磁质的磁化曲线形成一个闭合曲线，称为磁滞回线。所谓磁滞现象是指铁磁质磁化状态的变化总是落后于外加磁场的变化，在外磁场撤销后，铁磁质仍能保持原有的部分磁性。研究铁磁质的磁性就必须知道它的磁滞回线，各种不同的铁磁性材料具有不同的磁滞回线，主要是磁滞回线的宽、窄不同和矫顽力的大小有别。

2. 铁磁质的磁化机理

铁磁质的磁化机理需要用磁畴理论来说明。磁畴理论是利用量子理论来从微观上说明铁磁质的磁化机理的。从原子结构来看，铁原子的最外层有两个电子，会因电子自旋而产生强耦合的相互作用。这一相互作用的结果使得许多铁原子的电子自旋磁矩在许多小的区域内整齐地排列起来，形成一个个微小的自发磁化区，称为磁畴，如图 7-41 所示。在铁磁质中存在着许多被称为磁畴的小的自发磁化区，它们决定了铁磁质的磁化性质。

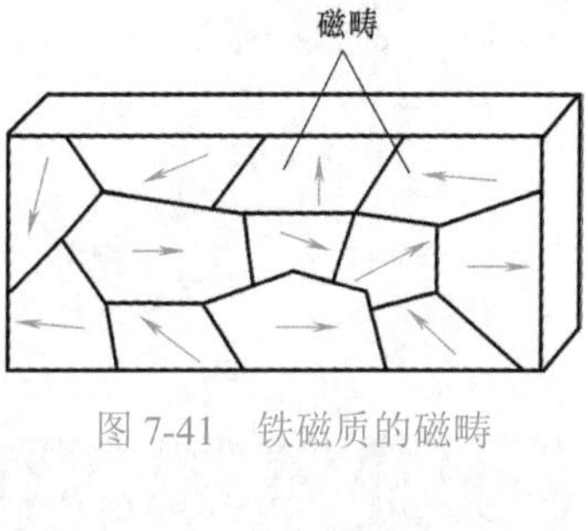

图 7-41　铁磁质的磁畴

在无外磁场时，各磁畴的排列是不规则的，各磁畴的磁化方向不同，产生的磁效应相互抵消，整个铁磁质不呈现磁性，如图 7-42a 所示。把铁磁质放入外磁场 $\boldsymbol{H}$ 中，铁磁质中磁化方向与外磁场方向接近的磁畴体积扩大，而磁化方向与外磁场方向相反的磁畴体积缩小，以致消失（当外磁场足够强时），如图 7-42b、c 所示。继续增强外磁场，磁畴的磁化方向发生转向，直到所有磁畴的磁化方向转到与外磁场同方向一致时，铁磁质就达到磁饱和状态，如图 7-42d 所示。

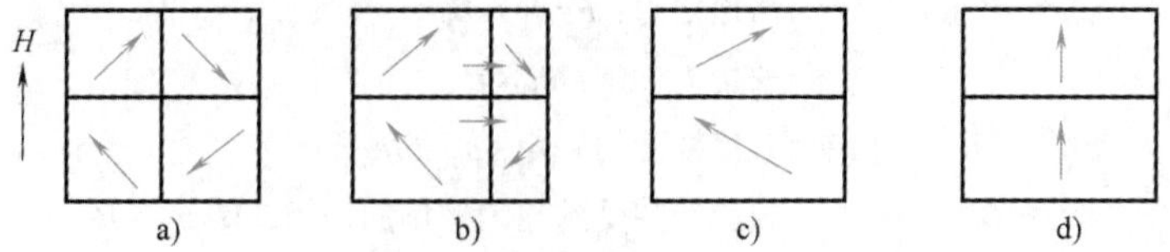

图 7-42　铁磁质的磁化过程

由于磁化伴随着磁畴壁的扩张和磁畴之间的摩擦发热，而

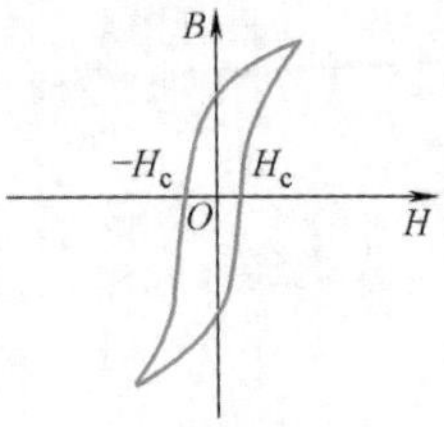

a) 软磁材料

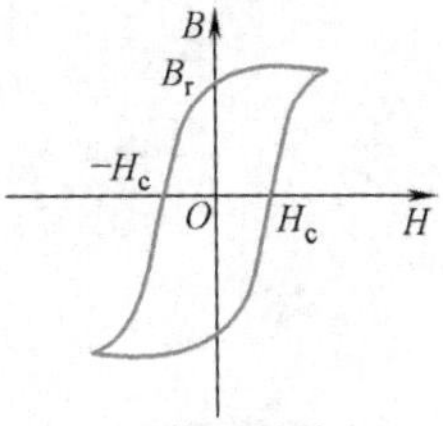

b) 硬铁磁材料

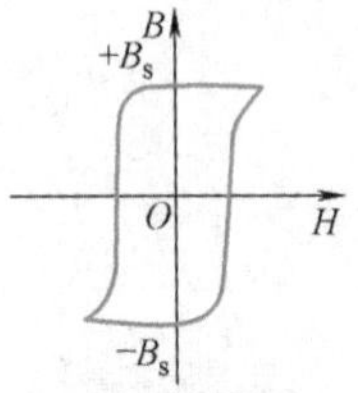

c) 矩磁材料

图 7-43　不同铁磁质的磁滞回线

这些过程是不可逆的，即外磁场减弱后，磁畴不能恢复原状，故表现在退磁时，磁化曲线不沿原路退回，从而形成磁滞回线。实验指出，当铁磁质被放到周期性变化的磁场中被反复磁化时，它要变热。变压器或其他交流电磁装置中的铁心在工作时由于这种反复磁化发热而引起的能量损失叫磁滞损耗或“铁损”。

实验发现，当温度升高到一定程度时，热相互作用超过电子耦合作用，铁磁质内的磁畴结构瓦解，铁磁质转化为顺磁质。把开始转化的这一温度称为居里温度，简称居里点。纯铁的居里点是 1 043 K，钴为 1 390 K，镍为 630 K。铁磁质要保持其强磁特性，工作温度必须在“居里点”以下。

3. 铁磁质分类及特性

按铁磁质性能的不同，可将其分为软磁材料、硬磁材料和矩磁材料三类，它们的磁滞回线分别如图 7-43 所示。软磁材料的特点是磁滞回线细长，矫顽力 H_c 小，在交变磁场中剩磁易于被清除，常用于制造电机、变压器、电磁铁等的铁心。硬磁材的特点是磁滞回线宽厚，矫顽力 H_c 大，剩磁 B_r 也很大，撤去磁场后仍可长久保持很强的磁性。永久磁铁就是由硬磁材料制成，可用于磁电式仪表、小型直电流机和永磁扬声器。矩磁材料的磁滞回线接近于矩形，它的剩余磁化强度接近于饱和磁化强度，适用于制作电子计算机存储元件的磁心。

本 章 提 要

1. 电流和电流密度

电流：$I=\dfrac{\mathrm{d}q}{\mathrm{d}t}$

电流密度：$j=\dfrac{\mathrm{d}I}{\mathrm{d}S_\perp}$

电流和电流密度之间的关系：$I=\iint_S \boldsymbol{j}\cdot\mathrm{d}\boldsymbol{S}$

2. 毕奥 - 萨伐尔定律

电流元的磁场：$\mathrm{d}\boldsymbol{B}=\dfrac{\mu_0}{4\pi}\dfrac{I\mathrm{d}\boldsymbol{l}\times\boldsymbol{e}_r}{r^2}$

3. 磁场的高斯定理

$$\oiint_S \boldsymbol{B}\cdot\mathrm{d}\boldsymbol{S}=0$$

4. 稳恒磁场的安培环路定理

$$\oint_L \boldsymbol{B}\cdot\mathrm{d}\boldsymbol{l}=\mu_0\sum I_i$$

5. 典型电流分布的磁场

无限长直载流导线的磁场：$B=\dfrac{\mu_0 I}{2\pi r}$

载流圆环圆心上的磁场：$B=\dfrac{\mu_0 I}{2R}$

无限长直载流螺线管内的磁场：$B=\mu_0 nI$

6. 洛伦兹力、安培力和磁力矩

洛伦兹力：$\boldsymbol{F}=q\boldsymbol{v}\times\boldsymbol{B}$

安培力：$\mathrm{d}\boldsymbol{F}=I\mathrm{d}\boldsymbol{l}\times\boldsymbol{B}$

载流线圈的磁矩：$\boldsymbol{p}_\mathrm{m}=SI\boldsymbol{e}_\mathrm{n}$

载流线圈受到均匀磁场的力矩：$\boldsymbol{M}=\boldsymbol{p}_\mathrm{m}\times\boldsymbol{B}$

7. 磁介质及相关概念

三种磁介质：抗磁质、顺磁质和铁磁质

磁化强度：$\boldsymbol{M}=\dfrac{\sum \boldsymbol{p}_{\mathrm{m}}}{\Delta V}$

磁化电流面密度：$M=j'$

磁化电流：$\oint_L \boldsymbol{M}\cdot \mathrm{d}\boldsymbol{l}=j'l=I'$

磁场强度和相关参量的关系：$\boldsymbol{H}=\dfrac{\boldsymbol{B}}{\mu_0}-\boldsymbol{M}$，$\boldsymbol{B}=\mu\boldsymbol{H}$

有磁介质时的安培环路定理：$\oint_L \boldsymbol{H}\cdot \mathrm{d}\boldsymbol{l}=\sum I_0$

思 考 题 7

S7-1. 一电子以速度 $\boldsymbol{v}$ 射入磁感应强度为 $\boldsymbol{B}$ 的均匀磁场中，电子沿什么方向射入时所受到的磁场力最大？沿什么方向射入时不受磁场力的作用？

S7-2. 如思考题 7-2 图所示的电流元 $I\mathrm{d}\boldsymbol{l}$ 在空间所有点的磁感应强度是否均不为零？请指出 $I\mathrm{d}\boldsymbol{l}$ 在 a、b、c、d 四点产生的磁感应强度的方向。

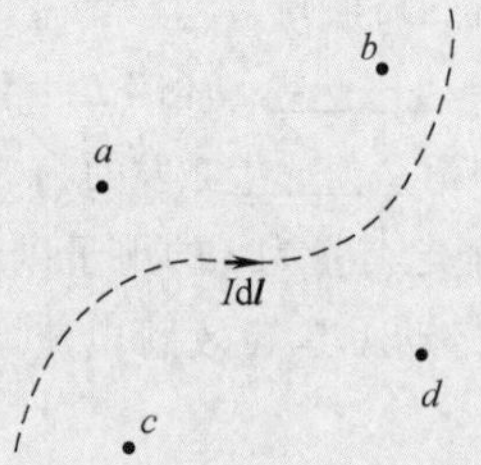

思考题 7-2 图

S7-3. 为什么两根通有大小相等方向相反电流的导线拧在一起能减小磁场？

S7-4. 若空间中存在两根无限长直载流导线，则磁场的分布就不存在简单的对称性，则

（A）安培环路定理已不成立，故不能直接用此定理来计算磁场分布。

（B）安培环路定理仍然成立，故仍可直接用此定理来计算磁场分布。

（C）可以用安培环路定理与磁场的叠加原理来计算磁场分布。

（D）可以用毕奥 - 萨伐尔定律来计算磁场分布。

请判断以上说法是否正确。

S7-5. 假设思考题 7-5 图中两导线中的电流 I_1、I_2 相等，对如图所示的三个闭合线 L_1、L_2、L_3 的环路，分别讨论每种情况下 $\oint_L \boldsymbol{B}\cdot \mathrm{d}\boldsymbol{l}$ 的值，并讨论在每个闭合线上各点的磁感应强度 $\boldsymbol{B}$ 是否相等？为什么？

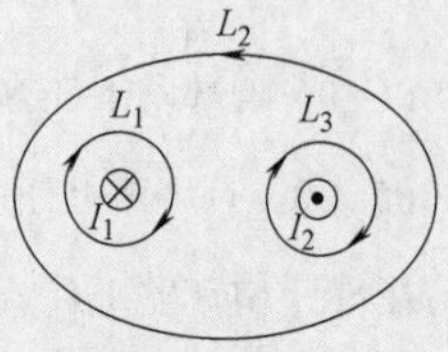

思考题 7-5 图

S7-6. 由毕奥 - 萨伐尔定律可证明：一段载流为 I 的有限长直导线附近点 P 的磁感应强度满足公式 $B=\dfrac{\mu_0 I}{4\pi a}(\cos\theta_1-\cos\theta_2)$，现在垂直于电流的平面内过点 P 作一圆形回路 L（以导线为中心轴），则以此回路算得如下的环路积分

$$\oint_L \boldsymbol{B}\cdot \mathrm{d}\boldsymbol{l}=\frac{\mu_0 I}{2}(\cos\theta_1-\cos\theta_2)$$

这与安培环路定理的公式不一致。上述结果正确吗？应如何解释？

S7-7.（1）载流长直导线附近一点的磁感应强度 $B=\dfrac{\mu_0 I}{2\pi a}$，既然有电流和磁场，是否有一个相应的安培力作用于导线上，为什么？

（2）一载流线圈上各部分是否受力？力的方向如何？

S7-8. 在均匀磁场中，载流线圈的磁矩与其所受磁力矩有何关系？在什么情况下，磁力矩最大？在什么情况下磁力矩最小？当载流线圈处于稳定平衡时，其取向又如何？

基础训练习题 7

1. 选择题

7-1. 如习题 7-1 图所示，边长为 a 的正方形线圈中通有电流 I，此线圈在 A 点产生的磁感应强度 $\boldsymbol{B}$ 的大小为

(A) $\frac{\sqrt{2}\mu_0 I}{4\pi a}$。　(B) $\frac{\sqrt{2}\mu_0 I}{3\pi a}$。

(C) $\frac{\sqrt{2}\mu_0 I}{2\pi a}$。　(D) $\frac{\sqrt{2}\mu_0 I}{\pi a}$。

7-2. 如习题 7-2 图所示，选取一个与圆电流 I 相套嵌的闭合回路 L，则由安培环路定理可知

(A) $\oint_L \boldsymbol{B}\cdot d\boldsymbol{l}=0$，且环路上任意一点 $B=0$。

(B) $\oint_L \boldsymbol{B}\cdot d\boldsymbol{l}=0$，但环路上任意一点 $B\neq 0$。

(C) $\oint_L \boldsymbol{B}\cdot d\boldsymbol{l}\neq 0$，且环路上任意一点 $B\neq 0$。

(D) $\oint_L \boldsymbol{B}\cdot d\boldsymbol{l}\neq 0$，但环路上任意一点 B=常量。

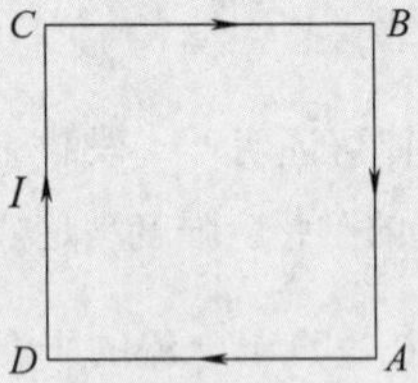

习题 7-1 图

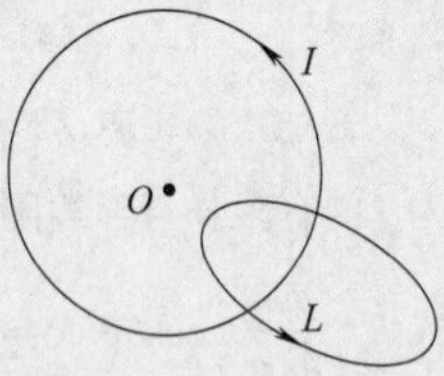

习题 7-2 图

7-3. 有一半径为 R 的圆线圈，通以电流 I。若将该导线弯成匝数 N=2 的平面圆线圈，导线长度不变，并通以同样的电流，则线圈中心的磁感应强度和线圈的磁矩大小分别是原来的

(A) 4 倍和 1/4 倍。　(B) 2 倍和 1/4 倍。

(C) 4 倍和 1/2 倍。　(D) 2 倍和 1/2 倍。

7-4. 如习题 7-4 图所示，两个电子分别以速度 $\boldsymbol{v}$（C 粒子）和 $2\boldsymbol{v}$（D 粒子）同时射入一均匀磁场，电子的速度方向与磁场方向垂直。经磁场偏转后

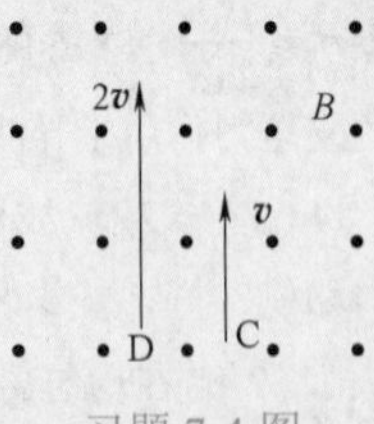

习题 7-4 图

(A) C 粒子先回到出发点。

(B) D 粒子先回到出发点。

(C) 两粒子同时回到出发点。

(D) 无法确定谁先回到出发点。

2. 填空题

7-5. 应用毕奥 - 萨伐尔定律和磁场叠加原理，原则上可以计算出任意形状稳恒电流在空间的磁场分布。根据毕奥 - 萨伐尔定律，电流元 $Id\boldsymbol{l}$ 在由它起始的矢径 $\boldsymbol{r}$ 的场点 P 的磁感应强度 $d\boldsymbol{B}$=______，整段载流导线 L 在场点 P 的磁场强度 $\boldsymbol{B}=\int d\boldsymbol{B}$。$d\boldsymbol{B}$ 是矢量，它的方向由______的方向决定，$\boldsymbol{B}=\int d\boldsymbol{B}$ 是矢量积分，要把它转化为______才能进行运算。

7-6. 如习题 7-6 图所示，在电流 I_1、I_2、I_3 所激发的磁场中，L 为任取的闭合回路，则 $\oint_L \boldsymbol{B}\cdot d\boldsymbol{l}$=________，环路 L 上任一点的磁感应强度是由电流________激发的。

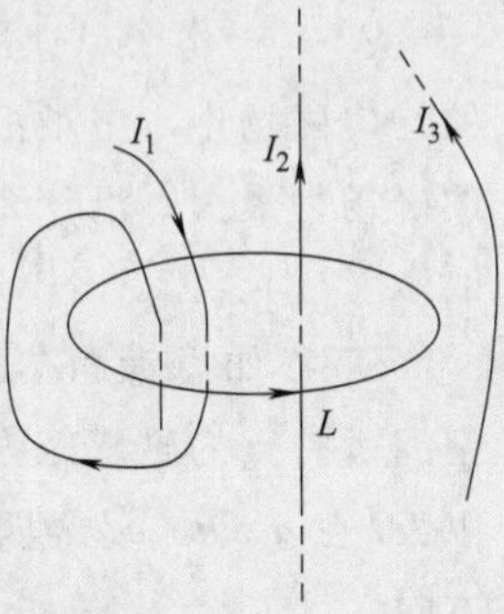

习题 7-6 图

7-7. 一个电荷量为 e 的电子以速率 v 做半径为 R 的圆周运动，其等效圆电流的磁矩的大小为________。

7-8. 两条通有如习题 7-8 图所示直流电的直导线 AB 和 CD 互相垂直，且相隔一极小距离，其中 CD 可绕垂直轴 O 自由转动和沿轴平动，AB 固定不动。若不计重力，则 CD 将做________运动。

7-9. 四条相互平行的载流长直导线如习题 7-9 图所示放置，电流均为 I，正方形的边长为 $2a$，则正方形中心的磁感应强度为________。

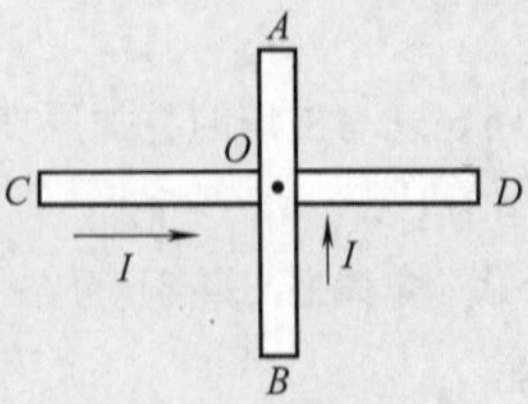

习题 7-8 图

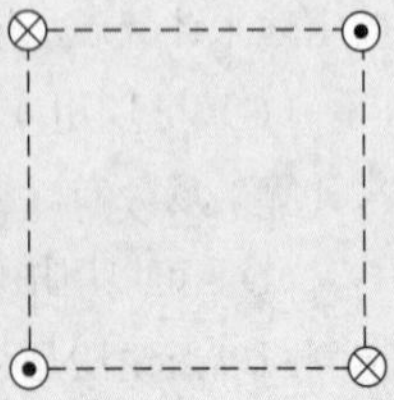

习题 7-9 图

7-10. 有一长直金属圆筒，沿长度方向有稳恒电流 I 流过，在横截面上电流均匀分布。筒内空腔各处的磁感应强度为________，筒外空间中离轴线 r 处的磁感应强度为________。

7-11. 一正电荷在磁场中运动，已知其速度 v 沿 x 轴正向。如习题 7-11 图所示，如果电荷不受力，则磁感应强度 $\boldsymbol{B}$ 的方向为________；如果受力的方向沿 z 轴方向，且力的数值为最大，则磁感应强度 $\boldsymbol{B}$ 的方向为________；如果受力的方向沿 z 轴方向，且力的数值为最大值的一半，则磁感应强度的方向为________。

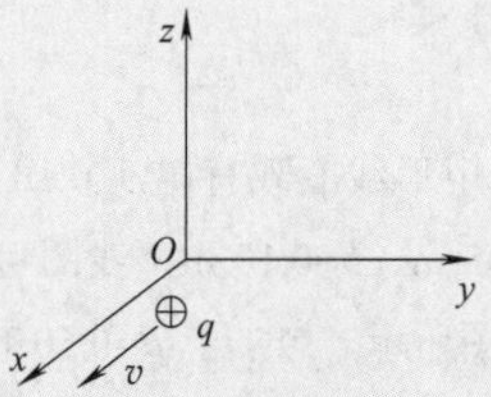

习题 7-11 图

7-12. 一载流平面半圆线圈，半径为 R，电流为 I，放在磁感应强度为 $\boldsymbol{B}$ 的均匀磁场中，磁场方向与线圈平面平行，如习题 7-12 图所示，则该载流线圈磁矩的大小为________，方向为________；该载流线圈所受磁力矩的大小为________，方向为________。

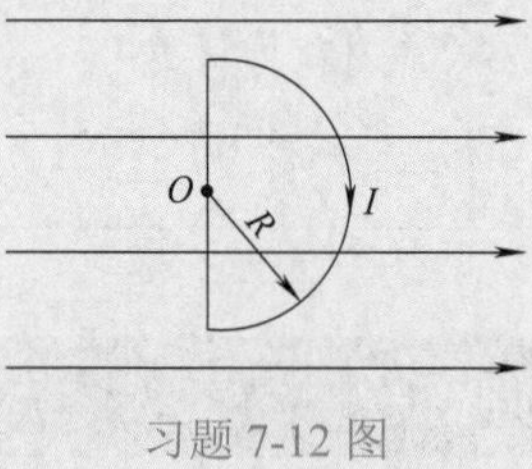

习题 7-12 图

7-13. 在磁场空间分别取两个闭合回路，若两个回路各自包围载流导线的条数不同，但电流的代数和相同，则磁感应强度沿各闭合回路的线积分________；两个回路上的磁场分布________。(填“相同”“不相同”)。

7-14. 一磁场的磁感强度为 $\boldsymbol{B}=a\boldsymbol{i}+b\boldsymbol{j}+c\boldsymbol{k}$(SI)，则通过一半径为 R，开口向 z 轴正方向的半球壳表面的磁通量的大小为________Wb。

3. 计算题

7-15. 如习题 7-15 图所示，有一半径为 R 的圆柱形导体，设电流密度为

(1) $j=j_0(1-r/R)$；

(2) $j=j_0r/R$。

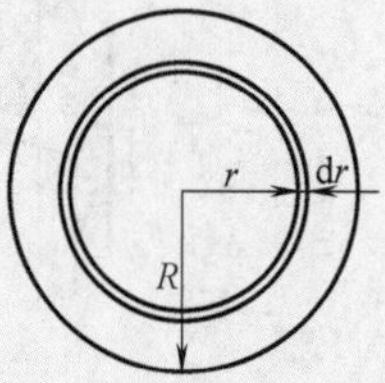

习题 7-15

其中 j_0 为常量，r 为导体内任意点到轴线的距离，试分别计算通过此导体截面的电流（用 j_0 和横截面积 $S=\pi R^2$ 表示）。

7-16. 求习题 7-16 图 a、b 中点 P 的磁感应强度 $\boldsymbol{B}$ 的大小和方向。

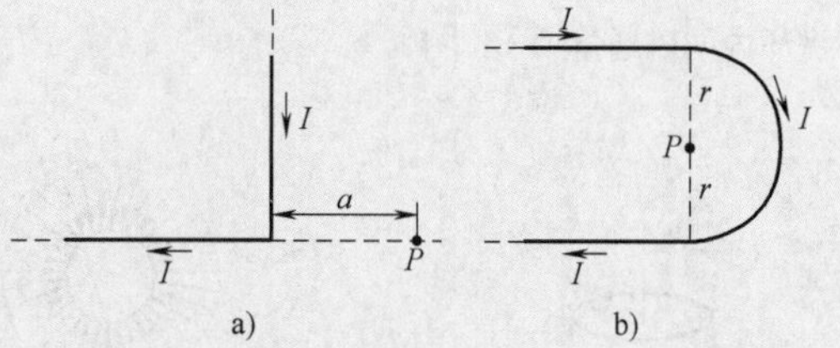

习题 7-16 图

7-17. 将一根导线折成边长为 a 的正 n 边形，如习题 7-17 图所示，并通有电流 I，求中心处的磁场 $\boldsymbol{B}_0$。

7-18. 如习题 7-18 图所示，一个半径为 R 的均匀带电细圆环带电量为 Q（>0），并以角速度 ω 绕圆心逆时针转动，计算圆心处的磁感应强度 $\boldsymbol{B}$。

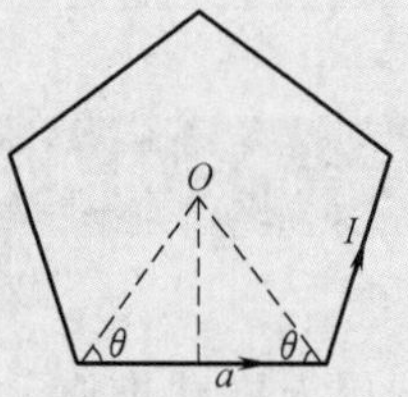

习题 7-17 图

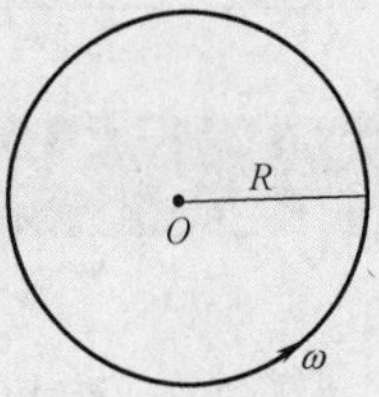

习题 7-18 图

7-19. 在一半径为 R 的无限长半圆柱形金属薄片中，有电流 I 自上而下地通过，如习题 7-19 图所示，试求圆柱中心轴线任一点 P 处的磁感应强度。

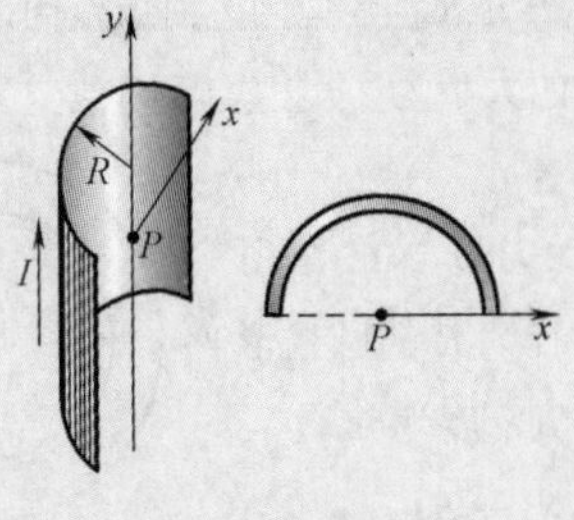

习题 7-19 图

7-20. 如习题 7-20 图所示，求无限长均匀载流圆柱形导体内外的磁场分布，并计算穿过图中所示与导体中心轴共面的平面 S 的磁通量。已知圆柱体的横截面半径为 R，电流密度为 $\boldsymbol{j}$。

7-21. 如习题 7-21 图所示，矩形截面的螺绕环，均匀密绕有 N 匝线圈，通有电流 I，求通过螺绕环内的磁通量。

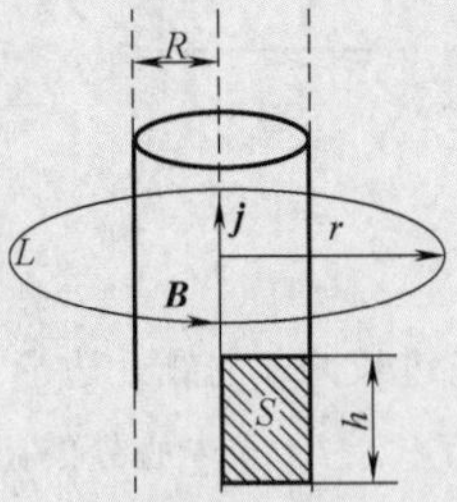

习题 7-20 图

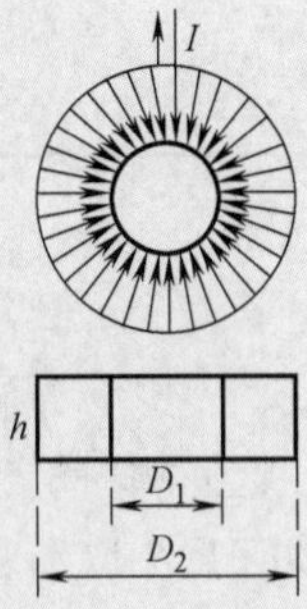

习题 7-21 图

7-22. 蟹状星云中电子的动量可达 $10^{-16}\,\mathrm{kg\cdot m\cdot s^{-1}}$，星云中磁场约为 10^{-8} T，这些电子的回转半径有多大？如果这些电子落到星云中心的中子星表面附近，该处磁场约为 10^{8} T，则它们的回转半径又是多少？

7-23. 如习题 7-23 图所示，长直导线通有电流 I_1，在其旁有一个与之共面的载有电流 I_2 的刚性矩形导体框。求导体框所受的合力。

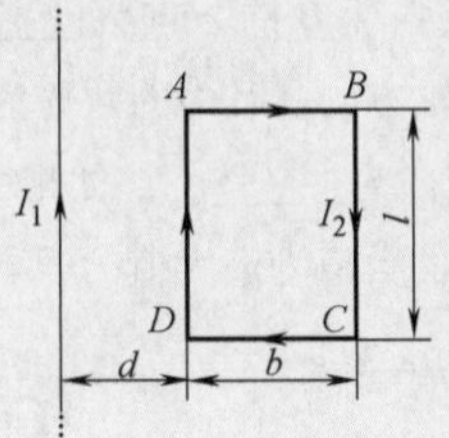

习题 7-23 图

7-24. 一矩形线圈载有电流 0.10 A，线圈边长分别为 d=0.05 m、b=0.10 m，线圈可绕 y 轴转动，如习题 7-24 图所示。今加上 B=0.50 T 的均匀磁场，磁场方向沿 x 轴正方向，求当线圈平面与 xOy 平面成角 θ=30° 时所受到的磁力矩。

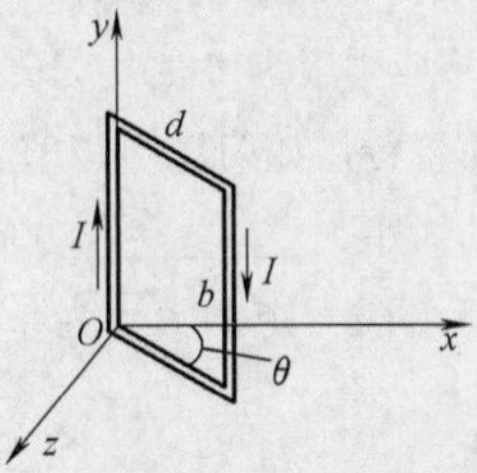

习题 7-24 图

综合能力和知识拓展与应用训练题

1. 轨道炮

轨道炮（Rail Gun）由法国人维勒鲁伯于 1920 年发明，是利用轨道电流间相互作用的安培力把弹丸发射出去的。如训练题图 7-1 所示，它由两条平行的长直导轨组成，导轨间放置一质量较小的滑块作为弹丸。当两轨接入电源时，强大的电流从一导轨流入，经滑块从另一导轨流回时，

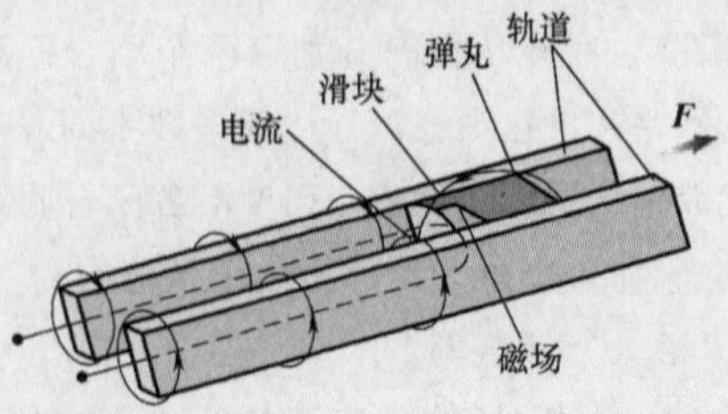

训练题图 7-1

在两导轨平面间产生强磁场，通电流的滑块在安培力的作用下，弹丸会以很大的速度（理论上可以到达亚光速）射出，这就是轨道炮的发射原理，轨道炮是电磁炮最常见的样式。电磁炮是利用电磁发射技术制成的一种先进的动能杀伤武器，与传统的大炮将火药燃气压力作用于弹丸不同，电磁炮是利用电磁系统中电磁场的作用力，其作用的时间要长得多，可大大提高弹丸的速度和射程。因而引起了世界各国军事家们的关注。自 20 世纪 80 年代初期以来，电磁炮在未来武器的发展计划中，已成为越来越重要的部分。

思考题：(1) 轨道炮的射击速度由哪些因素决定？

(2) 如果将轨道炮作为一种载人宇宙飞船的新型发射装置，还需要解决哪些问题？

2. 直流电动机工作原理

直流电动机是将直流电能转换为机械能的电动机。因其良好的调速性能而在电力拖动中得到广泛应用。直流电动机按励磁方式分为永磁、他励和自励三类，其中自励又分为并励、串励和复励三种。

一般直流电机的工作原理如训练题图 7-2 所示。直流电动机分为定子绕组和转子绕组。定子绕组产生磁场，当定子绕组通有直流电时，定子绕组产生固定极性的磁场。转子通直流电在磁场中受力，于是转子在磁场中受力就旋转起来。

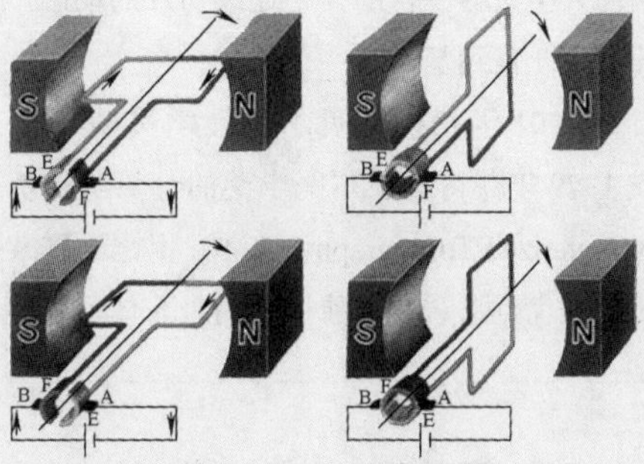

训练题图 7-2

思考题：(1) 转子绕组的电流方向如何保持不变

(2) 如何保证电机匀速转动

阅读材料 —— 核磁共振成像

核磁共振成像（Magnetic Resonance Imaging, MRI）也称磁共振成像，它是利用核磁共振原理，通过外加梯度磁场检测出其所发射出的电磁波，据此可以绘制成物体内部的结构图像，在物理、化学、医疗、石油化工、考古等方面获得了广泛的应用。

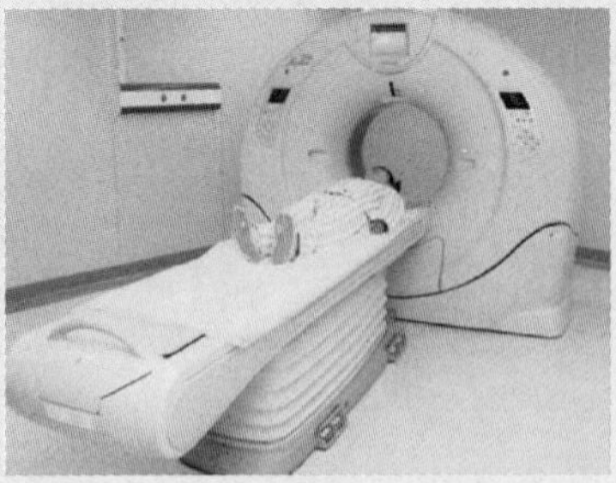

将这种技术用于人体内部结构的成像，就产生出一种革命性的医学诊断工具。快速变化的梯度磁场的应用，大大加快了核磁共振成像的速度，使该技术在临床诊断和科学研究中的应用成为现实，极大地推动了医学、神经生理学和认知神经科学的迅速发展。

核磁共振成像是随着计算机技术、电子电路技术、超导体技术的发展而迅速发展起来的一种生物磁学核自旋成像技术。它是利用磁场与射频脉冲使人体组织内进动的氢核发生章动产生射频信号，经计算机处理而成像的。原子核在进动中，吸收与原子核进动频率相同的射频脉冲，即外加交变磁场的频率等于拉莫频率，原子核就发生共振吸收，去掉射频脉冲之后，原子核磁矩又把所吸收的能量中的一部分以电磁波的形式发射出来，称为共振发射。共振吸收和共振发射的过程叫作“核磁共振”。

核磁共振成像的“核”指的是氢原子核，因为人体的约 70% 是由水组成的，MRI 即依赖水中氢原子。当把物体放置在磁场中，用适当的电磁波照射它，使之共振，然后分析它释放的电磁波，就可以得知构成这一物体的原子核的位置和种类，据此可以绘制成物体内部的精确立体图像。通过一个磁共振成像扫描人类大脑获得的一个连续切片的动画，由头顶开始，一直到基部。

与 1901 年获得诺贝尔物理学奖的普通 X 射线或 1979 年获得诺贝尔医学奖的计算机层析成像（Computerized Tomography，CT）相比，磁共振成像的最大优点是它是目前少有的对人体没有任何伤害的安全、快速、准确的临床诊断方法。所获得的图像非常清晰精细，大大提高了医生的诊断效率，避免了剖胸或剖腹探查诊断的手术。由于 MRI 不使用对人体有害的 X 射线和易引起过敏反应的造影剂，因此对人体没有损害。MRI 可对人体各部位多角度、多平面成像，其分辨力高，能更客观、更具体地显示人体内的解剖组织及相邻关系，对病灶能更好地进行定位定性。对全身各系统疾病的诊断，尤其是早期肿瘤的诊断有很大的价值。如今全球每年至少有 6000 万病例利用核磁共振成像技术进行检查。

第 8 章　变化的电磁场

引　言

1820 年，丹麦物理学家奥斯特发现了电流的磁效应，不久之后，英国物理学家法拉第于 1821 年重复了奥斯特和安培的实验，并于 1824 年提出“磁”能否产生“电”的想法，经过多年实验研究，终于在 1831 年发现了电磁感应现象。后经诺埃曼和麦克斯韦等人的工作，给出了电磁感应定律的数学表达式。电磁感应定律的发现以及位移电流概念的提出，阐明了变化磁场能够激发电场，变化电场能够激发磁场，充分揭示了电场和磁场的内在联系及依存关系。在此基础上，麦克斯韦以麦克斯韦方程组的形式总结了普遍而完整的电磁场理论。麦克斯韦电磁场理论成功地预言了电磁波的存在，揭示了光的电磁本质；它的实际应用，使人们有可能大规模地把其他形式的能量转变成电能，为各生产部门广泛地使用电力创造了条件，并极大地推动着社会生产力的发展。在电工技术中，运用电磁感应原理制造的发电机、感应电动机和变压器等电器设备为充分而方便地利用自然界的能源提供了条件；在电子技术中，广泛地采用电感元件来控制电压或电流的分配、发射、接收和传输电磁信号；在电磁测量中，除了许多重要电磁量的测量直接应用电磁感应原理外，一些非电磁量也可用之转换成电磁量来测量，从而发展了多种自动化仪表。

在本章中，我们首先讨论电磁感应现象及其基本规律，包括动生电动势、感生电动势、自感和互感现象，进而讨论磁场的能量，最后介绍麦克斯韦方程组所揭示的电磁场理论，并对电磁场的物质性及电磁场的统一性做简单的介绍。

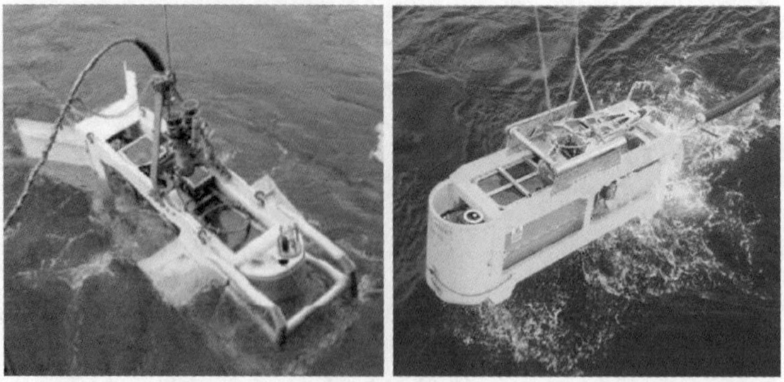

上图为 OHM 和 EMGS 公司水底发射机的实物对比[㊀]。海洋电磁法勘探利用了本章的电磁感应知识，是海洋油气勘探技术中必不可少的步骤，它突破了传统非地震勘探方法只能作为早期构造勘探中无关紧要方法的不足，其原因在于海洋电磁勘探技术能识别高阻油气藏，从而达到直接找油气的目的。

海洋电磁仪器包括电磁激发系统和接收系统。电磁激发系统有海底拖曳式和水面拖曳式，但最有效的电磁激发系统还是海底拖曳式，这种电磁激发系统包括船上高压发电机、同步时钟、GPS 定位系统、水下电磁发射机、变压器和发射电极。这种方式可以实现大电流供电激发，因为交流发电机在船上，通过高压输电至海底发射机，一方面能有效地减小线路输电损耗，另一方面利用海水散热更有效，发射机通过整流形成需要的低频低压强电流供入地下(如上图)。

目前，电磁激发系统发射的频率范围为 0.01 ~ 100 Hz，发射电流范围为 100 ~ 1 000 A。电磁接收系统包括数据采集器、仪器承压舱、电磁场传感器、声波释放器、浮体和 GPS 定位系统等。数据采集器需长时间记录数据，因此要求稳定性好、功耗小、体积小、存储单元多、精度高。目前，一般采用四分量测量，即两个电场传感器和两个磁场传感器。海洋电磁记录仪的信号记录频带宽一般为 100 ~ 0.000 1 Hz，电场观测灵敏度可达 0.01 ~ 0.02 $\mu V \cdot m^{-1}$，磁场观测灵敏度可达 0.1 ~ 0.3 $V \cdot nT^{-1}$，同步计时精度可达 0.01 ms。

海洋电磁勘探与陆地电磁法最大的差别在于海洋

㊀ 何展翔，余刚．海洋电磁勘探技术及新进展［J］．勘探地球物理进展，2008,31（1）：2-8.

电磁法可以布设密集的激发场源，激发场源点的间距可以从几十米到数百米。而接收站一般有选择地布设在油气藏上方，数量一般在十几个到几十个不等，对于较小的油气藏一个也可以。

8.1 电磁感应的基本规律

8.1.1 电磁感应现象

1831 年 8 月 29 日，法拉第首次发现，处于随时间变化的电流附近的闭合回路中出现了感应电流。法拉第立即意识到，这是一种非恒定的暂态效应。紧接着他做了一系列实验去验证电磁感应现象的存在及其规律。下面用几个典型的电磁感应演示实验来说明：什么是电磁感应现象？产生电磁感应现象的条件是什么？

实验 1：如图 8-1a 所示，将线圈 A 与电流计 G 的两端连接形成闭合回路，在这个回路中没有电源，所以电流计的指针并不偏转。现在将一根条形磁铁 S 插入线圈 A 时，可以观察到电流计的指针发生了偏转，这表明线圈 A 中产生了电流。这种电流叫作**感应电流**。当磁铁插在线圈内不动时，电流计的指针不再偏转，这时线圈中没有感应电流。再把磁铁从线圈内拔出，在拔出的过程中，电流计的指针又发生偏转，偏转的方向与插入磁铁时相反，这表明线圈中产生了反方向的电流。

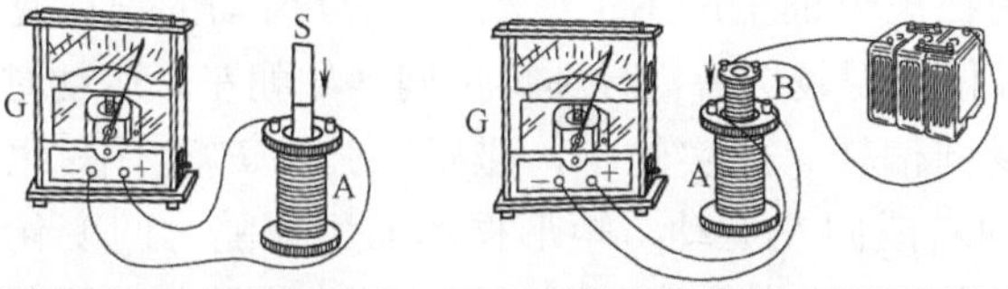

a) 磁铁S与线圈A有相对运动时，电流计G的指针发生偏转　b) 通电螺线管B与线圈A有相对运动时，电流计G的指针发生偏转

图 8-1 电磁感应现象

如果磁铁不动，使线圈 A 相对磁铁运动；或两者同时相对运动，线圈 A 中都有电流产生。在上述实验过程中，A 中电流的方向与磁铁的极性和相对运动方向有关；电流的大小则与磁铁的相对速度有关，相对速度越大，所产生的电流就越强；当磁铁停止相对运动时，电流也随之消失。

一个通电线圈和一个磁铁相当。若用通电螺线管 B 代替条形磁铁重复以上的实验过程（见图 8-1b），将可以观察到完全相同的现象。

通过上面的两组实验，可以发现，当磁铁或通电螺线管 B 与线圈 A 做相对运动时，线圈 A 中产生了电流。那么，究竟是由于相对运动，还是由于线圈 A 处的磁场变化，而使 A 中产生了电流？为了弄清这个问题，请看下面的实验。

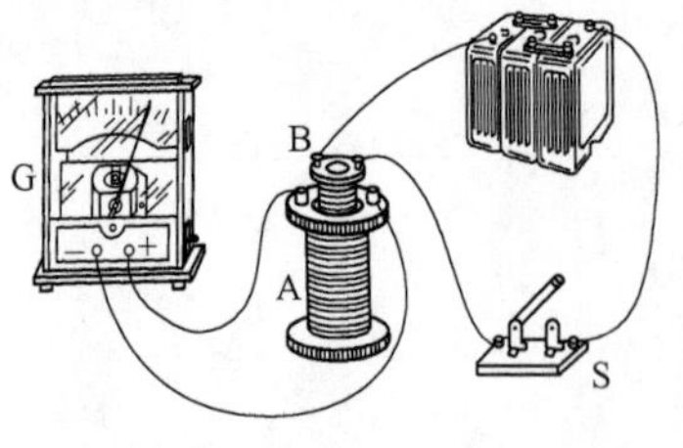

图 8-2　开关 S 闭合和断开的瞬间电流计 G 指针发生偏转

实验 2：如图 8-2 所示，将螺线管 B 与直流电源和开关 S 串联起来，并把 B 插入线圈 A 内。可以看到，在接通开关 S 的瞬间，电流计的指针突然偏转，并随即回到零点；在断开 S 的瞬间，电流计的指针突然反向偏转后也随即回到零点。这表明在螺线管 B 通电或断电瞬间，线圈 A 处的磁场发生了变化，而使线圈 A 中产生了电流。如果用一个可变电阻代替开关 S，那么当调节可变电阻来改变螺线管 B 中的电流时，也会使 A 处的磁场发生变化，同样可以看到电流计的指针发生偏转，即线圈 A 中产生了感应电流。而且调节可变电阻的动作越快，线圈 A 中的感应电流就越大。

在这个实验里，螺线管 B 与线圈 A 之间并没有相对运动，可见相对运动本身不是 A 中产生电流的原因，因此，A 中电流产生的原因，应归结为线圈 A 所在处磁场的变化。

以上的认识是我们从有限的实验条件下得出的，那么磁场不变化能否产生感应电流呢？还需要继续观察下面的实验。

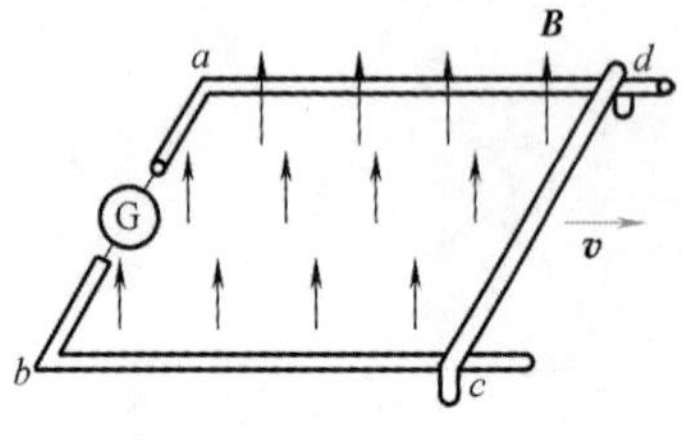

图 8-3　线框平面面积改变引起感应电流

实验 3：如图 8-3 所示，将接有电流计 G 的矩形线框 $abcd$ 放于均匀磁场中，线框的 cd 部分可以在 ad、bc 两条边上滑动，以改变线框平面的面积，磁感应强度 $\boldsymbol{B}$ 垂直于线框平面。当棒 cd 朝某一方向（如朝右）滑动时，电流计指针发生偏转，这表明在矩形框里产生了电流，棒 cd 滑动的速度越快，电流计指针偏转得越厉害，导体棒反向（如朝左）运动时，电流计指针反向偏转。此实验中，磁感应强度 $\boldsymbol{B}$ 没有变化，但由于 cd 棒向右或向左运动，矩形框的面积在随时间变化，结果也产生了电流。如此看来，不能把线框中电流的起因仅仅归结于磁场的变化。

从以上三个实验现象可以看到，线圈中的感应电流是由于线圈所在处的磁场发生了变化，或者在磁场中的线圈回路面积发生了变化而引起的。这种电流的产生可以归结为如下结论：当通过一闭合电路所包围面积的磁通量发生变化时，不管这种变化是由什么原因引起的，闭合电路中就会产生感应电流。这种现象称为**电磁感应**现象。

8.1.2　电动势

要保持导体中有恒定电流，就需要导体两端维持恒定的电势差。怎样才能维持恒定的电势差呢？

在如图 8-4 所示的闭合电路中，开始时导体板 A 和 B 分别带有正、负电荷，A、B 之间有电势差。将开关 S 闭合，则导线中会出现由 A 指向 B 的电场，B 板上的电子在静电力的作用下，经电流计 G 流向 A 板，电路中形成电流，电流计 G 的指针发生偏转。同时，由于 A、B 板上的电荷不断中和，两板间的电势差减小。最终 A 和 B 成为等势体，自由电子不再流动，电流计 G 的指针回到零。可见，电路中的电流是瞬时的。

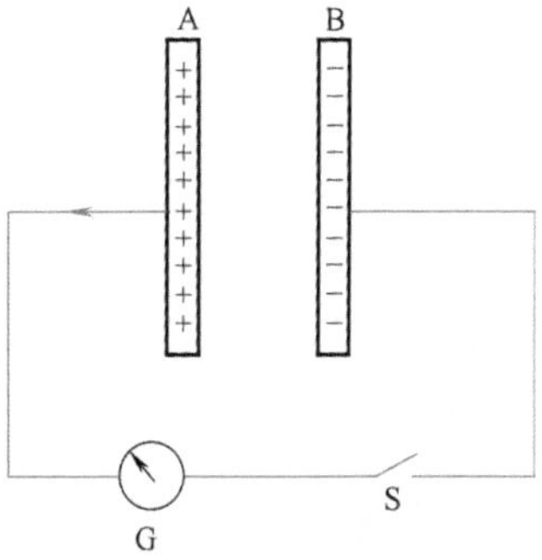

图 8-4　闭合电路

如果能沿着两极板间另一路径，将不断流向 A 板的电子送回 B 板，那么 A、B 两板间就可以维持恒定的电势差。这样电路中就可以维持恒定的电流。这就好像在两个有水位差的连通水池中，必须将流入低水位水池中的水抽向高水位水池中，以保持两水池的水位差，才能使水不断流动的道理一样。实现水循环流动要依靠水泵，实现电荷的循环流动，则要依靠电源（如蓄电池、光电池、发电机等）。

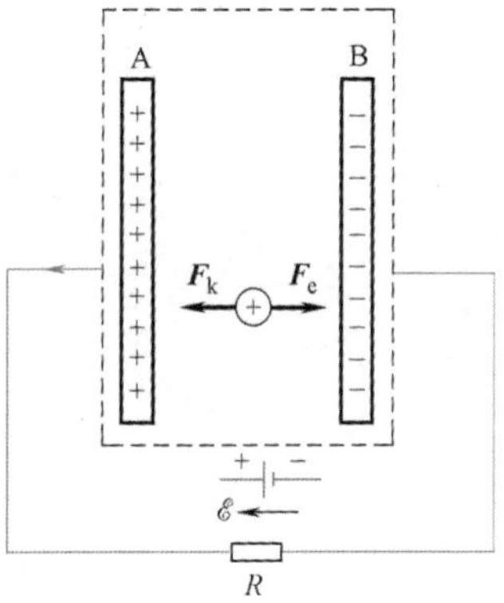

图 8-5　接有电源的闭合回路

图 8-5 为接有电源的闭合电路，在表示电源的虚线框内 A 和 B 分别为电源的正、负极。电路的一部分称为外电路，在电源以外的外电路中，靠静电力使电荷发生定向移动，正电荷由高电势流向低电势（即正极流向负极），或在金属导体中自由电子由低电势流向高电势。另一部分为内电路，在电源内电路中，要把正电荷从低电势搬回高电势（即从负极搬回正极），或将自由电子由高电势搬回低电势，以维持正、负极间的电势差，靠静电场对它作用的静电力 $\boldsymbol{F}_e$ 显然是不行的，因为 $\boldsymbol{F}_e$ 的作用是阻碍正电荷从负极到正极去的。要使正电荷做循环运动，这就要求在电源的内电路中存在一种能反抗静电力，并把正电荷由负极低电势处推向正极高电势处，或将自由电子由正极高电势处推到负极低电势处的力 $\boldsymbol{F}_k$，$\boldsymbol{F}_k$ 称为“**非静电力**”。**电源**就是产生这种非静电力的装置。电源类型的不同，非静电力的性质也不同，如发电机中的非静电力是电磁力等。

电源的非静电力 $\boldsymbol{F}_k$ 在反抗静电力 $\boldsymbol{F}_e$ 把正电荷由负极搬到正极的过程中对正电荷做了正功。从能量的观点看，在这个过程中，电源把其他形式的能量转化成了电能，如普通电池中的电能就是由化学能转化来的。为了定量描述非静电力 $\boldsymbol{F}_k$ 做功本领的大小，或电源把其他形式能量转化为电能本领的大小，特引入电动势这一物理量。电动势的定义：非静电力 $\boldsymbol{F}_\mathrm{k}$ 将单位正电荷从负极通过电源内部送回到正极所做的功，用 $\mathscr{E}$ 表示。如果用 A 表示在电源内非静电力 $\boldsymbol{F}_\mathrm{k}$ 把正电荷 q 从负极搬到正极所做的功，则

$$\mathscr{E}=\frac{A}{q} \tag{8-1}$$

电动势 $\mathscr{E}$ 是标量，没有方向，通常我们规定其指向为在电源内从负极指向正极，以表征它起到将电势升高的作用。

虽然，电源内部的非静电力和静电力在性质上是不同的，但是它们都有推动电荷运动的作用。为此，可以等效地将非静电力 $\boldsymbol{F}_\mathrm{k}$ 与电荷 q 之比定义为非静电性场强 $\boldsymbol{E}_\mathrm{k}$，即

$$\boldsymbol{E}_\mathrm{k}=\frac{\boldsymbol{F}_\mathrm{k}}{q} \tag{8-2}$$

这个非静电性场强只存在于电源内部。非静电力 $\boldsymbol{F}_\mathrm{k}$ 的功可以表示为

$$A=\int_B^A \boldsymbol{F}_\mathrm{k}\cdot\mathrm{d}\boldsymbol{l}=\int_B^A q\boldsymbol{E}_\mathrm{k}\cdot\mathrm{d}\boldsymbol{l}=q\int_B^A \boldsymbol{E}_\mathrm{k}\cdot\mathrm{d}\boldsymbol{l} \tag{8-3}$$

式中的上、下限 A、B 分别代表电源正、负极，将式（8-3）代入式（8-1），电源电动势的定义式可写成

$$\mathscr{E}=\int_-^+ \boldsymbol{E}_\mathrm{k}\cdot\mathrm{d}\boldsymbol{l} \tag{8-4}$$

如果在整个闭合回路上都有非静电力存在，则无法区分电源内部和电源外部，这时式（8-1）中的功 A 应理解为正电荷 q 绕闭合回路一周，非静电力所做的功，而相应的电动势就等于将单位正电荷沿整个闭合回路绕行一周，非静电力所做的功，即

$$\mathscr{E}=\oint \boldsymbol{E}_\mathrm{k}\cdot\mathrm{d}\boldsymbol{l} \tag{8-5}$$

在有些情况下，无法区分电源的内外电路，或者说在闭合回路中处处存在非静电力，此时式（8-5）比式（8-4）更具有普遍性。

电源的电动势是表征电源本身性质的物理量，它与外电路的性质以及电源所在电路接通与否一般无关。

8.1.3　法拉第电磁感应定律

法拉第对电磁感应现象做了定量的研究，总结出了电磁感应的基本定律，提出了感应电动势的概念，用 $\mathscr{E}$ 表示。不言而喻，电路中出现电流，说明电路中有电动势。直接由电磁

感应而产生的感应电动势，只有当电路闭合时感应电动势才会产生感应电流。所以法拉第用感应电动势来表述电磁感应定律，可表述如下：

当穿过闭合回路所围面积的磁通量发生变化时，不论这种变化是由于什么原因引起的，回路中都会产生感应电动势，且此感应电动势与磁通量对时间变化率的负值成正比。

如果采用国际单位制，则此电磁感应定律可表示为

$$\mathscr{E}=-\frac{\mathrm{d}\Phi_{\mathrm{m}}}{\mathrm{d}t} \tag{8-6}$$

在国际单位制中，$\mathscr{E}$ 的单位为伏特（V），Φ_{m} 的单位为韦伯（Wb），t 的单位为秒（s）。式中的负号反映了感应电动势的方向与磁通量 Φ_{m} 变化之间的关系。

由式（8-6）判断感应电动势方向的具体步骤：先规定回路绕行的正方向，再按右手螺旋法则确定回路所包围面积的法线 $\boldsymbol{e}_{\mathrm{n}}$ 的正方向，即右手四指弯曲方向沿绕行正方向，伸直拇指的方向就是 $\boldsymbol{e}_{\mathrm{n}}$ 的正方向。如图 8-6 所示，当磁感应强度 $\boldsymbol{B}$ 与 $\boldsymbol{e}_{\mathrm{n}}$ 的夹角小于 90°时，穿过回路面积的磁通量 Φ_{m} 为正，反之为负。再根据 Φ_{m} 的变化情况，确定 $\mathrm{d}\Phi_{\mathrm{m}}$ 和 $\mathrm{d}\Phi_{\mathrm{m}}/\mathrm{d}t$ 的正负：正的 Φ_{m} 增加或负的 Φ_{m} 减少，则 $\mathrm{d}\Phi_{\mathrm{m}}$ 为正；正的 Φ_{m} 减少或负的 Φ_{m} 增加，则 $\mathrm{d}\Phi_{\mathrm{m}}$ 为负。而 $\mathrm{d}\Phi_{\mathrm{m}}/\mathrm{d}t$ 的正负与 $\mathrm{d}\Phi_{\mathrm{m}}$ 的正负相同（因为 $\mathrm{d}t$ 总是正的）。最后，若 $\mathrm{d}\Phi_{\mathrm{m}}/\mathrm{d}t>0$，则由式（8-6）可得 $\mathscr{E}<0$，即感应电动势 $\mathscr{E}$ 的方向与所规定的回路正方向相反；若 $\mathrm{d}\Phi_{\mathrm{m}}/\mathrm{d}t<0$，则 $\mathscr{E}>0$，即感应电动势 $\mathscr{E}$ 的方向与所规定的回路正方向一致。

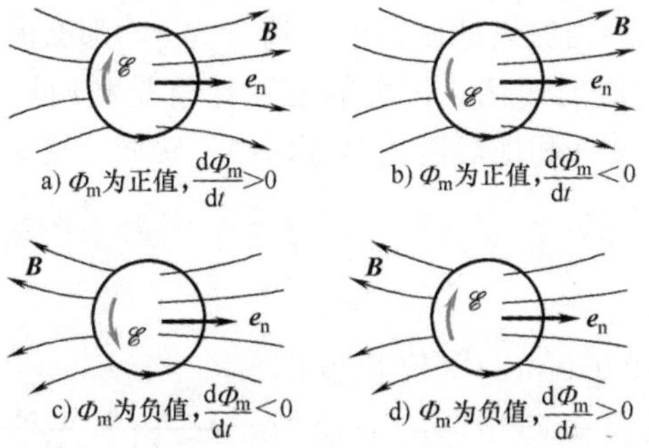

图 8-6　感应电动势的方向与 Φ_{m} 的变化之间的关系

应当指出，式（8-6）中的 Φ_{m} 是穿过由单匝导体回路所围面积的磁通量。当导体回路是由 N 匝线圈串联而成时，由于磁通量变化，在整个线圈中产生的感应电动势应是每匝线圈中产生的感应电动势之和。设穿过各匝线圈的磁通量分别为 Φ_{m1}，Φ_{m2}，…，$\Phi_{\mathrm{m}N}$，则线圈中的总电动势为

$$\begin{aligned}\mathscr{E} &= -\frac{\mathrm{d}}{\mathrm{d}t}\left(\Phi_{\mathrm{m1}}+\Phi_{\mathrm{m2}}+\cdots+\Phi_{\mathrm{m}N}\right)\\ &= -\frac{\mathrm{d}}{\mathrm{d}t}\left(\sum_{i=1}^{N}\Phi_{\mathrm{m}i}\right)=-\frac{\mathrm{d}\Psi}{\mathrm{d}t}\end{aligned} \tag{8-7}$$

其中$\Psi=\sum_{i=1}^{N}\Phi_{\mathrm{m}i}$是穿过各匝线圈的总磁通量。如果穿过各匝线圈的磁通量相等，则穿过N匝线圈的总磁通量$\Psi=N\Phi_{\mathrm{m}}$，称为全磁通（或磁通匝链数）。这时

$$\mathscr{E}=-N\frac{\mathrm{d}\Phi_{\mathrm{m}}}{\mathrm{d}t} \tag{8-8}$$

如果闭合回路的电阻为R，那么根据闭合回路欧姆定律$\mathscr{E}=IR$，则回路中的感应电流为

$$I=\frac{\mathscr{E}}{R}=-\frac{1}{R}\frac{\mathrm{d}\Phi_{\mathrm{m}}}{\mathrm{d}t} \tag{8-9}$$

由式（8-9）以及电流的定义式$I=\frac{\mathrm{d}q}{\mathrm{d}t}$，可计算出从$t_1$到$t_2$这段时间内，通过导线的任一横截面的感应电荷量为

$$q=\int_{t_1}^{t_2}I_i\mathrm{d}t=-\frac{1}{R}\int_{\Phi_{\mathrm{m1}}}^{\Phi_{\mathrm{m2}}}\mathrm{d}\Phi_{\mathrm{m}}=\frac{1}{R}(\Phi_{\mathrm{m1}}-\Phi_{\mathrm{m2}}) \tag{8-10}$$

式中，Φ_{m1}和Φ_{m2}分别是t_1和t_2时刻穿过导体回路的磁通量。式（8-10）表明：一段时间内通过导线截面的感应电荷量只与这段时间内导线回路所包围的磁通量的变化量成正比，而与磁通量变化的快慢无关。对于给定电阻R的闭合回路来说，如果从实验中测出流过此回路的电荷量为q，那么就可以知道此回路内磁通量的变化。常用的磁通计就是利用这个原理设计的，在地质勘探和地震监测等部门中，磁通计用来探测地磁场的变化。

例题 8-1　一长直螺线管，半径$r_1=0.020\ \mathrm{m}$，单位长度的线圈匝数为$n=10\ 000$，另一绕向与螺线管绕向相同，半径为$r_2=0.030\ \mathrm{m}$，匝数$N=100$的圆线圈 A 套在螺线管外，如图 8-7 所示。如果螺线管中的电流按$0.100\ \mathrm{A\cdot S^{-1}}$的变化率增加，求：

（1）圆线圈 A 内感应电动势的大小和方向；

（2）在圆线圈 A 的a、b两端接入一个可测量电荷量的冲击电流计。若测得感应电荷量为$q=20.0\times10^{-7}\ \mathrm{C}$，求穿过圆线圈 A 的磁通量的变化值。已知圆线圈 A 的总电阻为$10\ \Omega$。

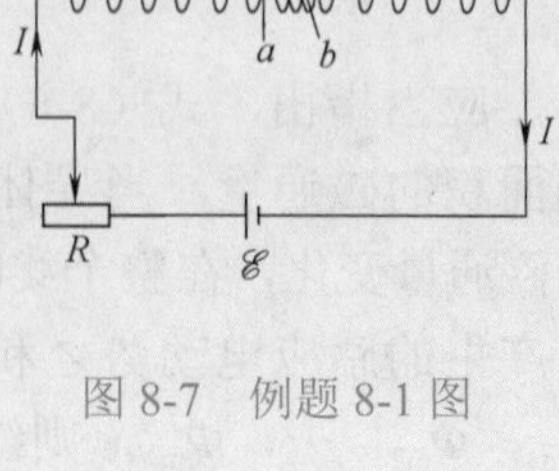

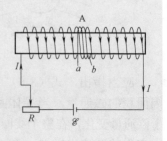

图 8-7　例题 8-1 图

解　(1) 取圆线圈 A 回路的绕行正方向与长直螺线管内电流的方向相同，则回路 A 的法线 $\boldsymbol{e}_n$ 的方向与长直螺线管中电流所产生的磁感应强度 $\boldsymbol{B}$ 的方向相同。通过圆线圈 A 每匝的磁通量为

$$\Phi_m=BS=\mu_0 nI\pi r_1^2$$

根据式（8-7），圆线圈 A 中的感应电动势为

$$\mathscr{E}=-\frac{d\Psi}{dt}=-N\frac{d\Phi_m}{dt}=-\mu_0 nN\pi r_1^2\frac{dI}{dt}$$

将 $\mu_0=4\pi\times10^{-7}\ \mathrm{H\cdot m^{-1}}$ 和已知条件代入上式，得

$$\mathscr{E}=[-4\pi\times10^{-7}\times10^4\times100\times3.14\times(0.020)^2\times0.100]\ \mathrm{V}\approx-1.58\times10^{-4}\ \mathrm{V}$$

负号说明感应电动势 $\mathscr{E}$ 的方向与 A 回路绕行的正方向即长直螺线管中电流的方向相反。

(2) 圆线圈 A 的两端 a、b 接入冲击电流计，形成闭合回路。由式（8-10）得感应电荷量为

$$q=\frac{1}{R}(\Psi_1-\Psi_2)=\frac{N}{R}(\Phi_{m1}-\Phi_{m2})$$

式中，Φ_{m1} 和 Φ_{m2} 分别为 t_1 和 t_2 时刻通过圆线圈 A 每匝的磁通量。可得

$$\Phi_{m1}-\Phi_{m2}=\frac{qR}{N}=\frac{20.0\times10^{-7}\times10}{100}\ \mathrm{Wb}=2.0\times10^{-7}\ \mathrm{Wb}$$

如果时刻 t_1 为刚接通长直螺线管电流的时刻，则 $\Phi_{m1}=0$；t_2 为长直螺线管中电流达到稳定值 I 的时刻，则 t_2 时刻 $\Phi_{m2}=B\pi r_1^2$。利用以上关系式可得 $B=\dfrac{qR}{N\pi r_1^2}$。因此，用本题的装置可以测量电流为 I 时，长直螺线管中的均匀磁场的磁感应强度。

例题 8-2　如图 8-8 所示，一长直导线中通有交变电流 $I=I_0\sin\omega t$，式中 I 表示瞬时电流，I_0 是电流振幅，ω 是角频率，I_0 和 ω 都是常量。在长直导线旁平行放置一矩形线圈，线圈平面与直导线在同一平面内。已知线圈长为 l，宽为 b，线圈靠近长直导线的一边离直导线的距离为 a。求任一瞬时线圈中的感应电动势的大小。

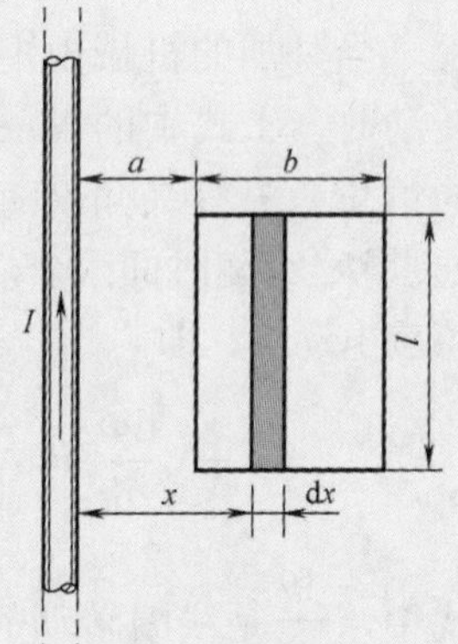

图 8-8　例题 8-2 图

解　首先，我们不妨选定正的回路绕行方向为顺时针方向，则按右手螺旋法则，此回路平面的法线方向垂直纸面向里，若电流方向如图所示，则电流激发磁场的方向与平面的法线方向一致。如图，在某一瞬时，距直导线为 x 处的磁感应强度为

$$B=\frac{\mu_0 I}{2\pi x}$$

且方向垂直线圈平面向里，则穿过图中阴影面积 $dS=l dx$ 的磁通量为

$$d\Phi_m=BdS=\frac{\mu_0 I}{2\pi x}\cdot l dx$$

若在瞬时 t，通过整个线圈所围面积的磁通量为

$$\Phi_m=\int d\Phi_m=\int_a^{a+b}\frac{\mu_0 I}{2\pi x}\cdot l dx=\frac{\mu_0 l I_0\sin\omega t}{2\pi}\ln\left(\frac{a+b}{a}\right)$$

按法拉第电磁感应定律，线圈中的感应电动势大小为

$$\mathscr{E}=-\frac{\mathrm{d}\Phi_{\mathrm{m}}}{\mathrm{d}t}=-\frac{\mu_0 l I_0}{2\pi}\ln\left(\frac{a+b}{a}\right)\frac{\mathrm{d}}{\mathrm{d}t}\sin\omega t$$

$$=-\frac{\mu_0 l I_0\omega}{2\pi}\ln\left(\frac{a+b}{a}\right)\cos\omega t$$

从上式可知，线圈内的感应电动势随时间按余弦规律变化，当$0<t<\dfrac{\pi}{2\omega}$时，$\cos\omega t>0$，则$\mathscr{E}<0$，表明回路内的感应电动势的方向为逆时针方向，当$\dfrac{\pi}{2\omega}<t<\dfrac{\pi}{\omega}$时，$\cos\omega t<0$，则$\mathscr{E}>0$，表明回路内的感应电动势的方向为顺时针。

例题 8-3　交流发电机的原理。在如图 8-9a 所示的均匀磁场中，置有面积为 S 的可绕 OO' 轴转动的 N 匝线圈。若线圈以角速度 ω 做匀速转动。求线圈中的感应电动势。

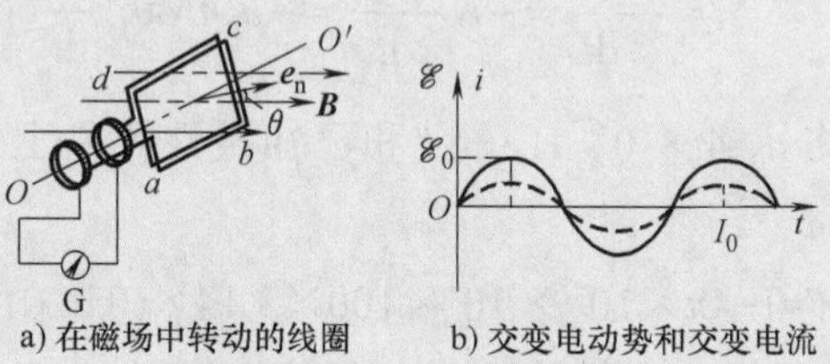

a) 在磁场中转动的线圈　　b) 交变电动势和交变电流

图 8-9　例题 8-3 图

解　设在 t=0 时，线圈平面的法线 $\boldsymbol{e}_{\mathrm{n}}$ 的方向与磁感应强度 $\boldsymbol{B}$ 的方向相同，那么，在时刻 t，$\boldsymbol{e}_{\mathrm{n}}$ 与 $\boldsymbol{B}$ 之间的夹角为 $\theta=\omega t$。此时，穿过 N 匝线圈的全磁通为

$$\Psi=N\Phi_{\mathrm{m}}=NBS\cos\theta$$

当外加的机械力矩驱动线圈绕 OO' 轴转动时，上式中的 N、B、S 各量都是不变的恒量，只有夹角 θ 随时间改变，因此磁通量 Φ_{m} 亦随时间改变，从而在线圈中产生感应电动势，即

$$\mathscr{E}=-N\frac{\mathrm{d}\Phi_{\mathrm{m}}}{\mathrm{d}t}=NBS\sin\theta\frac{\mathrm{d}\theta}{\mathrm{d}t}$$

式中，$\dfrac{\mathrm{d}\theta}{\mathrm{d}t}$是线圈转动的角速度 ω；如果 ω 是恒量（即匀角速转动），而且当 t=0 时，θ=0，则得 $\theta=\omega t$，代入上式，得

$$\mathscr{E}=NBS\omega\sin\omega t$$

令 $\mathscr{E}_0=NBS\omega$，它是线圈平面平行于磁场方向（$\theta=90°$）时的感应电动势，也就是线圈中的最大感应电动势，则上式为

$$\mathscr{E}=\mathscr{E}_0\sin\omega t$$

线圈单位时间转动的周数用 ν 表示，所以有 $\omega=2\pi\nu$。上式亦可写成

$$\mathscr{E}=\mathscr{E}_0\sin 2\pi\nu t$$

由上述计算可知，在均匀磁场中，匀速转动的线圈内所建立的感应电动势是时间的正弦函数。$\mathscr{E}_0$ 为感应电动势的最大值（见图 8-9b），叫作电动势的振幅幅值。它与磁感应强度、线圈的面积、匝数 N 和转动的角速度成正比。

如果线圈与外电路接通而构成回路，其总电阻是 R，则根据闭合回路欧姆定律，闭合回路中的感应电流为

$$i=\frac{\mathscr{E}_0}{R}\sin\omega t=I_0\sin\omega t=I_0\sin 2\pi\nu t$$

式中，$I_0=\dfrac{\mathscr{E}_0}{R}$为感应电流的幅值（见图 8-9b）。可见，在均匀磁场中匀速转动的线圈内的感应电流也是时间的正弦函数。这种电流叫作正弦交变电流，简称交流电。

应当指出，这里分析的是交流发电机

的基本工作原理。实际上大功率的交流发电机输出交流电的线圈是固定不动的，转动的部分则是提供磁场的电磁铁线圈（即转子)，它以角速度 ω 绕轴 OO' 转动，而形成所谓旋转磁场，这种结构的发电机是由特斯拉发明的。

8.1.4 楞次定律

1833 年，俄国科学家楞次在概括大量实验结果的基础上，得出了确定感应电流方向的法则：闭合回路中感应电流的方向，总是企图使感应电流本身所产生的通过回路面积的磁通量，去抵消或补偿引起感应电流的磁通量的改变。或者用另一种方式来表述：闭合回路中感应电流的方向，总是使得它所激发的磁场来阻碍引起感应电流的磁通量的变化（反抗相对运动、磁场变化或线圈变形等)。这一规律称为**楞次定律**。

在如图 8-10 所示的实验中，当磁铁棒以 N 极插向线圈或线圈向磁棒的 N 极运动时，通过线圈的磁通量增加，感应电流所激发的磁场方向则要使通过线圈面积的磁通量反抗线圈内磁通量的增加，所以线圈中感应电流所产生的磁感应线的方向与磁铁棒的磁感应线的方向相反。再根据右手螺旋法则，可确定线圈中感应电流的方向如图 8-10a 中的箭头所示。当磁铁棒背离线圈或线圈背离 N 极运动时，通过线圈面积的磁通量减少，感应电流的磁场则要使通过线圈面积的磁通量去补偿线圈内磁通量的减少，因而，它所产生的磁感应线的方向与磁铁棒的磁感应线的方向相同，感应电流的方向如图 8-10b 中箭头所示。

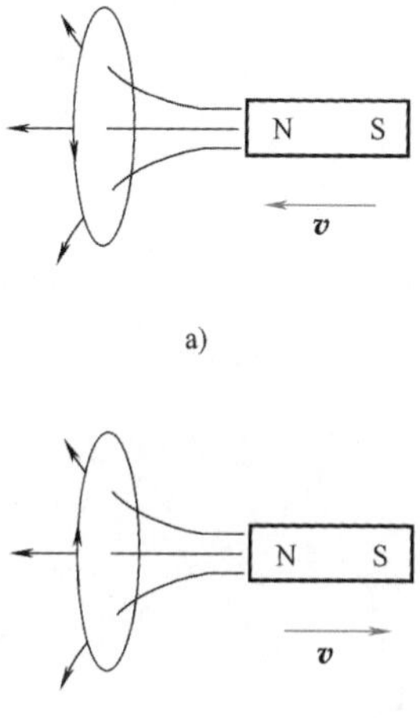

图 8-10　楞次定律

楞次定律实质上是能量守恒定律的一种体现。在上述例子中可以看到，当磁铁棒的 N 极向线圈运动时，线圈中感应电流所激发的磁场分布相当于在线圈朝向磁铁棒一面出现 N 极，它阻碍磁铁棒的相对运动，因此，在磁铁棒向前运动的过程中，外力必须克服斥力做功；当磁铁棒背离线圈运动时，则外力必须克服引力做功；与此同时，在线圈中就具有了感应电流的电能，并转化为电路中的热能。反之，如果设想感应电流的方向不是这样，它的出现不是阻碍磁铁棒的运动而是促使它加速运动，那么只要我们把磁铁棒稍稍推动一下，线圈中出现的感应电流就将使它动得更快，于是又增长了感应电流，这个增长又促进相对运动更快，如此不断地相互反复加强，所以只要在最初使磁铁棒的微小移动中做出微量的功，就能获得极大的机械能和电能，但这显然是违背能量守恒定律的。所以，感应电流的方向遵从楞次定律的事实表明，楞次定律本质上就是能量守恒定律在电磁感应现象中的具体表现。

8.2　动生电动势

法拉第电磁感应定律表明，只要通过回路的磁通量随时间变化就会在回路中产生感应电动势。由磁通量的计算可以看到，穿过回路所围面积 S 的磁通量是由磁感应强度、回路面积的大小，以及面积在磁场中的取向等三个因素决定的，因此，只要这三个因素中任一因素发生变化，都可使磁通量变化，从而引起感应电动势。但从本质上讲，可归纳为以下几种情况：

（1）磁场保持不变，导体回路或导体在磁场中运动，使其回路面积或回路的法线与磁感应强度 $\boldsymbol{B}$ 的夹角随时间变化，从而使回路中的磁通量发生变化而引起的感应电动势，叫作动生电动势；

（2）导体回路不动，磁感应强度随时间变化，从而使通过回路的磁通量发生变化而引起的感应电动势，叫作感生电动势。

（3）还有一种是磁场和回路都在变化，总电动势则是上述两种感应电动势之和。

下面主要讨论上述两类感应电动势产生的物理机制及其应用。

8.2.1　动生电动势的产生

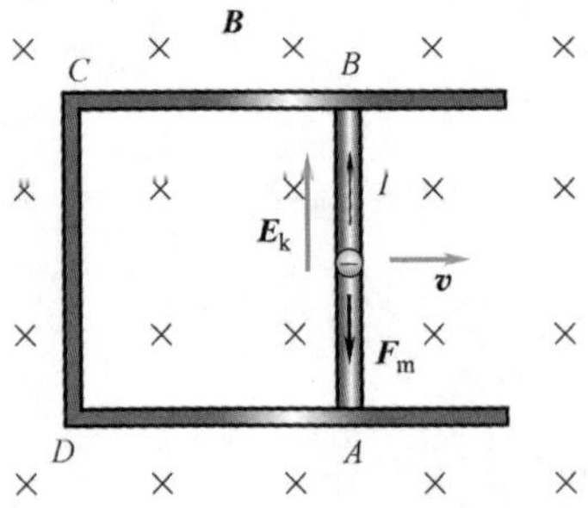

图 8-11　动生电动势

如图 8-11 所示，一个导体回路 $ABCD$ 中长为 l 的导线 AB 在磁感应强度为 $\boldsymbol{B}$ 的均匀磁场中以速度 $\boldsymbol{v}$ 向右做匀速直线运动。假定导线 AB、磁感应强度 $\boldsymbol{B}$ 以及速度 $\boldsymbol{v}$ 相互垂直。导线内部的电子也获得了向右的定向速度 $\boldsymbol{v}$。每个电子都受到一个洛伦兹力的作用，该力为

$$\boldsymbol{F}_m=-e(\boldsymbol{v}\times\boldsymbol{B})$$

式中，$-e$ 为电子的电荷量；$\boldsymbol{F}_m$ 的方向与 $\boldsymbol{v}\times\boldsymbol{B}$ 的方向相反，由 B 指向 A，电子在洛伦兹力的作用下沿着 $BADC$ 运动。如果没有固定的导体框与导线 AB 相接触，则洛伦兹力将使自由电子向 A 端聚集，使 A 端带负电，B 端由于缺少负电荷而带正电。随着导线 AB 两端正、负电荷的积累，在导线中要产生一个由

B 指向 A 的电场。这时电子还要受到一个指向 B 端的电场力的作用，电场力为

$$\boldsymbol{F}_e=-e\boldsymbol{E}$$

当导线 AB 两端的电荷积累到一定程度时，电场力和洛伦兹力平衡。此时，电荷的积累停止，导线 AB 两端形成稳定的电势差，可见导线 AB 相当于一个电源，其中 A 端为负极，B 端为正极。因此，作用在自由电子上的洛伦兹力就是提供动生电动势的非静电力。该非静电力所对应的非静电性场强为

$$\boldsymbol{E}_k=\frac{\boldsymbol{F}_m}{-e}=\boldsymbol{v}\times\boldsymbol{B}$$

$\boldsymbol{E}_k$ 与 $\boldsymbol{F}_m$ 的方向相反，而与 $\boldsymbol{v}\times\boldsymbol{B}$ 的方向相同，由电动势的定义式（8-4）可得，在磁场中运动的导线 AB 所产生的动生电动势为

$$\mathscr{E}=\int_A^B\boldsymbol{E}_k\cdot d\boldsymbol{l}=\int_A^B(\boldsymbol{v}\times\boldsymbol{B})\cdot d\boldsymbol{l} \tag{8-11}$$

式（8-11）对于非均匀磁场和任意曲线同样适用。

如果 $\boldsymbol{v}$ 与 $\boldsymbol{B}$ 垂直，且矢积 $\boldsymbol{v}\times\boldsymbol{B}$ 的方向与 $d\boldsymbol{l}$ 的方向相同，以及 $\boldsymbol{v}$ 与 $\boldsymbol{B}$ 均为恒矢量，故上式可写为

$$\mathscr{E}=\int_0^l vB\mathrm{d}l=Blv \tag{8-12}$$

8.2.2　洛伦兹力的做功

我们知道，由于洛伦兹力始终与带电粒子的运动方向垂直，所以它对电荷是不做功的。但通过上面的讨论可以看出，动生电动势的产生是洛伦兹力（非静电力）对导体棒中运动电荷做功的结果。这是否与洛伦兹力对运动电荷不做功的结论相矛盾呢？我们说不矛盾！在讨论动生电动势时，我们只考虑了自由电子随导体运动的速度 $\boldsymbol{v}$，而没有考虑电子还有在导体内部的运动速度 $\boldsymbol{u}$，实际上，电子的总速度为 $\boldsymbol{v}'=\boldsymbol{v}+\boldsymbol{u}$（见图 8-12）。

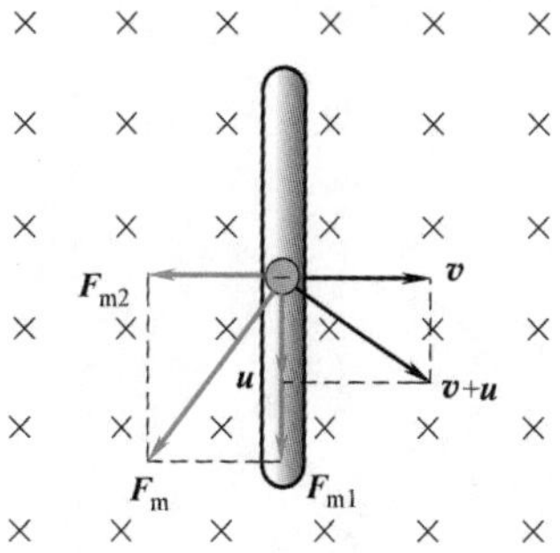

图 8-12　洛伦兹力不做功

电子所受到的总洛伦兹力为

$$\begin{aligned}\boldsymbol{F}_m&=-e\boldsymbol{v}'\times\boldsymbol{B}=-e(\boldsymbol{v}+\boldsymbol{u})\times\boldsymbol{B}\\&=-e\boldsymbol{v}\times\boldsymbol{B}-e\boldsymbol{u}\times\boldsymbol{B}\\&=\boldsymbol{F}_{m1}+\boldsymbol{F}_{m2}\end{aligned}$$

上式中第一项 $\boldsymbol{F}_{m1}$ 即是我们在讨论动生电动势时的非静电力，

而第二项 $\boldsymbol{F}_{m2}=-e\boldsymbol{u}\times\boldsymbol{B}$ 与 $\boldsymbol{F}_{m1}$ 垂直，与导体棒的运动速度 $\boldsymbol{v}$ 反向，即 $\boldsymbol{F}_{m2}$ 阻碍导体棒的向右运动，欲使导体棒保持速度 $\boldsymbol{v}$ 运动，外力必须克服 $\boldsymbol{F}_{m2}$ 对棒做功。电子定向移动时，力 $\boldsymbol{F}_{m1}$ 的功率为

$$P_1=-e(\boldsymbol{v}\times\boldsymbol{B})\cdot\boldsymbol{u}$$

力 $\boldsymbol{F}_{m2}$ 的功率为

$$P_2=-e(\boldsymbol{u}\times\boldsymbol{B})\cdot\boldsymbol{v}$$

又因为 $(\boldsymbol{v}\times\boldsymbol{B})\cdot\boldsymbol{u}=-(\boldsymbol{u}\times\boldsymbol{B})\cdot\boldsymbol{v}$，所以洛伦兹力的总功率

$$P=P_1+P_2=-e(\boldsymbol{v}\times\boldsymbol{B})\cdot\boldsymbol{u}-e(\boldsymbol{u}\times\boldsymbol{B})\cdot\boldsymbol{v}=-e(\boldsymbol{v}\times\boldsymbol{B})\cdot\boldsymbol{u}+e(\boldsymbol{v}\times\boldsymbol{B})\cdot\boldsymbol{u}=0$$

这就证明了洛伦兹力不做功，$\boldsymbol{F}_{m1}$ 所做的正功恰好等于 $\boldsymbol{F}_{m2}$ 对导体棒所做的负功。洛伦兹力所做总功为零，实质上表示了能量的转换与守恒，洛伦兹力在这里起了一个能量转换的作用：一方面接受外力的功，同时驱动电荷运动做功。简单地讲就是回路的电能来自外界的机械能，而不是来自磁场的能量，这就是发电机的能量定理。

8.2.3　动生电动势的计算

计算动生电动势的方法有两种：

1. 用动生电动势的定义式计算

首先，在运动导体上选定一线元 $\mathrm{d}\boldsymbol{l}$，弄清 $\mathrm{d}\boldsymbol{l}$ 的速度 $\boldsymbol{v}$ 和 $\mathrm{d}\boldsymbol{l}$ 所在处的 $\boldsymbol{B}$。一般情况下，在积分路径上不同 $\mathrm{d}\boldsymbol{l}$ 处的 $\boldsymbol{v}$ 和 $\boldsymbol{B}$ 是各不相同的，特别要注意正确地确定各量及它们之间的夹角关系，代入公式

$$\mathscr{E}=\int_L \boldsymbol{E}_{\mathrm{k}}\cdot\mathrm{d}\boldsymbol{l}=\int_L(\boldsymbol{v}\times\boldsymbol{B})\cdot\mathrm{d}\boldsymbol{l}$$

计算。再根据求出的动生电动势的正负，判断其指向。由于积分路径上各点的 $\boldsymbol{v}$ 及 $\boldsymbol{B}$ 都可能是变矢量，故积分时可能比较困难。

2. 用法拉第电磁感应定律计算

（1）若是闭合电路，首先任意选定回路绕行的正方向，为方便起见，一般选取与原磁场 $\boldsymbol{B}$ 的方向成右手螺旋关系的绕行方向为正方向，算出通过该回路面积的磁通量 Φ_{m}，代入公式

$$\mathscr{E}=-\frac{\mathrm{d}\Phi_{\mathrm{m}}}{\mathrm{d}t}$$

求出回路的动生电动势。

（2）若是一段不闭合导线，则需要做辅助线将其构造成闭合电路，仍可用上式计算导线两端的电动势。

最后根据电动势的正负来判断动生电动势的指向或感应电流的流向，若电动势为正，则与选定回路绕行正方向相同，若电动势为负，则与选定回路绕行的正方向相反。在具体数值计算时，我们往往用上式求动生电动势的大小（绝对值），即 $|\mathscr{E}|=\left|-\dfrac{\mathrm{d}\Phi_{\mathrm{m}}}{\mathrm{d}t}\right|$；而用楞次定律直接确定感应电动势的方向。

例题 8-4　如图 8-13 所示，长为 l 的铜棒在磁感应强度为 $\boldsymbol{B}$ 的均匀磁场中，以角速度 ω 在与磁场方向垂直的平面上绕棒的一端转动，求铜棒两端的感应电动势。

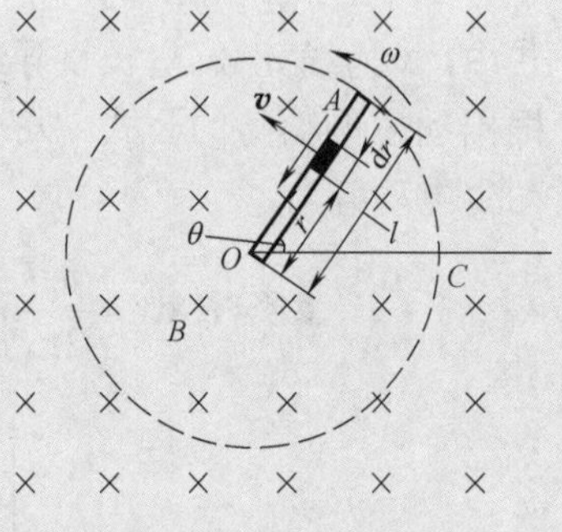

图 8-13　例题 8-4 图

解　解法一：根据动生电动势的定义，假设如图 8-13 所示铜棒中电动势的指向为 $A\to O$，沿着这个指向，在铜棒上离轴为 r 处取极小的一段线元 $\mathrm{d}\boldsymbol{r}$，其速度为 $\boldsymbol{v}$，且 $\boldsymbol{v}$、$\boldsymbol{B}$、$\mathrm{d}\boldsymbol{r}$ 三者互相垂直，因此 $\mathrm{d}\boldsymbol{r}$ 上的动生电动势为

$$\mathrm{d}\mathscr{E}=(\boldsymbol{v}\times\boldsymbol{B})\cdot\mathrm{d}\boldsymbol{r}=vB\mathrm{d}r$$

于是铜棒两端之间的动生电动势为各线元的动生电动势之和，即又因为 $v=r\omega$，则整个铜棒上的动生电动势为

$$\mathscr{E}=\int_l \mathrm{d}\mathscr{E}_i=\int_0^l vB\mathrm{d}r=\int_0^l B\omega r\mathrm{d}r=\frac{1}{2}B\omega l^2$$

$\mathscr{E}>0$，故动生电动势的指向与所假定的一致，即 $A\to O$，A 端带负电，O 端带正电。

解法二：按法拉第电磁感应定律计算，如图 8-13 所示，添加一条辅助的直线 OC 和弧线 CA，使之构成一个假想的闭合回路 $OACO$，假设 $OACO$ 为绕行回路的正方向，则按右手螺旋法则，此回路平面的法线的方向垂直纸面向里，则磁场的方向与平面的法线方向一致，若在瞬时 t，假设 OA 与 OC 的夹角为 θ，则此时整个回路所围面积的磁通量为

$$\Phi_{\mathrm{m}}=\frac{1}{2}Bl^2\theta$$

按法拉第电磁感应定律，线圈中的感应电动势大小为

$$\mathscr{E}=-\frac{\mathrm{d}\Phi_{\mathrm{m}}}{\mathrm{d}t}=-\frac{1}{2}Bl^2\frac{\mathrm{d}\theta}{\mathrm{d}t}=-\frac{1}{2}Bl^2\omega$$

从上式可知，回路内的动生电动势的方向与绕行回路的正方向相反，即 $OCAO$，由于回路中辅助线 OC 和 CA 没有运动，因此其上无动生电动势，则计算出的 $OACO$ 上的动生电动势就是 OA 上的动生电动势，则 OA 动生电动势方向为 $A\to O$，A 端带负电，O 端带正电。

例题 8-5 如图 8-14 所示，一长直导线中通有电流 I=10 A，在其附近有一长为 l=0.2 m 的金属棒 MN，以 v=2 m · s^{-1} 的速度平行于长直导线做匀速运动，如果棒靠近导线的一端 M 距离导线为 a=0.1 m，求金属棒中的动生电动势。

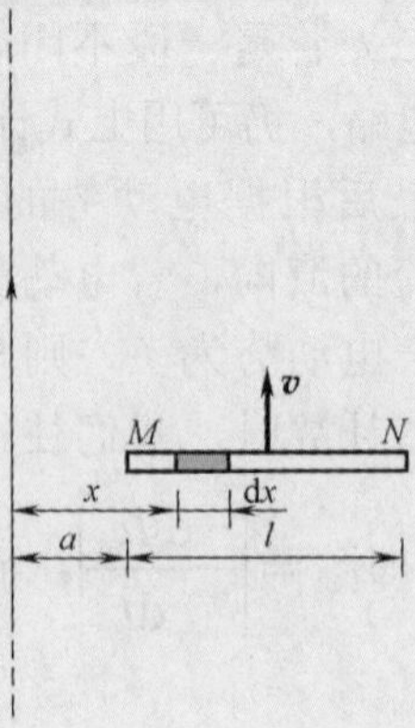

图 8-14 例题 8-5

解 由于金属棒处在通电导线的非均匀磁场中，因此必须将金属棒分成很多线元 dx，这样在每一个 dx 处的磁场都可以看作是均匀的，其磁感应强度的大小为

$$B=\frac{\mu_0 I}{2\pi x}$$

式中，x 为线元 dx 与长直导线之间的距离。根据动生电动势的公式，可知 dx 小段上的动生电动势为

$$\mathrm{d}\mathscr{E}=Bv\mathrm{d}x=\frac{\mu_0 I}{2\pi x}v\mathrm{d}x$$

由于所有线元上产生的动生电动势的方向都是相同的，所以金属棒中的总电动势为

$$\mathscr{E}=\int_{MN}\mathrm{d}\mathscr{E}=\int_a^{a+l}\frac{\mu_0 I}{2\pi x}v\mathrm{d}x=\frac{\mu_0 I}{2\pi}v\ln\left(\frac{a+l}{a}\right)$$
$$=4.4\times10^{-6}\ \mathrm{V}$$

动生电动势的方向是从 N 到 M 的，也就是 M 点的电势比 N 点高。

8.3 感生电动势

8.3.1 感生电动势的产生

用洛伦兹力能很好地解释动生电动势产生的机制。但不能解释为什么导体回路不动，只是由于磁场的变化，就会在导体回路中产生感应电动势。这种感应电动势称为**感生电动势**。感生电动势产生的过程中，由于导体并不发生运动，因此线圈中的电子不受洛伦兹力的作用，但肯定也是电子受到非静电力而运动的结果。那么，在这种情况下，产生感生电动势的非静电力来自何处呢？麦克斯韦在分析了一些电磁感应现象以后，发展了电场的概念，提出了如下假设：变化的磁场在其周围空间要激发一种电场，这个电场叫作**感生电场**（或涡旋电场），用符号 $\boldsymbol{E}_{\mathrm{i}}$ 表示。这种电场对电荷有力的作用，这种力是非静电力。因此，感生电场是产生感生电动势的原因。

当导体回路 L 处在变化的磁场中时，感生电场就会作用

于导体内的载流子，从而在导体中形成感生电动势和感应电流。由电动势的定义式，闭合回路的感生电动势为

$$\mathscr{E}=\oint_L \boldsymbol{E}_{\mathrm{i}}\cdot \mathrm{d}\boldsymbol{l} \tag{8-13}$$

根据法拉第电磁感应定律，有

$$\mathscr{E}=-\frac{\mathrm{d}\Phi_{\mathrm{m}}}{\mathrm{d}t}=-\frac{\mathrm{d}}{\mathrm{d}t}\iint_S \boldsymbol{B}\cdot \mathrm{d}\boldsymbol{S} \tag{8-14}$$

由式（8-13）和式（8-14）可得

$$\oint_L \boldsymbol{E}_{\mathrm{i}}\cdot \mathrm{d}\boldsymbol{l}=-\iint_S \frac{\partial \boldsymbol{B}}{\partial t}\cdot \mathrm{d}\boldsymbol{S} \tag{8-15}$$

这里 S 表示以闭合路径 L 为边界的曲面面积，而右侧改用偏导数是因为磁感应强度 $\boldsymbol{B}$ 还是空间坐标的函数。上式表明，感生电场 $\boldsymbol{E}_{\mathrm{i}}$ 沿回路 L 的线积分等于磁感应强度 $\boldsymbol{B}$ 穿过回路所包围面积的磁通量变化率的负值。

使闭合路径 L 的积分绕行正方向与其所围面积的法线方向 $\boldsymbol{e}_{\mathrm{n}}$ 满足右手螺旋法则，则式（8-15）左边感生电场 $\boldsymbol{E}_{\mathrm{i}}$ 的方向与 $\frac{\partial \boldsymbol{B}}{\partial t}$ 的方向之间满足左手螺旋关系。由图 8-15 可以说明这个关系。假设图中的磁感应强度 $\boldsymbol{B}$ 在增大，于是 $\frac{\partial \boldsymbol{B}}{\partial t}$ 的方向与 $\boldsymbol{B}$ 相同。若取逆时针方向为闭合路径 L 的积分绕行正方向，则 $\frac{\partial \boldsymbol{B}}{\partial t}$ 的方向与闭合路径包围的面积的法线正方向一致。由式（8-15）得到 $\oint_L \boldsymbol{E}_{\mathrm{i}}\cdot \mathrm{d}\boldsymbol{l}<0$，表示 $\boldsymbol{E}_{\mathrm{i}}$ 的方向与积分绕行方向相反，为顺时针方向。由此可见，$\boldsymbol{E}_{\mathrm{i}}$ 与 $\frac{\partial \boldsymbol{B}}{\partial t}$ 两者的方向满足左手螺旋关系。

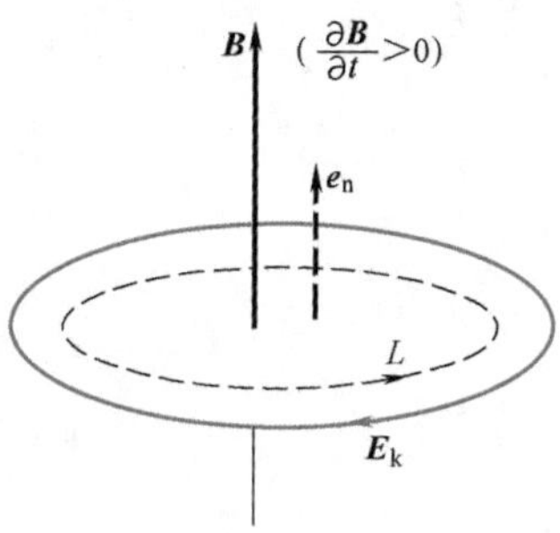

图 8-15　$\boldsymbol{E}_{\mathrm{k}}$ 与 $\frac{\partial \boldsymbol{B}}{\partial t}$ 形成左手螺旋关系

8.3.2 感生电场与静电场

由以上讨论知道，自然界存在两种不同形式的电场：感生电场和静电场。它们有相同点也有不同点。相同点是两者都对电荷有力的作用。不同点主要表现在以下几个方面：

（1）感生电场是由变化的磁场激发的；而静电场是由静止的电荷激发的；

（2）感生电场不是保守力场，其环路积分不等于零，即 $\oint_L \boldsymbol{E}_{\mathrm{i}}\cdot \mathrm{d}\boldsymbol{l}\neq 0$；而静电场是保守力场，其环路积分为零；

（3）感生电场是无源场，它的电场线是闭合曲线，无头无尾，所以又被称为涡旋电场。因此任意闭合曲面的感生电场强度通量必然为零，即

$$\oiint_S \boldsymbol{E}_{\mathrm{i}} \cdot \mathrm{d}\boldsymbol{S} = 0 \tag{8-16}$$

上式称为感生电场的高斯定理。而静电场是有源场，其电场线起始于正电荷，终止于负电荷，通过任意闭合曲面的电通量可以不为零。

8.3.3　感生电动势的计算

感生电动势可以通过下面两种方法计算：

（1）用感生电动势的定义式计算。

首先，在导体上选定一线元 d$\boldsymbol{l}$，确定线元 d$\boldsymbol{l}$ 和感生电场 $\boldsymbol{E}_{\mathrm{i}}$ 之间的夹角，代入公式

$$\mathscr{E} = \oint_L \boldsymbol{E}_{\mathrm{i}} \cdot \mathrm{d}\boldsymbol{l}$$

计算。再根据求出的感生电动势的正负，判断其方向。

这种方法要求事先知道导线上各点的感生电场 $\boldsymbol{E}_{\mathrm{i}}$，在一般情况下计算 $\boldsymbol{E}_{\mathrm{i}}$ 比较困难，只有在某些对称情况，如无线长直螺线管形成的变化磁场区域，才能比较方便地计算出感生电场 $\boldsymbol{E}_{\mathrm{i}}$。

（2）用法拉第电磁感应定律计算。

对于闭合电路，先计算出穿过闭合回路的磁通量，再根据电磁感应定律算出感生电动势；对于非闭合的一段导线，可通过作辅助线构成闭合回路再计算出感生电动势，只是要注意所作辅助线中的感生电动势一般并不为零。但选择恰当时，辅助线中的感生电动势也可以为零或者比较容易计算，这样也可以用法拉第电磁感应定律求出感生电动势。

例题 8-6　一半径为 R 的无限长直螺线管中载有变化电流，图 8-16a 为在管内产生的均匀磁场的一个横截面。当磁感应强度的变化率 $\dfrac{\partial \boldsymbol{B}}{\partial t}$ 以恒定的速率增加时，求：

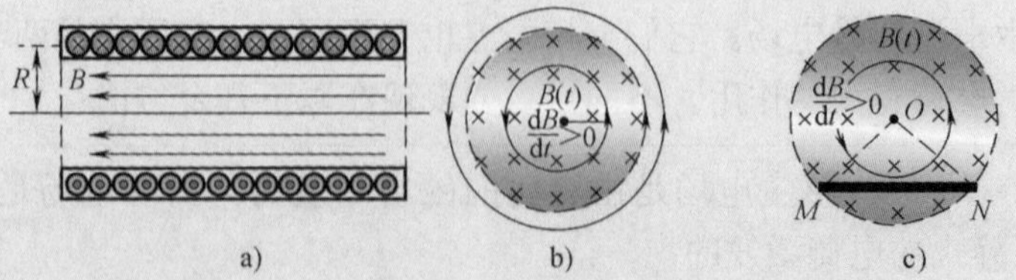

图 8-16　例题 8-6 图

（1）管内、外的感生电场 $\boldsymbol{E}_{\mathrm{i}}$，并计算图 8-16b 中同心圆形导体回路中的感生电动势；

（2）将长为 L 的金属棒 MN 垂直于磁场放置在螺线管内，如图 8-16c 所示，求棒两端的感生电动势。

解　由于 $\dfrac{\partial \boldsymbol{B}}{\partial t} \neq 0$，在空间将激发感生电场，根据磁场分布的轴对称性及感生电场的电场线是闭合曲线这两个特点，可以断定感生电场的电场线是在垂直轴线的平面内，且以轴为圆心的一系列同心圆。

（1）在管内，即 $r<R$ 的区域，取以 r 为半径的圆形闭合路径，按逆时针方向进行积分（因 $\boldsymbol{B}$ 增加，$\mathscr{E}$ 沿逆时针）则由式（8-15）经计算得

$$\mathscr{E} = E_{\mathrm{i}} \cdot 2\pi r = \frac{\partial B}{\partial t}\pi r^2$$

故管内感生电场 $\boldsymbol{E}_{\mathrm{i}}$ 的大小及同心圆形回路中的感生电动势 $\mathscr{E}$ 分别为

$$E_{\mathrm{i}} = \frac{r}{2}\frac{\partial B}{\partial t},\ \mathscr{E} = \frac{\partial B}{\partial t}\pi r^2$$

任一点 $\boldsymbol{E}_{\mathrm{i}}$ 的方向沿圆周的切线，方向为逆时针。

在管外，即 $r>R$ 的区域，各处 $B=0$，$\dfrac{\partial B}{\partial t}=0$，故

$$\mathscr{E} = E_{\mathrm{i}} \cdot 2\pi r = \frac{\partial B}{\partial t}\pi R^2$$

因此有

$$E_{\mathrm{i}} = \frac{1}{2}\frac{R^2}{r}\frac{\partial B}{\partial t}$$

E_{i} 的方向与 $\mathscr{E}$ 的方向都沿逆时针方向。E_{i} 随 r 的变化规律，由图 8-17 中的 E_{i}–r 曲线给出。

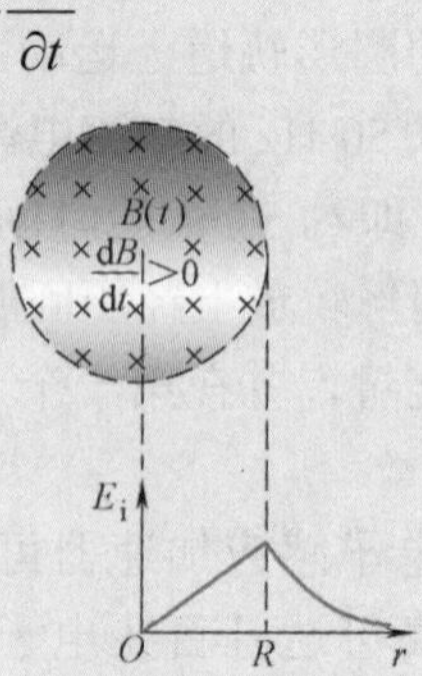

图 8-17　E_{i}–r 曲线

（2）解法一：用 $\mathscr{E}_{ab} = \int_a^b \boldsymbol{E}_{\mathrm{i}} \cdot \mathrm{d}\boldsymbol{l}$ 求解。

$\boldsymbol{E}_{\mathrm{i}}$ 线是一簇沿逆时针方向的同心圆。沿金属棒 MN 取线元 $\mathrm{d}\boldsymbol{l}$，$\boldsymbol{E}_{\mathrm{i}}$ 与 $\mathrm{d}\boldsymbol{l}$ 的夹角为 α，则有

$$\mathscr{E}_{MN} = \int_M^N \boldsymbol{E}_{\mathrm{i}} \cdot \mathrm{d}\boldsymbol{l} = \int_M^N E_{\mathrm{i}} \cos\alpha \,\mathrm{d}l$$

在 $r<R$ 区域内 $E_{\mathrm{i}} = \dfrac{r}{2}\dfrac{\partial B}{\partial t}$，又因 $\cos\alpha = \dfrac{h}{r}$，所以有

$$\mathscr{E}_{MN} = \frac{h}{2}\frac{\partial B}{\partial t}\int_M^N \mathrm{d}\boldsymbol{l} = \frac{1}{2}hl\frac{\partial B}{\partial t} = \frac{l}{2}\left[R^2 - \left(\frac{l}{2}\right)^2\right]^{1/2}\frac{\partial B}{\partial t}$$

因为 $\mathscr{E}_{MN}>0$，所以感生电动势的方向由 M 指向 N，即 N 点的电势比 M 点的高。

解法二：用法拉第电磁感应定律求解。

作辅助线 MON，如图 8-16c 所示。因 $\boldsymbol{E}_{\mathrm{i}}$ 沿同心圆周的切向，故沿 OM 及 NO 的线积分为零，即 MON 段的感生电动势为零，所以闭合曲线 $MNOM$ 的感生电动势等于 MN 段的感生电动势。闭合曲线 $MNOM$ 所围面积为

$$S = \frac{1}{2}hl$$

磁通量为

$$\Phi_{\mathrm{m}} = \frac{1}{2}hlB$$

由法拉第电磁感应定律知闭合曲线 $MONM$ 的感生电动势的大小为

$$|\mathscr{E}_{MN}| = \left|\frac{\mathrm{d}\Phi_{\mathrm{m}}}{\mathrm{d}t}\right| = \frac{1}{2}hl\frac{\partial B}{\partial t}$$

而这也正是 MN 段的感生电动势，与解法一的结果相同。

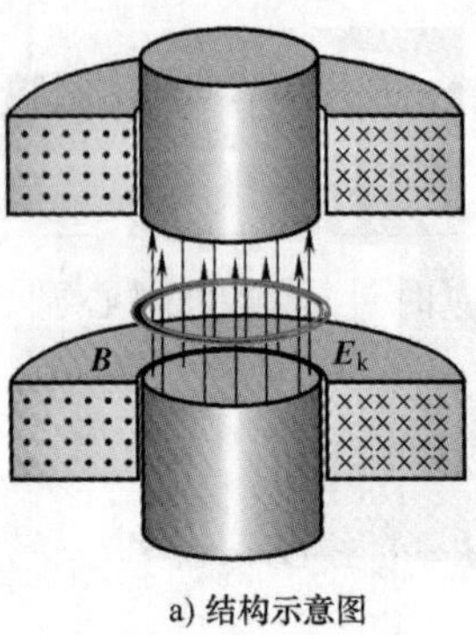

a) 结构示意图

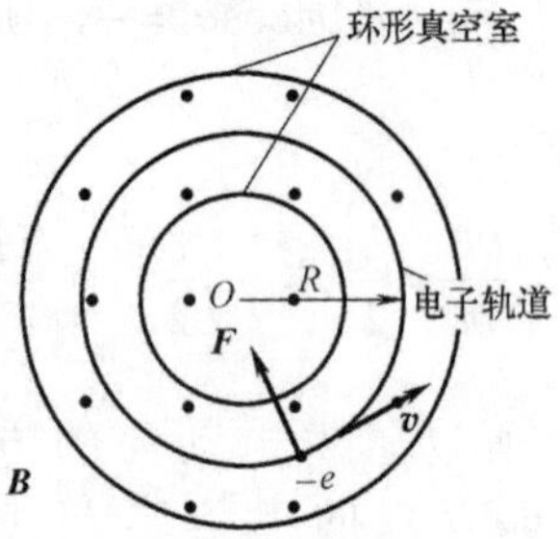

b) 真空室中电子的轨道

图 8-18 电子感应加速器的结构原理图

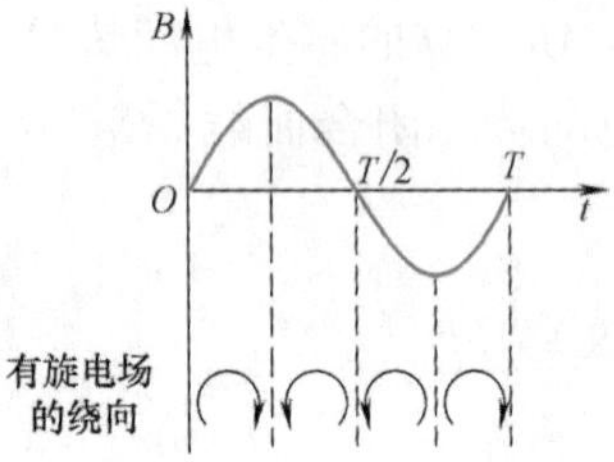

图 8-19 在一个周期内，磁感应强度随时间作正弦式的变化

8.3.4 电子感应加速器

电子感应加速器是利用感生电场加速电子以获得高能电子的一种装置，它的出现无疑为感生电场的客观存在提供了一个令人信服的证据。如图 8-18a 所示，在电磁铁的两极间有一环形真空室，电磁铁是由频率为几十赫兹的交变电流来激磁的，且两极间产生一个由中心向外逐渐减弱、并具有对称分布的交变磁场，这个交变磁场又在真空室内激发感生电场，其电场线是一系列绕磁感应线的同心圆（见图 8-18b）。这时，若用电子枪把电子沿切线方向射入环形真空室，电子将受到环形真空室中感生电场的作用而被加速，与此同时，电子还要受到磁场对它的洛伦兹力作用，从而将沿着环形室内的圆形轨道运动。

为了使电子在感生电场作用下沿恒定的圆形轨道不断被加速而获得越来越大的能量，必须保证磁感应强度随时间按一定的规律变化。在激发磁场交变的一个周期中，并不是在所有的时间内电子都可以得到加速。如图 8-19 所示，磁场在第一个 1/4 周期时，磁场增强，故感生电场的方向为顺时针方向，因而电子受到的加速电场力的方向为逆时针方向，而此时洛伦兹力也是使电子做逆时针方向的圆周运动，故第一个 1/4 周期可用来加速电子。第二个 1/4 周期时，磁场减弱，故感生电场的方向为逆时针方向，电子受到的加速电场力的方向为顺时针方向，此时电场力的作用使电子做减速运动，所以在第二个 1/4 周期不能加速电子。第三个 1/4 周期时，磁场反向增强，故感生电场的方向为逆时针方向，电子受到的加速电场力的方向为顺时针方向，使电子做减速运动，另外洛伦兹力的方向也不能使电子在规定的圆形轨道运动，所以第三个 1/4 周期不能加速电子。第四个 1/4 周期时，磁场反向减弱，感生电场的方向为顺时针方向，电子的运动得到加速，而洛伦兹力的方向不能使电子在规定的圆形轨道上运动，所以第四个 1/4 周期亦不能加速电子。若以 50 Hz 的交流电激发磁场，则在磁场变化的第一个 1/4 周期（即约 5 ms 的时间）内，电子就能在感生电场的作用下，在圆形轨道上经历回旋数十万圈的持续加速，从而获得足够高的能量，并在第一个 1/4 周期结束时被引至靶室进行实验。

目前，利用电子感应加速器可以把电子的能量加速到几十兆电子伏，最高可达几百兆电子伏。利用高能电子束打击在靶子上，便得到能量较高的 X 射线，可用于研究某些核反应和制备一些放射性同位素，小型电子感应加速器所产生的 X 射线可用于工业探伤和医治癌症等。

8.3.5　涡电流

感应电流不仅能够在导电回路内出现，而且当大块导体与磁场有相对运动或处在变化的磁场中时，在导体中也会激起感应电流。这种在大块导体内流动的感应电流，其运动形式与河流中的漩涡相似，自成闭合回路，因此称为**涡电流**。

根据楞次定律，感应电流的效果总是反抗引起感应电流的原因。由此分析得到，如果涡电流是由金属在非均匀磁场中运动产生的，那么它与磁场的相互作用将阻碍金属的运动。如图 8-20 所示，把一块铜或铅等非铁磁性物质制成的金属板悬挂在电磁铁的两极之间。当电磁铁的线圈没有通电时，两极间没有磁场，这时要经过相当长的时间，才能使摆动着的摆停止下来。当电磁铁的线圈中通电后，两极间有了磁场，这时摆动着的摆很快就会停下来。磁场对金属板的这种阻尼作用，叫作**电磁阻尼**。电流计等装置中常利用电磁阻尼来减小电表指针的摆动，使它迅速地停留在平衡位置上。磁悬浮列车的内置电磁铁在铁轨中激发涡电流，涡电流产生的磁场反过来对磁悬浮列车产生制动力。这就是磁悬浮列车一部分制动力的原理（见图 8-21）。汽车所用的涡流缓速器也是利用了这个原理。

图 8-20　阻尼摆

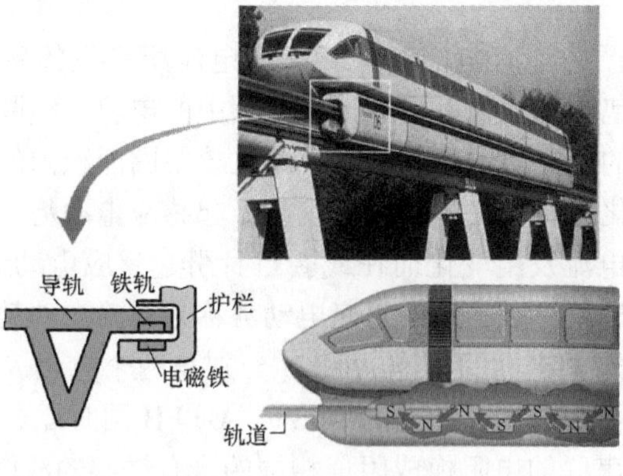

图 8-21　磁悬浮列车

因为金属的电阻很小，所以不大的感应电动势便可产生较强的涡电流，从而可以在金属内产生大量的焦耳热使金属发热，甚至熔化，这就是感应加热的原理。用此原理制成的高频感应冶金炉（见图 8-22）可进行有色金属的冶炼。涡流的热

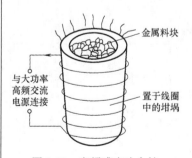

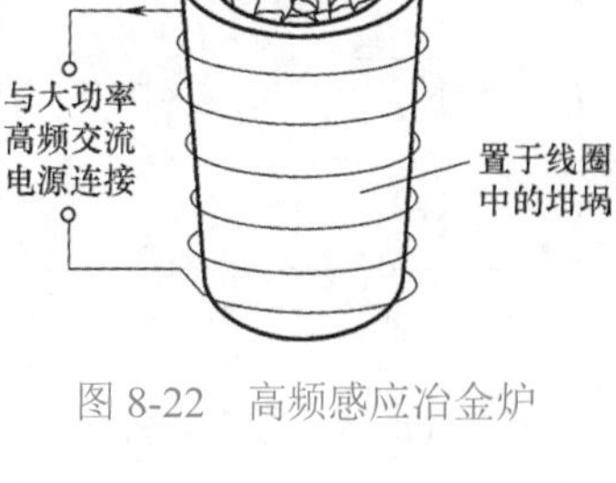

图 8-22　高频感应冶金炉

效应还可以用来加热真空系统中的金属部件，以除去它们吸附的气体。家用电磁炉就是利用感应加热来烹调食物的。它的核心部件是一个高频载流线圈（见图 8-23），高频电流产生高频变化的磁场，于是铁锅中产生涡电流，通过电流的热效应来加热食物。

图 8-23　电磁炉内高频载流线圈

上面讲了涡电流的有利的一面。但是，事物总是一分为二的，在有些情况下，感应加热也会产生危害。例如，变压器和电动机中的铁心由于处在交变电流的磁场中，因而在铁心内部要出现涡电流，使铁心发热。这样，不仅损耗一部分电能，而且会使得变压器温度升高，引起导线间绝缘材料性能的下降。当温度过高时，绝缘材料就会被烧坏，使变压器或电动机损坏，造成事故。为了减小涡电流，一般变压器的铁心不采用整块材料，而是先压成薄片或细条，再在表面涂上绝缘材料，然后再叠合成铁心。这样，虽然穿过整个铁心的磁通量不变，但对每一片薄片来说，穿过它的磁通量变化率就相应地减少了，感应电动势就减小了，再由于涂上绝缘材料将增大电阻，因此涡电流也将减小（见图 8-24）。

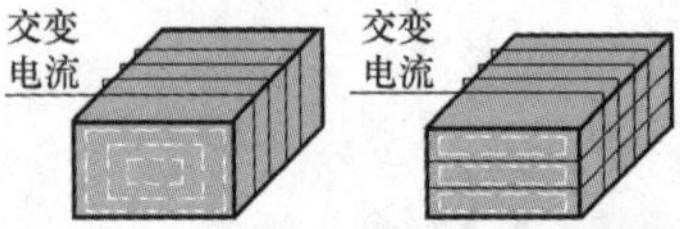

图 8-24　变压器铁心中的涡电流

8.4　自感和互感

8.4.1　自感

当线圈中通有电流时，就有由电流所产生的磁通量通过该线圈所包围的面积。因而，当线圈中的电流、线圈的形状或线圈周围的磁介质发生变化时，通过该线圈面积内的磁通量也将发生变化，从而在该线圈中也将激起感应电动势。这种由于线圈本身电流发生变化而在线圈自身引起感应电动势的现象，称为**自感现象**，所产生的感应电动势称为**自感电动势**。

如果两个相同的灯泡 A 和 B 分别与两个电阻 R 串联后再连接到同一电源上，闭合开关 S 时 A 和 B 同时立刻亮起；现在把与 B 串联的电阻换成阻值相同的带有铁心的线圈 L（见图 8-25），再闭合开关 S 时 A 将立刻亮起，B 则是逐渐亮起来。这是因为线圈中电流变化时导致线圈回路中的磁通量发生变化，从而在线圈自身回路中产生反抗电流增加的感应电动势，这就是自感现象的表现。

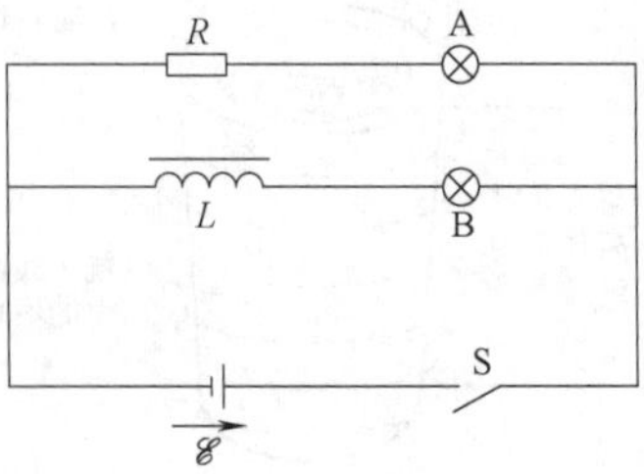

图 8-25　自感现象

设闭合线圈中通有电流 I，在线圈的形状、大小保持不变，且周围没有铁磁物质的情况下，根据毕奥 - 萨伐尔定律，此电流在空间任意一点的磁感应强度都与 I 成正比，因此，穿过线圈的全磁通 Ψ 与电流 I 成正比，即

$$\Psi=LI \tag{8-17}$$

式中，L 为比例系数，称为**自感系数**。简称**自感**。实验表明，自感 L 与线圈的形状、大小、位置、匝数以及周围磁介质及其分布有关，而与线圈中的电流无关。

根据电磁感应定律，当电流 I 随时间变化时，在线圈中产生的自感电动势为

$$\mathscr{E}_{\mathrm{L}}=-\frac{\mathrm{d}\Psi}{\mathrm{d}t}=-\frac{\mathrm{d}(LI)}{\mathrm{d}t}=-L\frac{\mathrm{d}I}{\mathrm{d}t} \tag{8-18}$$

上式表明：某线圈的自感 L，在数值上等于线圈中的电流随时间变化率为一个单位时，在线圈中所引起的自感电动势的绝对值。式中负号表示，自感电动势 $\mathscr{E}_{\mathrm{L}}$ 产生的感应电流的方向总是反抗线圈中电流的改变。也就是说，当线圈中的电流减小时，即 $\mathrm{d}I/\mathrm{d}t<0$ 时，自感电动势反抗这种变化，与原来电流的方向相同；反之，当电流增大时，自感电动势与原来电流方向相反。必须强调的是，自感电动势所反抗的是电流的变化，而不是电流本身。对于不同的线圈，在电流变化率相同的条件下，线圈的自感 L 越大，产生的自感电动势越大，电流越不容易变化。换句话说，自感越大的线圈，保持其线圈中电流不变的能力越强。自感的这一特性与力学中的质量相似，所以常说自感 L 是线圈的“电磁惯性”的量度。

自感系数的国际制单位是亨利，符号为H，在某一线圈中，当电流强度的改变为 $1\,\mathrm{A\cdot s^{-1}}$，产生的自感电动势为 1 V 时，这一线圈的自感即为 1 H，这个单位相当大，所以实际中常用毫亨（mH）和微亨（μH）这两个辅助单位。换算关系如下：

$$1\ \mathrm{H}=10^{3}\ \mathrm{mH}=10^{6}\ \mu\mathrm{H}$$

自感是电感元件的重要参数之一，通常由实验测定，只是在某些简单的情形下才可由其定义计算出来。自感现象在电工和无线电技术中有十分广泛的应用。荧光灯的镇流器就是一个有铁心的自感线圈，它的作用有两个：一是在打开荧光灯时，利用电路中电流的突然变化产生一个很高的电压，使灯管中的气体电离而导电、发光；二是利用自感电动势限制荧光灯电流的变化。在电子电路中广泛使用自感线圈，比如用它与电容器组成谐振电路等各种电路来完成特定的任务。自感现象有时也会带来危害。大型电动机、发电机、电磁铁等，它们的

绕组都具有很大的自感，在电路接通和断开时，开关处可出现强烈的电弧，甚至烧毁开关、造成火灾并危及人身安全。为了避免这些事故，必须使用特殊开关。

例题 8-7　设一空心密绕长直螺线管，单位长度的匝数为 n、长为 l、半径为 R，且 $l>>R$。求螺线管的自感 L。

解　设螺线管中通有电流 I，对于长直螺线管，管内各处的磁场可近似地看作是均匀的，且磁感应强度的大小为

$$B=\mu_0 nI$$

通过每匝线圈的磁通量为

$$\Phi_m=BS=\mu_0 n\pi R^2 I$$

通过螺线管的全磁通为

$$\Psi=N\Phi_m=\mu_0 n^2 l\pi R^2 I$$

代入（8-17）式中，得

$$L=\frac{\Psi}{I}=\mu_0 n^2 l\pi R^2=\mu_0 n^2 V$$

式中，$V=\pi R^2 l$ 是螺线管的体积。可见 L 与 I 无关，仅由 n 和 V 决定。若采用较细的导线绕制螺线管，可增大单位长度的匝数 n，使自感 L 变大。另外，若在螺线管中加入磁介质，可使 L 值增大 μ_r 倍。若用铁磁质作为铁心时，由于铁磁质的磁导率 μ 与 I 有关，此时 L 值也会与 I 有关。

例题 8-8　图 8-26 是一段同轴电缆，它由两个半径分别为 R_1 和 R_2 的无限长同轴导体圆柱面组成，两导体面间介质的磁导率为 μ，两圆柱面上的电流大小相等、方向相反。求电缆单位长度上的自感。

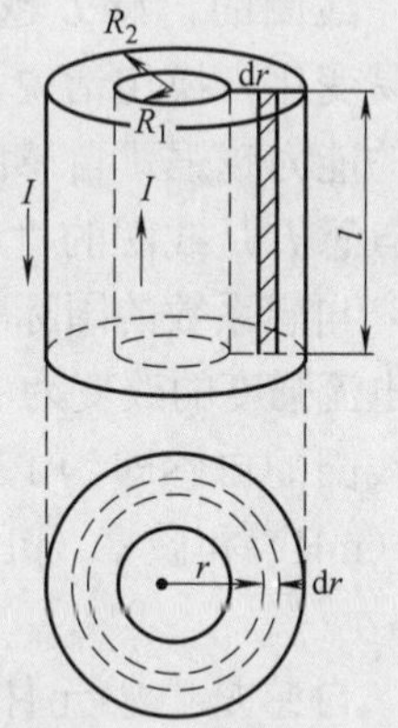

图 8-26　例题 8-8 图

解　由安培环路定理可求出内圆柱面内部和外圆柱面外部的磁场均为零，两导体面间的磁感应强度为

$$B=\frac{\mu I}{2\pi r}$$

为求得自感，需要先计算出穿过两柱面间横截面的磁通量。由于为非均匀磁场，B 为 r 的函数，故取面元 $dS=l dr$，由于 dr 很小，在 dS 内 B 可认为是均匀的，所以

$$d\Phi_m=BdS=Bl dr$$

$$\Phi_m=\iint BdS=\int_{R_1}^{R_2}\frac{\mu I}{2\pi r}l dr=\frac{\mu l}{2\pi}I\ln\frac{R_2}{R_1}$$

所以长为 l 的一段电缆的自感

$$L=\frac{\Phi_m}{I}=\frac{\mu l}{2\pi}\ln\frac{R_2}{R_1}$$

单位长度上的自感

$$\frac{L}{l}=\frac{\mu}{2\pi}\ln\frac{R_2}{R_1}$$

8.4.2　互感

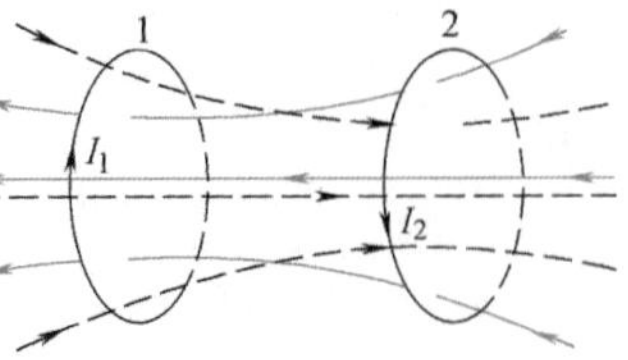

图 8-27　两个线圈的互感

假设有两个相邻的线圈 1 和线圈 2（见图 8-27）中分别通有电流 I_1 及 I_2，I_1 所产生的磁场有一部分通过线圈 2，则当线圈 1 中的电流 I_1 发生变化时，将引起线圈 2 中磁通量的变化，因而在线圈 2 中产生感应电动势；同理，线圈 2 中的电流变化时，也会在线圈 1 中产生感应电动势。这种由于某一个线圈中的电流发生变化，而在临近线圈内产生感应电动势的现象称为**互感现象**，所产生的感应电动势称为**互感电动势**。互感现象与自感现象一样，都是由于电流变化而引起的电磁感应现象，所以可用与讨论自感现象类似的方法来进行研究。

若线圈 1 中电流 I_1 产生的磁场穿过线圈 2 的全磁通是 Ψ_{21}。由毕奥 - 萨伐尔定律，电流 I_1 产生的磁场 B 正比于 I_1，而它穿过线圈 2 的磁通量 Ψ_{21} 也必然正比于 I_1，即

$$\Psi_{21}=M_{21}I_1 \tag{8-19}$$

同理，电流 I_2 产生的磁场通过线圈 1 的全磁通 Ψ_{12} 为

$$\Psi_{12}=M_{12}I_2 \tag{8-20}$$

其中 M_{12} 和 M_{21} 为比例系数。它们与两个线圈的形状、大小、匝数、相对位置，以及周围磁介质的磁导率有关，与线圈中的电流无关，所以把它叫作两线圈的**互感系数**，简称**互感**。理论和实验都可以证明，在无铁磁质时 M_{21} 与 M_{12} 总是相等的，即

$$M_{12}=M_{21}=M$$

这样上两式可简化为

$$\Psi_{21}=MI_1，\ \Psi_{12}=MI_2 \tag{8-21}$$

由上式可知，两个线圈的互感 M 在数值上等于其中一个线圈中的电流为一个单位时，穿过另一个线圈所包围面积的磁通量。

根据法拉第电磁感应定律，在互感 M 一定的条件下，线圈中的互感电动势为

$$\begin{aligned}\mathscr{E}_{21}&=-\frac{\mathrm{d}\Psi_{21}}{\mathrm{d}t}=-\frac{\mathrm{d}(MI_1)}{\mathrm{d}t}=-M\frac{\mathrm{d}I_1}{\mathrm{d}t},\\ \mathscr{E}_{12}&=-\frac{\mathrm{d}\Psi_{12}}{\mathrm{d}t}=-\frac{\mathrm{d}(MI_2)}{\mathrm{d}t}=-M\frac{\mathrm{d}I_2}{\mathrm{d}t}\end{aligned} \tag{8-22}$$

上式表明，两个线圈的互感 M，在数值上等于当一个线圈中的电流随时间的变化率为一个单位时，在另一个线圈中所引起的互感电动势的绝对值。式中负号表示，在一个线圈中引起的

互感电动势，要反抗另一个线圈中的电流变化。当一个线圈中的电流随时间变化率一定时，互感越大，则在另一个线圈中引起的互感电动势也越大。反之，互感电动势则越小。所以互感是反映两个线圈耦合强弱的物理量。

互感在电工和电子技术中应用很广泛。通过互感可以将一个线圈中的电能转换到另一个线圈，变压器和互感器都是以此为工作原理的。变压器中有两个匝数不同的线圈，由于互感，当一个线圈两端加上交流电压时，另一个线圈两端将感应出数值不同的电压。互感现象在某些情况下也会带来不利的影响。在电子仪器中，元件之间存在的互感耦合会使仪器工作质量下降甚至无法工作。在这种情况下就要设法减少互感耦合，例如，把容易产生不利影响的互感耦合元件远离或调整方向，以及采用“磁场屏蔽”的措施等。

例题 8-9 如图 8-28 所示，两个同轴螺线管 1 和螺线管 2，同绕在一个半径为 R 的长磁介质棒上。它们的绕向相同，螺线管 1 和螺线管 2 的长分别为 l_1 和 l_2，单位长度上的匝数分别为 n_1 和 n_2，且 $l_1>>R$，$l_2>>R$。

（1）试由此特例证明：$M_{12}=M_{21}=M$；

（2）求两个线圈的自感 L_1 和 L_2 与互感 M 之间的关系。

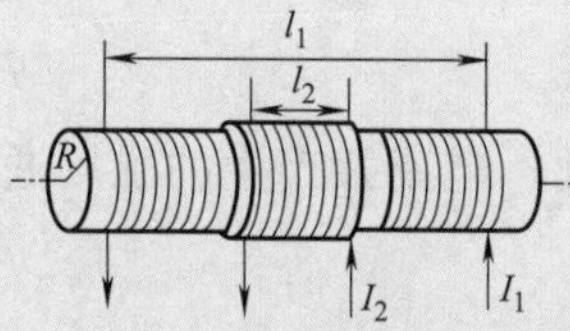

图 8-28 例题 8-9 图

解 （1）设螺线管 1 中通有电流 l_1，它所产生的磁感应强度大小为

$$B_1=\mu n_1 I_1$$

电流 I_1 产生的磁场穿过螺线管 2 每一匝的磁通量为

$$\Phi_{m21}=B_1 S_2=\mu n_1 I_1 \pi R^2$$

因此有

$$\Psi_{21}=n_2 l_2 \Phi_{m21}=\mu n_1 n_2 l_2 \pi R^2 I_1$$

由式（8-19）可得

$$M_{21}=\frac{\Psi_{21}}{I_1}=\mu n_1 n_2 l_2 \pi R^2=\mu n_1 n_2 V_2$$

式中，$V_2=l_2\pi R^2$ 是螺线管 2 的体积。

设螺线管 2 中通有电流 I_2，它产生的磁感应强度大小为

$$B_2=\mu n_2 I_2$$

电流 I_2 产生的磁场穿过螺线管 1 每一匝的磁通量为

$$\Phi_{m12}=B_2 S_1=\mu n_2 I_2 \pi R^2$$

我们知道在长直螺线管的两端以外，B 很快衰减到零，因此螺线管 1 中只有 $n_1 l_2$ 匝线圈有 Φ_{m12} 的磁通量，故电流 I_2 的磁场在螺线管 1 中产生的全磁通为

$$\Psi_{12}=n_1 l_2 \Phi_{m12}=\mu n_1 n_2 l_2 \pi R^2 I_2$$

由式（8-20）可得

$$M_{12}=\frac{\Psi_{12}}{I_2}=\mu n_1 n_2 l_2 \pi R^2=\mu n_1 n_2 V_2$$

两次计算的互感相等，即证明了

$$M_{12}=M_{21}=M$$

（2）已计算出长直螺线管的自感为 $L=\mu n^2V$，所以

$$L_1=\mu n_1^2V_1=\mu n_1^2 l_1\pi R^2,\quad L_2=\mu n_2^2V_2=\mu n_2^2 l_2\pi R^2$$

由此可见

$$M=(l_2/l_1)^{1/2}(L_1L_2)^{1/2}$$

更普遍的形式为

$$M=k\sqrt{L_1L_2}$$

式中，k 称为耦合系数，由两个线圈的相对位置决定，它的取值为 $0\leqslant k\leqslant 1$。当 $k\ll 1$ 时，称为松耦合。当两个线圈垂直放置时，$k\approx 0$。

例题 8-10　如图 8-29a 所示，一个矩形线圈长 a=20 cm，宽 b=10 cm，由 100 匝表面绝缘的导线组成，放在一根无限长直导线旁边并与之共面，且相距为 b。求它们的互感。若将长直导线与矩形线圈按如图 8-29c 放置，它们的互感又为多少？

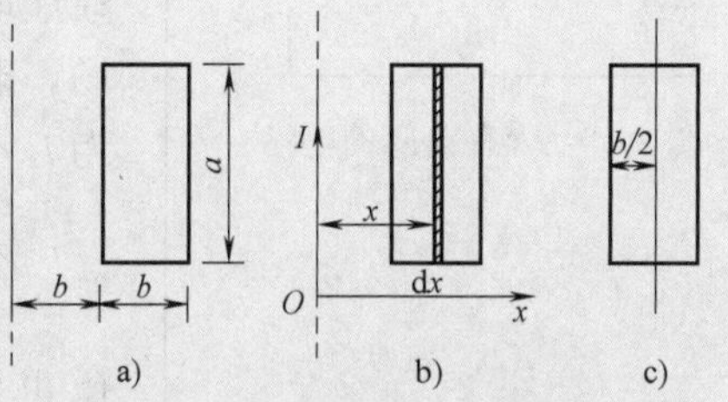

图 8-29　例题 8-10 图

解　（1）由于 $M_{12}=M_{21}=M$，故可计算长直导线对矩形线圈的互感。

如图 8-29b 所示，设长直导线通以电流 I，则距长直导线 x 处的磁感应强度为

$$B=\frac{\mu_0 I}{2\pi x}$$

长直导线激发的磁场在矩形线圈中产生的全磁通为

$$\Psi=N\iint \boldsymbol{B}\cdot \mathrm{d}\boldsymbol{S}=N\int_b^{2b}\frac{\mu_0 I}{2\pi x}a\mathrm{d}x$$

$$=\frac{\mu_0 NIa}{2\pi}\ln\frac{2b}{b}=\frac{\mu_0 NIa}{2\pi}\ln 2$$

长直导线与矩形线圈之间的互感为

$$M=\frac{\Psi}{I}=\frac{\mu_0 Na}{2\pi}\ln 2=2.7\times 10^{-6}\,\mathrm{H}$$

这里如果 M 已知，测出全磁通 Ψ 则可获得电流 I，这提供了一种测强电流的方法。

（2）在如图 8-29c 所示情况下，若仍假设无限长直导线中的电流为 I，则由于无限长载流直导线所激发磁场的对称性，穿过矩形线圈的全磁通为零，故有 $\Psi=0$，因而 $M=0$。可见，按图 8-29c 所示进行放置可以消除导线与矩形线圈的互感。在这种情况下，当导线或线圈中的电流变化时，不会因为电磁感应而彼此间发生相互干扰。

由上述结果可以看出，无限长直导线与矩形线圈的互感，不仅与它们的形状、大小、磁介质的磁导率有关，还与它们的相对位置有关。这正是我们在定义互感时曾指出的。

8.5　磁场的能量

在静电场中我们曾讨论过，在对电容器充电的过程中，

外力必须克服静电场力而做功，根据功能原理，外界做功所消耗的能量最后转化为电场能量。

同样，在线圈系统中通以电流时，由于各线圈的自感和线圈之间互感的作用，线圈中的电流要经历一个从零到稳定值的变化过程，在这个过程中，电源必须提供能量用来克服自感电动势及互感电动势而做功，使能量转化为载流线圈的能量和线圈电流间的相互作用能，也就是磁场的能量。

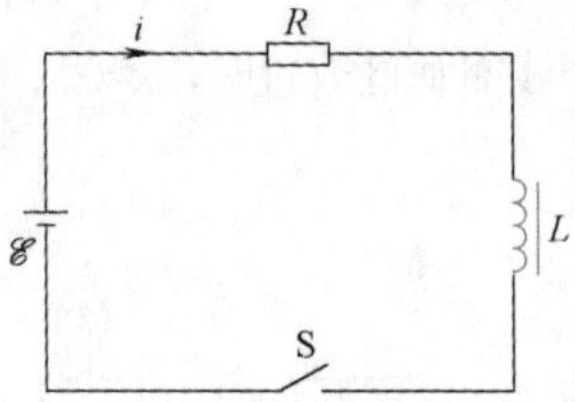

图 8-30　含有自感的电路

如图 8-30 所示，当开关 S 合上时，电路中的电流 i 是逐渐地增长到稳定值 I 的，与此同时，线圈 L 中就逐渐建立起磁场。现在我们计算线圈中磁场的能量。设某时刻线圈中的电流为 i，线圈中的自感电动势为

$$\mathscr{E}_L = -L\frac{\mathrm{d}i}{\mathrm{d}t}$$

在 dt 时间内，外电源电动势反抗自感电动势所做的功为

$$\mathrm{d}A = -\mathscr{E}_L i\mathrm{d}t = Li\mathrm{d}i$$

当电流从零增加到稳定值 I 时，外电源对线圈建立磁场所做的功为

$$A = \int_0^I Li\mathrm{d}i = \frac{1}{2}LI^2$$

这部分功就转化为储存在线圈中的能量 W_m，即

$$W_m = \frac{1}{2}LI^2 \tag{8-23}$$

自感为 L 的载流线圈所具有的磁场能量，称为自感磁能。当撤去电源后，这部分能量又全部被释放出来，转换成其他形式的能量。

我们知道，磁感应强度是描述磁场的物理量。为了用磁场的磁感应强度来表示磁场的能量，以一无限长密绕螺线管内充满磁导率为 μ 的均匀介质为例予以讨论，设单位长度的匝数为 n，电流为 I，则管内的磁感应强度

$$B=\mu nI$$

管外磁场为零。螺线管的自感

$$L=\mu n^2 V$$

其中 V 是螺线管的体积，也是磁场的体积，因此，式（8-23）可写成

$$W_m = \frac{1}{2}LI^2 = \frac{1}{2}\mu n^2 VI^2 = \frac{1}{2}\frac{B^2}{\mu}V \tag{8-24}$$

由于长直螺线管内为均匀磁场，所以上式两边除以磁场体积 V，便可得单位体积内磁场的能量，称为磁能密度，用 w_m 表示

$$w_m=\frac{W_m}{V}=\frac{1}{2}\frac{B^2}{\mu}$$

由于 $B=\mu H$，磁能密度也可以写成

$$w_m=\frac{1}{2}\mu H^2=\frac{1}{2}BH=\frac{1}{2}\boldsymbol{B}\cdot\boldsymbol{H} \tag{8-25}$$

上式虽然是由长直螺线管的特例推导出来的，但可以证明它适用于各种磁场，式中的 $\boldsymbol{B}$ 和 $\boldsymbol{H}$ 分别为该处的磁感应强度和磁场强度。任一体积元的磁能

$$dW_m=w_m dV$$

对磁场占据的整个空间积分，便得到该磁场的总能量

$$W_m=\int dW_m=\iiint_V w_m dV=\frac{1}{2}\iiint_V \boldsymbol{B}\cdot\boldsymbol{H}dV \tag{8-26}$$

上式表明任何磁场都具有能量，积分遍及磁场所在的所有空间。

例题 8-11　如图 8-31 所示，同轴电缆中金属芯线的半径为 R_1，同轴金属圆筒的半径为 R_2，中间充以磁导率为 μ 的磁介质。若芯线与圆筒分别和电池两极相接，芯线与圆筒上的电流大小相等、方向相反。设可略去金属芯线内的磁场，求此同轴电缆芯线与圆筒之间单位长度上的磁场能量和自感。

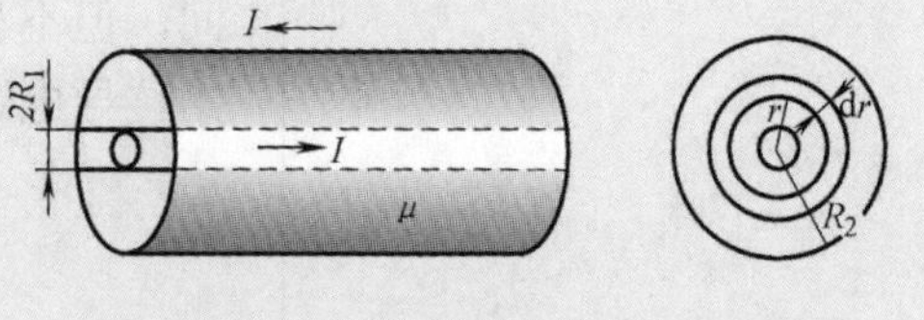

图 8-31　例题 8-11 图

解　由题意可知同轴电缆芯线内的磁场强度为零，另由安培环路定理可求得电缆外部的磁场强度为零，这样，只在芯线与圆筒之间存在磁场。而在电缆内距轴线为 r 处的磁场强度为

$$H=\frac{I}{2\pi r}$$

由式（8-25）可得，在芯线与圆筒之间 r 处附近，磁场的能量密度为

$$w_m=\frac{1}{2}\mu H^2=\frac{\mu}{2}\left(\frac{I}{2\pi r}\right)^2=\frac{\mu I^2}{8\pi^2 r^2}$$

磁场的总能量为

$$W_m=\iiint_V w_m dV=\frac{\mu I^2}{8\pi^2}\iiint_V \frac{1}{r^2}dV$$

对于单位长度的电缆，取一薄层圆筒形体积元 $dV=2\pi r dr\times 1=2\pi r dr$，代入上式，得单位长度同轴电缆的磁场能量为

$$W_m=\frac{\mu I^2}{8\pi^2}\int_{R_1}^{R_2}\frac{2\pi r}{r^2}dr=\frac{\mu I^2}{4\pi}\ln\frac{R_2}{R_1}$$

由磁能公式 $W_m=\frac{1}{2}LI^2$，可得单位长度同轴电缆的自感为

$$L=\frac{\mu}{2\pi}\ln\frac{R_2}{R_1}$$

8.6 位移电流

在 8.3 节中我们讲过，变化的磁场能够激发感生电场，进一步我们要问，变化的电场能否激发磁场？回答是肯定的。为此我们研究一个平行板电容器充、放电情况。如图 8-32 所示，不论是在充电还是在放电过程中，同一瞬时导线各横截面通过的电流皆相同，但是电容器两极板间却无电流。因而对整个电路而言，传导电流是不连续的。在传导电流不连续的情况下，将安培环路定理应用在以同一个闭合回路 L 为边界的不同曲面上时，有可能得到不同的结果。

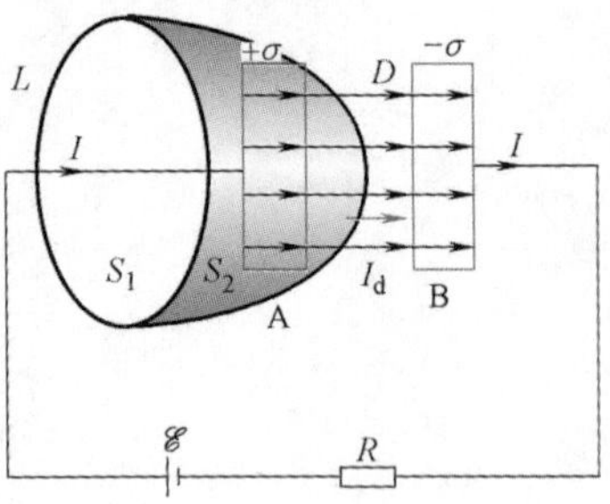

图 8-32 含有电容的电路

例如，如图 8-32 所示，对于以 L 为边界的曲面 S_1 由于穿过它的电流为 I，所以有

$$\oint_L \boldsymbol{H} \cdot \mathrm{d}\boldsymbol{l} = I$$

而对于仍然以 L 为边界的曲面 S_2，它通过了电容器两极板之间，但不与导线相交。由于不论是充电还是放电，穿过该曲面的传导电流都为零，所以有

$$\oint_L \boldsymbol{H} \cdot \mathrm{d}\boldsymbol{l} = 0$$

显然，这两个结论是相互矛盾的。这表明在非稳恒电流的磁场中，磁场强度沿回路 L 的环流与如何选取以闭合回路 L 为边界的曲面有关。选取不同的曲面，环流就会有不同的值。这说明，在非稳恒电流的情况下，安培环路定理是不适用的，必须寻求新的规律。

在科学史上，解决这类问题一般有两条途径：一条途径是在大量实验事实的基础上，提出新概念，建立与实验事实相符合的新理论；另一条途径是在原有理论的基础上，提出合理的假设，对原有的理论进行必要的修正，使矛盾得到解决，并用实验来检验假设的合理性。而在科学发展的一定阶段上，往往遵循第二途径。麦克斯韦提出位移电流的假设，就是为了修正安培环路定理，使之也适合于非稳恒电流的情形。

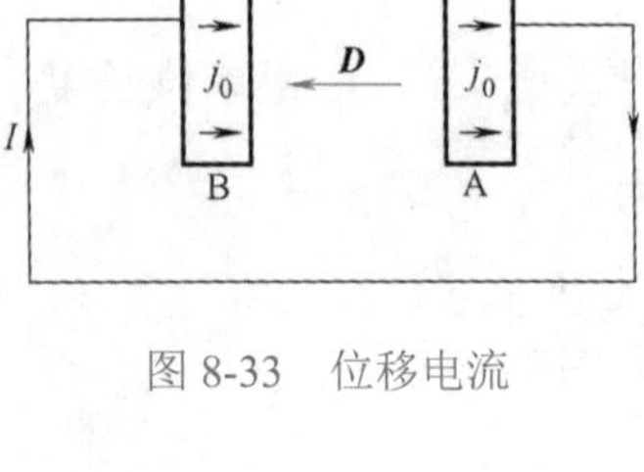

图 8-33 位移电流

在电容器充、放电的任一时刻（见图 8-33），极板 A 上有正电荷 $+q$，电荷面密度为 $+\sigma$，极板 B 上有负电荷 $-q$，电荷面密度为 $-\sigma$。电容器极板上的电荷 q 和电荷面密度必是

随时间变化的。设在 dt 时间内，通过极板任一截面的电荷为 dq，这里 dq 也就是极板上所增加（或减少）的电荷，若极板的面积为 S，则极板内部的传导电流为

$$I_0=\frac{\mathrm{d}q}{\mathrm{d}t}=\frac{\mathrm{d}(\sigma S)}{\mathrm{d}t}=S\frac{\mathrm{d}\sigma}{\mathrm{d}t}$$

传导电流密度为

$$j_0=\frac{I_0}{S}=\frac{\mathrm{d}\sigma}{\mathrm{d}t}$$

而在两极板之间的空间中，由于没有自由电荷的移动，传导电流为零，即对整个电路来说，传导电流是不连续的。但电容器两极板上的电荷量 q 和电荷面密度 σ 都随时间变化（充电时增加，放电时减少），其间的电位移 $D=\sigma$ 和通过整个截面的电位移通量 $\Phi_D=SD$ 也都随时间而变化。它们随时间的变化率分别为

$$\frac{\mathrm{d}D}{\mathrm{d}t}=\frac{\mathrm{d}\sigma}{\mathrm{d}t},\quad \frac{\mathrm{d}\Phi_D}{\mathrm{d}t}=S\frac{\mathrm{d}\sigma}{\mathrm{d}t}$$

从上述结果可以明显看出：极板之间电位移矢量随时间的变化率$\frac{\mathrm{d}\boldsymbol{D}}{\mathrm{d}t}$在数值上等于极板内部传导电流密度；极板之间电位移通量随时间的变化率$\frac{\mathrm{d}\Phi_D}{\mathrm{d}t}$，在数值上等于板内传导电流。并且当电容器放电时，由于板上电荷面密度 σ 减小，两板间的电场减弱，所以，$\frac{\mathrm{d}\boldsymbol{D}}{\mathrm{d}t}$的方向与 $\boldsymbol{D}$ 的方向相反。在图 8-33 中，$\boldsymbol{D}$ 的方向是由右向左的，而$\frac{\mathrm{d}\boldsymbol{D}}{\mathrm{d}t}$的方向则是由左向右，恰与板内传导电流密度的方向相同。因此，可以设想，如果以$\frac{\mathrm{d}\boldsymbol{D}}{\mathrm{d}t}$表示某种电流密度，那么，它就可以代替在两板间中断了的传导电流密度，从而保持了电流的连续性。

麦克斯韦把电位移矢量 $\boldsymbol{D}$ 随时间的变化率$\frac{\mathrm{d}\boldsymbol{D}}{\mathrm{d}t}$称为**位移电流密度** $\boldsymbol{j}_\mathrm{d}$，由于电位移矢量不仅是时间的函数，还可以是空间的函数，因此通常写成偏导形式；电位移通量 Φ_D 的时间变化率$\frac{\mathrm{d}\Phi_D}{\mathrm{d}t}$称为**位移电流** I_d。有

$$j_d = \frac{\partial \boldsymbol{D}}{\partial t},\ I_d = \frac{d\Phi_D}{dt} \tag{8-27}$$

按照麦克斯韦的假设，在含有电容器的电路中，电容器极板表面中断的传导电流 I_0，可以由位移电流 I_d 替代。两者合在一起维持了电路中电流的连续性。麦克斯韦认为，传导电流 I_0 和位移电流 I_d 可以同时存在，两者之和称为**全电流**，即

$$I_s=I_0+I_d \tag{8-28}$$

在引入了位移电流后，麦克斯韦又把从恒定电流的磁场中总结出来的安培环路定理推广到了非恒定电流情况下更一般的形式，即

$$\oint_L \boldsymbol{H} \cdot d\boldsymbol{l} = I_s = I_0 + \frac{d\Phi_D}{dt} \tag{8-29}$$

或

$$\oint_L \boldsymbol{H} \cdot d\boldsymbol{l} = \iint_S \left(\boldsymbol{j}_0 + \frac{\partial \boldsymbol{D}}{\partial t} \right) \cdot d\boldsymbol{S} \tag{8-30}$$

上式表明，磁场强度 $\boldsymbol{H}$ 沿任意闭合回路的线积分等于穿过此闭合回路所包围曲面的全电流，这就是**全电流安培环路定理**。

虽然位移电流和传导电流在激发磁场方面是等效的，均激发有旋磁场。但它们却是两个不同的概念。传导电流是大量自由电荷的宏观定向运动，而位移电流的实质却是关于电场的变化率。位移电流的引入深刻揭示了电场和磁场的内在联系和依存关系，反映了自然现象的对称性。法拉第电磁感应定律说明变化的磁场能激发涡旋电场，位移电流的提出说明变化的电场能激发涡旋磁场，两种变化的电场和磁场永远互相联系着，形成了统一的电磁场。麦克斯韦提出的位移电流概念，已为无线电波的发现和它在实际中广泛的应用所证实，它和变化磁场激发感生电场的概念都是麦克斯韦电磁场理论中很重要的基本概念。根据位移电流的定义，在电场中每一点只要有电位移矢量的变化，就有相应的位移电流，因此不仅在电介质中，就是在导体中，甚至在真空中也可以产生位移电流，但在通常情况下，电介质中的电流主要是位移电流，传导电流可以略去不计；而在导体中的电流，主要是传导电流，位移电流则可以略去不计。至于在高频电流的情况下，导体内的位移电流和传导电流同样起作用，这时就不可以略去其中任何一个了。

例题 8-12　如图 8-34 所示，半径为 R 的两块圆形极板，构成平板电容器。现对该极板充电，使电容器两极板间的电场变化率为 $\frac{\mathrm{d}E}{\mathrm{d}t}$，求极板间的位移电流以及距轴线 r 处的磁感应强度。

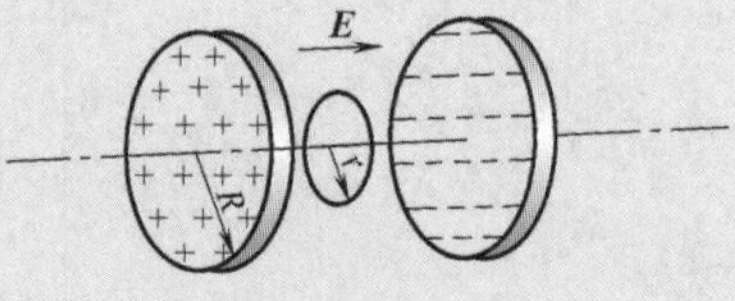

图 8-34　例题 8-12 图

解　穿过两极板间任一曲面的电位移通量为

$$\Phi_D=SD=\pi R^2\varepsilon_0 E$$

电容器两极板间的位移电流为

$$I_{\mathrm{d}}=\frac{\mathrm{d}\Phi_D}{\mathrm{d}t}=\pi R^2\varepsilon_0\frac{\mathrm{d}E}{\mathrm{d}t}$$

选取半径为 r 的同轴圆周为闭合路径 L，由全电流安培环路定理，即式（8-29），得

$$\oint_L \boldsymbol{H}\cdot\mathrm{d}\boldsymbol{l}=2\pi rH=\iint\frac{\partial\boldsymbol{D}}{\partial t}\cdot\mathrm{d}\boldsymbol{S}$$

又因为

$$\boldsymbol{H}=\frac{\boldsymbol{B}}{\mu_0},\ \boldsymbol{D}=\varepsilon_0\boldsymbol{E}$$

当 $r<R$ 时，$\frac{B}{\mu_0}\cdot 2\pi r=\varepsilon_0\iint_S\frac{\mathrm{d}\boldsymbol{E}}{\partial t}\cdot\mathrm{d}\boldsymbol{S}=\varepsilon_0\frac{\mathrm{d}E}{\mathrm{d}t}\pi r^2$，

磁感应强度

$$B_r=\frac{\mu_0\varepsilon_0}{2}r\frac{\mathrm{d}E}{\mathrm{d}t}$$

当 $r>R$ 时，$\frac{B}{\mu_0}\cdot 2\pi r=\varepsilon_0\iint_S\frac{\mathrm{d}\boldsymbol{E}}{\partial t}\cdot\mathrm{d}\boldsymbol{S}=\varepsilon_0\frac{\mathrm{d}E}{\mathrm{d}t}\pi R^2$，

磁感应强度

$$B_r=\frac{\mu_0\varepsilon_0}{2}\frac{R^2}{r}\frac{\mathrm{d}E}{\mathrm{d}t}$$

这里需要注意的是上述计算得到的磁感应强度都是由传导电流和位移电流共同产生的。

8.7　麦克斯韦方程组

麦克斯韦从 1854 年起，在长达 25 年的时间里，在前人对静电场、稳恒磁场和电磁感应等研究成果的基础上，提出了“感生电场”和“位移电流”这两个基本假设，确立了电荷、电流和电场、磁场之间的普遍关系，对电磁现象从理论上进行概括、总结和推广，建立了统一的电磁场理论。

麦克斯韦通过总结发现：在一般情况下，电场既包括自由电荷激发的静电场（无旋电场），也包括变化磁场激发的感生电场（涡旋电场），电场强度 $\boldsymbol{E}$ 和电位移矢量 $\boldsymbol{D}$ 是两种无旋电场和涡旋电场的矢量和。

同时，磁场既包括传导电流产生的磁场，也包括位移电流（变化电场）产生的磁场，磁感应强度 $\boldsymbol{B}$ 和磁场强度 $\boldsymbol{H}$ 是两种磁场的矢量和。

变化的电场和传导电流一样激发涡旋磁场。这就是说，变化的电场和磁场不是彼此孤立的，它们相互联系、相互激发组成一个统一的电磁场。把电磁现象的普遍规律概括为四个基本方程，就称为**麦克斯韦方程组**，首先介绍其**积分形式**：

$$\oiint_S \boldsymbol{D}\cdot \mathrm{d}\boldsymbol{S} = q_0 \tag{8-31}$$

$$\oiint_S \boldsymbol{B}\cdot \mathrm{d}\boldsymbol{S} = 0 \tag{8-32}$$

$$\oint_L \boldsymbol{E}\cdot \mathrm{d}\boldsymbol{l} = -\iint_S \frac{\partial \boldsymbol{B}}{\partial t}\cdot \mathrm{d}\boldsymbol{S} \tag{8-33}$$

$$\oint_L \boldsymbol{H}\cdot \mathrm{d}\boldsymbol{l} = \iint_S \left(\boldsymbol{j}_0 + \frac{\partial \boldsymbol{D}}{\partial t}\right)\cdot \mathrm{d}\boldsymbol{S} \tag{8-34}$$

上述麦克斯韦方程组描述的是在某有限区域内以积分形式联系各点的电磁场量和电荷、电流之间的依存关系，而不能直接表示某一点上各电磁场量和该点电荷、电流之间的相互联系。但在实际应用中，更重要的是要知道场中某些点的场量。因此麦克斯韦方程组的微分形式应用范围更加广泛。经过数学变换后可以得到麦克斯韦方程组的**微分形式**：

$$\nabla\cdot \boldsymbol{D}=\rho_0 \tag{8-35}$$

$$\nabla\cdot \boldsymbol{B}=0 \tag{8-36}$$

$$\nabla\times \boldsymbol{E} = -\frac{\partial \boldsymbol{B}}{\partial t} \tag{8-37}$$

$$\nabla\times \boldsymbol{H} = \boldsymbol{j}_0 + \frac{\partial \boldsymbol{D}}{\partial t} \tag{8-38}$$

麦克斯韦方程组是一个完整的、统一的、普遍适用的电磁学理论体系，其数学上有着优美的对称性，这正是物理规律简单性、完美性的绝妙体现。而且麦克斯韦方程组的建立对于物理学，对于整个科学都是一个具有里程碑意义的贡献；这个方程组为狭义相对论的产生奠定了理论基础，成为狭义相对论产生的必要前提。

对于各向同性的线性介质，上述麦克斯韦方程组尚不够完备，还需要补充三个描述介质性质的方程，称为**介质性能方程**：

$$\boldsymbol{D}=\varepsilon \boldsymbol{E} \tag{8-39}$$

$$\boldsymbol{B}=\mu \boldsymbol{H} \tag{8-40}$$

$$\boldsymbol{j}=\gamma \boldsymbol{E} \tag{8-41}$$

上面三式中的 ε、μ、γ 分别是介质的电容率、磁导率和电导率，其中式（8-41）为欧姆定律的微分形式，$\boldsymbol{j}$ 为电流密度，$\boldsymbol{E}$ 为电场强度。

麦克斯韦电磁理论是通过宏观电磁现象总结出来的，可以应用在各种宏观电磁现象中，如用它可以研究高速运动电荷所产生的电磁场及一般辐射问题。在任何情况下，只要给定电荷和电流的分布，空间各点的电磁场就可以由麦克斯韦方程组求出。可以证明，满足这些方程和边界条件的解是唯一的，它就是在这种客观条件下产生的、真实的电磁场。这个理论经受了实践的检验，并在工程实践中发挥着指导作用，成为现代电工学和无线电电子学中不可缺少的理论基础，它使人类进入了电气化时代。所以，麦克斯韦方程组在电磁学中的地位相当于牛顿运动定律在经典力学中的地位，它也是 19 世纪物理学最伟大的成就之一。正如爱因斯坦所说："这是自牛顿以来物理学所经历的最深刻和最有成果的一项真正观念上的变革。"

8.8　电磁场的能量

电磁场是独立于人们意识之外的客观存在。在前面讨论静电场和稳恒电流的磁场时，我们总是把电磁场和场源（电荷和电流）放在一起研究，因为在这些情况中电磁场和场源是有机地联系着的。如果没有了场源，电场和磁场也就不存在了。但当场随时间变化时，电磁场一经产生，即使场源消失，它还可以继续存在，这时变化的电场和变化的磁场相互激发，并以一定的速度按照一定的规律在空间传播，说明电磁场具有完全独立存在的性质，反映了电磁场具有一切物质的基本特性。

我们在前面的章节已分别介绍了电场的能量密度 $\frac{1}{2}\boldsymbol{D}\cdot\boldsymbol{E}$ 和磁场的能量密度 $\frac{1}{2}\boldsymbol{B}\cdot\boldsymbol{H}$，对于一般情况下的电磁场来说，既有电场能量，又有磁场能量，其电磁场的能量密度为

$$w=w_e+w_m=\frac{1}{2}(\boldsymbol{D}\cdot\boldsymbol{E}+\boldsymbol{B}\cdot\boldsymbol{H}) \tag{8-42}$$

根据相对论质能关系，可以得到单位体积的场的质量

$$m=\frac{w}{c^2}=\frac{1}{2c^2}\left(\boldsymbol{D}\cdot\boldsymbol{E}+\boldsymbol{B}\cdot\boldsymbol{H}\right) \tag{8-43}$$

根据相对论能量与动量的关系式，单位体积内电磁场的动量称为动量密度 g 为

$$g=\frac{w}{c}=\frac{1}{2c}(\boldsymbol{D}\cdot\boldsymbol{E}+\boldsymbol{B}\cdot\boldsymbol{H}) \tag{8-44}$$

大量实验证明：场有质量和动量，是一种物质的表现形态。另外，场与实物之间可以相互转化：如同步辐射光源，正负电子对湮没，这些都说明了电磁场的物质性。

但电磁场这种物质形态，和由分子、原子组成的实物又有一些区别：实物有不可入性，但在同一空间内却可以有多种电磁场同时存在；实物可有不同的运动速度，速度又与参考系的选择有关，而电磁波在真空中传播的速度都是光速 c，且与参考系无关；实物由离散的粒子组成，电磁场则是连续的，并以波的形式传播。

1920 年，列别捷夫用实验证明了变化的电磁场对实物施加压力，这个实验不仅说明电磁场和实物之间的动量传递满足动量守恒定律，并且还证明了电磁场的物质性。总之，电磁场和实物一样都是物质存在的形态，它们从不同的方面反映了客观世界。

麦克斯韦方程组是麦克斯韦所建立的电磁理论体系的核心。它问世半个世纪后，爱因斯坦建立了相对论，人们发现在高速运动情况下必须要对牛顿运动定律进行修改，而麦克斯韦方程却不必修改。又经过了 20 年，量子理论建立，人们发现在微观世界中牛顿运动定律不再适用，而麦克斯韦方程仍然正确，这说明麦克斯韦的工作是何等的出色。这个理论对科学技术和现代文明的发展产生了极大的影响。

本章提要

1. 法拉第电磁感应定律

$$\mathscr{E}=-\frac{\mathrm{d}\Phi_{\mathrm{m}}}{\mathrm{d}t}$$

2. 楞次定律

闭合回路中感应电流的方向，总是企图使感应电流本身所产生的通过回路面积的磁通量，去抵消或补偿引起感应电流的磁通量的改变。

3. 动生电动势

$$\mathscr{E}=\int_L \boldsymbol{E}_{\mathrm{k}}\cdot\mathrm{d}\boldsymbol{l}=\int_L(\boldsymbol{v}\times\boldsymbol{B})\cdot\mathrm{d}\boldsymbol{l}$$

4. 感生电场

$$\oint_L \boldsymbol{E}_{\mathrm{i}}\cdot\mathrm{d}\boldsymbol{l}=-\iint_S\frac{\partial B}{\partial t}\cdot\mathrm{d}\boldsymbol{S}$$

5. 感生电动势

$$\mathscr{E}=\oint_L \boldsymbol{E}_{\mathrm{i}}\cdot\mathrm{d}\boldsymbol{l}$$

6. 自感

$$\Psi=LI$$

自感电动势

$$\mathscr{E}_{\mathrm{L}}=-L\frac{\mathrm{d}I}{\mathrm{d}t}$$

7. 互感

$$\Psi_{21}=M_{21}I_1,\ \Psi_{12}=M_{12}I_2,\ M_{12}=M_{21}=M$$

互感电动势

$$\mathscr{E}_{21}=-M\frac{\mathrm{d}I_1}{\mathrm{d}t},\ \mathscr{E}_{12}=-M\frac{\mathrm{d}I_2}{\mathrm{d}t}$$

8. 磁场的能量

自感磁能 $W_{\mathrm{m}}=\frac{1}{2}LI^2$

磁能密度 $w_{\mathrm{m}}=\frac{1}{2}\boldsymbol{B}\cdot\boldsymbol{H}$

磁场总能量 $W_{\mathrm{m}}=\iiint_V w_{\mathrm{m}}\mathrm{d}V=\frac{1}{2}\iiint_V \boldsymbol{B}\cdot\boldsymbol{H}\mathrm{d}V$

9. 位移电流

$$\boldsymbol{I}_{\mathrm{d}}=\frac{\mathrm{d}\Phi_D}{\mathrm{d}t}$$

10. 全电流安培环路定理

$$\oint_L \boldsymbol{H}\cdot\mathrm{d}\boldsymbol{l}=\iint_S\left(\boldsymbol{j}_0+\frac{\partial\boldsymbol{D}}{\partial t}\right)\cdot\mathrm{d}\boldsymbol{S}$$

11. 麦克斯韦方程组

积分形式

$$\begin{cases}\oiint_S \boldsymbol{D}\cdot\mathrm{d}\boldsymbol{S}=q_0\\ \oiint_S \boldsymbol{B}\cdot\mathrm{d}\boldsymbol{S}=0\\ \oint_L \boldsymbol{E}\cdot\mathrm{d}\boldsymbol{l}=-\iint_S\frac{\partial\boldsymbol{B}}{\partial t}\cdot\mathrm{d}\boldsymbol{S}\\ \oint_L \boldsymbol{H}\cdot\mathrm{d}\boldsymbol{l}=\iint_S\left(\boldsymbol{j}_0+\frac{\partial\boldsymbol{D}}{\partial t}\right)\cdot\mathrm{d}\boldsymbol{S}\end{cases}$$

微分形式

$$\begin{cases}\nabla\cdot\boldsymbol{D}=\rho\\ \nabla\cdot\boldsymbol{B}=0\\ \nabla\times\boldsymbol{E}=-\frac{\partial\boldsymbol{B}}{\partial t}\\ \nabla\times\boldsymbol{H}=\boldsymbol{j}_0+\frac{\partial\boldsymbol{D}}{\partial t}\end{cases}$$

思考题 8

S8-1. 电动势与电势差有什么区别？电场强度 $\boldsymbol{E}$ 与非静电性场强 $\boldsymbol{E}_{\mathrm{k}}$ 有什么不同？

S8-2. 感应电动势与感应电流哪一个更能反映电磁感应现象的本质，感应电动势的大小由什么因素决定？

S8-3. 在电磁感应定律 $\mathscr{E}=-\frac{\mathrm{d}\Phi_{\mathrm{m}}}{\mathrm{d}t}$ 中，负号的意义是什么？如何根据负号来确定感应电动势的方向？

S8-4. 将尺寸完全相同的铜环和木环适当放置，使通过两环中的磁通量的变化率相等。试问：在两环中是否产生相同的感生电场和感应电流？

S8-5. 在均匀磁场中，一环形导体线圈正经历热膨胀，环中出现顺时针方向的感应电流，试问：此均匀磁场是垂直纸面向里还是向外？

S8-6. 让一块很小的磁铁在一根很长的竖直铜管内下落，若不计空气阻力，试分别定性说明磁铁进入铜管上部、中部和下部的运动情况，并说明理由。

S8-7. 试讨论动生电动势与感生电动势的共同点和不同点。

S8-8. 在磁场变化的空间里，如果没有导体，那么在这个空间里是否存在电场？是否存在感应电动势？

S8-9. 变化电场产生的磁场是否一定随时间变化？变化磁场产生的电场是否也一定随时间变化？

S8-10. 一块金属在均匀磁场中平移，金属中是否会有涡流？若旋转，情况又会如何？

S8-11. 有人说："因为自感 $L=\frac{\Phi_{\mathrm{m}}}{I}$，所以通过线圈中的电流越大，自感越小。" 这种说法对吗？

S8-12. 自感电动势能不能大于电源的电动势？瞬时电流可否大于稳定时的电流值？

S8-13. 一个线圈的自感的大小由哪些因素决定？怎样绕制一个自感为零的线圈？

S8-14. 两个线圈之间的互感大小由哪些因素决定？怎样放置可使两线圈间的互感最大？

S8-15. 在螺绕环中，磁能密度较大的地方是在内半径附近，还是在外半径附近？

S8-16. 什么叫作位移电流？什么叫作传导电流？位移电流和传导电流有什么不同？

S8-17. 试从以下三个方面来比较静电场与感生电场：（1）产生的原因；（2）电场线的分布；（3）对导体中电荷的作用。

S8-18. 如何理解麦克斯电磁场四个积分方程是电磁场的基本积分方程？

基础训练习题 8

1. 选择题

8-1. 尺寸相同的铁环与铜环所包围的面积中，铁环和铜环的磁通量变化率相同，则环中

（A）感应电动势不同，感应电流不同。

（B）感应电动势相同，感应电流相同。

（C）感应电动势不同，感应电流相同。

（D）感应电动势相同，感应电流不同。

8-2. 如习题 8-2 图所示，一载流螺线管的旁边有一圆形线圈，欲使线圈产生图示方向的感应电流 i，下列哪种情况可以做到？

（A）载流螺线管向线圈靠近。

（B）载流螺线管离开线圈。

（C）载流螺线管中电流增大。

（D）载流螺线管中插入铁心。

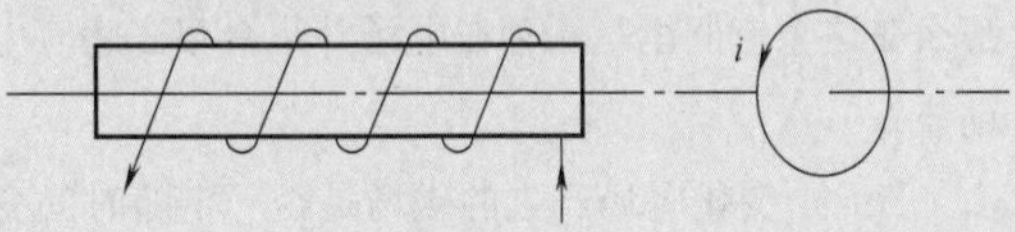

习题 8-2 图

8-3. 如习题 8-3 图所示，导体棒 AB 在均匀磁场中绕通过点 C 的垂直于棒且沿磁场方向的轴 OO' 转动（角速度 ω 与磁感应强度 $\boldsymbol{B}$ 同方向），BC 的长度为棒长的 1/3，则

（A）点 A 比点 B 电势高。

（B）点 A 与点 B 电势相等。

（C）点 A 比点 B 电势低。

（D）有稳恒电流从点 A 流向点 B。

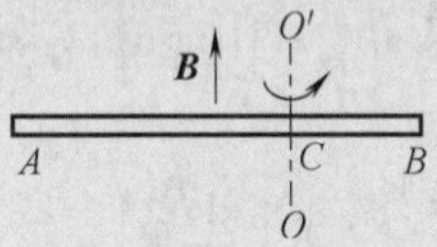

习题 8-3 图

8-4. 如习题 8-4 图所示。一导体棒 ab 在均匀磁场中沿金属导轨向右做匀加速运动，磁场方向垂直导轨所在平面。若导轨的电阻忽略不计，并设铁心的磁导率为常数，则达到稳定后在电容器的 N 极板上

（A）带有一定量的负电荷。

（B）带有一定量的正电荷。

（C）带有越来越多的负电荷。

（D）带有越来越多的正电荷。

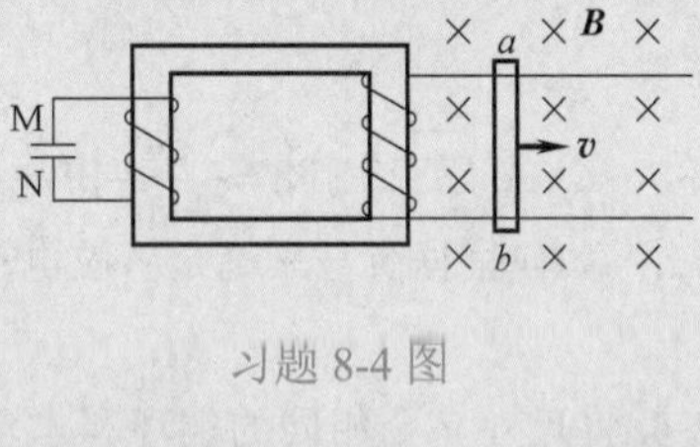

习题 8-4 图

8-5. 磁感应强度为 $\boldsymbol{B}$ 的均匀磁场被限制在圆柱形空间内。A、B 两点间放有三条导线：直线 1、折线 2 和弧线 3，如习题 8-5 图所示。若磁场的变化率 $\mathrm{d}B/\mathrm{d}t>0$，则三条导线中感应电动势大小的关系为

（A）$\mathscr{E}_1=\mathscr{E}_2=\mathscr{E}_3=0$。

（B）$\mathscr{E}_1=\mathscr{E}_2=\mathscr{E}_3\neq 0$。

（C）$\mathscr{E}_3=0$，$\mathscr{E}_2>\mathscr{E}_1$。

（D）$\mathscr{E}_1=0$，$\mathscr{E}_2<\mathscr{E}_3$。

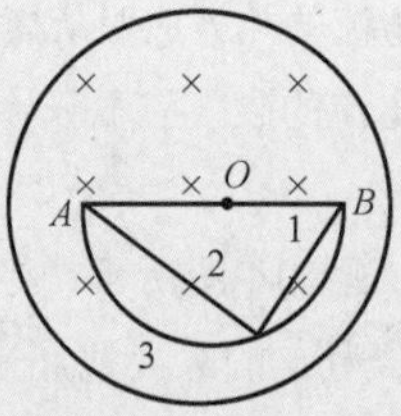

习题 8-5 图

8-6. 匝数为 N 的矩形线圈长为 a、宽为 b，置于均匀磁场 $\boldsymbol{B}$ 中。线圈以角速度 ω 绕 OO' 轴旋转，如习题 8-6 图所示，当 $t=0$ 时线圈平面垂直于纸面，且 AC 边向外，DE 边向内。设线圈正向为 $ACDEA$，则任一时刻线圈内的感应电动势为

（A）$-abNB\omega\sin\omega t$。

（B）$abNB\omega\cos\omega t$。

（C）$abNB\omega\sin\omega t$。

（D）$-abNB\omega\cos\omega t$。

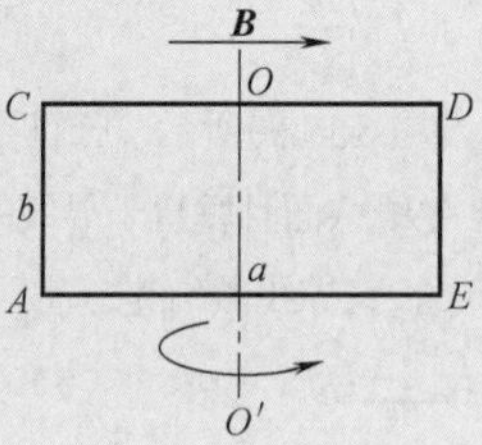

习题 8-6 图

8-7. 在圆柱形空间内有一磁感应强度为 $\boldsymbol{B}$ 的均匀磁场，如习题 8-7 图所示。$\boldsymbol{B}$ 的大小以速率 $\mathrm{d}B/\mathrm{d}t$ 变化。在磁场中有 A、B 两点，其间可放直导线 AB 和弯曲的导线 AB，则

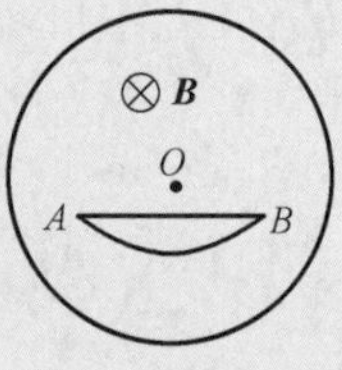

习题 8-7 图

（A）电动势只在直导线 AB 中产生。

（B）电动势只在弧形导线 AB 中产生。

（C）电动势在直导线 AB 和弧形导线 AB 中都产生，且两者大小相等。

（D）直导线 AB 中的电动势小于弧形导线 AB 中的电动势。

8-8. 面积为 S 和 $2S$ 的两圆线圈 1、2 如习题 8-8 图放置，通有相同的电流 I。线圈 1 的电流所产生的通过线圈 2 的磁通量用 Φ_{m21} 表示，线圈 2 的电流所产生的通过线圈 1 的磁通量用 Φ_{m12} 表示，则 Φ_{m21} 和 Φ_{m12} 的大小关系为

（A）$\Phi_{m21}=2\Phi_{m12}$。

（B）$\Phi_{m21}>\Phi_{m12}$。

（C）$\Phi_{m21}=\Phi_{m12}$。

（D）$\Phi_{m21}=\dfrac{1}{2}\Phi_{m12}$。

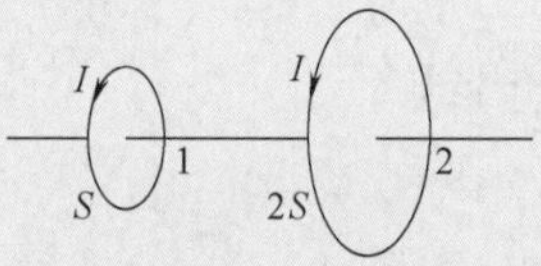

习题 8-8 图

8-9. 两个通有电流的平面圆线圈相距不远，如果要使其互感近似为零，则应调整线圈的取向，使

（A）两线圈平面都平行于两圆心的连线。

（B）两线圈平面都垂直于两圆心的连线。

（C）两线圈中电流方向相反。

（D）一个线圈平面平行于两圆心的连线，另一个线圈平面垂直于两圆心的连线。

8-10. 一截面为长方形的环式螺旋管共有 N 匝线圈，其尺寸如习题 8-10 图所示，则其自感为

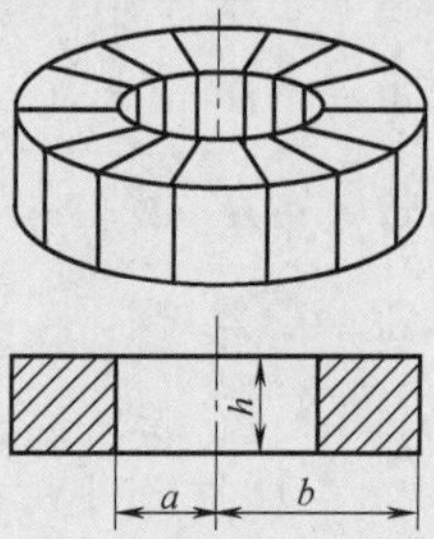

习题 8-10 图

（A）$\dfrac{\mu_0 N^2(b-a)h}{2\pi a}$。

（B）$\dfrac{\mu_0 N^2 h}{2\pi}\ln\dfrac{b}{a}$。

（C）$\dfrac{\mu_0 N^2(b-a)h}{2\pi b}$。

（D）$\dfrac{\mu_0 N^2(b-a)h}{\pi(a+b)}$。

8-11. 无限长直导线与一矩形线圈共面，如习题 8-11 图所示。直导线穿过矩形线圈（但彼此绝缘），则直导线与矩形线圈的互感是

（A）0。

（B）$\dfrac{\mu_0 a}{2\pi}\ln 2$。

（C）$\dfrac{\mu_0 a}{2\pi}\ln 3$。

（D）$\dfrac{\mu_0 a}{2\pi}\ln 4$。

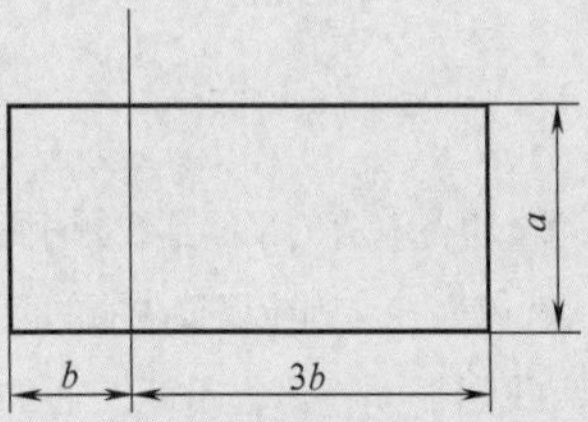

习题 8-11 图

8-12. 如习题 8-12 图所示，平行板电容器 (忽略边缘效应) 充电时，沿环路 L_1 和 L_2 磁场强度 $\boldsymbol{H}$ 的环流中，必有

（A）$\oint_{L_1}\boldsymbol{H}\cdot d\boldsymbol{l} > \oint_{L_2}\boldsymbol{H}\cdot d\boldsymbol{l}$。

（B）$\oint_{L_1}\boldsymbol{H}\cdot d\boldsymbol{l} = \oint_{L_2}\boldsymbol{H}\cdot d\boldsymbol{l}$。

（C）$\oint_{L_1}\boldsymbol{H}\cdot d\boldsymbol{l} < \oint_{L_2}\boldsymbol{H}\cdot d\boldsymbol{l}$。

（D）$\oint_{L_1}\boldsymbol{H}\cdot d\boldsymbol{l} = 0$。

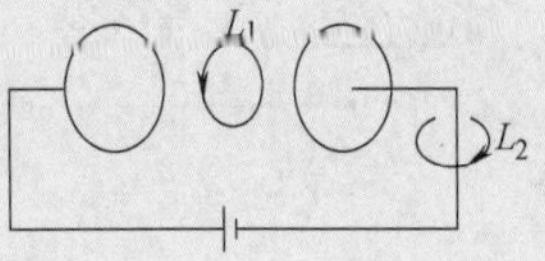

习题 8-12 图

8-13. 关于位移电流，下述四种说法中哪一种说法正确？

（A）位移电流是由变化电场产生的。

（B）位移电流是由线性变化磁场产生的。

（C）位移电流的热效应服从焦耳 - 楞次定律。

（D）位移电流的磁效应不服从安培环路定理。

2. 填空题

8-14. 如习题 8-14 图所示，半径为 r_1 的小导线环，置于半径为 r_2 的大导线环中心，二者在同一平面内，且 $r_1 \ll r_2$。在大导线环中通有正弦电流 $I=I_0\sin\omega t$，其中 ω、I 为常数，t 为时间，则在任一时刻小导线环中感应电动势的大小为________。设小导线环的电阻为 R，则在 $t=0$ 到 $t=\pi/(2\omega)$ 时间内，通过小导线环某截面的感应电量 $q=$________。

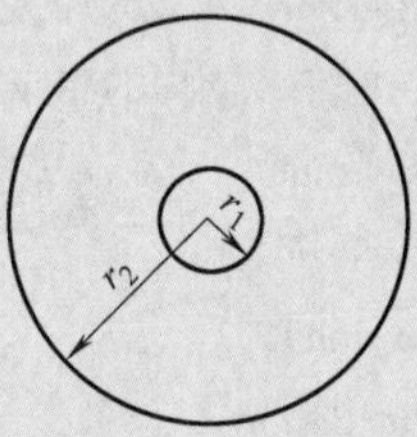

习题 8-14 图

8-15. 如习题 8-15 图所示，长直导线中通有电流 I，有一与长直导线共面且垂直于导线的细金属棒 AB，以速度 $\boldsymbol{v}$ 平行于长直导线做匀速运动。(1) 金属棒 AB 两端的电势 U_A____U_B（填 >、<、=）。(2) 若将电流 I 反向，AB 两端的电势 U_A____U_B（填 >、<、=）。(3) 若将金属棒与导线平行放置，AB 两端的电势 U_A____U_B（填 >、<、=）。

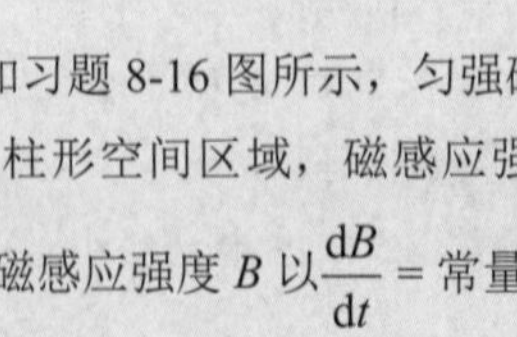

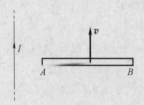

习题 8-15 图

8-16. 如习题 8-16 图所示，匀强磁场局限于半径为 R 的圆柱形空间区域，磁感应强度 $\boldsymbol{B}$ 垂直于纸面向里，磁感应强度 B 以 $\dfrac{dB}{dt}=$ 常量的速率增加。D 点在柱形空间内，离轴线的距离为 r_1，C 点在圆柱形空间外，离轴线上的距离为 r_2。将一电子 (质

量为 m，电荷量为 $-e$) 置于 D 点，则电子的加速度为 a_D=________，方向________；置于 C 点时，电子的加速度为 a_C=________，方向________。

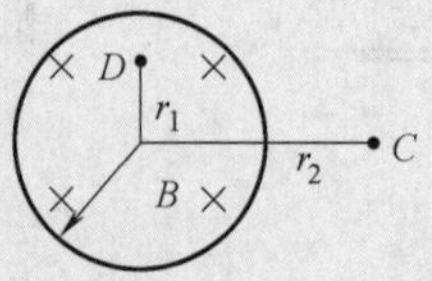

习题 8-16 图

8-17. 如习题 8-17 图所示，有一根无限长绝缘直导线紧贴在矩形线圈的中心轴 OO' 上，则直导线与矩形线圈间的互感为________。

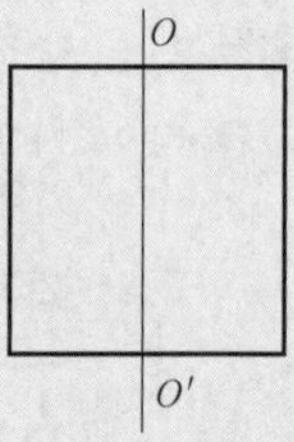

习题 8-17 图

8-18. 边长为 a 和 $2a$ 的两正方形线圈 A、B，按习题 8-18 图所示同轴放置，通有相同的电流 I，线圈 A 的电流所产生的磁场通过线圈 B 的磁通量用 Φ_{mBA} 表示，线圈 B 的电流所产生的磁场通过线圈 A 的磁通量用 Φ_{mAB} 表示，则二者大小相比较的关系式为________。

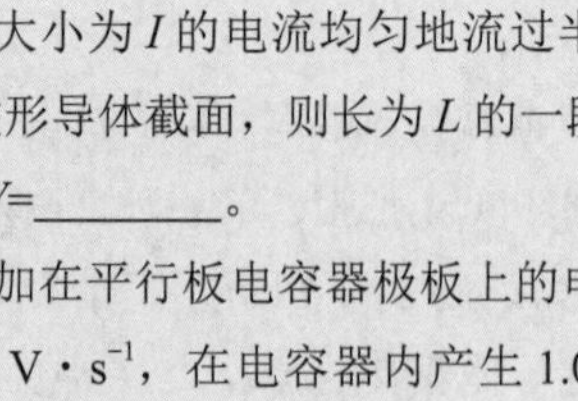

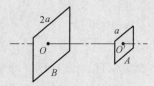

习题 8-18 图

8-19. 大小为 I 的电流均匀地流过半径为 R 的无限长圆柱形导体截面，则长为 L 的一段导线内的磁场能量 W=________。

8-20. 加在平行板电容器极板上的电压变化率为 $1.0\times10^6\ \mathrm{V\cdot s^{-1}}$，在电容器内产生 1.0 A 的位移电流，则该电容器的电容为________μF。

8-21. 如习题 8-21 图所示，一段长度为 l 的直导线 MN，水平放置在电流为 I 的竖直长导线旁与竖直导线共面，并从静止由图示位置自由下落，则 t (s) 末导线两端的电势差 U_M-U_N=________。

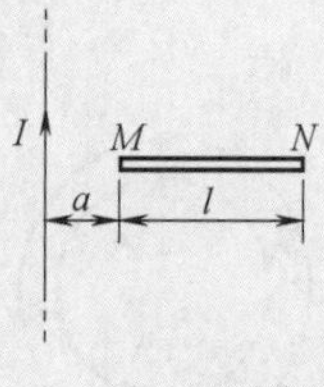

习题 8-21 图

8-22. 一空心长直螺线管，长为 0.50 m，横截面积为 10.0 cm^2，若螺线管上密绕线圈 3.0×10^6 匝，则线圈的自感 L=________，若其中电流随时间的变化率为 10 A · s^{-1}，自感电动势的大小为________，方向为________。

8-23. 一平行板空气电容器的两极板都是半径为 R 的圆形导体片，在充电时，板间电场强度的变化率为 $\frac{\mathrm{d}E}{\mathrm{d}t}$。若略去边缘效应，则两板间的位移电流为________。

3. 计算题

8-24. 如习题 8-24 图所示，长直导线中的电流 I 沿导线向上，并以 $\frac{\mathrm{d}I}{\mathrm{d}t}=2\ \mathrm{A\cdot s^{-1}}$ 的变化率均匀增长。导线附近放一个与之同面的直角三角形线框，其一边与导线平行，位置及线框尺寸如图所示。求此线框中产生的感应电动势的大小和方向。

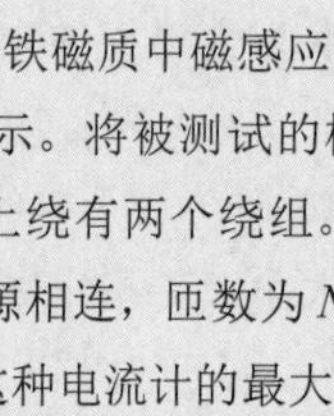

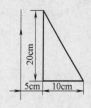

习题 8-24 图

8-25. 一种测铁磁质中磁感应强度的实验装置如习题 8-25 图所示。将被测试的样品做成截面积为 S 的圆环，环上绕有两个绕组。匝数 N_1、电阻为 R 的线圈与电源相连，匝数为 N_2 的线圈两端接一冲击电流计（这种电流计的最大偏转量与通过它的电荷量成正比）。设铁环原来没被磁化。当闭合开关使 N_1 中电流从零增大到 I 时，冲击电流计测得通过它的电荷量为 q。求与电流 I 对应的铁环中的磁感应强度 B 的大小。

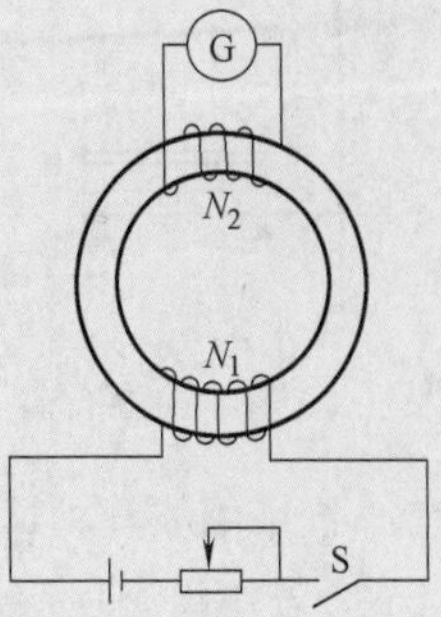

习题 8-25 图

8-26. 一根很长的长方形的 U 形导轨，与水平面成 θ 角，裸导线可在导轨上无摩擦地下滑，导轨位于磁感应强度 $\boldsymbol{B}$ 垂直向上的均匀磁场中，如习题 8-26 图所示。设导线 ab 的质量为 m，电阻为 R，长度为 l，导轨的电阻略去不计，$abcd$ 形成电路。t=0 时，v=0。求：

（1）导线 ab 下滑的速度 v 与时间 t 的函数关系；

（2）如果导线 ab 沿导轨下滑，那么导线下滑时达到的稳定速度为多大?

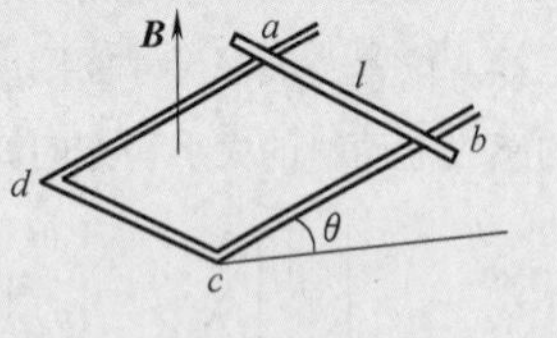

习题 8-26 图

8-27. 在半径为 R 的圆柱形空间中存在着均匀磁场 $\boldsymbol{B}$，其方向与圆柱的轴线平行。有一长为 $2R$ 的金属棒 MN 放在磁场外且与圆柱形均匀磁场相切，切点为金属棒的中点，金属棒与磁场 $\boldsymbol{B}$ 的轴线垂直，如习题 8-27 图所示。设 $\boldsymbol{B}$ 随时间的变化率 $\mathrm{d}B/\mathrm{d}t$ 为大于零的常数。求：棒上感应电动势的大小，并指出哪一个端点的电势高。

8-28. 有两根半径均为 a 的平行长直导线，它们的中心距离为 d，如习题 8-28 图所示。试求长为 l 的一对导线的自感（导线内部的磁通量可略去不计）。

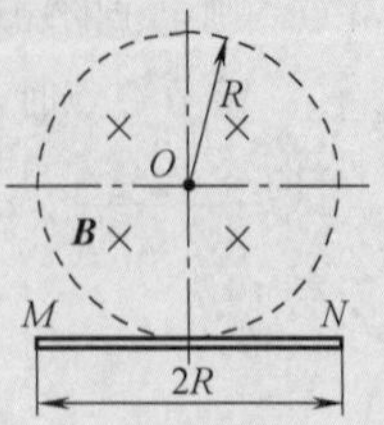

习题 8-27 图

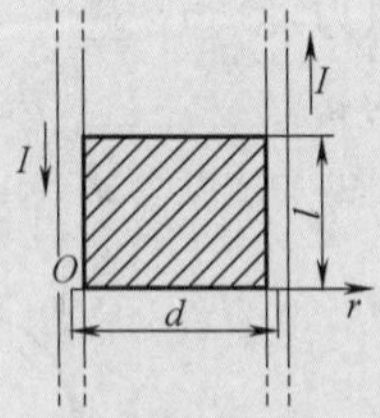

习题 8-28 图

8-29. 内外半径分别为 R、r 的环形螺旋管的截面为长方形，共有 N 匝线圈。另有一矩形导线线圈与其套合，如习题 8-29 图 a 所示。其尺寸标在习题 8-29 图 b 所示的截面图中，求其互感。

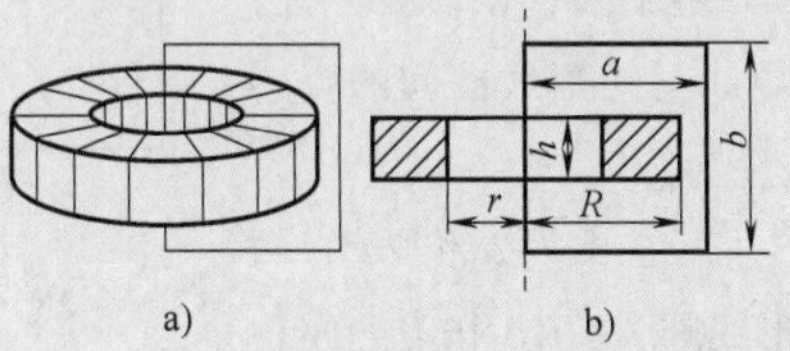

习题 8-29 图

8-30. 如习题 8-30 图所示，一半径为 a 的很小的金属圆环，在初始时刻与一半径为 b（b>>a）的大金属圆环共面且同心。求下列情况下小金属圆环中 t 时刻的感应电动势。

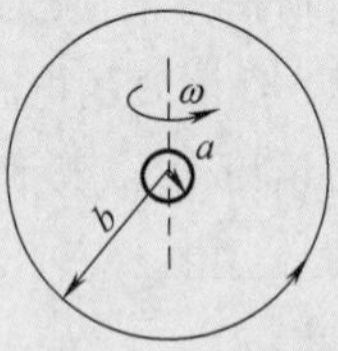

习题 8-30 图

（1）大金属圆环中电流 I 恒定，小金属圆环以匀角速度 ω_1 绕一直径转动；

（2）大金属圆环中电流以 $I=I_0\sin\omega_2 t$ 变化，小金属圆环不动；

（3）大金属圆环中电流以 $I=I_0\sin\omega_2 t$ 变化，同时小金属圆环以匀角速度 ω_1 绕一直径转动。

8-31. 如习题 8-31 图所示，半径为 R 的无限长实心圆柱导体载有电流 I，电流沿轴向流动，并均匀分布在导体横截面上。一宽为 R，长为 l 的矩形线圈（与导体轴线同平面）以速度 $\boldsymbol{v}$ 向导体外运动（设导体内有一很小的缝隙，但不影响电流及磁场的分布）。设初始时刻矩形线圈的一边与导体轴线重合，求：

（1）$t\left(t<\frac{R}{v}\right)$时刻线圈中的感应电动势；

（2）线圈中的感应电动势改变方向的时刻。

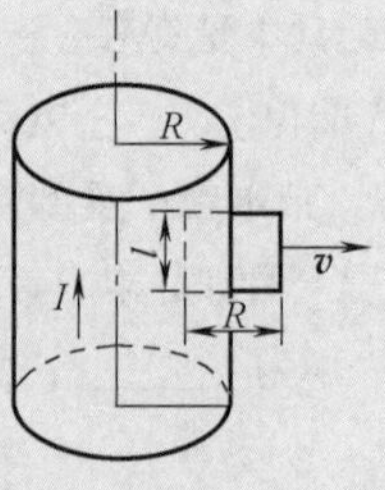

习题 8-31 图

8-32. 假设从地面到海拔 6×10^6 m 的范围内，地磁场为 5×10^{-5} T，试粗略计算在此区域内地磁场的总磁能。

8-33. 一根同轴电缆由内圆柱体和与它同轴的外圆筒构成，内圆柱的半径为 a，圆筒的内、外半径分别为 b 和 c。电流 I 由外圆筒流出，从内圆柱体流回。在横截面上电流都是均匀分布的。

（1）求下列各处每米长度内的磁场能量：圆柱体内、圆柱体与圆筒之间、圆筒内、圆筒外；

（2）当 a=1.0 mm，b=4.0 mm，c=5.0 mm，I=10 A 时，每米长度同轴电缆中储存多少磁能？

8-34. 设有半径 R=0.20 m 的圆形平行板电容器，两板之间为真空，板间距离 d=0.50 cm，以恒定电流 I=2.0 A 对电容器充电，求位移电流密度（忽略平板电容器的边缘效应，设电场是均匀的）。

综合能力和知识拓展与应用训练题

1. 感应电磁勘探法

如训练题图 8-1 所示，A 为通电高频电流的初级线圈，B 为次级线圈，并连接电流计 G，由次级线圈中的电流变化可检测磁场的变化。

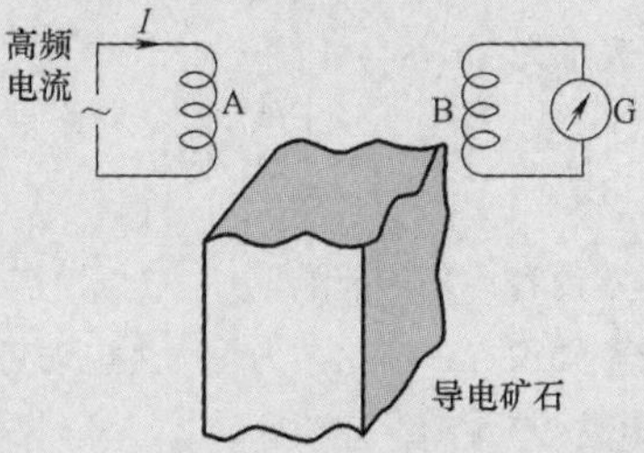

训练题图 8-1

问题：（1）当次级线圈 B 检测到其中磁场发生变化时，技术人员认为在附近有导电矿石存在。你能说明其道理吗？

（2）利用与图中相似的装置，还可确定地下金属管线和电缆的位置，你能提供一个设计方案吗？

本题内容：物理学原理在勘探中的应用。

考查知识点：电磁感应、涡电流。

题型：开放试题。

2. 磁悬浮列车

超导（特别是高温超导）目前在技术上已经有了广泛的应用。使用超导磁体的磁悬浮列车（见训练题图 8-2）的研制与运行代表了超导技术的日趋成熟。目前，日本、德国、英国、美国处于该技术的领先地位。2009 年 6 月 15 日，国内首列具有完全自主知识产权的实用型中低速磁悬浮列车，在中国北车唐山轨道客车有限公司下线后完成列车调试，开始进行线路运行试验，这标志着我国已经具备了中低速磁悬浮列车产业化的制造能力。

磁悬浮列车的优点是：没有了列车与轨道之间的摩擦和噪声，也不需要齿轮作为传动装置，从而使列车时速大幅度提高；同时只需提供维持超导线圈处于超导态温度的能源，而不需要牵引列车的能源，故节约了能源。

列车内部的磁铁显然是磁悬浮列车设计的关键。将超导线圈与电池连接，通电后再拿掉电池，就完成了一个超导体磁铁——超导线圈制作的“磁铁”。如果列车下部装有超导体磁铁，其局部加入液态氮以保持超导线圈的温度在它的临界温度以下，电流就会持续流动并产生磁场。磁悬浮列车运行的动力来自于地面导轨中排列的线圈的磁场和车身的下部超导线圈磁场之间相互作用的磁场力，通过地面导轨线圈电流方向的改变，使列车获得前进的动力。训练题图 8-2a ～ c 为磁悬浮列车的行驶示意图，试通过分析标出图中当地面导轨中排列的线圈在通电、断电、再通电时每个导轨线圈产生的磁场极性，进而说明列车是如何获得前进动力的。

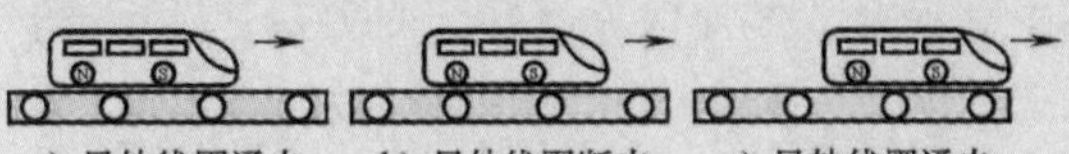

训练题图 8-2

本题内容：物理学原理在生活中的应用。

考查知识点：电磁感应。

题型：开放试题。

3. 磁流体发电机

磁流体发电是 20 世纪 50 年代末开始进行实验研究的一项新技术，也是等离子体应用中一个引人注目的课题。等离子体是高温的可以高速流动的电离气体，它由等量的正离子与电子构成。其流动特性使得它能切割磁场而产生电动势。

1959 年美国制造了第一台磁流体发电机，目前，许多国家包括我国在内正在研制百万千瓦的利用超导磁体产生磁场的磁流体发电机。但是，由于各种技术上的问题，距普及型应用还为时尚早。

与普通发电机相比，磁流体发电机具有如下优点：热能利用效率高；环境污染少；发电设备结构紧凑，启停迅速；造价低等。

磁流体发电机的主要结构如图训练题图 8-3a 所示。在燃烧室中利用燃料燃烧的热能加热气体使之成为等离子体，温度约为 3 000 K，发电通道的两侧有磁极以产生磁场，其上、下两面安装有电极，当等离子体通过通道时，两极间就有电动势产生。

如训练题图 8-3b 所示，设等离子体中的带电粒子在均匀磁场 $\boldsymbol{B}$ 中以速度 v 沿 x 轴负向流动，S 为上、下两极板的面积，其距离为 l，以 γ 表示等离子体的电导率。请分别完成下面的填空题与证明题。

（1）填空题：

对训练题图 8-3b 进行分析可知，由于带有正、负电荷的粒子在运动中受到洛伦兹力的作用而上下分离，上极板将堆积________电荷，下极板将堆积________电荷。带电粒子受到洛伦兹力的大小为________，它是一种非静电力，与其对应的非静电性场强 E_k 的大小为________，此发电机的电动势为________。

（2）证明题：

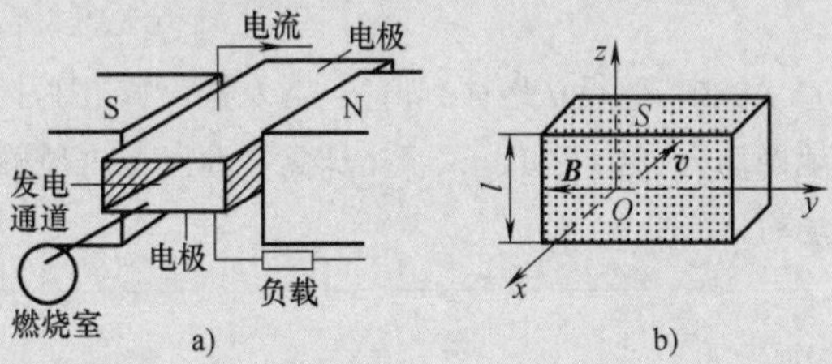

训练题图 8-3

由于上、下极板分别积累了正、负电荷，因而在等离子体内又会形成一静电场 E_s，这样，两极板间的总电场就是 $E=E_k-E_s$，已知通过等离子体内的电流密度与总场强间的关系是 $J=\gamma E$，两极板间的总体积为 V。试证明磁流体发电机输出的最大功率可表示为

$$P_{\max}=\frac{1}{4}\gamma v^2B^2V$$

本题内容：物理前沿。

考查知识点：洛伦兹力，动生电动势。

题型：填空题，证明题。

4. 磁荷

在麦克斯韦电磁场理论中，就场源来说，电和磁是不相同的。有单独存在的正电荷和负电荷，而无单独存在的“磁荷”——磁单极子，即无法单独存在的 N 极和 S 极。根据对称性的想法，这似乎是不合理的。有些物理学家一直在探究磁荷存在的可能性，例如，英国物理学家狄拉克（P. A. M. Dirac，1902—1984）（见训练题图 8-4），荷兰物理学家特霍夫脱等人的量子理论中预言磁单极必然存

训练题图 8-4

在。现在关于弱电相互作用和强相互作用的统一的“大统一理论”也认为有磁单极存在，并预言其质量约为质子的 1 016 倍。与此同时，也有人试图通过实验来发现磁单极子，但直到目前还不能说在实验上确认了磁单极子的存在。

问题：假设磁荷存在，设磁荷的密度为 ρ_m，磁荷流密度为 j_m，问这时麦克斯韦方程组（积分形式）应改写为何种形式？

提示：用类比的方法分析此问题。

本题内容：物理前沿。

考查知识点：麦克斯韦方程组。

题型：分析，类比。

阅读材料——电磁感应法勘探㊀

电磁感应法勘探，是以地壳中岩石和矿石的导电性 ρ 与导磁性 μ 差异为物理基础，根据电磁感应原理观测和研究电磁场在空间与时间上的分布规律，从而寻找地下有用矿床或解决其他地质问题的一组电法勘探方法，简称电磁法。

从 20 世纪 60 年代开始，电磁法广泛应用于石油天然气普查、煤田普查、金属矿普查、水文工程地质以及解决深部地质问题中的各个领域。

该方法利用多种频率（$10^{-3}\sim10^{8}$ Hz）的谐变电磁场或不同形式的周期性脉冲电磁场。前者称为频率域电磁法，即利用多种频率的连续谐变电磁场；后者称为时间域电磁法：利用不同形式的周期性脉冲电磁场。由于这两类方法产生异常的原理均遵循电磁感应定律，故基础理论和野外工作基本相同，但地质效能各有特点。

频率域电磁场的基本特点是利用交流发射装置，加振荡器、发电机等，在地面下和空气中建立谐变电磁场，激发方式有接地式和非接地式（感应式）两种。在频率域中，常用的谐变场场强、电流密度以及其他量均按余弦或正弦规律变化，如

$$H=|H|\cos(\omega t-\varphi_H)\;;\quad E=|E|\cos(\omega t-\varphi_E)$$

其中 φ_H 和 φ_E 为初始相位。

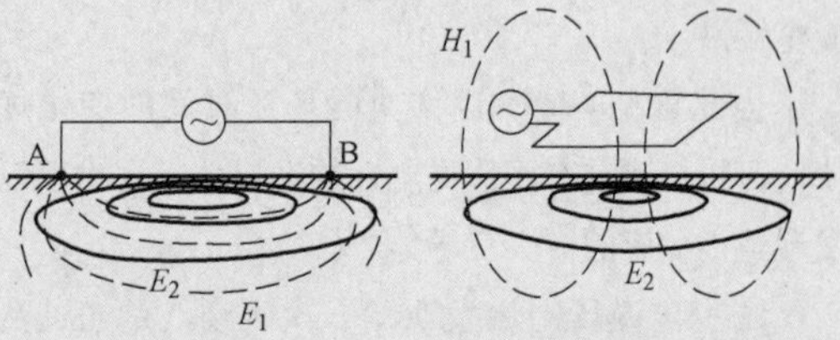

a) 接地方式

b) 感应方式(E_1、H_1 为一次场；E_2为二次场)

如上图 a 所示，接地方式是用 A、B 两个电极将交流电送入地下，地下分散的电流和 A、B 导线中的电流共同在其周围产生一次电场和磁场，由于供电导线和大地具有电阻和电感，供入地下的一次电流场在相位上与电源相位发生位移。

如果地下介质不均匀，则会在良导体中产生涡旋电场；流入地下的电流穿过电阻率界面时会产生积累电荷，这两种异常源都为开展物理探测提供了物理基础。

如上图 b 所示，非接地方式（感应方式）是在地表设不接地线圈——磁偶极子，在线圈周围产生交变一次电磁场，它能激发地下二次电磁场。地下二次电磁场的频率与激发场的频率相同，但相

㊀ 何展翔，余刚．海洋电磁勘探技术及新进展［J］．勘探地球物理进展，2008，31（1）：2-8.

位发生位移。由于一次场和二次场在观测点上的空间取向不同，所以这两种场的合成结果必然形成椭圆。总电场（或磁场）矢量端点随时间变化的轨迹为椭圆，因此叫椭圆极化场。

时间域电磁场，是指那些在阶跃变化电流作用下，地下产生的过渡过程的感应电磁场，也叫瞬变场。因为这一过渡过程的电磁场具有瞬时变化的特点，故取名为瞬变场。与谐变场情况一样，其激发方式也有接地式和感应式两种。在阶跃电流（通电或断电）的强大变化电磁场作用下，良导介质内产生涡流场，其结构和频谱在时间与空间上均连续地发生变化。描述瞬变电磁场的基本参数是时间，这个时间依赖于岩石的导电性和收 - 发距离。在近区的高阻岩石中，瞬变场的建立和消失很快，时间只有几十到几百毫秒；而在良导地层中，这一过程变得缓慢。

由此可见，研究瞬变电磁场随时间的变化规律，可以探测具有不同导电性的地层分布。也可以发现地下储存的较大良导体。

瞬变电磁场的激发源即一次磁场，是通过两种途径传播到观测点的。第一种途径是电磁能量经过空气瞬时传播到观测点处。第二种途径是，由发射装置直接将电磁能量传入地中（从接地电极流进的或由电磁感应产生的）。随着时间的推移，这两种场叠加在一起，即形成瞬变电磁场。在晚期，第一种场实际上衰减殆尽，第二种场则占优势。瞬变电磁法测量装置由发射回线和接收回线两部分组成。瞬变电磁法工作过程可以划分为发射、电磁感应和接收三部分。

根据电磁感应理论，发射线圈中稳定电流突然变化必将在其周围产生磁场，该磁场称为一次磁场。如下图，一次磁场在周围传播过程中，如遇到地下良导电的地质体，将在其内部激发感生电流或涡流（二次电流场），当发射线圈中的稳定电流突然切断后，一次场消失，但涡流不会立即消失，由于涡流为时变电流，在其衰减的过程中，产生磁场并向地下传播，此磁场又在其周围产生电场，于是随着时间的延长，涡流逐渐向下扩展。由于良导电矿体内感应电流的热损耗，二次磁场大致按指数规律随时间衰减，形成瞬变磁场。二次磁场主要来源于良导电矿体内的感应电流，因此它包含着与矿体有关的地质信息。

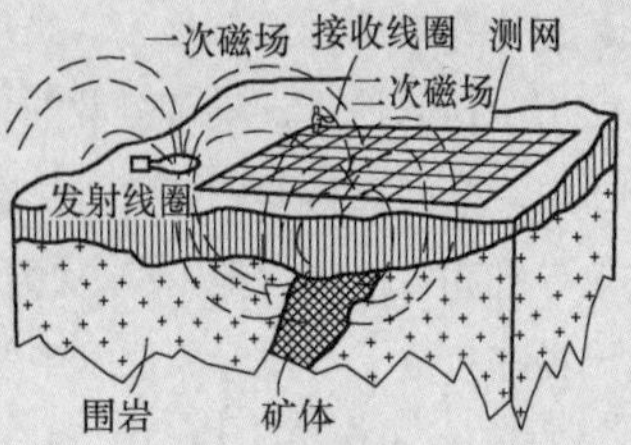

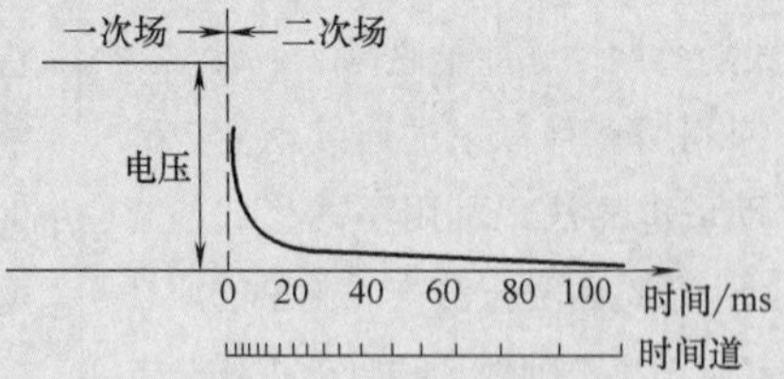

专题选讲：流体力学

1. 理想流体

理想流体是绝对不可压缩，且完全没有黏性的流体。当然，任何实际的流体都是可压缩的。但是，液体在外力作用下体积只有很微小的改变，因此液体的可压缩性一般都可以忽略。气体的可压缩性固然比较大，但它的流动性好，只要有很小的压强差，就足以使气体迅速流动起来，从而使各处的密度差异减到很小。因此，在研究气体流动的许多问题中，气体的可压缩性仍然可以忽略。此外，实际流体都有黏性，即当流体各层之间有相对流动时，相邻两层存在内摩擦力，相互牵制。但是，很多液体（如水和酒精）的内摩擦力很小，气体的内摩擦力更小。当它们在小范围流动时由内摩擦力所造成的影响很小。总之，在一些实际问题中，可压缩性和黏性只是影响运动的次要因素，只有流动性才是决定运动的主要因素，因此往往可以采用理想流体的模型。

由于理想流体在运动时没有相互作用的切向力，因此其内部的应力具有与静止流体内部应力相同的特点，即任何一点都只有压应力而没有切向应力，且压强大小只与位置有关，而与截面的方位无关。但是，当理想流体流动时，其内部任何两点之间的压强差与静止流体并不相同。下面只讨论理想流体的情况。

2. 流线、流管及定常流动

在有流体的空间里每点（x，y，z）上都有一个流速矢量 $\boldsymbol{v}$（x，y，z），它们构成一个流速场。为了直观地描述流体的运动状况，我们在流速场中画出许多曲线，其上每一点的切线方向和流速场在该点的速度方向一致，如专题图 1 所示，这种曲线称为流线。因为流速场中每点都有确定的流速方向，所以流线是不会相交的。如专题图 2 所示，在流体内构造一微小的闭合曲线，通过其上各点的流线所围成的细管，叫作流管。由于流线不会相交，因此流管内外的流体都不会穿越管壁。

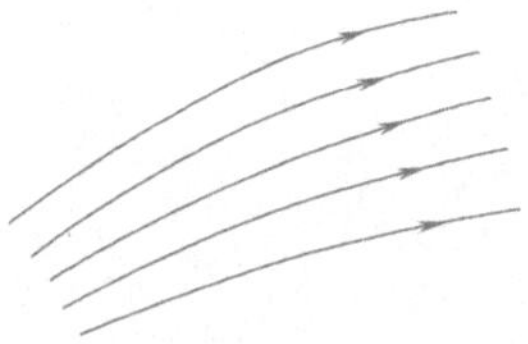

专题图 1　流线

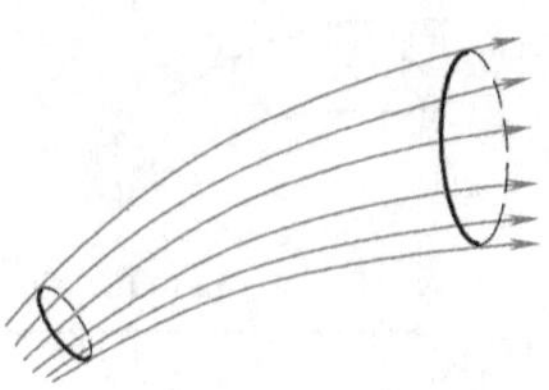

专题图 2　流管

一般来说，流速场的空间分布是随时间变化的，即 $\boldsymbol{v}=\boldsymbol{v}$（$x$，$y$，$z$，$t$），在特殊情况下流速场的空间分布不随时间变化，即 $\boldsymbol{v}=\boldsymbol{v}$（$x$，$y$，$z$），此种情况称为流体的定常流动。前

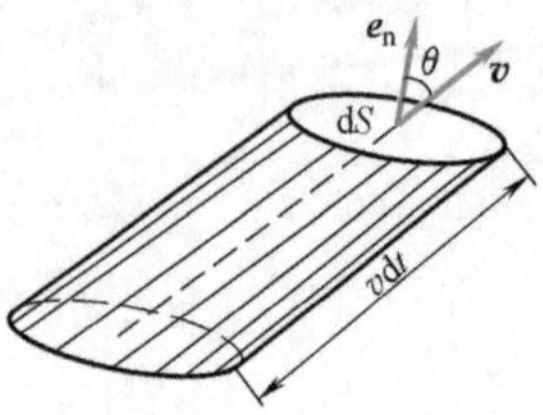

专题图 3　流量

一种情况称为流体的不定常流动。

3. 流量和连续性原理

在流速场中取任一假想的面元 dS，通过它的边界构造一长度为 vdt 的流管，如专题图 3 所示。管内流体的体积和质量分别为 dV=$v$cosθdSdt 和 dm=ρvcosθdSdt，这也是在时间间隔 dt 内通过面元 dS 的流体体积和质量。单位时间内通过面元的流体体积（或质量）称为体积（或质量）流量，用 dQ_V（或 dQ_m）表示。由此可以得到 $\mathrm{d}Q_V=\dfrac{\mathrm{d}V}{\mathrm{d}t}=v\cos\theta\mathrm{d}S$，$\mathrm{d}Q_m=\dfrac{\mathrm{d}m}{\mathrm{d}t}=\rho v\cos\theta\mathrm{d}S$。

为了把流量的表达式写得更简洁，我们引入面元矢量的概念，在面元 dS 的法线方向取一单位矢量 $\boldsymbol{e}_n$，面元矢量定义为 $\mathrm{d}\boldsymbol{S}=\mathrm{d}S\boldsymbol{e}_n$，即 d$\boldsymbol{S}$ 的大小等于 dS，方向沿法线方向 $\boldsymbol{e}_n$，这样流量可以写为 $\mathrm{d}Q_V=\boldsymbol{v}\cdot\mathrm{d}\boldsymbol{S}$，$\mathrm{d}Q_m=\rho\boldsymbol{v}\cdot\mathrm{d}\boldsymbol{S}$，通过有限曲面 S 的体积流量为

$$Q_V=\iint_S \mathrm{d}Q_V=\iint_S \boldsymbol{v}\cdot\mathrm{d}\boldsymbol{S} \tag{1}$$

质量流量为

$$Q_m=\iint_S \mathrm{d}Q_m=\iint_S \rho\boldsymbol{v}\cdot\mathrm{d}\boldsymbol{S} \tag{2}$$

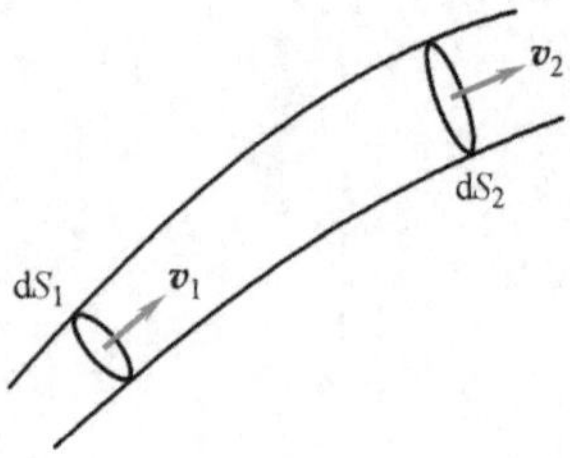

专题图 4　连续性方程

在定常的流速场中取任意一段流管，如专题图 4 所示，设其两端的垂直截面积分别为 dS_1 和 dS_2，在定常流动中流管是静止不动的，且流体内各点的密度 ρ 也不应随时间而改变，故这段流管内的流体质量为常量，因而从一端流进的流体质量流量 dQ_{m1} 与从另一端流出的流体质量流量 dQ_{m2} 总是相等的，即 $\rho_1 v_1\mathrm{d}S_1=\rho_2 v_2\mathrm{d}S_2$，或者说，沿任意流管有

$$\rho v\mathrm{d}S=\text{常量} \tag{3}$$

如果进一步假设流体是不可压缩的，则它的密度不变，有 $\rho_1=\rho_2$，可得 $v_1\mathrm{d}S_1=v_2\mathrm{d}S_2$，或者说，沿任意流管有

$$v\mathrm{d}S=\text{常量} \tag{4}$$

方程（4）称为流体的连续性方程，在物理实质上它体现了流体在流动中质量守恒。

4. 伯努利方程及其应用

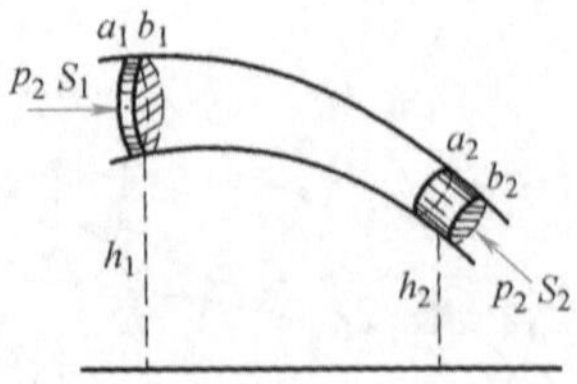

专题图 5　伯努利方程

伯努利方程是 1738 年首先由丹尼尔·伯努利提出的，这不是一个新的基本原理，而是将机械能守恒定律表述成了适合于流体力学应用的形式。

如专题图 5 所示，在做定常流动的理想流体中取任意一根流管，用截面 S_1 和 S_2 截出一段流体。在时间间隔 Δt 内，

左端的 S_1 从位置 a_1 移到 b_1，右端的 S_2 从位置 a_2 移到 b_2，令 $\overline{a_1b_1}=\Delta l_1$，$\overline{a_2b_2}=\Delta l_2$，则 $\Delta V_1=S_1\Delta l_1$ 和 $\Delta V_2=S_2\Delta l_2$ 分别是在同一时间间隔内流入和流出的流体体积，对于不可压缩流体的定常流动，$\Delta V_1=\Delta V_2=\Delta V$。因为没有黏滞，即没有耗散，所以可以将机械能守恒定律应用于这段流管内的流体。在 b_1 到 b_2 一段里虽然流体更换了，但由于流体是定常的，其运动状态未变，从而动能和势能都没有改变。故考查能量变化时只需计算两端体元 ΔV_1 与 ΔV_2 之间的能量差。先看动能的改变：$\Delta E_k=\frac{1}{2}\rho v_2^2\Delta V-\frac{1}{2}\rho v_1^2\Delta V$，再看重力势能的改变：$\Delta E_p=\rho g(h_2-h_1)\Delta V$。

现在看外力对这段流管内流体所做的功。设左端的压强为 p_1，作用在 S_1 上的力 $F_1=p_1S_1$，外力做功为 $A_1=F_1\Delta l_1=p_1S_1\Delta l_1=p_1\Delta V$；右端的压强为 p_2，作用在 S_2 上的力 $F_2=p_2S_2$，外力做功为 $A_2=-F_2\Delta l_2=-p_2S_2\Delta l_2=-p_2\Delta V$，故

$$A=A_1+A_2=(p_1-p_2)\Delta V$$

由机械能守恒 $A=\Delta E_k+\Delta E_p$，得

$$(p_1-p_2)\Delta V=\frac{1}{2}\rho(v_2^2-v_1^2)\Delta V+\rho g(h_2-h_1)\Delta V$$

或

$$p_1+\frac{1}{2}\rho v_1^2+\rho gh_1=p_2+\frac{1}{2}\rho v_2^2+\rho gh_2 \qquad (5)$$

因 1、2 是同一流管内的任意两点，所以式（5）可表达为沿同一流线

$$p+\frac{1}{2}\rho v^2+\rho gh=\text{常量} \qquad (6)$$

式（5）或式（6）就是伯努利方程。

伯努利方程在水利、造船、化工、航空、石油工业等部门有着广泛的应用。在工程上伯努利方程常写成

$$\frac{p}{\rho g}+\frac{v^2}{2g}+h=\text{常量} \qquad (7)$$

式（7）左端三项依次称为压力头、速度头和高度头。

把伯努利方程运用于水平流管，或在气体中高度差效应不显著的情况，则有

$$p+\frac{1}{2}\rho v^2=\text{常量} \qquad (8)$$

即流管细的地方流速大，压强小。喷雾器、水流抽气机、内燃机中用的汽化器等，都是利用截面小处流速大、压强小的原理制成的。

例题 如专题图 6a 所示，大桶侧壁有一个小孔，桶内盛满了水，求水从小孔流出的速度和流量。

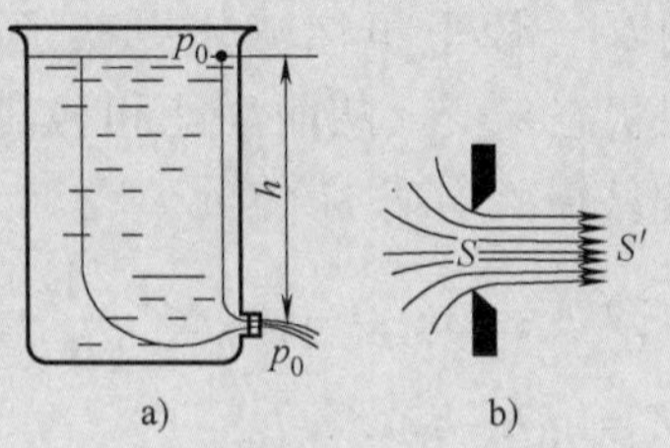

专题图 6 例题图

解 取一根从水面到小孔的流管，在水面那一端速度几乎是零（因桶的横截面积比小孔大得多），水面到小孔的高度差为 h，此流线两端的压强皆为 p_0（大气压），故由伯努利方程有

$$p_0+\rho gh=p_0+\frac{1}{2}\rho v^2$$

由此得小孔流速为

$$v=\sqrt{2gh}$$

将上式乘以小孔的面积 S 就是流量，实际上水柱自小孔流出时截面略有收缩，如图专题图 6b 所示。用有效面积 S' 代替 S，则有

$$Q_V=vS'$$

附　　录

附录 A　常用基本物理量

量 的 名 称	符号	数 值	计算用数值	单 位
真空中的光速	c	299 792 458	3.00×10^{8}	$m\cdot s^{-1}$
真空电容率	ε_0	$8.854\ 187\ 817\times10^{-12}$	8.85×10^{-12}	$C^2\cdot N^{-1}\cdot m^{-2}$
真空磁导率	μ_0	$4\pi\times10^{-7}$	$4\pi\times10^{-7}$	$N\cdot A^{-2}$
普朗克常量	h	$6.626\ 069\ 3(11)\times10^{-34}$	6.63×10^{-34}	$J\cdot s$
电子的静止质量	m_e	$9.109\ 382\ 6(16)\times10^{-31}$	9.11×10^{-31}	kg
质子的静止质量	m_p	$1.672\ 621\ 71(29)\times10^{-27}$	1.673×10^{-27}	kg
中子的静止质量	m_n	$1.674\ 927\ 28(29)\times10^{-27}$	1.675×10^{-27}	kg
万有引力常数	G_0	$6.674\ 2(10)\times10^{-11}$	6.67×10^{-11}	$m^3\cdot kg^{-1}\cdot s^{-2}$
阿伏伽德罗常量	N_A	$6.022\ 141\ 5(10)\times10^{23}$	6.02×10^{23}	mol^{-1}
原子质量单位	u	$1.660\ 540\ 2\times10^{-27}$	1.66×10^{-27}	kg
摩尔气体常数	R	8.314 472(15)	8.31	$J\cdot mol^{-1}\cdot K^{-1}$
玻尔兹曼常量	k	$1.380\ 650\ 5(24)\times10^{-23}$	1.38×10^{-23}	$J\cdot K^{-1}$
元电荷	e	$1.602\ 176\ 54(14)\times10^{-19}$	1.602×10^{-19}	C
里德伯常量	R_∞	10 973 731.568 525(73)	1.097×10^{7}	m^{-1}

附录 B　国际单位制

1. 国际单位制的基本单位

量的名称	单位名称	单位符号	定　义
长度	米	m	米是光在真空中（1/299 792 458）s 时间间隔内所经路径的长度
质量	千克，（公斤）	kg	千克是质量单位，等于国际千克原器的质量

（续）

量的名称	单位名称	单位符号	定　义
时间	秒	s	秒是铯 -133 原子基态的两个超精细能级之间跃迁所对应的辐射的 9 192 631 770 个周期的持续时间
电流	安[培]	A	在真空中，截面积可忽略的两根相距 1 m 的无限长平行圆直导线内通以等量恒定电流时，若导线间相互作用力在每米长度上为 2×10^{-7}N，则每根导线中的电流为 1 A
热力学温度	开[尔文]	K	开尔文是水三相点热力学温度的 1/273.16
物质的量	摩[尔]	mol	摩尔是一系统的物质的量，该系统中所包含的基本单元数与 0.012 kg 碳 -12 的原子数目相等。在使用摩尔时，基本单元应予指明，可以是原子、分子、离子、电子及其他粒子，或是这些粒子的特定组合
发光强度	坎[德拉]	cd	坎德拉是一光源在给定方向上的发光强度，该光源发出频率为 540×10^{12} Hz 的单色辐射，且在此方向上的辐射强度为 (1/683) W · sr^{-1}

2. 国际单位制的辅助单位

量的名称	单位名称	单位符号	定　义
平面角	弧度	rad	弧度是一圆内两条半径之间的平面角，这两条半径在圆周上截取的弧长与半径相等
立体角	球面度	sr	球面度是一立体角，其顶点位于球心，而它在球面上所截取的面积等于以球的半径为边长的正方形面积

3. 我国选定的非国际单位制单位

量的名称	单位名称	单位符号	与国际制单位的关系
时间	分	min	1 min=60 s
	[小]时	h	1 h=60 min=3 600 s
	日，(天)	d	1 d=24 h=86 400 s
平面角	度	°	1° =(π/180)rad
	[角]分	′	1′ =(1/60°)=(π/10 800)rad
	[角]秒	″	1″ =(1/60°)′ =(π/648 000)rad
体积	升	L，(l)	1 L=1 dm^3=10^{-3} m^3
质量	吨	t	1 t=10^3 kg
	原子质量单位	u	1 u ≈ $1.660\,540\,2\times10^{-27}$ kg
能量	电子伏	eV	1 eV ≈ $1.602\,189\,2\times10^{-19}$ J

附录C 希腊字母

小写	大写	英文名称	小写	大写	英文名称
α	A	Alpha	β	B	Beta
ν	N	Nu	ξ	Ξ	Xi
γ	Γ	Gamma	o	O	Omicron
δ	Δ	Delta	π	Π	Pi
ε	E	Epsilon	ρ	P	Rho
ζ	Z	Zeta	σ	Σ	Sigma
η	H	Eta	τ	T	Tau
θ	Θ	Theta	υ	Υ	Upsilon
ι	I	Iota	$\varphi(\phi)$	Φ	Phi
κ	K	Kappa	χ	X	Chi
λ	Λ	Lambda	ψ	Ψ	Psi
μ	M	Mu	ω	Ω	Omega

附录D 物理量及其单位的名称和符号

力学的量和单位

量		单位	
名称	符号	名称	符号
时间	t	秒	s
位矢	$\boldsymbol{r}$	米	m
位移	$\Delta\boldsymbol{r}$	米	m
速度	$\boldsymbol{v}$	米每秒	$m \cdot s^{-1}$
加速度	$\boldsymbol{a}$	米每二次方秒	$m \cdot s^{-2}$
质量	m	千克	kg
力	$\boldsymbol{F}$、$\boldsymbol{f}$、$\boldsymbol{T}$	牛	N
功	A	焦	J
功率	P	瓦	W
能量	E	焦	J
动能	E_k	焦	J
势能	E_p	焦	J
冲量	$\boldsymbol{I}$	牛秒	$N \cdot s$
动量	$\boldsymbol{p}$	千克米每秒	$kg \cdot m \cdot s^{-1}$
力矩	$\boldsymbol{M}$	牛米	$N \cdot m$
角动量	$\boldsymbol{L}$	千克二次方米每秒	$kg \cdot m^2 \cdot s^{-1}$
角度	α、β、γ、θ、φ	弧度	rad

（续）

量		单位	
名称	符号	名称	符号
角速度	ω	弧度每秒	$rad \cdot s^{-2}$
角加速度	β	弧度每二次方秒	$rad \cdot s^{-2}$
转动惯量	J	千克二次方米	$kg \cdot m^2$
长度	L, l	米	m
面积	S	平方米	m^2
体积	V	立方米	m^3
体密度	ρ	千克每立方米	$kg \cdot m^{-3}$
线密度	λ	千克每米	$kg \cdot m^{-1}$
面密度	σ	千克每二次方米	$kg \cdot m^{-2}$
摩擦系数	μ		

热学的量和单位

量		单位	
名称	符号	名称	符号
热力学温度	T	开	K
摄氏温度	t	摄氏度	℃
压强	p	帕	Pa
分子质量	m_0	千克	kg
摩尔质量	M	千克每摩尔	$kg \cdot mol^{-1}$
热量	Q	焦	J
内能	E	焦	J
热容	C	焦每开	$J \cdot K^{-1}$
比热容	c	焦每千克开	$J \cdot kg^{-1} \cdot K^{-1}$
摩尔定容热容	$C_{V,m}$	焦每摩尔开	$J \cdot mol^{-1} \cdot K^{-1}$
摩尔定压热容	$C_{p,m}$	焦每摩尔开	$J \cdot mol^{-1} \cdot K^{-1}$
比热容比	γ		
热机效率	η		
制冷系数	ε		
熵	S	焦每开	J/K

电磁学的量和单位

量		单位	
名称	符号	名称	符号
电荷[量]	Q，q	库	C
电荷体密度	ρ	库每立方米	$C \cdot m^{-3}$
电荷面密度	σ	库每二次方米	$C \cdot m^{-2}$
电荷线密度	λ	库每米	$C \cdot m^{-1}$
电场强度	$\boldsymbol{E}$	伏每米	$V \cdot m^{-1}$
电通量	Φ_e	伏米	$V \cdot m$
电势能	W	焦	J
电势	U	伏	V
电势差	U_{ab}	伏	V
电容率	ε	法每米	$F \cdot m^{-1}$
真空电容率	ε_0	法每米	$F \cdot m^{-1}$

（续）

量		单位	
名称	符号	名称	符号
相对电容率	ε_r		
电极化率	χ_e		
电极化强度	$\boldsymbol{P}$	库每二次方米	$C \cdot m^{-2}$
电位移	$\boldsymbol{D}$	库每二次方米	$C \cdot m^{-2}$
电位移通量	Φ_D	库	C
电偶极矩	$\boldsymbol{p}$	库米	$C \cdot m$
电容	C	法	F
电流	I	安	A
电流密度	$\boldsymbol{j}$	安每二次方米	$A \cdot m^{-2}$
电阻	R	欧	Ω
电阻率	ρ	欧米	$\Omega \cdot m$
电导率	σ	西每米	$S \cdot m^{-1}$
电动势	$\mathscr{E}$	伏	V
磁感应强度	$\boldsymbol{B}$	特	T
磁导率	μ	亨每米	$H \cdot m^{-1}$
真空磁导率	μ_0	亨每米	$H \cdot m^{-1}$
相对磁导率	μ_r		
磁通量	Φ_m	韦伯	Wb
磁化率	χ_m		
磁化强度	$\boldsymbol{M}$	安每米	$A \cdot m^{-1}$
磁矩	p_m	安二次方米	$A \cdot m^2$
磁场强度	$\boldsymbol{H}$	安每米	$A \cdot m^{-1}$
自感	L	亨	H
互感	M	亨	H
电场能量	W_e	焦	J
磁场能量	W_m	焦	J
电磁能密度	w	焦每立方米	$J \cdot m^{-3}$
坡印廷矢量	$\boldsymbol{S}$	瓦每二次方米	$W \cdot m^{-2}$

振动和波的量和单位

量		单位	
名称	符号	名称	符号
振幅	A	米	m
周期	T	秒	s
频率	ν	赫	Hz
角频率	ω	弧度每秒	$rad \cdot s^{-1}$
相位	φ		
波长	λ	米	m
波速	v, u	米每秒	$m \cdot s^{-1}$
角波数	k	弧度每米	$rad \cdot m^{-1}$
波的强度	I	瓦每二次方米	$W \cdot m^{-2}$

光学的量和单位

量		单位	
名称	符号	名称	符号
折射率	n		
光程差	δ	米	m
相位差	$\Delta\varphi$	弧度	rad
光栅常量	d	米	m
物距	s	米	m
像距	s'	米	m
物方焦距	f	米	m
像方焦距	f'	米	m

量子物理学的量和单位

量		单位	
名称	符号	名称	符号
辐出度	M	瓦每二次方米	$W \cdot m^{-2}$
单色辐出度	M_λ	瓦每二次方米赫	$W \cdot m^{-2} \cdot Hz^{-1}$
逸出功	A	焦	J

参考文献

[1] 李元成，刘冰，王玉斗，等．大学物理学［M］．东营：中国石油大学出版社，2011.
[2] 任兰亭，贾瑞皋．大学物理教程［M］．东营：中国石油大学出版社，1998.
[3] 贾瑞皋．大学物理教程［M］．3 版．北京：科学出版社，2009.
[4] 王少杰，华金龙，冯伟国．大学物理学［M］．2 版．上海：同济大学出版社，1996.
[5] 王少杰，顾牡．新编基础物理学［M］．2 版．北京：科学出版社，2009.
[6] 毛俊健，顾牡．大学物理学［M］．北京：高等教育出版社，2006.
[7] 程守珠，江之永，等．普通物理学［M］．5 版．北京：高等教育出版社，1998.
[8] 严导淦，王小鸥，等．大学物理学［M］．北京：机械工业出版社，2013.
[9] 吴柳．大学物理学［M］．2 版．北京：高等教育出版社，2013.
[10] 夏兆阳．大学物理教程［M］．北京：高等教育出版社，2004.
[11] 廖耀发．大学物理［M］．武汉：武汉大学出版社，2001.
[12] 王纪龙，周希坚．大学物理［M］．北京：科学出版社，2002.
[13] 上海交通大学物理教研室．大学物理学［M］．上海：上海交通大学出版社，2006.
[14] 卢德馨．大学物理学［M］．北京：高等教育出版社，1998.
[15] 马文蔚．物理学［M］．4 版．北京：高等教育出版社，2001.
[16] 吴百诗．大学物理［M］．西安：西安交通大学出版社，2008.
[17] 张三慧．大学物理学［M］．北京：清华大学出版社，1999.
[18] 陆果．基础物理学［M］．北京：高等教育出版社，1997.
[19] 刘银春．大学物理新教程［M］．厦门：厦门大学出版社，2001.
[20] 朱峰，肖胜利．全球定位系统和质点运动学［J］．大学物理，2001，20(1)：36-37.
[21] 钟寿仙，张鹏，等，大学物理解题方法：波动与光学、热学、量子物理基础［M］．北京：机械工业出版社，2009.
[22] 赵凯华，陈熙谋．电磁学［M］．北京：高等教育出版社，2008.
[23] 梁绍荣，刘昌年，盛正华．普通物理学：电磁学［M］．北京：高等教育出版社，2005.
[24] 刘爱红，刘岚岚，等．大学物理能力训练与知识拓展［M］．北京：科学出版社，2004.
[25] 杨长铭，谢丽，蔡昌梅．大学物理练习册［M］．武汉：华中科技大学出版社，2015.